博碩文化

博碩文化

博碩文化
ASP.net
網頁資料庫程式設計
Microsoft Expression 專欄作者 李育丞 著

ASP.NET網頁資料庫程式設計

作　　者／李育丞
發 行 人／簡女娜
發行顧問／陳祥輝
總 編 輯／古成泉
資深主編／曾梓翔
執行編輯／曾梓翔

出　　版／博碩文化股份有限公司
網　　址／http://www.drmaster.com.tw/
地　　址／新北市汐止區新台五路一段112號10樓A棟
TEL / 02-2696-2869 • FAX / 02-2696-2867

郵撥帳號／17484299
律師顧問／劉陽明
出版日期／西元2012年8月初版

建議零售價／560元
I S B N／978-986-201-628-2
博碩書號／PG31204

國家圖書館出版品預行編目資料

ASP.NET網頁資料庫程式設計 / 李育丞著. -- 初版. --
新北市：博碩文化, 2012.08
　面；　公分
ISBN 978-986-201-628-2（平裝）
1.網頁設計 2.全球資訊網 3.網路資料庫
312.1695　　　　101014428

Printed in Taiwan

PREFACE

序

在網際網路Internet已經在人們的生活中佔有不可或缺的地位的現在，網站架設已經是許多人學習的電腦項目之一，說到網站架設，就不得不提到微軟的ASP.NET技術。ASP.NET是微軟公司所提出的一種網站建置的架構，以.NET Framework為基礎運作。ASP.NET發展至今，歷經的版本從ASP 1.0、2.0、3.0，到ASP.NET 1.0、2.0、3.0、3.5、4.0，ASP.NET網站的伺服器是採用微軟的IIS(Internet Information Service)系統，其主要功用是建置網站後端的程式，可以使用微軟的VC#或是VB撰寫網站程式，在網站的後端運作。

ASP.NET可以建置網站的動態網頁，所謂的動態網頁是指網站的運作中，Server端與Client端彼此之間是有互動的，如網站留言板，會員登入系統…等。同時也可以建置網站前端的程式，相容於HTML、CSS、JavaScript…等。

現今的ASP.NET涵蓋了許多網站開發的技術，如AJAX、Silverlight…加上結合資料庫的ADO.NET，更加的使ASP.NET成為目前網站建置與開發的主流技術之一。

然而在ASP.NET的眾多學習項目中，網站資料庫的建置與操作始終都是最精華也是最複雜的一塊領域。雖然如此，但卻往往被學習者忽略，主要的原因是，在整個電腦的大方向中，資料庫是大家都知道，但是卻很少去接觸的一個科目與領域，因為資料庫的學習上難度較高，加上若結合網站的運作，對於一般的學習者來說，困難度就更高了。所以大多數初學者便容易忽略網站資料庫這個學習項目，這也是本書撰寫的主要因素。

在此要感謝博碩文化提供筆者本書的方向，筆者從事電腦教學逾二十年，也深深感受到，在電腦的學習中，資料庫的項目多是一般學習者容易忽略與卻步的。現今網路在我們的生活中已成為不可或缺的一部份，網站的建制也成為許多學習者爭相學習的科目之一，然而，一個網站的建立，是不能沒有資料庫系統的，有了網站資料庫，整個網站的資料充實性，與網站的結構就更加完整了。

本書的主要內容以ASP.NET網站資料庫為主題，方向分為：

◆ 網頁資料庫設計基礎篇

◆ 網頁資料庫設計商務實用篇

帶領讀者進入ASP.NET網頁設計基礎，並進入網頁資料庫的領域，建立網頁資料庫的基本觀念，學儀網頁資料庫的建置與操作，並以實際的網站範例進入網頁資料庫的實際應用，期待使讀者看完本書後，能輕鬆地跨入網站資料庫的領域，輕鬆建置網站資料庫。

本書的內容結合筆者多年學習與教學的經驗，並參考相關書籍與微軟官方網站的技術資料所完成，惟電腦程式設計與相關學習科目的領域是浩瀚無邊的，並且不斷地有新的技術產生，本書歷經數月的挑燈夜戰中撰寫，加上筆者才疏學淺，雖經稿件校對，內容仍不免有所疏漏與謬誤，期盼本書讀者與電腦界各位先進能不吝給予筆者批評與指教，以作為本書日後改進與再版的參考，您的指教將是本書進步的最大動力與支持。

本書能順利付梓，要感謝的人實在太多，無法一一列舉，在此要感謝博碩文化技術編輯與排版的辛苦，尤其主編梓翔的大力幫忙與配合。最後僅以本書獻給家母與不斷支持筆者的所有同事老師及學生。

李育丞

2012.夏 於新北市

CONTENTS

目錄

網頁資料庫設計基礎篇

Chapter 01　ASP.NET概論與環境架構的建立

Chapter 02 ASP.NET的HTTP物件

Chapter 03 Web伺服器控制項的使用

Chapter 04 網站資料庫與ADO.NET

Chapter 05 結構化查詢語言SQL

Chapter 06 ASP.NET網站資料庫的基本設計

Chapter 07　ASP.NET實務案例1

網頁資料庫設計商用實務篇

Chapter 08　各類商用資料庫的連結

Chapter 09 資料庫的預存程序

Chapter 10 資料庫交易(Transaction)

Chapter 11 ASP.NET資料庫交易程式設計

Chapter 12 ASP.NET網站資料庫的進階操作與維護

Chapter 13 ASP.NET實務案例2

附錄 ASP.NET 4.5

網頁資料庫設計基礎篇

CHAPTER

01

ASP.NET概論與環境架構的建立

1.1 Web網站的開發

網際網路在現代人類的生活中，已經是不可或缺的一部份了。藉由網路，人們可以遨遊全世界，可以找到自己想要找的資料，可以進行娛樂、休閒、各種生活所需…等。這些種種都是由Web網站的網頁所串連起來。而撰寫網頁的程式語言，基本上也是一種程式設計，設計出的結果則必須透過瀏覽器軟體呈現在電腦上。

要了解Web網站，有一些基本的名詞必須先了解：

WWW(全球資訊網)

全名為【World Wide Web】，簡稱為WWW或是3W，它是由【CERN歐洲量子物理實驗室 (The European Laboratory for Particle Physics)】所發展出來，在網路上的一種多媒體查詢系統。這種系統最主要是可以在網路上發揮多媒體的傳輸能力，目前已成為在Internet上的一股主流，因為它結合了文字、聲音、影像…等多種傳播媒體，透過WWW伺服器，使用者可以十分容易的存取各種在不同網路上的資訊，目前已經是Internet上最熱門的服務之一，在WWW上的畫面都必須使用支援HTTP及HTML的傳輸協定的瀏覽器，使用者才可以瀏覽它們。

在WWW所支援的圖形檔，最主要有 .GIF、.TIF、.JPG、.RGB和.HDF等格式，而所支援的動畫檔案有.FLI、.GI，支援的視訊檔案有 .AVG、.MPG，支援的音效檔案有 .AU、.VOC…等。目前WWW站台所使用的是HTTP通訊協定，所以大多數的網址都會加上『http://』的字串在網址前面，例如http://www.microsoft.com。

HTTP(超文字傳輸協定)

HTTP全名為【HyperText Transfer Protocol】的縮寫，這是一種超文書檔案的傳輸協定，WWW便是遵循這種協定，它定義了在WWW伺服器和使用者之間的資料通訊協定，使得包含文字、圖片、動畫、聲音等媒體的超文書網頁能夠呈現在使用者的電腦前面，這個協定最主要的特性在於它是一個跨平台的標準，因此在不同電腦系統當中存放的資料，都可以經由Internet來達到互連的目的。

URL(單一資源定址器)

URL(Uniform Resource Loactor) 是在Internet上的一種位址表示方式，其格式為：『Scheme://Host.Domain[:Port]/Path/FileName』。

其中Scheme是網路協定名稱，例如HTTP、Gopher、FTP、File、News、Telnet、WAIS、MailTo…等。

Host是伺服器名稱，例如www、sun、ibm、alpha…等。

Domain則為定義域名稱，如microsoft.com.tw、hinet.net…等。

Port為使用之埠編號，通常此參數可省略。

而Path與FileName則是連接的檔案名稱，若我們省略它們，則會使用系統的內定值，也就是到該站台的首頁上瀏覽，但若使用者知道Path與FileName，則將它們加入URL當中將有助於找尋資料的速度。

IP Address(網際網路協定位址)

IP(Internet Protocol) 是數位訊號在Internet上流通時所使用的通訊協定，而IP address則是每一個Internet site(站台) 所擁有的唯一位址，因為Internet是全球性的網路，所以任何一個IP address在全球也是獨一無二的，通常此IP位址以4個位元組 (32位元) 來表示，如120.115.35.6，這四個數字都是介於0到255之間的數字 (一個位元組)，這種位址是IP Version 4，簡稱IPv4。

由於利用數字來代表網址並不利於人類記憶，所以目前網路位址均轉換成有意義的名稱，例如www.microsoft.com，這種指定名稱的方式稱為domain name，提供這種轉換的伺服器則稱為DNS(Domain Name Server)。

IP address可以分為Class A、B、C三大類，其中1.x.x.x到126.x.x.x的 為Class A， 由128.1.x.x到191.254.x.x為Class B， 而192.0.1.x到

223.255.254.x則為Class C，所以Class A網路共有126個，通常這是大型電腦公司（如微軟Microsoft）所擁有，而Class B網路共有16,382個，通常這些給予國際組織或是網路公司，數量最多的Class C網路共有2,097,150個，則提供給一般公司或是個人申請。

在IP address的四組數字當中，保留最後一個數字為0的給該網路的主機，而最後一位數字為255的則用來作為廣播（發出訊息給網路上所有電腦），所以每一個Class的網路當中，都有兩個位址不能使用，例如在Class C為200.123.90.x的網路中，其中200.123.90.0代表網路本身，而200.123.90.255則代表網路上所有的電腦，這兩個位址無法指定給網路設備使用。也因此，每一個Class A的網路可用的IP位址為2的24次方減2，相當於16,777,214；Class B網路可使用的IP位址為2的16次方減2，相當於65,534；一般的Class C網路則可以使用2的8次方減2，相當於254個位址。由於Internet的大量普及，所有Class A與Class B的IP address已經配置完畢，而Class C也所剩無幾，目前下一代的IP address(IPv6)正在發展中，它以16個位元組（128位元）來定址，提供3.4× 10的38次方個位址空間，一次解決未來數十年的IP需求。

一個設備的IP位址通常伴隨著另外一組數字，代表該位址所在區域網路的規模大小，稱為網路遮罩（netmask），例如Class A的網路遮罩為255.0.0.0，Class C的網路遮罩為255.255.255.0，我們可以自行指定其它的網路遮罩，例如255.255.255.240，表示該子網路包含16個IP(2的4次方)，但是扣除網路本身與廣播位置，實際可以分配的IP為14個。

在Windows作業系統當中，可使用【WinIPCfg】指令來檢查電腦網路卡的IP位址設定。而進入MS-DOS模式，下達【PING】指令之後接IP address，則可檢查電腦是否可以連線到指定的主機，例如『PING 140.113.23.3』。

通常公司或是個人要申請一個Internet上的IP address，要向InterNIC國際組織提出申請，在台灣地區為資策會所代理的TWNIC，請參見網址http://www.twnic.net。

【圖1-0：TWNIC網站】

DNS(網域名稱伺服器系統)

DNS(Domain Name Server、Domain Name System)所指的是在Internet上，能夠將使用者所輸入的網域名稱 (domain name) 轉換為對應的IP位址的電腦主機，這個對應關係必須是唯一的。

在現實社會當中，使用Internet的機會大為增加，若是要求使用者強行記憶139.175.10.10這類的IP address，可能經常會發生錯誤，所以目前我們常見到的均以類似http://www.seed.net.tw這類的domain name來幫助記憶，這種轉換過程也就是DNS的主要工作。

IP位址是由4個位元組所組成的數字，每一個數字都可以使用0到255的數字，不過不同的數字範圍代表不同的網路規模，而domain name長度則限制為255個字元，通常分為4個區段：

第1個區段代表主機名稱，例如 www。

第2區段則是公司或是機構名稱，例如 seed。

第3個區段為類別，例如net代表網路公司。

第4個區段則為國家或是區域，例如台灣為 tw，在美國地區的網站則通常省略第4個區段。

domain name(網域名稱)

網域名稱在區域網路當中，是由網路伺服器所指定的一群工作群體名稱。在廣域網路當中，則是一般使用者目前在網際網路上所看到的網址，例如www.ibm.com的格式，若是台灣地區的www站台，還可以在後面加上.tw以示區別，但是實際在網際網路上的位址稱為IP address，兩者之間的轉換稱為DNS。

常用的網域名稱意義說明如下：

網域名稱	說明
edu	education教育單位
gov	government政府機關
org	organization非官方組織，如財團法人
net	network網路組織、ISP
mil	military軍事單位
int	international國際性組織
idv	individual個人網頁
com	commercial公司組織

在網際網路上，domain name大致上分為四個部份：

第一個部份為主機名稱，如www。

第二部份為公司名稱，如microsoft。

第三部份為網域的種類。

最後一個部份則為區域，例如tw代表台灣、jp代表日本、uk代表英國、ca代表加拿大，au代表澳洲，美國地區則不須此部份。

一個具有四個部份的完整domain name例如www.microsoft.com.tw，其長度最多不可超過256個字元，而每個部份最長則不可超過63個字元。

Internet(網際網路)

全球性的廣域網路，利用電話線路或專用線路連接全世界的學校機構、政府組織以及各種研究單位，使用者可在任何一個連接的網路上和他人互通訊息、傳遞電子郵件或檔案。目前全世界約有兩千多萬部電腦連接到此系統當中，在全球各地只有阿爾巴尼亞是Internet無法連接的國家。

網際網路上的最主要被使用的服務有電子郵件(E-mail) 與檔案傳輸(FTP) 兩種，目前由於WWW結合多媒體的流行，也適合給想展示個人網頁的首頁 (HomePage)展示，網際網路的另一個稱呼為【cyberspace】，這是因為網際網路形成了一種人工化 (cyber) 的空間。

IP(網際網路協定)

IP(Internet Protocol)是在網際網路當中主要控制資料流向的協定，一個IP資料封包包括了版本、服務型態、封包長度、識別字串、旗號、區段位移、存活時間、協定、檢查號碼、原始位址、目的位址等，接著才是IP的資料，這是屬於傳輸層(transport layer)的協定。

IP通訊協定原來是作為UNIX網路之間的連接協定，後來和TCP合為在Internet上標準的通訊協定，任何電腦要連接到Internet上，必須要支援TCP/IP通訊協定。

TCP/IP

TCP/IP(Transmission Control Protocol/Internet Protocol) 是美國國防部 (U.S. Department of Defense) 的高等計劃研究署ARPA(Advanced Research Projects Agency) 在1973年用在ARPANet網路上，用以組織該網路的一個傳輸層 (transport layer) 通信協定。這種協定是探討如何利用不同的電腦系統連接在網路上，使得雙方能夠正確無誤的傳送訊息，這個協定在網際網路(Internet) 幾乎已經成為一種標準協定，只要遵循TCP/IP的協定，便可在Internet上通行無阻，所以目前幾乎所有擁有網路能力的電腦系統，都會支援TCP/IP通訊協定。

在TCP/IP的範疇當中，包含了傳輸控制的TCP協定、檔案傳送的FTP協定、遠端登入的Telnet協定與電子郵件傳遞的SMTP、POP協定、網域伺服器DNS協定、視窗網際網路名稱服務WINS、動態主機配置協定DHCP…等。

一個TCP資料封包包括了起始位址、終止位址、封包序號、封包資訊、檢查號碼、旗號等檔頭資訊(header)，接著才是要傳遞的資料內容，它會根據所傳送出去封包的狀態，來判斷該封包是否要重新傳送，同時也能做到流量管制的工作，它是屬於傳輸層的通訊協定。

HTML(超文字標示語言)

HTML(HyperText Markup Language)是由【CERN；The European Organization for Nuclear Research歐洲核子研究委員會】所制定出來的一種多媒體、超文書的標示語言，它目前被廣泛使用在Internet的全球資訊網 (WWW)上，這種語言利用超鏈結(hyperlink)連接不同的媒體，所以具備了在網路上傳送多媒體的能力。

一個HTML檔案由許多標籤 (tag) 與內文組合而成的，通常它是一般的純文字格式文字檔案，所以我們可以使用一般的文書軟體來撰寫它，所以也說明了HTML是一種跨平台的語言，因為HTML是一個新興的語言，所以其語法仍在演進當中，我們要瀏覽的站台若使用較新的語法，則使用者相對也要使用支援新版的HTML瀏覽器。

HTML 4.0版以後可以支援動態網頁(DHTML、Dynamic HTML)，也就是在網頁當中加入動畫及音效等多媒體效果。

1.1.1 網際網路網站的結構

一般網際網路(Internet)網站的架構可分為伺服器端(Server)與客戶端(Client)，這是一種主從架構。所謂的主端架構即為伺服器端(Server)，從端架構則為客戶端(Client)。主端架構的功用是負責儲存資料，包含資料庫、圖片、文字、動畫…等，是網路服務的提供者；從端架構則是使用者以瀏覽器瀏覽網頁的電腦為主，是網路服務的請求者，瀏覽器則是以微軟的IE(Internet Explorer)與Google的Chrome為目前最主要的軟體。透過瀏覽器，只要電腦連上網路，使用者便可以在網際網路中上網存取自己所要的資料。

基本的運作方式是，由Client端藉由瀏覽器向Server端提出瀏覽網頁的要求，這個要求一般是HTTP(HyperText Transport Protocol)通訊協定要求，HTTP是WWW用來在Server與Client端之間交換資料的一種通訊協定，當要求提出後，Server端會針對該請求做檢查，如果檢查無誤，便開始從Server端傳輸資料到Client端，由Client端的瀏覽器負責顯示結果，這就是我們在網站上所看到的網頁內容。

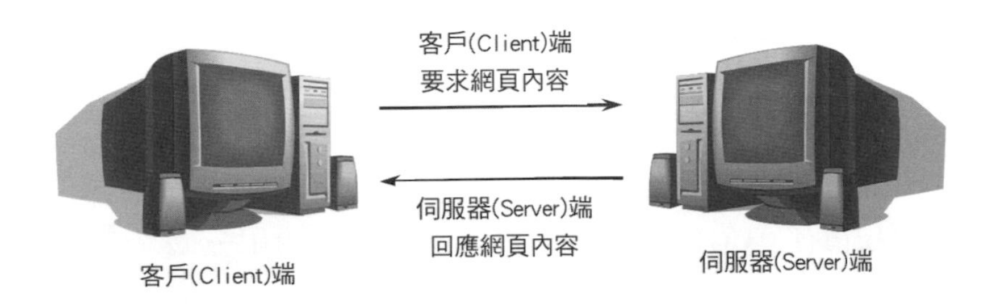

1.1.2 網際網路網頁的種類

要了解ASP.NET的概念，我們可以從網路上的網頁種類的觀點來看，一般的網頁我們大致可分為兩大類：

靜態網頁

所謂的靜態網頁，一般是以【HTML】語言構成，副檔名為『*.htm』或『*.html』的網頁檔案。當使用者瀏覽此類網頁時，即提出瀏覽網頁的要求，此時網站伺服器(Server)不會執行任何程式，而會直接將網頁內容下載到使用者的瀏覽器上解讀，所以此類網頁內容是不會被伺服器端(Server)所執行的。

動態網頁

所謂的動態網頁，是指副檔名為『*.asp』或『*.aspx』的網頁檔案，即一般所謂的動態伺服網頁【ASP；Active Server Page】。當使用者瀏覽此類網頁時，必須由伺服器端(Server)先執行程式，再將執行結果下載到使用者的瀏覽器上。此類網頁內容是會被伺服器端(Server)所執行的，因執行的條件有所不同，所以其結果也會有所不同，故稱為動態網頁，亦稱為互動式網頁。

1.2 互動式網頁的技術功能

一個功能齊全的網站基本上就是一個互動式的網頁所架構而成的網站，互動式網頁是由相關技術來建立的，以其執行的方式來做為區分：

1.2.1 伺服器端(Server)網頁技術

伺服器端的網頁技術，主要是在互動式的網頁功能。一般而言，常見的伺服端網頁技術有：CGI、ASP、ASP.NET、JSP、PHP…等。

CGI

Common Gateway Interface，稱為共通閘道介面，是一支程式，但並非專屬的程式語言，做為網路伺服器(Web Server)即伺服器端與應用軟體之間溝通的管道。CGI依附著Web Server而生，通常由Web Server決定CGI設計的工具。其工作方式以搜尋引擎為例，在瀏覽器(Browser)上輸入關鍵字後，按下搜尋鈕，將條件傳送到Web Server，接著Web Server會呼叫CGI程式分析傳送過來的需求，到資料庫(Database)或檔案中擷取符合條件的資料，將結果以標準的HTML格式文件送回到瀏覽器上。其執行結構圖如下：

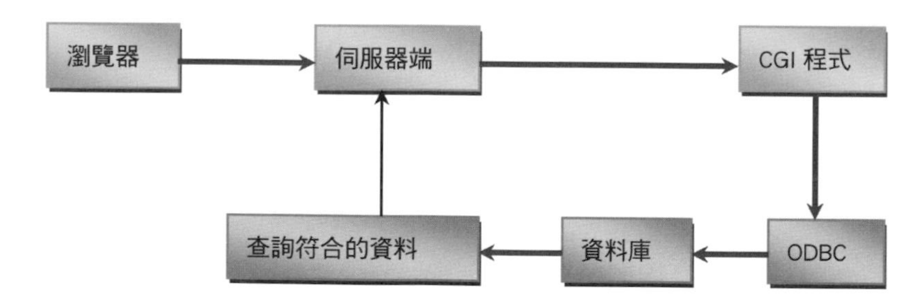

ASP

ASP(Active Server Page)，又稱為動態伺服器網頁，是微軟(Microsoft)公司所開發出來的一種網頁開發環境，它提供以Windows NT/Windows

2000為工作平台來架設一個網站，以ActiveX元件的概念來開發一個網頁環境，提供使用者在網際網路當中的互動式環境。ASP的功用與CGI類似，但並非程式語言，是一種描述語言的環境(Script Language)，必須建構在IIS的環境下。其執行結構圖如下：

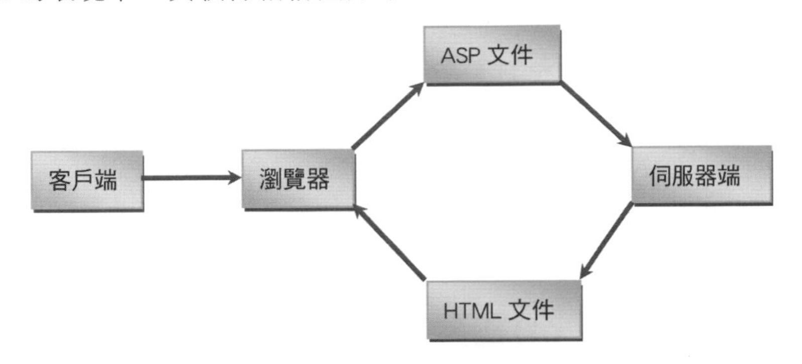

ASP.NET

ASP.Net是微軟公司為了將Internet與Intranet的技術整合在一起，所提出的網頁伺服器技術，它是由ASP(動態網頁伺服器) 加上 .NET framework的環境，提供不同的程式語言都可以透過相同的介面，存取網頁伺服器上面的資料。雖然ASP.NET是由ASP演進而來，但是其內部使用了.NET framework程式開發架構，支援多種程式語言使用相同的方式來存取所需要的資源，並完全支援XML，讓資料能夠與其它不同平台的程式溝通。

JSP

JSP(Java Server Page)，是Java語言的伺服器端網頁技術，由昇陽(Sun)公司所提出，它結合了Java語言與HTML、XHTML、Java Servlet，作用與ASP.NET類似，執行的結果也轉成HTML傳回給客戶端的瀏覽器顯示。

PHP

PHP(Hypertext Preprocessor)，作用與ASP.NET類似，是一種開放式通用的原始碼(Open Source)，它結合了C語言、Perl、Java與內嵌HTML，最早是在1994年由Rasmus Lerdorf 開始計畫發展。在 1995 年以Personal Home Page Tools (PHP Tools) 開始對外發表第一個版本。在這早期的版本中，提供了訪客留言本、訪客計數器等…簡單的功能。隨後在新的成員加入開發行列之後，1995年中，第二版的 PHP 問市，第二版定名為 PHP/FI(Form Interpreter)。PHP/FI 並加入了 mSQL 的支援，自此奠定了 PHP 在動態網頁開發上的影響力。1996年底，有大約15,000個 Web 站台使用PHP/FI，1997 年中，使用PHP/FI的Web站台成長到超過50,000個。1997 年中，開始了第三版的開發計劃，開發小組加入了 Zeev Suraski 及 Andi Gutmans，第三版定名為PHP3。PHP3 跟 Apache 伺服器緊密結合的特性；加上它不斷的更新及加入新的功能；並且它幾乎支援所有主流與非主流資料庫；再以它能高速的執行效率，使得 PHP 在 1999 年中的使用站台超過了150,000萬。

1.2.2 客戶端(Client)網頁技術

客戶端的網頁技術並沒有互動式的功能，屬於靜態的網頁。是由使用者端電腦中的瀏覽器執行，瀏覽器並具備外掛的程式，可以執行下載到客戶端的網頁各項功能。一般而言，常見的客戶端網頁技術有：JavaScript、VBScript、DHTML、Java Applet…等。

JavaScript

JavaScript一直以來都是在網頁製作中的一項利器，即使Server端的控制語言如ASP.NET、JSP…等網頁程式語言大行其道，但還是無法取代JavaScript在網頁設計中的地位。雖然JavaScript屬於客戶端的程式語言，但是卻能做出相當多的網頁中動態與互動的效果。

JavaScript是由Netscape(網景)公司所提出的一種Script(描述)語言，可不需編譯，直接在客戶端的瀏覽器執行，屬於直譯語言，可內嵌於HTML或XHTML中，它由早期的Netscape Navigator 2.0瀏覽器所發展的語言，當時稱之為【LiveScript】。後來受到昇揚(Sun)公司的支持，取得發展Java語言的授權後，便以【LiveScript】為基礎發展Script語言，並正式更名為【JavaScript】，並可與當時網景的Netscape Navigator 2.0瀏覽器以及微軟公司的Internet Explorer 3.0瀏覽器相容，相關資訊可至Netscape網站中參考。(http://netscape.aol.com)

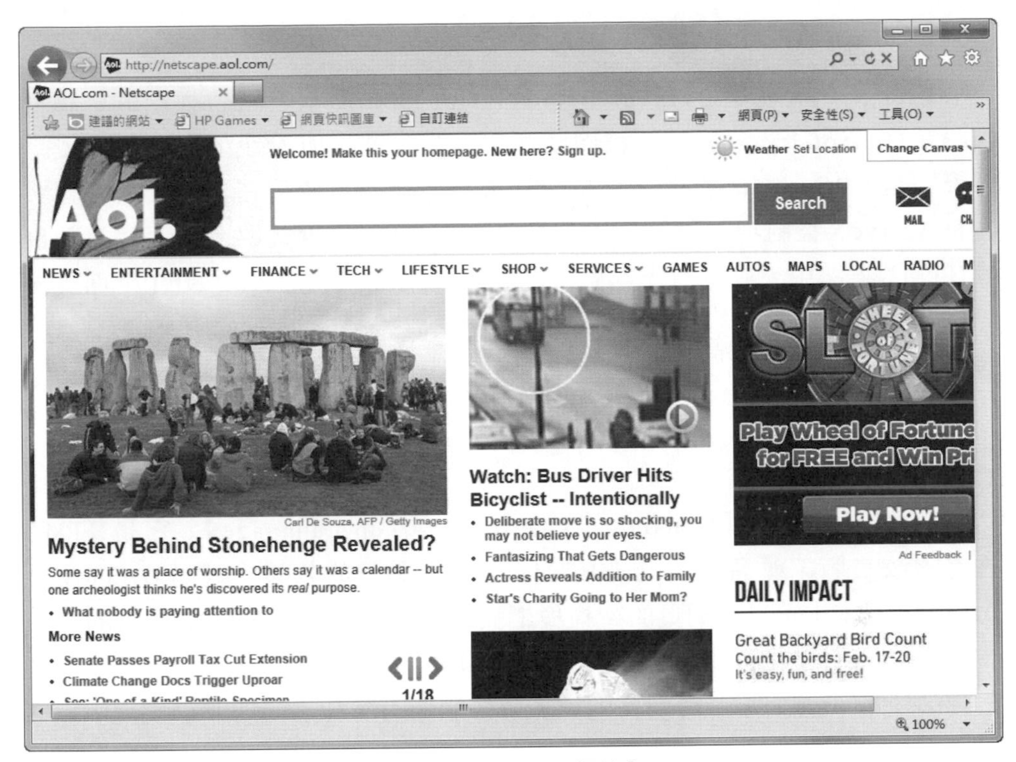

【圖1-1：Netscape網站】

JavaScript的特點有：

- 新一代的程式描述語言，是一種直譯式語言。已將高階語言翻譯成機械語言，在執行的時候，JavaScript程式碼在應用程式中可以立即執行。可藉以提昇HTML語法的功能。
- 支援JAVA語法與JAVA語法中的類別與繼承特性。
- 可使用於HTML、ASP、ASP.NET、JSP文件中，且在載入到具有解譯能力的瀏覽器才有作用。
- 與JAVA完全不同，並非一個程式語言，而是屬於在HTML文件中的描述語言，主要功用在增加HTML的功能。
- 並無Server端與Client端雙向溝通的能力，多應用在處理Client端的資料與特效。
- 是以物件為基礎的敘述語言。
- 語法可直接寫在HTML文件中，由瀏覽器解讀(即直譯)，不需經過編譯的動作。

VBScript

VBScript的全名是【Visual Basic Script】，是微軟公司所提出的一種描述語言(Script Language)，被廣泛運用到網頁製作與ASP的設計中，簡單易學習是VBScript的特性，它是一種直譯語言，可使用在WWW瀏覽器與具有ActiveX控制項的應用程式、Java Applet應用程式中。它可直接內嵌於HTML語法中，並可製作互動式的網頁。現今微軟的ASP.NET全面支援VB.NET，因VB.NET是一種編譯式的程式語言，所以在ASP.NET中已不適用VBScript。

DHTML

DHTML的全名是【Dynamic HyperText Markup Language】，它是HTML語言的改良版，顧名思義就是HTML再加上動態的效果，就是DHTML。DHTML基本上可以將網頁的架構與網頁的內容分開，將HTML語言的動作部份以script方式撰寫，利用CSS(Cascading Style Sheet)語法將動作架構在HTML的物件上，可對網頁內容加以控制而有多種不同的動態變化。

DHTML主要包含以下的項目：

- ◆ HTML語言
- ◆ Script語言
- ◆ CSS語法
- ◆ 瀏覽器的物件

JAVA Applet

首先讓我們先來了解，甚麼是Applet？Applet是一種能夠透過網際網路，由網頁伺服器(Server)傳遞給用戶端執行的程式，它是物件導向程式的一種。通常Applet是透過內嵌在HTML網頁當中送到用戶端(Client)執行，Java Applet就是眾多Applet程式中的一種，它是利用Java程式語言所發展出來的，必須要透過HTML網頁在瀏覽程式上執行，它會先在伺服器端編譯後，再下載到客戶端去執行，執行時必須要下載Java的Class(類別)擋，這會較佔用系統的資源。

1.3 NET Framework的原理基礎

ASP.NET是微軟公司所提出的一種全新架構的網頁伺服器端的技術，它是屬於微軟.NET Framework技術之一，搭配的程式語言有微軟的VB.NET與C#，主要目的是建置伺服器端的網頁程式與Web應用程式。其主要架構是在.NET Framework上的CLR(Common Language Runtime)平台上，首先就讓我們來了解一下甚麼是.NET Framework。

1.3.1 .NET Framework技術

.NET Framework 是不可或缺的 Windows 元件，它可支援下一代的應用程式和 Web 服務的建置和執行，也是微軟所提出新一代的程式開發平台，它是一種新的運算平台，可以簡化Internet中應用程式的開發，並提供 Managed 執行環境、簡化的開發和部署，以及與多種程式設計語言的整合。針對Web網站而言，可以快速的建置與開發Web網站，目前最新為4.5版。.NET Framework其組成要件主要有二：

一是.NET物件類別庫，主要包含ADO.NET、ASP.NET、Windows Form和Windows Presentation Foundation (WPF)。

另一是CLR(Common Language Runtime)，這是 .NET Framework 的基礎。 可以將執行階段視為在執行時間管理程式碼的代理程式，提供類似像記憶體管理、執行緒管理和遠端處理等核心服務，同時執行嚴格的型別安全 (Type Safety) 以及加強安全性和強固性的其他形式的程式碼正確率。

在建立應用程式的工具方面，可以使用.NET Framework所支援的程式語言，如VB.NET與C#，並可支援建置與執行下一代的應用程式和 XML Web Service。.NET Framework具有下列的目標：

- 可提供一致的物件導向程式設計環境，不論目的程式碼 (Object Code) 是在本機中儲存及執行，或是在本機執行但分散至網際網路或在遠端執行。

◆ 可提供減少軟體部署和版本控制衝突的程式碼執行環境。

◆ 可提供加強程式碼安全執行的程式碼執行環境，包括未知或非完全信任之協力廠商所建立的程式碼。

◆ 可提供可消除編寫指令碼或解譯環境效能問題的程式碼執行環境。

◆ 使開發人員在使用各式各樣的應用程式時，仍能體驗一致性，例如Windows架構的應用程式和Web架構的應用程式。

◆ 根據業界標準建置所有通訊，確保以.NET Framework為基礎的程式碼能夠與其他程式碼整合。

1.3.2 .NET Framework的工作原理

以.NET Framework所支援的程式語言先編寫好程式檔案，再由.NET Framework的編譯工具進行編譯，但它並不是如同一般程式語言的編譯過程一般，由撰寫到編譯，再到連結，最後執行。一般程式語言的編譯過程是編譯成CPU能懂的機器語言，而.NET Framework則是先編譯成一種所謂的中間語言，稱之為【MSIL(Microsoft Intermediate Language)】，當機器執行的時候，由CLR利用【JIT(Just In Time)】編譯程式將MSIL轉換成機器語言來執行。基本上，只要使用所支援的程式語言編譯而成MSIL後，可在不同的Windows作業系統中使用CLR的JIT編譯器來執行程式檔案。換言之，只要能在Windows作業系統中安裝CLR，便可在不同的Windows系統中跨平台執行所撰寫的程式。

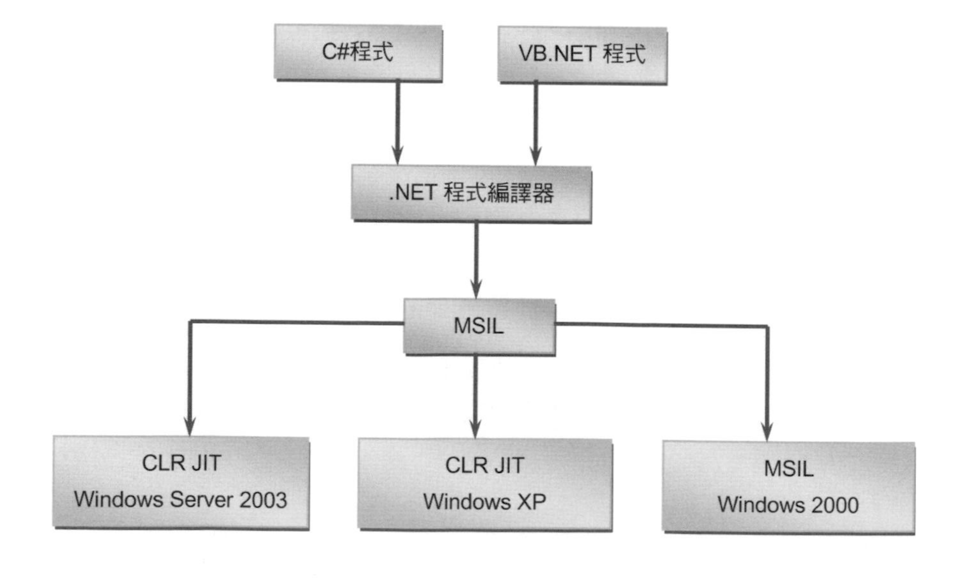

1.3.3 MSIL(Microsoft Intermediate Language)

MSIL可以有效率地轉換為機器碼而與 CPU 無關的指令集包含許多指令，如物件的初始化、載入、排序，方法的呼叫，算數運算，邏輯運算，流程控制，直接記憶體存取，例外處理和其他作業…等指令。在程式碼可以執行之前，必須將MSIL轉換為CPU特定程式碼，而此轉換通常是藉JIT(Just-In-Time)編譯器進行。由於 CLR(Common Language Runtime)會為其支援的每一個電腦架構提供一個或多個JIT編譯器，因此相同的MSIL集可以在任何受支援的平台架構上進行JIT編譯並執行。經過編譯後的機器碼直接執行，除了第一次執行須編譯較耗時間外，爾後的執行速率上自然可以加快許多。

1.3.4 JIT編譯器

因每台電腦主機的CPU不一樣，MSIL無法直接執行，所以必須透過JIT編譯器先轉換為CPU所認識的指令後方可執行，將MSIL編譯成在該CPU上可以執行的機器碼。

1.3.5 CLR(Common Language Runtime)

CLR可翻譯為【通用語言執行期元件】，它是架構在作業系統之服務上，是所有.NET程式語言公用的執行時期元件。負責應用程式實際的執行，滿足所有應用程式的需求。通常要執行任一程式語言所開發出來的程式，就必須要安裝該程式語言的執行時期元件(Runtime)，因為Runtime元件包含了該程式語言所需的核心功能，如函式、物件…等，當程式執行時，會動態的連結到Runtime元件以取得所需的功能。

不同的程式語言具有不同的Runtime元件，也因此造成程式設計師開發程式上的困難。所以.NET Framework設計了所有.NET程式語言共用的Runtime元件，即為CLR。CLR可視為一個高效率的執行引擎，程式碼執行是由Runtime所管理，Runtime所負責的工作有：產生物件、方法的呼叫…等，並提供程式碼的額外服務。一般要透過CLR的控制方能執行的程式碼稱為【Managed Code】。

CLR使得設計其物件可跨語言互動的元件和應用程式更為容易。不同語言所撰寫的物件可以彼此通訊，而且它們的行為可以緊密整合。例如我們可以定義一個類別，並使用不同語言從原始類別來衍生類別，或呼叫原始類別的方法。我也可以傳遞類別的執行個體給不同語言撰寫的類別的方法。這種跨程式語言整合是可以的，因為以Runtime為目標的語言編譯器和工具會使用Runtime所定義的通用型別系統，而且它們會遵照Runtime的規則來定義新型別，以及建立、使用、保存 和繫結至型別。

Runtime的優點有：

- 使執行效能改善。
- 可具有易於使用以其他語言開發元件的能力。
- 可使用類別庫(Class Library)提供的擴充式型別。
- 具有新的語言功能，例如：物件導向程式設計的繼承(Inheritance)、介面和多載化(Overloading)；允許建立多執行緒、可擴充應用程式的外顯無限制執行緒(Free Threading)的支援；結構化例外處理(Structured Exception Handling)和自訂屬性(Attribute)的支援。

CLR的運作方式如下：

程式碼由編譯器編譯成MSIL，相關資料會由相關資料引擎(Metadata Engine)→同時若有其他不同語言所編譯的IL或機器碼，會由連結器(Linker)將其連結，並產生包含IL的EXE或DLL檔，完成連結器的工作→程式執行時，當使用到.NET Framework共用物件類別庫的程式碼時，則由物件類別載入器(Class Loader)載入並合併→被合併的程式碼在載入JIT編譯器之前會透過查驗器(Verifier)檢查型別安全→JIT編譯器將程式碼編譯成可被CLR管理的機器碼即可執行。

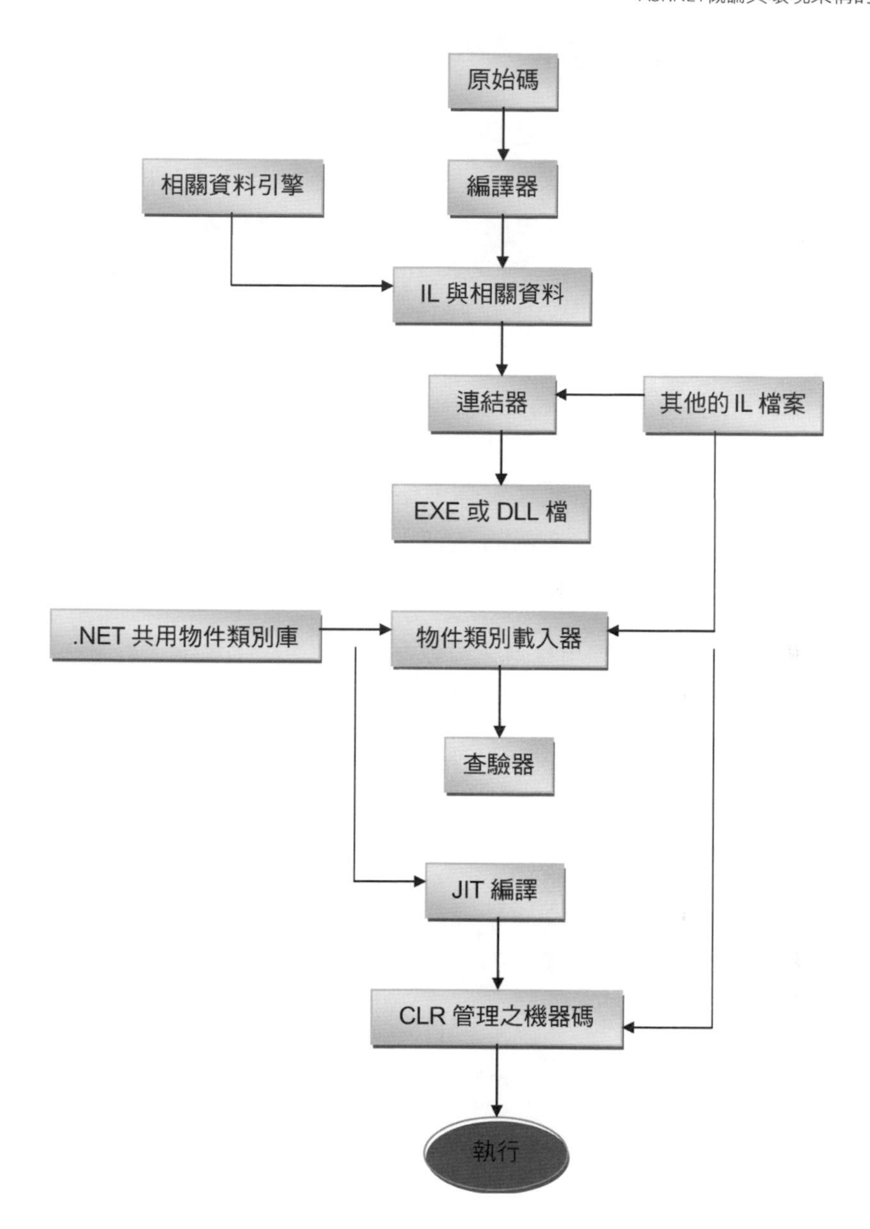
原始碼
相關資料引擎
編譯器
IL 與相關資料
連結器
其他的 IL 檔案
EXE 或 DLL 檔
.NET 共用物件類別庫
物件類別載入器
查驗器
JIT 編譯
CLR 管理之機器碼
執行

1.3.6 .NET物件類別庫

.NET Framework 類別庫是與【CLR；Common Language Runtime】緊密整合的可重複使用型別的集合。這種類別庫為物件導向，可提供Managed程式碼從中衍生出功能的型別。這不僅使得.NET Framework型別易於使用，更減少學習.NET Framework 新功能所花費的時間。此外，協力廠商元件可完全與.NET Framework中的類別整合。例如，.NET Framework集合類別(Collection Class)實作，可用來開發個人自訂集合類別的一組介面。集合類別將完全與.NET Framework中的類別混合在一起。.NET Framework型別可完成許多常見的程式設計工作，包括字串管理、資料收集、資料庫連接和檔案存取…等。除了通用工作之外，類別庫還包括能夠支援各種特定開發案例的型別。如可以使用.NET Framework來開發以下類型的應用程式和服務：

- ◆ 主控台 (Console) 應用程式。
- ◆ Windows GUI 應用程式 (Windows Form)。
- ◆ ASP.NET 應用程式。
- ◆ XML Web Service。
- ◆ Windows 服務。

.NET Framework整合了不同程式語言的物件庫並予以統一，成為所有程式語言共用的物件類別庫，種類如下：

- ◆ Web類別(ASP.NET)
- ◆ 資料類別(ADO.NET)
- ◆ XML類別
- ◆ 繪圖類別
- ◆ 系統類別
- ◆ Windows表單

1.3.7 .NET Framework的系統需求

為了確保在.NET Framework的平台之下能順利運作並發揮其最大效益，微軟為.NET Framework訂定了一套系統需求標準如下：

硬體需求

硬體需求	4 版full	4 版(用戶端)	3.5 版	3.0 版	2.0 版
處理器：					
最小配備	1 GHz	1 GHz	400 MHz	400 MHz	400 MHz
建議使用	1 GHz	1 GHz	1 GHz	1 GHz	-
記憶體(RAM)：					
最小配備	512 MB	512 MB	96 MB	96 MB	96 MB
建議使用	512 MB	512 MB	256 MB	256 MB	-
磁碟空間 (最小)：					
32 位元	850 MB	600 MB	280 MB	280 MB	280 MB
64 位元	2 GB	1.5 GB	610 MB	610 MB	610 MB

用戶端作業系統的支援

作業系統	4 版/ 4 版用戶端	3.5 版	2.0 版
Windows 7 Ultimate x86	√	√	√
Windows 7 Ultimate N	√	√	√
Windows 7 Ultimate x64	√	√	√
Windows 7 Enterprise x86	√	√	√
Windows 7 Enterprise N	√	√	√
Windows 7 Enterprise x64	√	√	√
Windows 7 Business x86	√	√	√
Windows 7 Business N	√	√	√
Windows 7 Business x64	√	√	√
Windows 7 Home Premium x86	√	√	√
Windows 7 Home Premium N	√	√	√
Windows 7 Home Premium x64	√	√	√
Windows7 Home Basic x86	√	√	√
Windows 7 Home Basic N	√	√	√
Windows 7 Starter x86	不支援	不支援	不支援

作業系統	4 版/ 4 版用戶端	3.5 版	2.0 版
Windows 7 Starter N	不支援	不支援	不支援
Windows Vista R2 Enterprise (x64)	√	√	√
Windows Vista R2 Enterprise	√	√	√
Windows Vista R2 Business (x64)	√	√	√
Windows Vista R2 Business	√	√	√
Windows Vista R2 Ultimate (x64)	√	√	√
Windows Vista R2 Ultimate	√	√	√
Windows Vista R2 Home Premium (x64)	√	√	√
Windows Vista R2 Home Premium	√	√	√
Windows Vista R2 Home Basic	√	√	√
Windows Vista R2 Starter Ed. Digital Boost (x64)	√	√	√
Windows Vista R2 Starter Ed. Digital Boost	√	√	√
Windows Vista R2 Starter	√	√	√
Windows Vista Ultimate	√	√	√
Windows Vista Ultimate x64 Edition	√	√	√
Windows Vista Enterprise	√	√	√
Windows Vista Enterprise x64 Edition	√	√	√
Windows Vista Business	√	√	√
Windows Vista Business x64 Edition	√	√	√
Windows Vista Home Premium	√	√	√
Windows Vista Home Premium x64 Edition	√	√	√
Windows Vista Home Basic	√	√	√
Windows Visa Starter Ed. Digital Boost	√	√	√
Windows Visa Starter Ed. Digital Boost (x64)	√	√	√
Windows Vista Starter	√	√	√
Windows XP Professional (商用版)	√	√	√
Windows XP Professional x64 Edition	√	√	√
Windows XP Home Edition	√	√	√
Windows XP Media Center Edition 2005	不支援	√	√
Windows XP Media Center Edition 2004	不支援	√	√
Windows XP Media Center Edition 2002	不支援	√	√
Windows XP Professional Reduced Media Edition	不支援	√	√
Windows XP Home Reduced Media Edition	不支援	√	√
Windows XP Tablet PC Edition	不支援	√	√
Windows XP Starter Edition	不支援	√	√
安裝有 SP4 的 Windows 2000 Professional	不支援	不支援	√

作業系統	4 版/ 4 版用戶端	3.5 版	2.0 版
Windows Millennium Edition	不支援	不支援	√
Windows NT Workstation	不支援	不支援	不支援
Microsoft Windows 98 Second Edition	不支援	不支援	√
Microsoft Windows 98	不支援	不支援	√
Microsoft Windows 95	不支援	不支援	不支援

伺服器端作業系統的支援

作業系統	4 版/ 4 版用戶端		3.5 版	2.0 版
Windows Essential Business Server Security Server	√	不支援	不支援	不支援
Windows Essential Business Server Messaging Server	√	不支援	不支援	不支援
Windows Small Business Server 2008	√	不支援	不支援	不支援
Windows Small Business Server 2008 without Hyper-V	√	不支援	不支援	不支援
Windows Small Business Server 2008 Premium Edition	√	不支援	不支援	不支援
Windows Small Business Server 2008 Prime Edition	√	不支援	不支援	不支援
Windows Server 2008 R2 Standard 64-Bit Edition	√	不支援	不支援	不支援
Windows Server 2008 R2 Standard 64-Bit Edition without Hyper-V	√	不支援	不支援	不支援
Windows Server 2008 R2 Enterprise 64-Bit Edition	√	不支援	不支援	不支援
Windows Server 2008 R2 Enterprise 64-Bit Edition without Hyper-V	√	不支援	不支援	不支援
Windows Server 2008 R2 Datacenter 64-Bit Edition	√	不支援	不支援	不支援
Windows Server 2008 R2 Datacenter 64-Bit Edition without Hyper-V	√	不支援	不支援	不支援
Windows Server 2008 R2 Web 64-Bit Edition	√	不支援	不支援	不支援
Windows Server 2008 R2 (適用於 Itanium 架構系統)	√	不支援	不支援	不支援
Windows Server 2008 HPC Edition	√	不支援	不支援	不支援
Windows Server 2008 (適用於 Itanium 架構系統)	√	不支援	不支援	不支援
Windows Server 2008 Web 32 位元版	√	不支援	不支援	不支援
Windows Server 2008 Web 64 位元版	√	不支援	不支援	不支援
Windows Server 2008 Datacenter 32-Bit Edition	√	不支援	√	√
Windows Server 2008 Datacenter 32-Bit Edition without Hyper-V	√	不支援	不支援	不支援
Windows Server 2008 Datacenter 64-bit Edition	√	不支援		
Windows Server 2008 Datacenter 64-bit Edition without Hyper-V	√	不支援	不支援	不支援
Windows Server 2008 Enterprise 32 位元版	√	不支援	√	√
Windows Server 2008 Enterprise 32 位元版 (不含 Hyper-V)	√	不支援	不支援	不支援
Windows Server 2008 Enterprise 64 位元版	√	不支援	√	√

作業系統	4 版/ 4 版用戶端		3.5 版	2.0 版
Windows Server 2008 Enterprise 64 位元版 (不含 Hyper-V)	√	不支援	不支援	不支援
Windows Server 2008 Enterprise (適用於 Itanium 架構的系統)	√	不支援	√	√
Windows Server 2008 Standard 32 位元版	√	不支援	√	√
Windows Server 2008 Standard 32 位元版 (不含 Hyper-V)	√	不支援	不支援	不支援
Windows Server 2008 Standard 64 位元版	√	不支援	√	√
Windows Server 2008 Standard 64 位元版 (不含 Hyper-V)	√	不支援	不支援	不支援
Windows Server 2003 R2 Datacenter Edition	√	√	√	√
Windows Server 2003 R2 Datacenter x64 Edition	√	√	√	√
Windows Server 2003 R2 Enterprise Edition	√	√	√	√
Windows Server 2003 R2 Enterprise x64 Edition	√	√	√	√
Windows Server 2003 R2 Standard Edition	√	√	√	√
Windows Server 2003 R2 Standard x64 Edition	√	√	√	√
Windows Server 2003 Datacenter Edition	√	√	√	√
Windows Server 2003 Datacenter x64 Edition	√	√	√	√
Windows Server 2003, Datacenter Edition (適用於 Itanium 架構的系統)	√	√	√	√
Windows Server 2003 Enterprise Edition	√	√	√	√
Windows Server 2003 Enterprise x64 Edition	√	√	√	√
Windows Server 2003, Enterprise Edition (適用於 Itanium 架構的系統)	√	√	√	√
Windows Server 2003, Professional Edition (適用於 Itanium 架構的系統)	√	√	√	不支援
Windows Server 2003 Standard Edition	√	√	√	√
Windows Server 2003 Standard x64 Edition	√	√	√	√
Windows Server 2003 Web Edition	√	√	√	√
Windows Small Business Server 2003 Premium Edition	√	不支援	√	不支援
Windows Small Business Server 2003 Standard Edition	√	不支援	√	不支援
安裝有 SP4 的 Windows 2000 Datacenter Server	不支援	不支援	不支援	√
安裝有 SP4 的 Windows 2000 Advanced Server	不支援	不支援	不支援	√
安裝有 SP4 的 Windows 2000 Server	不支援	不支援	不支援	√
Windows NT Server Enterprise Edition	不支援	不支援	不支援	不支援
Windows NT Server	不支援	不支援	不支援	不支援

其他軟體需求

軟體	4 版	3.5 版	2.0 版
Microsoft Internet Explorer	6.0 版(含)以後版本	6.0 版(含)以後版本	6.0 版(含)以後版本
Windows Installer	3.1 版(含)以後版本	3.0 版(含)以後版本	3.0 版(含)以後版本

1.4 ASP.NET的原理基礎

ASP.NET是一種網站 / 網頁建置的技術，它建構在.NET Framework的CLR平台上，是屬於伺服器端的網頁技術，功能強大，可建立Web應用程式，是微軟的.NET Framework結構下的一部分。只要在Windows系統下安裝.NET Framework，便可以使用.NET所支援的程式語言來撰寫有關ASP.NET、ADO.NET、XML…等Web應用程式。ASP.NET其版本的演進為1.0、1.1、2.0、3.0、3.5目前的版本為4版。其結構圖如下：

XML	ASP.NET	ADO.NET	.NET程式語言(如VB.NET、C#…等)
.NET Framework			
Windows作業系統			

1.4.1 ASP.NET 4版的特色項目如下

ASP.NET核心服務

- 可延伸的輸出快取。
- 預先載入Web應用程式。
- 永久重新導向網頁
- 工作階段狀態壓縮

ASP.NET Web Form

- 使用【Page.MetaKeywords】、【Page.MetaDescription】屬性設定Meta標籤。
- 啟用個別控制項的檢視狀態。
- 對新推出的瀏覽器與裝置的支援
- 定義瀏覽器能力的新方式
- 增加使用Web Form路由的支援。
- 設定用戶端識別碼。

- ◆ 保留資料控制項中的資料列選擇。
- ◆ FormView控制項的加強功能。
- ◆ List View控制項的加強功能。
- ◆ 使用QueryExtender控制項篩選資料。
- ◆ 加強對Web標準與網頁可及性的支援。
- ◆ 可予以停止的控制項CSS。
- ◆ 驗證控制項的CSS。
- ◆ 隱藏欄位的Div項目CSS。
- ◆ 資料表、影像、ImageButton控制項的CSS。
- ◆ UpdatePanel、UpdateProgress控制項的CSS。
- ◆ 省略不必要的外部表格。
- ◆ 精靈控制項的配置範本。
- ◆ CheckBoxList、RadioButtonList控制項的全新HTML格式化選項。
- ◆ 資料表控制項的標頭與頁尾項目。
- ◆ 功能表控制項的CSS與ARIA支援。
- ◆ HtmlForm控制項的有效XHTML。
- ◆ 維護控制項呈現的回朔相容性。

ASP.NET MVC

ASP.NET MVC可以協助Web開發人員建置穩定且符合標準的網站，因網站採取的是MVC(模型檢視控制器)模式，故降低了應用程式之間的相依性，所以很容易維護。

Dynamic Data

- ◆ 在現有的Web應用程式中啟用個別資料繫結控制項的Dynamic Data。
- ◆ URL與電子郵件地址的新欄位範本。
- ◆ 使用DynamicHyperLink控制項建立連結。
- ◆ 資料模型的繼承支援。

- 支援多對多關聯(僅限Entity Framework)。
- 顯示控制與支援列舉的新屬性。
- 加強對篩選的支援。

ASP.NET圖表控制項

ASP.NET圖表伺服器控制項可建立內含以簡單直覺式圖表，以顯示複雜之統計或財務分析圖表的ASP.NET網頁應用程式。圖表控制項支援功能如下：

- 資料數列、圖表區域、座標軸、圖例、標籤、標題及更多。
- 資料繫結。
- 資料操作，例如複製、分割、合併、對齊、分組、排序、搜尋和篩選。
- 統計公式和財務公式。
- 進階圖表外觀，例如 3-D、反鋸齒、光源和遠近景深。
- 事件和自訂。
- 互動能力與 Microsoft Ajax。
- Ajax內容傳遞網路(Content Delivery Network, CDN)支援是將Microsoft Ajax Library及jQuery指令碼加入Web應用程式的最佳化途徑。

Microsoft AJAX功能

Microsoft Ajax Library可以建立完全以用戶端為基礎的Ajax應用程式，新版的Microsoft Ajax Library包含下列的功能：

- 可以將伺服器之 JSON 資料呈現為 HTML。
- 用戶端範本可以讓您只使用瀏覽器架構的程式碼顯示資料。
- 以宣告方式具現化用戶端的控制項與行為。
- 用戶端的 DataView 控制項可以讓您建立動態資料驅動型 UI。
- 即時繫結資料與 HTML 項目或用戶端控制項。
- 用戶端命令逐層上傳。
- WCF與WCF資料服務 都和用戶端指令碼全面整合，包括用戶端變更追蹤。

1.4.2　建置ASP.NET 4的開發環境

要使用ASP.NET 4開發網站應用程式，可以使用【Microsoft Web platform Installer】安裝【Visual Web Developer Express】。由【http://www.microsoft.com/web/downloads/platform.aspx】網址可進入【Microsoft Web platform Installer】，這是免費的工具，可以安裝各種元件，包含【Internet Information Service(IIS)；網際網路資訊服務】、【.NET Framework】、【Visual Web Developer】…等工具，可以用來建立ASP.NET Web應用程式，也可以安裝開放原始碼ASP.NET與PHP Web應用程式。

安裝步驟如下：

STEP 01　進入【http://www.microsoft.com/web/downloads/platform.aspx】網址

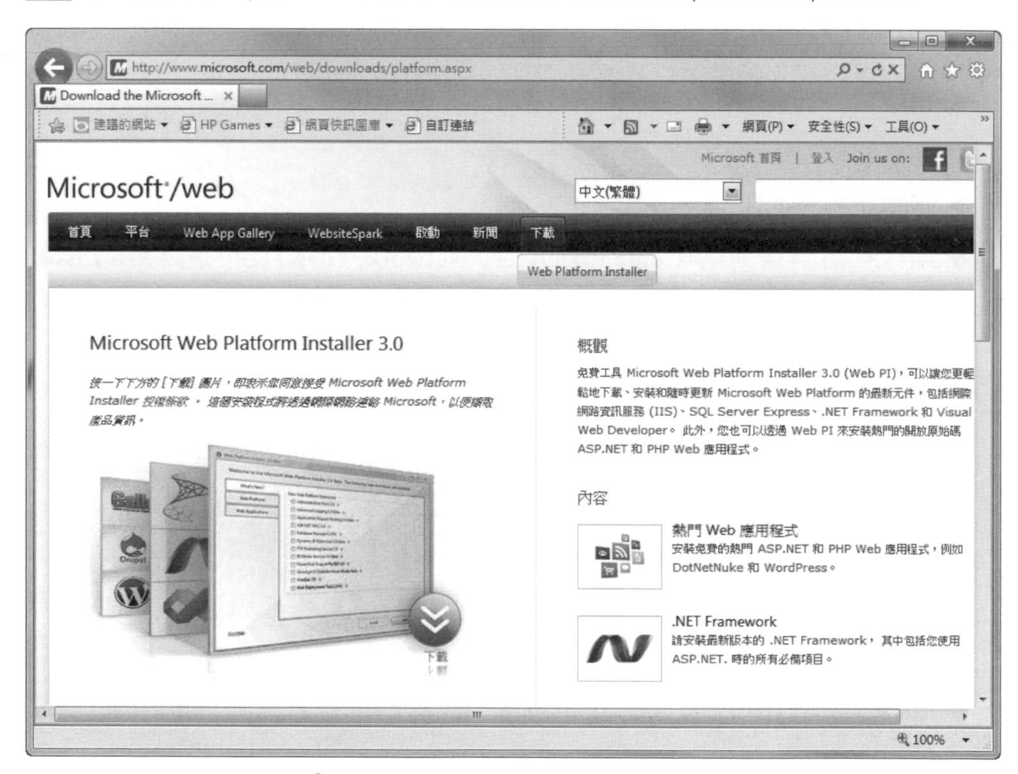

【圖1-2：Microsoft Web platform Installer】

STEP 02 按下【下載】→下載【wpilauncher.exe】執行程式→執行【wpilauncher.exe】以安裝相關工具→安裝步驟如下：

點2下安裝程式【wpilauncher.exe】進入準備安裝程序

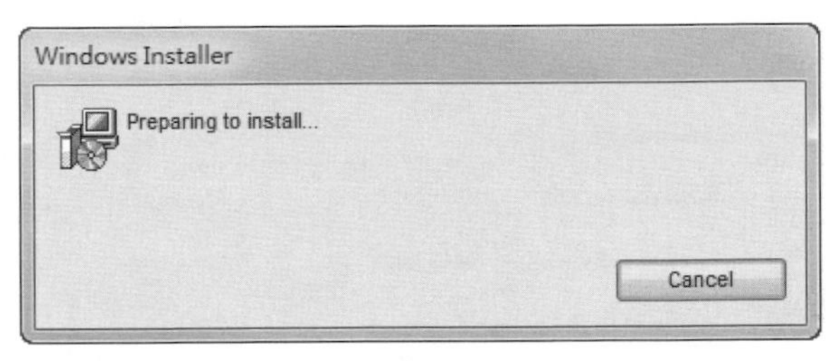

【圖1-3】

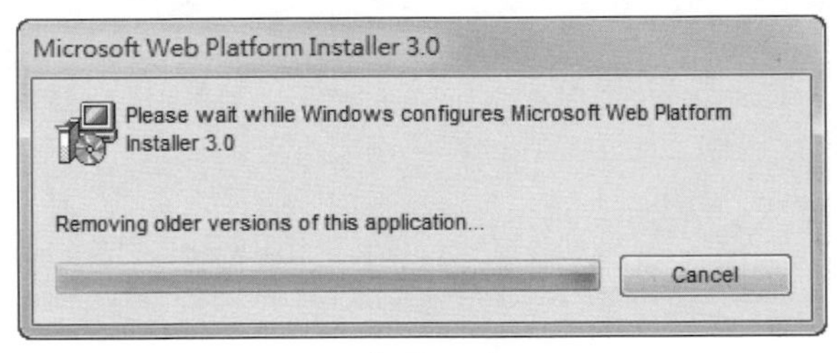

【圖1-4】

STEP 03 載入安裝資料

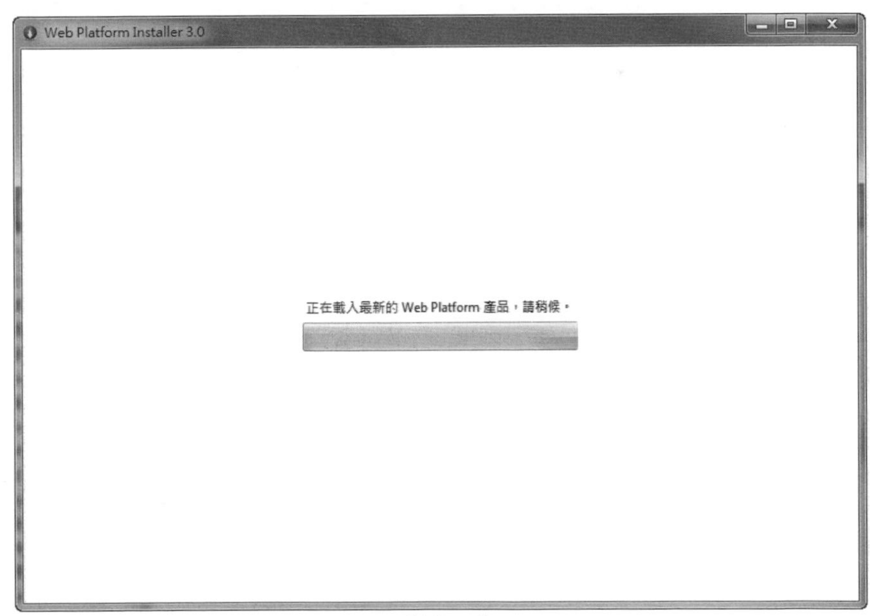

【圖1-5】

STEP **04** 進入安裝工具與應用程式選單，在要安裝的項目上點一下【新增】鈕

【圖1-6】

STEP **05** 可按下【選項】設定要安裝的伺服器與語系→設定後按下【確定】鈕

變更選項

為 Web Platform Installer 變更最常用的選項。

顯示其他案例

新增摘要

您要使用哪一個網頁伺服器?

IIS Express (必須與 WebMatrix 搭配使用)

IIS

為軟體安裝選取您慣用的語言。

繁體中文

安裝程式快取

資料夾大小: 0 MB

刪除安裝程式快取資料庫

確定(O) 取消(A)

【圖1-7】

STEP 06 全部設定完成後，按下【安裝】鈕，開始安裝

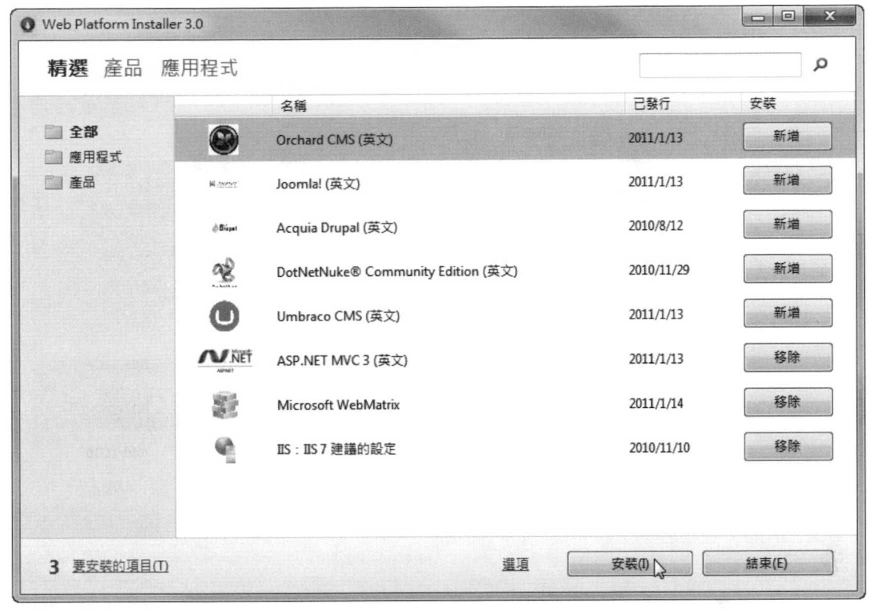

【圖1-8】

STEP 07 出現軟體授權合約列表，按下【我接受】鈕→

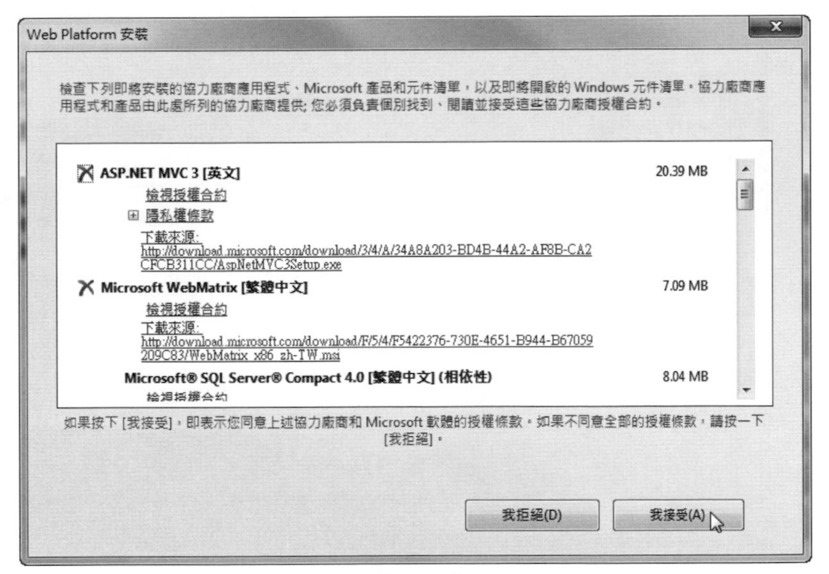

【圖1-9】

STEP 08 進入安裝程序→

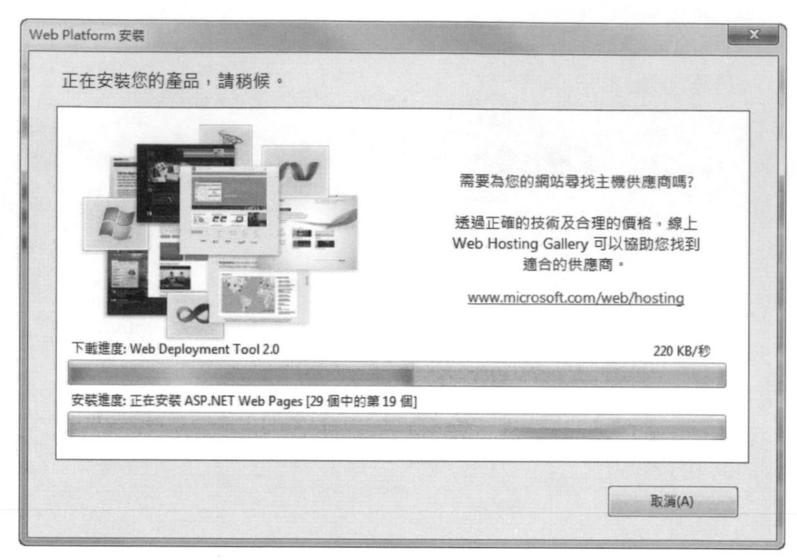

【圖1-10】

STEP 09 安裝程序完成後，出現已安裝內容列表，按下【完成】鈕→

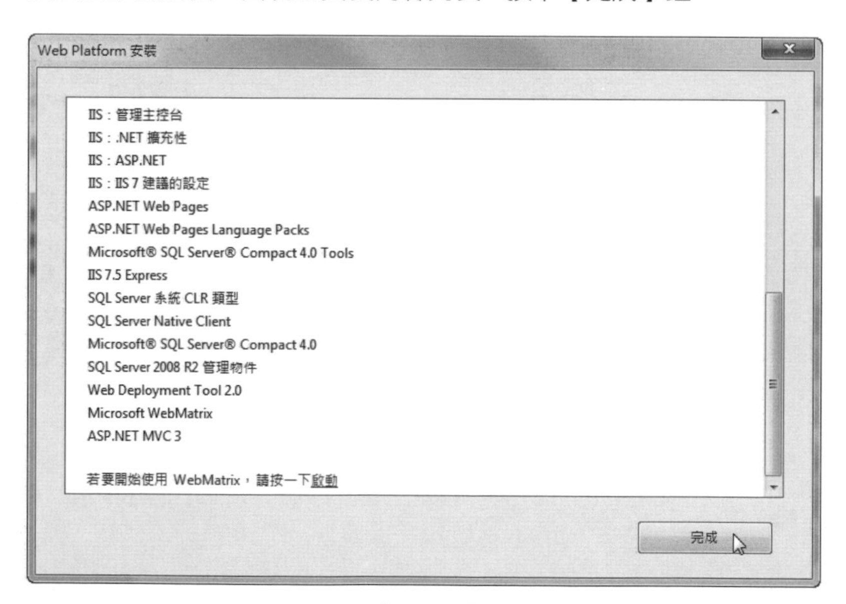

【圖1-11】

STEP 10 完成後會緊接著啟動【Microsoft WebMatrix】→

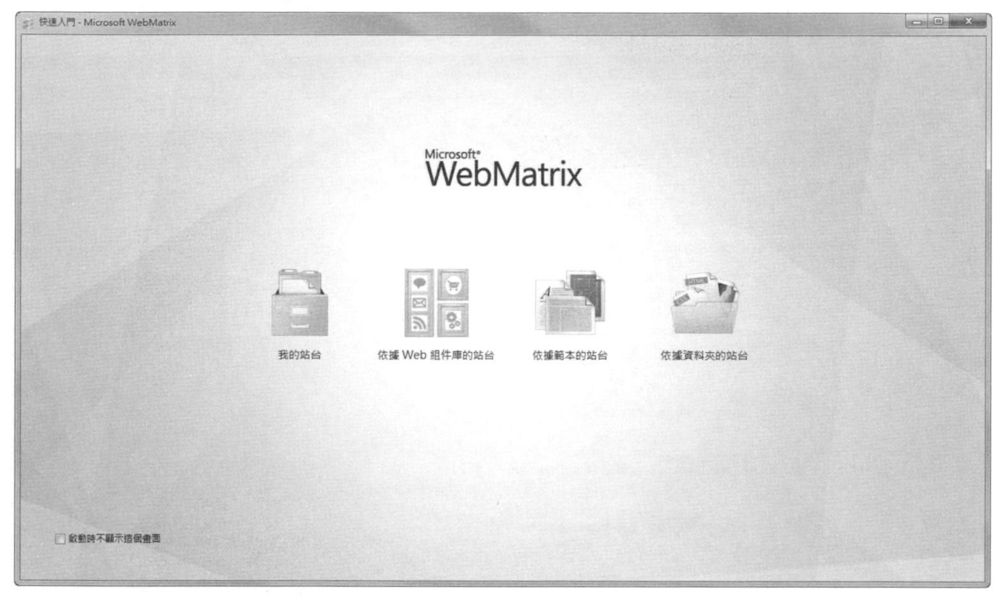

【圖1-12】

STEP 11 按下【我的站台】，以建立一個新的伺服器網站站台→預設站台名稱為【WebSite1】，按下【確定】鈕→

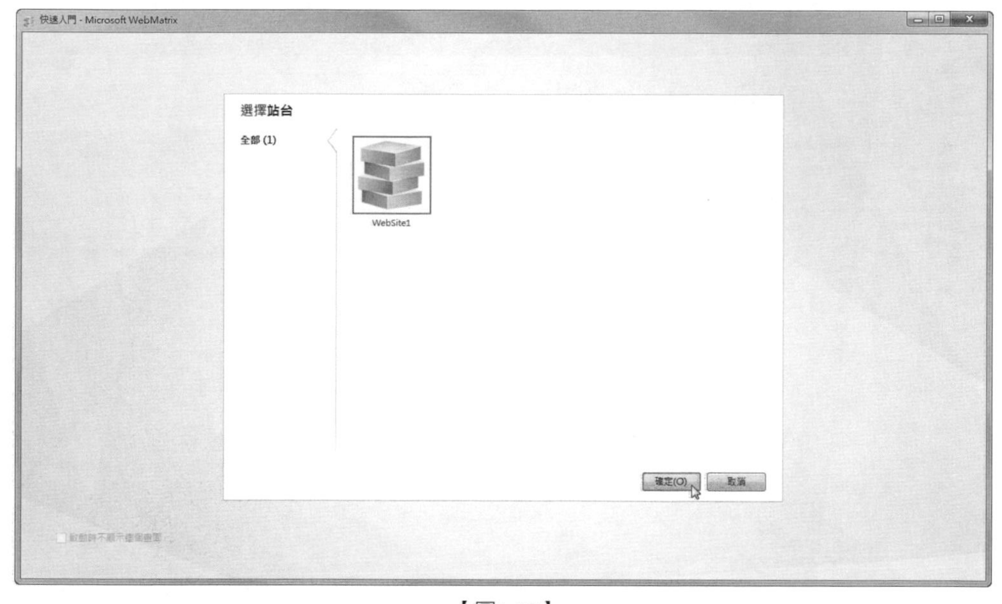

【圖1-13】

STEP **12** 進入網站站台編輯畫面，在此可以看到建立的站台URL與實體路徑→按下【檔案】鈕→

【圖1-14】

STEP **13** 按下【檔案】鈕後進入站台網站的網頁檔案區，在要編輯的檔案上點2下即可編輯該檔案→

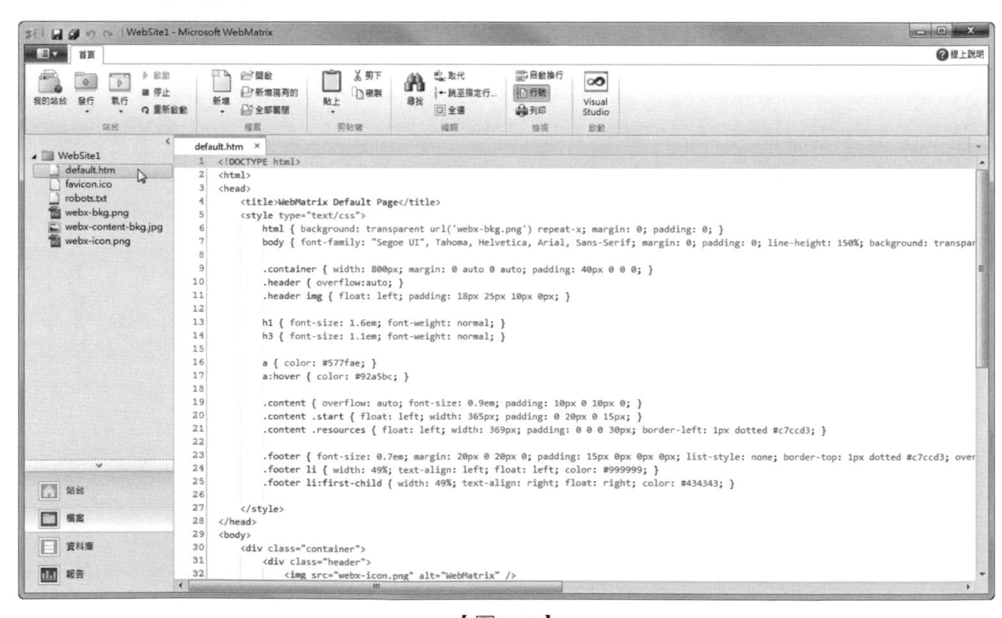

【圖1-15】

STEP 14 檔案編輯完成時，可以在【首頁】標籤/執行/點選已安裝的瀏覽器，即可開啟瀏覽器預覽編輯的檔案

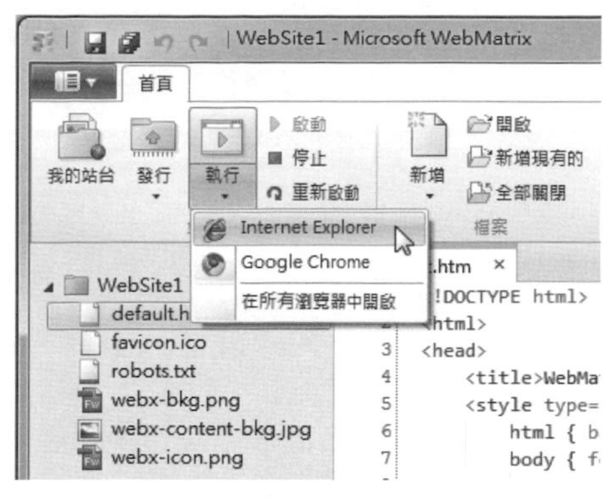

【圖1-16】

STEP 15 當開啟瀏覽器預覽時(如IE)，如果出現內部網路安全設定警告(如圖藍色標示文字)→

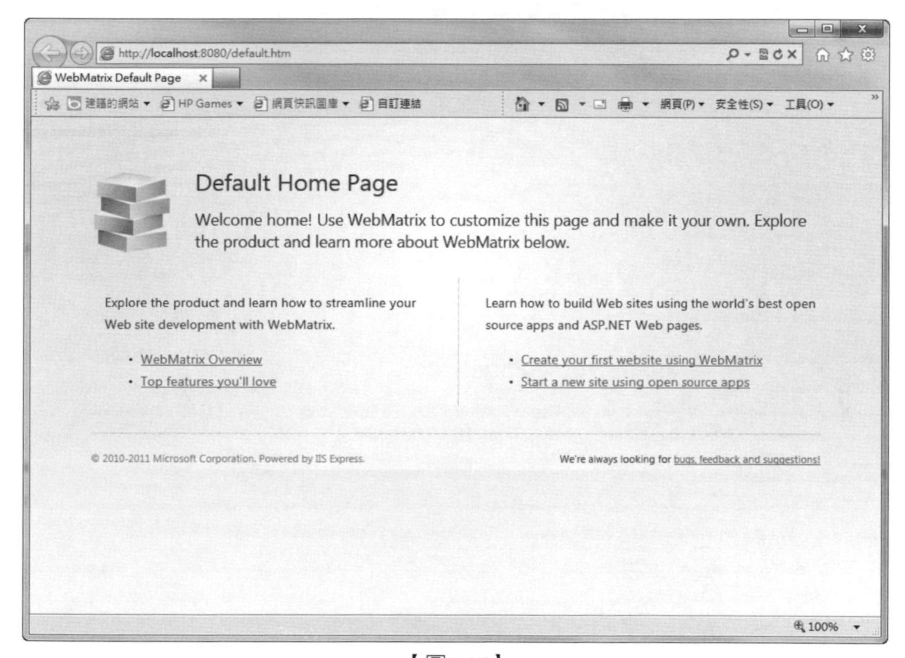

【圖1-17】

【圖1-18】

STEP **16** 於藍色文字區域按右鍵→展開快顯功能表/點選【啟用內部網路設定】，即可設定內部網路安全→

【圖1-19】

STEP **17** 出現警告訊息，是否要開起內部網路等級安全性設定→按下【是】鈕→

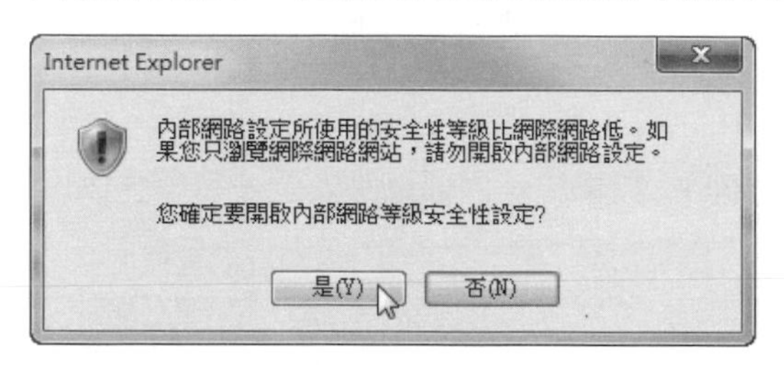

【圖1-20】

STEP **18** 設定完成後，即可瀏覽網頁。

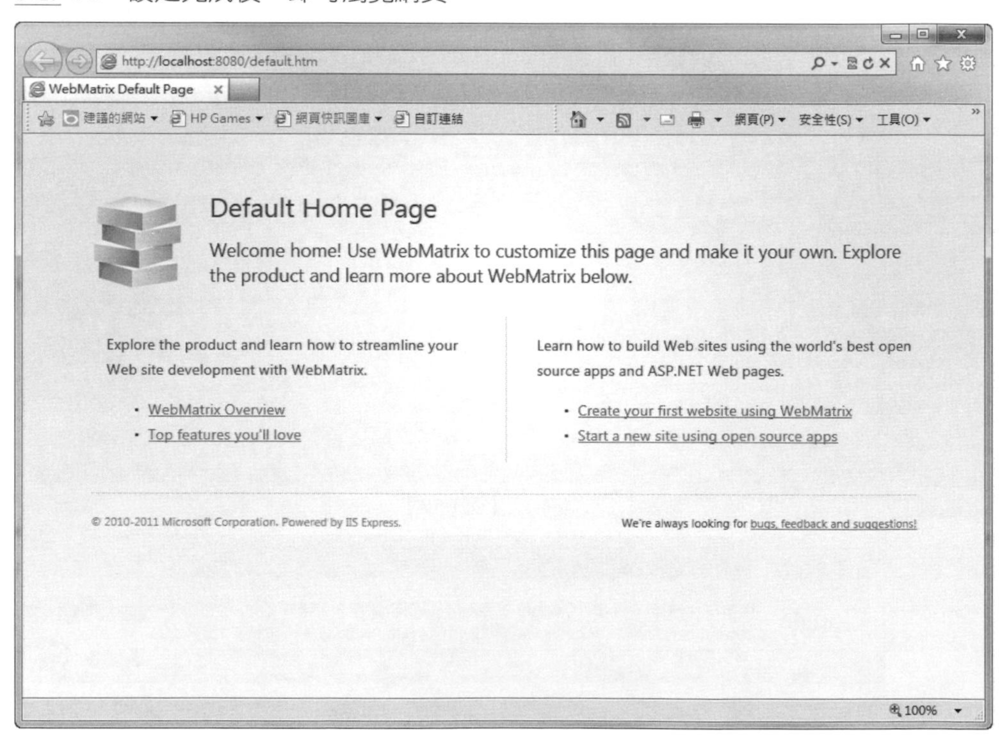

【圖1-21】

1.5 ASP.NET程式的執行

因為ASP.NET是屬於伺服器端的網頁程式，要執行必須將程式放到Web伺服器資料夾當中，才能看到執行結果。我們可以先寫一個簡單的ASP.NET程式，存檔格式為【*.aspx】，當安裝【Microsoft Web platform Installer】後，預設的Web站台伺服器資料夾為【C：\Users\Administrator\Documents\My Web Sites\WebSite1】，這裡的【WebSite1】就是要建立的Web站台，必須將網站程式放入Web站台伺服器資料夾中，才可以執行。我們以一個範例程式【asptest.aspx】為例：

STEP 01 首先執行【Microsoft WebMatrix】→進入檔案編輯區→【首頁】標籤/【檔案】功能區/新增/新增檔案→

【圖1-22】

STEP 02 開啟【選擇檔案類型】設定視窗→選擇【ASPX(VB)】並設定檔案名稱為【asptest.aspx】→按下【確定】鈕→

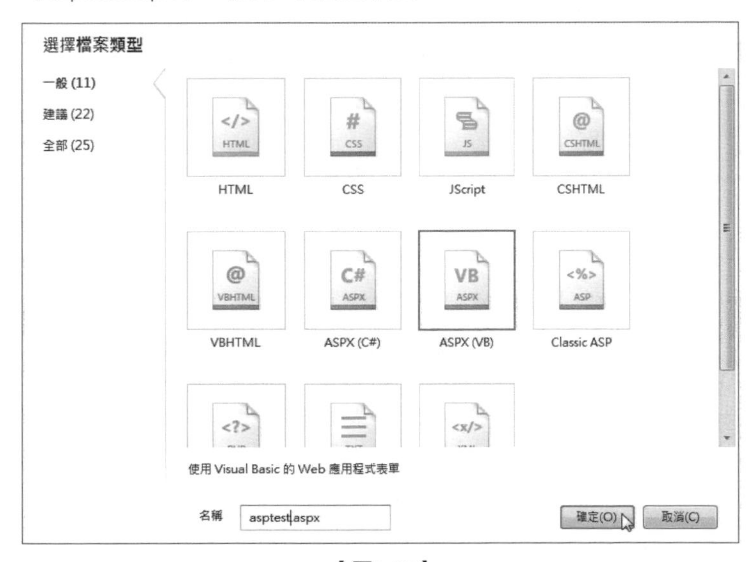

【圖1-23】

STEP 03 此時可以將畫面切換到【檔案檢視】，可以見到已經建立的檔案，於檔案上點2下左鍵，即可開啟該檔案的編輯畫面

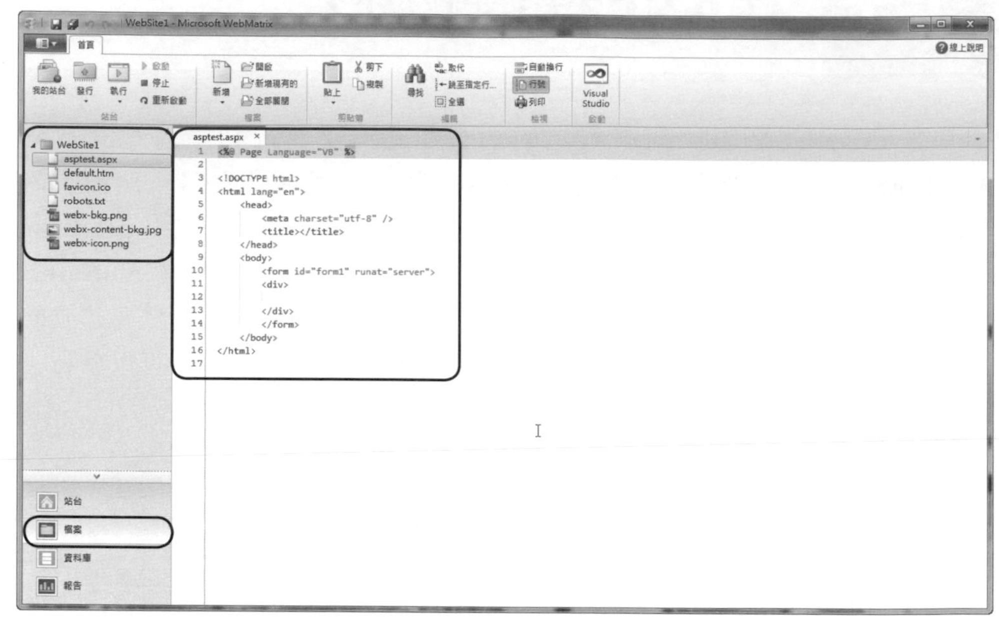

【圖1-24】

STEP 04 在中間的程式編輯區可以見到已經有預先輸入的網頁原始碼，可依需要自行增加或刪除所需要的程式碼，在此輸入程式碼：【<% Response.write(“這是我的第一個ASP.NET程式”) %>】，做簡單的ASP.NET網頁測試

```
asptest.aspx*
1  <%@ Page Language="VB" %>
2
3  <!DOCTYPE html>
4  <html lang="en">
5      <head>
6          <meta charset="utf-8" />
7          <title></title>
8      </head>
9      <body>
10         <form id="form1" runat="server">
11         <div>
12           <% Response.write("這是我的第一個ASP.NET程式") %>
13         </div>
14         </form>
15     </body>
16 </html>
17
```

【圖1-25】

STEP 05 輸入完畢後，可在【首頁】標籤/【站台】功能區/執行→點選要執行的瀏覽器，可執行寫好的程式

【圖1-26】

STEP 06 系統將自動開啟瀏覽器，可見到執行結果如下：

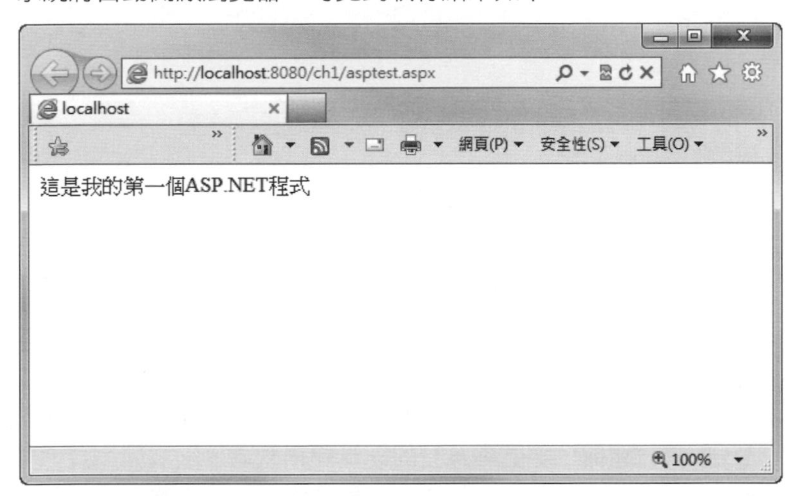

【圖1-27】

重點提示

在瀏覽器的網址列上，可以看到網址為【http：//localhost:8080/asptest.aspx】，這是ASP.NET程式執行的方式與路徑，其中【localhost:8080】代表站台的路徑目錄，就是剛剛在WebMatrix中建立的站台，資料夾路徑為【C：\Users\Administrator\Documents\My Web Sites\WebSite1】。可以在WebMatrix中點選【站台】即可見到站台的路徑資訊。

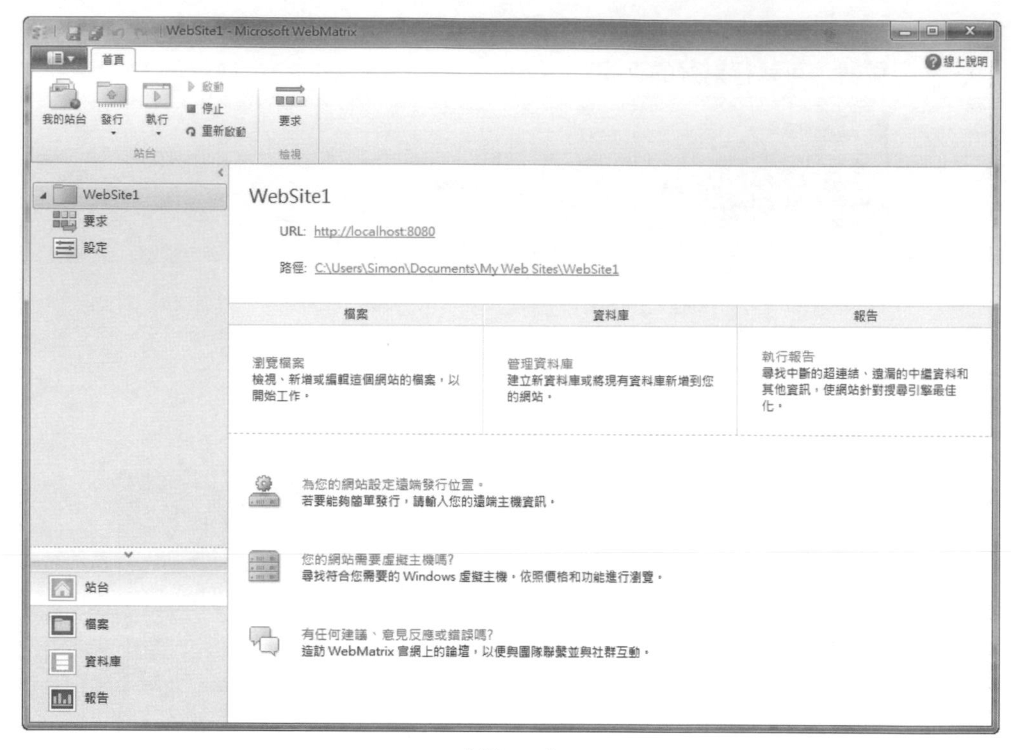

【圖1-28】

STEP 07 ASP.NET網頁程式的執行，不可以使用在【檔案上點2下左鍵】的方式執行，因那將會開啟電腦中預設的網頁編輯軟體，來編輯網頁。除了可以由WebMarix執行之外，也可以從瀏覽器的網址列上以輸入網址的方式執行，如輸入【http://localhost:8080】，可以測試由WebMatrix建立的站台是否可以正常運作執行，若是瀏覽器出現以下的畫面，則代表WebMatrix建立的站台可以正常運作。

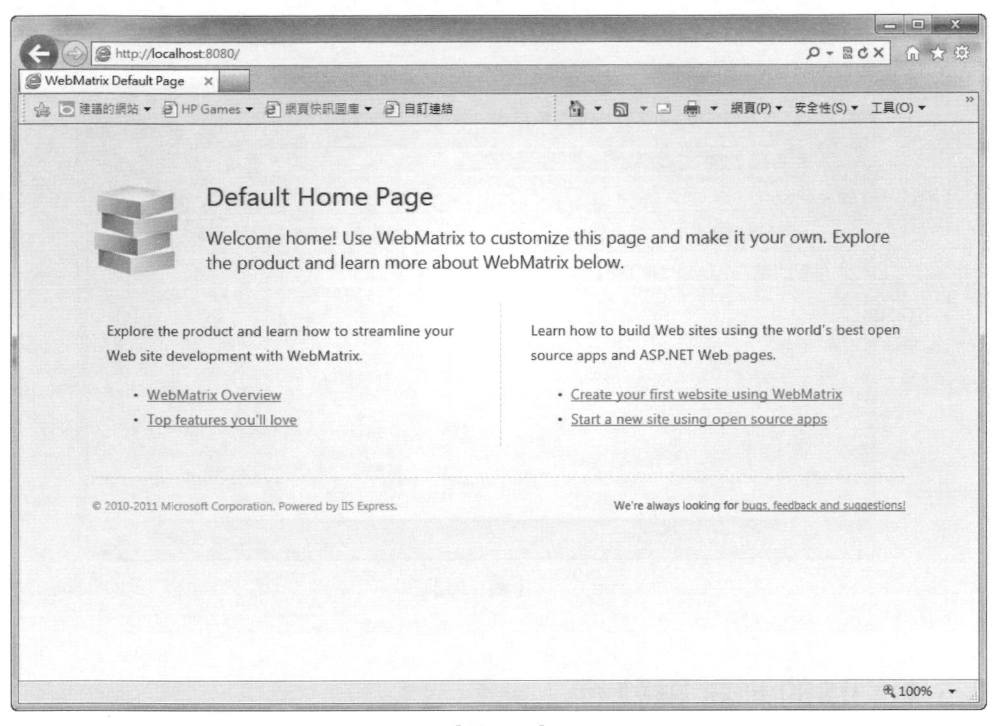
http://localhost:8080/
WebMatrix Default Page
Default Home Page
Welcome home! Use WebMatrix to customize this page and make it your own. Explore the product and learn more about WebMatrix below.
Explore the product and learn how to streamline your Web site development with WebMatrix.
WebMatrix Overview
Top features you'll love
Learn how to build Web sites using the world's best open source apps and ASP.NET Web pages.
Create your first website using WebMatrix
Start a new site using open source apps
© 2010-2011 Microsoft Corporation. Powered by IIS Express.
We're always looking for bugs, feedback and suggestions!

【圖1-29】

STEP 09 直接在網址列上輸入要執行的ASP.NET網頁檔案全名及路徑，也可以執行ASP.NET網頁程式。

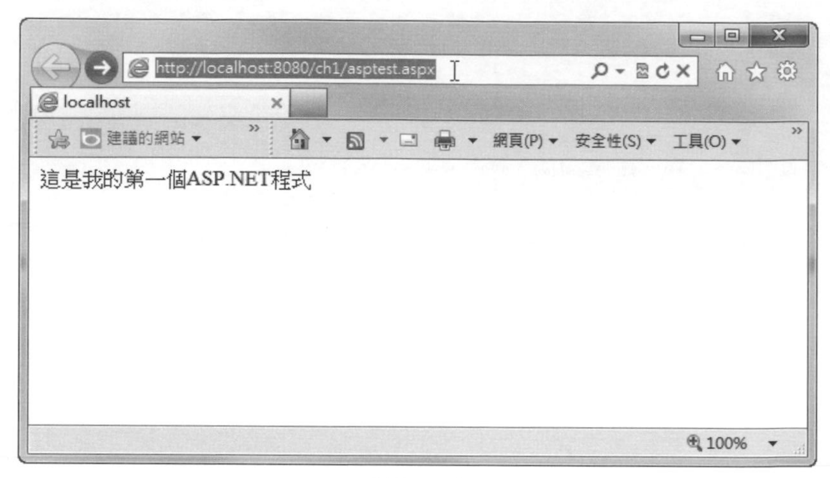

【圖1-30】

1.5.1 IIS的測試與執行

前面我們有提到，安裝WebMatrix時會同時安裝【IIS；internet information service】，【IIS；internet information service】可以提供網際網路上各種服務。基本上，我們要設計ASP.NET網頁，並不是直接撰寫網頁程式，而是要先建立在IIS的服務下管理的網站，這樣建立的伺服器網站才能完整運作。

當IIS順利完成安裝時，會在我們的電腦中C磁碟下自動建立一個資料夾，名為【inetpub】，在這個資料夾中會有一個【wwwroot】資料夾，而【C:\inetpub\wwwroot】是IIS提供服務的伺服器網站的根目錄，將ASP.NET網頁程式放在此根目錄下也是可以執行的。

當安裝好IIS後，可以開啟瀏覽器，在網址列上輸入【http://localhost】，如果出現以下的畫面，則代表IIS已經順利安裝並以在系統運作中。

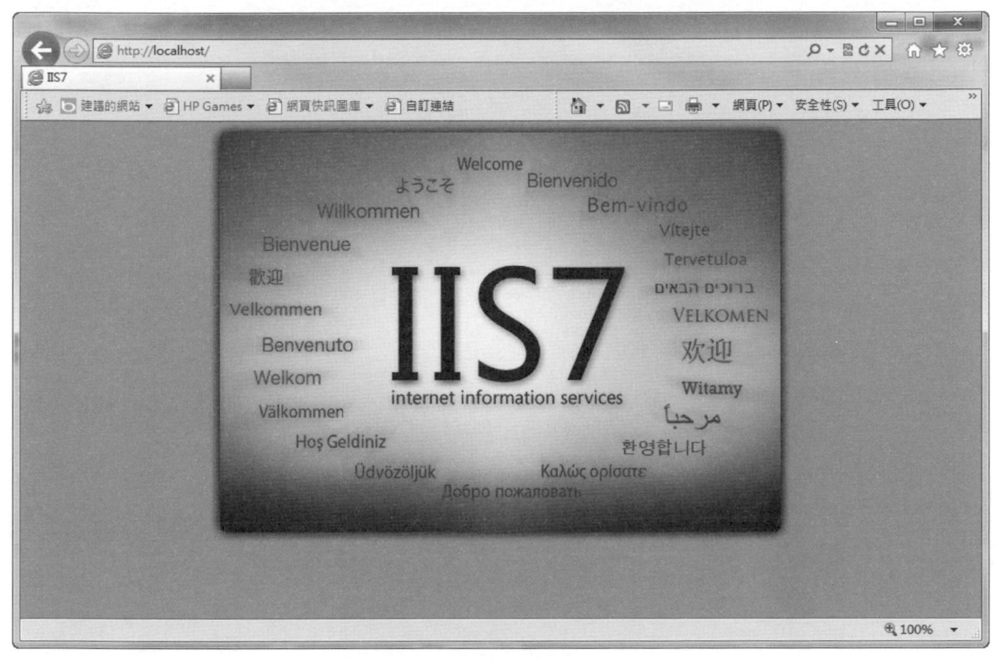

【圖1-31】

我們可以依照上述ASP.NET程式的編輯方式，新增一個ASP.NET程式【asptest-1.aspx】，並存放在IIS服務的根目錄中(C:\inetpub\wwwroot)。接著可以在網址列上輸入要執行的ASP.NET網頁檔案全名及路徑，便可以執行IIS目錄中的ASP.NET網頁程式。

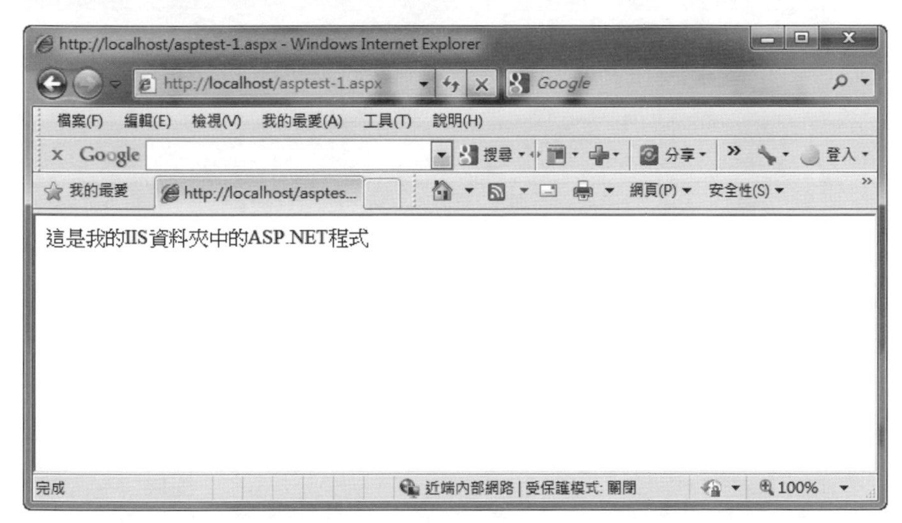

【圖1-32】

此外也可以將IIS服務的目錄加入到WebMatrix中為Web站台，在WebMatrix中開啟檔案編輯並執行。

STEP 01 按下WebMatrix中左上角的【選項】鈕→新增站台/根據資料夾的站台

【圖1-33】

STEP 02 開啟【選擇資料夾】設定視窗→點選IIS服務的資料夾→按下【選擇資料夾】鈕

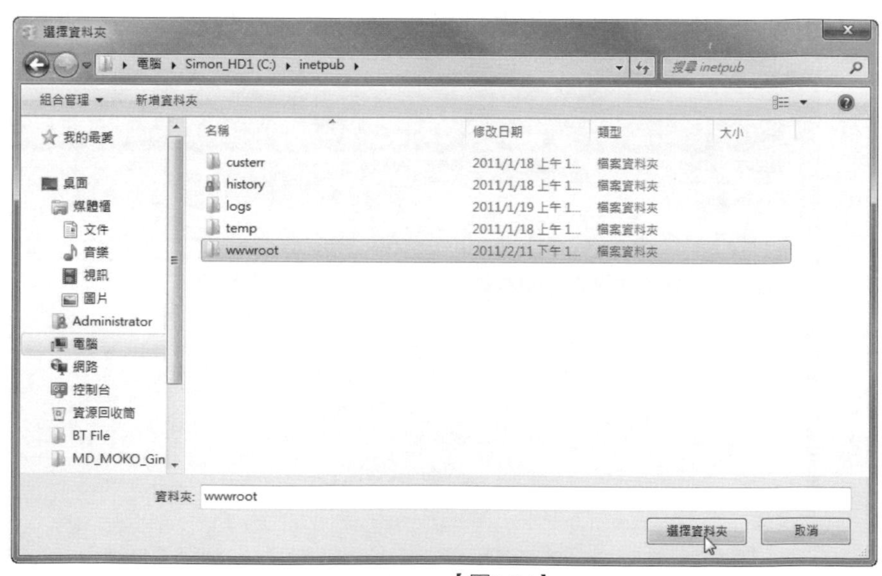

【圖1-34】

STEP 03 回到WebMatrix中並按下【我的站台】→即可見到IIS服務的根目錄已經被新增到站台之中

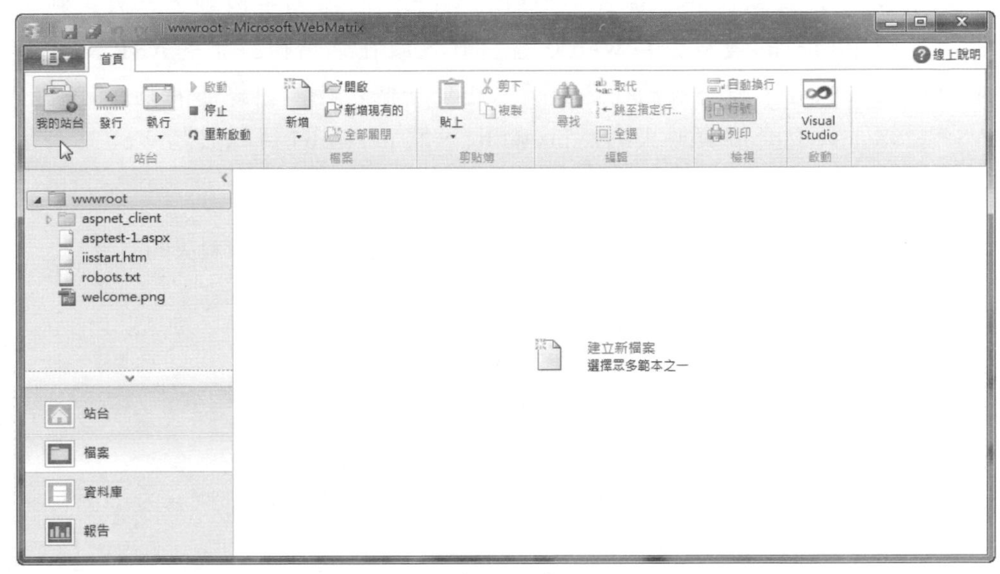

【圖1-35】

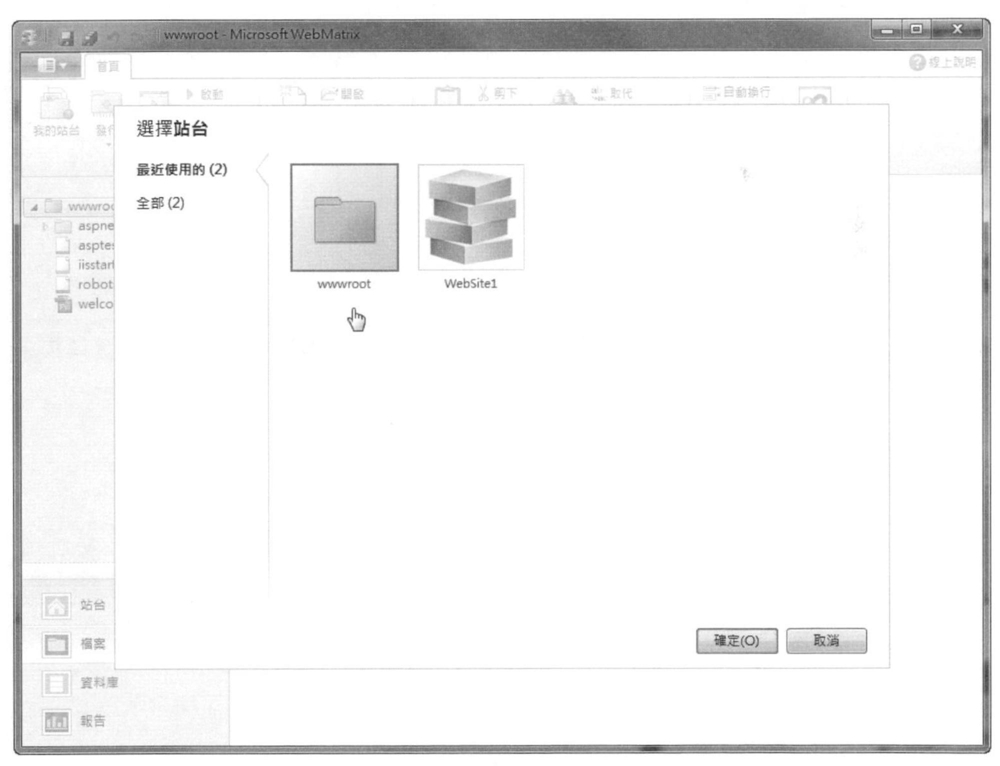

【圖1-36】

1.5.2 自訂Web站台目錄

ASP.NET程式執行除了程式必須放在Web伺服器的主目錄下之外，我們也可以設定自訂的資料夾為Web站台目錄，放在站台目錄下的ASP.NET檔案也可以被執行。假設我們在C磁碟下建立一個目錄，目錄命名為ASP，在ASP目錄下建立一個資料夾名為myweb1，將myweb1目錄設為Web站台目錄的方式如下：

STEP 01 按下WebMatrix中左上角的【選項】鈕→新增站台/根據資料夾的站台

【圖1-37】

STEP 02 開啟【選擇資料夾】設定視窗→選擇自訂的資料夾→按下【選擇資料夾】鈕

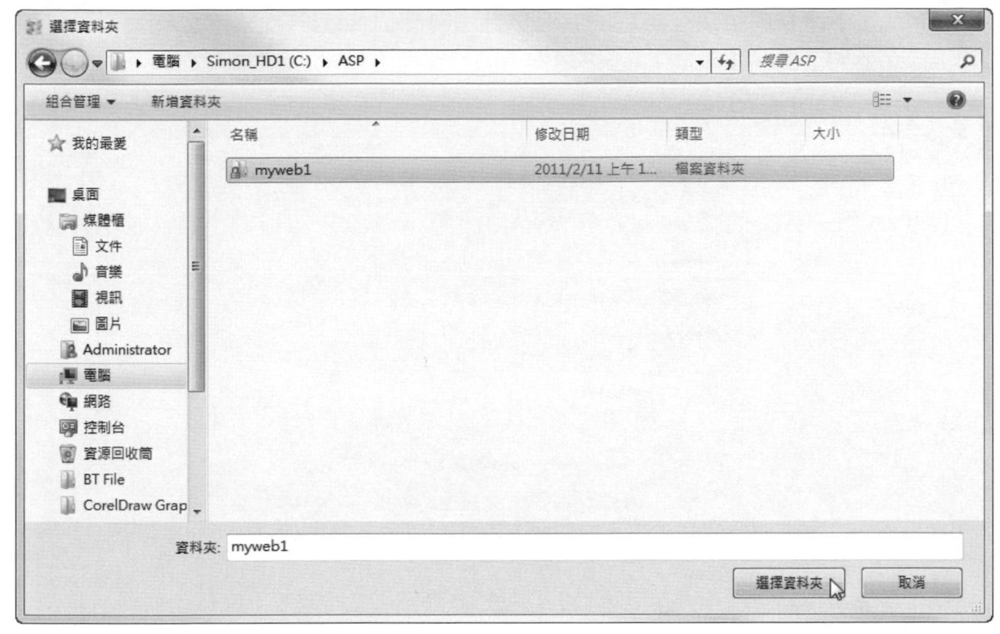

【圖1-38】

STEP 03　回到WebMatrix中並按下【我的站台】→即可見到自訂資料夾的目錄已經被新增到站台之中

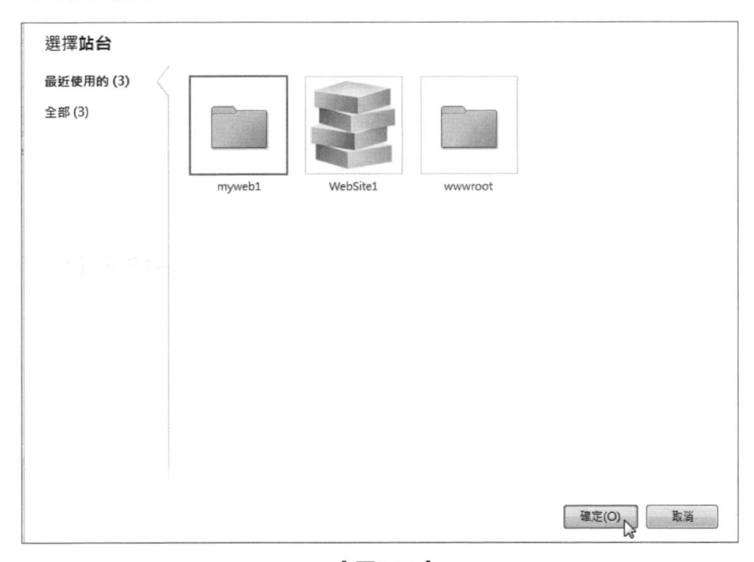

【圖1-39】

STEP 04　接下來我們可以在自訂的站台目錄中寫一個ASP.NET程式(test.aspx)→可按下上方工具列【新增】/新增檔案→即可開始編輯ASP.NET檔案

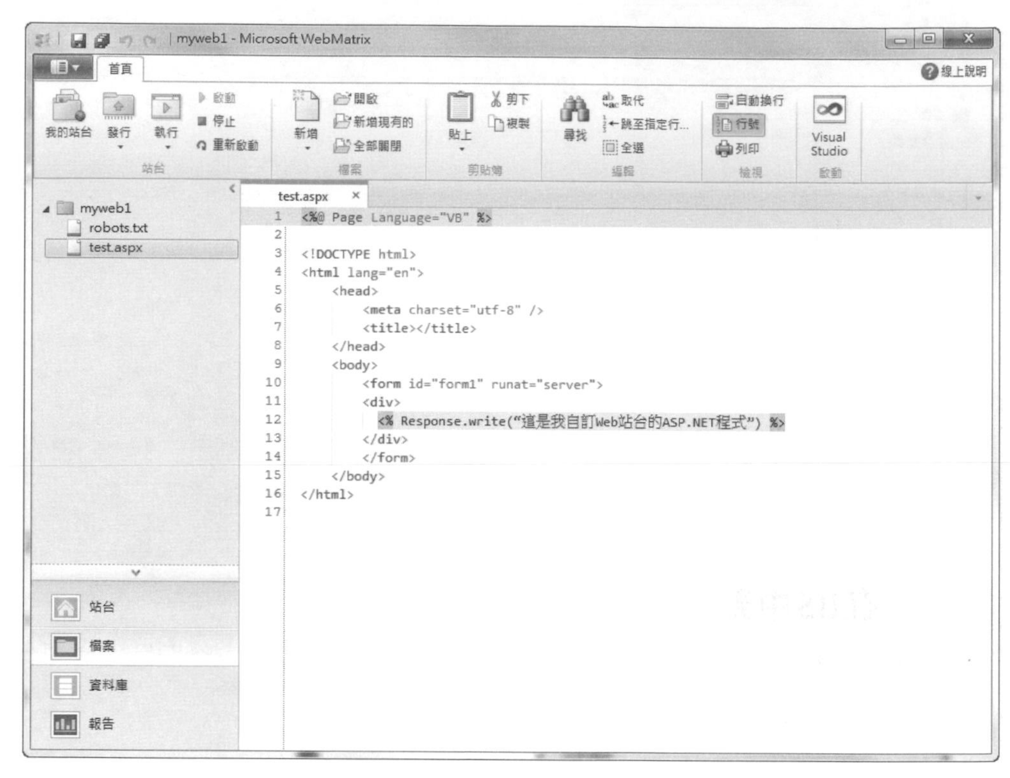

【圖1-40】

STEP 05　工具列/執行/點選要執行的瀏覽器名稱

【圖1-41】

STEP 06 電腦將會自動開啟瀏覽器，執行程式並顯示結果。

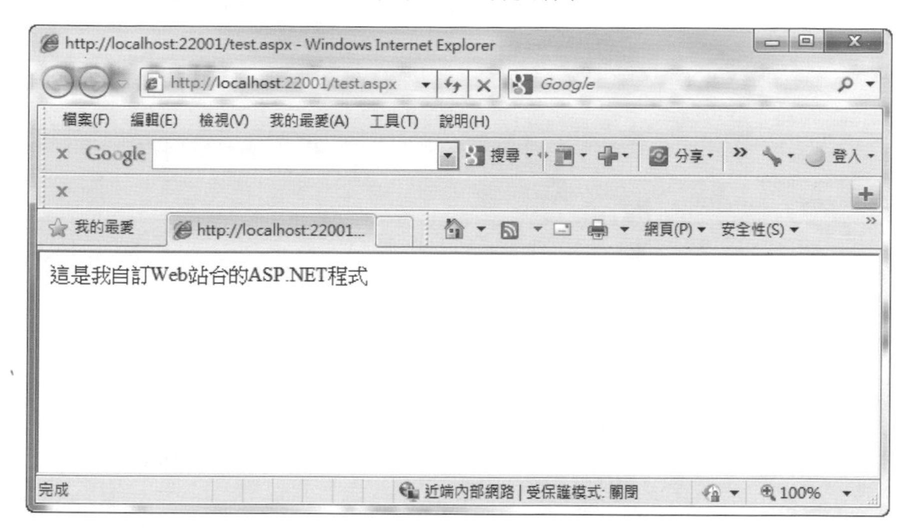

【圖1-42】

1.5.3 在IIS中新增虛擬目錄

我們除了自行新增Web站台目錄之外，也可以利用IIS來新增網站的虛擬目錄，我們同樣先在C磁碟的ASP目錄下建立一個資料夾名為myweb2，接下來執行方式如下：

STEP 01 進入控制台，點選【系統及安全性】

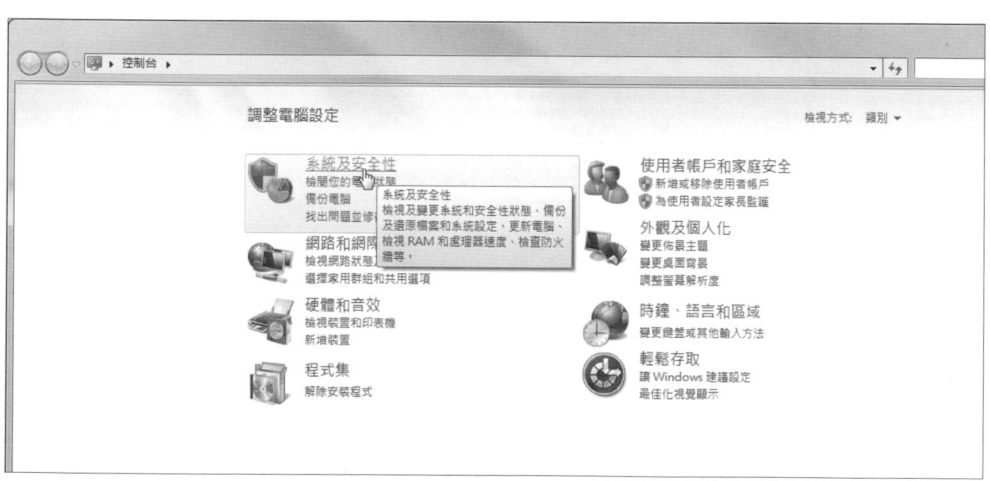

【圖1-43】

STEP **02** 點選【系統管理工具】

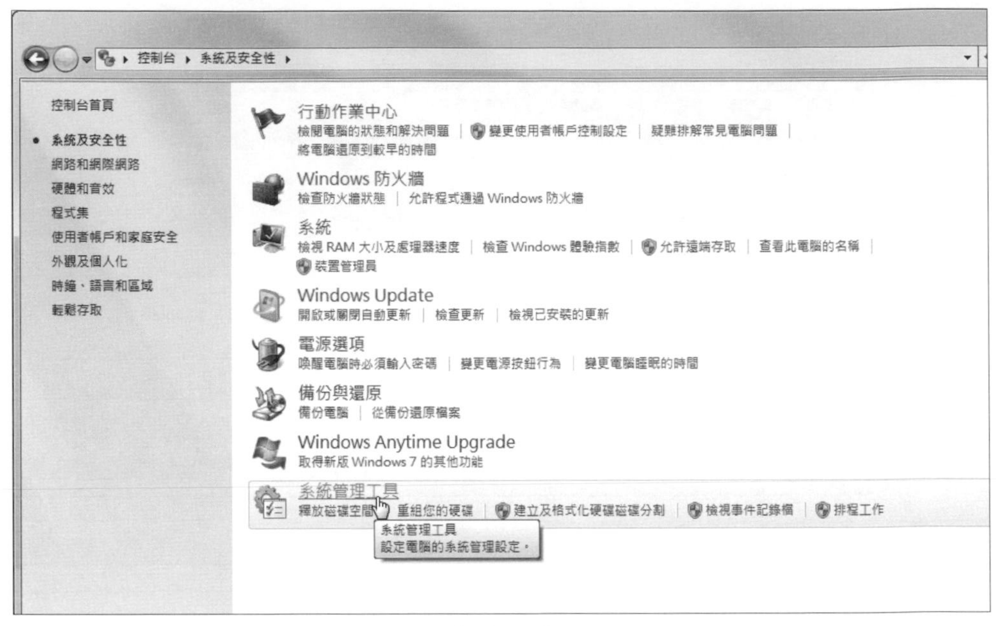

【圖1-44】

STEP **03** 進入後點兩下執行【Internet Information Services】

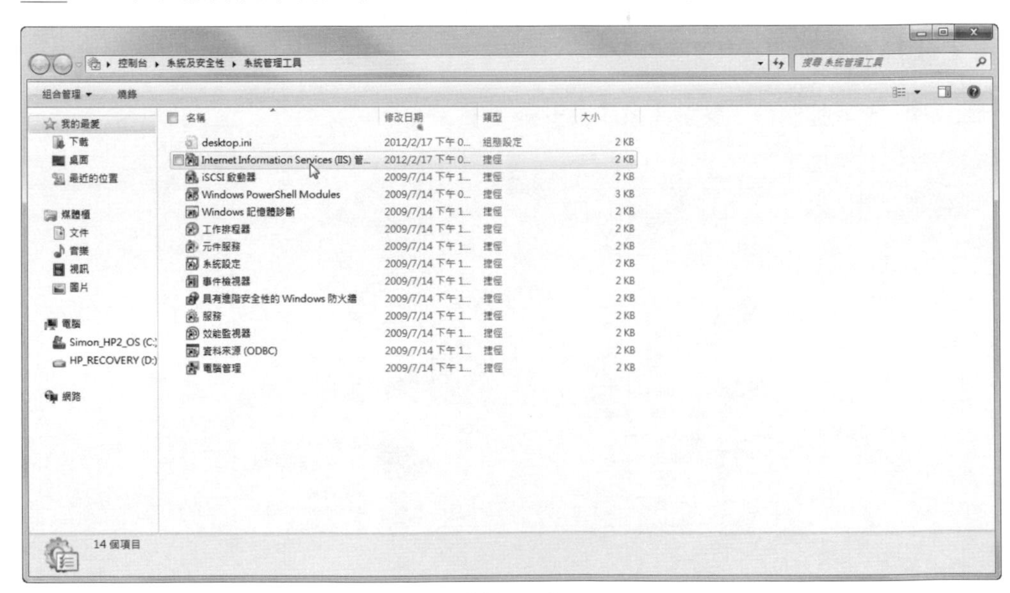

【圖1-45】

STEP 04 開啟【Internet Information Services(IIS)管理員】設定視窗

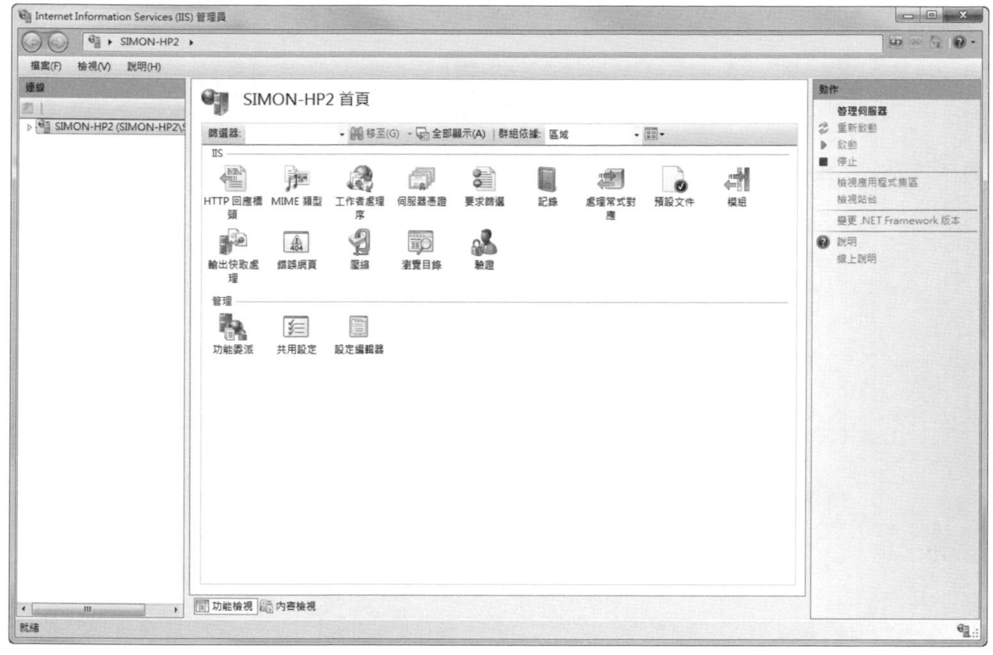

【圖1-46】

STEP 05 展開【站台/Default Web Site】並按右鍵→新增虛擬目錄

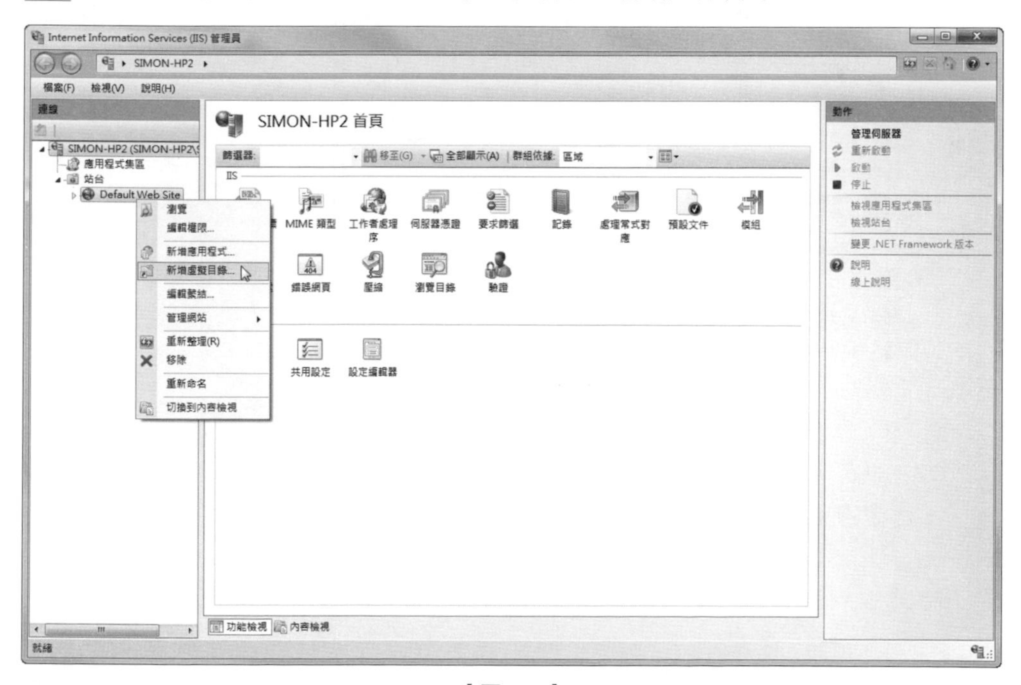

【圖1-47】

STEP **06** 開啟【新增目錄】設定視窗→輸入虛擬目錄的別名，我們以web2為例來建立→並輸入實體路徑→按下【確定】鈕

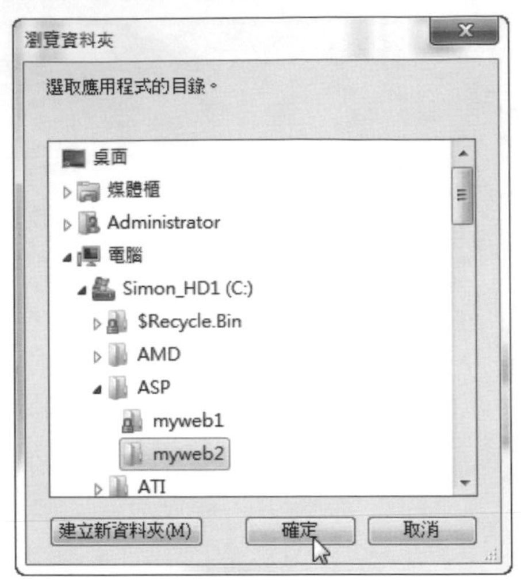

【圖1-48】

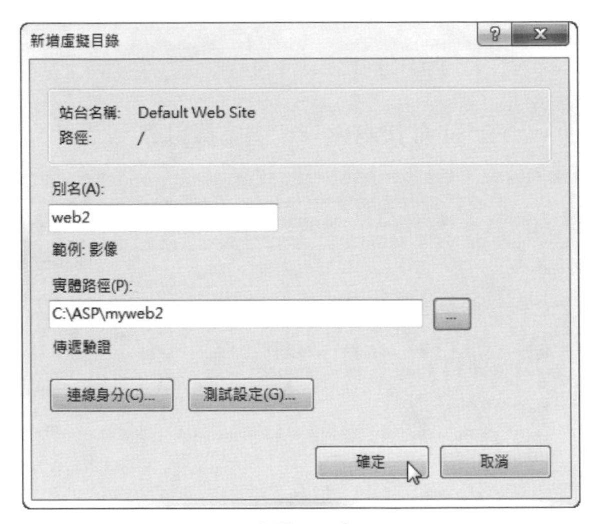

【圖1-49】

STEP **07** 設定完畢後，我們可以在【Internet Information Services(IIS)管理員】設定視窗中見到新增的虛擬目錄Web2。

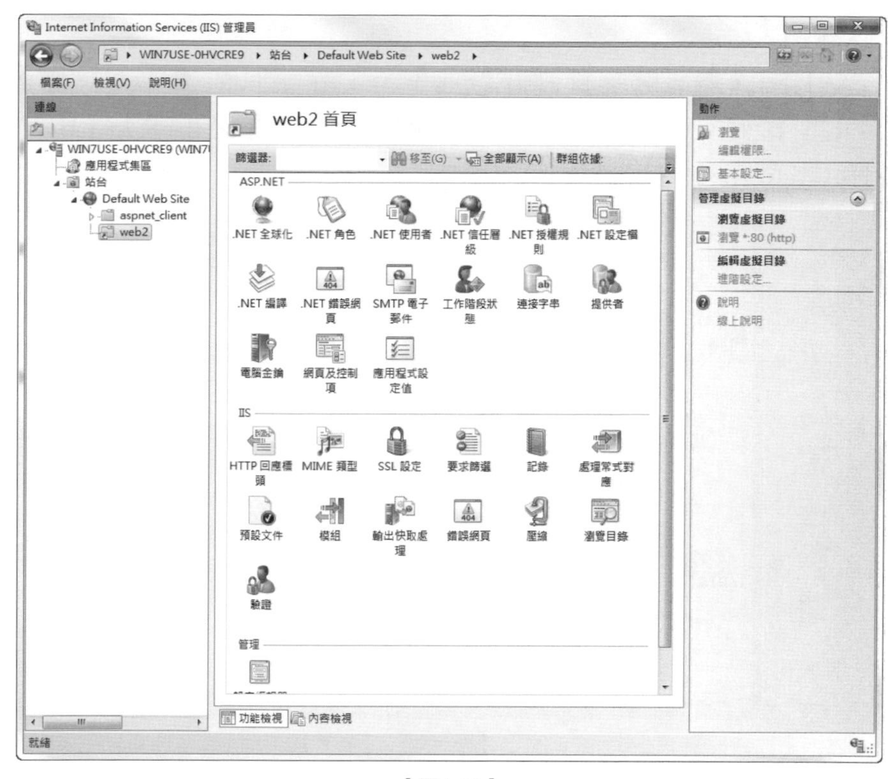

【圖1-50】

STEP 08 我們可以另外再建立一個ASP.NET檔案，名為test2.aspx，存入Web2資料夾→開啟瀏覽器執行程式，可以見到在IIS中建立的虛擬目錄站台中ASP.NET程式的結果

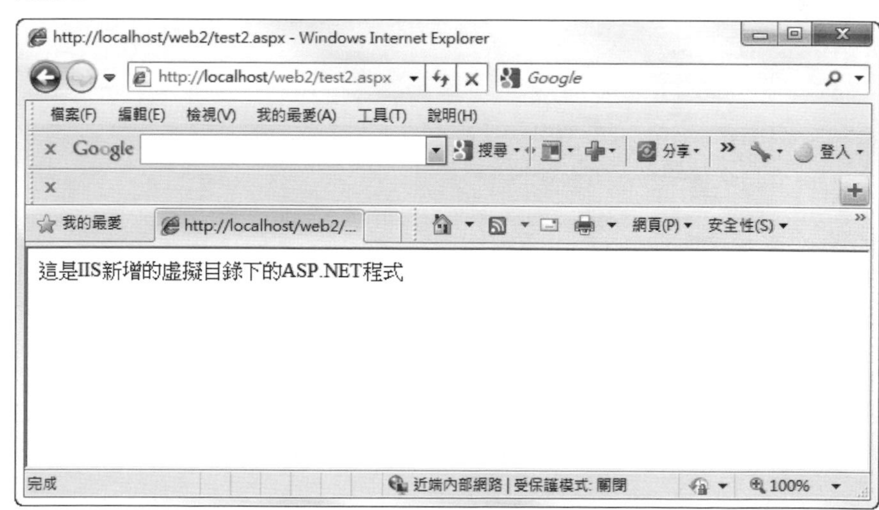

【圖1-51】

【結論】：

ASP.NET網站與網頁設計發展至今，在工具的選擇上已經越來越多樣化，我們可以使用各種文書編輯軟體，如【記事本】、【UltraEdit】、【Notepad ++】…等，

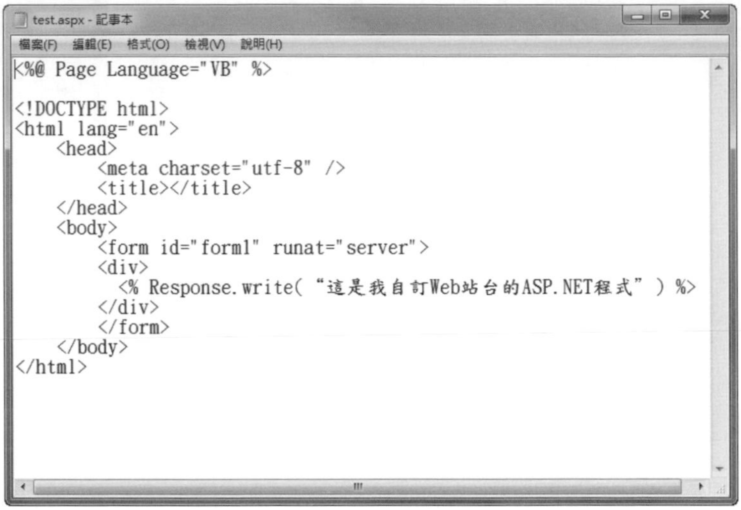

test.aspx - 記事本

檔案(F) 編輯(E) 格式(O) 檢視(V) 說明(H)

```
<%@ Page Language="VB" %>

<!DOCTYPE html>
<html lang="en">
    <head>
        <meta charset="utf-8" />
        <title></title>
    </head>
    <body>
        <form id="form1" runat="server">
        <div>
          <% Response.write( "這是我自訂Web站台的ASP.NET程式" ) %>
        </div>
        </form>
    </body>
</html>
```

【圖1-52：記事本】

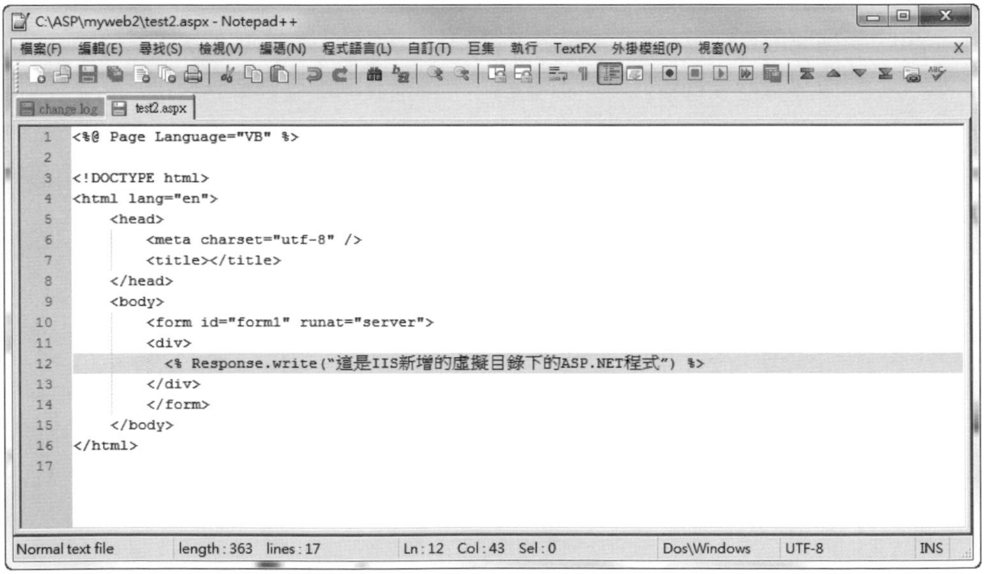

C:\ASP\myweb2\test2.aspx - Notepad++

檔案(F) 編輯(E) 尋找(S) 檢視(V) 編碼(N) 程式語言(L) 自訂(T) 巨集 執行 TextFX 外掛模組(P) 視窗(W) ?

change.log | test2.aspx

```
1  <%@ Page Language="VB" %>
2  
3  <!DOCTYPE html>
4  <html lang="en">
5      <head>
6          <meta charset="utf-8" />
7          <title></title>
8      </head>
9      <body>
10         <form id="form1" runat="server">
11         <div>
12           <% Response.write("這是IIS新增的虛擬目錄下的ASP.NET程式") %>
13         </div>
14         </form>
15     </body>
16 </html>
17 
```

Normal text file | length : 363 lines : 17 | Ln : 12 Col : 43 Sel : 0 | Dos\Windows | UTF-8 | INS

【圖1-53：Notepad ++】

或者是專業的網站設計/網頁編輯軟體，如【Microsoft Virtual Web Developer】、【Microsoft Expression Web】、【Microsoft WebMatrix】、【Adobe Dreamweaver CS5】…等。

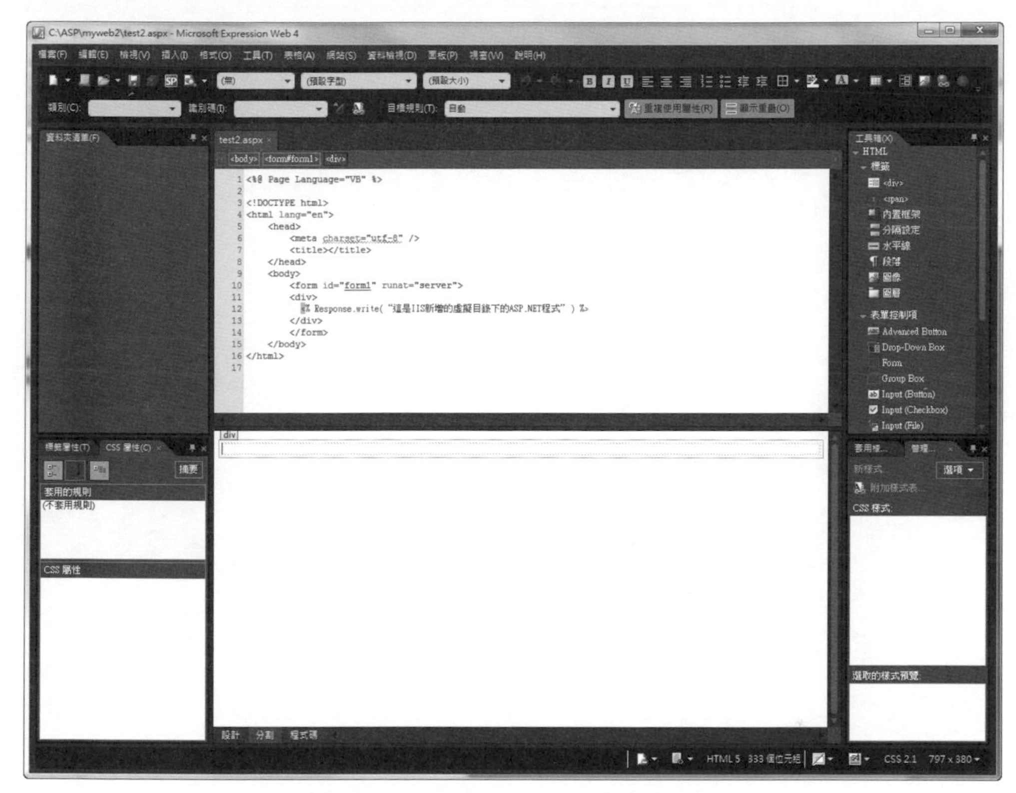

【圖1-54：Microsoft Expression Web 4】

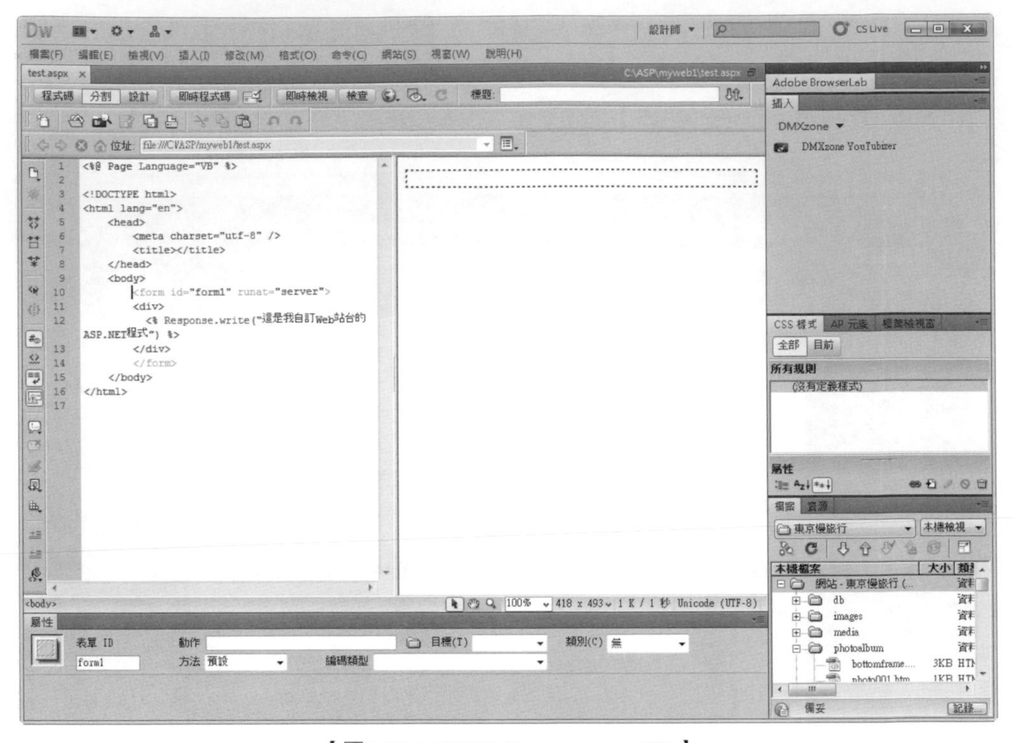

【圖1-55：ADOBE Dreamweaver CS5】

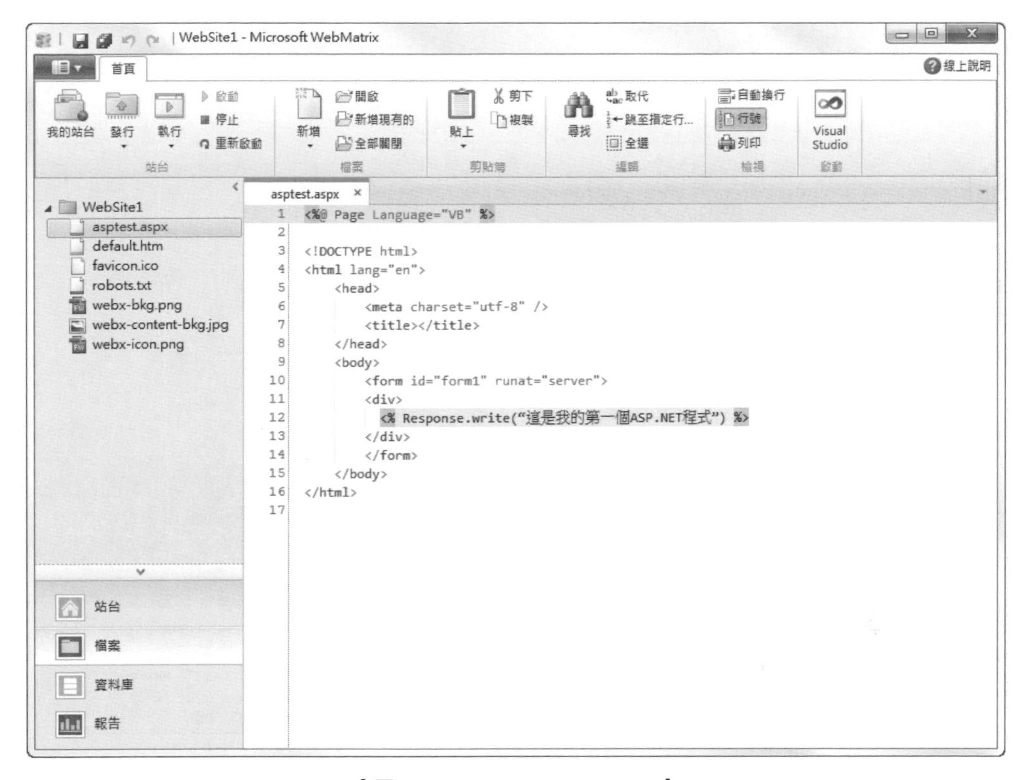

【圖1-56：Microsoft WebMatrix】

軟體準備完成後，也必須具備網站與網路相關的基本概念與知識，如採用微軟系統，就必須要熟悉IIS與網站的架構，這在本單元中都有詳細的說明。另外，一個完整的互動式網站也必須要具備資料庫結構，所以基本的資料庫觀念與資料庫的操作也必須要熟。

當您準備好了，接下來就可以直接進入網站設計的世界，盡情發揮設計的創意。

CHAPTER 02

ASP.NET的HTTP物件

2.1 HTTP物件

ASP.NET是網頁Server端的應用程式，在執行時是使用【HTTP】通訊協定來進行整個網頁的運作，如資料的瀏覽、資料的傳送…等。所謂的通訊協定，是網際網路上的所有電腦彼此溝通的一個橋樑，基本上網際網路上的電腦要有共同的通訊協定才能互相溝通聯繫，最基本的通訊協定是【TCP / IP；Transmission Control Protocol/Internet Protocol】，所以網際網路上的電腦都必須要有【TCP / IP】通訊協定才能彼此溝通聯繫。也就是說，擁有網路能力的電腦，都要支援【TCP / IP】通訊協定。

所謂的【HTTP】，也是一種通訊協定，它是【HyperText Transfer Protocol】的縮寫，是一種超文字檔案的傳輸協定，目前Internet上最盛行的WWW服務就是遵循這種通訊協定。【HTTP】定義了在WWW伺服器和使用者之間的資料通訊協定，使得包含文字、圖片、動畫、聲音等媒體的超文字網頁能夠呈現在上網者的電腦前面，這個協定最主要的特性為它是一個跨平台的標準，因此在不同電腦系統當中存放的資料，有了【HTTP】，都可以經由Internet來達到互相存取的目的。

一般【HTTP】通訊協定所傳輸的除了網址之外，在其開頭(Header)資訊中會儲存其瀏覽器的版本、時間資料、網頁表單欄位…等資訊。所以在網頁程式執行時，Web Server(網站伺服器)會先檢查網頁是否存在，接著便處理【HTTP】的Header，並且判斷網頁程式的類型，比如是否為ASP.NET程式…等，如果是ASP.NET程式，就進行編譯並執行，將Header傳給ASP.NET程式。所以【HTTP】的Header是上網者傳送資料給Web Server的一個管道，同時也是Web Server傳送訊息給上網者的一個通道。由此可知，【HTTP】通訊協定的功用是在網路結構中伺服器端(Server)與客戶端(Client)之間傳送資料，傳送的方式有以下的特性：

- 可傳送任何資料型態的資料。
- 每一次客戶端與伺服器端請求與回應都必須要建立連線，連線後完成請求便斷線，等下一次請求或回應時才會再建立連線，所以【HTTP】通訊協定並不會保持連線狀態。

重點提示 在ASP.NET中的【HTTP】物件大多是對應於【.NET Framework】中的【System.Web】名稱空間，其物件的類別名稱都是以【HTTP】開頭，所以一般稱之為ASP.NET的【HTTP】物件，ASP.NET的【HTTP】物件主要的功用是用來處理瀏覽程式與網站伺服器之間的溝通聯繫。

2.2 Response物件

所屬類別	功用
HttpResponse	依其屬性與方法而定，主要功用有： ● 輸出網頁資料或Cookies到Client端的瀏覽器，輸出的資料類型有網頁、檔案(文字或二進位檔)、資料庫。 ● 網頁控制轉址，從一個網頁轉到另一個網頁。

2.2.1 屬性

屬性的使用格式為：

```
Response 物件名 . 屬性名稱
```

Response物件的常用屬性如下表所示：

屬性名稱	功能
SuppressContent	是否要將網頁內容傳送到Client端的瀏覽器，設為True將不會傳送到Client端瀏覽器，設為False將會傳送到Client的瀏覽器。
StatusDescription	設定輸出到Client端瀏覽器的網頁狀態說明文字，預設值為【OK】。
StatusCode	設定輸出到Client端瀏覽器的網頁狀態碼，預設值為【200】。
IsClientConnected	判斷Client端是否仍與Server端連線(True/False)。
Cookies	新增Client端的Cookie物件。
Charset	設定或取得網頁輸出的字元編碼方式。
Cache	設定網頁快取(Cache)的功能。
BufferOutPut	設定輸出資料是否要儲存於緩衝區(True/False)，預設值為【True】。
Expires	設定與取得網頁保留在Client端瀏覽器快取的時間，單位為分鐘。
ExpiresAbsolute	設定與取得網頁保留在Client端瀏覽器快取的日期與時間。
ContentType	設定或取得資料傳送時的資料型態，資料型態為MIME(Multipurpose Internet Mail Extensions)型態。

【屬性說明】:

BufferOutPut

ASP.NET程式在網站伺服器的處理方式是，先將網頁的處理結果送往緩衝區(Buffer)，所有網頁的輸出完畢後，再送往Client端的瀏覽器顯示結果，或是在程式中執行【Response】物件的Flush()方法或End()方法，強迫將緩衝區的內容輸出到Client端的瀏覽器。所以若沒有設定輸出資料要儲存於緩衝區，則程式的輸出會直接下載到Client端瀏覽器，無法中途取消。若設定輸出資料儲存於緩衝區則可以視情況而定暫時不輸出，先寫入緩衝區，直到所有網頁程式全部解讀後，再將緩衝區的資料輸出到瀏覽器。要使用緩衝區儲存輸出資料請設定【Response.BufferOutput = True】。

IsClientConnected

設定此一屬性可以判斷Client端瀏覽器是否仍與網站伺服器端連線，回應值為True / False，一般說來伺服器端可能在不知Client端使用者已經停止瀏覽的情況下，仍舊繼續執行網頁伺服器端的網頁，如此會對網站伺服器造成不必要的負擔，所以可使用此屬性判斷Client端瀏覽器是否在連線中，【True】表示連線中，【False】表示已離線。

Expires

設定網頁保留在Client端瀏覽器快取的時間後，上網者如果在這個設定時間內瀏覽網頁，顯示的是儲存在瀏覽器快取的網頁內容，如果超過設定的時間瀏覽網頁，則會連線向網站伺服器請求最新的網頁內容。

ExpiresAbsolute

設定與取得網頁保留在Client端瀏覽器快取的日期與時間，是指保留在客戶端快取資料夾的最後時間與日期，其設定的格式前後必須加上【#】符號，如果不設定此屬性，則保留期限到當日晚上12點。設定方式如下：

```
Response.ExpiresAbsolute = # June 30 , 2008 18:00:00 #
```

StatusCode / StatusDescription

輸出到Client端瀏覽器的網頁狀態碼與其說明文字，可見下表：

狀態碼	說明文字
100	繼續(Continue)
101	切換協定(Switching Protocol)
200	OK
201	建立(Create)
202	接受(Accepted)
203	無授權的資訊(Non Authoritative information)
204	無網頁內容(No Content)
205	重置網頁內容(Reset Content)
206	部分網頁內容(Partial Content)
300	多重選擇(Ambiguous)
301	永久遷移(Moved Permanently)
302	轉向(Redirect)
303	轉向方法(Redirect Method)
304	無修正(Not Modified)
305	使用Proxy(Use Proxy)
307	暫時轉向(Temporary Redirect)
400	不正確的要求(Bad Request)
401	無授權(Denied)
402	付費要求(Payment Required)
403	禁止(Forbidden)
404	無發現(Not Found)
405	不允許使用這種方法(Bad Method)
406	不接受(None Acceptable)
407	Proxy需授權才能使用(Proxy Authentication Required)
408	逾時(Request Timeout)
409	衝突(Conflict)
410	結束(Gone)
411	長度要求(Length Required)
412	先決條件失敗(Precond Failed)
413	輸入內容過大(Request Too Large)
414	URL太長(Request-URL Too Long)
415	不支援的媒體型態(Unsupported Media)
449	再試(Retry With)
500	伺服器錯誤(Server Error)
501	不支援(Not Supported)
502	閘道錯誤(Bad Gateway)

狀態碼	說明文字
503	服務無法使用(Service Unavailable)
504	閘道逾時(Gateway Timeout)
505	不支援此版本的http協定(Verson Not Supported)

ContentType

使用Response物件的ContentType屬性設定傳送資料的型態是MIME的資料型態，設定方法如下：

```
Response.ContentType = "MIME 資料型態"
```

MIME資料型態如下表：

MIME資料型態名稱	說明
text/html	HTML網頁
text/xml	XML網頁
text/plain	ASCII文字檔
image/gif	GIF格式圖片
image/jpeg	JPEG格式圖片

2.2.2 方法

方法的使用格式為：

```
Response 物件名 . 方法名稱 ( 參數… )
```

Response物件的常用方法如下表所示：

方法名稱	功能
WriteFile	將指定的檔案輸出到Client端
Write	將資料輸出到Client端瀏覽器
Redirect	重新轉向網頁到另一網址
Flush	輸出緩衝區的資料到Client端瀏覽器
End	中斷ASP.NET網頁的執行
Close	關閉Client端的連線
ClearHeaders	清除緩衝區中的頁面標題
Clear	清除緩衝區的內容，但是不含HTTP通訊協定的頁面標題
BinaryWrite	將二進位字元資料輸出到Client端瀏覽器
AppendToLog	將自訂的資料加入到IIS紀錄檔中(Log File)，以便追蹤與分析紀錄

【方法說明】:

End()

End()方法可以中斷ASP.NET網頁的執行，所以在程式碼中，寫在End()方法之後的程式就不會被執行，並且在中斷後，馬上將緩衝區的內容傳送到Client端的瀏覽器顯示。

Flush()

Flush()方法可以將緩衝區的資料強迫傳送到Client端的瀏覽器顯示，不管當時程式中的資料是否已經輸出到瀏覽器，都會將當時緩衝區中的資料送出，輸出後緩衝區內的資料將會被清空。

Write()

Write()方法可以將資料輸出到Client端瀏覽器，輸出的資料可以是任何的型態，可以是字元、字串、變數、HTML標籤…等。其輸出格式如下：

```
Response.Write(“字串資料”)
Response.Write(變數)
Response.Write(“字串資料” & 變數 )
```

如果輸出的是變數，則可以將原先輸出程式的寫法：

```
<% Response.Write(變數)%>
```

簡寫為

```
<%= 變數 %>
```

這是一種ASP.NET精簡的寫法。

範例練習2-1 (完整程式碼在本書附的光碟中ch2\ex2-1.aspx)

寫一 ASP 程式，測試緩衝區的處理。

程式碼

```
1.  <%@ Page Language="VB" %>
2.  <html>
3.  <head runat="server">
4.  <title>範例 ex2-1</title>
5.  </head>
6.  <body>
7.  <%
8.  Response.Write(" 這是 ASP.NET 的輸出 <br>")
9.  Response.Write(" 緩衝區的設定 <br>")
10. Response.Flush()
11. Response.Write(" 緩衝區資料輸出後 ...<br>")
12. Response.End()
13. Response.Write(" 中斷 ASP.NET 程式後的輸出 <br>")
14. %>
15. </body>
16. </html>
```

程式說明

第 1 行：ASP.NET 程式的指引區間，告知 .NET 系統此網頁程式是以 Visual Basic 程式撰寫。

第 3 行：宣告網頁的表頭，並設定此網頁程式在 Server 端執行。

第 7~14 行：ASP 網頁的主程式區間，即動態標籤區間。

第 8~9 行：輸出資料到瀏覽器，因為尚未執行到程式的結束，所以輸出的結果會先儲存到緩衝區。

第 10 行：強迫將當時緩衝區中的資料輸出到瀏覽器，輸出後緩衝區的資料將被清空。

第 11 行：輸出資料到瀏覽器，因為尚未執行到程式的結束，所以輸出的結果會再儲存到緩衝區。

第 12 行：中斷 ASP.NET 程式的執行，程式的執行此時將結束，所以接下來的第 13 行的輸出資料將不會輸出，也不會在瀏覽器上看到。

執行結果

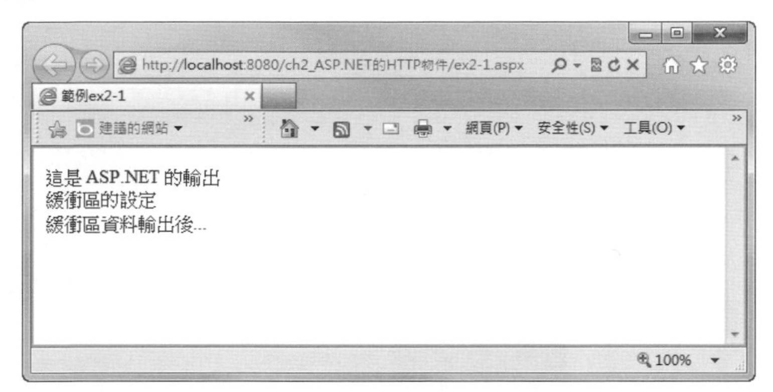

【圖2-1】

範例練習2-2 (完整程式碼在本書附的光碟中ch2\ex2-2.aspx)

寫一 ASP 程式，測試 Response 物件的網頁轉址功能。

程式碼

```
1.  <%@ Page Language="VB" %>
2.  <html>
3.  <head runat="server">
4.  <title>範例 ex2-2</title>
5.  </head>
6.  <body>
7.  <%
8.  Response.Redirect("http://tw.yahoo.com")
9.  %>
10. </body>
11. </html>
```

程式說明

第 1 行：ASP.NET 程式的指引區間，告知 .NET 系統此網頁程式是以 Visual Basic 程式撰寫。

第 3 行：宣告網頁的表頭，並設定此網頁程式在 Server 端執行。

第 7~9 行：ASP 網頁的主程式區間，即動態標籤區間。

第 8 行：執行 Response 物件的轉址，將網頁轉址到奇摩網站首頁 http://tw.yahoo.com，執行後可在網頁上看到進入奇摩網站的首頁。

執行結果

【圖2-2】

> **重點提示**
> 本題要注意，在執行Response物件的Redirect方法時，如果在執行前將緩衝區關閉，也就是不使用緩衝區，則程式在執行到Redirect轉址時，會發生錯誤，如以下的範例所示：

範例練習2-3 (完整程式碼在本書附的光碟中ch2\ex2-3.aspx)

寫一 ASP 程式，測試 Response 物件不使用緩衝區的網頁轉址功能。

程式碼

```
1.  <%@ Page Language="VB" %>
2.  <html>
3.  <head runat="server">
4.  <title>範例 ex2-3</title>
5.  </head>
```

```
6.   <%  Response.BufferOutput = False%>
7.   <body>
8.   <%Response.Redirect("http://tw.msn.com")%>
9.   </body>
10.  </html>
```

程式說明

第 1 行：ASP.NET 程式的指引區間，告知 .NET 系統此網頁程式是以 Visual Basic 程式撰寫。

第 3 行：宣告網頁的表頭，並設定此網頁程式在 Server 端執行。

第 6 行：ASP 網頁的主程式區間，即動態標籤區間，設定 Response 物件的 BufferOutput 為 False，即不使用緩衝區。

第 8 行：也是 ASP 網頁的主程式區間，利用 Response 物件的 Redirect 方法做網頁的轉址功能。

執行結果

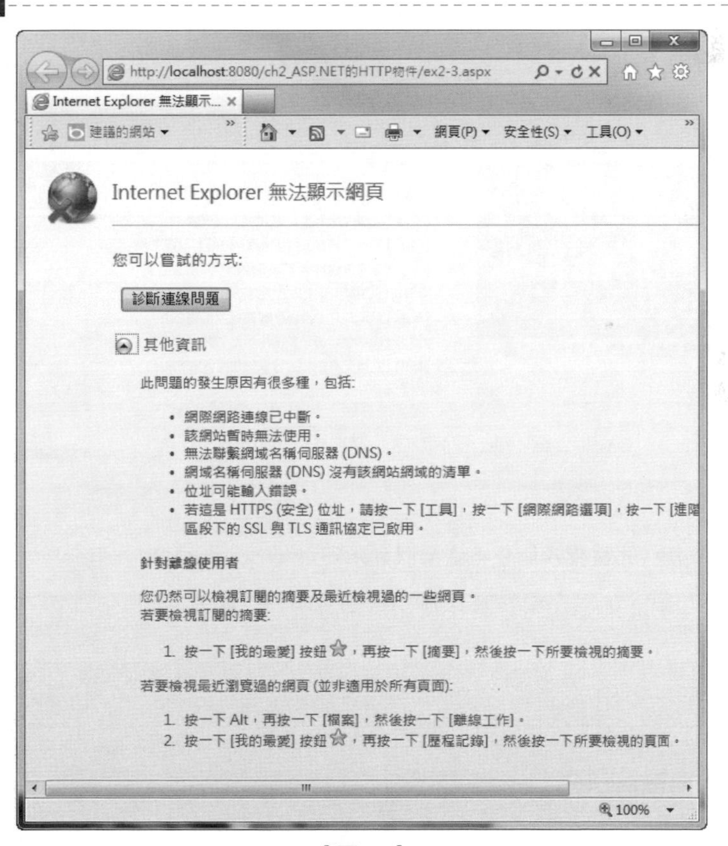

【圖2-3】

重點提示 在此範例中，我們看到了執行結果產生了錯誤，如上圖。產生錯誤的主要原因是因為設定不使用緩衝區，所以在執行Response.Redirect轉址時產生標題寫入的錯誤，我們可以在錯誤的畫面中看到，顯示【傳送HTTP標頭後無法重新導向】，因為不使用緩衝區，所以程式執行時會將結果馬上傳送到瀏覽器，但是因為在程式剛開始執行時就已經送出HTTP的標頭資料，程式還沒執行完畢就執行轉址，因為轉址的網址也有HTTP的標頭資料，因此產生衝突，導致轉址錯誤。所以在程式的第6行將False改為True，設定為使用緩衝區，如此便不會產生錯誤，執行的結果如下：

【圖2-4】

範例練習2-4 (完整程式碼在本書附的光碟中ch2\ex2-4.aspx)

寫一 ASP 程式，可測試上網者的瀏覽器是否仍與伺服器端連線。

程式碼

```
1.  <%@ Page Language="VB" %>
2.  <html>
3.  <head runat="server">
4.  <title>範例 ex2-4</title>
5.  </head>
6.  <body>
7.  <%
8.  Response.Write(" 這是 Response 物件的屬性測試，使用者是否仍在連線中 ...<p>")
9.  If Response.IsClientConnected = True Then
10. Response.Write("** 使用者仍在連線中！ **")
11. Else
12. Response.Write("-- 使用者已經離線！ --")
13. End If
14. %>
15. </body>
16. </html>
```

程式說明

第 1 行：ASP.NET 程式的指引區間，告知 .NET 系統此網頁程式是以 Visual Basic 程式撰寫。

第 3 行：宣告網頁的表頭，並設定此網頁程式在 Server 端執行。

第 7~14 行：ASP 網頁的主程式區間，即動態標籤區間。

第 8 行：輸出字串到瀏覽器。

第 9~13 行：以 If 條件式來判斷 IsClientConnected 屬性值，若為 True，則輸出訊息為【** 使用者仍在連線中！ **】，否則輸出訊息為【-- 使用者已經離線！ --】。

執行結果

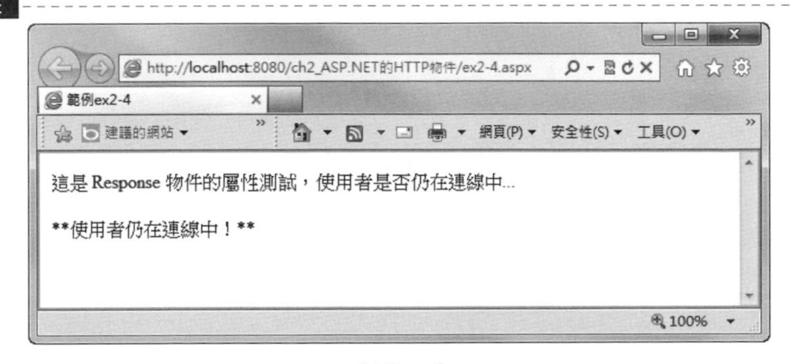

【圖2-5】

2.3 Request物件

所屬類別	功用
HttpRequest	是ASP.NET的輸入物件，可以取得的資料有： ● 表單欄位的值，即Client端瀏覽器經由表單送回的資料。 ● Client端瀏覽器網址列參數的傳入值。 ● Cookies的值。

2.3.1 屬性

屬性的使用格式為：

```
Request 物件名 . 屬性名稱
```

Request物件的常用屬性如下表所示：

屬性名稱	功能
UserLanguages	Client端主機所使用的語言
(Http_accept_language)	切換協定(Switching Protocol)
UserHostName	Client端主機的DNS名稱(Remote_name)
UserHostArrress	Client端主機的IP位址(Remote_arrd)
UserAgent	Client端瀏覽器的使用者agent字串
(Http_user_agent)	無授權的資訊(Non Authoritative information)
URL	目前要求的檔案URL
TotalBytes	目前輸入的字串長度
ServerVariables	取得Server端的系統變數值
RequestType	Request物件的傳送方式(Get/Post)
RawUrl	目前頁面的URL
QueryString	取得瀏覽器網址列後的參數內容
PhysicalPath	目前網頁檔案在Server端的實際路徑
PhysicalApplicationPath	目前網頁檔案資料夾在Server端的實際路徑
Path	目前網頁的虛擬路徑
Params	傳回QueryString、Form、Cookies、ServerVariables的全部集合
IsSecureConnection	是否使用HTTP的安全模式連結
IsAuthenticated	使用者是否通過認證
HttpMethod	目前Client端網頁的傳送方式(Get/Post)
Headers	Client端網頁的標題資訊

屬性名稱	功能
Form	取得表單欄位的內容
Files	傳回上傳檔案的HttpFileCollection物件
FilePath	目前執行網頁的虛擬位址
Cookies	取得Client端的Cookies資料
ContentType	目前Request物件的MIME內容型態
ContentEncoding	Client端瀏覽器的字元編碼方式
ClientCertificate	取得Client端使用者的安全認證資訊
Browser	取得Client端瀏覽器的資訊
ApplicationPath	目前執行程式的Server端虛擬目錄
MapPath	將虛擬路徑轉成實際路徑

【屬性說明】：

ServerVariables

網站伺服器Server主機的基本資料是儲存在Request物件的ServerVariables屬性中，我們可以利用此一屬性來讀取Server的相關資訊，其語法格式如下：

```
變數 = Request.ServerVariables(“環境變數”)
```

其中環境變數相當多，常用的如下表：

環境變數	功用
ALL_HTTP	所有的HTTP標頭
ALL_RAW	HTTP標頭的原始資料
APPL_MD_PATH	取得Web應用程式的虛擬路徑
APPL_PHYSICAL_PATH	取得Web應用程式的實際路徑
AUTH_PASSWORD	認證密碼
AUTH_TYPE	認證方法，是伺服器用來驗證使用者是否可以存取保護程式的方式
AUTH_USER	認證使用者名稱
CONTENT_LENGTH	Client端傳送給Server端文件內容的長度
CONTENT_TYPE	Client端傳送給Server端文件內容的資料型態
GATEWAY_INTERFACE	Common Gateway Interface的版本
HTTPS	是否有使用SSL(ON / OFF)
HTTPS_SECRETKEYSIZE	SECRET KEY的長度
INSTANCE_ID	IIS中的INSTANCE ID
INSTANCE_META_PATH	IIS中的INSTANCE的虛擬路徑

環境變數	功用
LOCAL_ADDR	Server端的IP位址。
PATH_INFO	目前ASP.NET網頁檔案的虛擬路徑。
PATH_TRANSLATED	目前ASP.NET網頁檔案的實際路徑。
QUERY_STRING	取得瀏覽器的URL參數。
REMOTE_ADDR	Client端的IP位址。
REMOTE_HOST	Client端的DNS。
REQUEST_METHOD	HTTP的請求方法(Get / Post)。
SCRIPT_NAME	Script網頁檔案的虛擬路徑。
SERVER_NAME	Server伺服器的名稱。
SERVER_PORT	Server伺服器的HTTP埠號。
SERVER_PORT_SECURE	Server伺服器是否使用安全的port。
SERVER_PROTOCOL	Server伺服器的HTTP版本。
SERVER_SOFTWARE	Server伺服器使用的軟體版本。
URL	網址。
HTTP_CONNECTION	HTTP的連線方式。
HTTP_ACCEPT	HTTP可以接受的MIME格式。
HTTP_ACCEPT_ENCODING	HTTP的編碼方式。
HTTP_ACCEPT_LANGUAGE	HTTP可以接受的語言。
HTTP_HOST	HTTP的DNS。
HTTP_REFERER	HTTP的參考網址。
HTTP_USER_AGENT	瀏覽器的版本資訊。

Form / QueryString

ASP.NET是Server端的網頁技術，在整個網站的運作中，輸出是由Response物件的Write方法來負責，而輸入到Server端要處理的資料則是透過Client端的網頁來進行，在Client端的網頁輸入資料有以下兩種方式：

- Client端瀏覽器上輸入的URL網址所傳遞的參數
- HTML的網頁表單欄位資料

Request物件可以接受以上兩種方式的資料傳遞，在Request物件中，是以【Form】與【QueryString】這兩個屬性來接收資料，其中URL參數只能使用【QueryString】來取得資料，而表單欄位資料則可使用【Form】與【QueryString】來取得資料。

一般說來，使用URL參數或是表單的get方法傳遞資料，都是使用【QueryString】來取得資料，而使用表單欄位或是表單的post方法傳遞資料，則是使用【Form】來取得資料。使用的格式如下：

```
Request.QueryString(“表單欄位名稱”)
Request.form(“表單欄位名稱”)
```

以上兩種格式都可以簡寫為以下的格式：

```
Request(“表單欄位名稱”)
```

重點提示 一般HTML網頁表單是以HTML中的表單標籤來製作，在HTML中表單標籤是負責用來製作網頁表單，藉由表單標籤中的輸入欄位來蒐集Client端輸入的資料，送往Server端處理。以下我們將介紹表單標籤與表單輸入欄位的使用：

表單標籤：<form>

要構成網頁中的表單，其中的方式之一就是使用HTML的表單標籤<form>，HTML中所有表單的內容與輸入欄位，都必須放在表單標籤<form>之中，在一份網頁中，可以有多個表單，但是不能有巢狀的表單，也就是表單中不可以再有表單。

<form>標籤有處理表單的重要屬性如下：

Action：設定表單資料的處理方式

此屬性是設定表單要處理表單資料的方式，一般都是設定處理表單資料的Server端程式，以往多是CGI程式，現在則多半是Server端的處理程式如ASP.NET、JSP、PHP…等，此屬性若是不設定，則預設由該表單網頁程式處理。Action屬性的設定格式如下：

```
<form action=”處理程式的檔名或路徑”>
```

Method：設定表單資料的傳送方式

此屬性是用來設定表單資料要傳送到Server端處理程式的傳送方式，設定方式有兩種：

◆ Get：

此為預設值，使用get時，表單的資料經過編碼後會被當作處理程式的參數送出，即透過URL網址後的字串傳送到Server端，Server端會以【QueryString】來取得資料。其中參數是位於網址中【?】符號之後，如果參數只有一個，可用【&】符號隔開。此傳送方式是附加在URL網址後，所以傳遞的資料量有限制，最多只能到1024Bytes。設定的方式如下：

```
<form method=get>
```

◆ Post：

設定post時，表單的資料在經過編碼後，透過HTTP通訊協定的標頭資料傳遞到Server端，Server端會以【Form】來取得資料。在傳遞時，欄位的資料與URL是分開的，所以沒有傳遞資料量的限制。設定的方式如下：

```
<form method=post>
```

Name：設定表單的名稱

設定的方式如下：

```
<form name=”表單名稱”>
```

表單輸入欄位：

在HTML中，表單輸入欄位主要分為三大項目，分別是<input>、<select>、<textarea>。以下我們將逐一介紹這些輸入欄位標籤的使用方法：

<input>：表單資料輸入欄位標籤

<input>是<form>標籤的主要標籤，用來製作表單輸入欄位，製作的欄位主要分為兩大類：一是輸入欄位，另一則是點選按鈕欄位。語法格式如下：

```
<form>
<input …>
<input …>
…
</form>
```

<input>標籤中重要的屬性如下：

◆ Name：

即該輸入欄位的名稱，每一個輸入欄位都有一個欄位名稱，是一個表單中各輸入欄位的辨識方式，也是Server端處理表單程式中要處理的輸入欄位辨識方式。

◆ Type：

此屬性可以指定輸入欄位的種類，種類如下：

Type屬性值	功能
Text	文字方塊，用來輸入文字資料，只能輸入單行文字。Type屬性若不設定，此屬性值為預設值。相關的屬性如下： ● maxlength：設定文字方塊輸入字元的個數，預設值為0，表示不限長度。 ● readonly：設定文字方塊欄位為唯讀，預設值為false(允許輸入)，設為true則為唯讀，無法輸入資料。 ● size：設定文字方塊的寬度。 ● value：設定文字方塊的預設值。 ● name：文字方塊欄位的名稱。
Password	密碼方塊，功用與文字方塊相同，但是輸入的資料不會顯示，會以特定符號 * 顯示，相關的屬性與text相同。
Radio	單選鈕，在表單範圍內，所有的單選鈕中只能有一個被選取。相關的屬性與checkbox相同。
Checkbox	核取方塊，可複選，在表單範圍內，所有的核取方塊中可以多個被選取。相關的屬性如下： ● checked：不須設定任何屬性值，加上此屬性就代表該核取方塊已經預設被選取。 ● value：核取方塊的值。 ● name：核取方塊欄位的名稱。
Button	按鈕，按下後可以觸發程式中的Server端處理事件。相關的屬性如下： ● value：按鈕上的顯示文字。 ● name：按鈕的名稱。
Submit	送出按鈕，按下後可以送出所有表單的資料到Server端處理，是送往<form>標籤的action屬性所設定的處理程式做處理。相關的屬性如下： ● value：按鈕上的顯示文字。 ● name：按鈕的名稱。
Reset	重置按鈕，按下後會將所有表單內的資料清空。相關的屬性如下： ● value：按鈕上的顯示文字。 ● name：按鈕的名稱。
Hidden	隱藏欄位，可以用來傳送資料到Web Server伺服器，在Client端瀏覽器中是看不到這個欄位的，主要是用來傳送瀏覽器的環境資料，或是網頁程式間的資料傳遞。相關的屬性如下： ● value：傳送的欄位值。 ● name：按鈕的名稱。

Type屬性值	功能
File	檔案欄位，可在Client端選擇檔案後執行檔案上傳到Server端。相關的屬性如下： ● name：檔案欄位的名稱。
Image	圖片送出按鈕，即送出按鈕以圖片來取代，送出的資料是滑鼠指標在圖片上的座標值。相關的屬性如下： ● src：指定的圖檔名稱與路徑。 ● align：圖片的對齊方式，設定方式與<img>標籤相同。 ● name：檔案欄位的名稱。

<select>：選單欄位標籤

<select>標籤可以製作選單，是除了<radio>與<checkbox>標籤之外的另一種選擇。以<select>標籤製作選單必須以<option>標籤來定義選單中的選項，一個<option>代表一個選項。並搭配相關的屬性來製作選單，語法格式如下：

```
<select…>
<option>選項1
<option>選項2
<option>選項3
…
</select>
```

<select>標籤中重要的屬性如下：

◆ Name：

即該<select>標籤的名稱。

◆ Size：

設定選項的數量，此屬性可以決定選單欄位的外觀，若設為1，則為下拉式選單，選項只顯示一個，只能單選；在選項右方會出現一個下拉式箭頭，點選箭頭後會向下顯示完整的所有選項項目。若是設定值大於1，則為清單方塊，會完整顯示該數值的選項數量，可以複選；若是數量太多超過清單方塊的大小，則在清單方塊的右方會出現捲軸。複選的方式可以搭配【Ctrl】或是【Shift】鍵來做不連續多選或是連續多選。

◆ Multiple：

設定選項是否為複選，如果有設定此屬性，則代表選單中的選項可以為複選，不須設定屬性值，只要將此屬性加入即可。

<option>標籤

此標籤是搭配<select>選單標籤所使用的選項標籤，只要以<select>標籤製作選單，選單中的選項就必須以<option>標籤來製作，<option>標籤中的【selected】屬性，是設定該選項是否為選項預設項目，不需要設定屬性值，只要將此屬性加入即可。

<textarea>：文字區域（多行文字方塊）標籤

使用<input type=text>所製作出的文字方塊，只能輸入一列文字，如果要輸入不只一列文字，就必須要使用<textarea>標籤。其語法格式如下：

```
<textarea 相關屬性…></textarea>
```

<textarea>標籤中重要的屬性如下：

◆ Rows：

設定文字區域的列數，設定值為整數。

◆ Cols：

設定文字區域的欄數，設定值為整數。

◆ Name：

即<textarea>標籤的名稱。

◆ Value：

<textarea>欄位的內容預設值。

◆ Wrap：

此屬性是用來設定文字區域中輸入的文字若是超過所設定的欄寬時，是否要自動換行。其設定值如下：

Off：

輸入的文字長度超過欄寬時，不會自動換行。

Virtual：

輸入的文字若是超過欄寬時，只有在按【Enter】鍵的地方會換行，其他地方不會自動換行。

Physical：

輸入的文字若是超過欄寬時，會依螢幕上顯示的方式換行。

範例練習2-5 (完整程式碼在本書附的光碟中ch2\ex2-5.aspx)

寫一 ASP 程式，利用網址列 URL 參數輸入公制的公里數，在網頁中轉換成英制的英哩數。(1 公里 = 0.6213711922373 英哩)

程式碼

```
1.  <%@ Page Language="VB" %>
2.  <html>
3.  <head runat="server">
4.  <title>範例 ex2-5</title>
5.  </head>
6.  <body>
7.  <%
8.  Dim m, c As Single
9.  c = Request("mi")
10. m = c * 0.6213711922373
11. Response.Write("公制 " & c & " 公里 = 英制 " & m & " 英哩")
12. %>
13. </body>
14. </html>
```

程式說明

第 1 行：ASP.NET 程式的指引區間，告知 .NET 系統此網頁程式是以 Visual Basic 程式撰寫。

第 3 行：宣告網頁的表頭，並設定此網頁程式在 Server 端執行。

第 7~12 行：ASP 網頁的主程式區間，即動態標籤區間。

第 8 行：宣告程式中要使用的變數。

第 9 行：設定一個輸入參數 mi，透過 Request 物件取得後設定給變數 c。

第 10 行：將 c 變數轉換為英哩數，並設定給變數 m。

第 11 行：輸出變數 c 與變數 m。

執行結果

本範例執行時，因為是使用 URL 參數，所以必須在瀏覽器的網址列上將參數帶入，輸入的方式如下：

【http://localhost/WebSite/ch4/ex2-5.aspx?mi=5】

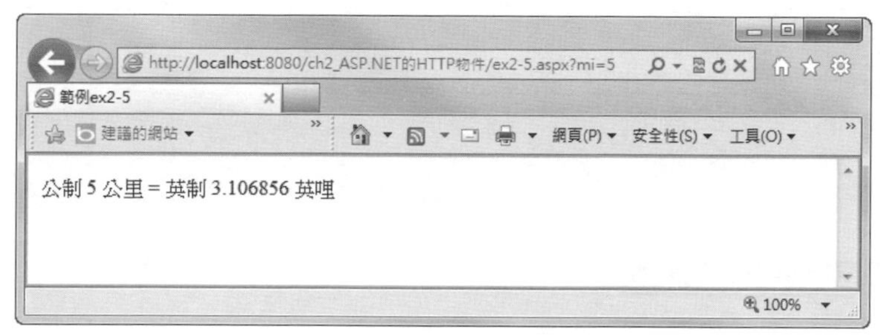

【圖2-6】

範例練習2-6 (完整程式碼在本書附的光碟中ch2\ex2-6.html；ch4\ex2-6-1.aspx)

建立一個簡單的表單，輸入姓名及密碼，填寫完後送出至另一個 AST.NET 程式處理。

程式碼表單程式ex2-6.html

```
1.  <html>
2.  <head>
3.  <title>範例 ex2-6</title>
4.  </head>
5.  <body>
6.  <form id="form1" method=get action="ex2-6-1.aspx">
7.  會員登入：<p>
8.  請輸入姓名：<input type=text name="na" size=10 /><br />
9.  請輸入密碼：<input type=password name="pass" size=10 /><br />
10. <input type=submit value=送出資料 />
11. <input type=reset value=重新填寫 /></p>
12. </form>
13. </body>
14. </html>
```

表單處理程式ex2-6-1.aspx

```
1.  <%@ Page Language="VB" %>
2.  <html>
3.  <head runat="server">
4.  <title>範例 ex2-6-1</title>
5.  </head>
6.  <body>
7.  <%
8.  Dim name, pwd As String
9.  name = Request("na")
10. pwd = Request("pass")
11. Response.Write("您的登入資料為：<br>姓名：" & name & "<br>密碼：" & pwd)
12. %>
13. </body>
14. </html>
```

程式說明表單程式ex2-6.htm

第 6~12 行：是 HTML 表單的主要區間。

第 8 行：建立表單文字方塊元件，大小設為 10。

第 9 行：建立表單密碼方塊元件，大小設為 10。

第 10 行：建立表單送出鈕，按鈕文字為【送出資料】。

第 11 行：建立表單重置鈕，按鈕文字為【重新填寫】。

程式說明表單處理程式ex2-6-1.aspx

第 1 行：ASP.NET 程式的指引區間，告知 .NET 系統此網頁程式是以 Visual Basic 程式撰寫。

第 3 行：宣告網頁的表頭，並設定此網頁程式在 Server 端執行。

第 7~12 行：ASP 網頁的主程式區間，即動態標籤區間。

第 8 行：宣告變數 name，pwd。

第 9 行：以 Request 物件取得表單程式中欄位名稱為 na 的元件中的值，將該值設定給 name 變數。

第 10 行：以 Request 物件取得表單程式中欄位名稱為 pass 的元件中的值，將該值設定給 pwd 變數。

第 11 行：將 name 與 pwd 變數輸出到瀏覽器中。

執行結果

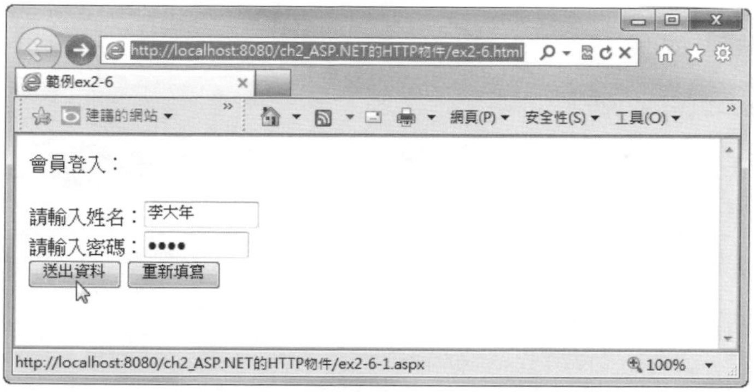

【圖2-7】

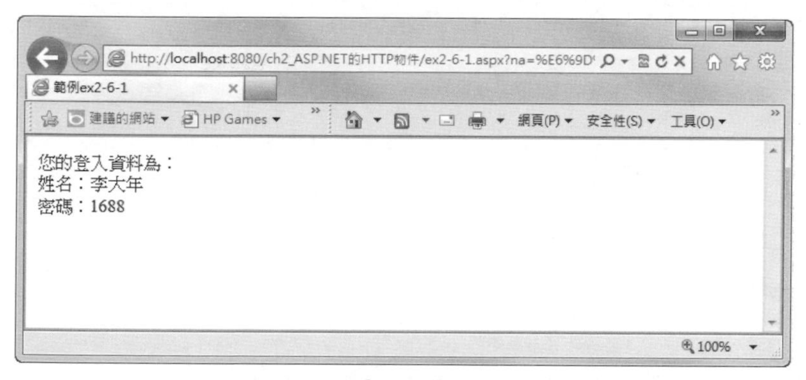

【圖2-8】

重點提示

在本範例中，可以觀察到一個結果，在處理後的瀏覽器畫面上，從網址列上可以看到，在網址列後會自動以？接續一組參數，這組參數就是在表單畫面中我們輸入的各欄位的資料。這是因為我們在表單程式中的<form>標籤內的method屬性設為get，因為設為get是將表單資料以參數的方式透過網址列傳送，所以會在處理畫面上的網址列上看到輸入的資料以參數的型態放在網址列後面。

範例練習2-7（完整程式碼在本書附的光碟中ch2\ex2-7.html；ch4\ex2-7-1.aspx）

建立一個輸入表單，填寫完後送出給 ASP.NET 程式處理。

程式碼表單程式ex2-7.html

```
1.  <html>
2.  <head>
3.  <title> 範例 ex2-7</title>
4.  </head>
5.  <body>
6.  <font size=6 color=blue face= 標楷體 >
7.  <center><u> 會員申請表單 </u></center></font><p>
8.  <form id="form1" method=post action="ex2-7-1.aspx">
9.  <table>
10. <tr>
11. <td> 姓名：</td><td><input type=text name="na" size=10 /></td></tr>
12. <tr>
13. <td> 密碼：</td><td><input type=password name="pass" size=10 /></td></tr>
14. <tr>
15. <td> 性別：</td><td><input type=radio name="sex" value=" 先生 " /> 男
16. <input type=radio name="sex" value=" 女士 / 小姐 " /> 女 </td></tr>
17. <tr>
18. <td> 興趣：</td>
19. <td>
20. <input type=checkbox name=c1 value= 電腦 /> 電腦
21. <input type=checkbox name=c1 value= 運動 /> 運動
22. <input type=checkbox name=c1 value= 音樂 /> 音樂
23. <input type=checkbox name=c1 value= 閱讀 /> 閱讀
24. <input type=checkbox name=c1 value= 電影 /> 電影 </td></tr>
25. <tr>
26. <td> 學歷：</td>
27. <td>
28. <select name="school" size=1>
29. <option></option>
30. <option value= 國小 > 國小 </option>
31. <option value= 國中 > 國中 </option>
32. <option value= 高中 > 高中 </option>
33. <option value= 大專 > 大專 </option>
34. <option value= 研究所 > 研究所 </option></select></td></tr>
35. <tr>
36. <td valign=top> 請留下您的寶貴意見：</td>
37. <td><textarea name="t1" rows=8 cols=60 wrap=soft></textarea></td></tr>
38. <tr>
39. <td><input type=submit value= 送出資料 /></td>
40. <td><input type=reset value= 重新填寫 /></td></tr>
41. </table>
42. </form>
```

```
43. </body>
44. </html>
```

表單處理程式ex2-7-1.aspx

```
1.  <%@ Page Language="VB" %>
2.  <html>
3.  <head runat="server">
4.  <title>範例 ex2-7-1</title>
5.  </head>
6.  <body>
7.  <%
8.  Dim n, p, s, h, c, w As Object
9.  n = Request("na")
10. p = Request("pass")
11. s = Request("sex")
12. h = Request("c1")
13. c = Request("school")
14. w = Replace(Request("t1"), vbCrLf, "<br>")
15. If n = "" Then
16. Response.Write("姓名欄位空白，請返回上一頁重新填寫！")
17. Response.End()
18. End If
19. If p = "" Then
20. Response.Write("密碼欄位空白，請返回上一頁重新填寫！")
21. Response.End()
22. End If
23. If s = "" Then
24. Response.Write("性別欄位未選，請返回上一頁重新選取！")
25. Response.End()
26. End If
27. If h = "" Then
28. Response.Write("興趣欄位未選，請返回上一頁重新選取！")
29. Response.End()
30. End If
31. If c = "" Then
32. Response.Write("學歷欄位未選，請返回上一頁重新選取！")
33. Response.End()
34. End If
35. %>
36. <table>
37. <tr>
38. <td><%=n %> <%=s %>您好！</td></tr>
39. <tr>
40. <td>您的密碼是：<%=p %></td></tr>
41. <tr>
42. <td>您的興趣有：<%=h %></td></tr>
43. <tr>
```

```
44. <td>您是 <%=c %> 畢業</td></tr>
45. <tr>
46. <td>您的寶貴意見是：</td>
47. <td><%=w %></td></tr></table>
48. </body>
49. </html>
```

程式說明表單程式ex2-7.htm

第 6 行：設定文字屬性，大小 6，藍色，標楷體。

第 7 行：設定標題文字置中並加上底線。

第 8~42 行：是 HTML 表單的主要區間。

第 8 行：設定 HTML 表單，傳送方式為 post，處理表單的程式設定為 ex2-7-1.aspx。

第 9~41 行：建立表格來規範所有的表單元件。

第 11 行：建立表單文字方塊元件，大小設為 10。

第 13 行：建立表單密碼方塊元件，大小設為 10。

第 15~16 行：建立表單的單選鈕元件。

第 20~24 行：建立表單的核取方塊元件。

第 28~34 行：建立表單的選單元件，將 size 值設為 1，所以是下拉式選單。

第 37 行：建立表單的文字區域元件，設定為 8 列 60 行大小。

第 39 行：建立表單送出鈕，按鈕文字為【送出資料】。

第 40 行：建立表單重置鈕，按鈕文字為【重新填寫】。

程式說明表單處理程式ex2-7-1.aspx

第 1 行：ASP.NET 程式的指引區間，告知 .NET 系統此網頁程式是以 Visual Basic 程式撰寫。

第 3 行：宣告網頁的表頭，並設定此網頁程式在 Server 端執行。

第 7~35 行：ASP 網頁的主程式區間，即動態標籤區間。

第 8 行：宣告本程式中需要使用的變數。

第 9 行：使用 Request 物件取得表單程式中的文字方塊欄位值，並設定給變數 n。

第 10 行：使用 Request 物件取得表單程式中的密碼方塊欄位值，並設定給變數 p。

第 11 行：使用 Request 物件取得表單程式中的單選鈕欄位值，並設定給變數 s。

第 12 行：使用 Request 物件取得表單程式中的核取方塊欄位值，並設定給變數 h。

第 13 行：使用 Request 物件取得表單程式中的選單欄位值，並設定給變數 c。

第 14 行：使用 Request 物件取得表單程式中的文字區域欄位值，並設定給變數 w。在本行程式中，我們使用了 Visual Basic 的函數【Replace】，主要是因為在表單程式的文字區域中，輸入時按下 Enter 鍵換行時，在轉換到處理的 ASP.NET 程式中處理時，因為處理程式使用的是 Visual Basic 語法將 Enter 換行轉成【vbCrLf】指令，在輸出為 HTML 到瀏覽器時，HTML 語法不認識【vbCrLf】指令，所以要將【vbCrLf】指令轉換為
 標籤，此項工作就要以 Visual Basic 的取代函數 Replace 來執行，Replace 函數的格式如下：

```
Replace(字串1 , 字串2 , 字串3)
```

將字串 1 中的字串 2 以字串 3 來取代。

第 15~34 行：建立各條件式，來判斷當某個欄位沒有填入資料時，以訊息輸出告知使用者資料未填寫，並結束 ASP.NET 程式的執行。

第 38~47 行：將各變數所取出的各欄位值輸出到瀏覽器上，並以表格輸出排版。

執行結果表單程式：

【圖2-9】

資料送出後的處理畫面：

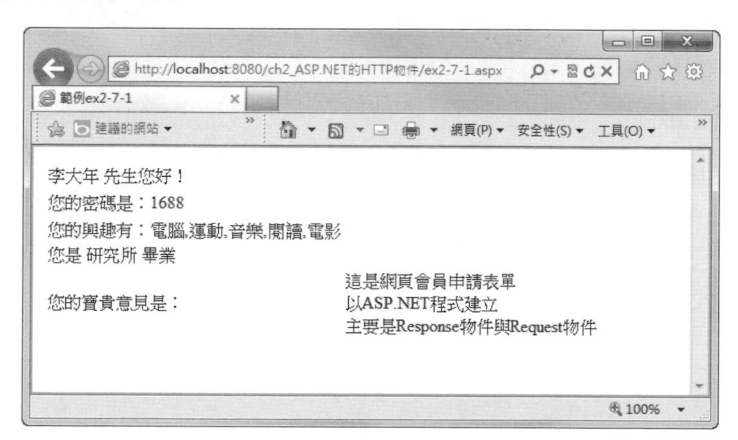

【圖2-10】

重點提示 在本範例中，與前一個範例4-6不同的地方在於，在處理後的瀏覽器畫面上，在網址列上沒有看到如範例4-6的網址後的參數，這是因為我們在表單程式中的<form>標籤內的method屬性設為post，因為設為post是將表單資料透過通訊協定的標頭資料直接送到Web Server的處理程式，所以不會在處理畫面上的網址列上看到欄位的資料以參數的型態放在網址列後面。

2.3.2 方法

方法的使用格式為：

```
Request 物件名 . 方法名稱 ( 參數…)
```

Request物件的常用屬性如下表所示：

方法名稱	功能
MapPath	將虛擬路徑轉成實際路徑
SaveAs	將網頁請求的資訊存到磁碟

2.4 Server物件

所屬類別	功用
HttpServerUtility	提供方法以處理Web的要求，並可建立COM物件

2.4.1 屬性

屬性的使用格式為：

```
Server. 屬性名稱
```

Server物件的常用屬性如下表所示：

屬性名稱	功能
ScriptTimeout	設定或取得Script程式中止的時間(單位為秒)
MachineName	傳回Server端的主機名稱

範例練習2-8 (完整程式碼在本書附的光碟中ch2\ex2-8.aspx)

以 ASP.NET 程式取得主機 Server 端的名稱與主機的逾時時間，顯示在瀏覽器上。

程式碼

```
1.  <%@ Page Language="VB" %>
2.  <html>
3.  <head runat="server">
4.  <title>範例 ex2-8</title>
5.  </head>
6.  <body>
7.  本主機伺服器的名稱為：<%Response.Write(Server.MachineName & "<br>")%>
8.  主機的逾時時間是：<%Response.Write(Server.ScriptTimeout & " 秒 <br>")%>
9.  </body>
10. </html>
```

程式說明

第 1 行：ASP.NET 程式的指引區間，告知 .NET 系統此網頁程式是以 Visual Basic 程式撰寫。
第 3 行：宣告網頁的表頭，並設定此網頁程式在 Server 端執行。
第 7 行：ASP 網頁的主程式區間，即動態標籤區間，輸出 Server 端主機的名稱。
第 8 行：ASP 網頁的主程式區間，即動態標籤區間，輸出 Server 端的主機逾時時間。

執行結果

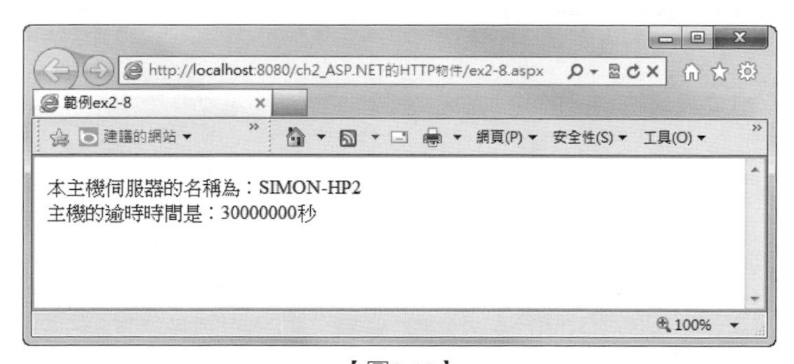

【圖2-11】

2.4.2 方法

方法的使用格式為：

```
Server.方法名稱(參數…)
```

Server物件的常用方法如下表所示：

方法名稱	功能
UrlEncode	經由 URL 將字串編碼，以進行從 Web 伺服器至用戶端的可靠 HTTP 傳輸。
UrlDecode	將編碼為 HTTP 傳輸的字串解碼，並以 URL 送至伺服器。
MapPath	取得檔案的實際路徑，即傳回在 Web 伺服器上對應至指定虛擬路徑的實體檔案路徑。
HtmlEncode	將字串編碼為HTML資料以顯示於瀏覽器。
HtmlDecode	將HTML編碼後的資料解碼還原為HTML，並將已經編碼排除無效HTML字元的字串解碼。
CreateObject	建立COM物件的伺服器執行個體。
CreateObjectFromClsid	建立以物件的類別識別項(CLSID)識別的COM物件的伺服器執行個體。
Execute	執行A網頁檔案，執行後再跳回原來呼叫執行A網頁的原網頁執行。
Transfer	結束目前執行的網頁，並轉換到要求的新網頁。

範例練習2-9 (完整程式碼在本書附的光碟中ch2\ex2-9.aspx)

使用Server物件測試Server物件的相關方法。

程式碼

```
1.  <%@ Page Language="VB" %>
2.  <html>
3.  <head runat="server">
4.  <title>範例 ex2-9</title>
5.  </head>
6.  <body>
7.  <%
8.  Dim path, msg As String
9.  path = Server.MapPath("/")
10. Response.Write("本網站的實際主目錄路徑為：" & path)
11. msg = "<br>ASP.NET 的 HTTP 物件"
12. msg = Server.HtmlEncode(msg)
13. Response.Write("<br>" & msg)
14. msg = Server.HtmlDecode(msg)
15. Response.Write("<br>" & msg & "<br>")
16. %>
17. </body>
18. </html>
```

程式說明

第 1 行：ASP.NET 程式的指引區間，告知 .NET 系統此網頁程式是以 Visual Basic 程式撰寫。

第 3 行：宣告網頁的表頭，並設定此網頁程式在 Server 端執行。

第 7~16 行：ASP 網頁的主程式區間，即動態標籤區間。

第 8 行：宣告變數 path、msg 並設其資料型態為 String。

第 9 行：取得網頁檔案的實際路徑，在此取得的是網站路徑的根目錄，並設定給 path 變數。

第 10 行：輸出 path 變數到瀏覽器。

第 11 行：設定 msg 變數的字串資料。

第 12 行：執行 Server 物件的 HTML 編碼，並帶入 msg 變數後在儲存給 msg 變數自己。

第 13 行：輸出經 HTML 編碼後的 msg 變數到瀏覽器，可以看到經編碼後，會顯示 HTML 的標籤碼。

第 14 行：執行 Server 物件的 HTML 解碼，並帶入 msg 變數後在儲存給 msg 變數自己。

第 15 行：輸出經 HTML 解碼後的 msg 變數到瀏覽器。

執行結果

【圖2-12】

重點提示

【Server.Transfer(“網頁檔案”)】，可以視為網頁的轉向，與Response物件的Redirect()方法功能幾乎完全一樣。但是【Response.Redirect("網頁檔案”)】此方法在執行轉址時，Server端與程式之間的通訊溝通比較頻繁，所以比較浪費頻寬在通訊的溝通上。而【Server.Transfer(“網頁檔案”)】此方法在轉址上完全在Web Server端完成，比較不會浪費頻寬。

2.5 Application / Session物件

要了解Application / Session物件的內容與用途，首先要先了解在Internet中網頁之間的資料互相傳遞與分享的架構。一般說來，網頁之間必須要有資料的彼此傳遞與分享才能使Web應用程式順利的執行。而對HTTP通訊協定來說，在進行溝通時是不會保留客戶端的使用者狀態資料，所以在Server端就不知道Client端到底有哪些使用者還在連線瀏覽，也不知道這些使用者的狀態到底如何。所以如果要保留的話，就必須依賴網頁之間的資料分享與溝通，讓使用者的狀態資訊得以保留下來，也可以藉此讓Web應用程式順利正確的執行。

ASP.NET的應用程式就是.NET Framework應用程式，是一種在Web Server端執行的應用程式，所以稱之為Web應用程式。基本上，使用IIS(Internet Information Service)系統的Web Server可以將網站的目錄甚至於整個網站建立為Web應用程式，以IIS的做法，可以在一個Web網站中建立多個Web應用程式，而且每一個虛擬目錄都可以建立Web應用程式，

在一個網站中網頁資料的傳遞與分享基本上可以分為兩種型態，一是網站上所有使用者都可以使用與分享的，即ASP.NET中的Application物件，如網站計數器…等；另一則是網站上個別使用者所專屬使用的，即ASP.NET中的Session物件，如使用者個人的登入資料…等。

Application / Session物件是儲存在Server端的物件變數，透過傳遞與分享，就可以在使用者進入不同網頁時，保留網頁中的使用者狀態，使得Web應用程式可以正確的執行，這與ASP.NET網頁程式中的一般變數無法跨越不同的網頁來比較，是相當好用的。

2.5.1 Application物件

所屬類別	功用
HttpApplicationState	可建立Application物件變數，提供每一個上網者共同分享的資料，可以讓每一個使用者更改其值與取得其值。其功用可歸類如下： ● 定義、宣告、設計Server層級的存取變數。 ● 同一個Web應用程式的所有使用者的共同使用的變數。 ● Application物件可在ASP中管理應用程式，它起始於Browser對Web Server的第一個ASP檔案的要求，即第一個Session物件產生時，終止於所有使用者離線且Web Server關機，整個Web應用程式結束後。

Application物件的宣告格式如下：

將資料寫入Application物件中：(更改)

```
Application( "變數名稱" ) = "變數值"
```

設定讀取Application物件中的資料：(取得)

```
變數 = Application( "變數名稱" )
```

屬性

屬性的使用格式為：

```
Application.屬性名稱
```

Application物件的常用屬性如下表所示：

屬性名稱	功能
Item	使用索引值或是變數名，傳回物件內容值。
Count	Application物件變數的數量。
AllKeys	取得Application物件的Access Key(快捷鍵)。
Contents	取得Application物件的參考。

方法

方法的使用格式為：

```
Application. 方法名稱 ( 參數…)
```

Application物件的常用方法如下表所示：

方法名稱	功能
Add	新增Application物件變數。
Clear	清除所有的Application物件變數。
Get	以名稱或索引值取得Application物件變數值。
GetKey	以索引值取得Application物件變數名稱。
Lock	鎖定Application物件變數的存取，以加速存取的同步處理。
Remove	移除Application物件變數。
RemoveAll	移除所有的Application物件變數。
Set	以變數名稱更新Application物件變數的內容。
UnLock	解除鎖定Application物件變數存取，以加速存取的同步處理。

重點提示 Application物件變數的資料是共享的，每一個連線的使用者都可以使用，但此使用方式可能會造成2個以上的使用者同時存取同一個Application物件變數，此時若不鎖定資料，則會造成資料不一致的狀況發生，因而使資料產生不正確性，這是應該注意的。要解決此一現象，可在Application物件使用前，先鎖定該Application物件，鎖定時Application物件只能供當時使用的連線者使用，使用後再將Application物件解除鎖定，就可以讓其他連線者使用。要鎖定與解除鎖定Application物件可以使用【Lock】及【Unlock】方法。

範例練習2-10 (完整程式碼在本書附的光碟中ch2\ex2-10.aspx)

建立一個 Application 物件變數，測試其基本的使用。

程式碼

```
1.  <%@ Page Language="VB" %>
2.  <html>
3.  <head runat="server">
4.  <title>範例 ex2-10</title>
5.  </head>
6.  <body>
7.  <%
8.  Dim cnt As Integer
9.  cnt = Application("cnt")
10. cnt = cnt + 1
11. Application("cnt") = cnt
12. Response.Write("<center>Application 物件變數 cnt 之值 = " & cnt & "</center>")
13. %>
14. </body>
15. </html>
```

程式說明

第 1 行：ASP.NET 程式的指引區間，告知 .NET 系統此網頁程式是以 Visual Basic 程式撰寫。

第 3 行：宣告網頁的表頭，並設定此網頁程式在 Server 端執行。

第 7~13 行：ASP 網頁的主程式區間，即動態標籤區間。

第 8 行：建立變數 cnt，並設定其資料型態為 Integer。

第 9 行：建立一個 Application 變數 cnt，並設定給 cnt 變數。

第 10 行：將 cnt 變數加 1 後設定給 cnt 變數自己。

第 11 行：將 cnt 變數儲存到 Application 變數 cnt。

第 12 行：輸出 cnt 變數值。

在此範例中，我們可以看到，在第 9 行將 Application 變數 cnt，並設定給 cnt 變數，此時 cnt 變數就是 Application 變數 cnt，所以在第 10 行將 cnt 變數加 1，就等於是將 Application 變數 cnt 加 1，然後在第 11 行再將 cnt 變數當時的值儲存到 Application 變數 cnt，這裡的 Application 變數 cnt 就是一個 Web Server 中共享的資料，用此方式當每一個上網者讀取此網頁程式時，就會將 Application 變數 cnt 更新，每一個上網者都可以讀取此 Application 變數 cnt。這種工作方式，就是我們經常在很多網站上看到的網頁計數器的基本原理，因為網頁計數器的數值資料，就是網站中所有使用者都可以去分享讀取的一種資料。

本範例程式中，第 9~11 行的程式碼是：

```
cnt = Application("cnt")
cnt = cnt + 1
Application("cnt") = cnt
```

在撰寫時，可以簡寫為以下的程式碼：

```
Application("cnt") = Application("cnt") + 1
```

執行結果

第一個使用者執行時：

【圖2-13】

第二個以後的使用者執行時：

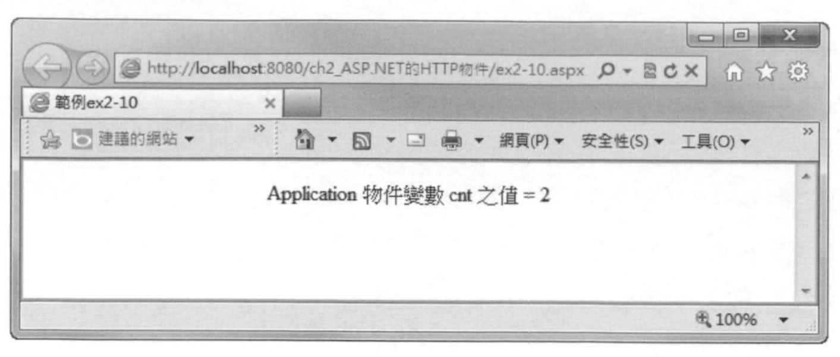

【圖2-14】

【圖2-15】

範例練習2-11 (完整程式碼在本書附的光碟中ch2\ex2-11.aspx)

建立一個Application物件變數，測試其lock與unlock方法的使用。

程式碼

```
1.  <%@ Page Language="VB" %>
2.  <html>
3.  <head runat="server">
4.  <title>範例 ex2-11</title>
5.  </head>
6.  <body>
7.  <%
8.  Application.Lock()
9.  Application("val") = Application("val") + 1
10. Application.UnLock()
11. Response.Write("<center>使用 Lock/Unlock 方法的 Application 物件變數
    val 之值 = " & Application("val") & "</center>")
12. %>
13. </body>
14. </html>
```

程式說明

第 1 行：ASP.NET 程式的指引區間，告知 .NET 系統此網頁程式是以 Visual Basic 程式撰寫。

第 3 行：宣告網頁的表頭，並設定此網頁程式在 Server 端執行。

第 7~12 行：ASP 網頁的主程式區間，即動態標籤區間。

第 8 行：將 Application 物件鎖定存取，即當有使用者存取 Application 變數 val 時，就將 Application 物件鎖定，禁止其他使用者來存取，以免造成共用的資料有錯誤。

第 9 行：建立一個 Application 變數 val，並將其加 1 後再儲存給 Application 變數 val。

第 10 行：將 Application 物件解除鎖定存取，讓其他使用者可以恢復存取。

第 11 行：輸出 Application 變數 val。

執行結果

第一個使用者執行時：

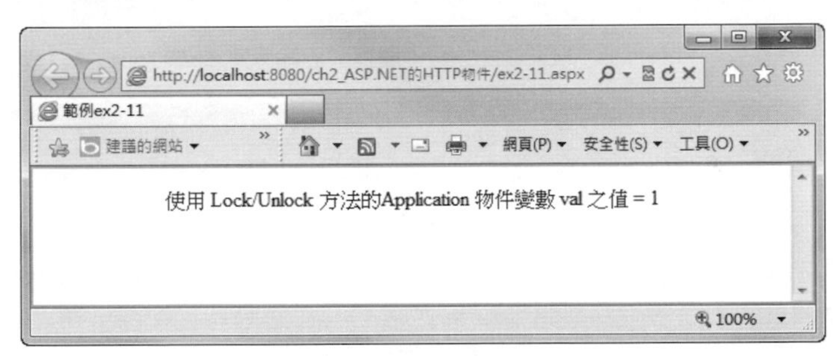

【圖2-16】

第二個以後的使用者執行時：

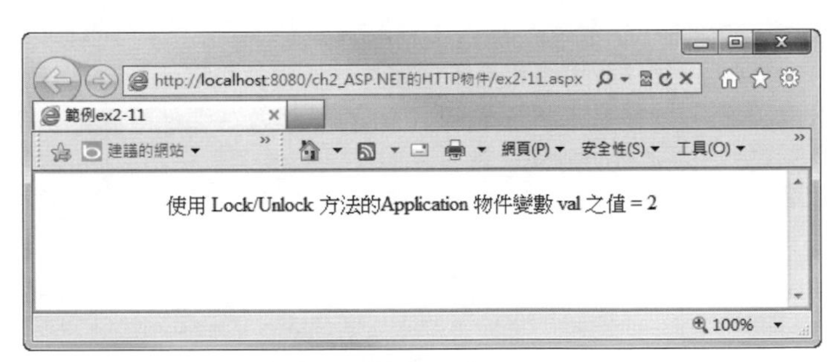

【圖2-17】

範例練習2-12 （完整程式碼在本書附的光碟中ch2\ex2-12.aspx）

建立一個 Application 物件變數，以該 Application 物件製作網站的訪客計數器。

程式碼

```
1.  <%@ Page Language="VB" %>
2.  <html>
3.  <head runat="server">
4.  <title>範例 ex2-12</title>
5.  </head>
6.  <body>
7.  <%
8.  Application.Lock()
9.  Application("num") = Application("num") + 1
10. Application.UnLock()
11. Response.Write("<center>您是本站第 " & Application("num") &
    " 位造訪的貴賓 </center>")
12. %>
13. </body>
14. </html>
```

程式說明

第 1 行：ASP.NET 程式的指引區間，告知 .NET 系統此網頁程式是以 Visual Basic 程式撰寫。

第 3 行：宣告網頁的表頭，並設定此網頁程式在 Server 端執行。

第 7~12 行：ASP 網頁的主程式區間，即動態標籤區間。

第 8 行：將 Application 物件鎖定存取，即當有使用者存取 Application 變數 num 時，就將 Application 物件鎖定，禁止其他使用者來存取，以免造成共用的資料有錯誤。

第 9 行：建立一個 Application 變數 num，並將其加 1 後再儲存給 Application 變數 num。

第 10 行：將 Application 物件解除鎖定存取，讓其他使用者可以恢復存取。

第 11 行：輸出 Application 變數 num，利用 num 的計數做為網站計數的數值，可視為使用者讀取網頁的次數，即網頁的造訪次數。

執行結果

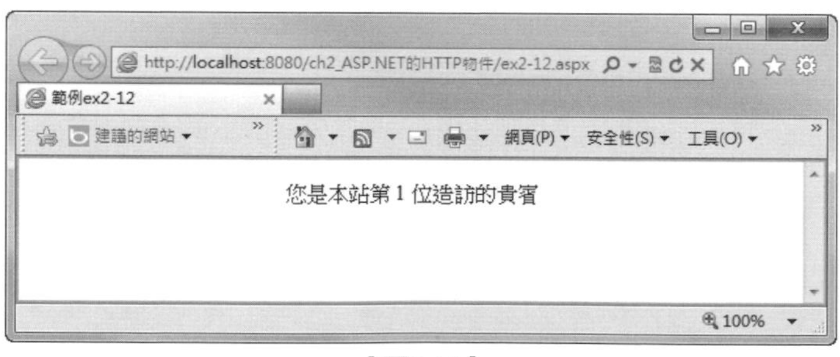

【圖2-18】

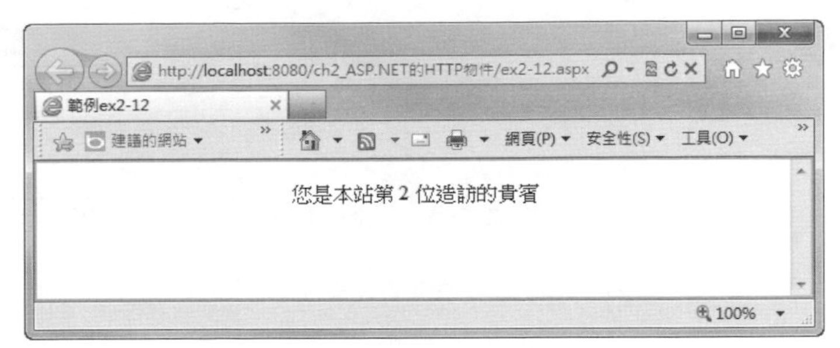

【圖2-19】

2.5.2 Session物件

所屬類別	功用
HttpSessionState	可建立個別使用者的Session物件變數，提供個別上網者的瀏覽資訊，可以讓個別使用者更改其值與取得其值。每一個使用者的Session變數名稱或許是相同的，但是其內容可能是完全不同的，每一個使用者才能存取個人專屬的Session物件。Session物件的功用可歸類如下： ● 定義、宣告、設計Client層級的存取變數。 ● 同一個Web應用程式的個別網頁使用者的使用資訊。 ● Session物件可在ASP中管理個別的使用者應用程式，它起始於使用者對Web Server的網頁瀏覽，終止於使用者離線的時候。

Session物件的宣告格式如下：

將資料寫入Session物件中：(更改)

```
Session(“變數名稱”) = “變數值”
```

設定讀取Session物件中的資料：(取得)

```
變數 = Session(“變數名稱”)
```

屬性

屬性的使用格式為：

```
Session.屬性名稱
```

Session物件的常用屬性如下表所示：

設定值	功能
TimeOut	設定Session物件的有效時間，以分鐘為單位，預設值為20分鐘。
Item	使用索引值或是變數名，傳回Session物件的內容值。
Count	Session物件變數的數量。
SeeeionID	Session物件的編號，用來辨識Session物件之用，每一個Session物件都有一個SessionID。
IsNewSession	目前的Session物件是否為新的瀏覽而建立的Session物件。
IsReadOnly	Session物件是否為唯讀。
CodePage	設定或取得Session物件的字元集識別項，如CodePage=950為中文，CodePage=949為韓文，CodePage=932為日文。
Mode	取得Session物件的狀態模式。

方法

方法的使用格式為：

```
Session. 方法名稱 ( 參數…)
```

Session物件的常用方法如下表所示：

方法名稱	功能
Add	新增並設定Session物件變數。
Clear	移除所有的Session物件變數值。
Remove	移除某個Session物件變數(參數為物件名稱)。
RemoveAll	移除所有Session物件變數。
RemoveAt	移除某個Session物件變數(參數為物件索引值)。
Abandon	取消目前的Session物件。
CopyTo	將所有的Session物件變數複製到一個字串陣列中。
Equals	比較某個Session物件是否為某個物件。

範例練習2-13 (完整程式碼在本書附的光碟中 ch2\ex2-13.aspx)

建立一個 Session 物件變數，測試其使用方式與 Application 物件的不同。

程式碼

```
1.   <%@ Page Language="VB" %>
2.   <html>
3.   <head runat="server">
4.   <title>範例 ex2-13</title>
```

```
5.  </head>
6.  <body>
7.  <%
8.  Session("num") = Session("num") + 1
9.  Response.Write("<center>您是本站第 " & Session("num") & " 位造訪的貴賓
    </center>")
10. %>
11. </body>
12. </html>
```

程式說明

第 1 行：ASP.NET 程式的指引區間，告知 .NET 系統此網頁程式是以 Visual Basic 程式撰寫。

第 3 行：宣告網頁的表頭，並設定此網頁程式在 Server 端執行。

第 7~10 行：ASP 網頁的主程式區間，即動態標籤區間。

第 8 行：建立一個 Session 變數 num，並將其加 1 後再儲存給 Session 變數 num。

第 9 行：輸出 Session 變數 num，我們可以同時開啟兩個個別瀏覽器來測試，由瀏覽器畫面中可以看到，計數的數值在兩個瀏覽器中是個別計數的，不互相影響。如果是使用 Application 物件，則看到的計數數值會是共同的累加結果。

執行結果

第一個瀏覽器：

【圖2-20】

第二個瀏覽器：

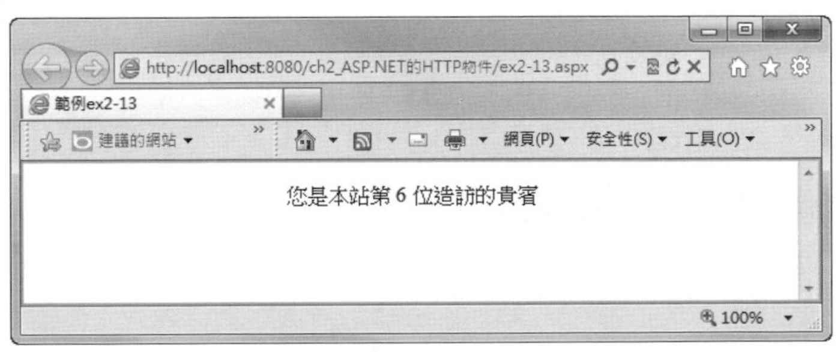

【圖2-21】

2.6 Global.asax檔案

Global.asax檔案在ASP.NET中是屬於可有可無的選擇性檔案，在執行ASP.NET檔案時須要用到時才必須寫出。一般說來，在Web應用程式中如果要使用到Application與Session物件的事件時，才會使用到Global.asax檔案，因為Application與Session物件的事件程序將寫在Global.asax檔案中。

2.6.1 功用

Global.asax檔案主要功用是定義Web應用程式中的【Application_Start()】、【Application_End()】、【Session_Start()】、【Session_End()】…等的事件處理程序，此檔案的格式結構如下：

```
<%@ Application Language=" VB" %>
<script Runat=" server" >
Sun Application_Start(ByVal Sender as Object , ByVal e As EventArgs)

End Sub
Sun Application_End(ByVal Sender as Object , ByVal e As EventArgs)

End Sub
Sun Application_Error(ByVal Sender as Object , ByVal e As EventArgs)

End Sub
Sun Session_Start(ByVal Sender as Object , ByVal e As EventArgs)

End Sub
Sun Session_End(ByVal Sender as Object , ByVal e As EventArgs)

End Sub
</script>
```

各個事件處理程序的說明如下：

事件處理程序	功能
Application_Start()	當網站中第一個使用者執行ASP.NET程式時，Application物件的Application_Start()事件就會被觸發，觸發後即使有再多的使用者進入網站，都不會再觸發此事件，要等到Web伺服器關機後，再開機時第一位使用者進入網站才會再被觸發。一般此事件都是用來初始化Application變數之用。
Application_End()	當Web伺服器關機時，Application物件的Application_End()事件就會被觸發。
Application_Error()	當Web伺服器產生錯誤時，Application物件的Application_Error()事件就會被觸發。
Session_Start()	當使用者進入網站，建立Session物件時，Session物件的Session_Start()事件就會被觸發。有多少使用者就會觸發幾次，觸發動作是獨立的，彼此不會相互影響，一般而言，此事件是用來初始化使用者專屬的資料。
Session_End()	當網站內的使用者在Session的TimeOut屬性所設定的時間內沒有進入其他網頁，就會觸發Session物件的Session_End()事件。一般說來，這個事件是用來處理程式後續動作之用。

2.6.2 事件處理程序的執行：

在Global.asax程式中，各事件處理程序的執行方式依序如下：

- 使用者上網讀取ASP.NET程式，Web伺服器會為每個使用者建立Session物件。
- 檢查ASP.NET程式是否有Global.asax檔案。
- 在執行ASP.NET程式前，如果有Global.asax檔案，在第一個使用者會先觸發Application物件的Application_Start()事件，執行Application_Start()事件程序中的程式碼。
- 建立Session物件，接著觸發Session物件的Session_Start()事件，執行Session_Start()事件程序中的程式碼。

當建立的Session物件超過TimeOut屬性設定的時間，或是執行Session物件的Abandon()方法，就表示Session物件已經結束，就會觸發Session物件的Session_End()事件，執行Session_End()事件程序中的程式碼，此程序會在關閉Session物件前執行。

當Web伺服器關機時，Application物件的Application_End()事件就會被觸發，執行Application_End()事件程序中的程式碼，並結束所有Session物件，且執行所有Session物件的Session_End()事件程序中的程式碼，最後結束Application物件。

範例練習2-14 (完整程式碼在本書附的光碟中ch2\ex2-14.aspx)

建立一個 Global.asax 檔案，使用 Application 與 Session 的事件程序，製作圖形數字版的網站計數器。

做此範例前，請先收集 0~9 共 10 個數字圖檔，圖檔名稱以該數字為檔名，並存放在此範例檔案所在的資料夾中。

使用 WebMatrix 建立 Global.asax 檔案

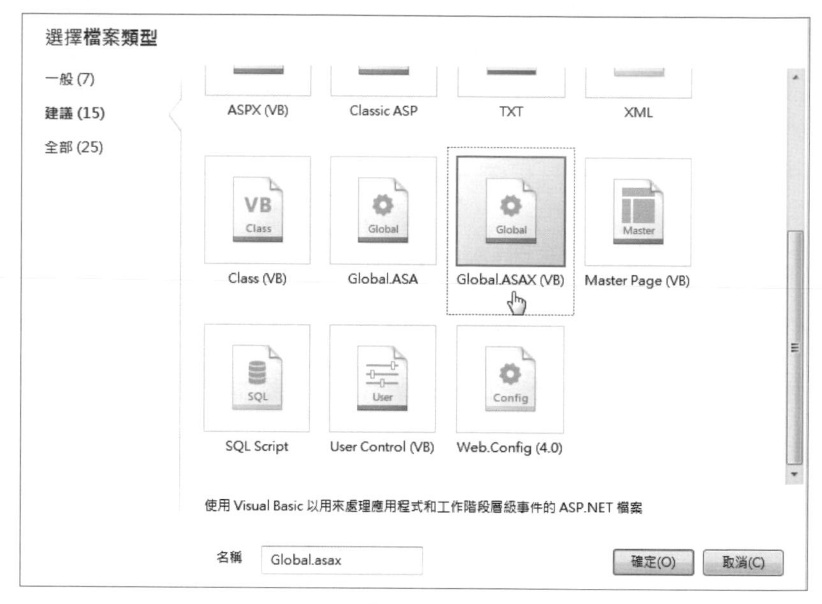

【圖2-22】

程式碼Global.asax

```
1.  <%@ Application Language="VB" %>
2.  <script Runat="server">
3.  Sub Application_Start(ByVal Sender As Object,ByVal E As EventArgs)
4.  Application("counter") = 1000
5.  End Sub
6.  Sub Session_Start(ByVal Sender As Object,ByVal E As EventArgs)
7.  Application.Lock()
8.  Application("counter") = Application("counter") + 1
9.  Application.Unlock()
10. End Sub
11. </script>
```

程式說明Global.asax

第 1 行：ASP.NET 程式的指引區間，告知 .NET 系統此網頁程式是用來處理 ASP.NET 程式中的 Application(應用程式)，並以 Visual Basic 程式撰寫。

第 2~11 行：是 .NET 程式碼區間，定義在 <script>…</script> 標籤中，在此區兼鐘我們定義了 Global.asax 檔案中所需要的各事件程序，並設定此網頁程式在 Server 端執行。

第 3~5 行：定義 Application_Start() 事件程序，表示當網站中第一個使用者執行 ASP.NET 程式時，Application 物件的 Application_Start() 事件就會被觸發，要做的事就是設定 Application 物件 counter 的初始值為 1000。

第 6~8 行：定義 Session_Start() 事件程序，表示當個別使用者進入網站，建立 Session 物件時，Session 物件的 Session_Start() 事件就會被觸發。要做的事就是先把 Application 物件鎖定，不讓其他使用者使用，再把 Application 物件 counter 的值加 1 後儲存給 Application 物件 counter，接著再將 Application 物件解除鎖定，讓其他使用者可以繼續使用。

重點提示 在Global.asax檔案中，我們可以看到各事件程序的參數寫法是：

```
(ByVal Sender as Object , ByVal E As EventArgs)
```

其主要意義是，ByVal是指這些參數為傳值呼叫(可參考本書第三章的第14項：參數的傳遞)，Sender是物件型態變數，功用為指明哪個物件觸發事件，其型態為Object，Eventargs是事件參數，E參數是事件發生時的相關資訊，設定型態為Eventargs。基本上在副程式中每一個事件程序都要加入(ByVal Sender as Object , ByVal E As EventArgs)的參數宣告。

程式碼ex2-14.aspx

```
1.  <%@ Page Language="VB" %>
2.  <html>
3.  <head runat="server">
4.  <title>範例 ex2-14</title>
5.  </head>
6.  <body>
7.  <%
8.  Dim i, j, counter As Integer
9.  Dim k As String
10. Dim d As Integer = 5
11. Application("counter")=Application("counter")+1
12. counter = Application("counter")
13. For i = (d - 1) To 0 Step -1
14. j = counter \ (10 ^ i)
15. k += "<img src=" & j & ".gif></img>"
16. counter = counter Mod (10 ^ i)
```

```
17. Next
18. Response.Write("您是本站第 " & k & "位訪客")
19. %>
20. </body>
21. </html>
```

程式說明

第 1 行：ASP.NET 程式的指引區間，告知 .NET 系統此網頁程式是以 Visual Basic 程式撰寫。

第 3 行：宣告網頁的表頭，並設定此網頁程式在 Server 端執行。

第 7~18 行：ASP 網頁的主程式區間，即動態標籤區間。

第 8 行：宣告 i , j , count 三個變數，並設其資料型態為 Integer。

第 9 行：宣告 k 變數，並設其資料型態為 String。

第 10 行：宣告 d 變數，資料型態為 Integer，並設其初始值為 5。

第 11~12 行：將 Application 物件 counter 加 1 之後，設定給 counter 變數。

第 13~17 行：建立 For 迴圈，設定起始值從 d-1 開始，終止值為 0，每次遞減 1，所以迴圈一開始起始值為 d-1 即是 4，沒有超過終止值 0，進入迴圈執行第 13 行，此時 counter 變數由 Global.asax 檔執行，初始值為 1000，經過 Session 物件的啟始，執行了 Application 物件值加 1，所以此時的 counter 變數值為 1001，將 counter 變數除以 10 的 i 次方並取商的整數部分，得商值為 0，設定給 j 變數。接著進行第 14 行，將 j 變數帶入 <img> 標籤的字串中，以構成 <img> 標籤的 src 參數，即數字圖檔的名稱，並將此字串串接給 k 變數，所以此時 k 變數的值就是 0 數字的圖檔。得到 0 數字圖檔後，將 counter 變數值除以 10 的 i 次方並取商的餘數部分，得餘數值 1001，儲存給 counter 變數自己。回到迴圈開頭進行第二圈，d 值減 1 為 3，將此時 counter 值 1001 除以 10 的 i 次方 (3 次方) 並取商的整數部分，得商值為 1，設定給 j 變數。依照前一圈的執行，就可取得 1 的數字圖檔，然後再將 counter 變數值除以 10 的 i 次方 (3 次方) 並取商的餘數部分，得餘數值 1，儲存給 counter 變數自己。回到迴圈開頭進行第三圈，以此類推，可取得後面所有的數字圖檔，最後取得的就是 00003 共 5 個數字圖檔。

第 17 行：將 k 變數，即 01001 共 5 個數字圖檔輸出到網頁上。

執行結果

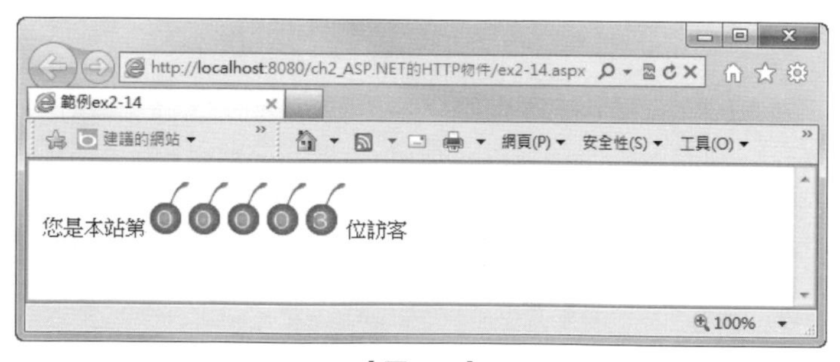

【圖2-23】

2.7 Cookies物件

2.7.1 何謂Cookie

Cookies是一種物件資料，用來儲存客戶端上網的相關資料。主要是因為HTTP的通訊協定是無法保留資料的，像使用者在網站上的輸入資料，或是是否曾瀏覽過網站…等的資訊，雖然我們也可以使用其他的儲存資料方式來儲存，比如文字檔，但是要應付每一個使用者的資料，那將是非常龐大的資料處理，所以就有了Cookies來解決這方面的問題。

Cookies主要是儲存在客戶端，使用者進入網站後，就會去檢查客戶端是否有儲存Cookies，如果有，就可利用Cookies來執行建立Web應用程式。在Windows 7中，客戶端的Cookies一般是存在【C:\Users\Administrator\AppData\Roaming\Microsoft\Windows\Cookies】資料夾中，在此資料夾中我們可以看到，都是儲存在客戶端的網站資料，幾乎都是以文字檔的型態儲存。

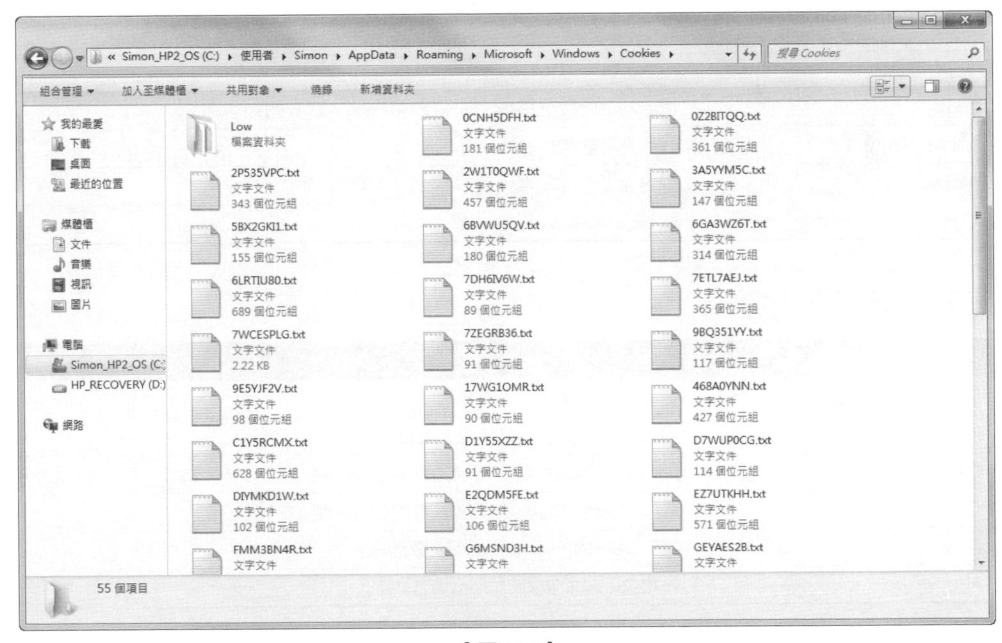

【圖2-24】

2.7.2 Cookies的功用

Cookies在網站中的功用與操作上的重點我們可以歸納如下：

- ◆ 在Client端寫入資料，以便日後在網站中使用。
- ◆ 是Server端與Client端之間互通資料的管道。
- ◆ 是Server端與Client端之間共享資料的暫存檔案。
- ◆ 可記錄Client端的個人資訊，如個人資料、時區、是否造訪過網站…等。
- ◆ 可建立個人化的網站外觀與個人化的網站內容。
- ◆ Cookies的資料可被編輯(刪除、修改、複製)。

2.7.3 Cookies的使用

Cookies在網站中的使用，由ASP.NET程式來處理，它是屬於【HttpCookieCollection】類別，主要是由Response物件與Request物件所提供的Cookies集合物件來操作。其相關屬性與方法如下：

重要屬性如下

設定值	功能
Item	以Cookie變數名稱或索引值取得Cookie變數的內容。
Count	Cookie變數的數量。
Allkeys	取得全部Cookie索引值儲存到一字串陣列中。
Keys	取得Cookie索引值。

重要方法如下

設定值	功能
Set	更新Cookie變數的值。
Remove	用Cookie變數名稱移除Cookie變數。
GetKey	用指定索引值取回該Cookie變數名稱(索引)。
Get	以Cookie變數名稱或索引值傳回Cookie變數的值。
Clear	將Cookies內的所有Cookie變數清除。
Add	新增Cookie變數到Cookies集合內。

Cookie變數的屬性

設定值	功能
Value	設定與取得Cookie變數的值。
Name	設定與取得Cookie變數的名稱。
Expires	設定Cookie變數的有效時間，預設值為1000分，設為0可即時刪除Cookie變數。
Keys	取得Cookie索引值。

新增Cookie

新增Cookie是使用Response物件的Cookies屬性，其格式如下：

```
Response.Cookies(“Cookie的名稱”).屬性 = 設定值
```

範例練習2-15 (完整程式碼在本書附的光碟中ch2\ex2-15.aspx)

新增 Client 端的 Cookie，並將該 Cookie 輸出於網頁上。

程式碼

```
1.  <%@ Page Language="VB" %>
2.  <html>
3.  <head runat="server">
4.  <title>範例ex2-15</title>
5.  </head>
6.  <body>
7.  <%
8.  Dim name As String = "李大年"
9.  Dim dt As Date = Now
10. Response.Cookies("uesrname").Value = name
11. Response.Cookies("time").Value = dt
12. Response.Write("新增的 Cookie 名稱為 username，其值為：" & name & "<br>")
13. Response.Write("新增的 Cookie 名稱為 time，其值為：" & dt & "<br>")
14. %>
15. </body>
16. </html>
```

程式說明

第 1 行：ASP.NET 程式的指引區間，告知 .NET 系統此網頁程式是以 Visual Basic 程式撰寫。

第 3 行：宣告網頁的表頭，並設定此網頁程式在 Server 端執行。

第 7~14 行：ASP 網頁的主程式區間，即動態標籤區間。

第 8 行：建立變數 name，設定其資料型態為 String，其值為”李大年”。

第 9 行：建立變數 dt，設定其資料型態為 Date，其值為 Visual Basic 的函數 now，即目前的日期與時間。

第 10 行：新增一個 Cookie，名為 username，其值為 name 變數。

第 11 行：新增一個 Cookie，名為 time，其值為 dt 變數。

第 12 行：將名為 username 的 Cookie 輸出於網頁上。

第 13 行：將名為 time 的 Cookie 輸出於網頁上。

執行結果

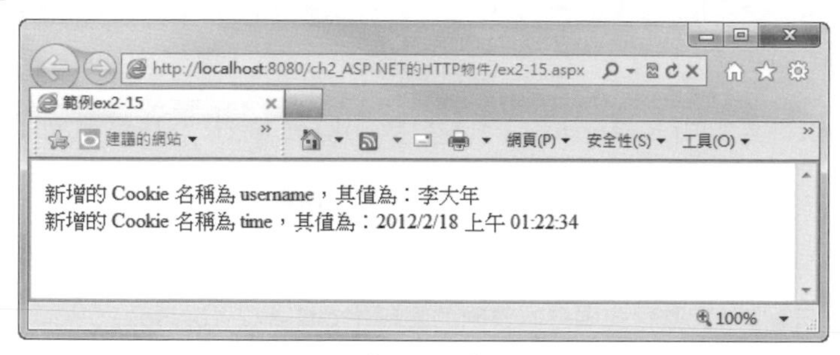

【圖2-25】

取得 Cookie

取得Cookie是使用Request物件的Cookies屬性，其格式如下：

```
Request.Cookies(“Cookie 的名稱”).屬性 = 設定值
```

範例練習2-16 (完整程式碼在本書附的光碟中ch2\ex2-16.aspx)

取得 Client 端的 Cookie，並將該 Cookie 輸出於網頁上。

程式碼

```
1.  <%@ Page Language="VB" %>
2.  <html>
3.  <head runat="server">
4.  <title>範例 ex2-16</title>
5.  </head>
6.  <body>
7.  <%
8.  Response.Cookies("username").Value = "李大年"
9.  Response.Cookies("msg").Value = "ASP.NET 之內建物件"
10. Response.Write("第一個 Cookie 變數的名稱是：" & Request.Cookies.
    Item(0).Name & "<br>")
11. Response.Write("第一個 Cookie 變數的值為：" & Request.Cookies.Get(0).
```

```
    Value & "<br>")
12. Response.Write("第二個 Cookie 變數的名稱是：" & Request.Cookies.
    Item(1).Name & "<br>")
13. Response.Write("第二個 Cookie 變數的值為：" & Request.Cookies.Get(1).
    Value & "<br>")
14. Response.Write("第三個 Cookie 變數的名稱是：" & Request.Cookies.
   Item(2).Name & "<br>")
15. Response.Write("第三個 Cookie 變數的值為：" & Request.Cookies.Get(2).
    Value & "<br>")
16. %>
17. </body>
18. </html>
```

程式說明

第 1 行：ASP.NET 程式的指引區間，告知 .NET 系統此網頁程式是以 Visual Basic 程式撰寫。
第 3 行：宣告網頁的表頭，並設定此網頁程式在 Server 端執行。
第 7~16 行：ASP 網頁的主程式區間，即動態標籤區間。
第 8 行：新增一個 Cookie，名為 username，其值為”李大年”。
第 9 行：新增一個 Cookie，名為 msg，其值為”ASP.NET 之內件物件”。
第 10 行：使用 cookie 物件的 Item 屬性，利用索引值輸出第一個 Cookie 物件變數的名稱。
第 11 行：使用 cookie 物件的 Get 方法，利用索引值輸出第一個 Cookie 物件變數的值。
第 12 行：使用 cookie 物件的 Item 屬性，利用索引值輸出第二個 Cookie 物件變數的名稱。
第 13 行：使用 cookie 物件的 Get 方法，利用索引值輸出第二個 Cookie 物件變數的值。

重點提示 本範例中可以看到除了自訂的2個Cookie變數(username、msg)之外，另外又多了一個Cookie變數名稱為：【ASP.NET_SessionId】，這一個Cookie變數主要是ASP.NET用來辨識每一個Client端的連結網站的SessionID，在每一個Client端連結網站時會自動產生，其值我們可以看出，在輸出時類似亂碼的資料，而且每一次產生的【ASP.NET_SessionId】都會不一樣。

執行結果

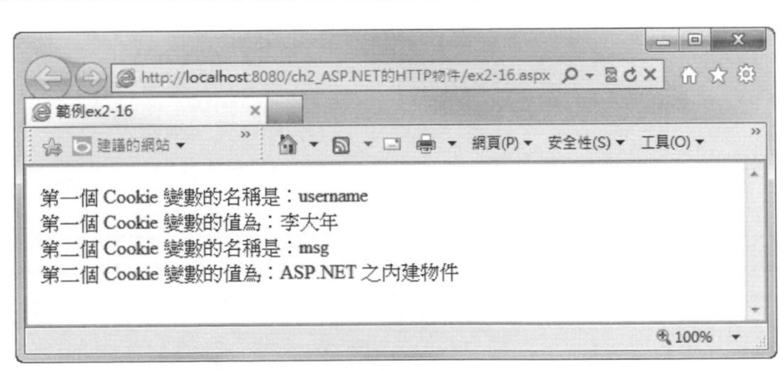

【圖2-26】

2.7.4 Cookies的設定

一般說來，Client端的瀏覽器都會自動將Cookie的功能自動設為開啟，而在ASP.NET中，要使用Session物件也必須要開啟Cookie的功能。Cookie在瀏覽器上的設定如下：

STEP 01 以Internet Explorer 8為例，開啟瀏覽器，執行【工具】→【網際網路選項】

【圖2-27】

STEP 02 進入【網際網路選項】設定視窗→點選上方【隱私權】標籤→在此設定中可以移動左方的滑動指標來設定Cookie的等級

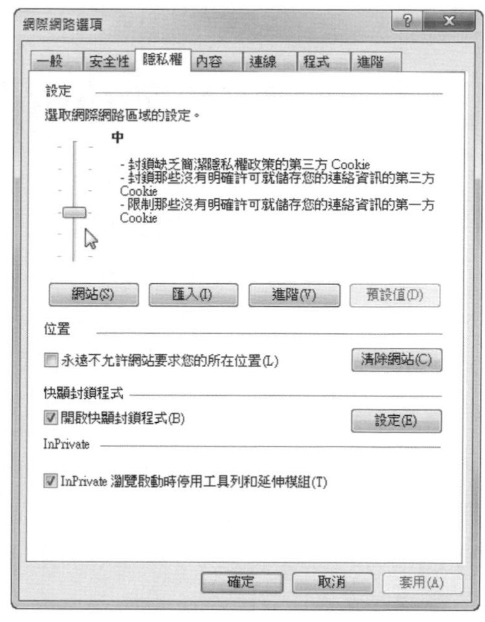

【圖2-28】

STEP 03 接著可以按下【進階】鈕，進入【進階隱私設定】視窗，設定是否要自動處理Cookie。

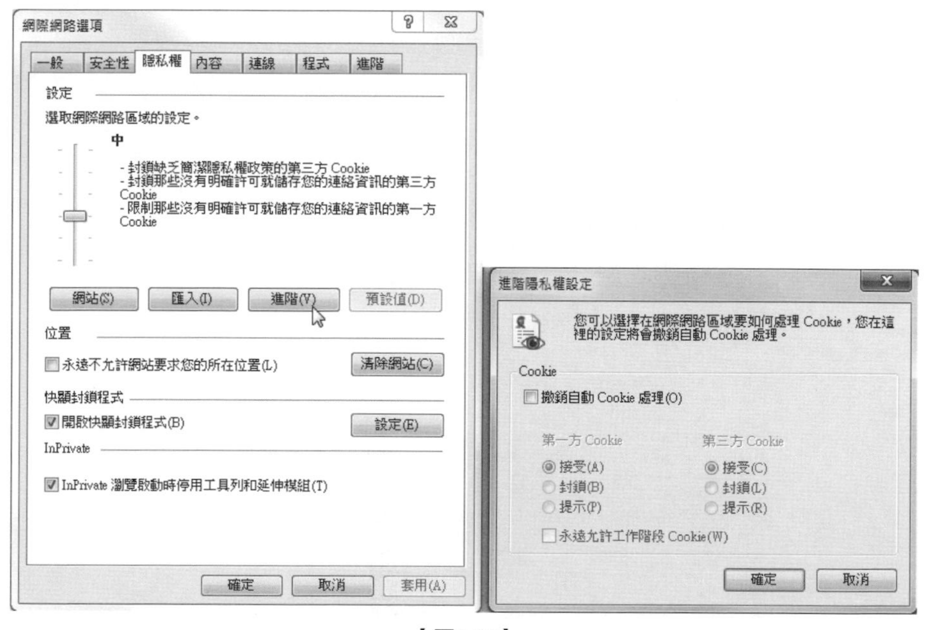

【圖2-29】

2.8 Web.config檔案

在ASP.NET中，我們常見到一個名為【Web.config】的檔案，這個檔案的作用是，設定Web應用程式的資源檔案，格式是XML文件，內容是ASP.NET中Web應用程式的相關設定，如裝置、網頁的呈現、網頁的編譯方式、Session的管理、安全性的控管…等。所有Web應用程式執行前，都會先檢視Web.config檔案，以執行相關的設定。

【Web.config】檔案位於Web應用程式的任何目錄下，若是某一目錄沒有Web.config檔案，則會自動繼承父目錄的【Web.config】檔案。若是目錄中有【Web.config】檔案，則會自動覆寫父目錄的【Web.config】檔案。

所有ASP.NET的根組態檔，就是 .NET Framework的【Machine.config】，位置在【C:\WINDOWS\Microsoft.NET\Framework\ .NET Framework的版本編號（本章範例版本編號為v4.0.30319)\Config】，如果在各目錄下有自己要做的設定，則可編輯各目錄下的Web.config檔案來覆寫相關的設定。

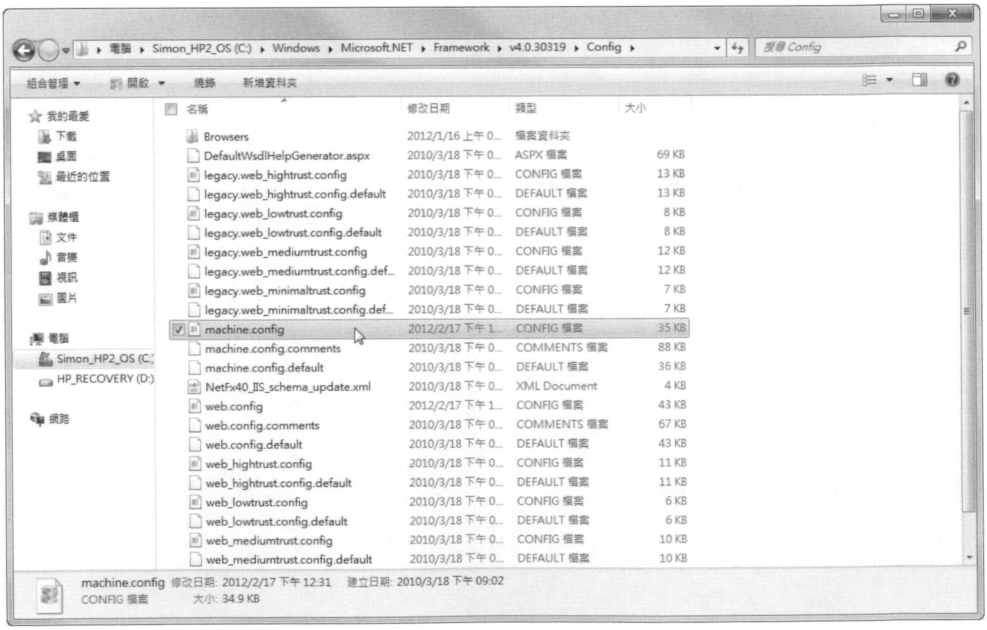

【圖2-30】

以下是在本章中的一個Web.config檔案範例：

【圖2-31】

```
<?xml version="1.0"?>
<!--
-->
<configuration>
    <appSettings/>
    <connectionStrings/>
    <system.web>
        <!--
      -->
        <compilation debug="true" strict="false" explicit="true"/>
        <pages>
            <namespaces>
                <clear/>
                <add namespace="System"/>
                <add namespace="System.Collections"/>
                <add namespace="System.Collections.Specialized"/>
                <add namespace="System.Configuration"/>
                <add namespace="System.Text"/>
                <add namespace="System.Text.RegularExpressions"/>
                <add namespace="System.Web"/>
                <add namespace="System.Web.Caching"/>
                <add namespace="System.Web.SessionState"/>
                <add namespace="System.Web.Security"/>
                <add namespace="System.Web.Profile"/>
                <add namespace="System.Web.UI"/>
```

```
                    <add namespace="System.Web.UI.WebControls"/>
                    <add namespace="System.Web.UI.WebControls.WebParts"/>
                    <add namespace="System.Web.UI.HtmlControls"/>
               </namespaces>
          </pages>
          <!--
         -->
          <authentication mode="Windows"/>
          <!--
         -->
     </system.web>
</configuration>
```

由以上的程式中我們可以看到，Web.config檔案的各層標籤，其根標籤是【<configuration>】，緊接著有三個主要子標籤設定區段，分別是【<appSettings/>】、【<connectionStrings/>】、【<system.web>】。

2.8.1 <appSettings>標籤

此標籤區段是用來設定在ASP.NET程式中所需的參數，以及應用程式中的各項設定。此標籤可以是<configuration>標籤的子標籤，也可以是<system.web>標籤的子標籤，在此標籤中，設定應用程式的標籤是<add>,，每一個<add>標籤都是一個新增的參數，其語法格式如下：

```
<add  key = “參數名稱” value = “參數值” />
```

2.8.2 <connectionStrings>標籤

此標籤是ASP.NET 2.0後新增的標籤區段，由字面上的意義我們可以知道，此標籤主要是用來設定操作資料庫的連結字串。利用<add>標籤來新增連結字串，如以下的範例：

```
<connectionStrings>
 <add  name = “provider” connectionString =” Microsoft.Jet.OLEDB.4.0;” />
  …
</ connectionStrings>
```

或許在使用過ASP.NET的資料庫時，我們會發現，連結字串一般都是寫在資料庫程式中，那為何在Webconfig檔案中還有可以設定的區段呢？實際上連結字串寫在程式中或是寫在Web.config檔案中，此兩者可以擇一而行，但是寫在Web.config檔案中是有好處的：

◆ 因為資料庫的連結字串不在資料庫程式中，所以可以避免資料庫的資料被網路駭客取得。

◆ 因為資料庫的連線字串不在資料庫程式中，所以當資料庫的連結字串有修改時，就不用在每一個使用連結字串的資料庫程式中都做修改，只要修改Web.config檔案即可，這樣在資料庫的程式維護上也比較容易。

2.8.3 <system.web>標籤

此標籤區段可設定其他許多ASP.NET的相關設定，在此標籤中提供了許多子標籤來設定，常用的子標籤如下：

2.8.4 網站組態設定工具

ASP.NET從2.0版以後，可提供網站設定工具用來設定網站的各項組態，即利用IIS管理工具來設定Web.config檔案。操作方式如下：

子標籤區段	設定功用
<anonymousIdentification>	設定控制Web應用程式的匿名使用者。
<authentication>	設定驗證ASP.NET的方式。
<authorization>	設定ASP.NET中的資源授權。
<browserCaps>	瀏覽器相容元件的設定。
<compilation>	設定ASP.NET應用程式的編譯環境。
<customErrors>	設定ASP.NET程式的自訂錯誤處理。
<globalization>	設定ASP.NET應用程式的本地化。
<httpHandlers>	設定收到的URL請求對應到IHttpHandler類別。
<httpModules>	設定Web應用程式中的HTTP模組。
<httpRuntime>	設定ASP.NET的執行期相關設定。
<identity>	設定ASP.NET應用程式的使用者識別權限。
<location>	設定路徑與檔案。
<machineKey>	設定使用表單驗證的Cookie資料時，加碼與解碼的金鑰值。
<membership>	設定ASP.NET的會員機制。
<pages>	設定ASP.NET程式中的Page指令。
<processModel>	設定IIS網路伺服器系統中的ASP.NET 過程模組。
<profile>	設定ASP.NET個人化資訊的物件。
<roles>	設定ASP.NET的角色管理。
<sessionState>	設定ASP.NET的session物件狀態。
<siteMap>	設定ASP.NET的網站導覽。
<trace>	設定ASP.NET的除錯功能。
<webParts>	設定ASP.NET網頁程式的組件。
<webServices>	設定ASP.NET的網頁服務。

STEP 01 在我們的電腦系統中安裝了IIS與 .NET Framework 4.0版之後，即可操作Internet Information Services(IIS)的管理工具。Windows 7開始鈕/指令列中輸入【IIS】→可以見到【Internet Information Services(IIS)管理員】→點選執行後開啟【Internet Information Services(IIS)管理員】

【圖2-32】

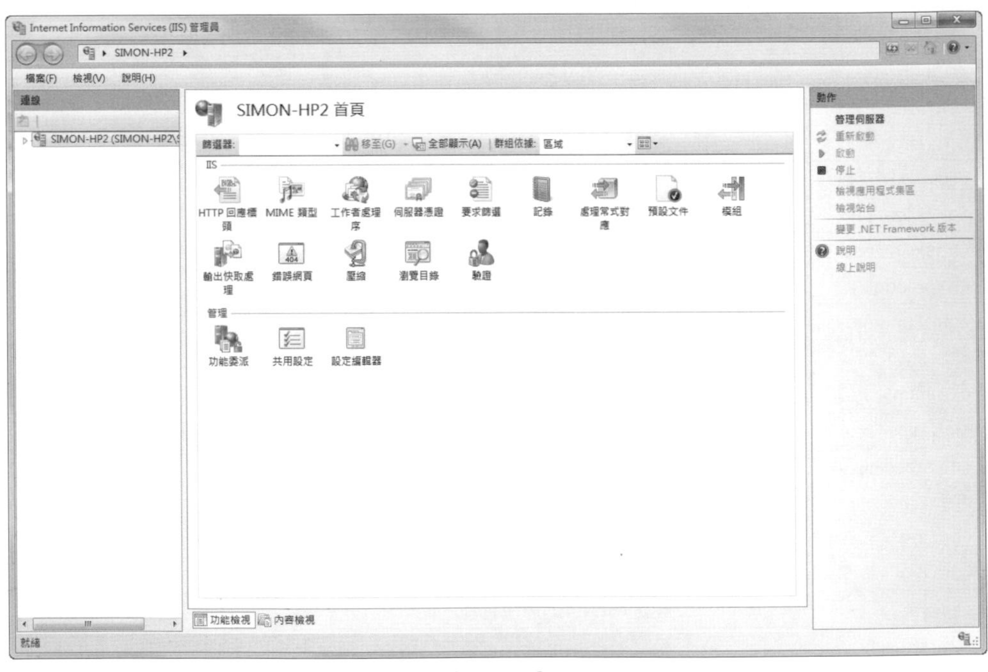

【圖2-33】

STEP 02　於左側【連線】欄中展開【本機名稱】/【站台】/【Default Web Site(預設網站)】→在【Default Web Site(預設網站)】上按右鍵→點選【切換到內容檢視】

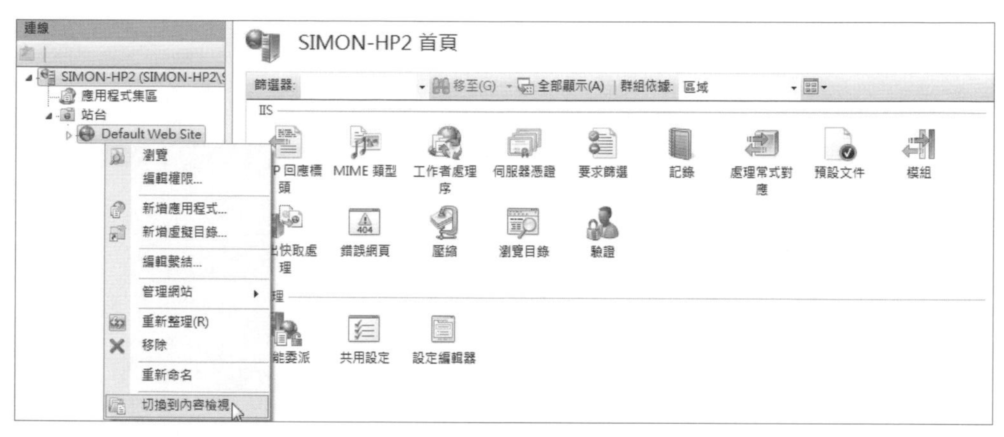

【圖2-34】

STEP 03　進入【Default Web Site(預設網站)】內容設定視窗→可在此設定ASP.NET網站的相關項目

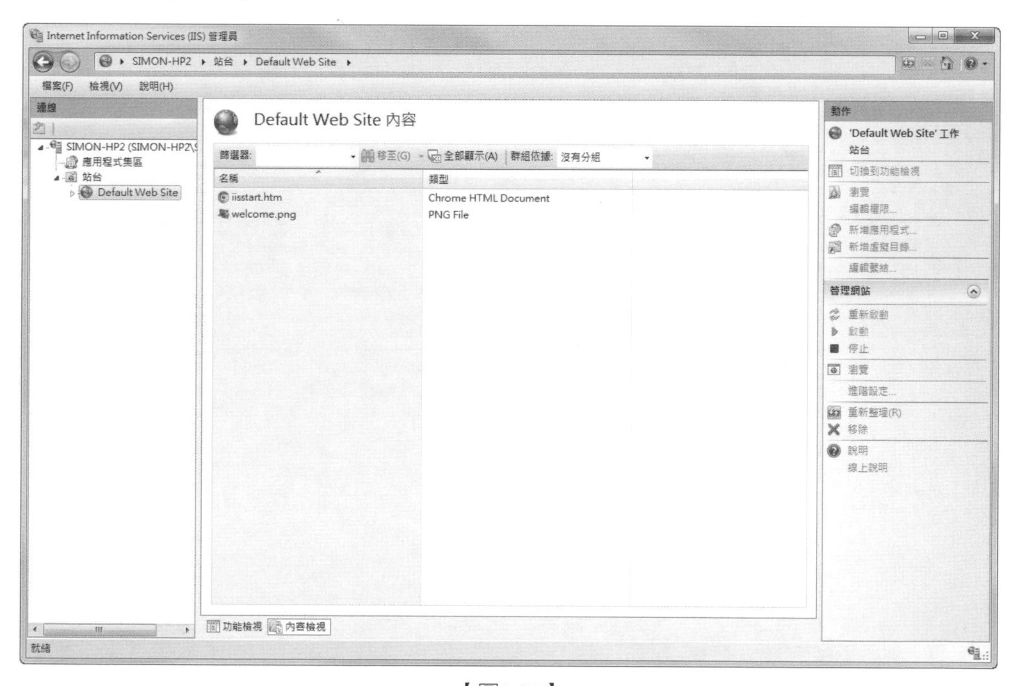

【圖2-35】

STEP 04 或於左側【連線】欄中展開【本機名稱】/【站台】/【Default Web Site(預設網站)】→在【Default Web Site(預設網站)】上按右鍵→點選【切換到功能檢視】

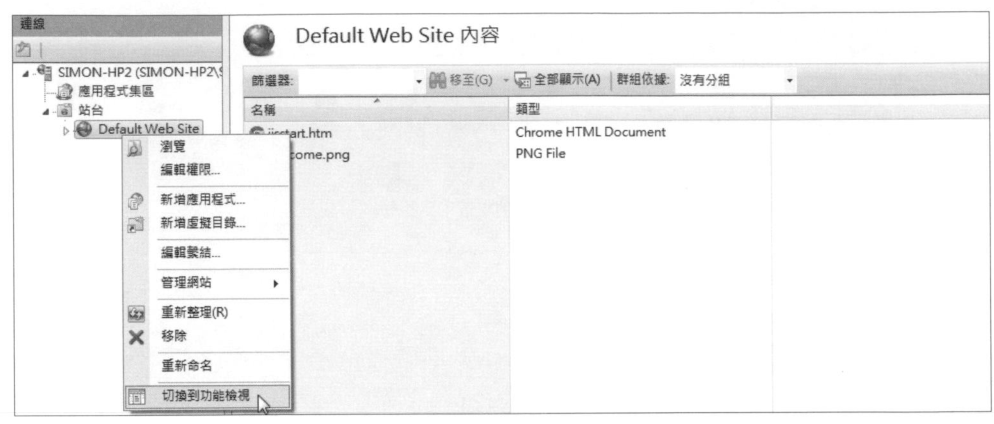

【圖2-36】

STEP 05 進入【Default Web Site(預設網站)】以功能項目設定視窗→可在此設定ASP.NET網站的相關項目

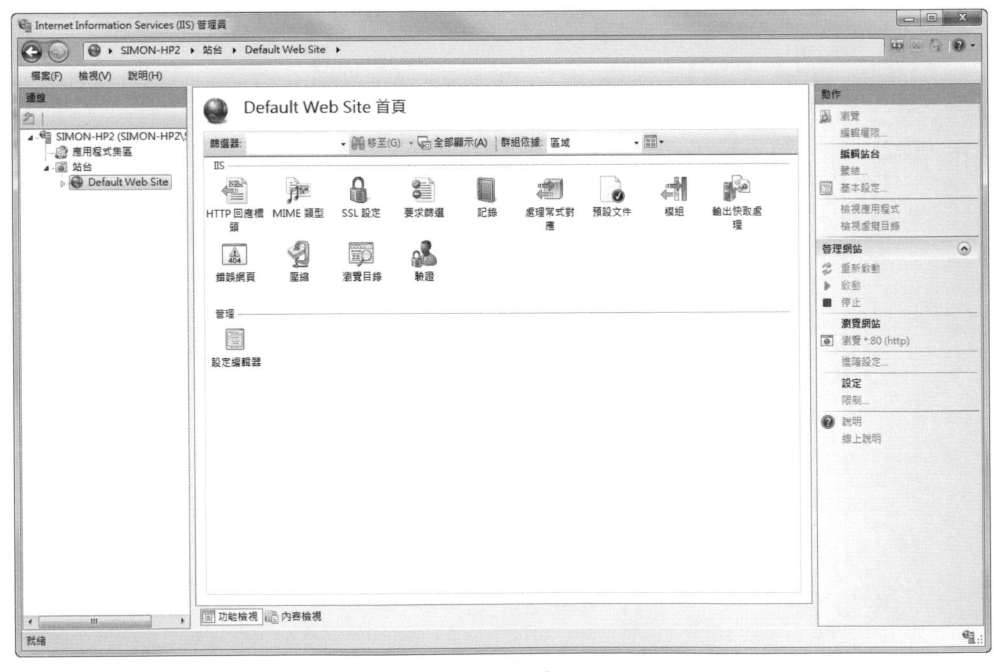

【圖2-37】

CHAPTER

03

Web伺服器控制項的使用

在ASP.NET中，Web Form伺服器控制項主要是用來製作網頁表單之用，Web Form伺服器控制項必須執行在Server(伺服器)端，主要可分為兩大控制項內容：HTML控制項與Web控制項。此兩大控制項主要的用途大多是在製作網頁的【表單】。

在一個網頁程式中，【表單】可說是網頁主要的內容，表單元件也由Web伺服器控制項所組成，所以Web Form伺服器控制項也可以視為在ASP.NET程式中製作網頁的使用介面，本章將介紹在ASP.NET中的Web Form伺服器控制項的種類與其如何使用在網頁之中。

3.1 Page物件

Page物件是ASP.NET表單中的重要物件，在ASP.NET中，表單基本上是由事件來驅動運作，而每一個ASP.NET程式在編譯後，就會建立一個屬於【System.Web.UI】類別的System.Web.UI.Page物件，也就是Page物件。

當ASP.NET程式被編譯與執行時，每一個ASP.NET程式的網頁就可視為一個Page物件，Page物件被執行時就會觸發一連串的相關事件。另外，當ASP.NET程式由使用者執行或載入時，也會隨之觸發一連串的Page物件的事件。

3.1.1 Page物件的事件

Page物件的常用事件如下：

事件名稱	功用說明
AbortTransaction	當使用者結束交易時觸發此事件。
CommitTransaction	當交易完成時觸發此事件。
Error	當產生未處理的例外情況時觸發此事件，即Page物件發生錯誤時被觸發。
Init	初始化伺服器控制項時觸發此事件，即Page物件第一次被執行時觸發。
Load	當載入伺服器控制項到Page物件時觸發此事件，即網頁頁面載入時觸發。

事件名稱	功用說明
PreInit	當網頁頁面初始化的開頭發生時觸發此事件，即伺服器準備載入ASP.NET程式時觸發。
PreLoad	網頁頁面Load之前觸發此事件。
PreRender	在控制項物件載入但未建立前觸發此事件，即在資料寫入Client端之前觸發。
Unload	當伺服器控制項從記憶體釋放時觸發此事件，即ASP.NET程式完全執行後觸發(網頁傳送給Client端後)。

3.1.2 Page物件的屬性

Page物件的常用屬性如下：

屬性名稱	功用說明
Application	即Application物件。(詳見本書第四章)
Buffer	是否使用緩衝區輸出網頁。
Cache	取得此網頁與相關應用程式的Cache物件。
ClientTarget	取得或設定網頁在Client端要如何顯示。
EnableViewState	取得或設定當網頁結束時，是否要保留網頁的檢視狀態。
ErrorPage	取得或設定當網頁發生錯誤時產生的錯誤頁面。
IsPostBack	取得網頁是否第一次被存取載入，取得值為布林值。是第一次載入為False，否則為True。
IsValid	網頁的驗證是否成功。
Request	即Request物件。(詳見本書第四章)
Response	即Response物件。(詳見本書第四章)
Server	即Server物件。(詳見本書第四章)
Session	即Seeeion物件。(詳見本書第四章)
SmartNavigation	是否啟用智慧型網頁導覽，主要功用是穩定螢幕畫面。
Trace	取得目前網頁的追蹤除錯物件。
TraceEnabled	目前網頁是否有Trace物件。
User	取得執行網頁的使用者資訊。
Validators	取得網頁中所有驗證控制項的集合。
Visible	是否要顯示Page物件。

3.1.3 Page物件的方法

Page物件的常用方法如下：

方法名稱	功用說明
DataBind	將資料來源繫結到伺服器控制項。
Equals	判斷兩個物件執行個體是否相等。
FindControl	搜尋指定的伺服器控制項。
LoadControl	載入控制項。
LoadTemplate	從外部檔案取得ITemplate介面執行個體。
MapPath	取得應用程式的虛擬路徑所對應到的實際路徑。
ProcessRequest	設定Page物件的內建屬性。
ResolveUrl	將虛擬的URL轉換為實際的URL。
SetFocus	將瀏覽器的焦點設定為指定的控制項。
Validate	指定某個驗證控制項去驗證所指定的控制項。

3.2 控制項的事件

剛剛前面有提到，表單基本上是由事件來驅動運作，當使用者執行表單的ASP.NET程式時，比如在表單上按下按鈕或是選擇項目時，按鈕與選擇項的控制項狀態就會被改變，接著就會觸發事件，事件一產生，在程式中就要建立對應的事件程序來處理這個事件。在ASP.NET程式中，事件程序的撰寫一般是寫在<script>標籤的 .NET程式碼區間內，並以Visual Basic的副程式(Sub)的格式寫出，格式如下：

```
Sub 事件程序名稱 (ByVal Sender as Object , ByVal E As EventArgs)
事件程序內容…
…
End Sub
```

在格式中的ByVal是指這些參數為傳值呼叫(可參考本書第三章的第14項：參數的傳遞)，Sender是物件型態變數，功用為指明哪個物件觸發事件，其型態為Object，Eventargs是事件參數，E參數是事件發生時的相關資訊，設定型態為Eventargs。基本上在副程式中每一個事件程序都要加入(ByVal Sender as Object , ByVal E As EventArgs)的參數宣告。

3.3 HTML伺服器控制項

HTML伺服器控制項(HTML Server Controls)是ASP.NET所提供的控制元件項目，它是在Server端執行的元件，可以產生標準的HTML文件。一般說來，標準的HTML/XHTML標籤是無法用程式來控制其屬性、使用方法、接收事件的。必須使用其他的程式語言來控制標籤，這對ASP.NET程式設計來說是很不方便的，也會使ASP.NET程式較為雜亂。所以ASP.NET在這方面開發了新的技術，便是將HTML標籤給物件化，使程式(如VB.NET、C#…)可以直接控制HTML標籤，一般說來物件化後的HTML標籤稱之為【HTML伺服器控制項】。

基本上HTML伺服器控制項與一般的HTML/XHTML標籤幾乎相同，差別只在於HTML伺服器控制項標籤中多了兩個屬性：Id與Runat。

Id屬性

即控制項的名稱，以名稱來控制與存取控制項，名稱不可重覆。

Runat屬性

此屬性設定為【Server】，表是控制項必須執行在Server端，也代表這是一個 HTML伺服器控制項，不再是單純的HTML/XHTML標籤。

3.3.1 工作原理

HTML伺服器控制項的工作方式是，HTML標籤在ASP.NET網頁內執行時，ASP.NET會檢視HTML標籤內是否有runat屬性，若是沒有，則當作一般HTML標籤字串處理，送往Client端的瀏覽器去執行解讀。若是有runat屬性，則表示該標籤已經是物件化的標籤，則會由ASP.NET的Page物件將該物件化的標籤由.NET共用物件類別庫中載入，使ASP.NET程式能夠予以控制，當程式執行完畢之後，再將執行結果轉換成HTML標籤與一般的HTML標籤一起下載到Client端的瀏覽器顯示出結果。

3.3.2 對應標籤

每一個HTML伺服器控制項都會對應一個HTML/XHTML標籤，在ASP.NET程式中，HTML標籤只要加上【Id】與【Runat】屬性，就代表該標籤是HTML伺服器控制項，各個HTML伺服器控制項所對應的HTML/XHTML標籤如下表：

HTML標籤	HTML伺服器控制項
<a>	HtmlAnchor
<input type = “button" “checkbox" “radio" “file" “hidden" “image" “text" “password" “submit" “reset">	 HtmlInputButton、 HtmlInputCheckBox、 HtmlInputRadioButton、 HtmlInputFile、 HtmlInputHidden HtmlInputImage、 HtmlInputText HtmlInputPassword HtmlInputSubmit HtmlInputReset
<form>	HtmlForm
<img>	HtmlImage
<table>	HtmlTable
<tr>	HtmlTableRow
<td>	HtmlTableCell
<select>	HtmlSelect
<button>	HtmlButton
<span>、<div>	
<body>、<font>…	HtmlGenericControl
<textarea>	HtmlTextarea
<head>	HtmlHead
<link>	HtmlLink
<meta>	HtmlMeta
<title>	HtmlTitle

3.3.3 HTML伺服器控制項的使用格式

HTML伺服器控制項在程式中的撰寫格式如下：

```
<標籤　id = 控制項名稱　Runat = "Server"　屬性 1 = 屬性值 1　屬性 2 = 屬性值
2…> 要顯示的文字 </ 標籤 >
```

```
<標籤　id = 控制項名稱　Runat = "Server"　屬性 1 = 屬性值 1　屬性 2 = 屬性值
2…/>
```

3.3.4 HTML伺服器控制項的共用屬性

屬性名稱	功用說明
InnerHtml	顯示文字並執行HTML標籤功能。
InnerText	不執行HTML標籤功能將所有文字字串顯示。
Disabled	將物件功能關閉，使物件暫時無法工作。設定為True：關閉物件功能。(物件會變為灰色)，False：開啟物件功能。
Visible	使物件的視覺狀態消失，即將物件隱藏。設定值為True：隱藏物件，False：取消隱藏物件。
Attributes	設定物件的屬性，格式為： 物件名稱.Attributes(“屬性名稱")
Style	設定控制項的樣式。

Style屬性有多種設定項目，設定格式為：

```
控制項元件之 id 名稱 .Style(Style 設定項目 ) = 設定值
```

常用的設定項目如下表所示：

Style樣式名稱	功能	設定值
background-color	背景色	RGB值或色彩英文名稱。
color	前景色	RGB值或色彩英文名稱。
font-family	字型	字型名稱。
font-size	字體大小	數值(pt)。
font-style	斜體字	italic / normal
font-weight	粗體字	bold / normal
text-decoration	字體效果	underline(底線)、line-through(刪除線)、overline(頂線)、none
text-transform	大小寫轉換	uppercase(全部大寫)、lowercase(全部小寫)、capitalize(字首大寫)、none
border-color	邊框色彩	RGB值或色彩英文名稱。
border-width	邊框粗細	數值(pt)。

範例練習3-1 (完整程式碼在本書附的光碟中ch3\ex3-1.aspx)

寫一個 ASP 程式，使用 HTML 伺服器控制項的共用屬性 InnerText 與 InnerHtml。

程式碼

```
1.  <%@ Page Language="VB" %>
2.  <script language=vbscript runat=server>
3.  Sub page_load(ByVal sender As Object, ByVal e As EventArgs)
4.  b1.InnerText = "按我吧！"
5.  s1.InnerText = "雲蘆閣數位工作室"
6.  d1.InnerHtml = "ASP.NET系列圖書"
7.  End Sub
8.  Sub b1_click(ByVal sender As Object, ByVal e As EventArgs)
9.  d1.InnerText = "<b>ASP.NET</b>"
10. s1.InnerHtml = "<b>ASP.NET</b>"
11. End Sub
12. </script>
13. <html>
14. <head runat="server">
15. <title>範例ex3-1</title>
16. </head>
17. <body>
18. <center>
19. <form id="form1" runat="server">
20. <div id="d1" runat=server/>
21. <span id="s1" runat=server /><p>
22. <button id="b1" runat=server onserverclick="b1_click" />
23. </form>
24. </center>
25. </body>
26. </html>
```

程式說明

第 1 行：ASP.NET 程式的指引區間，告知 .NET 系統此網頁程式是以 Visual Basic 程式撰寫。

第 2~12 行：宣告 .NET 程式碼區間，以 <script> 標籤區間寫出，設定此區間的編譯的語言為 script 語言，並在 Server 端執行。

第 3~7 行：建立 page_load 副程式，即 page_load 事件程序，在網頁載入時就會自動觸發，第 4 行設定 b1 物件(即按鈕物件)的 InnerText 屬性值為"按我吧！"，在第 5 行設定 s1 物件(即 <span> 標籤)的 InnerText 屬性值為"雲蘆閣工作室"，在第 6 行設定 d1 物件(即 <div> 標籤)的 InnerHtml 屬性值為"ASP.NET 系列圖書"。

第 8~11 行：建立 b1_click 副程式，即 b1_click 事件程序，當按下按鈕元件時觸發此事件程序，在第 9 行設定 d1 物件(即 <div> 標籤)的 InnerText 屬性值為"<b>ASP.NET</b>"，在第 10 行設定 s1 物件(即 <span> 標籤)的 InnerHtml 屬性值為"<b>ASP.NET</b>"。

第 14 行：宣告網頁的表頭，並設定此網頁程式在 Server 端執行。

第 18~24 行：將網頁內容置中。

第 19~23 行：建立網頁表單區間，並設定表單執行在 Server 端。

第 20 行：建立 <div> 標籤，設其 id 為 d1，被 <div> 標籤包起來的文字、圖片…任何東西，瀏覽器都會將之視作一個物件，而且該 <div> 區間會行形成一個區塊物件，也就是在此區間中的任何資料都會自成一個區塊，並獨立為一個段落，其前後所接的任何資料都會被擠到上一行與下一行中。

第 21 行：建立 <span> 標籤，設其 id 為 s1，被 <span> 標籤包起來的文字、圖片…任何東西，瀏覽器都會將之視作一個物件，而且該 <span> 區間不會自成一個區塊，可以與其前後所接的任何資料接在一起。

第 22 行：建立 HTML 伺服器控制項的按鈕 (button) 元件，設其 id 為 b1，並設定其觸發事件為【onserverclick】，這是 HTML 伺服器控制項的按鈕 (button) 元件所支援的事件，【onserverclick】是指當按鈕被按下時要觸發的事件，當此事件發生時，要執行的事件程序名稱為 "b1_click"，所以當按鈕被按下時，就會去呼叫程式中的 "b1_click" 副程式，即定義在 .NET 程式碼區塊中的 "b1_click" 副程式，去執行 "b1_click" 副程式中的程式碼。

以此程式來看，執行 InnerText 屬性時，會將其設定的字串原原本本的全部顯示，包含其中的 HTML 標籤也當做文字顯示。而執行 InnerHtml 屬性時，會將其設定的字串全部顯示，若其中有 HTML 標籤，則會執行 HTML 標籤的功能。

執行結果

尚未按下按鈕前：

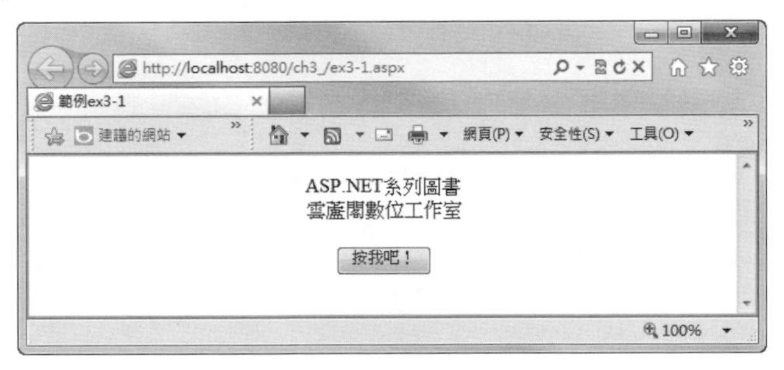

【圖3-1】

按下按鈕後：

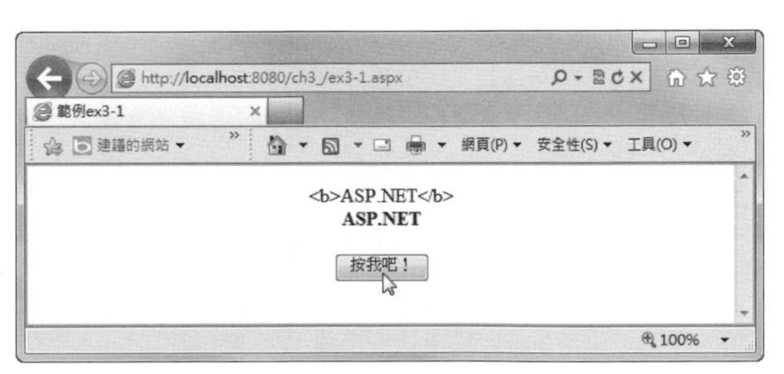

【圖3-2】

範例練習3-2（完整程式碼在本書附的光碟中ch3\ex3-2.aspx）

利用 HTML 伺服器控制項製作基本型的訪客留言板。

程式碼

```
1.  <%@ Page Language="VB" %>
2.  <script language=vbscript runat=server>
3.  Sub b1_click(ByVal sender As Object, ByVal e As EventArgs)
4.  If r1.Checked Then
5.  Response.Write("<b> 您是男生 </b>" & "<br>")
6.  Else
7.  Response.Write("<b> 您是女生 </b>" & "<br>")
8.  End If
9.  Response.Write("<b> 您的姓名是：</b>" & t1.Value & "<br>")
10. Response.Write("<b> 您的學歷是：</b>" & s1.Value & "<br>")
11. Dim hobby As String = "<b> 您的興趣有：</b>"
12. If c0.Checked Then hobby += c0.Value + "、"
13. If c1.Checked Then hobby += c1.Value + "、"
14. If c2.Checked Then hobby += c2.Value + "、"
15. If c3.Checked Then hobby += c3.Value + "、"
16. If c4.Checked Then hobby += c4.Value + "、"
17. If c5.Checked Then hobby += c5.Value
18. Response.Write(hobby & "<br>")
19. Response.Write("<b> 您的電子郵件是：</b>" & t2.Value & "<br>")
20. Response.Write("<b> 您的留言如下：</b>" & "<br>" & Replace(m1.Value, Chr(13),
    "<br>"))
21. End Sub
22. </script>
23. <html>
24. <head runat="server">
25. <title> 範例 ex3-2</title>
26. </head>
27. <body>
28. <hr>
29. <center>
30. <h2> 請留下您的基本資料與留言 </h2><p>
31. <form id="f1" runat="server">
32. <table id="ta1" runat="server" border="1">
33. <tr><td> 姓名：<input type="text" id="t1" runat="server" size="10"></td></tr>
34. <tr><td> 性別：
35. <input type="radio" id="r1" runat="server"> 男
36. <input type="radio" id="r2" runat="server"> 女 </td></tr>
37. <tr><td> 學歷：<select id="s1" runat="server">
38. <option> 國小 </option>
39. <option> 國中 </option>
40. <option> 高中 </option>
```

```
41.  <option>大專</option>
42.  <option>研究所</option></select></td></tr>
43.  <tr><td>興趣：
44.  <input type="checkbox" id="c0" runat="server" value="閱讀">閱讀
45.  <input type="checkbox" id="c1" runat="server" value="電腦">電腦
46.  <input type="checkbox" id="c2" runat="server" value="音樂">音樂
47.  <input type="checkbox" id="c3" runat="server" value="旅遊">旅遊
48.  <input type="checkbox" id="c4" runat="server" value="運動">運動
49.  <input type="checkbox" id="c5" runat="server" value="其他">其他</td></tr>
50.  <tr><td>電子郵件：
51.  <input type="text" id="t2" runat="server" size="30"></td></tr>
52.  <tr><td><textarea id="m1" runat="server" rows=6 cols=60/></td></tr>
53.  </table>
54.  <button id="b1" runat="server" onserverclick="b1_click">填寫完畢送出</button>
55.  <input type="reset" id="re1" runat="server" value="重新填寫">
56.  </form>
57.  </center>
58.  </body>
59.  </html>
```

程式說明

第 1 行：ASP.NET 程式的指引區間，告知 .NET 系統此網頁程式是以 Visual Basic 程式撰寫。

第 2~22 行：宣告 .NET 程式碼區間，以 <script> 標籤區間寫出，設定此區間的編譯的語言為 script 語言，並在 Server 端執行。

第 3~21 行：建立 b1_click 副程式，即 b1_click 事件程序，當按下按鈕元件 b1 時觸發此事件程序。

第 4~8 行：建立 If 條件式，判斷單選鈕 r1 控制項元件是否被選取，如果已被選取，則在網頁中輸出 " 您是男生 "，否則輸出 " 您是女生 "。

第 9 行：在網頁中輸出文字方塊控制項元件 t1 所輸入的內容。

第 10 行：在網頁中輸出下拉式選單控制項元件 s1 所選取的內容。

第 11 行：宣告一個名為 hobby 的變數，設定其資料型態為 String，字串內容為 " 您的興趣有：" 。

第 12~17 行：以 IF 條件式分別判斷 c0~c5 共 6 個核取方塊的選取狀態，當任一個核取方塊被選取，就將該核取方塊的 Value 值加入到 hobby 字串中。

第 18 行：在網頁中輸出 hobby 字串變數。

第 19 行：在網頁中輸出文字方塊控制項元件 t2 所輸入的內容。

第 20 行：在網頁中輸出文字區域 m1 控制項元件所輸入的內容，並使用 Visual Basic 的 Replace 函數，來替換在 HTML 表單中的換行符號，在此範例中的【chr(13)】就是【vbCrLf】換行符號。(詳細說明可參考本書第四章中的範例 4-7 的程式說明)

第 24 行：宣告網頁的表頭，並設定此網頁程式在 Server 端執行。

第 29~57 行：將網頁內容置中。

第 31~56 行：建立網頁表單區間，並設定表單執行在 Server 端。

第 32~53 行：建立表格，用來規範所有的表單控制項元件，讓表單控制項元件在網頁中的排版能整齊美觀。

第 33 行：建立文字方塊控制項元件 TextBox，設定其 id 為 t1，大小為 10。

第 35 行：建立單選鈕控制項元件 Radio，設定其 id 為 r1。

第 36 行：建立單選鈕控制項元件 Radio，設定其 id 為 r2。

第 37 行：建立下拉式選單控制項元件 Select，設定其 id 為 s1。

第 38~42 行：建立下拉式選單控制項元件中的各個選項項目。

第 44~49 行：建立核取方塊控制項元件 Checkbox，設定其 id 為 c0~c5，並分別設定其 Value 值。

第 51 行：建立文字方塊控制項元件 TextBox，設定其 id 為 t2，大小為 30。

第 52 行：建立文字區域控制項元件 TextArea，設定其 id 為 m1，大小為 6 列 60 欄。

第 54 行：建立按鈕控制項元件 Button，設定其 id 為 b1，按鈕上的顯示文字為 " 填寫完畢送出 "，並設定其觸發事件 onserverclick 要執行的事件程序為 b1_click。

第 55 行：建立 Reset 按鈕控制項元件，設定其 id 為 re1，按鈕上的顯示文字為 " 重新填寫 "，當此按鈕按下時，會將所有表單元件的資料清除。

執行結果

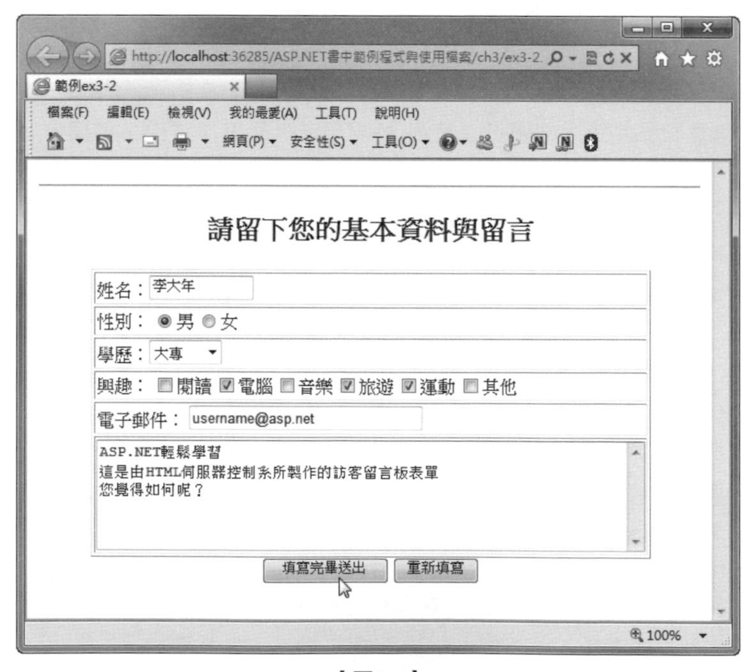

【圖3-3】

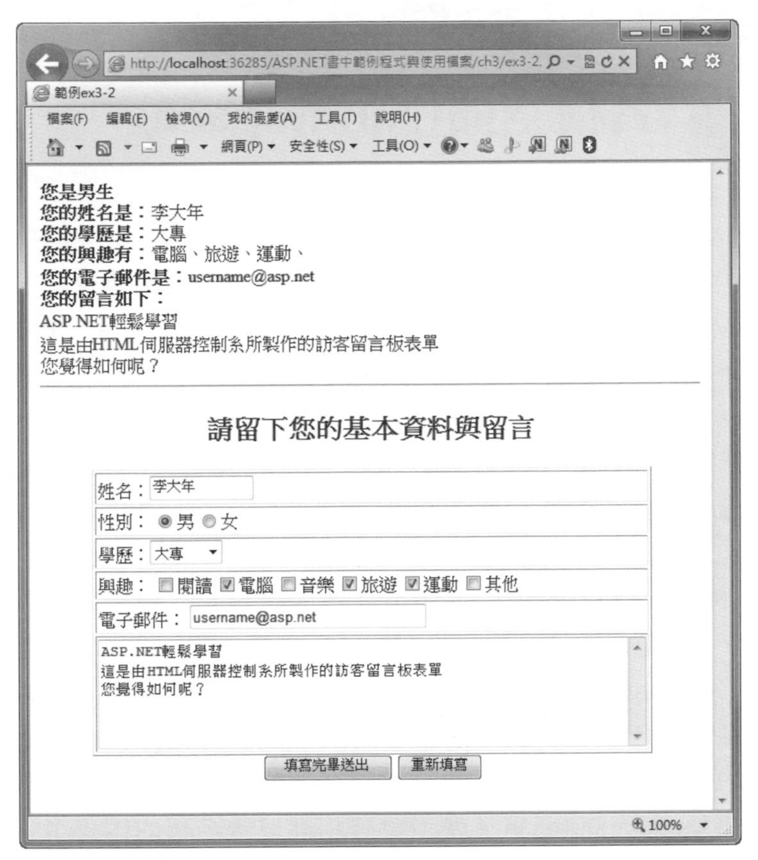

【圖3-4】

重點提示 因為每一個HTML伺服器控制項都會對應到一個HTML/XHTML標籤，所以HTML/XHTML如果學習的較為熟練的話，在HTML伺服器控制項的使用上就會更駕輕就熟。但是，換另一個方向來看，在ASP.NET中，網頁表單與其他內容的製作，都可以由其他的Web Form伺服器控制項來完成，比如Web伺服器控制項、驗證控制項…等，而且，其他的Web Form伺服器控制項是屬於ASP.NET中全新的控制項元件，而HTML伺服器控制項可算是由HTML/XHTML標籤的延伸，並且所有的功能都可以由Web伺服器控制項來取代，所以在此對於HTML伺服器控制項而言，本章便不多花篇幅來介紹，將本章的重點放在其他的Web Form伺服器控制項。

3.4 名稱空間(Namespace)

物件導向程式設計中，每一套程式語言都會發展出許多使用的物件，物件可以使用在程式設計上，反覆使用，不需要重新定義宣告，這對程式設計人員來說是非常方便的。而 .NET Framework也正是這種架構，在 .NET Framework中包含了相當多個使用物件，於是在使用上採用了名稱空間(Namespace)的概念來管理物件，就是將很多類型相同的物件歸納在同一個名稱空間內，比如說跟繪圖有關的物件就放在【System.Drawing】此Namespace中；與資料庫相關的物件就放在【System.Data】此Namespace中；與XML有關的物件就放在【System.XML】此Namespace中…等。所以名稱空間(Namespace)的主要用途是將物件歸納方便管理，也因為將物件歸納後，可以避免變數命名相同的困擾。比如當我們在設計一個很複雜的程式系統時，通常相關的控制項物件中要使用的成員很多，難免會取到相同的使用變數名稱，所以我們使用名稱空間的做法，將物件先行歸納分類，然後在不同的名稱空間中若是真的有相同名稱的變數，只要在變數使用時在名稱前加上Namespace名稱，就不會有相同變數名稱的困擾了。在每個名稱空間(Namespace)下的所有物件資料使用時都要加上其所屬的名稱空間(Namespace)名稱。

3.4.1 Namespace的使用

在使用Namespace時，一般可以使用指引區間<%@…%>的指引指令【Import】，指引區間的作用在本書第三章有提到，主要就是在網頁編譯時告訴編譯器要設定哪些參數與環境。所以我們可以利用指引指令【Import】告訴編譯器該程式要先行載入哪些名稱空間(Namespace)，在程式後續使用上，只要用到該名稱空間(Namespace)中的任何物件與資料，就可以直接使用，不需要每個物件資料都加上名稱空間(Namespace)。使用格式如下：

```
<%@ Import Namespace = "Namespace名稱" %>
```

3.4.2 自動載入的名稱空間(Namespace)

在 .NET Framework中，有些常用的Namespace系統會在每個程式編譯執行時自動載入，這樣我們在設計時就不用寫出太多的【Import】指令行，一般會自動載入網頁中的Namespace如右表：

自動載入的Namespace
System
System.Collections.Specialized
System.IO
System.Text.RegularExpressions
System.Collections
System.Configuration
System.Text
System.Web
System.Web.Security
System.Web.UI
System.Web.UI.HtmlControls
System.Web.UI.WebControls
System.Web.Caching
System.Web.SessionState

> **重點提示** 當我們Import一個名稱空間時，系統並不會自動也Import該名稱空間下的子名稱空間，要載入子名稱空間必須各自Import進來。

3.5 Web伺服器控制項

Web伺服器控制項(Web Server Controls)也是ASP.NET所提供的控制元件項目，它是在Server端執行的元件，除了可以彌補HTML伺服器控制項功能的不足之外，其功能也比HTML伺服器控制項來的更強大，也可以產生標準的HTML文件。Web伺服器控制項可以依照Client端的表單情況來產生相關的HTML控制元件，同時也可以自動偵測Client端的瀏覽器(Browser)種類，調整為適合瀏覽器的輸出。而在資料庫的處理方面，可以支援資料聯繫功能，並與資料來源連結，顯示或修改資料來源。

Web伺服器控制項依類別區分，可分為以下幾個類別：

- 內建控制項(Intrinsic Control)：可對應於一般的HTML標籤
- 清單控制項(List Control)：提供選單的功能
- 豐富控制項(Rich Control)：提供更多的控制項項目

◆ 驗證控制項(Validation Control)：提供資料驗證的控制項

Web伺服器控制項的使用方式歸納重點如下：

◆ 使用時必須在標籤開頭加上【ASP：】。
◆ 每一個控制項必須指定id屬性。
◆ Runat屬性設為Server。
◆ 控制項標籤的開始與結尾可以寫在同一個標籤內。

Web伺服器控制項在程式中的撰寫語法格式如下：

```
<asp:控制項名稱  id = "id名稱" runat = "server">…</asp:控制項名稱>
<asp:控制項名稱  id = "id名稱" runat = "server"/>
```

與HTML伺服器控制項相同，ASP.NET也提供了一些在Web伺服器控制項中各控制項共同使用的屬性，供設定Web伺服器控制項的外觀與相關功能，常用的共同屬性如下：

屬性名稱	功用說明
AccessKey	設定控制項使用的【Alt】快速鍵。例如若設定AccessKey屬性為"C"，則代表當按下Alt+C鍵時，網頁上的焦點將移到該控制項上。
BackColor	設定控制項的背景色，設定方式為：Drawing.Color.色彩英文名稱。
BorderColor	設定控制項的邊框色彩，設定方式為：Drawing.Color.色彩英文名稱。
BorderStyle	設定控制項的邊框樣式，設定值有： Dashed：虛線外框(點較大) Dotted：虛線外框(點較小) Double：2倍實線 Groove：3D凹陷式外框 Inset：物件呈凹陷狀 None：無外框 Notset：預設值，立體樣式 Outset：物件呈凸起狀 Ridge：3D凸起式外框 Solid：實線
BorderWidth	設定控制項的邊框寬度。
Enabled	設定控制項是否為可用的，設定為true表示為可用的，false表示為不可用的。
Font.Bold	設定控制項的粗體字效果，設定值為true / false。
Font.Italic	設定控制項的斜體字效果，設定值為true / false。
Font.Overline	設定控制項的頂線效果，設定值為true / false。
Font.Strikeout	設定控制項的中線(即刪除線)效果，設定值為true / false。
Font.Underline	設定控制項的底線效果，設定值為true / false。
Font.Size	設定控制項的文字字體大小。

屬性名稱	功用說明
Font.Name	設定控制項的文字字型。
ForeColor	設定控制項的前景色(如字型色彩)。設定方式為：Drawing.Color.色彩英文名稱。
Height	設定控制項的高度。
Width	設定控制項的寬度。
TabIndex	設定控制項在網頁中按【Tab】鍵時物件的焦點順序。
Visible	設定控制項是否要顯示，設定值為true / false。
HorizontalAlign	設定控制項的水平對齊方式，設定值有： Left(對齊左邊) Right(對齊右邊) Center(對齊中間) Justify(平均分散並對齊左右兩個邊界)
VerticalAlign	設定控制項的垂直對齊方式，設定值有： Top Middle Bottom
ScrollBars	設定控制項是否要有捲軸，設定值有： Auto(自動顯示) Horizontal(水平捲軸) Vertical(垂直捲軸) Both(水平與垂直捲軸兩者都要) None(不顯示捲軸)
ToolTip	設定當游標移到控制項上時要顯示的文字。

3.5.1 Label控制項(標籤)

功用

在網頁中設定一塊顯示區域，用來顯示文字。所屬的Namespace為【System.Web.UI.WebControls】，轉換成HTML的話，就是<span>標籤。

語法格式

```
<asp : Label  id="控制項的名稱" runat ="server" 相關屬性…/>
```

```
<asp : Label  id="控制項的名稱" runat ="server" 相關屬性…>顯示的文字
</ASP：Label>
```

常用屬性

屬性名稱	功用說明
Text	取得或設定Label控制項上的文字內容。

3.5.2 Button控制項(按鈕)

功用

按鈕元件，按下後可執行網頁上使用者的命令，在伺服器中即執行<Script>區間的事件程序之副程式與函數，所屬的Namespace為【System.Web.UI.WebControls】。

語法格式

```
<asp : Button  id =" 控制項的名稱 " runat ="server" text =" 按鈕上的文字 "
相關屬性… OnClick =" 事件程序名稱 "/>
```

常用屬性

屬性名稱	功用說明
Text	取得或設定Button控制項上的顯示文字。
CommandName	傳遞到Command事件中的命令名稱。
CommandArgument	傳遞到Command事件中的命令參數。
CausesValidation	按下按鈕時是否執行驗證。

常用事件

事件名稱	功用說明
Click (事件名稱在使用時要加上On)	按下按鈕時，要觸發的事件，可指定要處理的事件程序。

3.5.3 LinkButton控制項(連結按鈕)

功用

LinkButton也是一個按鈕，功用與Button相同，只是顯示的方式不同，LinkButton會以超連結文字的方式顯示，所屬的Namespace為【System.Web.UI.WebControls】。

語法格式

```
<asp : LinkButton  id =" 控制項的名稱 " runat ="server" text =" 按鈕上的文字
" 相關屬性… OnClick =" 事件程序名稱 "/>
```

常用事件

事件名稱	功用說明
Click (事件名稱在使用時要加上On)	按下按鈕時，要觸發的事件，可指定要處理的事件程序。

3.5.4 ImageButton控制項(圖形按鈕)

功用

ImageButton也是一個按鈕，功用與Button相同，以圖片來顯示，所屬的Namespace為【System.Web.UI.WebControls】。

語法格式

```
<asp : ImageButton  id =" 控制項的名稱 " runat ="server"ImageUrl=" 圖片檔案的位置 " 相關屬性… OnClick =" 事件程序名稱 "/>
```

常用屬性

屬性名稱	功用說明
AlternateText	當無法顯示圖片時，要在ImageButton控制項上的顯示文字。
ImageUrl	設定圖片檔案的位置。
ImageAlign	設定圖片的對齊方式，預設值是NotSet，可設定值有： ● NotSet(不設定對齊) ● AbsBottom(影像的下邊緣與同一行最大項目的下邊緣對齊) ● AbsMiddle(影像的中間與同一行最大項目的中間對齊) ● Baseline(影像的下邊緣與第一行文字的下邊緣對齊) ● Bottom(影像的下邊緣與第一行文字的下邊緣對齊) ● Left(影像在 Web 網頁的左邊緣對齊而文字在右邊換行) ● Middle(影像的中間與第一行文字的下邊緣對齊) ● Right(影像在 Web 網頁的右邊緣對齊而文字在左邊換行) ● TextTop(影像的中間與同一行最大項目的中間對齊) ● Top(影像的上邊緣與同一行最高項目的上邊緣對齊)

常用事件

事件名稱	功用說明
Click (事件名稱在使用時要加上On)	按下按鈕時，要觸發的事件，可指定要處理的事件程序。

重點提示 ImageButton控制項在觸發onClick事件時，會傳遞給使用者在圖形按下按鈕時的座標位置，所以在宣告按鈕事件的副程式的時候，參數型態e要改為【ImageClickEventArgs】。

範例練習3-3 (完整程式碼在本書附的光碟中ch3\ex3-3.aspx)

建立 ASP.NET 程式，使用三種 Button 控制項元件。

程式碼

```
1.  <%@ Page Language="VB" %>
2.  <script language=vbscript runat=server>
3.  Sub b1_click(ByVal sender As Object, ByVal e As EventArgs)
4.  a1.Text = "Button 被按下"
5.  End Sub
6.  Sub b2_click(ByVal sender As Object, ByVal e As EventArgs)
7.  a2.Text = "LinkButton 被按下"
8.  End Sub
9.  Sub b3_click(ByVal sender As Object, ByVal e As ImageClickEventArgs)
10. a3.Text = "ImageButton 被按下"
11. End Sub
12. </script>
13. <html>
14. <head runat="server">
15. <title>範例ex3-3</title>
16. </head>
17. <body>
18. <center>
19. <form id="f1" runat="server">
20. <asp:Label ID="a1" runat=server Text=" Label 1 " BorderWidth=2 />
     
21. <asp:Label ID="a2" runat=server Text=" Label 2 " BorderWidth=2 />
     
22. <asp:Label ID="a3" runat=server Text=" Label 3 " BorderWidth=2 /><p>
23. <asp:Button ID="b1" runat=server Text="Button" OnClick="b1_click" />
24. <asp:LinkButton ID="b2" runat=server Text="LinkButton" OnClick=
    "b2_click" />
25. <asp:ImageButton ID="b3" runat=server ImageUrl="~/ch5/btn_01.gif"
    OnClick="b3_click" />
26. </form>
27. </center>
28. </body>
29. </html>
```

程式說明

第 1 行：ASP.NET 程式的指引區間，告知 .NET 系統此網頁程式是以 Visual Basic 程式撰寫。

第 2~12 行：宣告 .NET 程式碼區間，以 <script> 標籤區間寫出，設定此區間的編譯的語言為 script 語言，並在 Server 端執行。

第 3~5 行：建立 b1_click 副程式，即 b1_click 事件程序，當按下按鈕元件 b1 時觸發此事件程序。

第 6~8 行：建立 b2_click 副程式，即 b2_click 事件程序，當按下按鈕元件 b2 時觸發此事件程序。

第 9~11 行：建立 b3_click 副程式，即 b3_click 事件程序，當按下按鈕元件 b3 時觸發此事件程序。

第 4 行：設定 Label 控制項元件 a1 的顯示文字為 "Button 被按下 "。

第 5 行：設定 Label 控制項元件 a2 的顯示文字為 "LinkButton 被按下 "。

第 6 行：設定 Label 控制項元件 a3 的顯示文字為 "ImageButton 被按下 "。

第 14 行：宣告網頁的表頭，並設定此網頁程式在 Server 端執行。

第 18~27 行：將網頁內容置中。

第 19~26 行：建立網頁表單區間，並設定表單執行在 Server 端。

第 20 行：建立 Web 伺服器控制項 Label，設定其 id 名稱為 a1，標籤上要顯示的文字為 "Label 1"，外框寬度設定為 2。

第 21 行：建立 Web 伺服器控制項 Label，設定其 id 名稱為 a2，標籤上要顯示的文字為 "Label 2"，外框寬度設定為 2。

第 22 行：建立 Web 伺服器控制項 Label，設定其 id 名稱為 a3，標籤上要顯示的文字為 "Label 3"，外框寬度設定為 2。

第 23 行：建立 Web 伺服器控制項 Button，設定其 id 名稱為 b1，按鈕上要顯示的文字為 "Button"，並設定其觸發事件 OnClick 要執行的事件程序為 b1_click，當按下按鈕時將觸發 OnClick 事件執行 b1_click 事件程序的副程式內容。

第 24 行：建立 Web 伺服器控制項 Button，設定其 id 名稱為 b2，按鈕上要顯示的文字為 "LinkButton"，並設定其觸發事件 OnClick 要執行的事件程序為 b2_click，當按下按鈕時將觸發 OnClick 事件執行 b2_click 事件程序的副程式內容。

第 25 行：建立 Web 伺服器控制項 Button，設定其 id 名稱為 b3，按鈕上要顯示的文字為 "ImageButton"，指定要顯示的圖檔位置與檔名為 link.gif，並設定其觸發事件 OnClick 要執行的事件程序為 b3_click，當按下按鈕時將觸發 OnClick 事件執行 b3_click 事件程序的副程式內容。

執行結果

按下 Button：

【圖3-5】

按下 LinkButton：

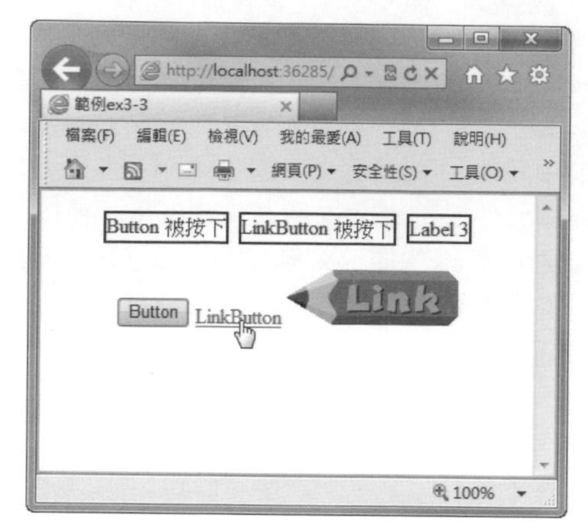

【圖3-6】

按下 ImageButton：

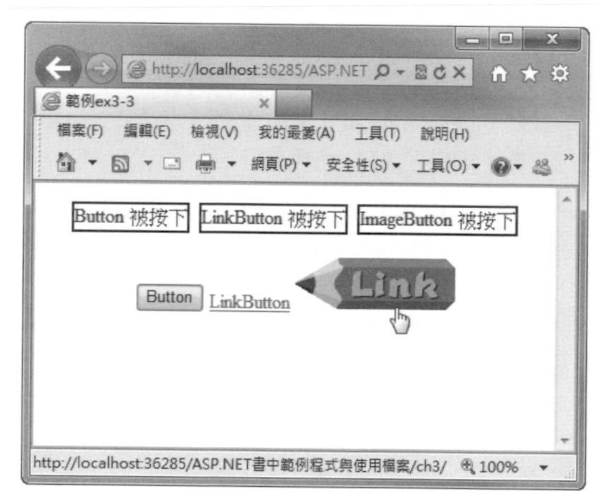

【圖3-7】

3.5.5 HyperLink控制項

功用

可在ASP.NET網頁上建立連結，讓使用者在應用程式與網頁之間移動，可連結到網頁、網址、檔案…等，所屬的Namespace為【System.Web.UI.WebControls】。

語法格式

```
<asp : HyperLink  id =" 控制項的名稱 " runat ="server"ImageUrl=" 超連結圖片的
位置 "NavigateUrl=" 要超連結的網址 " Text=" 超連結的文字 " 相關屬性… />
```

常用屬性

屬性名稱	功用說明
Text	建立文字超連結時的文字設定。
ImageUrl	建立圖片超連結時的圖片位址設定。
NavigateUrl	設定要超連結的網頁URL。

範例練習3-4 (完整程式碼在本書附的光碟中ch3\ex3-4.aspx)

建立 ASP.NET 程式，使用 HyperLink 控制項元件在網頁中設定文字與圖片超連結。

程式碼

```
1.  <%@ Page Language="VB" %>
2.  <html>
3.  <head runat="server">
4.  <title> 範例 ex3-4</title>
5.  </head>
6.  <body>
7.  <center>
8.  <form id="f1" runat="server">
9.  這是 ASP.NET 的 Web 伺服器控制項 <br />
10. HyperLink 超連結設定 <p>
11. <asp:HyperLink ID="h1" runat=server Text="Yahoo 入口網站 "
    NavigateUrl="http://tw.yahoo.com" />   
12. <asp:HyperLink ID="h2" runat=server ImageUrl="~/ch5/photo_01.gif"
    NavigateUrl="http://www.google.com.tw" />
13. </form>
14. </center>
15. </body>
16. </html>
```

程式說明

第 1 行：ASP.NET 程式的指引區間，告知 .NET 系統此網頁程式是以 Visual Basic 程式撰寫。

第 3 行：宣告網頁的表頭，並設定此網頁程式在 Server 端執行。

第 7~14 行：將網頁內容置中。

第 8~13 行：建立網頁表單區間，並設定表單執行在 Server 端。

第 11 行：建立 Web 伺服器控制項 HyperLink，設定其 id 名稱為 h1，設定文字超連結要顯示的文字為 "Yahoo 入口網站 "，要連結的網址為 http://tw.yahoo.com。

第 12 行：建立 Web 伺服器控制項 HyperLink，設定其 id 名稱為 h2，設定圖片超連結要顯示的圖片為 travel.gif，要連結的網址為 http://www.google.com.tw。

執行結果

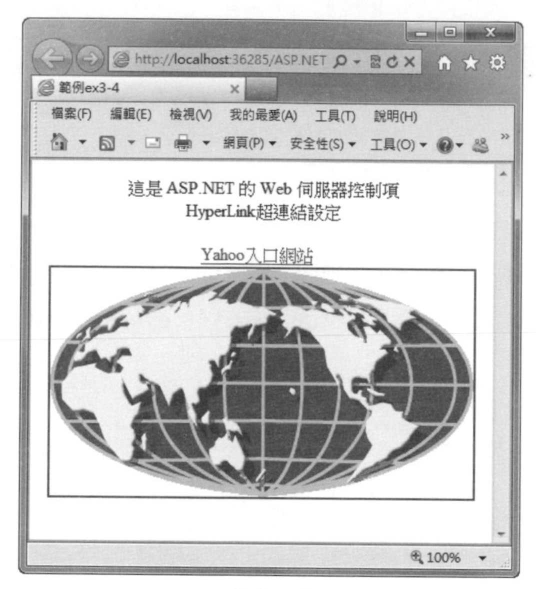

【圖3-8】

按下文字超連結：

【圖3-9】

按下圖片超連結：

【圖3-10】

3.5.6 TextBox控制項

功用

此控制項即文字方塊，相當於HTML表單元件的Text，可以接收經由鍵盤輸入的資料，如文字、數字、日期。TextBox可以製作一般文字方塊、密碼文字方塊、文字區域(多行文字方塊)…等這三種文字方塊，TextBox控制項所屬的Namespace為【System.Web.UI.WebControls】。

語法格式

```
<asp : TextBox  id =" 控制項的名稱 " runat ="server" 相關屬性… />
```

常用屬性

屬性名稱	功用說明
AutoPostBack	當文字內容有更改並按下【Enter】或【Tab】鍵時，是否要自動觸發OnTextChanged事件程序，執行該事件的事件程序副程式。設定值有： ● True：當TextChanged事件發生時，馬上執行該事件的事件程序副程式。 ● False：當表單被傳送時，該事件的事件程序副程式才會被執行。

屬性名稱	功用說明
CausesValidation	設定TextBox控制項是否要進行資料驗證。 ● True(要驗證) ● False(不要驗證)
Columns	設定TextBox控制項的顯示寬度(欄數)，以字元為單位，當TextMode屬性設為Multiline時才需使用。
MaxLength	設定TextBox控制項可以接受輸入的字元數。在TextMode屬性設為Multiline時不可使用。
ReadOnly	設定TextBox控制項為唯讀。 ● True(唯讀) ● False(不是唯讀)
Rows	設定TextBox控制項的顯示高度(列數)，當TextMode屬性設為Multiline時才需使用。
Text	設定或取得TextBox控制項的文字內容。
TextMode	設定TextBox控制項的輸入狀態，設定值有： SingleLine：只能輸入一行(文字方塊)(預設值) PassWord：輸入字元以*代替(密碼文字方塊) MultiLine：可輸入多行(文字區域)
Wrap	設定TextBox控制項是否自動換行，當TextMode屬性設為Multiline時才有效。設定值有： ● True(自動換行) ● False(不換行)

常用事件

事件名稱	功用說明
TextChanged (事件名稱在使用時要加上On)	當文字方塊內容有更改時，要觸發的事件，可指定要處理的事件程序，必須搭配AutoPostBack屬性才會有作用。

範例練習3-5 (完整程式碼在本書附的光碟中ch3\ex3-5.aspx)

建立 ASP.NET 程式，使用 TextBox 控制項元件在網頁中製作簡易表單。

程式碼

```
1.  <%@ Page Language="VB" %>
2.  <script language=vbscript runat=server>
3.  Sub b1_click(ByVal sender As Object, ByVal e As EventArgs)
4.  a1.Text = t1.Text & "您好！"
5.  a2.Text = "您的密碼是：" & t2.Text
6.  a3.Text = "您的寶貴意見是:<br>" & Replace((t3.Text), Chr(13), "<br>")
7.  End Sub
8.  </script>
9.  <html>
10. <head runat="server">
11. <title>範例ex3-5</title>
```

```
12.  </head>
13.  <body>
14.  <form id="f1" runat="server">
15.  請輸入您的登入資料：<asp:TextBox ID=t1 runat=server TextMode=SingleLine /><p>
16.  請輸入您的登入密碼：<asp:TextBox ID=t2 runat=server TextMode=Password /><p>
17.  請輸入您對我們的建議：<br />
18.  <asp:TextBox ID=t3 runat=server TextMode=MultiLine Rows=8 Columns=60 /><p>
19.  <asp:Button ID=b1 runat=server Text="送出資料" OnClick="b1_click" /><p>
20.  <asp:Label ID=a1 runat=server /><br />
21.  <asp:Label ID=a2 runat=server /><br />
22.  <asp:Label ID=a3 runat=server />
23.  </form>
24.  </body>
25.  </html>
```

程式說明

第 1 行：ASP.NET 程式的指引區間，告知 .NET 系統此網頁程式是以 Visual Basic 程式撰寫。

第 2~8 行：宣告 .NET 程式碼區間，以 <script> 標籤區間寫出，設定此區間的編譯的語言為 script 語言，並在 Server 端執行。

第 3~7 行：建立 b1_click 副程式，即 b1_click 事件程序，當按下按鈕元件 b1 時觸發此事件程序。

第 4 行：將文字方塊 t1 的內容加上其他字串設定給 Label 元件 a1 的文字內容。

第 5 行：將密碼文字方塊 t2 的內容加上其他字串設定給 Label 元件 a2 的文字內容。

第 6 行：將文字區域 t3 的內容加上其他字串設定給 Label 元件 a3 的文字內容，t3 的文字內容要先以 Replace 函數將 Visual Basic 的換行字元替換成 HTML 的換行標籤
。

第 10 行：宣告網頁的表頭，並設定此網頁程式在 Server 端執行。

第 14~23 行：建立網頁表單區間，並設定表單執行在 Server 端。

第 15 行：建立 Web 伺服器控制項 TextBox，設定其 id 名稱為 t1，設定 t1 控制項的輸入狀態為 SingleLine。

第 16 行：建立 Web 伺服器控制項 TextBox，設定其 id 名稱為 t2，設定 t2 控制項的輸入狀態為 Password。

第 18 行：建立 Web 伺服器控制項 TextBox，設定其 id 名稱為 t3，設定 t3 控制項的輸入狀態為 MultiLine，並設定此文字區域的列數為 8，欄數為 60。

第 19 行：建立 Web 伺服器控制項 Button，設定其 id 名稱為 b1，按鈕上要顯示的文字為 "送出資料"，並設定其觸發事件 OnClick 要執行的事件程序為 b1_click，當按下按鈕時將觸發 OnClick 事件執行 b1_click 事件程序的副程式內容。

第 20 行：建立 Web 伺服器控制項 Label，設定其 id 名稱為 a1。

第 21 行：建立 Web 伺服器控制項 Label，設定其 id 名稱為 a2。

第 22 行：建立 Web 伺服器控制項 Label，設定其 id 名稱為 a3。

執行結果

http://localhost:36285/ASP.NET書中範例程式與使

範例ex3-5

檔案(F) 編輯(E) 檢視(V) 我的最愛(A) 工具(T) 說明(H)

網頁(P) 安全性(S) 工具(O)

請輸入您的登入資料：李大年

請輸入您的登入密碼：••••

請輸入您對我們的建議：

ASP.NET資料庫程式設計
本書是最佳的學習工具書

送出資料

http://localhost:36285/ASP.NET書中範例程式與使用檔案/ch3/ex3-5.aspx 100%

【圖3-11】

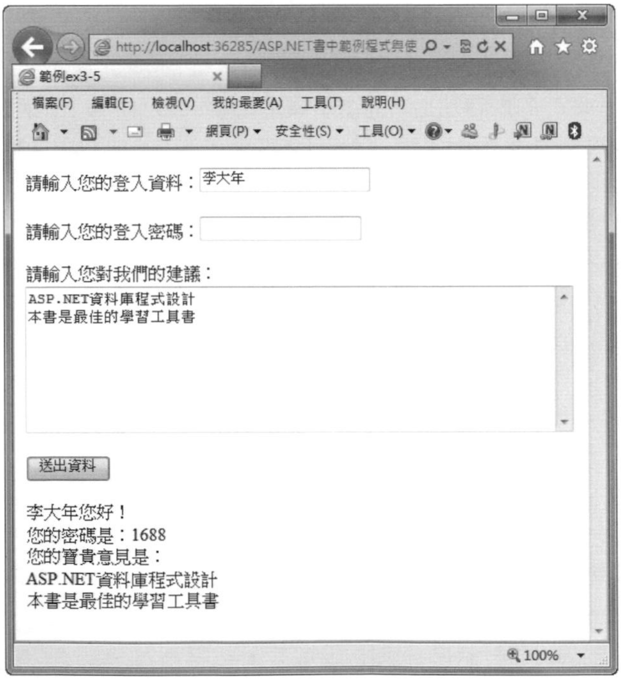

http://localhost:36285/ASP.NET書中範例程式與使

範例ex3-5

檔案(F) 編輯(E) 檢視(V) 我的最愛(A) 工具(T) 說明(H)

網頁(P) 安全性(S) 工具(O)

請輸入您的登入資料：李大年

請輸入您的登入密碼：

請輸入您對我們的建議：

ASP.NET資料庫程式設計
本書是最佳的學習工具書

送出資料

李大年您好！
您的密碼是：1688
您的寶貴意見是：
ASP.NET資料庫程式設計
本書是最佳的學習工具書

100%

【圖3-12】

3.5.7 Table / TableRow / TableCell控制項

功用

此組控制項是用來製作表格的，其中Table控制項是製作與設定整份表格的架構，TableRow控制項則是設定表格的橫列的各項格式，TableCell控制項則是設定表格的直欄(即表格中的儲存格)的各項格式。從另外一個角度來看，TableCell控制項是TableRow控制項的子控制項，而TableRow控制項則是Table控制項的子控制項，在程式撰寫時可依循這樣的關係便可以清楚的製作網頁中的表格，Table / TableRow / TableCell控制項所屬的Namespace為【System.Web.UI.WebControls】。

語法格式

```
<asp : Table  id =" 控制項的名稱 " runat ="server" 相關屬性… />
```

Table的常用屬性(此常用屬性作用的範圍在整份表格)

屬性名稱	功用說明
BackImageUrl	設定表格背景圖形的URL位置。
CellSpacing	設定表格中儲存格之間的距離。
CellPadding	設定表格中的文字內容與儲存格邊框的距離。
GridLines	表格內的格線(水平線與垂直線)顯示方式： None：不顯示儲存格框線 Horizontal：只顯示水平儲存格框線 Vertical：只顯示垂直儲存格框線 Both：同時顯示水平與垂直儲存格框線
HorizontalAlign	設定表格的水平對齊方式，設定值有： NotSet：未設定對齊 Left：靠左對齊 Right：靠右對齊 Center：置中對齊 Justify：向頁面左右邊緣對齊
Rows	表格的資料列集合。以Rows(n)可表示表格中第n列。

TableRow的常用屬性（此常用屬性作用的範圍在表格的列）

屬性名稱	功用說明
HorizontalAlign	設定表格列的資料水平對齊方式，設定值有： NotSet：未設定水平對齊 Left：靠左對齊 Right：靠右對齊 Center：置中對齊 Justify：資料平均分散並對齊左右邊界
VerticalAlign	設定表格列的資料垂直對齊方式，設定值有： NotSet：未設定垂直對齊 Top：靠上對齊 Middle：置中對齊 Bottom：靠下對齊
Cells	取得TableCell物件的集合，表示Table控制項中資料列的儲存格。以Cells(n)表式表格中某一列的第n格。

TableCell的常用屬性（此常用屬性作用的範圍在儲存格）

屬性名稱	功用說明
HorizontalAlign	設定表格列的資料水平對齊方式，設定值有： NotSet：未設定水平對齊 Left：靠左對齊 Right：靠右對齊 Center：置中對齊 Justify：資料平均分散並對齊左右邊界
VerticalAlign	設定表格列的資料垂直對齊方式，設定值有： NotSet：未設定垂直對齊 Top：靠上對齊 Middle：置中對齊 Bottom：靠下對齊
ColumnSpan	設定表格儲存格所要合併的欄數(表格的欄合併)。
RowSpan	設定表格儲存格所要合併的列數(表格的列合併)。
Text	設定或取得表格中儲存格的內容資料。
Wrap	設定儲存格內資料超過一行時是否要換行。

範例練習3-6 （完整程式碼在本書附的光碟中ch3\ex3-6.aspx）

建立 ASP.NET 程式，使用 Table 控制項元件在網頁中製作表格。

程式碼

```
1.  <%@ Page Language="VB" %>
2.  <html>
3.  <head runat="server">
```

```
4.  <title>範例 ex3-6</title>
5.  </head>
6.  <body>
7.  <center>
8.  <font face=標楷體 color=fuchsia size=6>2011 年 5 月份月曆 </font>
9.  <asp:Table  ID=ta1 runat=server GridLines=Both>
10. <asp:TableRow HorizontalAlign=Center>
11. <asp:TableCell>星期日 </asp:TableCell>
12. <asp:TableCell>星期一 </asp:TableCell>
13. <asp:TableCell>星期二 </asp:TableCell>
14. <asp:TableCell>星期三 </asp:TableCell>
15. <asp:TableCell>星期四 </asp:TableCell>
16. <asp:TableCell>星期五 </asp:TableCell>
17. <asp:TableCell>星期六 </asp:TableCell>
18. </asp:TableRow>
19. <asp:TableRow HorizontalAlign=center>
20. <asp:TableCell>1</asp:TableCell>
21. <asp:TableCell>2</asp:TableCell>
22. <asp:TableCell>3</asp:TableCell>
23. <asp:TableCell>4</asp:TableCell>
24. <asp:TableCell>5</asp:TableCell>
25. <asp:TableCell>6</asp:TableCell>
26. <asp:TableCell>7</asp:TableCell>
27. </asp:TableRow>
28. <asp:TableRow HorizontalAlign=center>
29. <asp:TableCell>8</asp:TableCell>
30. <asp:TableCell>9</asp:TableCell>
31. <asp:TableCell>10</asp:TableCell>
32. <asp:TableCell>11</asp:TableCell>
33. <asp:TableCell>12</asp:TableCell>
34. <asp:TableCell>13</asp:TableCell>
35. <asp:TableCell>14</asp:TableCell>
36. </asp:TableRow>
37. <asp:TableRow HorizontalAlign=center>
38. <asp:TableCell>15</asp:TableCell>
39. <asp:TableCell>16</asp:TableCell>
40. <asp:TableCell>17</asp:TableCell>
41. <asp:TableCell>18</asp:TableCell>
42. <asp:TableCell>19</asp:TableCell>
43. <asp:TableCell>20</asp:TableCell>
44. <asp:TableCell>21</asp:TableCell>
45. </asp:TableRow>
46. <asp:TableRow HorizontalAlign=center>
47. <asp:TableCell>22</asp:TableCell>
48. <asp:TableCell>23</asp:TableCell>
49. <asp:TableCell>24</asp:TableCell>
50. <asp:TableCell>25</asp:TableCell>
51. <asp:TableCell>26</asp:TableCell>
52. <asp:TableCell>27</asp:TableCell>
```

```
53. <asp:TableCell>28</asp:TableCell>
54. </asp:TableRow>
55. <asp:TableRow HorizontalAlign=center>
56. <asp:TableCell>29</asp:TableCell>
57. <asp:TableCell>30</asp:TableCell>
58. <asp:TableCell>31</asp:TableCell>
59. <asp:TableCell></asp:TableCell>
60. <asp:TableCell></asp:TableCell>
61. <asp:TableCell></asp:TableCell>
62. <asp:TableCell></asp:TableCell>
63. </asp:TableRow>
64. </asp:Table>
65. </center>
66. </body>
67. </html>
```

程式說明

第 1 行：ASP.NET 程式的指引區間，告知 .NET 系統此網頁程式是以 Visual Basic 程式撰寫。

第 3 行：宣告網頁的表頭，並設定此網頁程式在 Server 端執行。

第 7~65 行：將網頁內容置中。

第 8 行：設定網頁中要顯示的文字格式為文字色彩為 fuchsia，字型為標楷體，字體大小 6。

第 9~64 行：建立 Web 伺服器控制項 Table，設定其 id 名稱為 ta1，並設定表格內框線為同時顯示水平與垂直儲存格框線。

第 10~18 行：建立 Web 伺服器控制項 Table 的子控制項 TableRow，即表格的列。並設定表格列內資料的對齊方式為置中對齊，並在第 11~17 行建立 TableRow 控制項元件的子控制項 TableCell，即表格的儲存格共 7 個。

第 19~27 行：建立 Web 伺服器控制項 Table 的子控制項 TableRow，即表格的列。並設定表格列內資料的對齊方式為置中對齊，並在第 20~26 行建立 TableRow 控制項元件的子控制項 TableCell，即表格的儲存格共 7 個。

第 28~36 行：建立 Web 伺服器控制項 Table 的子控制項 TableRow，即表格的列。並設定表格列內資料的對齊方式為置中對齊，並在第 29~35 行建立 TableRow 控制項元件的子控制項 TableCell，即表格的儲存格共 7 個。

第 37~45 行：建立 Web 伺服器控制項 Table 的子控制項 TableRow，即表格的列。並設定表格列內資料的對齊方式為置中對齊，並在第 38~44 行建立 TableRow 控制項元件的子控制項 TableCell，即表格的儲存格共 7 個。

第 46~54 行：建立 Web 伺服器控制項 Table 的子控制項 TableRow，即表格的列。並設定表格列內資料的對齊方式為置中對齊，並在第 47~53 行建立 TableRow 控制項元件的子控制項 TableCell，即表格的儲存格共 7 個。

第 55~63 行：建立 Web 伺服器控制項 Table 的子控制項 TableRow，即表格的列。並設定表格列內資料的對齊方式為置中對齊，並在第 56~62 行建立 TableRow 控制項元件的子控制項 TableCell，即表格的儲存格共 7 個。

執行結果

【圖3-13】

範例練習3-7 （完整程式碼在本書附的光碟中ch3\ex3-7.aspx）

建立 ASP.NET 程式，使用 Table 控制項元件在網頁中製作九九乘法表。

程式碼

```
1.  <%@ Page Language="VB" %>
2.  <script language=vbscript runat=server>
3.  Sub b1_click(ByVal sender As Object, ByVal e As EventArgs)
4.  Dim c As TableCell
5.  Dim r As TableRow
6.  Dim a, b As Short
7.  For a = 2 To 9 Step 1
8.  c = New TableCell
9.  For b = 1 To 9 Step 1
10. c.Text += a & " * " & b & " = " & a * b
11. If b <> 9 Then c.Text += "<br>"
12. Next
13. If a = 2 Or a = 6 Then r = New TableRow
14. r.Cells.Add(c)
15. If a = 5 Or a = 9 Then ta1.Rows.Add(r)
16. Next
17. End Sub
18. </script>
19. <html>
20. <head runat="server">
21. <title>範例 ex3-7</title>
22. </head>
```

```
23. <body>
24. <center>
25. <form id="f1" runat="server">
26. <asp:Table ID=ta1 runat=server GridLines=Both /><p>
27. <asp:Button ID=b1 runat=server Text="按下後產生九九乘法表" OnClick=
    "b1_click" />
28. </form>
29. </center>
30. </body>
31. </html>
```

程式說明

第 1 行：ASP.NET 程式的指引區間，告知 .NET 系統此網頁程式是以 Visual Basic 程式撰寫。

第 2~18 行：宣告 .NET 程式碼區間，以 <script> 標籤區間寫出，設定此區間的編譯的語言為 script 語言，並在 Server 端執行。

第 3~17 行：建立 b1_click 副程式，即 b1_click 事件程序，當按下按鈕元件 b1 時觸發此事件程序。

第 4 行：宣告 c 變數為 TableCell 物件。

第 5 行：宣告 r 變數為 TableRow 物件。

第 6 行：宣告 a，b 兩個變數，並將其資料型態設定為 Short。

第 7~16 行：建立一個巢狀 For 迴圈，主要作用是產生九九乘法表。第 7 行開始是外層迴圈，計次變數 a 從 2 開始，終止值為 9，更新值為 1，此處的 a 變數是九九乘法表中的被乘數；第 8 行建立變數 c 為 TableCell 物件的實體，即儲存格；第 9 行則是內層迴圈，計次變數 b 從 1 開始，終止值為 9，更新值為 1，此處的 b 變數是九九乘法表中的乘數；第 10 行將變數 a，b 與 a*b 的值加上 *、= 的符號組成九九乘法表的內容設定給儲存格 c 的文字內容；第 11 行，如果乘數 b 不等於 9，則儲存格的內容就換行。第 13 行建立一個 If 條件式，當被乘數 a 等於 2 或 6 時，則建立變數 r 為 TableRow 物件的實體，即表格的列，此方法可以將九九乘法表輸出成二列。第 14 行將表格的欄物件 c，即儲存格加入到表格的列之中。第 15 行建立一個 If 條件式，當被乘數 a 等於 5 或 9 時，則將表格的列物件 r 加入到整個表格物件 ta1 中。

第 20 行：宣告網頁的表頭，並設定此網頁程式在 Server 端執行。

第 24~29 行：將網頁內容置中。

第 25~28 行：建立網頁表單區間，並設定表單執行在 Server 端。

第 26 行：建立 Web 伺服器控制項 Table，設定其 id 名稱為 ta1，並設定表格內框線為同時顯示水平與垂直儲存格框線。

第 27 行：建立 Web 伺服器控制項 Button，設定其 id 名稱為 b1，按鈕上要顯示的文字為 " 按下後產生九九乘法表 "，並設定其觸發事件 OnClick 要執行的事件程序為 b1_click，當按下按鈕時將觸發 OnClick 事件執行 b1_click 事件程序的副程式內容。

執行結果

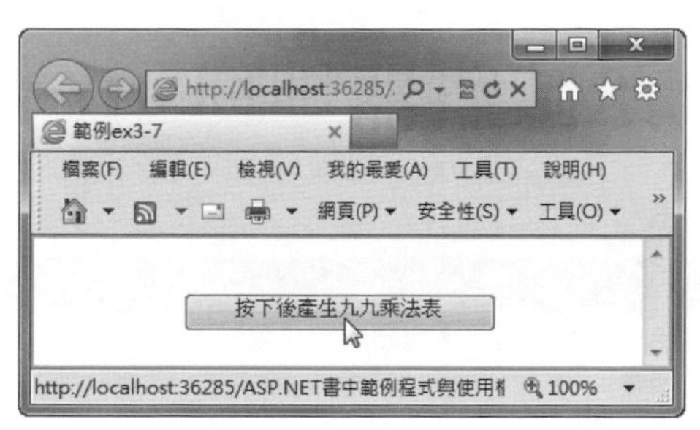

【圖3-14】

按下按鈕後：

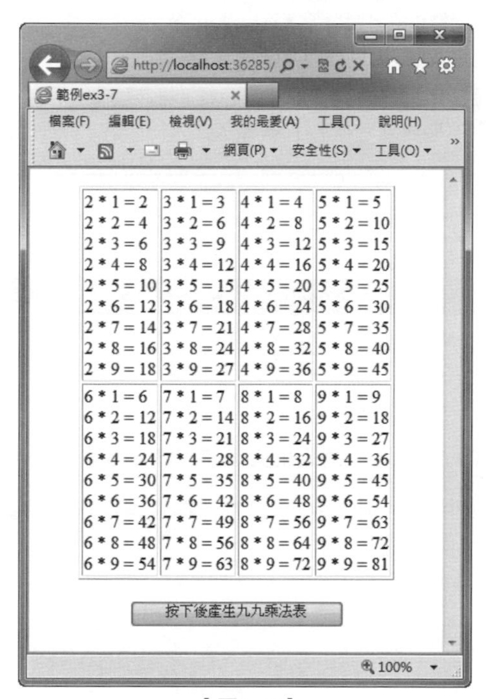

【圖3-15】

3.5.8 RadioButton控制項

功用

此控制項的功用是提供網頁上的單選鈕的選項，可以一次建立多個，但只能單選，RadioButton控制項所屬的Namespace為【System.Web.UI.WebControls】。

語法格式

```
<asp : RadioButton  id =" 控制項的名稱 " runat ="server" 相關屬性… />
```

常用屬性

屬性名稱	功用說明
AutoPostBack	設定選擇不同的單選選項時，是否自動回傳選項狀態到伺服器。設定為True為要回傳，也會在單選鈕狀態有改變時，去執行OnCheckedChanged事件程序；False為不回傳。
Checked	傳回單選選項是否被選取。
GroupName	設定或取得單選選項所屬的群組名稱，在同一個群組下的單選選項只能單選，不同群組的單選選項則不會互相受到影響。
Text	設定或取得單選選項所顯示的文字內容。
TextAlign	設定單選選項所顯示的文字位置。設定值有： ● Left：文字出現在控制項的左方 ● Right：文字出現在控制項的右方

常用事件

事件名稱	功用說明
CheckedChanged (事件名稱在使用時要加上On)	當單選選項的選取狀態有更改時，要觸發的事件，可指定要處理的事件程序，必須搭配AutoPostBack屬性才會有作用。

範例練習3-8 (完整程式碼在本書附的光碟中ch3\ex3-8.aspx)

建立 ASP.NET 程式，使用 RadioButton 控制項元件在網頁中製作單選鈕選項。

程式碼

```
1.  <%@ Page Language="VB" %>
2.  <script language=vbscript runat=server>
3.  Sub b1_click(ByVal sender As Object, ByVal e As EventArgs)
4.  a1.Text = "您好！"
5.  If rb1.Checked Then
6.  a1.Text += "您是 " & rb1.Text & "生<br>"
7.  Else
8.  a1.Text += "您是 " & rb2.Text & "生<br>"
9.  End If
10. If rb3.Checked Then
11. a1.Text += "您所選的付款方式為：" & rb3.Text
12. ElseIf rb4.Checked Then
13. a1.Text += "您所選的付款方式為：" & rb4.Text
14. ElseIf rb5.Checked Then
```

```
15. a1.Text += "您所選的付款方式為：" & rb5.Text
16. Else
17. a1.Text += "您所選的付款方式為：" & rb6.Text
18. End If
19. End Sub
20. </script>
21. <html>
22. <head runat="server">
23. <title>範例 ex3-8</title>
24. </head>
25. <body>
26. <center>
27. <form id="f1" runat="server">
28. <font face=標楷體 size=5 color=maroon>請選擇您的性別：</font><p>
29. <asp:RadioButton ID=rb1 runat=server GroupName=sex Text="男" />
30. <asp:RadioButton ID=rb2 runat=server GroupName=sex Text="女" /><p>
31. <font face=標楷體 size=5 color=navy>請選擇您的付款方式：</font><p>
32. <asp:RadioButton ID=rb3 runat=server Text="信用卡" GroupName=pay />
33. <asp:RadioButton ID=rb4 runat=server Text="銀行轉帳" GroupName=pay />
34. <asp:RadioButton ID=rb5 runat=server Text="郵局劃撥" GroupName=pay />
35. <asp:RadioButton ID=rb6 runat=server Text="現金" GroupName=pay /><p>
36. <asp:Button ID=b1 runat=server Text="確定" OnClick="b1_click" /><p>
37. <asp:Label ID=a1 runat=server />
38. </form>
39. </center>
40. </body>
41. </html>
```

程式說明

第 1 行：ASP.NET 程式的指引區間，告知 .NET 系統此網頁程式是以 Visual Basic 程式撰寫。

第 2~20 行：宣告 .NET 程式碼區間，以 <script> 標籤區間寫出，設定此區間的編譯的語言為 script 語言，並在 Server 端執行。

第 3~19 行：建立 b1_click 副程式，即 b1_click 事件程序，當按下按鈕元件 b1 時觸發此事件程序。

第 4 行：設定 Label 控制項 a1 的文字內容。

第 5~9 行：建立 If 條件式，判斷 sex 群組的單選鈕選取狀態，當 rb1 單選鈕被選取時，將 rb1 單選鈕的文字加上 Label 控制項 a1 的文字再設定給 Label 控制項 a1 的顯示文字，否則就將 rb2 單選鈕的文字加上 Label 控制項 a1 的文字再設定給 Label 控制項 a1 的顯示文字。

第 10~18 行：建立 If~ElseIf 多條件式，用來判斷 pay 群組的單選鈕選取狀態，當 rb3~rb6 任一個單選鈕被選取時，就將該單選鈕的文字加上 Label 控制項 a1 的文字再設定給 Label 控制項 a1 的顯示文字。

第 22 行：宣告網頁的表頭，並設定此網頁程式在 Server 端執行。

第 26~39 行：將網頁內容置中。

第 27~38 行：建立網頁表單區間，並設定表單執行在 Server 端。

第 28 行：設定文字的輸出格式為標楷體字型，大小 5，文字色彩為 maroon。

第 29 行：建立 Web 伺服器控制項 RadioButton，設定其 id 名稱為 rb1，並設定此控制項的群組名稱為 sex，控制項要顯示的文字為 " 男 "。

第 30 行：建立 Web 伺服器控制項 RadioButton，設定其 id 名稱為 rb2，並設定此控制項的群組名稱為 sex，控制項要顯示的文字為 " 女 "。

第 31 行：設定文字的輸出格式為標楷體字型，大小 5，文字色彩為 navy。

第 32 行：建立 Web 伺服器控制項 RadioButton，設定其 id 名稱為 rb3，並設定此控制項的群組名稱為 pay，控制項要顯示的文字為 " 信用卡 "。

第 33 行：建立 Web 伺服器控制項 RadioButton，設定其 id 名稱為 rb4，並設定此控制項的群組名稱為 pay，控制項要顯示的文字為 " 銀行轉帳 "。

第 34 行：建立 Web 伺服器控制項 RadioButton，設定其 id 名稱為 rb5，並設定此控制項的群組名稱為 pay，控制項要顯示的文字為 " 郵局劃撥 "。

第 35 行：建立 Web 伺服器控制項 RadioButton，設定其 id 名稱為 rb6，並設定此控制項的群組名稱為 pay，控制項要顯示的文字為 " 現金 "。

第 36 行：建立 Web 伺服器控制項 Button，設定其 id 名稱為 b1，按鈕上要顯示的文字為 " 確定 "，並設定其觸發事件 OnClick 要執行的事件程序為 b1_click，當按下按鈕時將觸發 OnClick 事件執行 b1_click 事件程序的副程式內容。

第 37 行：建立 Web 伺服器控制項 Label，設定其 id 名稱為 a1。

執行結果

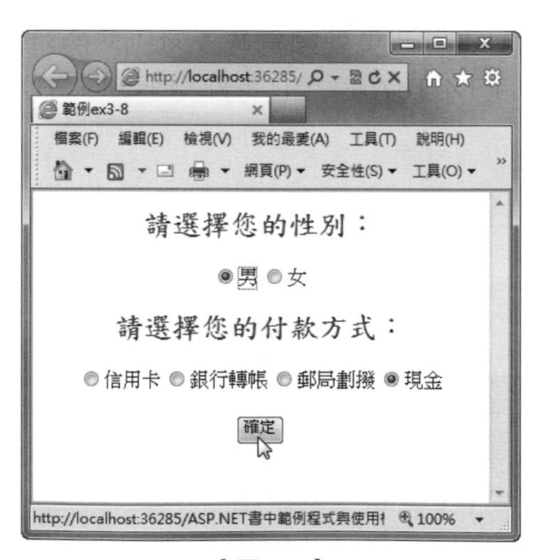

【圖3-16】

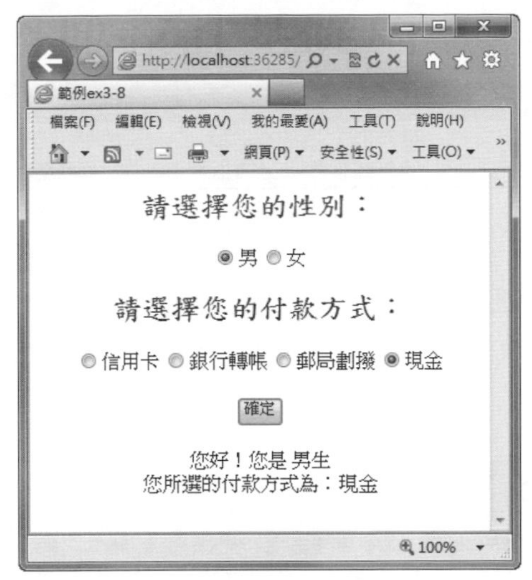

【圖3-17】

3.5.9 CheckBox控制項

功用

此控制項的功用是提供網頁上的核取方塊的選項，可以一次建立多個，可以多選，CheckBox控制項所屬的Namespace為【System.Web.UI.WebControls】。

語法格式

```
<asp : CheckBox  id =" 控制項的名稱 " runat ="server" 相關屬性… />
```

常用屬性

屬性名稱	功用說明
AutoPostBack	設定選擇不同的核取方塊選項時，是否自動回傳選項狀態到伺服器。設定為True為要回傳，也會在核取方塊狀態有改變時，去執行OnCheckedChanged事件程序；False為不回傳。
Checked	傳回核取方塊選項是否被選取。
Text	設定或取得核取方塊選項所顯示的文字內容。
TextAlign	設定核取方塊選項所顯示的文字位置。設定值有： ● Left：文字出現在控制項的左方 ● Right：文字出現在控制項的右方

常用事件

事件名稱	功用說明
CheckedChanged (事件名稱在使用時要加上On)	當核取方塊的選取狀態有更改時，要觸發的事件，可指定要處理的事件程序，必須搭配AutoPostBack屬性才會有作用。

範例練習3-9 (完整程式碼在本書附的光碟中ch3\ex3-9.aspx)

建立 ASP.NET 程式，使用 CheckBox 控制項元件在網頁中製作多選的核取方塊選項。

程式碼

```
1.  <%@ Page Language="VB" %>
2.  <script language=vbscript runat=server>
3.  Sub b1_click(ByVal sender As Object, ByVal e As EventArgs)
4.  a1.Text = "您喜歡的運動是："
5.  If c1.Checked Then a1.Text += c1.Text & "、"
6.  If C2.Checked Then a1.Text += C2.Text & "、"
7.  If C3.Checked Then a1.Text += C3.Text & "、"
8.  If C4.Checked Then a1.Text += C4.Text & "、"
9.  If C5.Checked Then a1.Text += C5.Text & "、"
10. If C6.Checked Then a1.Text += C6.Text & "、"
11. End Sub
12. </script>
13. <html>
14. <head runat="server">
15. <title>範例ex3-9</title>
16. </head>
17. <body>
18. <center>
19. <form id="f1" runat="server">
20. <font face=標楷體 size=5 color=navy>請選擇您喜愛的運動：</font><p>
21. <asp:CheckBox ID=c1 runat=server Text="籃球" />
22. <asp:CheckBox ID=C2 runat=server Text="棒球" />
23. <asp:CheckBox ID=C3 runat=server Text="桌球" />
24. <asp:CheckBox ID=C4 runat=server Text="排球" />
25. <asp:CheckBox ID=C5 runat=server Text="網球" />
26. <asp:CheckBox ID=C6 runat=server Text="羽毛球" /><p>
27. <asp:Button ID=b1 runat=server Text="確定" OnClick="b1_click" /><p>
28. <asp:Label ID=a1 runat=server />
29. </form>
30. </center>
31. </body>
32. </html>
```

程式說明

第 1 行：ASP.NET 程式的指引區間，告知 .NET 系統此網頁程式是以 Visual Basic 程式撰寫。

第 2~12 行：宣告 .NET 程式碼區間，以 <script> 標籤區間寫出，設定此區間的編譯的語言為 script 語言，並在 Server 端執行。

第 3~11 行：建立 b1_click 副程式，即 b1_click 事件程序，當按下按鈕元件 b1 時觸發此事件程序。

第 4 行：設定 Label 控制項 a1 的文字內容。

第 5~10 行：分別判斷 CheckBox 控制項 C1~C6 的選取狀態 (Checked)，若是有勾選，則將核取方塊的文字取出加入到 Label 控制項 a1 的文字內容中。

第 14 行：宣告網頁的表頭，並設定此網頁程式在 Server 端執行。

第 18~30 行：將網頁內容置中。

第 19~29 行：建立網頁表單區間，並設定表單執行在 Server 端。

第 20 行：設定文字的輸出格式為標楷體字型，大小 5，文字色彩為 navy。

第 21~26 行：建立 Web 伺服器控制項 CheckBox，其 id 名稱為 C1~C6，並執行在 Server 端。

第 27 行：建立 Web 伺服器控制項 Button，設定其 id 名稱為 b1，按鈕上要顯示的文字為 " 確定 "，並設定其觸發事件 OnClick 要執行的事件程序為 b1_click，當按下按鈕時將觸發 OnClick 事件執行 b1_click 事件程序的副程式內容。

第 28 行：建立 Web 伺服器控制項 Label，設定其 id 名稱為 a1。

執行結果

【圖3-18】

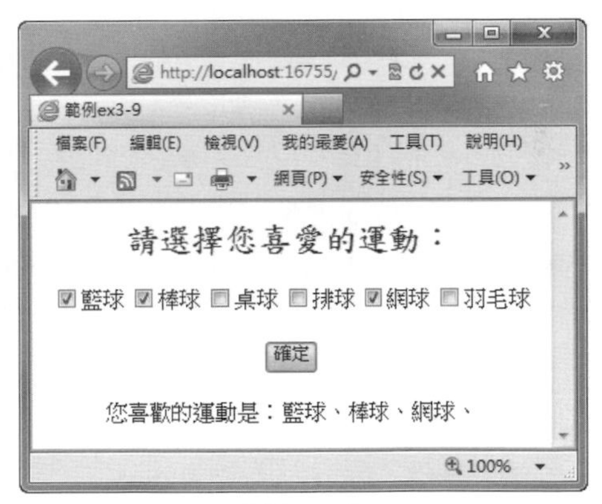

【圖3-19】

3.5.10 DropDownList控制項

功用

此控制項的功用是提供網頁上的一組選項，以下拉選單的方式呈現，又稱為下拉式選單。可以一次建立多個選項放入，只顯示一個選項，在選單右方會出現下拉按鈕，點一下會顯示所有的選項。此控制項使用時必須以ListItem設定其中每一個選項，只能單選，CheckBox控制項所屬的Namespace為【System.Web.UI.WebControls】。

語法格式

```
<asp : DropdownList  id =" 控制項的名稱 " runat ="server" 相關屬性… >
<asp : ListItem  相關屬性… />
<asp : ListItem  相關屬性… />
…
</asp : DropdownList>
```

常用屬性

屬性名稱	功用說明
AutoPostBack	設定選擇不同的下拉式選單選項時，是否自動回傳選項狀態到伺服器。設定為True為要回傳，False為不回傳。
SelectedItem	下拉式選單中被選的項目。
SelectedIndex	下拉式選單中的項目索引值，索引值從0起算。
SelectedValue	下拉式選單中的項目值。
Items	代表下拉式選單中的集合物件項目，可指定群組中的任一個選項，指定方式為： Item(索引值)　索引值從0起算代表下拉式選單中從第一個選項起算。 進階用法有： ● Items.Count：下拉式選單中的選項數量 ● Items(索引值).Selected：下拉式選單中的該索引值選項是否被選取，True為已被選取，False為未選取。 ● Items(索引值).Text：下拉式選單中的該索引值選項的文字內容

常用事件

事件名稱	功用說明
SelectedIndexChanged (事件名稱在使用時要加上On)	當下拉式選單的選取狀態有更改時，要觸發的事件，可指定要處理的事件程序，必須搭配AutoPostBack屬性才會有作用。

範例練習3-10 (完整程式碼在本書附的光碟中ch3\ex3-10.aspx)

建立 ASP.NET 程式，使用 DropDownList 控制項元件在網頁中製作下拉式選單。

程式碼

```
1.  <%@ Page Language="VB" %>
2.  <script language=vbscript runat=server>
3.  Sub b1_click(ByVal sender As Object, ByVal e As EventArgs)
4.  a1.Text = "您所選的取貨方式為：" & dd.SelectedItem.Text & "，是選單中的第 "
    & dd.SelectedIndex + 1 & " 個項目！"
5.  End Sub
6.  </script>
7.  <html>
8.  <head runat="server">
9.  <title>範例 ex3-10</title>
10. </head>
11. <body>
12. <center>
13. <form id="f1" runat="server">
14. <font face=標楷體 size=5 color="#006633">請選擇您的取貨方式：</font><p>
15. <asp:DropDownList ID=dd runat=server>
16. <asp:ListItem Text="郵局寄送" />
17. <asp:ListItem Text="快遞寄送" />
18. <asp:ListItem Text="超商取貨" />
19. <asp:ListItem Text="自行取貨" />
20. </asp:DropDownList>
21. <asp:Button ID=b1 runat=server Text="確定" OnClick="b1_click" /><p>
22. <asp:Label ID=a1 runat=server />
23. </form>
24. </center>
25. </body>
26. </html>
```

程式說明

第 1 行：ASP.NET 程式的指引區間，告知 .NET 系統此網頁程式是以 Visual Basic 程式撰寫。

第 2~6 行：宣告 .NET 程式碼區間，以 <script> 標籤區間寫出，設定此區間的編譯的語言為 script 語言，並在 Server 端執行。

第 3~5 行：建立 b1_click 副程式，即 b1_click 事件程序，當按下按鈕元件 b1 時觸發此事件程序。

第 4 行：將下拉式選單控制項 dd 的被選取的項目的文字 (SelectedItem.Text) 與項目的索引值 (SelectedIndex) 加一後，組成字串設定給 Label 控制項 a1 的文字內容。

第 8 行：宣告網頁的表頭，並設定此網頁程式在 Server 端執行。

第 12~24 行：將網頁內容置中。

第 13~23 行：建立網頁表單區間，並設定表單執行在 Server 端。

第 14 行：設定文字的輸出格式為標楷體字型，大小 5，文字色彩為 #006633。

第 15~20 行：建立 Web 伺服器控制項 DropDownList，設定其 id 名稱為 dd，並執行在 Server 端。

第 16~19 行：建立 DropDownList 控制項中的項目 ListItem，並設定 Text 屬性。

第 21 行：建立 Web 伺服器控制項 Button，設定其 id 名稱為 b1，按鈕上要顯示的文字為 " 確定 "，並設定其觸發事件 OnClick 要執行的事件程序為 b1_click，當按下按鈕時將觸發 OnClick 事件執行 b1_click 事件程序的副程式內容。

第 22 行：建立 Web 伺服器控制項 Label，設定其 id 名稱為 a1。

執行結果

【圖3-20】

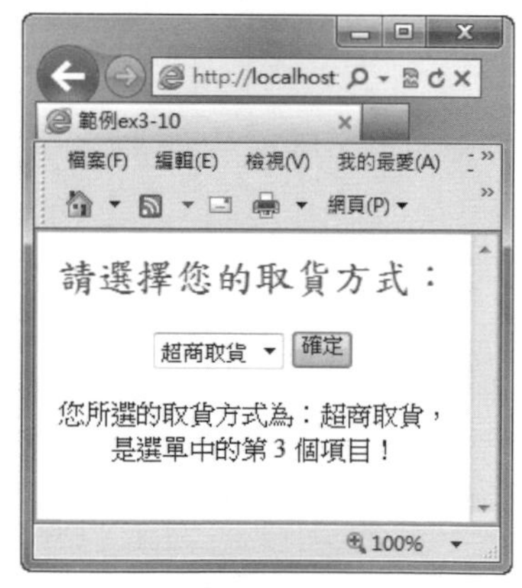

【圖3-21】

3.5.11 ListBox控制項

功用

此控制項的功用是提供網頁上的一組選項，以清單方式呈現，又稱為清單方塊。可以一次建立多個選項放入，可顯示多個選項，選單會以清單方式列出，此控制項使用時必須以ListItem設定其中每一個選項，可以複選及單選，ListBox控制項所屬的Namespace為【System.Web.UI.WebControls】。

語法格式

```
<asp : ListBox  id =" 控制項的名稱 " runat ="server" 相關屬性… >
<asp : ListItem  相關屬性… />
<asp : ListItem  相關屬性… />
…
</asp : ListBox>
```

常用屬性

屬性名稱	功用說明
AutoPostBack	設定選擇不同的清單方塊選項時，是否自動回傳選項狀態到伺服器。設定為True為要回傳，False為不回傳。
SelectedItem	清單方塊中被選的項目。
SelectedIndex	清單方塊中的項目索引值，索引值從0起算。
SelectedValue	清單方塊中的項目值。
Items	代表清單方塊中的集合物件項目，可指定群組中的任一個選項，指定方式為： Item(索引值)　索引值從0起算代表清單方塊中從第一個選項起算。 進階用法有： ● Items.Count：清單方塊中的選項數量 ● Items(索引值).Selected：清單方塊中的該索引值選項是否被選取，True為已被選取，False為未選取。 ● Items(索引值).Text：清單方塊中的該索引值選項的文字內容
Rows	設定或取得清單方塊要顯示的列數。
SelectionMode	設定或取得清單方塊的選取模式，設定值有二： ● Single：單選 ● Multiple：多選

常用事件

事件名稱	功用說明
SelectedIndexChanged (事件名稱在使用時要加上On)	當清單方塊的選取狀態有更改時，要觸發的事件，可指定要處理的事件程序，必須搭配AutoPostBack屬性才會有作用。

範例練習3-11 （完整程式碼在本書附的光碟中ch3\ex3-11.aspx）

建立 ASP.NET 程式，使用 ListBox 控制項元件在網頁中製作單選清單方塊選單。

程式碼

```
1.  <%@ Page Language="VB" %>
2.  <script language=vbscript runat=server>
3.  Sub b1_click(ByVal sender As Object, ByVal e As EventArgs)
4.  a1.Text = "您的星座是：" & stb.SelectedItem.Text
5.  End Sub
6.  </script>
7.  <html>
8.  <head runat="server">
9.  <title>範例 ex3-11</title>
10. </head>
11. <body>
12. <center>
13. <form id="f1" runat="server">
14. <font face=標楷體 size=5 color="#006633">請選擇您的星座：</font><p>
15. <asp:ListBox ID=stb runat=server Rows=5 SelectionMode=Single>
16. <asp:ListItem Text="水瓶座：1/20-2/19" />
17. <asp:ListItem Text="雙魚座：2/20-3/20" />
18. <asp:ListItem Text="牡羊座：3/21-4/20" />
19. <asp:ListItem Text="金牛座：4/21-5/20" />
20. <asp:ListItem Text="雙子座：5/21-6/21" />
21. <asp:ListItem Text="巨蟹座：6/22-7/22" />
22. <asp:ListItem Text="獅子座：7/23-8/22" />
23. <asp:ListItem Text="處女座：8/23-9/22" />
24. <asp:ListItem Text="天秤座：9/23-10/22" />
25. <asp:ListItem Text="天蠍座：10/23-11/21" />
26. <asp:ListItem Text="射手座：11/22-12/21" />
27. <asp:ListItem Text="魔羯座：12/22-1/19" />
28. </asp:ListBox><p>
29. <asp:Button ID=b1 runat=server Text="確定" OnClick="b1_click" /><p>
30. <asp:Label ID=a1 runat=server />
31. </form>
32. </center>
33. </body>
34. </html>
```

程式說明

第 1 行：ASP.NET 程式的指引區間，告知 .NET 系統此網頁程式是以 Visual Basic 程式撰寫。

第 2~6 行：宣告 .NET 程式碼區間，以 <script> 標籤區間寫出，設定此區間的編譯的語言為 script 語言，並在 Server 端執行。

第 3~5 行：建立 b1_click 副程式，即 b1_click 事件程序，當按下按鈕元件 b1 時觸發此事件程序。

第 4 行：將清單方塊中被選的項目取出後與字串組合，設定給 Label 控制項 a1 的文字內容。

第 8 行：宣告網頁的表頭，並設定此網頁程式在 Server 端執行。

第 12~32 行：將網頁內容置中。

第 13~31 行：建立網頁表單區間，並設定表單執行在 Server 端。

第 14 行：設定文字的輸出格式為標楷體字型，大小 5，文字色彩為 #006633。

第 15~28 行：建立 Web 伺服器控制項 ListBox，設定其 id 名稱為 stb，並執行在 Server 端，顯示列數為 5，設定為單選模式。

第 16~27 行：建立 ListBox 控制項中的項目 ListItem，並設定 Text 屬性為各星座名稱。

第 29 行：建立 Web 伺服器控制項 Button，設定其 id 名稱為 b1，按鈕上要顯示的文字為 " 確定 "，並設定其觸發事件 OnClick 要執行的事件程序為 b1_click，當按下按鈕時將觸發 OnClick 事件執行 b1_click 事件程序的副程式內容。

第 30 行：建立 Web 伺服器控制項 Label，設定其 id 名稱為 a1。

執行結果

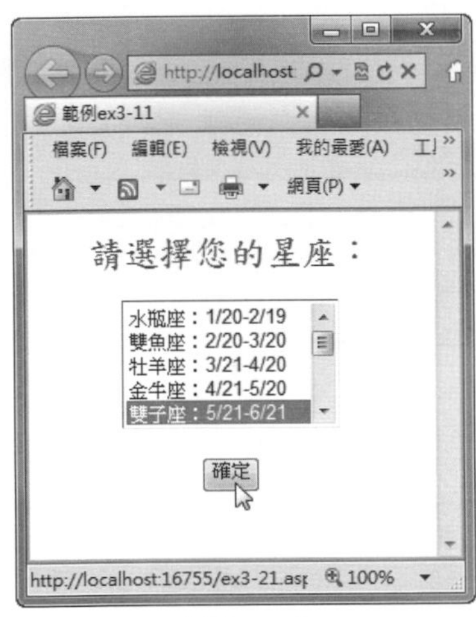

【圖3-22】

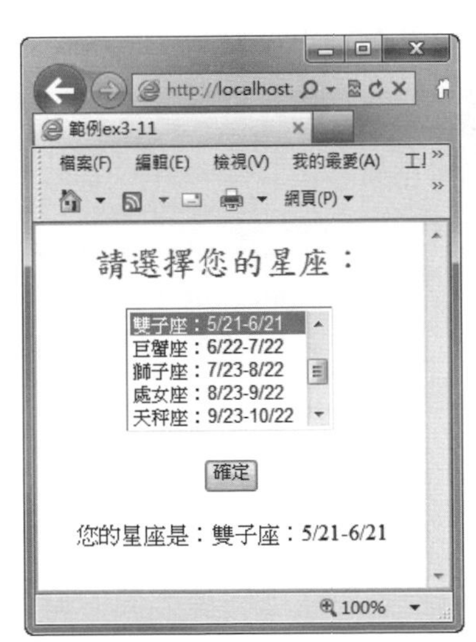

【圖3-23】

3.6 進階豐富控制項

3.6.1 Calendar控制項

功用

此控制項的功用是在網頁中用來顯示一個月曆，月曆為單一月份，並且可以選取日期，以及特定日期的相關聯資料，也可移動到上一個月或下一個月。月曆的各項外觀與操作都由此控制項的相關屬性與事件來控制，所以月曆控制項的屬性與事件的種類相當多，我們可以多去比較各種不同的屬性的顯示變化與事件上不同的操作。月曆控制項所屬的Namespace為【System.Web.UI.WebControls】。

語法格式

```
<asp : Calendar  id =" 控制項的名稱 " runat ="server" 相關屬性… />
```

常用屬性

有關樣式方面的屬性：

屬性名稱	功用說明
DayHeaderStyle	指定顯示月曆中星期的區段樣式。
DayStyle	指定顯示月曆中月份中日期的樣式。
NextPrevStyle	指定月曆中標題區段中瀏覽控制項的樣式。
OtherMonthDayStyle	指定月曆中不在目前顯示月份中的日期的樣式。
SelectedDayStyle	指定月曆上所選取日期的樣式。
SelectorStyle	指定月曆中週和月份日期選取資料行的樣式。
TitleStyle	指定月曆中標題區段的樣式。
TodayDayStyle	指定月曆中今天日期的樣式。
WeekendDayStyle	指定月曆中週末日期的樣式。

有關顯示與隱藏控制項方面的屬性：

屬性名稱	功用說明
ShowDayHeader	顯示或隱藏月曆中顯示星期的區段。設定值為True / False。

屬性名稱	功用說明
ShowGridLines	顯示或隱藏月曆中月份之日期間的格線。設定值為True / False。
ShowNextPrevMonth	顯示或隱藏月曆中移至上下月份的導覽控制項。設定值為True / False。
ShowTitle	顯示或隱藏月曆中的標題區段。設定值為True / False。

其他相關屬性：

屬性名稱	功用說明
Caption	設定月曆控制項的標題文字。
CellPadding	設定月曆中日期儲存格內文字與邊框的距離。
CellSpacing	設定月曆中日期儲存格與儲存格間的距離。
DayNameFormat	設定月曆中星期名稱的格式。
FirstDayOfWeek	設定月曆中一週的第一天，設定值可為： ● Default：設定一週的第一天由系統指定 ● Sunday：設定一週的第一天為星期日 ● Monday：設定一週的第一天為星期一 ● Tuesday：設定一週的第一天為星期二 ● Wednesday：設定一週的第一天為星期三 ● Thursday：設定一週的第一天為星期四 ● Friday：設定一週的第一天為星期五 ● Saturday：設定一週的第一天為星期六
NextMonthText	設定月曆中移往下個月份的瀏覽控制項的標題文字。預設值為【>】，其會呈現為大於符號 (>)。此屬性必須在ShowNextPrevMonth的屬性設為True與NextPrevFormat屬性設為CustomText才有效。
NextPrevFormat	設定移往上個月與移往下個月的標題文字格式，：設定值有： ● CustomText：自行設定要顯示的文字 ● FullMonth：月份的全名 ● ShortMonth：月份的三個字縮寫
PrevMonthText	設定月曆中移往上個月份的瀏覽控制項的標題文字。預設值為【<】，其會呈現為小於符號 (<)。此屬性必須在ShowNextPrevMonth的屬性設為True與NextPrevFormat屬性設為CustomText才有效。
SelectedDate	設定或取得選定的日期，預設值為DateTime.MinValue，即當天日期時間的最小值。
SelectedDates	設定或取得選定的多個日期。
SelectionMode	設定或取得月曆中日期的選取模式，設定值有： ● Day：此為預設值，選取單一日期 ● DayWeek：選取單一日期或整週 ● DayWeekMonth：選取單一日期或整週或整月 ● None：沒有可選取的日期
SelectMonthText	設定或取得月份選取的文字，必須SelectionMode屬性設為DayWeekMonth才有效。
SelectWeekText	設定或取得選取一週的文字，必須SelectionMode屬性設為DayWeek、DayWeekMonth才有效。
TitleFormat	設定或取得月曆中標題所顯示的格式，設定值有： ● MonthYear：同時顯示年份與月份(此為預設值) ● Month：只顯示月份。
TodaysDate	設定或取得今天日期的值，若不指定則為伺服器上的日期值。
VisibleDate	設定或取得日期，指定要顯示在月曆控制項中的月份。

常用事件

事件名稱	功用說明
SelectionChanged (事件名稱在使用時要加上On)	當在月曆控制項上選取日、整週或整月時，將觸發此事件，執行相對應的事件程序。
DayRender (事件名稱在使用時要加上On)	當日期儲存格被建立在月曆控制項中時，將觸發此事件，執行相對應的事件程序。通常是要對某個特定的日期做特殊的設定時，就會使用到此事件。在撰寫要執行的事件程序副程式時，e參數要設定為DayRenderEventArgs。
VisibleMonthChanged (事件名稱在使用時要加上On)	當月曆控制項上的上一月鈕或下一月鈕被按下時，將觸發此事件，執行相對應的事件程序。在撰寫要執行的事件程序副程式時，e參數要設定為MonthChangedEventArgs。

◆ DayRender事件：

在DayRender事件中，對應事件程序副程式的參數為DayRenderEventArgs物件，此物件的操作上主要有兩個屬性：【Cell】與【Day】。【Cell】是一個儲存格物件，即TableCell，代表觸發此事件的日期儲存格。【Day】則為一個CalendarDay物件，表示要顯示在日曆中的日期。【Cell】屬性的使用與TableCell物件相同，而【Day】屬性的相關常用副屬性則有：

屬性名稱	功用說明
e.Day.Date	設定產生的日期。可設定值有： e.Day.Date.Year(年) e.Day.Date.Month(月) e.Day.Date.Day(日)
e.Day.DayNumberText	設定產生的日期文字。
e.Day.IsSelectable	設定日期是否可以被選取。(True/False) 若是當SelectionMode設為None時，其值將為False。
e.Day.IsSelected	設定日期是否正被選取。(True/False)
e.Day.IsOtherMonth	設定日期是否屬於其他月份的日期。(True/False)
e.Day.IsToday	設定日期是否為今天。(True/False)
e.Day.IsWeekend	設定日期是否為週末。(True/False)

◆ VisibleMonthChanged事件：

在VisibleMonthChanged事件中，對應事件程序副程式的參數為MonthChangedEventArgs物件，此物件的操作上主要有兩個屬性：【NewDate】與【PreviousDate】。【NewDate】代表目前月份的日期，【PreviousDate】則為先前顯示月份的日期。

範例練習3-12 (完整程式碼在本書附的光碟中ch3\ex3-36.aspx)

建立 ASP.NET 程式，製作一個月曆控制項，點選日期將以特定的色彩顯示。

程式碼

```
1.  <%@ Page Language="VB" %>
2.  <html>
3.  <head runat="server">
4.  <title>範例 ex3-12</title>
5.  </head>
6.  <body>
7.  <center>
8.  <form id="f1" runat="server">
9.  <font face="標楷體" size="5" color="#006633">2011 年月曆</font><p>
10. <asp:Calendar  ID="cal" runat="server"
11. SelectionMode="DayWeekMonth"
12. SelectMonthText="整月"
13. ShowGridLines="true"
14. ShowNextPrevMonth="true"
15. NextMonthText="[<b>下一月</b>]"
16. PrevMonthText="[<b>上一月</b>]"
17. BorderColor="black"
18. TitleStyle-ForeColor="Yellow"
19. TitleStyle-BackColor="Navy"
20. TitleFormat="MonthYear"
21. NextPrevStyle-ForeColor="White"
22. OtherMonthDayStyle-ForeColor="Blue"
23. WeekendDayStyle-ForeColor="Red"
24. SelectWeekText="選本週"
25. SelectedDayStyle-BackColor="Yellow"
26. SelectedDayStyle-ForeColor="Red"
27. SelectedDayStyle-Font-Bold="true"
28. SelectedDayStyle-Font-Names="times new roman"/>
29. </form>
30. </center>
31. </body>
32. </html>
```

程式說明

第 1 行：ASP.NET 程式的指引區間，告知 .NET 系統此網頁程式是以 Visual Basic 程式撰寫。

第 3 行：宣告網頁的表頭，並設定此網頁程式在 Server 端執行。

第 7~30 行：將網頁內容置中對齊。

第 8~29 行：建立網頁表單區間，並設定表單執行在 Server 端。

第 9 行：設定文字的輸出格式為標楷體字型，大小 5，文字色彩為 #006633。

第 10 行：建立 Web 伺服器控制項 Calendar，設定其 id 名稱為 ca1，並執行在 Server 端。

第 11 行：設定月曆中日期的選取模式為選取單一日期或整週或整月 (DayWeekMonth)。

第 12 行：設定月曆中月份選取的文字為 " 整月 "。

第 13 行：設定月曆中顯示月份中之日期間的格線。

第 14 行：設定月曆中顯示移至上下月份的導覽控制項，在本例中我們設定為文字模式。

第 15 行：設定月曆中移往下個月份的瀏覽控制項的標題文字為 " 下一月 "，並將文字加粗。

第 16 行：設定月曆中移往上個月份的瀏覽控制項的標題文字為 " 上一月 "，並將文字加粗。

第 17 行：設定月曆控制項的邊框色彩為黑色。

第 18 行：設定月曆中標題區段的前景色 (即文字色彩) 為黃色。

第 19 行：設定月曆中標題區段的背景色為深藍色。

第 20 行：設定月曆中標題所顯示的格式為同時顯示年份與月份 (MonthYear)。

第 21 行：設定月曆中標題區段中瀏覽控制項的前景色為白色，在本例中即 " 上一月 "、" 下一月 " 的文字色彩。

第 22 行：設定月曆中不在目前顯示月份中的日期樣式前景色為藍色。

第 23 行：設定月曆中週末日期的樣式前景色為紅色。

第 24 行：設定月曆中選取一週的文字為 " 選本週 "。

第 25 行：設定月曆中所選取日期的背景色為黃色 (即儲存格的色彩)。

第 26 行：設定月曆中所選取日期的前景色為紅色 (即日期文字的色彩)。

第 27 行：設定月曆中所選取日期的文字樣式為粗體。

第 28 行：設定月曆中所選取日期的文字字型為 "times new roman"。

執行結果

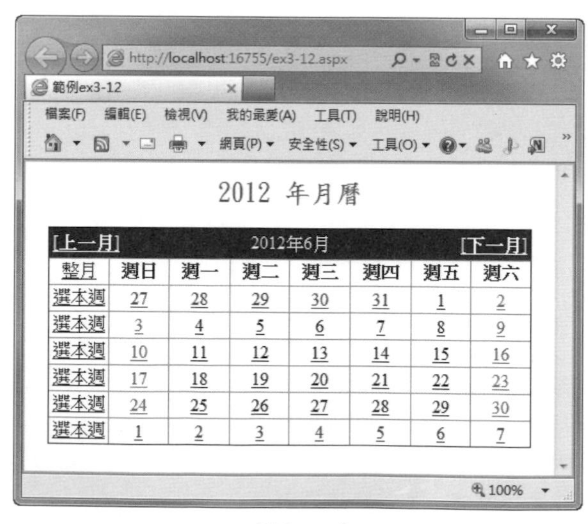

【圖3-24】

範例練習3-13 （完整程式碼在本書附的光碟中ch3\ex3-13.aspx）

建立 ASP.NET 程式，製作一個月曆控制項，點選日期將以特定的色彩顯示，並將所選取的日期文字顯示在月曆的下方。

程式碼

```
1.  <%@ Page Language="VB" %>
2.  <script language="vbscript" runat="server">
3.  Sub cal_ch(ByVal sender As Object, ByVal e As EventArgs)
4.  a1.Text = "您所選取的日期是 " & ca1.SelectedDate
5.  End Sub
6.  </script>
7.  <html>
8.  <head runat="server">
9.  <title>範例 ex3-13</title>
10. </head>
11. <body>
12. <center>
13. <form id="f1" runat="server">
14. <font face="標楷體" size="5" color="#006633">2011 年月曆</font><p>
15. <asp:Calendar  ID="ca1" runat="server"
16. SelectionMode="DayWeekMonth"
17. SelectMonthText="整月"
18. ShowGridLines="true"
19. ShowNextPrevMonth="true"
20. NextMonthText="[<b>下一月</b>]"
21. PrevMonthText="[<b>上一月</b>]"
22. BorderColor="black"
23. TitleStyle-ForeColor="Yellow"
24. TitleStyle-BackColor="Navy"
25. TitleFormat="MonthYear"
26. NextPrevStyle-ForeColor="White"
27. OtherMonthDayStyle-ForeColor="Blue"
28. WeekendDayStyle-ForeColor="Red"
29. SelectWeekText="選本週"
30. SelectedDayStyle-BackColor="Yellow"
31. SelectedDayStyle-ForeColor="Red"
32. SelectedDayStyle-Font-Bold="true"
33. SelectedDayStyle-Font-Names="times new roman"
34. OnSelectionChanged="cal_ch" /><p>
35. <asp:Label ID="a1" runat="server" />
36. </form>
37. </center>
38. </body>
39. </html>
```

程式說明

第 1 行：ASP.NET 程式的指引區間，告知 .NET 系統此網頁程式是以 Visual Basic 程式撰寫。

第 2~6 行：宣告 .NET 程式碼區間，以 <script> 標籤區間寫出，設定此區間的編譯的語言為 script 語言，並在 Server 端執行。

第 3~5 行：建立 ca1_ch 副程式，即 ca1_ch 事件程序，當月曆控制項中選取日期時觸發此事件程序。

第 4 行：將月曆控制項選取的日期取出後結合其他的字串，設定給 Label 控制項 a1 的文字內容。

第 8 行：宣告網頁的表頭，並設定此網頁程式在 Server 端執行。

第 12~37 行：將網頁內容置中對齊。

第 13~36 行：建立網頁表單區間，並設定表單執行在 Server 端。

第 14 行：設定文字的輸出格式為標楷體字型，大小 5，文字色彩為 #006633。

第 15 行：建立 Web 伺服器控制項 Calendar，設定其 id 名稱為 ca1，並執行在 Server 端。

第 16 行：設定月曆中日期的選取模式為選取單一日期或整週或整月 (DayWeekMonth)。

第 17 行：設定月曆中月份選取的文字為 " 整月 "。

第 18 行：設定月曆中顯示月份中之日期間的格線。

第 19 行：設定月曆中顯示移至上下月份的導覽控制項，在本例中我們設定為文字模式。

第 20 行：設定月曆中移往下個月份的瀏覽控制項的標題文字為 " 下一月 "，並將文字加粗。

第 21 行：設定月曆中移往上個月份的瀏覽控制項的標題文字為 " 上一月 "，並將文字加粗。

第 22 行：設定月曆控制項的邊框色彩為黑色。

第 23 行：設定月曆中標題區段的前景色 (即文字色彩) 為黃色。

第 24 行：設定月曆中標題區段的背景色為深藍色。

第 25 行：設定月曆中標題所顯示的格式為同時顯示年份與月份 (MonthYear)。

第 26 行：設定月曆中標題區段中瀏覽控制項的前景色為白色，在本例中即 " 上一月 "、" 下一月 " 的文字色彩。

第 27 行：設定月曆中不在目前顯示月份中的日期樣式前景色為藍色。

第 28 行：設定月曆中週末日期的樣式前景色為紅色。

第 29 行：設定月曆中選取一週的文字為 " 選本週 "。

第 30 行：設定月曆中所選取日期的背景色為黃色 (即儲存格的色彩)。

第 31 行：設定月曆中所選取日期的前景色為紅色 (即日期文字的色彩)。

第 32 行：設定月曆中所選取日期的文字樣式為粗體。

第 33 行：設定月曆中所選取日期的文字字型為 "times new roman"。

第 34 行：設定月曆控制項的觸發事件 OnSelectionChanged 要執行的事件程序為 ca1_ch，當點選月曆控制項中的日期時，將觸發 OnSelectionChanged 事件執行 ca1_ch 事件程序的副程式內容。

第 35 行：建立 Web 伺服器控制項 Label，設定其 id 名稱為 a1。

執行結果

【圖3-25】

本章所介紹的是在ASP.NET中較常用且使用率較高的伺服器控制項，在製作基本的ASP.NET網站網頁時，本章所提到的各項控制項元件將可以建構一個基本的網站，利用本章所提到的內容，讀者們可自行加以應用與揣摩。所有Web伺服器控制項的使用多多少少都還有更進一步的應用與特別的搭配，此外除了本章所提到的控制項之外，ASP.NET還提供了一些屬於特定功能，更進階應用的伺服器控制項，以及搭配ASP.NET的伺服器與客戶端的網站技術，這些對於初學者來說，在使用與搭配上都較為進階與複雜，所以有關這方面的進階內容，我們將在本書的進階應用版中詳細的介紹說明。

網頁資料庫設計基礎篇

CHAPTER

04

網站資料庫與 ADO.NET

在一般的網站運作與資料的瀏覽中，網站的資料庫是一種應用非常普遍，對一個網站來說也相當重要的一種技術。當網站要展示的資料非常多的時候，我們當然不可能把成千上萬的文字與圖片逐字逐筆的寫在網頁中，那不僅耗時耗力，也讓網頁檔案的容量爆增，對於網站的流通量也會造成很大的影響。所以將資料建置成網站資料庫，再透過ASP.NET程式來存取，不僅可以減少網頁檔案的負擔，也可以有效的將資料於以管理規劃。

在ASP.NET中可以使用的網站資料庫的種類很多，基本上只要是目前電腦系統中可以使用的資料庫系統都可以應用。不過一般較常用的資料庫 是【Microsoft Office Access】、【SQL Server】，【Microsoft Office Access】一般在學習上較為容易，資料庫的功能也很健全，所以很適合一般建置網站者使用。【SQL Server】則具有很高的安全性，功能齊全，適合大型資料庫的開發。本章將對這兩種資料庫在ASP.NET中的操作加以介紹，然而在ASP.NET中，資料庫的操作是以資料庫系統加上ASP.NET中操作資料庫的主要技術【ADO.NET】為主。所以在本章我們也將介紹【ADO.NET】的操作概念，結合資料庫系統來操作網站資料庫。

由於資料庫系統不管是採用【Microsoft Office Access】或是【SQL Server】，都是一門獨立的學習科目，所以建議讀者們在學習操作ASP.NET網站資料庫前，能先學習有關資料庫系統的建置與操作，如此再接著使用ASP.NET來建立網站資料庫將會更加得心應手，在本章我們會簡單的介紹如何建置基本的資料庫檔案，以供【ADO.NET】來操作網站資料庫，並介紹ASP.NET操作資料庫的利器【ADO.NET】。

4.1 網站資料庫的概念(DataBase)

要建立並操作網站資料庫(DataBase)，首先必須對我們要使用的資料庫有基本的認識，並熟悉該資料庫系統的操作，針對資料庫而言，有一些基本概念必須先建立：

4.1.1 資料庫的種類

目前電腦系統的資料庫種類大致上可分為以下幾項：

資料庫種類	說明
文字式(Flat-Text)	就是由一般文字所組成的資料庫，如文字檔(*.txt、*.csv…)。
關聯式(Relational)：	即表格式的資料庫，將資料儲存於表格(Table)中，表格包含欄與列的關係，表格與表格之間彼此也有關聯的關係。
物件導向式(Object-Oriented)	將資料分成不同的類別物件，每一個物件都有自己的資料與搜尋方法，並透過繼承(Inheritance)使物件的子物件也有自己的資料與方法，而父物件也保有自己的資料與方法。

4.1.2 資料庫的結構

就資料庫而言，就是一個儲存資料的地方，資料的儲存有其基本的結構，一般資料庫的結構大多不脫離以下的方式：

資料庫以檔案的方式存在，一個資料庫檔案是由許多資料表(Table)所組成，在每一份資料表中我們可以直接看到很多筆資料記錄(Record)，所以資料表是由一筆一筆的資料記錄所構成。再看到每一筆資料記錄中，具有很多資料的欄位(Field)，以一般通訊錄的資料表來說，其中每一筆資料記錄大多有姓名、地址、連絡電話…等欄位，所以我們可以說，資料記錄就是由很多資料欄位(Field)所組成。所以我們如果手邊有很多資料，將資料整理並分類出很多項目，就可以將這些項目建立成資料欄位，透過資料庫系統的軟體，將這些資料欄為與資料逐筆的組合，變成一份資料表，再將其他類型的資料也組成相關的資料表，最後再將所有的資料表集合在一個資料庫檔案中，就是一個基本的資料庫檔案。

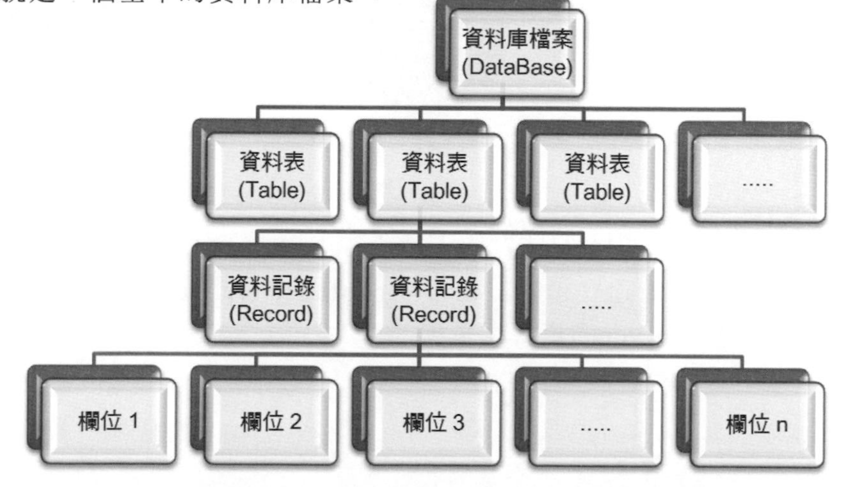

4.1.3 ASP.NET網站資料庫的架構

ASP.NET的網站資料庫就是Web應用程式經常要存取的一種外部資料，所以ASP.NET的資料庫應用程式基本上就是一種資料庫驅動的Web應用程式。基本上網站資料庫的定義就是使用資料庫做為網站上資料存取的來源，必須結合資料庫系統與Web應用程式，其架構如下圖：

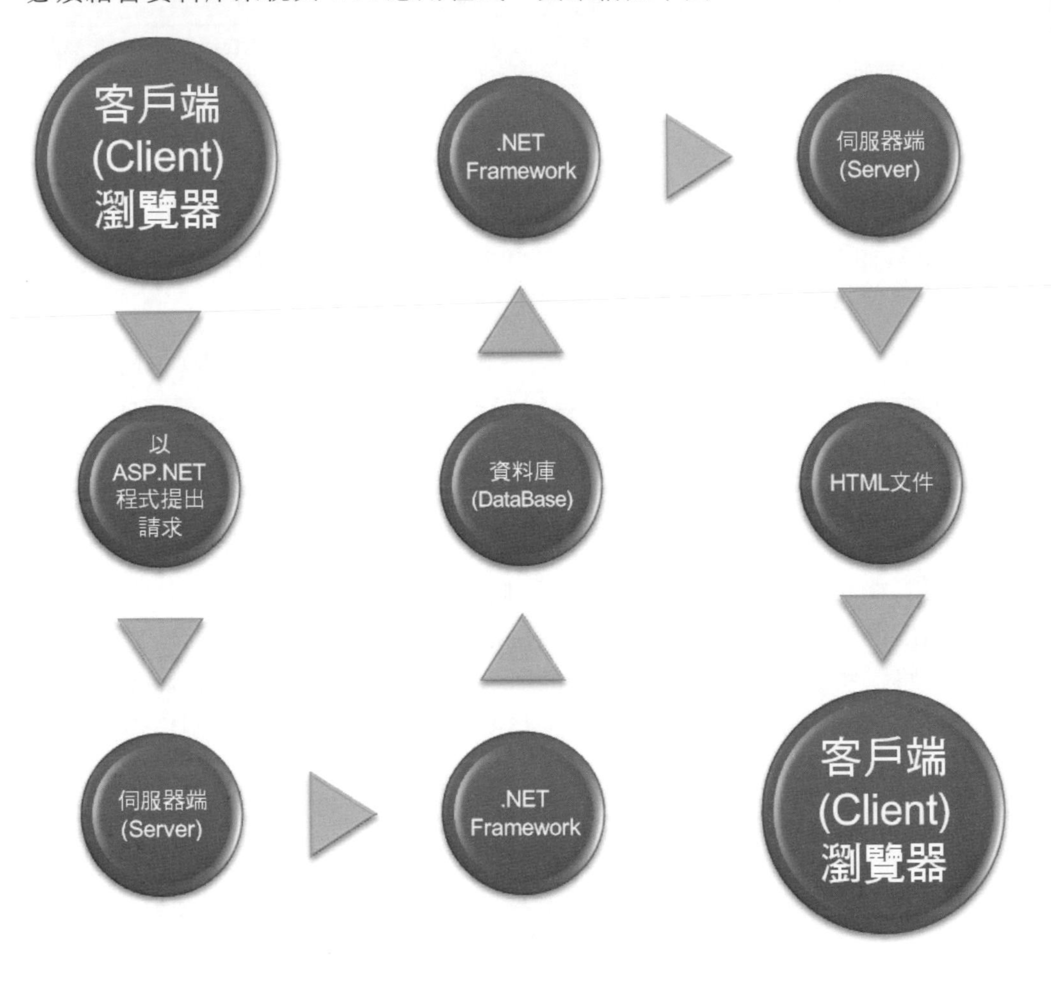

以ASP.NET建立網站資料庫的基本程序如下：

◆ 先將網站資料庫建立起來，如Microsoft Office Access的mdb/accdb檔或是SQL Server的資料庫系統。

- ◆ 撰寫ASP.NET程式，在程式連結資料庫可用三種方式，一是使用OLEDB資料庫驅動程式來連結資料庫；二是使用SQL Server的Provider(提供者)來連結資料庫；三則是在系統中新增ODBC資料來源，也可以連結資料庫。
- ◆ 使用ADO.NET來存取資料庫，因此可產生存取後的網頁內容。
- ◆ 執行客戶端的瀏覽程式，測試ASP.NET網站資料庫的執行結果。

4.2 資料庫的建立

在網站中使用資料庫之前，必須先建立資料庫，本書中我們使用Microsoft Office Access與SQL Server 2008 Express來建立網頁中所需的資料庫，建立的方式與步驟分別如下：

4.2.1 建立Access資料庫(本書以Microsoft Office Access 2007為例)

先將要建立的資料庫中的資料表欄位規畫好，我們將以下面的範例來建立一個資料庫檔案address.mdb，內含一個資料表名為通訊錄，資料表的欄位名稱與結構如下：

欄位名稱	資料型態
員工編號	自動編號
姓名	文字
性別	文字
出生年月日	日期 / 時間
電話	文字
行動電話	文字
地址	文字
電子郵件	文字

STEP 01 進入Microsoft Office Access 2007後，點選【空白資料庫】

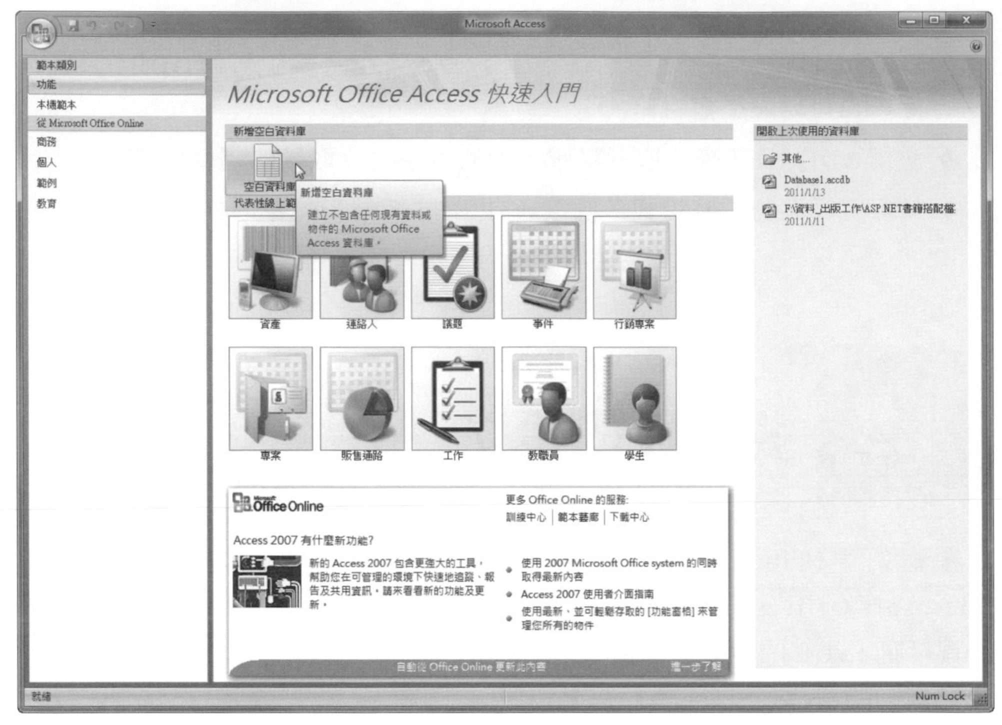

【圖4-1】

STEP 02 然後在畫面右方的工作區將會出現新增空白資料庫的設定，輸入資料庫檔案的名稱address後，按下【建立】鈕

【圖4-2】

STEP **03** 進入【資料表工具】會開啟一個預設的資料表，名稱為資料表1→按下左上角【檢視】鈕/設計檢視

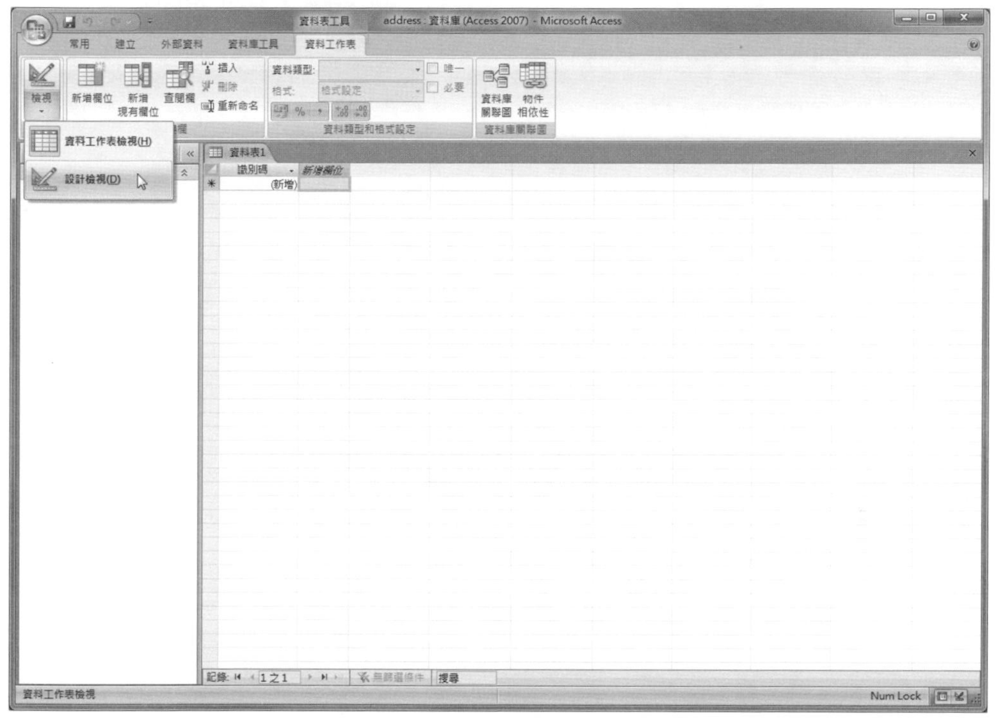

【圖4-3】

STEP **04** 接著Access會要求將要建立的資料表存檔，我們輸入資料表名稱為【員工通訊錄】，輸入後按下【確定】鈕

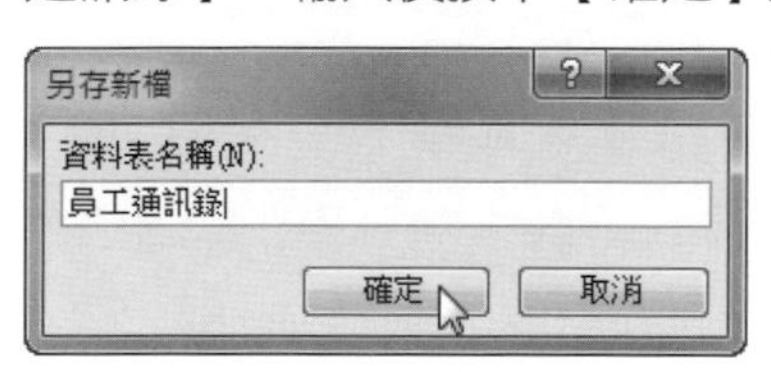

【圖4-4】

STEP **05** 此時切換到Access的設計檢視模式，在此模式中輸入每一個欄位的名稱並設定欄位的資料型態與欄位內容，在輸入與設定的過程中，可以按【Enter】鍵、與上下左右方向鍵來移動到要輸入與設定的項目上

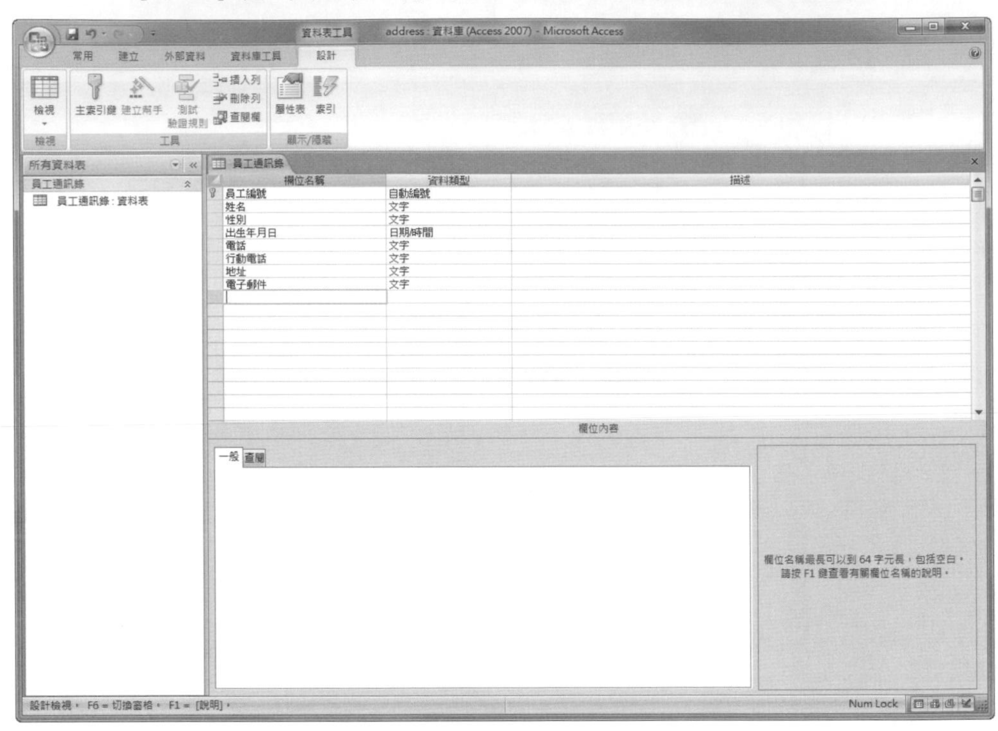

【圖4-5】

STEP **06** 當所有欄位都輸入並設定完畢後，請按下工具列最左邊的【檢視】鈕，點選【資料工作表檢視】，我們要切換到資料工作表的模式上輸入資料。

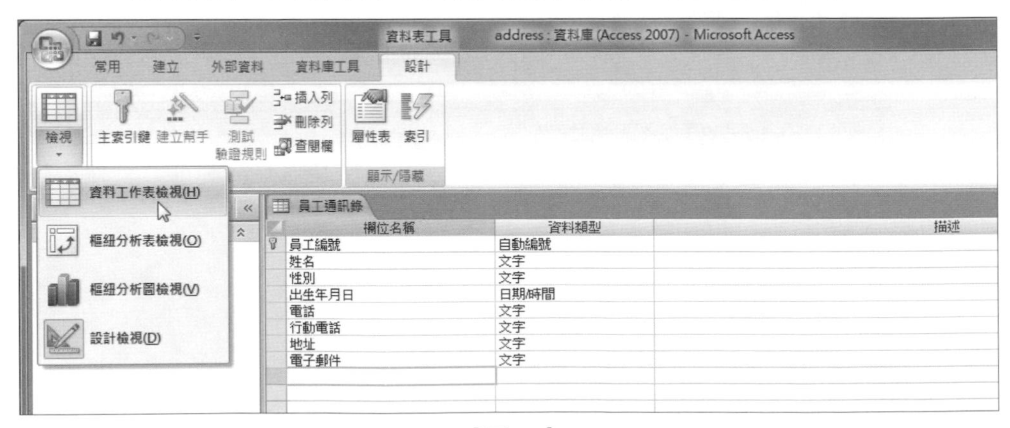

【圖4-6】

STEP 07 因為資料表已經設定過，此時Access會要求將資料表存檔，按下【是】鈕，將資料表存檔

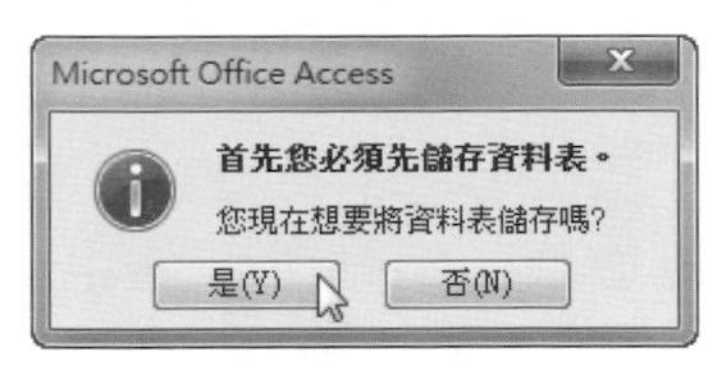

【圖4-7】

STEP 08 存檔後便進入資料工作表模式，將滑鼠游標點在要輸入的欄位上，出現閃爍游標時，便可以輸入資料。在這裡要注意的是，如果欄位的資料型態設定為【自動編號】，則該欄位不用輸入，會由Access自動予以編號

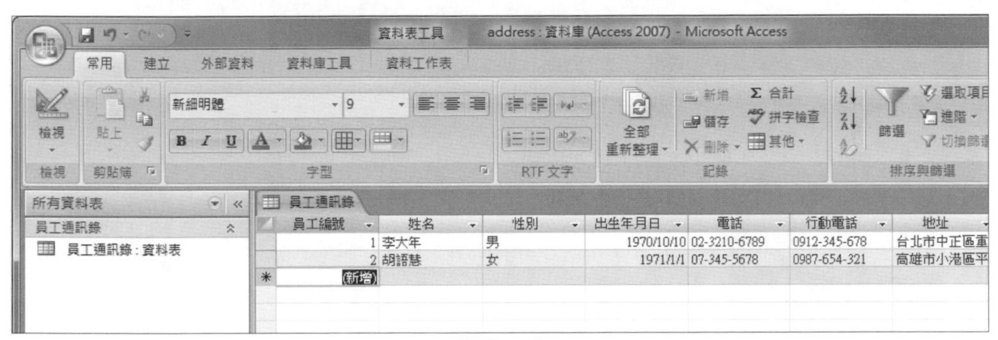

【圖4-8】

4.2.2 SQL Server

SQL Server是微軟所推出一套功能相當完整與強大的資料庫系統軟體，目前最新的版本為SQL Server 2008 R2。在SQL Server 2008的版本中，微軟提供了一種較為精簡的版本，稱為【SQL Server 2008 Express Edition】，此版本是免費又簡單好用的 SQL Server 2008的 輕量型版本。使用者可以快速且輕鬆地學會如何使用這個版本，以快速開發及部署動態資料驅動應用程式。

【SQL Server 2008 Express】並提供功能強大而且可靠的資料管理工具，以及豐富的功能、資料保護與高速的效能，非常適用於內嵌的應用程式用戶端、簡易的 Web 應用程式和本機資料存放區。

【SQL Server 2008 Express】也採用容易部署且可以快速原型化的設計，而且是免費提供，也可以隨應用程式免費轉散發的軟體。如果需要其他的資料庫進階功能，可以將【SQL Server 2008 Express】完整地升級為較複雜的 SQL Server 版本。

【SQL Server 2008 Express】可在台灣微軟的網站下載區中免費下載繁體中文版，讀者們可自行到微軟的網站上下載，網址為【http://www.microsoft.com/zh-tw/default.aspx】，進入後點選【下載試用/微軟下載中心】，畫面如下：

【圖4-9】

STEP 01 輸入搜尋關鍵字【SQL Server 2008 Express】並按下【搜尋整個下載中心】鈕(放大鏡)→

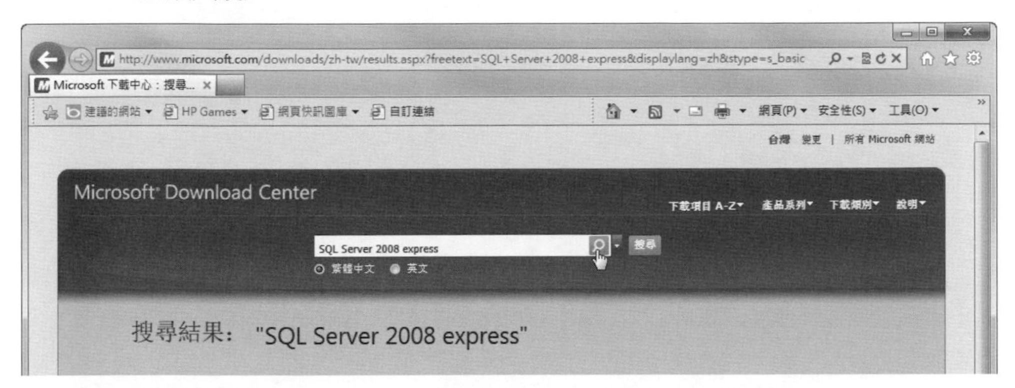

【圖4-9-1】

STEP 02 便可找到SQL Server 2008 Express項目，點選進入下載頁面→

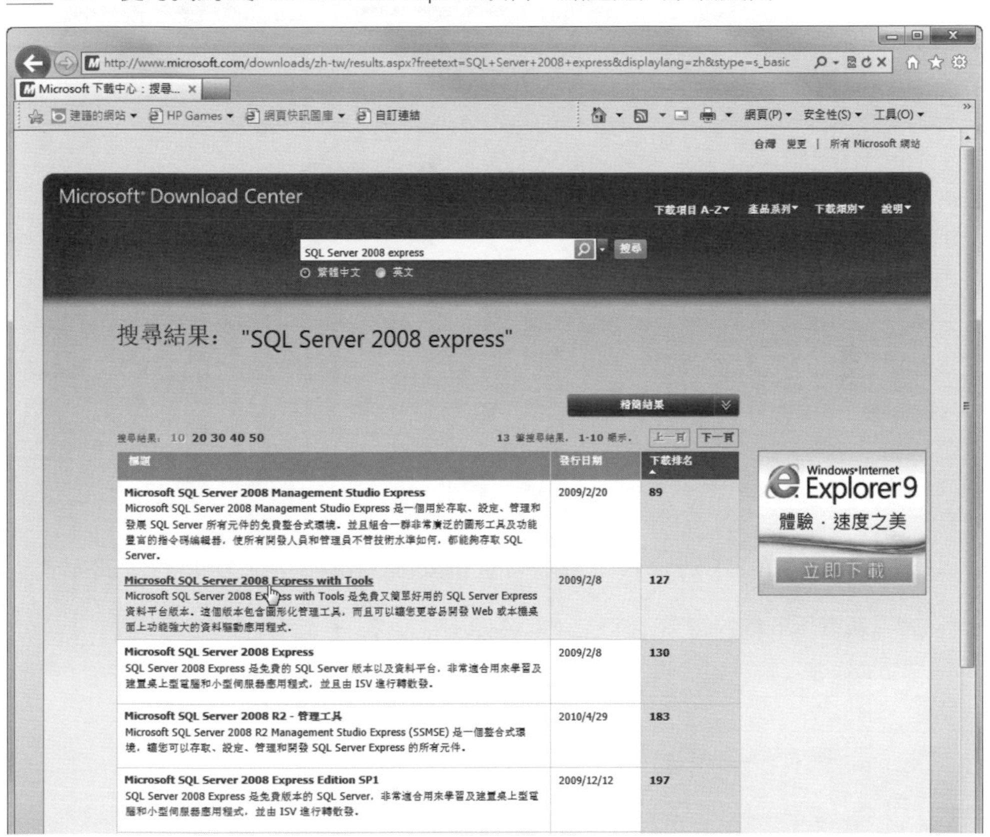

【圖4-9-2】

STEP 03 進入下載頁面後，找到所需的版本，點選【下載】即可。

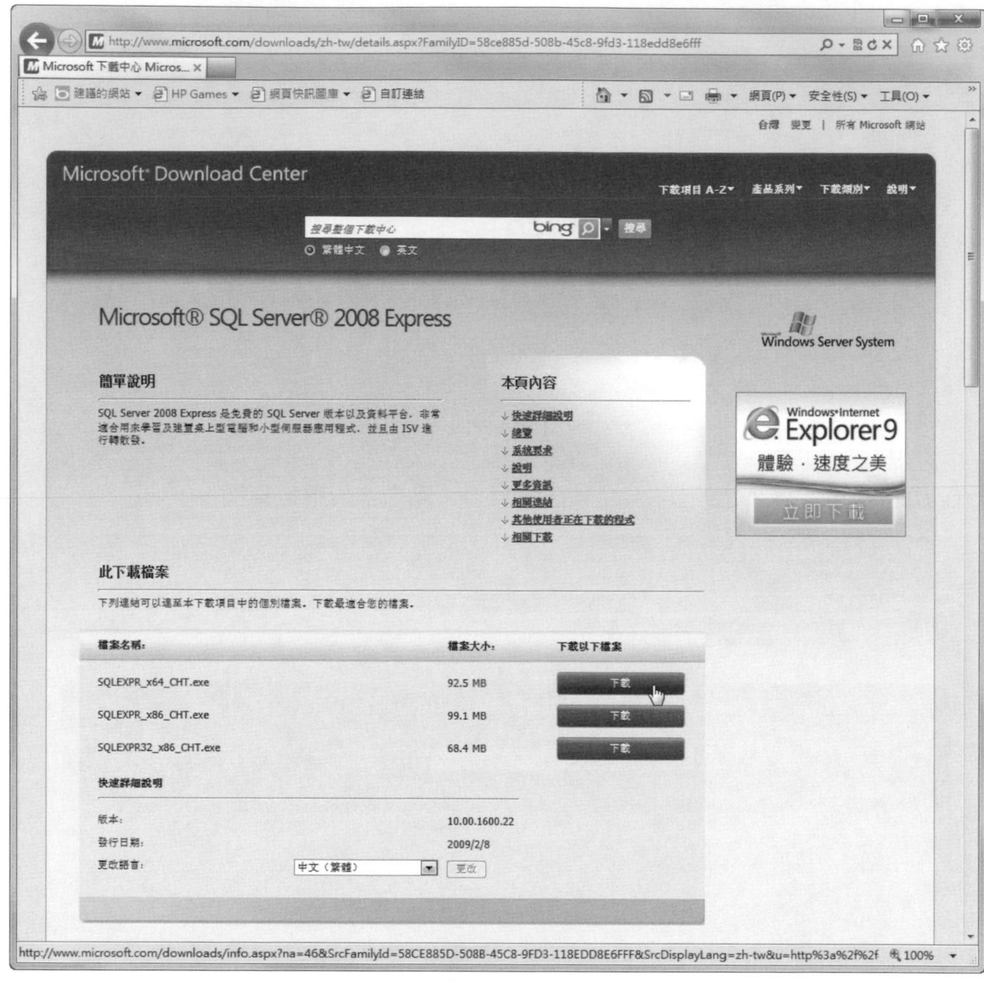

【圖4-9-3】

SQL Server 2008 Express下載後可直接安裝到電腦中，安裝的步驟如下：

STEP 01 執行所下載的檔案【SQLEXPR_x64_CHT.EXE】→

【圖4-10】

STEP 02 接下來系統會開啟【SQL Server安裝中心】，按下【安裝】→

【圖4-11】

STEP 03 接下來進入安裝項目，請點選【新的SQL Server獨立安裝或將功能加入到現有安裝】→

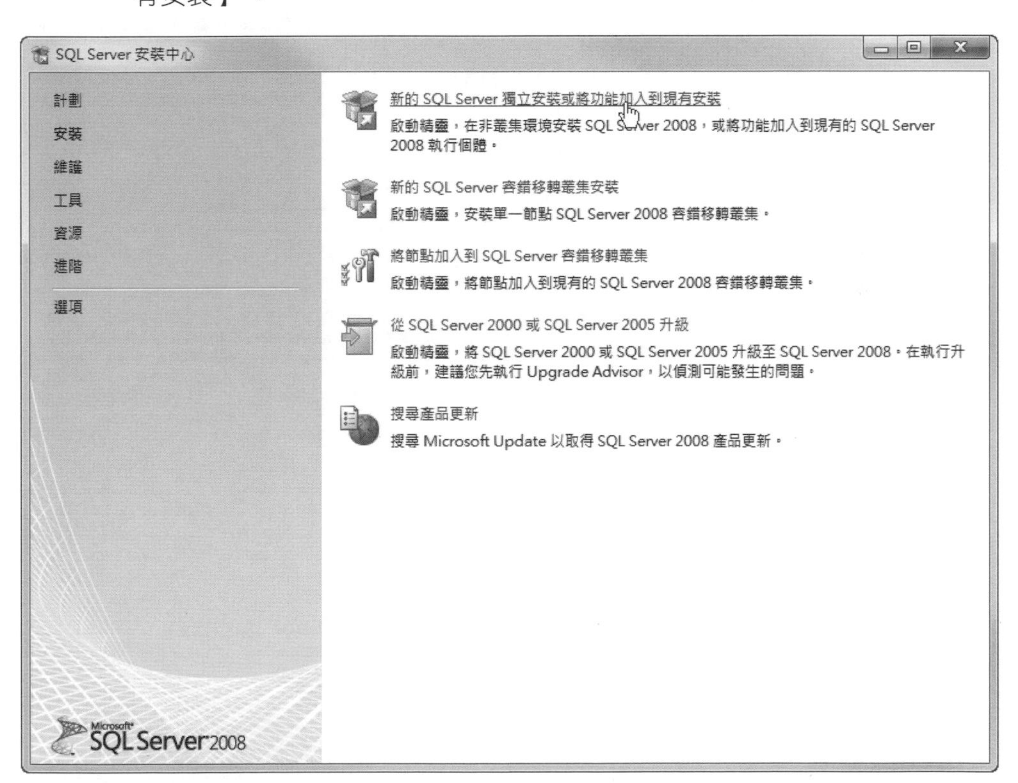

【圖4-12】

STEP 04 接著是系統組態檢查，主要是檢查在安裝時可能會出現的問題，如果一切都正常，將會出現成功的訊息，不可有失敗訊息，按【確定】→

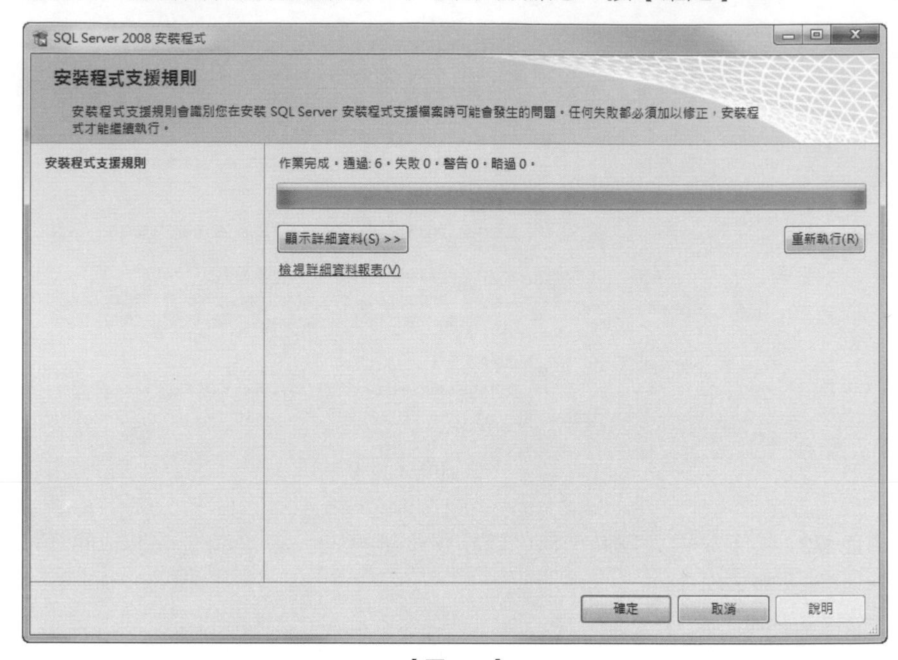

【圖4-13】

STEP 05 再來請輸入產品金鑰，因為是免費版本，所以直接按【下一步】→

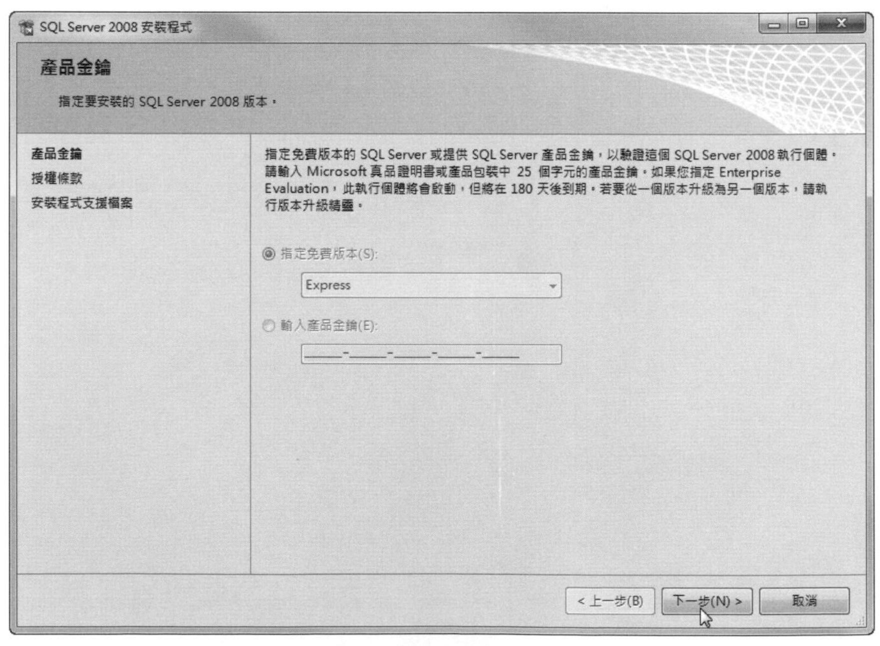

【圖4-14】

STEP 06 接下來是授權條款，請勾選【我接受授權條款】後請按【下一步】→

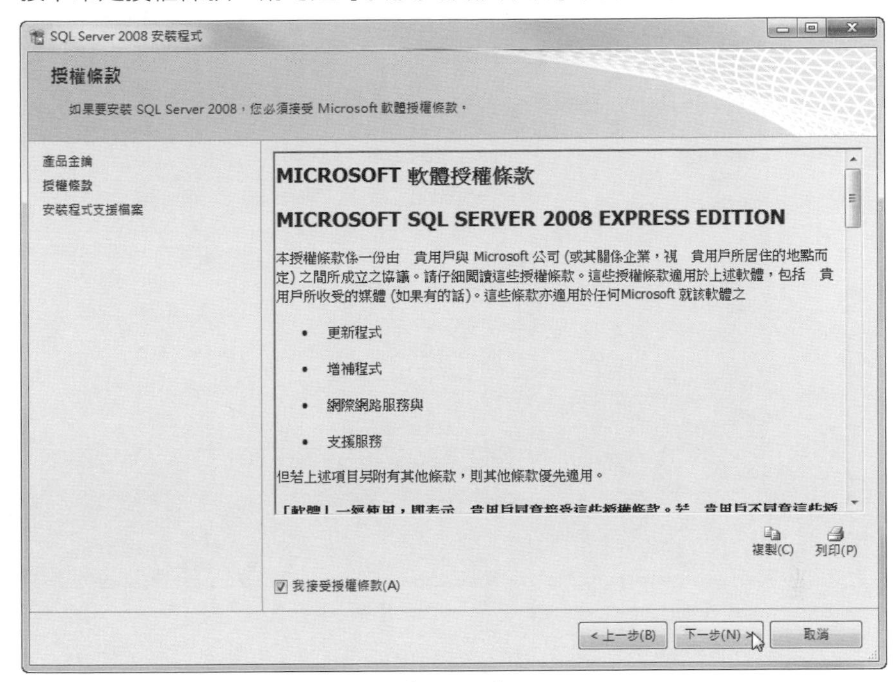

【圖4-15】

STEP 07 按下【安裝】鈕進入安裝→

SQL Server 2008 安裝程式
安裝程式支援檔案
按一下 [安裝] 進行安裝程式支援檔案的安裝。安裝或升級 SQL Server 2008 時，這些檔案是不可缺少的。
產品金鑰
授權條款
安裝程式支援檔案
SQL Server 安裝程式需要下列元件(T):

功能名稱	狀態
安裝程式支援檔案	

< 上一步(B) 安裝(I) 取消

【圖4-16】

STEP 08 進入安裝程序→

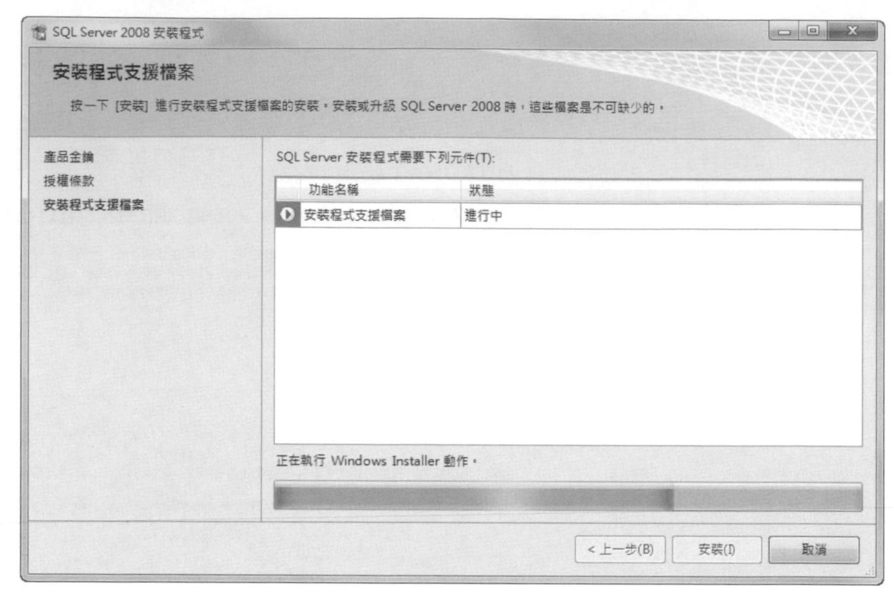

【圖4-17】

STEP 10 接下來是安裝程式的支援檢查，與前面相同，不可以有失敗訊息，若有必須修正後方可安裝，若無失敗訊息，請按【下一步】→

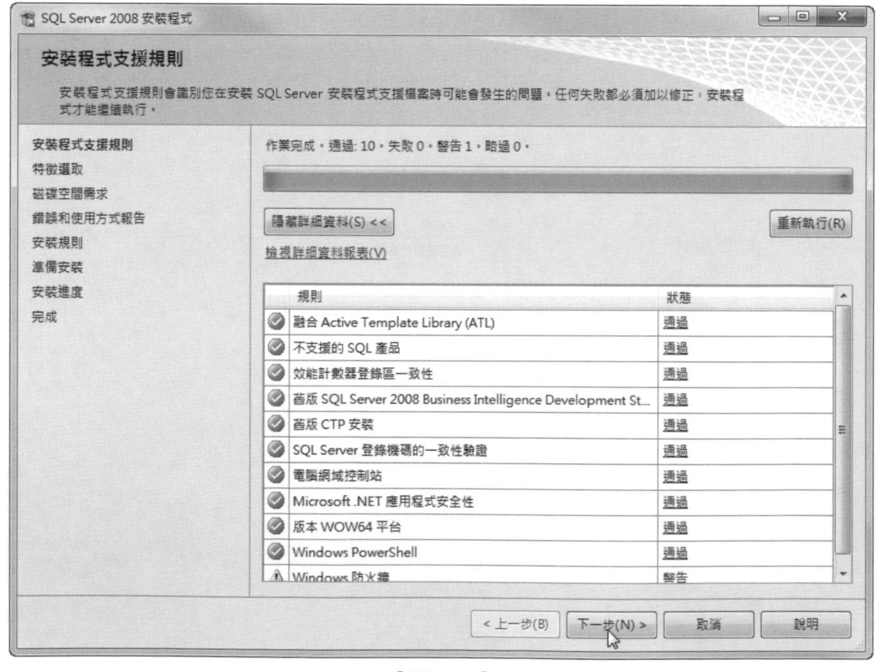

【圖4-18】

STEP 11 設定特徵選取功能，請全選後再按【下一步】→

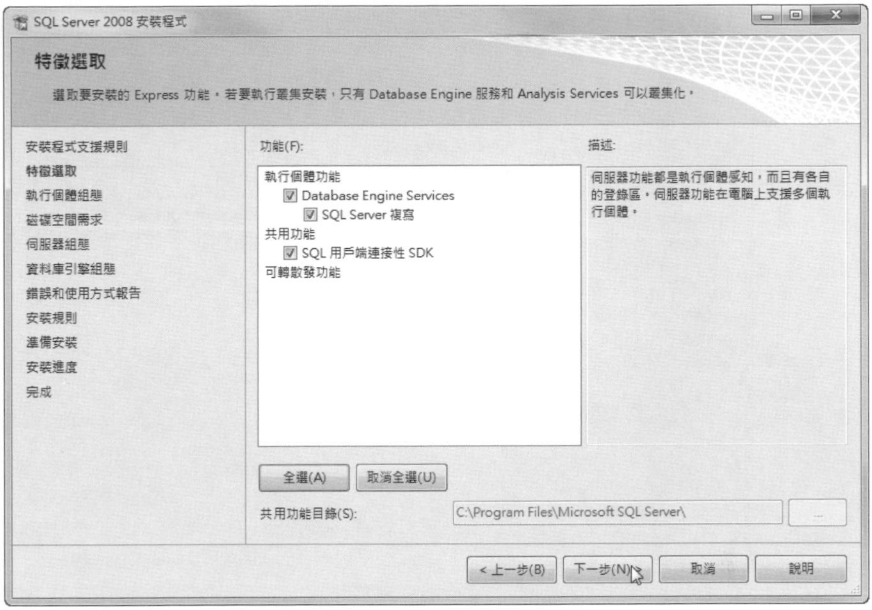

【圖4-19】

STEP 12 接著要設定在【SQL Server 2008 Express】中的執行個體，可選擇【預設的執行個體】或【具名執行個體】，如果要以預設的方式執行，在此我們可以選【預設的執行個體】，再按【下一步】→

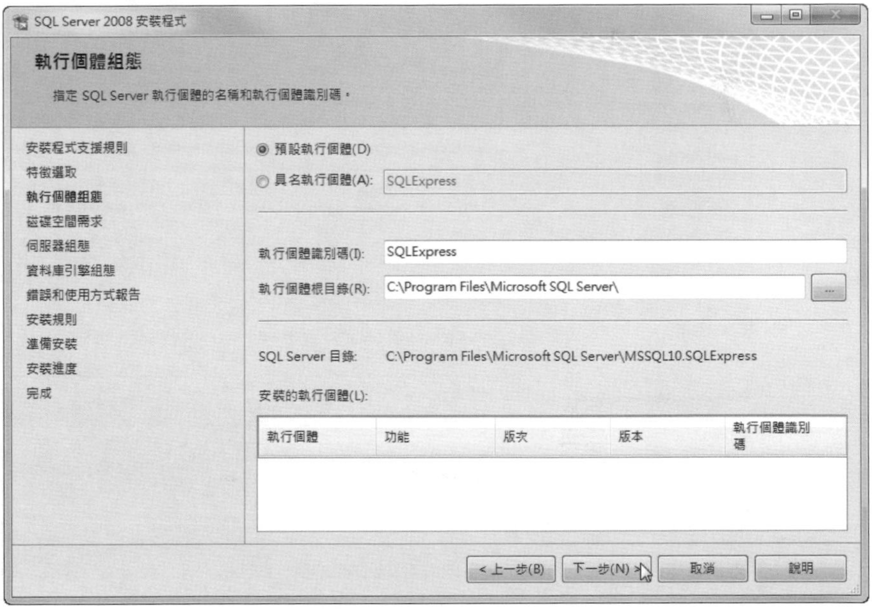

【圖4-20】

STEP **13** 接下來顯示安裝所需的空間訊息，請按【下一步】→

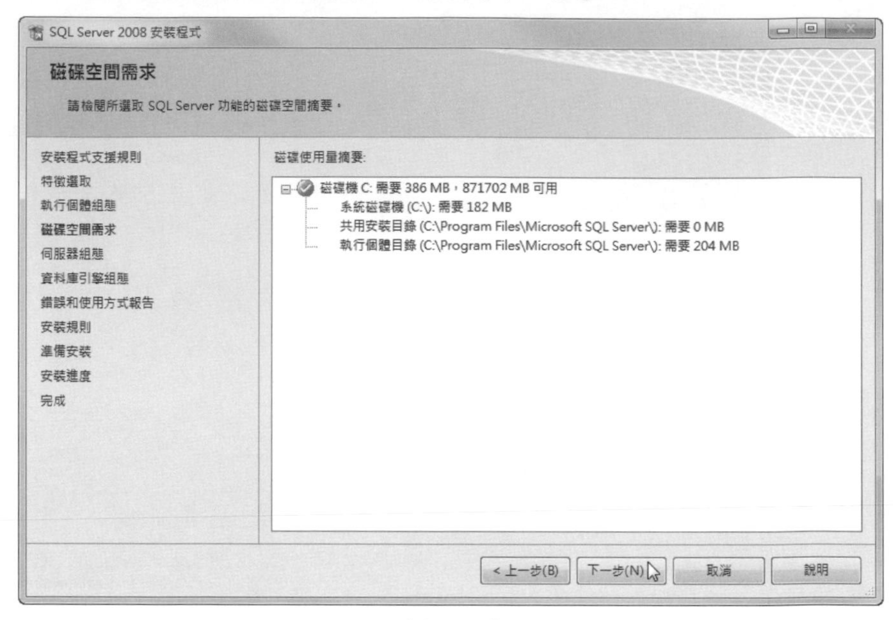

【圖4-21】

STEP **14** 再來是伺服器組態設定，請輸入帳戶名稱與登入密碼，在此可以使用登入Windows系統的帳號密碼，輸入後按【下一步】→

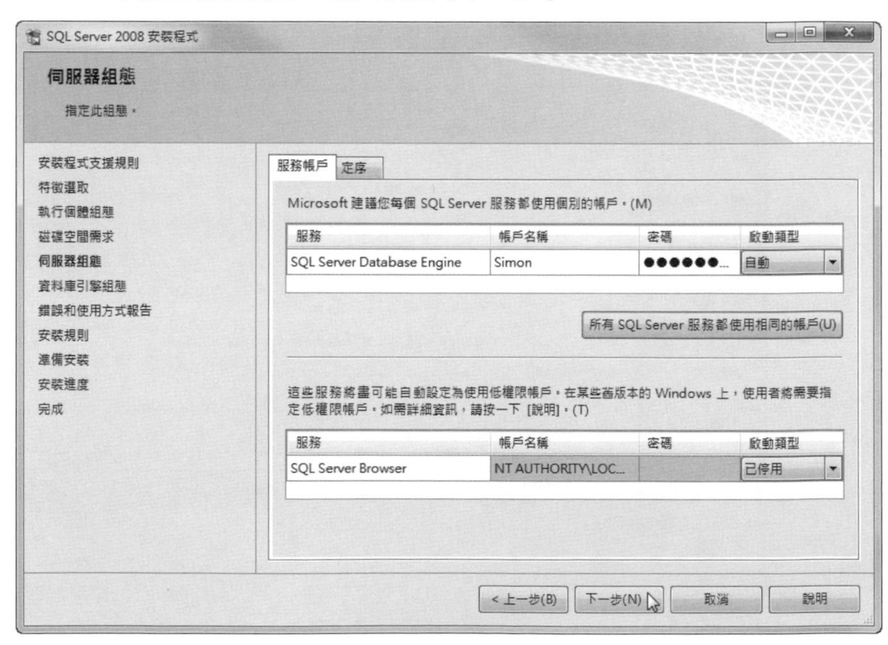

【圖4-22】

STEP 15 再來進入設定驗證模式與指定資料庫引擎管理員，在此選【混合模式】後，輸入前一步驟中的登入密碼，並按下【加入目前使用者】已將目前登入的系統使用者加入到SQL Server管理員，請按【下一步】→

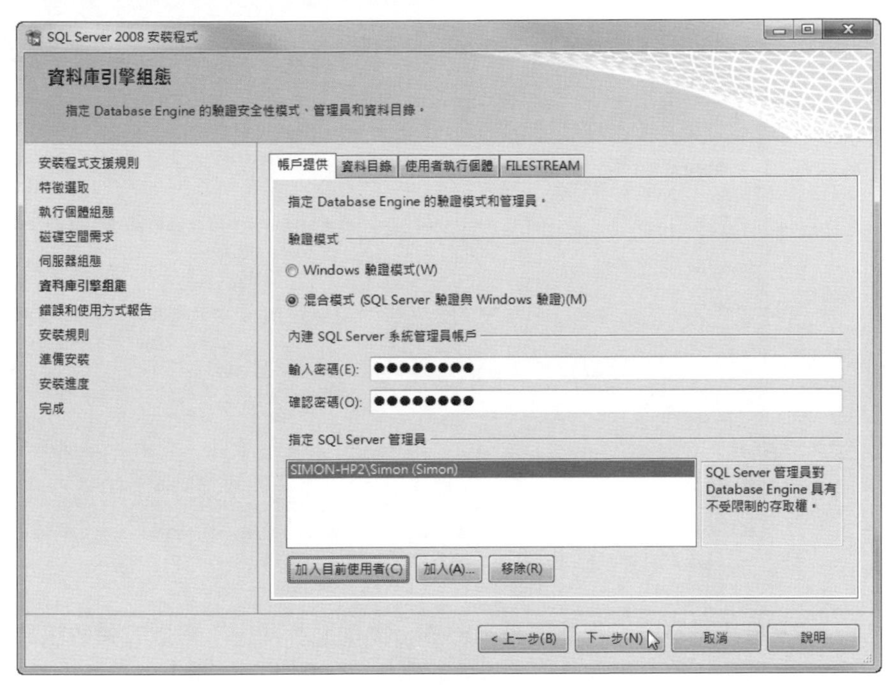

【圖4-23】

STEP 16 接著設定錯誤和使用方式報表設定，此項目主要是將執行【SQL Server 2008 Express】時所發生的錯誤以及使用功能的方式傳送給微軟公司，藉以做為未來改善軟體與系統的參考依據。將所要的選項勾選後，請按【下一步】

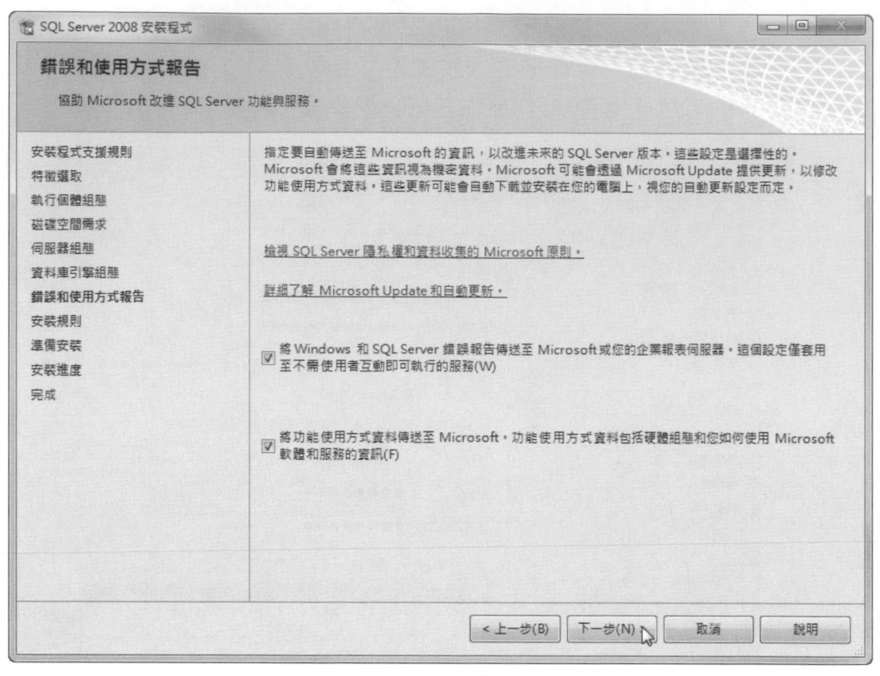

【圖4-24】

STEP **17** 接下來是安裝程式的規則檢查，與前面相同，不可以有失敗訊息，若有必須修正後方可安裝，若無失敗訊息，請按【下一步】→

SQL Server 2008 安裝程式

安裝規則

安裝程式正在執行規則，以決定是否將封鎖安裝程序。如需詳細資訊，請按一下 [說明]。

安裝程式支援規則
特徵選取
執行個體組態
磁碟空間需求
伺服器組態
資料庫引擎組態
錯誤和使用方式報告
安裝規則
準備安裝
安裝進度
完成

作業完成。通過: 7。失敗 0。警告 0。略過 4。

顯示詳細資料(S) >>　　重新執行(R)

檢視詳細資料報表(V)

< 上一步(B)　下一步(N) >　取消　說明

【圖4-25】

STEP **18** 接著顯示所有安裝已經準備的訊息，若確定要安裝，請按下【安裝】鈕→

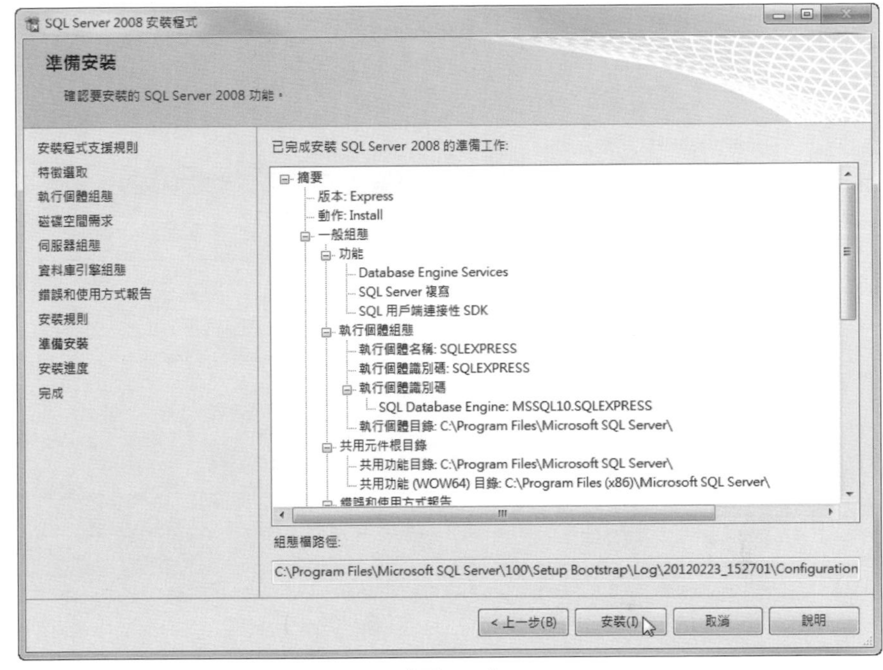

【圖4-26】

STEP **19** 安裝進行中→

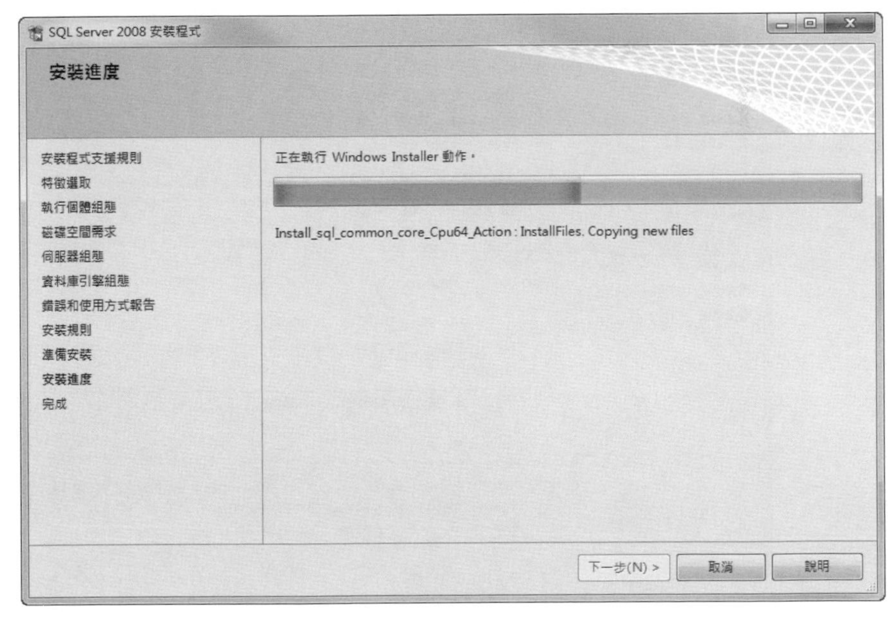

【圖4-27】

STEP **20** 全部安裝完畢後，會出現安裝完成的訊息，再按【下一步】→

【圖4-27-1】

STEP **21** 最後會顯示完成安裝的一些相關資訊，閱讀後請按下【關閉】鈕→

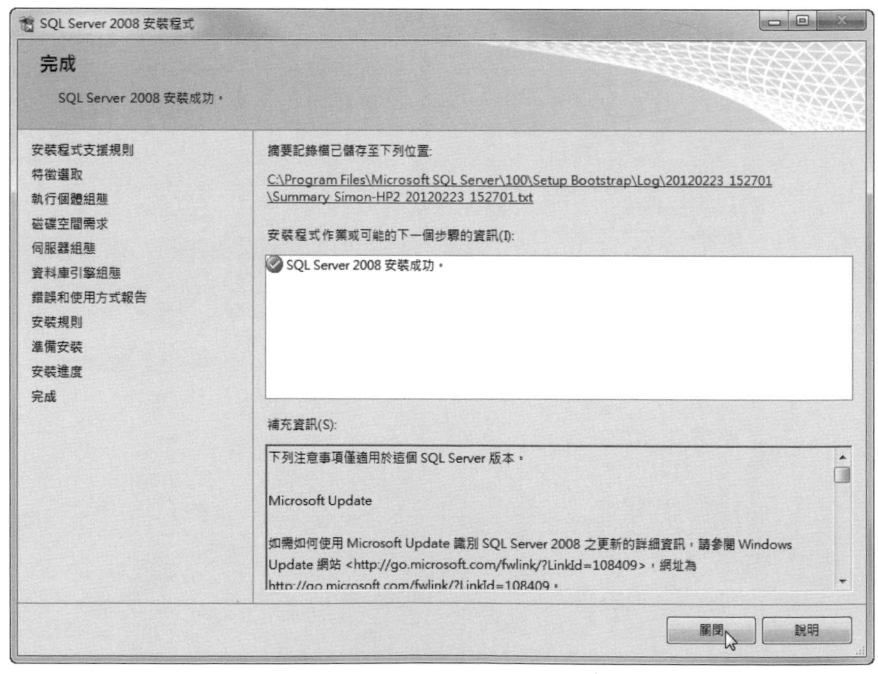

【圖4-27-2】

當我們將SQL Server 2008 Express安裝完畢後，SQL Server 2008就開始在系統中運做，在電腦系統中我們可以從【開始】/【所有程式】/【Microsoft SQL Server 2008】/【組態工具】中找到SQL Server 2008提供的組態工具如下：

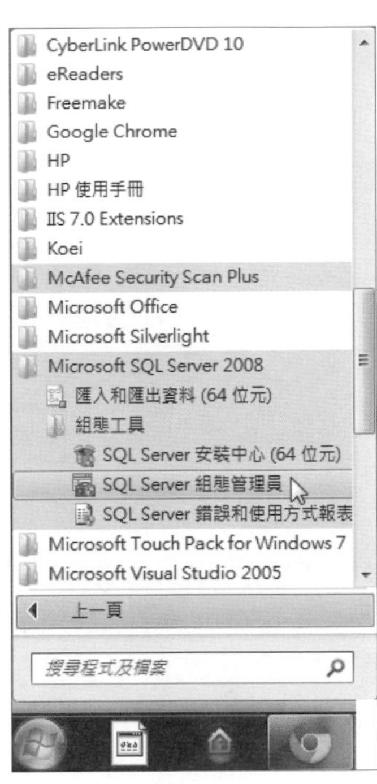

【圖4-27-3】

> **重點提示**　安裝SQL Server 2008 Express之後，尚需安裝【SQL Server 2008 Express Service Pack 1】，可至微軟下載中心搜尋並下載安裝。

但是要利用【SQL Server 2008 Express】來新增資料庫，做資料庫的各項操作，還要安裝【Microsoft SQL Server Management Studio Express；SSMSE】這套工具，它是一套免費又簡單好用的圖形化管理工具，可以用來管理【SQL Server 2008 Express Edition】和【SQL Server 2008 Express Edition with Advanced Services】。SSMSE也可以管理由任何 SQL Server 2008 版本建立的 SQL Server Database Engine執行個體。此軟體也可以在台灣微軟的網站下載區中免費下載繁體中文版，讀者們可自行到微軟的網站上的【微軟下載中心】下載，可進入微軟網站【http://www.microsoft.com/zh-tw/default.aspx】，點選【下載試用/微軟下載中心】。

【圖4-28-1】

STEP 01 進入下載中心後，於頁面上方的搜尋欄中輸入【Microsoft SQL Server Management Studio Express】並按下【搜尋整個下載中心】鈕。

【圖4-28-2】

STEP 02 可以見到搜尋結果中的【Microsoft SQL Server 2008 Management Studio Express】項目，點選後進入下載項目頁面。

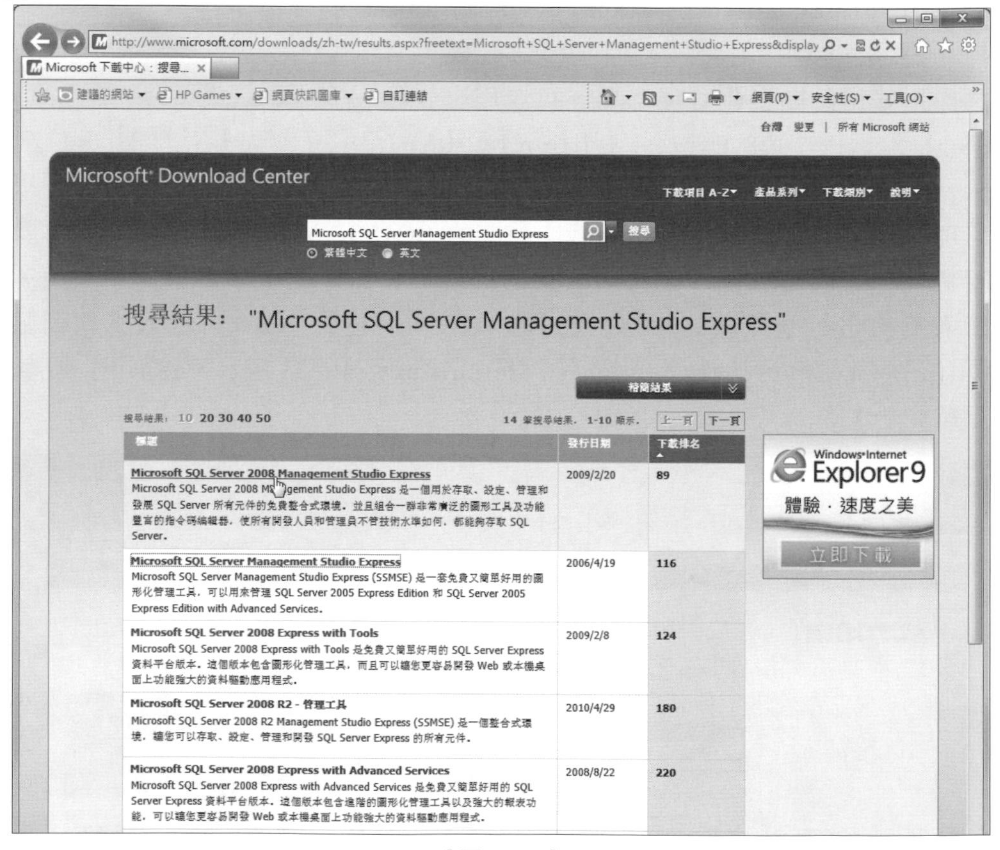

【圖4-28-3】

STEP 03 可依照所需的版本點選下載鈕(_x64為64位元的版本)。

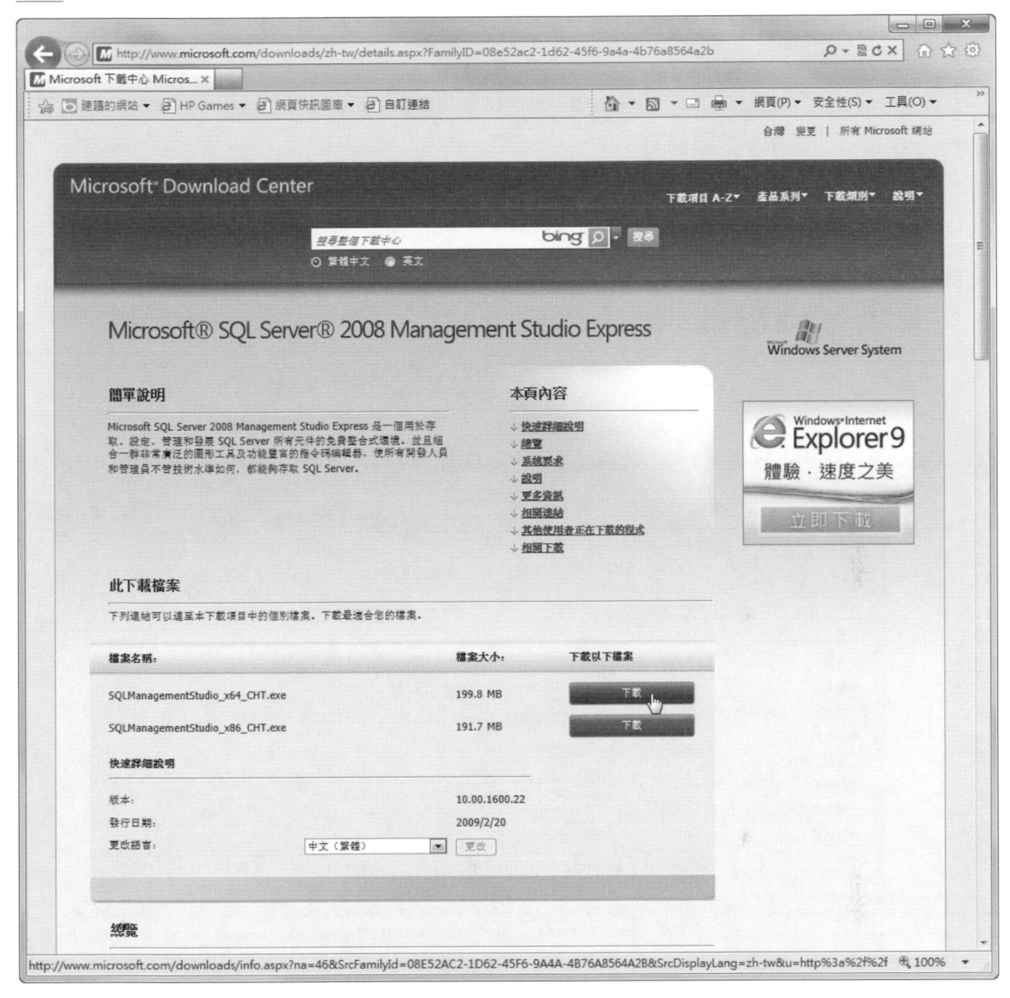

【圖4-28-4】

Microsoft SQL Server 2008 Management Studio Express下載後可直接安裝到電腦中使用，檔案名稱為【SQLManagementStudio_x64_CHT.exe】，安裝的步驟如下：

STEP **01** 啟始的安裝畫面，請按【下一步】→

【圖4-29】

STEP **02** 設定安裝類型，在此請選【新安裝或加入共用功能】→按【下一步】→

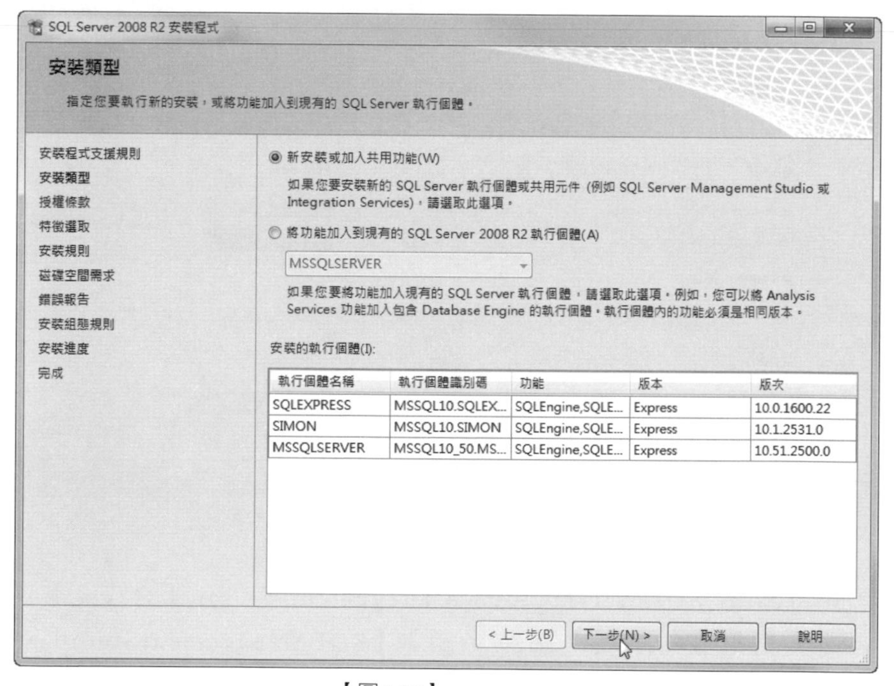

【圖4-30】

STEP **03** 接著出現授權條款，請勾選【我接受授權條款】→【下一步】→

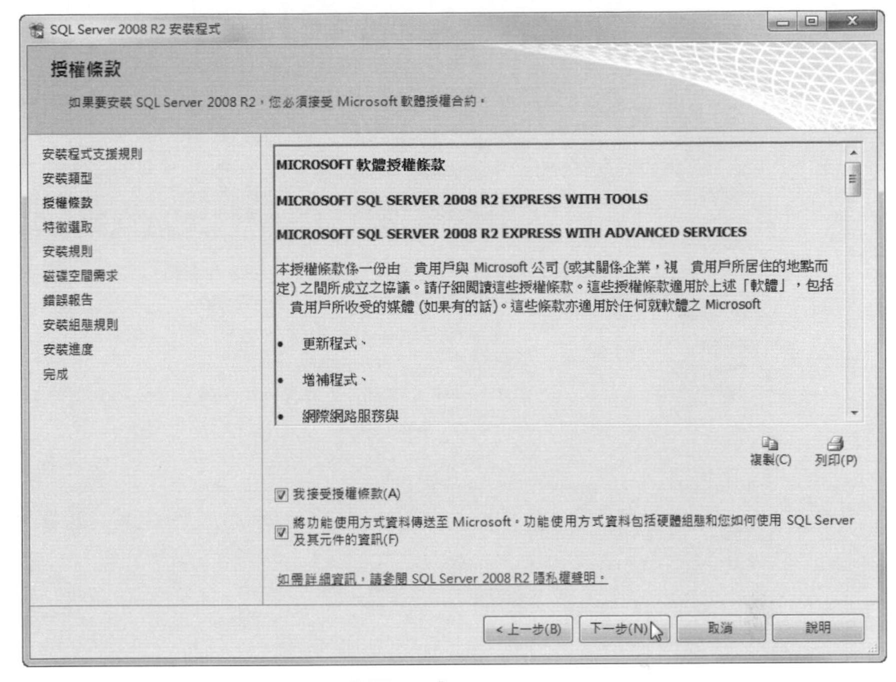

【圖4-31】

STEP 04 接下來選取要安裝的功能，在此我們全選→再按【下一步】→

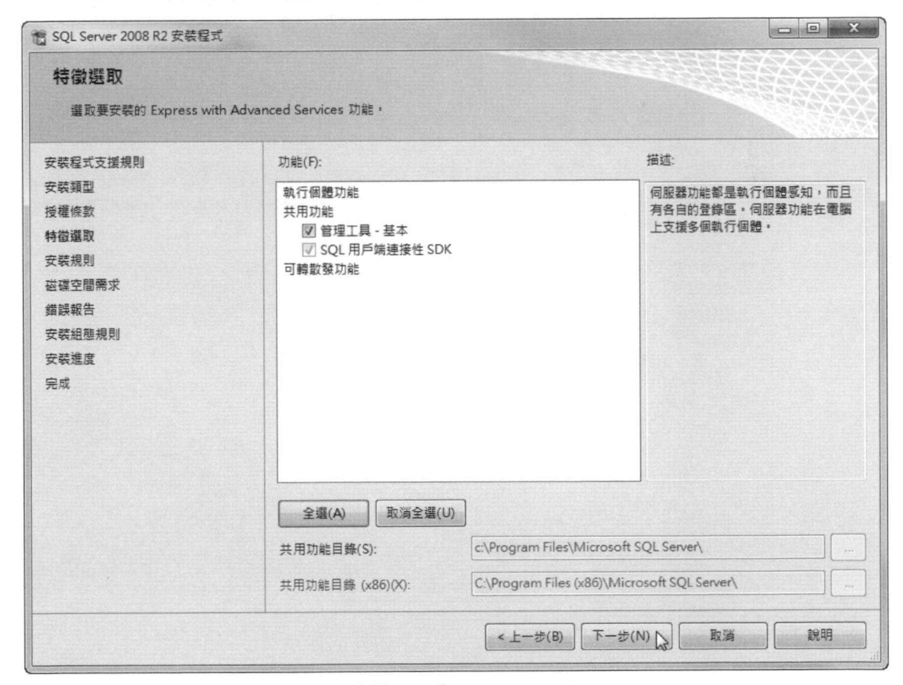

【圖4-32】

STEP 05 勾選要傳送錯誤報告至Microsoft→【下一步】→

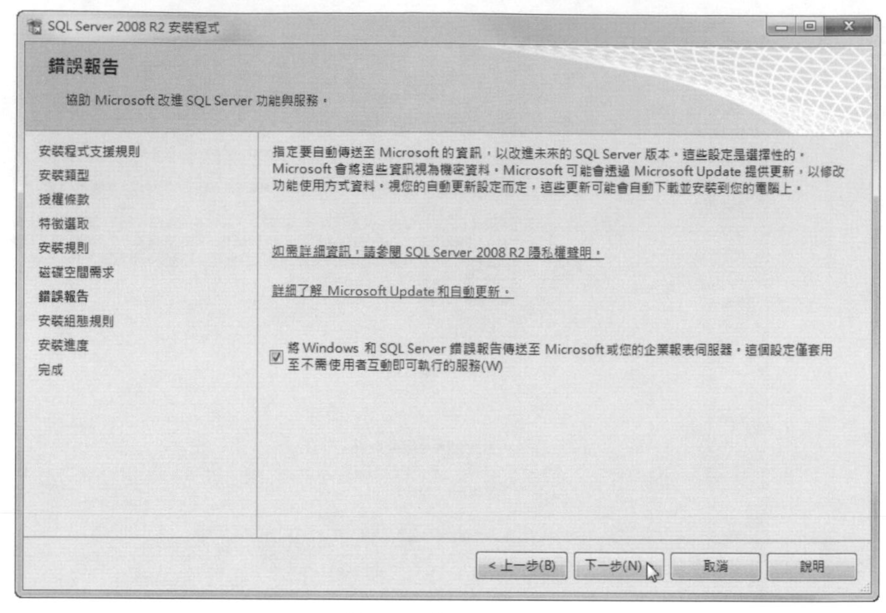

【圖4-33】

STEP 06 安裝進行中→

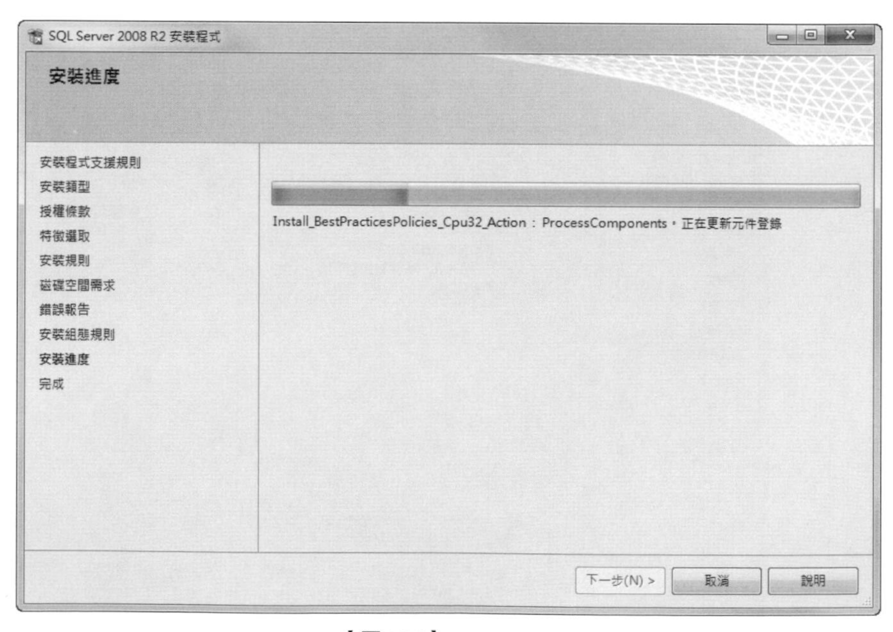

【圖4-34】

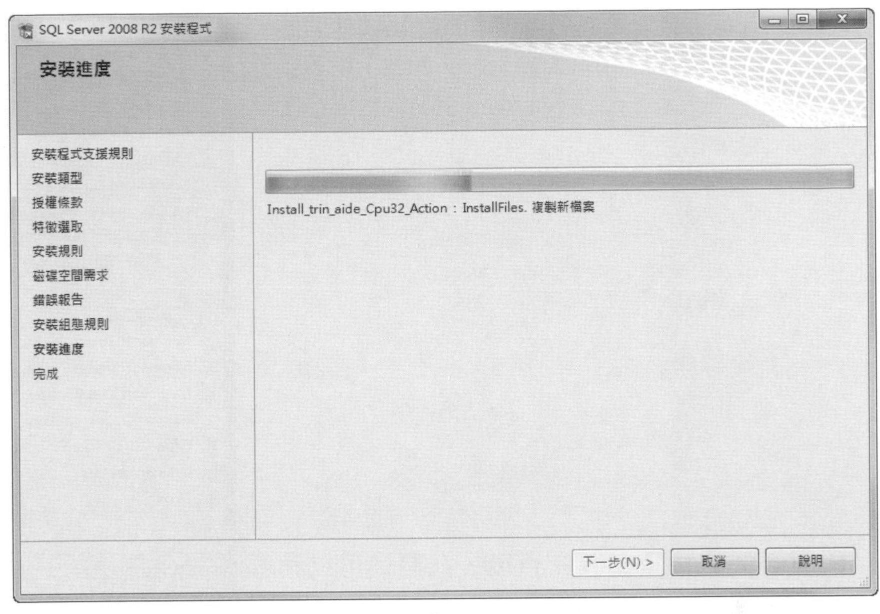

【圖4-35】

STEP 07 按下【關閉】鈕以完成安裝

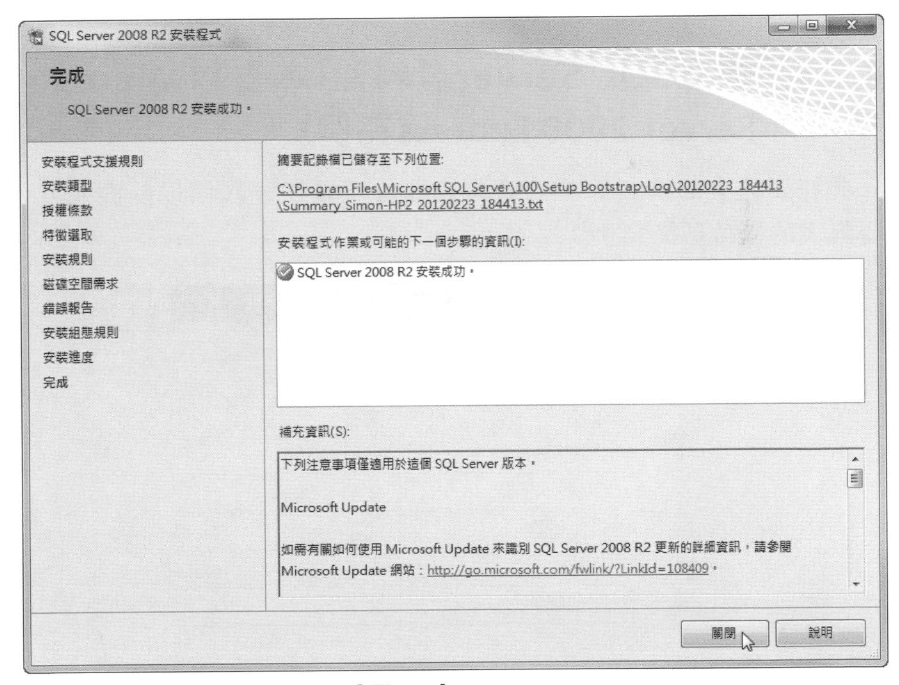

【圖4-36】

STEP 08 完成安裝後，我們可在【開始】/【所有程式】/【Microsoft SQL Server 2008】中看到【SQL Server Management Studio Express】這個項目。

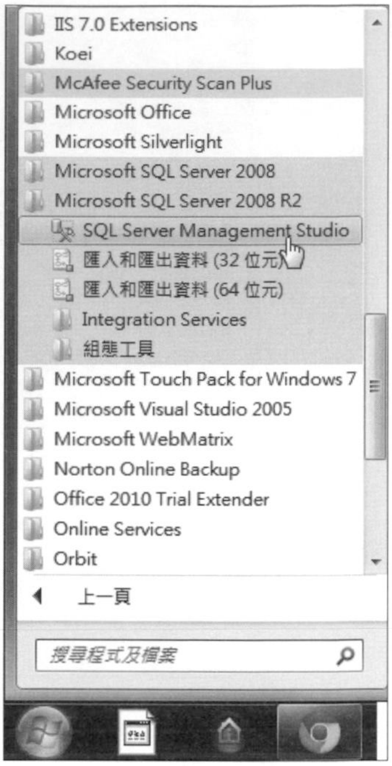

【圖4-37】

所有必要的軟體安裝完畢後，我們就可以利用SQL Server 2008 Express來建立ASP.NET所需要的資料庫。

4.2.3 建立SQL Server資料庫(本書以Microsoft SQL Server 2008 Express為例)

先將要建立的資料庫中的資料表欄位規畫好，我們以前面建立Access的資料表的欄位結構為例：

欄位名稱	資料型態
員工編號	自動編號
姓名	文字
性別	文字
出生年月日	日期/時間
電話	文字
行動電話	文字
地址	文字
電子郵件	文字

STEP 01 首先啟動SQL Server Management Studio Express，在啟始畫面中選擇伺服器名稱與驗證方式後，請按下【連接】鈕→

【圖4-38】

STEP 02 按下連接鈕後，進入到SQL Server Management Studio Express的主畫面中，可看到在畫面中間會顯示目前連接的主機伺服器名稱。

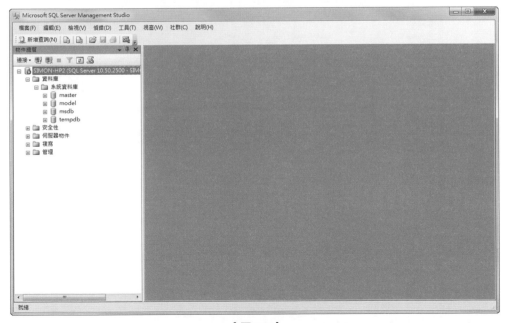

【圖4-39】

STEP 03 接下來在左邊的物件總管區的【資料庫】項目上按右鍵，點選【新增資料庫】。

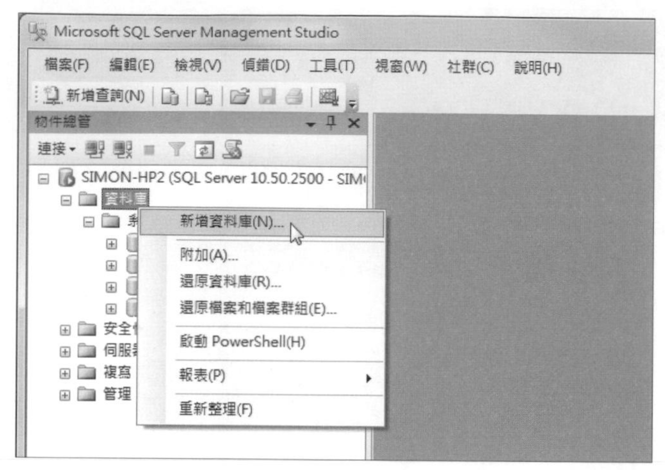

【圖4-40】

STEP 04 接著出現【新增資料庫】的設定視窗，請輸入資料庫名稱(以address為例)，然後按下【確定】鈕。

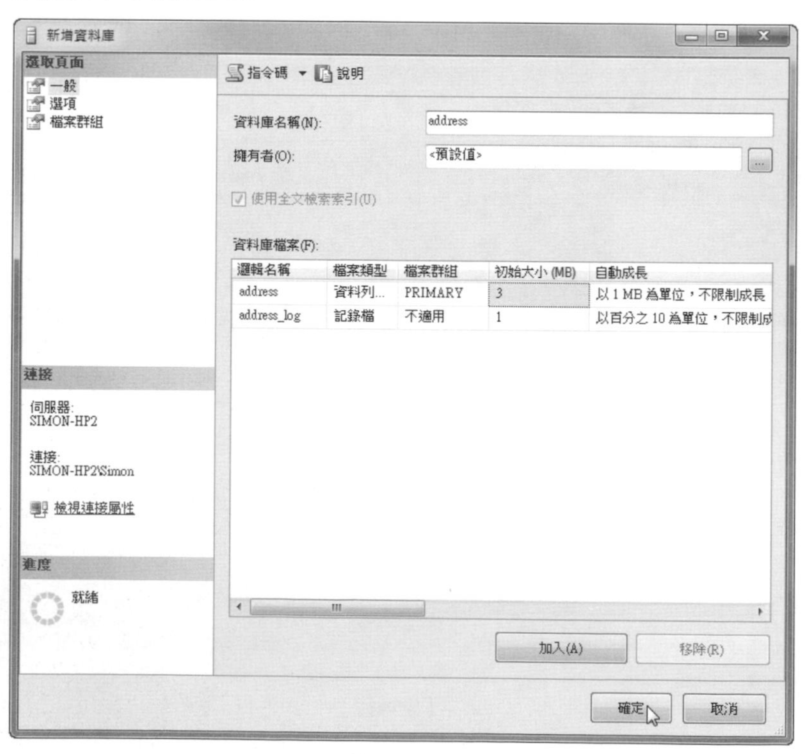

【圖4-41】

STEP 05 順利建立資料庫後，就會在左邊的物件總管區中看到所建立的資料庫address，把address左邊的加號展開後，可看到資料庫的各項子項目。

【圖4-42】

STEP 06 接下來到address資料庫子項目【資料表】上按右鍵，點選【新增資料表】。

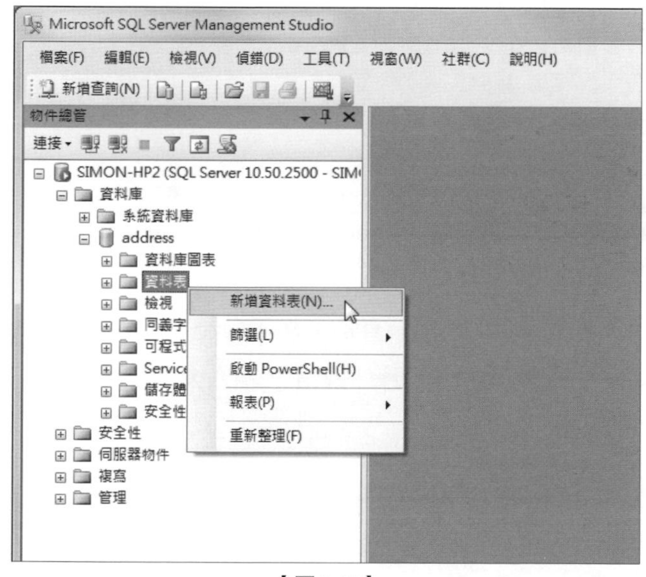

【圖4-43】

STEP 07 接著在畫面的中央就會看到要新增的資料表標籤，預設命名為【dbo.Table_1】，在下方的資料行名稱就是資料表中的欄位名稱，資料型別就是欄位的資料型態，以本例的資料表欄位，請依序輸入。輸入的設定是，員工編號char(10)、姓名char(18)、性別char(6)、出生年月日datetime、電話char(16)、行動電話char(16)、地址char(60)、電子郵件char(60)，並將所有欄位的內容設為不可為Null(空值)，將員工編號欄位設為主索引。

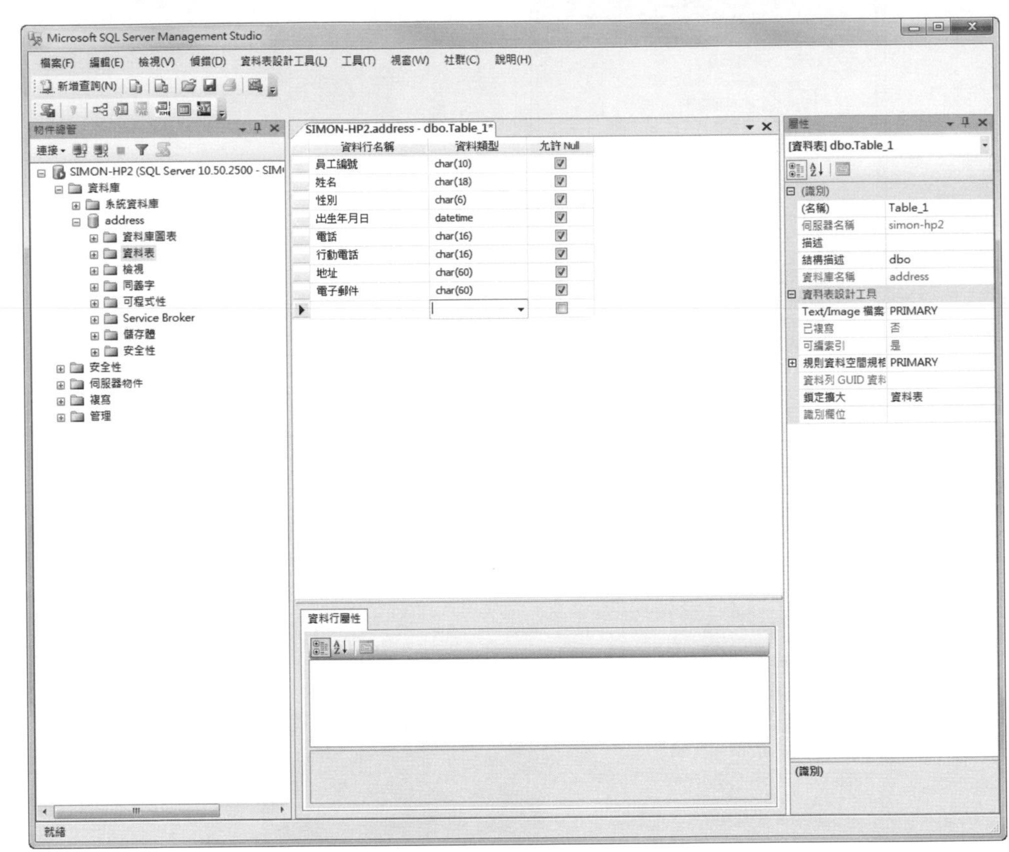

【圖4-44】

STEP 08 全部輸入並設定完畢後，按下工具列上的【儲存】鈕，此時會要求輸入資料表的名稱，在此請輸入【員工資料表】，輸入後請按下【確定】。

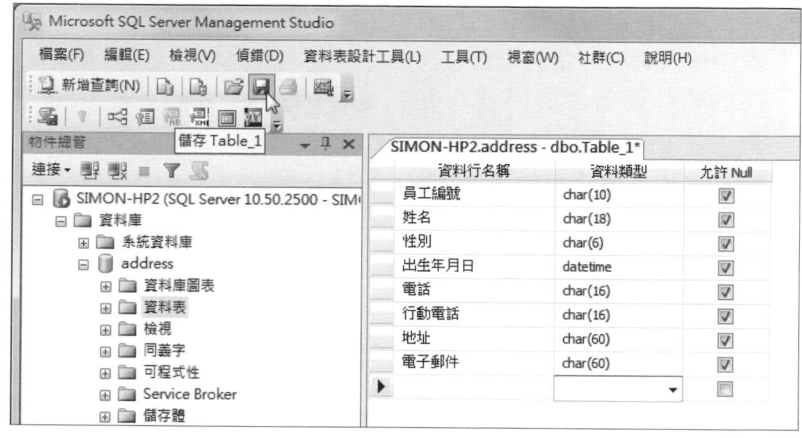

【圖4-45】

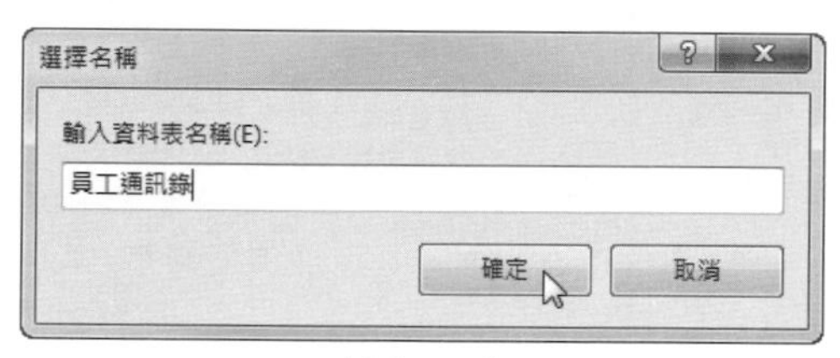

【圖4-46】

STEP 09 建立資料表後，就會在左邊的物件總管區中看到所建立的資料表，把dbo.員工通訊錄左邊的加號展開後，可看到資料表的各個子項目。

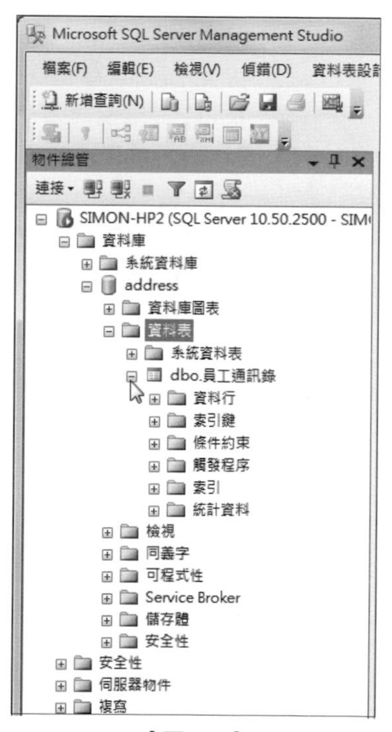

【圖4-47】

STEP 10 接下來便可以在所建立的資料表中輸入資料，我們可以在左邊的物件總管中展開資料表後，在【dbo.員工通訊錄】上按右鍵，點選【編輯前200個資料列】。

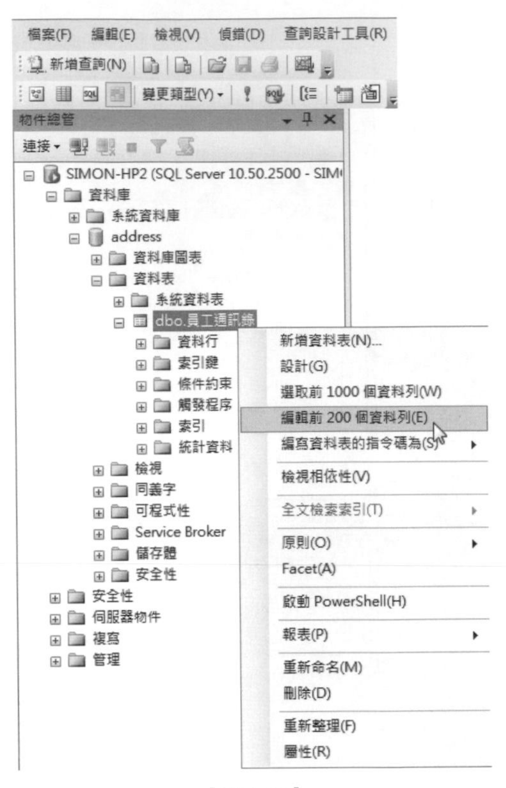

【圖4-48】

STEP 11 開啟後便可在畫面中央看到每一個欄位的輸入儲存格，滑鼠到儲存格上點一下，在其中出現閃爍游標，就可以輸入每一個儲存格的資料。在此要注意的是，在每一筆資料尚未經過輸入確認時，在儲存格的右方會出現一個紅色的警告圖案，只要輸入資料後將游標移到下一筆資料的儲存個中，紅色的警告圖案就會消失。

SIMON-HP2.address - dbo.員工通訊錄 | SIMON-HP2.address - dbo.員工通訊錄

	員工編號	姓名	性別	出生年月日	電話	行動電話	地址	電子郵件
	001	李大年	男	1970-10-10 00:...	02-3210-6789	0912-345-678	台北市中正區 ...	simonlee@tpe.m...
	002	鄭秋梅	女	1980-01-01 00:...	08-987-6543	0980-123-456	屏東縣高樹鄉 ...	maychen@pingt...
	003	NULL	NULL	NULL	NULL	NULL	NULL	NULL
*	NULL	NULL	NULL	NULL	NULL	NULL	NULL	NULL

【圖4-49】

重點提示 在建立SQL Server資料庫時，每一個資料欄位，即資料行的資料型別說明如下：

資料型別名稱	型別說明
bit	一個位元，表示的值為0、1、NULL。
binary	固定的二進位碼，最多可達8000個位元組。
char	字元，可代表固定字串長度。
decimal	十進位值。(與numeric同)
datetime	日期時間，可精確到秒。
float	浮點數。其值在-1.79E+308~1.79E+308之間，有效位數到53位數。
int	四位元組的整數。
image	變動長度的二進位碼，可儲存圖片資料，最長可到2GB個位元組。
money	金錢資料型態，其值在-9.2E+15~9.2E+15之間。
numeric	十進位值。如numeric(5,3)代表5位數，其中3位是小數，最多可達38位數。
nchar	固定長度字元，unicode編碼，最多可達4000個字元。
nvarchar	變動長度字元，unicode編碼，最多可達4000個字元。
ntext	固定字串。unicode編碼，最多可達2GB個字元。
real	浮點數。其值在-3.4E+38~3.4E+38之間，有效位數到24位數。
smallint	二位元組的整數。
smalldatetime	日期時間，可精確到分。
smallmoney	金錢資料型態，其值在-2.1E+6~2.1E+6之間
tinyint	一位元組的整數。
text	變動字串，最多可達2GB個字元。
timestamp	時間戳記，由系統自動設定，不可自行設定。
uniqueidentifier	資料表中的tuple唯一識別碼。
varchar	變動長度字元，使用大小依實際字串長度而定，最多可達8000個字元。
varbinary	變動長度的二進位碼，最多可達8000個位元組。

4.3 ADO.NET

4.3.1 何謂ADO.NET

自從個人電腦開始發展以來，資料庫的存取一直是個重要的課題，隨著電腦的更新，資料存取的技術也隨之產生變化。原本是由各資料庫軟體研發公司各自開發自己的資料庫系統(DataBase Management System；DBMS)，雖然各家的DBMS大多有開發能匯入不同種類的資料庫功能，但是要實際實現真正跨不同DBMS的存取，在技術上仍然是很複雜與繁瑣的。就以C++程式來說，要存取不同的DBMS就非常的困難。因此，在資料庫的存取課題上，就有了【開放式資料庫連結】(Open DataBase Connectivity；ODBC)的誕生。

【ODBC】是為了解決跨不同DBMS存取的難題，以建立一個統一的應用程式存取資料庫的介面，使得應用程式開發者不需要了解資料庫的內部結構，就可以對資料庫執行存取。【ODBC】的技術並不複雜，但卻可以實現存取不同類型的資料庫，所以將資料庫的存取技術帶入一個新的時代，目前為止，大多數主流的資料庫系統如Oracle、MS Access…等，都已支援【ODBC】。

然而隨著電腦技術的快速進步，新的資料庫驅動程式也不斷的開發，導致【ODBC】無法滿足進一步的需求，於是產生了【物件連結與嵌入資料庫】(Object Linking and Embedding DataBase；OLEDB)。

【OLEDB】是一種全新的COM技術，可以當作是【ODBC】在開發上的另一種產物，實現了開放式資料庫的連結功能，在功能上與【ODBC】相同，可以看成是一個存取資料庫的介面，透過單一的程式介面來對各種類型的資料庫做存取，所以它是一種統一的應用程式用來存取資料庫。但是使用的時候不需要在伺服器的主機上做設定，是直接在程式當中將連結資料庫所需的參數寫出，由程式去執行連結即可。

【OLEDB】採用了多層模型的設計，基本上我們可以把【OLEDB】的元件當成是一個COM連結的兩端，一端是伺服器元件，用於儲存資料，稱為【OLEDB提供者】(OLEDB Provider)，另一端則是使用者端元件，用於連結與請求資料，稱為【OLEDB使用者】。【OLEDB提供者】與【OLEDB使用者】都是COM元件(Component Object Model)，所謂的COM元件是一種物件的格式，具有功能可供元件或程式使用。相較於【ODBC】，【OLEDB】對於資料實體結構的依賴更少，而且可以使用任何一種能為OLEDB提供者所識別的語言，不一定要使用SQL語言為基礎。也因為要盡可能的提高中間層模組的資料存取性能，所以【OLEDB】與【ODBC】相同，都採用了C++語言來編寫程式。但是在微軟的Virtual Basic與ASP當中是不能直接使用【OLEDB】的，可是大量的分散式系統卻多採用Virtual Basic來編輯元件，所以為了要讓【OLEDB】更佳的能夠應用在Virtual Basic中，於是誕生了【ADO】(ActiveX Data Object；ActiveX資料物件)。

【ADO】模型以資料庫為中心，它比【OLEDB】有著更豐富的程式設計介面，所以有了更多的層次模型，但是在執行效率上，就不及【OLEDB】。那要如何在兩者之間取的一個平衡呢？對於C++程式開發來說，就使用【OLEDB】，因為使用C++語言設計主要就是考慮執行效率。而對於Virtual Basic與ASP的開發來說，就使用【ADO】，因為【ADO】有豐富的設計介面，看來更加簡單。

ASP之所以能快速發展的一個重要的因素，就是應用了【ADO】的技術。使用了【ADO】，可以直接存取SQL Server資料庫，並可以透過【ODBC】存取所有支援【ODBC】的資料庫，由此可見【ADO】應用的範圍非常廣泛。【ADO】並成功的做到在非連接的觀念下，實現使用者端對伺服器端的資料庫存取，這是非常重要的一個優勢。因為在傳統的資料庫存取中，對於網路資料庫的存取是相當困難的，因為網路一般大多是非連結狀態，只有在有需要時由使用者端提出請求，伺服器端才會與使用者端連結，這對於傳統資料庫的存取，是很困難達成的。

【ADO.NET】是微軟所推出的一個新的資料存取技術，它是前一個版本【ADO】的新版本。【ADO.NET】具有更強大的功能，其主要的功用是在.NET Framework的平台上存取資料，可以建構.NET應用程式存取資料庫的基礎。【ADO.NET】提供了完整且一致的物件模型，對於資料來源的資料可以編輯與存取，因為有一致的物件模型，所以也有一致的資料處理方式。對於編輯與存取的資料來源來說，並沒有限定一定要那一種資料庫來源，基本上目前電腦系統中所有的資料庫幾乎都可以操作。【ADO.NET】包含了許多資料處理的功能，如資料的排序、索引、檢視…等。它以資料為中心，提供一個資料存取介面，使應用程式連結到資料來源，可檢視、操作、更新資料，讓應用程式實現對非關聯式資料庫的資料存取，以實現【ASP.NET】檔案與支援【OLEDB】的資料來源間的聯繫。

【ADO.NET】使用XML在程式與網頁之間進行資料的交換，這可以應用在當需要於非連接狀態下的連接存取資料或是存取遠端資料之用，任何可以讀取XML資料的元件都可以使用【ADO.NET】。

另外在Web應用程式方面，因為Web應用程式在執行時需要面對非常多的網路使用者，【ADO.NET】可以有效的避免資料庫的塞車與太多的連結造成網路資源的佔用，使網站中即使使用者大量增加，卻不會增加太多的系統資源佔用，這是【ADO.NET】為Web應用程式的分享資料提供了相當大的彈性。在 .NET Framwwork的平台中，ASP.NET應用【ADO.NET】就是用來建立與存取網頁資料庫。

4.3.2 ADO.NET的優點

與前一版的ADO相較之下，ADO.NET具有以下幾項優點：

互通性

ADO.NET應用程式可善加利用XML的彈性及其廣泛接受度。因XML是在網路上傳送資料集的共通格式，因此任何可讀取 XML 格式的元件都能夠處理資料。實際上，接收元件並不一定要是ADO.NET元件，傳送元件可直接將資料集傳送至其目的端，而完全無須考慮接收元件是如何實作的。目的元件可以是Visual Studio應用程式或利用任何工具實作的任何應用程式。唯一的要求是接收元件能夠讀取XM。做為工業標準的XML在當初設計時就已經完全將這種互通性列入考量。

可維護性

在部署系統的存留週期當中，可能會對系統稍作變更，但卻很少嘗試進行本質與架構的變更，原因是這些變更的困難度極高。因為在事件的自然發展中會需要這類本質上的變更。例如，當部署的應用程式有愈來愈多的使用者時，逐漸增加的效能負載就可能需要架構性的變更。隨著部署應用程式伺服器的效能負載逐漸增加，系統資源可能變得不足，而且回應時間或輸送量也可能會受到影響。面對這個問題，軟體設計人員可選擇將伺服器的商務邏輯處理與使用者介面處理分散到不同機器上的不同層當中。實際上，應用程式伺服器層是以兩層來取代，以紓解系統資源的不足。這問題並不在於設計三層應用程式。而是要在應用程式部署之後增加層數。如果原始應用程式是在 ADO.NET 中使用資料集實作，這樣的轉換就容易進行。當以兩層取代一層時，要安排這兩層來交易資訊。因每層可透過 XML 格式的資料集傳送資料，因此通訊相對較為容易。

可程式化

Visual Studio中的ADO.NET資料元件會以各種方式封裝資料存取功能，幫助我們更迅速更正確地進行程式設計。例如，資料命令會擷取建置 (Build) 和執行SQL 陳述式或預存程序的工作。設計工具產生的ADO.NET資料類別會產生具型別資料集，這將允許透過型別程式設計存取資料。

效能

針對中斷連接應用程式來說，ADO.NET資料集的效能會優於ADO中斷連接資料錄集 (Disconnected Recordset)。當使用COM封送處理 (Marshalling) 在各層之間傳送中斷連接資料錄集時，將資料錄集當中的值轉換為COM 能夠辨認的資料型別可能就會花上相當的處理成本。在ADO.NET中就不需進行這種資料型別轉換。

延展性

由於Web可能會對資料的需求大增，因此延展性 (Scalability) 就變得相當重要。網際網路應用程式可能具有無限多個使用者。雖然應用程式可以供幾十個使用者使用，但供上百個或是上萬個使用者使用時卻不一定有同等的效能表現。消耗資源的應用程式，例如資料庫鎖定和資料庫連結，將無法服務大量的使用者，因為使用者對這些有限資源的需求終將超過其供應上限。ADO.NET提供擴充性的方式是鼓勵程式設計人員節省有限資源。因所有的ADO.NET應用程式都採用中斷連接資料存取，因此就不會長時間保持資料庫鎖定或使用資料庫連接。

4.3.3 ADO.NET的物件模型

前面我們提過，ADO.NET主要提供了功能完整且一致的物件模型，用來操作與存取資料庫，在ADO.NET中，其物件模型的架構圖如下：

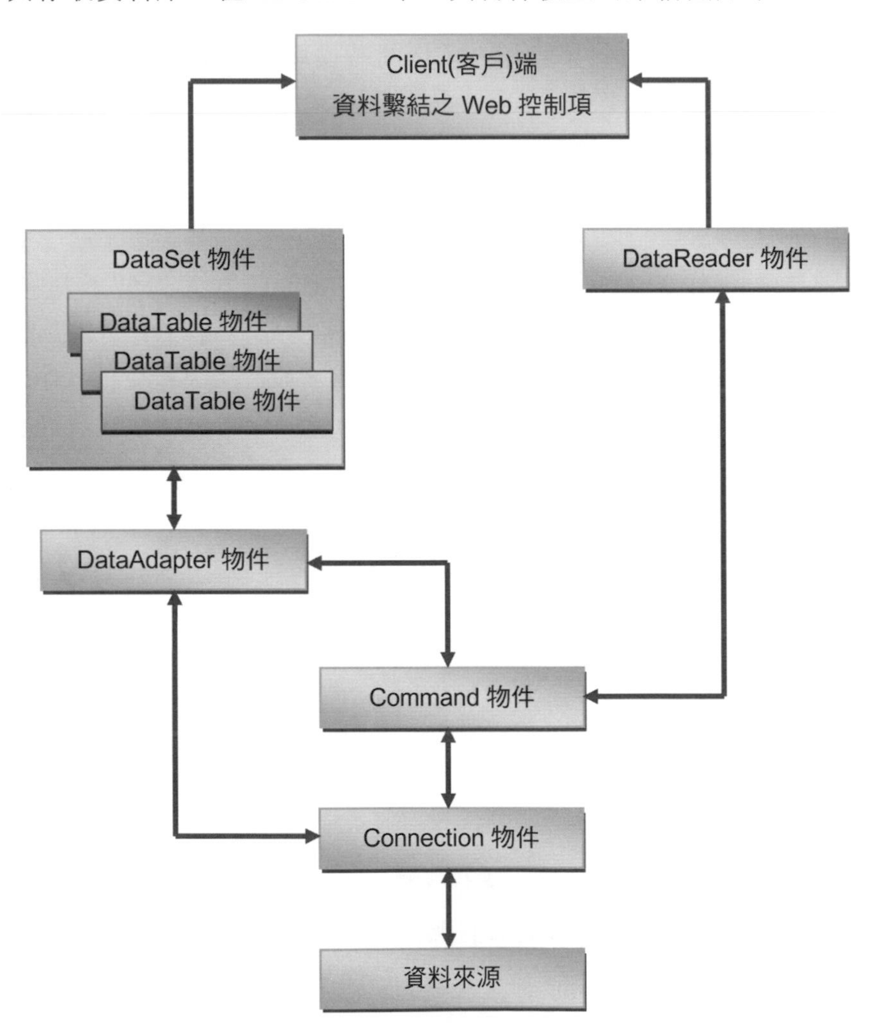

4.3.4 ADO.NET物件的運作

在ADO.NET的物件模型中，主要是利用Connection物件來建立與資料來源(即資料庫)的連結並開啟資料庫，接著利用Command物件執行SQL指令來取得資料來源即資料庫中的資料。取得了資料之後，就將資料放入DataReader物件或是DataSet物件，最後再以Client端的Web控制項將處理後的資料顯示在Client端。在物件模型中每個物件的功用說明如下：

Connection物件

基本上Web伺服器與資料庫之間是沒有任何聯繫關係的，要使彼此之間有連結，就必須要透過Connection物件。Connection物件可以建立與資料庫來源之間的連結，並可以開啟資料庫，除了這兩個主要的功能之外，Connection物件還可以初始化資料庫，所以建立Connection物件是ADO.NET存取資料庫的第一步。在ADO.NET中提供了兩種版本的Connection物件，一是使用OLEDB操作的物件【OleDbConnection】，另一則是使用SQL Server操作的物件【SqlConnection】。

Command物件

建立與資料庫的連結並開啟資料庫之後，接著就可以來針對資料庫做各項操作的指令。Command物件的功用就是對資料來源執行各項操作指令，所謂的操作指令即SQL指令，所以我們可以將Command物件視為ADO.NET中操作SQL指令的物件，可對資料庫做新增、刪除、更新、查詢…等操作。要注意，一定要先以Connection物件取得資料庫的連結並開啟後，才能使用Command物件。在ADO.NET中也提供了兩種版本的Command物件，一是使用OLEDB操作的物件【OleDbCommand】，另一則是使用SQL Server操作的物件【SqlCommand】。

DataReader物件

DataReader物件的功用則是從Command物件執行了SQL指令後，取得執行後的資料，所取得的資料性質為唯讀且只能單向向前操作，每次只能讀取一筆資料，只能與Command物件一起使用。當Command物件執行SQL命令後，產生執行的資料後，便會自動產生DataReader物件，我們可以使用DataReader物件讀取資料。操作方式是一次循序讀取一筆記錄，只能唯讀，並配合Command物件操作。同樣的，在ADO.NET中也提供了兩種版本的DataReader物件，一是使用OLEDB操作的物件【OleDbDataReader】，另一則是使用SQL Server操作的物件【SqlDataReader】。

DataSet物件、DataTable物件與DataAdapter物件

DataSet物件是由DataTable物件所組成的一個集合物件，我們可以將DataSet物件視為儲存在記憶體中的一個資料庫，而每一個DataTable物件則代表一個資料表。當我們要利用ASP.NET程式操作資料記錄時，是將資料放入DataTable物件，這個DataTable物件是儲存在記憶體中，而DataSet物件要處理的對象就是在記憶體中的資料。也就是說，建立了DataSet物件後，利用DataAdapter類別中的方法Fill()將資料取得並放入DataSet物件，這個Fill()方法可以新增DataSet物件中的DataTable物件，DataTable物件經過操作後，最後再使用DataAdapter物件來更新資料表的記錄。在ADO.NET中也提供了兩種版本的DataAdapter物件，一是使用OLEDB操作的物件【OleDbDataAdapter】，另一則是使用SQL Server操作的物件【SqlDataAdapter】。

4.3.5 ADO.NET類別的使用

要在ASP.NET的程式中使用ADO.NET類別，必須要匯入相關的名稱空間(namespace)，ADO.NET主要的名稱空間有：

名稱空間(namespace)	功能說明
System.Data	主要是提供DataSet、DataTable、DataRow、DataColumn、DataRelation…等類別，將資料庫的資料儲存到記憶體。
System.Data.OleDb	OLEDB的 .NET Framework Provider(提供者)，主要是提供【OleDbConnection】、【OleDbCommand】、【OleDbDataAdapter】來處理OLEDB的資料來源。
System.Data.SqlClient	SQL的 .NET Framework Provider(提供者)，主要是提供【SqlConnection】、【SqlCommand】、【SqlDataAdapter】來處理微軟SQL Server 7.0以上版本的資料來源。

4.4 ODBC (Open DataBase Connectivity)

ODBC(Open DataBase Connectivity)稱之為開放式資料庫連結，是Microsoft所發展出跨越平台的一種應用程式介面，它是一種資料庫與應用程式之間的介面，透過 ODBC介面，應用程式可以很容易地和各種關聯式資料庫連結並取得資料。所以ODBC可說是一種讓各種資料庫都具有相同的存取資料介面的應用程式介面。我們可以將ODBC視為一種驅動程式(Driver)的型態，其最主要的功能是使不同的資料庫能有一個共同的溝通介面來聯繫。要使用ODBC的功能，在用戶端(Client)的應用程式端必須安裝各資料庫的ODBC驅動程式，有了ODBC後，在設計不同資料庫的程式時，就不必將重新撰寫程式，只要更改ODBC的驅動程式即可。不過在使用ODBC時，必須要在Web伺服器電腦主機上做相關的設定，一旦要更換主機操作資料庫時，就必須在新的Web伺服器主機上重新設定所有ODBC的驅動程式與相關的參數。

要在Web伺服器主機上設定ODBC資料來源，其步驟如下：(我們以新增Office Access 2007的ODBC驅動程式為例)

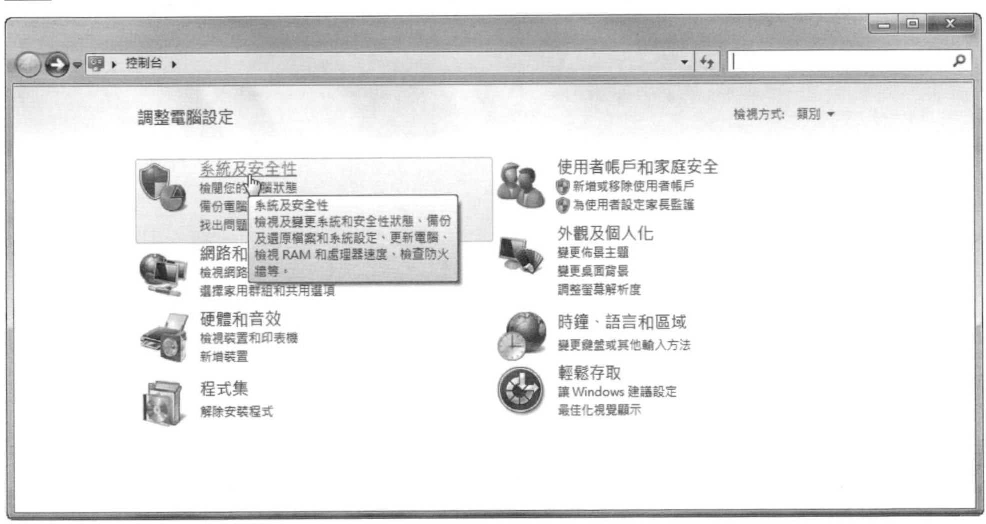

【圖4-50】

STEP 02 點選【系統管理工具】→

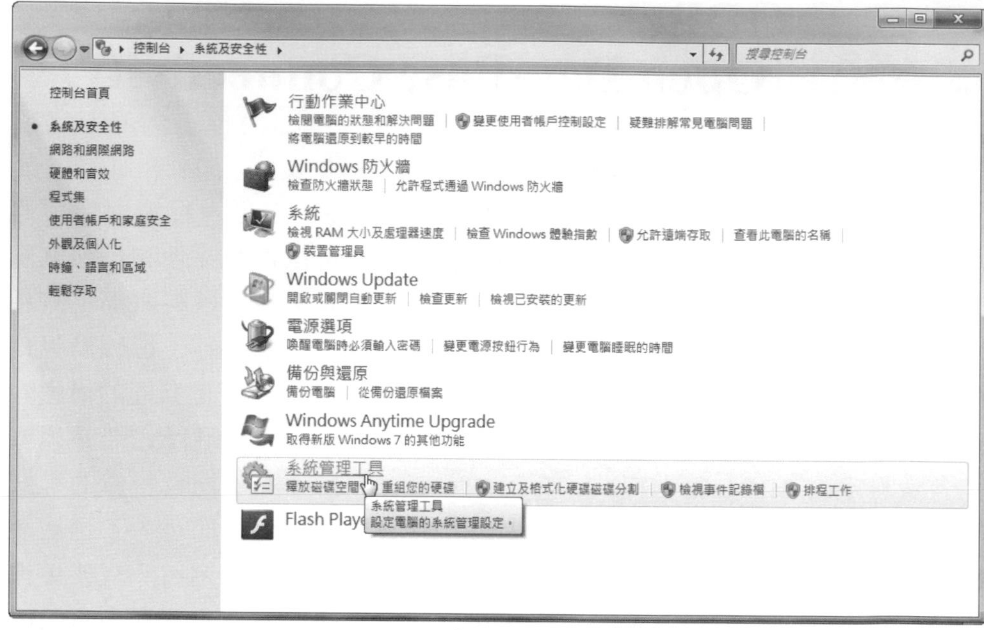

【圖4-51】

STEP 03 點2下【資料來源(ODBC)】→

【圖4-52】

STEP 04 開啟了【ODBC資料來源管理員】→

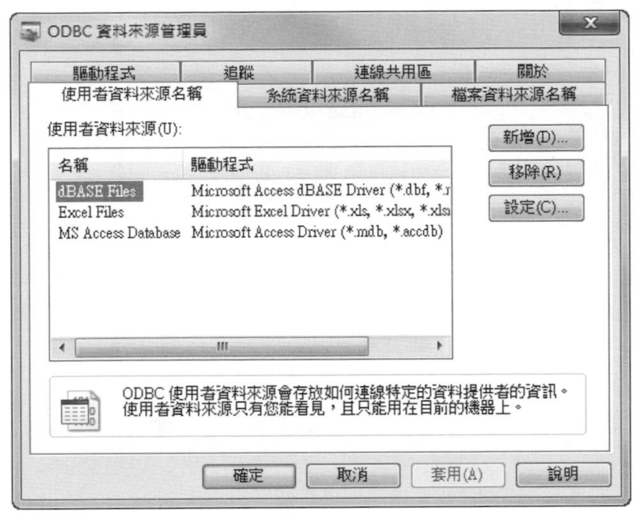

【圖4-53】

STEP 05 點選【系統資料來源名稱】標籤，接著按下新增鈕→

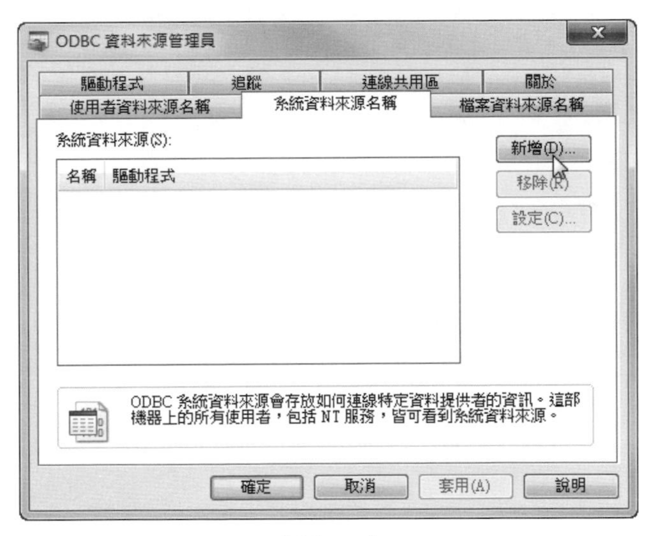

【圖4-54】

STEP 06 在資料庫驅動程式的列表中，請點選【Microsoft Access Driver(*.mdb,*.accdb)】後按下【完成】鈕→

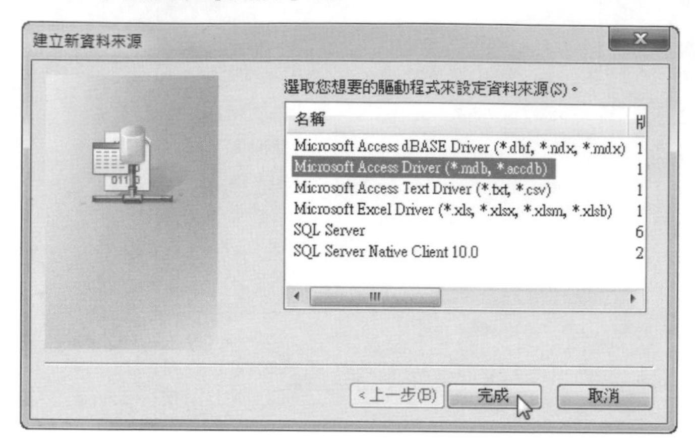

【圖4-55】

STEP 07 接下來請設定資料來源名稱，這是要使用在程式與參數的設定上，我們以本章的資料庫範例檔案northwind.mdb為例，設定為north→

【圖4-56】

STEP 08 再來要選取指定的資料庫，在此我們選擇在本章中所提供的northwind.mdb檔，按下【選取】鈕→

【圖4-57】

STEP 09 選擇資料庫檔案→按下【確定】鈕→

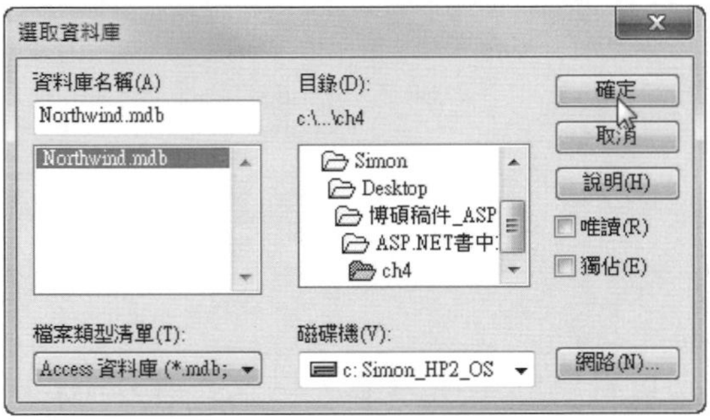

【圖4-58】

STEP 10 全部設定完畢後，請按下【確定】鈕→

【圖4-59】

STEP 11　接下來回到【ODBC資料來源管理員】中，就可以看到我們所設定的ODBC驅動程式出現在【系統資料來源名稱】的列表中，最後請按下【確定】鈕以完成設定。

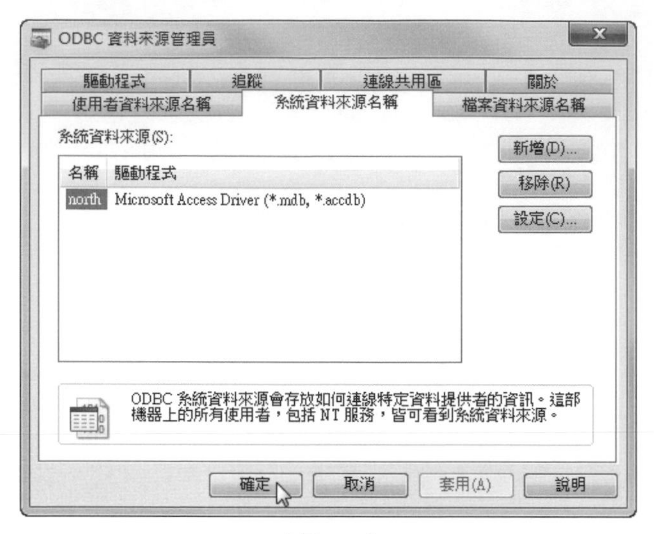

【圖4-60】

結論

本章主要的重點在於建立資料庫的基本概念，以及在ASP.NET中所要操作的資料庫種類，如何建立資料庫，最後則是ASP.NET操作網路資料庫的主軸，即ADO.NET，這也是本書從此章節後的主要核心單元，對於ADO.NET的基本概念，在本章中已有初步的介紹，而ADO.NET的各項操作物件與資料庫結合ASP.NET程式的操作，將在本書的第六、十二章中有詳細的介紹，讓讀者們能從ADO.NET對於網路資料庫從基本的操作，到進階的應用能有系統建立概念，並具備ASP.NET以ADO.NET操作資料庫的完整能力。

網頁資料庫設計基礎篇

CHAPTER

05

結構化查詢語言 SQL

在ASP.NET中利用ADO.NET操作資料庫，基本上有兩大方向，第一是以ADO.NET的物件模型中的DataSet物件為操作主軸來操作資料庫；第二則是使用ADO.NET物件模型中的Command物件搭配SQL的語法來操作資料庫。DataSet物件與Command物件我們將在本書稍後詳細介紹其使用方式與工作原理，而操作Command物件所要搭配的SQL語法，主要是由SQL中對於資料庫的操作指令來負責。所以要讓Command物件能達到完整的操作與應用，我們必須對SQL語法要有一個系統的認識與了解，從基本的概念，到語法的使用，乃至於進階的應用，在本章中，我們將詳細的介紹並建立SQL語法的操作與觀念。

5.1 何謂SQL

所謂的SQL，全名是【Structured Query Language】，稱為【結構化查詢語言】，是American National Standards Institute(ANSI；美國國家標準組織)所提出的一個標準資料庫語言。它是專為資料庫所設計的，由IBM公司於1970年代所發展出來，用於關聯式資料庫(Relational DataBase)當中的一種資料庫查詢語言，主要功用是向資料庫下達指令以操作資料庫，一般大型的資料庫伺服器多半支援SQL的操作語法，如Microsoft Office Access、Microsoft SQL Server、Informix、Sybase、Oracle…等都支援SQL語法。SQL語法可用來定義資料庫結構、指定資料庫儲存格與欄位型態與長度、新增資料、修改資料、刪除資料、查詢資料，以及建立各種複雜的儲存格關聯。

5.2 SQL指令的種類

SQL語言指令的種類主要可以分為三大項目：

5.2.1 DDL：資料定義語言

DDL(Data Definition Language)，屬於資料定義方面的指令，如建立資料表、建立資料欄位、建立索引、建立Views…等。

5.2.2 DML：資料操作語言

DML(Data Manipulation Language)，屬於資料操作方面的指令，如資料的查詢、資料的插入、資料的刪除、資料的更新…等。

5.2.3 DCL：資料控制語言

DCL(Data Control Language)，屬於資料庫安全設定與資料庫的權限管理方面的指令。

5.3 SQL指令

常用的SQL指令包含了上面我們所提到的三大項目中的許多指令，在本章我們以在網路資料庫中，ASP.NET程式搭配ADO.NET常用的SQL指令做一個詳細的介紹，在下一章我們再來看相關的程式應用。

5.3.1 新增資料庫

SQL新增資料庫的語法如下：

```
Create Database 資料庫名稱
```

我們可以使用前一章所提到的【SQL Server Management Studio Express】來執行SQL語法的練習與測試。執行的方式如下：

STEP 01 開啟【SQL Server Management Studio Express】，按下工具列按鈕最左邊的【新增查詢(N)】鈕→

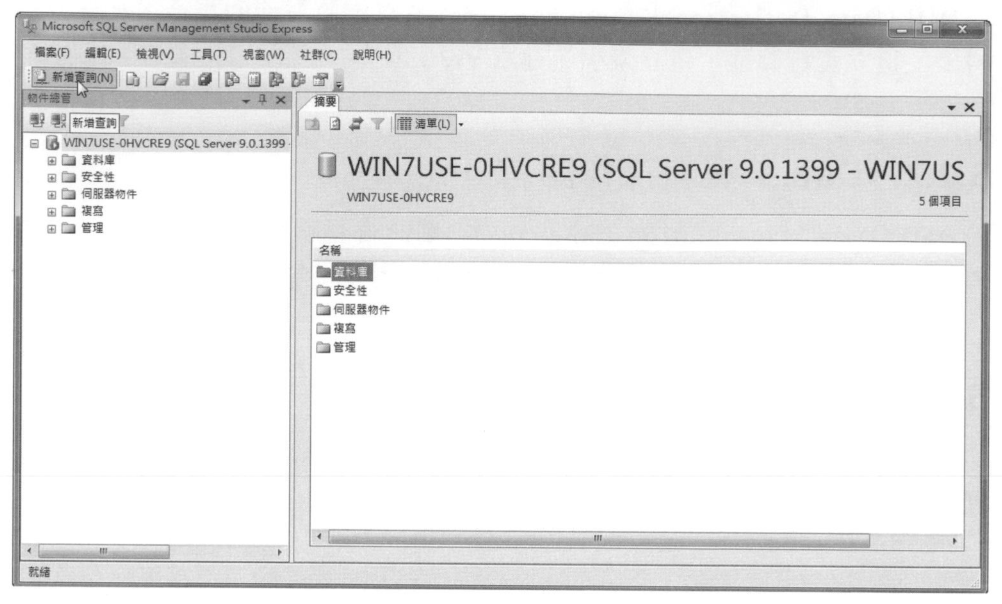

【圖5-1】

STEP 02 此時進入到查詢的功能，在畫面中央的空白處點一下，可以看到游標閃爍，即可以輸入SQL指令→

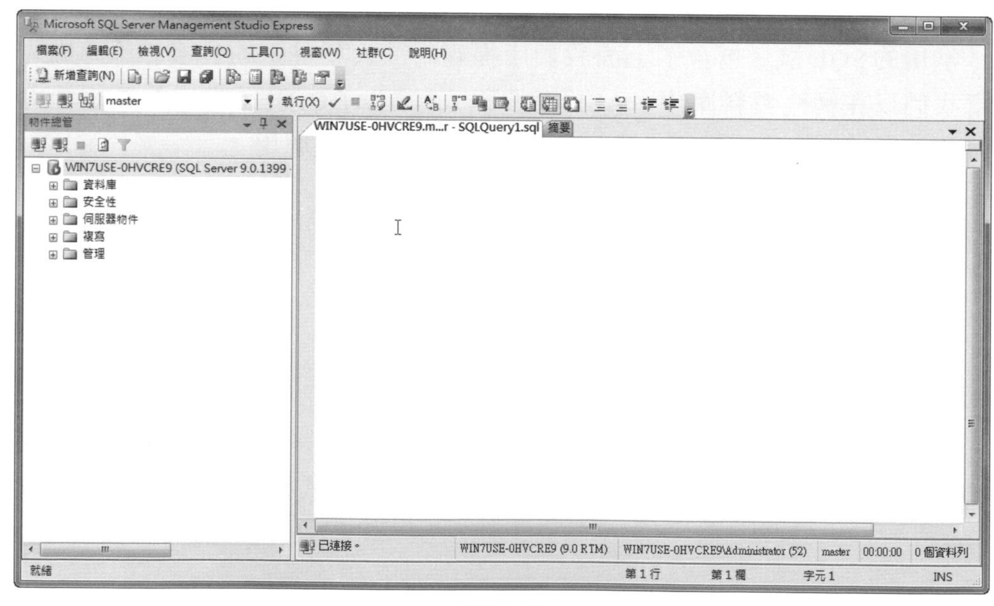

【圖5-2】

STEP 03 輸入SQL指令後，按下上方的【！執行】鈕。在此我們先測試新增資料庫的SQL語法，在此我們輸入【create database member】，輸入時可以看到SQL語法指令的部分會以藍色的文字顯示→

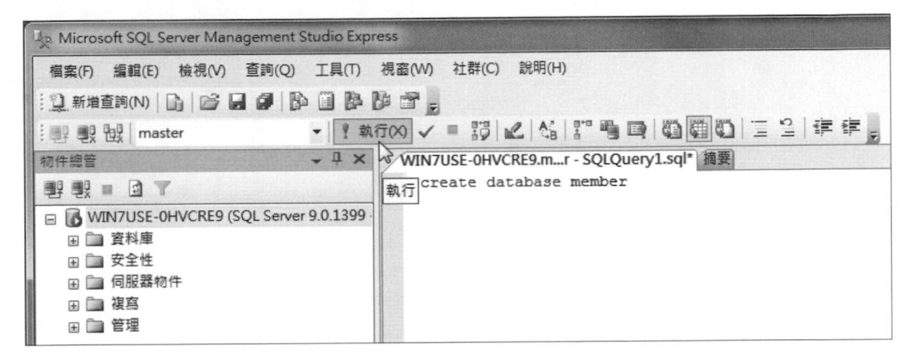

【圖5-3】

STEP 04 如果指令無誤，順利建立了資料庫，則會在下方的訊息區中出現【命令已順利完成。】的訊息→

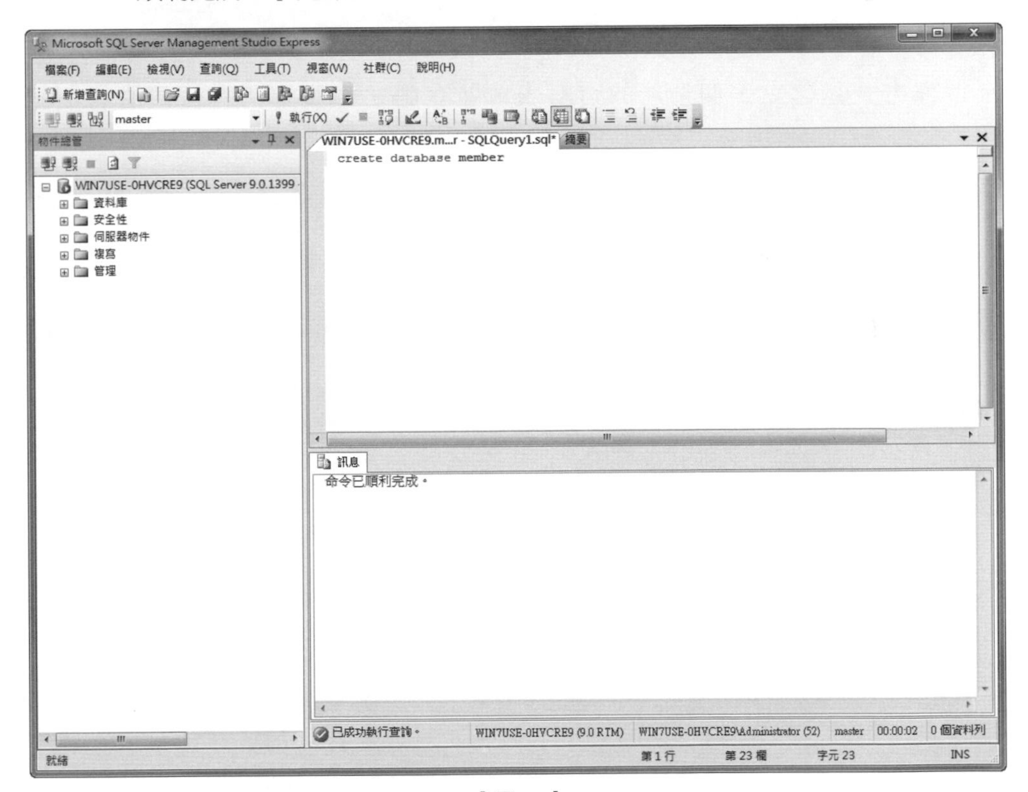

【圖5-4】

STEP 05 展開左邊的物件總管中的【資料庫】項目，可以見到我們以SQL指令新增的資料庫【member】→

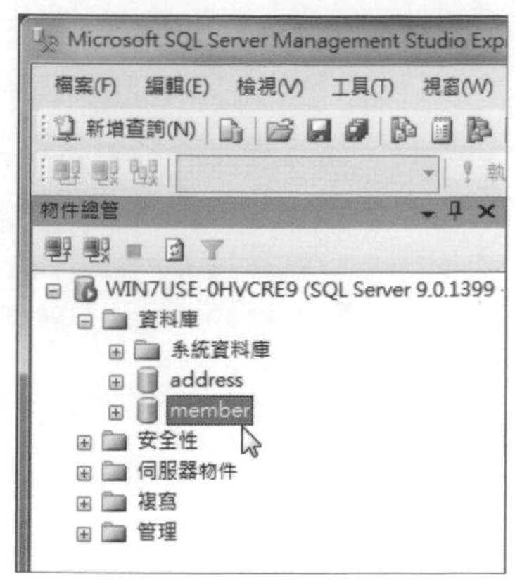

【圖5-5】

5.3.2 新增資料表

SQL新增資料庫中的資料表指令共有下面二種格式：

```
Create Table 資料表名稱（欄位名稱1 欄位屬性（型別…），欄位名稱2 欄位屬性
（型別…），…）
```

這種方式是建立一個全新的資料表，並在語法中設定所有欄位的各項屬性。

```
Select 欄位名稱1，欄位名稱2，… into 新資料表名稱 from 舊資料表名稱
```

這種方式則是從一個已經存在的舊資料表，篩選出欄位來建立資料表。

重點提示 在執行新增資料表指令時，要特別注意在【SQL Server Management Studio Express】的上方工具列的【可用的資料庫】欄中，要先選取建立資料表的資料庫名稱，以免將資料表建立在其他的資料庫中。

【圖5-6】

STEP 01　在此我們輸入【create table 通訊錄(姓名char(16) not null,密碼char(10) not null,地址char(60) not null,電話char(16) not null,電子郵件char(30) not null)】，接著按下上方的【！執行】鈕→

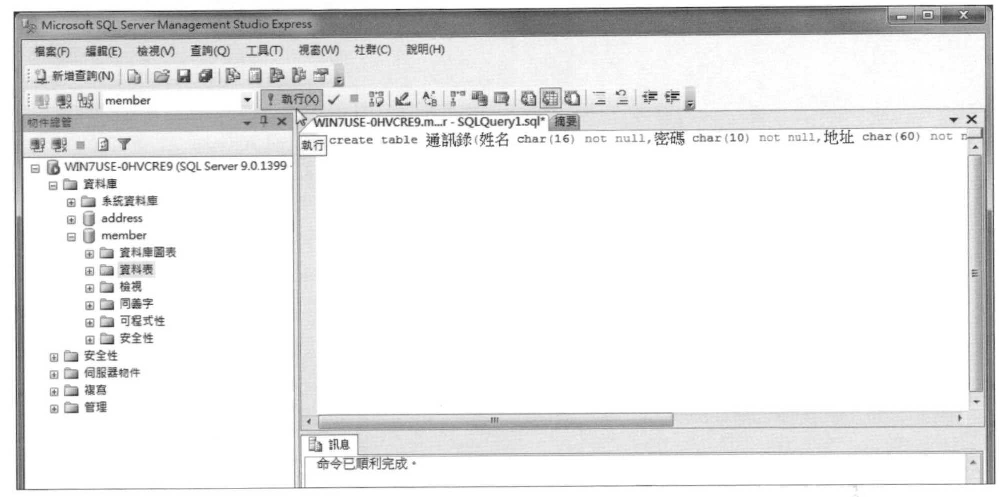

【圖5-7】

STEP 02　若是指令正確，順利建立了資料表，則會在下方的訊息區中出現【命令已順利完成。】的訊息→

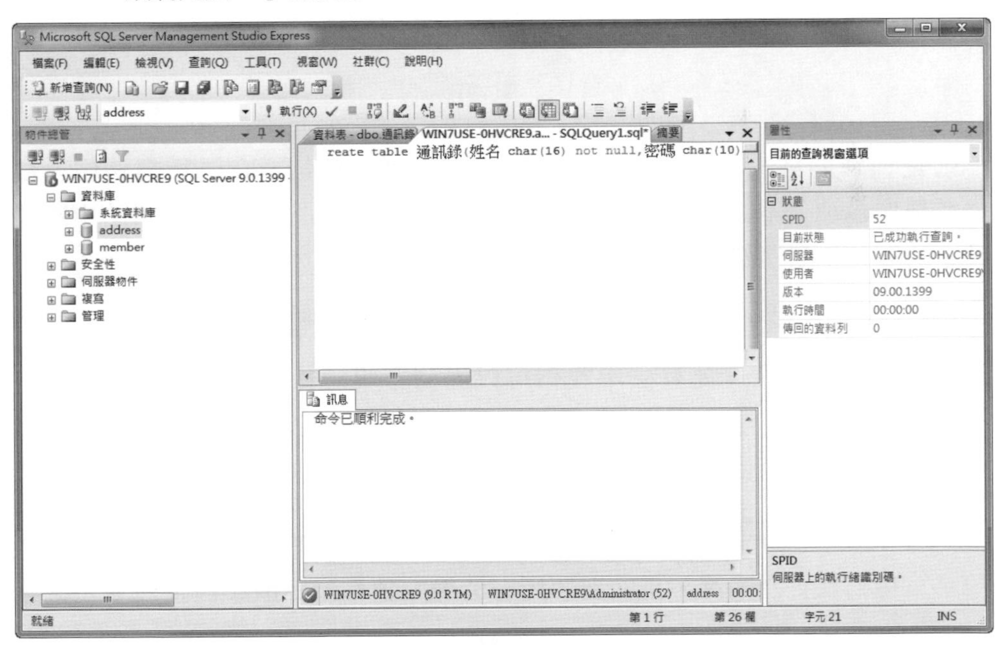

【圖5-8】

STEP 03 展開左邊的物件總管中的【資料庫】的【資料表】項目，可以見到我們以SQL指令新增的資料表【通訊錄】→

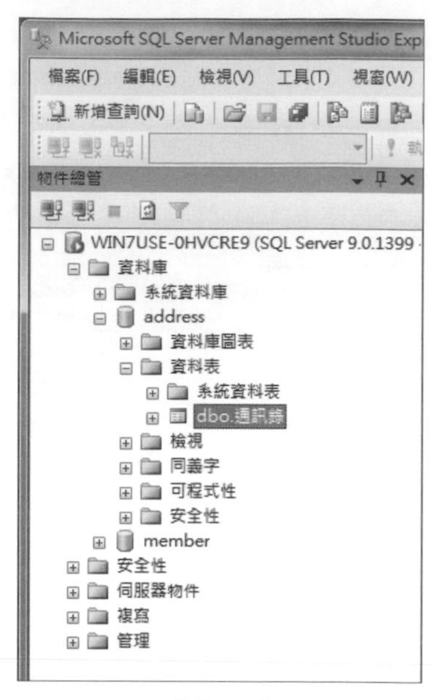

【圖5-9】

5.3.3 新增資料

在資料表中新增資料主要是將一筆新的記錄插入到資料表內，其SQL指令共有三種格式如下：

```
Insert  into 資料表名稱(欄位名稱1 , 欄位名稱2 , …欄位名稱n) Values
(欄位值1 , 欄位值2 , …欄位值n)
```

這是標準的格式，將欄位值分別設定給對應的欄位，在這種寫法中，欄位名稱與欄位值不必依照資料表中的數目與順序排列，只要在此語法中將要設定的欄位值對應好欄位名稱即可。

```
Insert  into 資料表名稱 Values(欄位值1 , 欄位值2 , …欄位值n)
```

這是第二種寫法，此寫法中我們可以看到跟第一種寫法比較起來，省略了欄位名稱，在寫法上較為簡潔，但是要注意的是，因為省略的欄位名稱，所以欄位值一定要依照資料表中欄位的順序來排列。

```
Insert  into 資料表名稱 Default Values
```

第三種寫法更為簡潔，是在要將所有的欄位值都設定成預設值時使用。

重點提示 在Values中所要新增的值，如果是數字的話，就不需要用引號括住；如果是字元或日期時間，就需要用引號括住，在Access中的日期時間，是使用【#】前後括住。

【範例練習】

輸入【insert into 通訊錄(姓名,密碼,地址,電話,電子郵件) values ('李大年','6688','台北市','0933-789-666','123@abc.xyz')】，然後按下上方的【！執行】鈕。

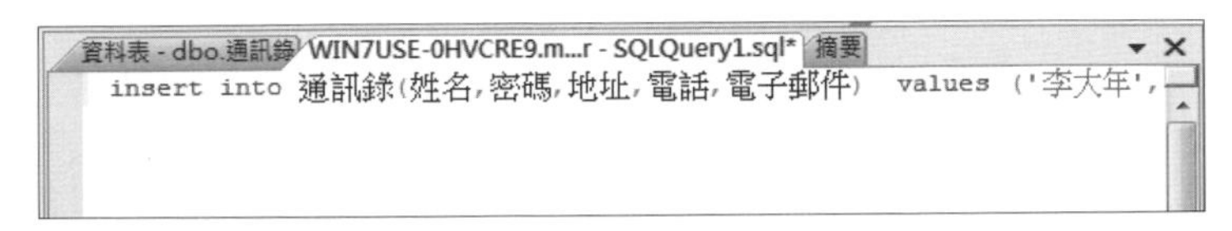

【圖5-10】

如果指令正確，順利新增了通訊錄資料表中的資料，則會在下方的訊息區中出現【(1 個資料列受到影響)】的訊息，表示已經有一個資料列被新增了資料→

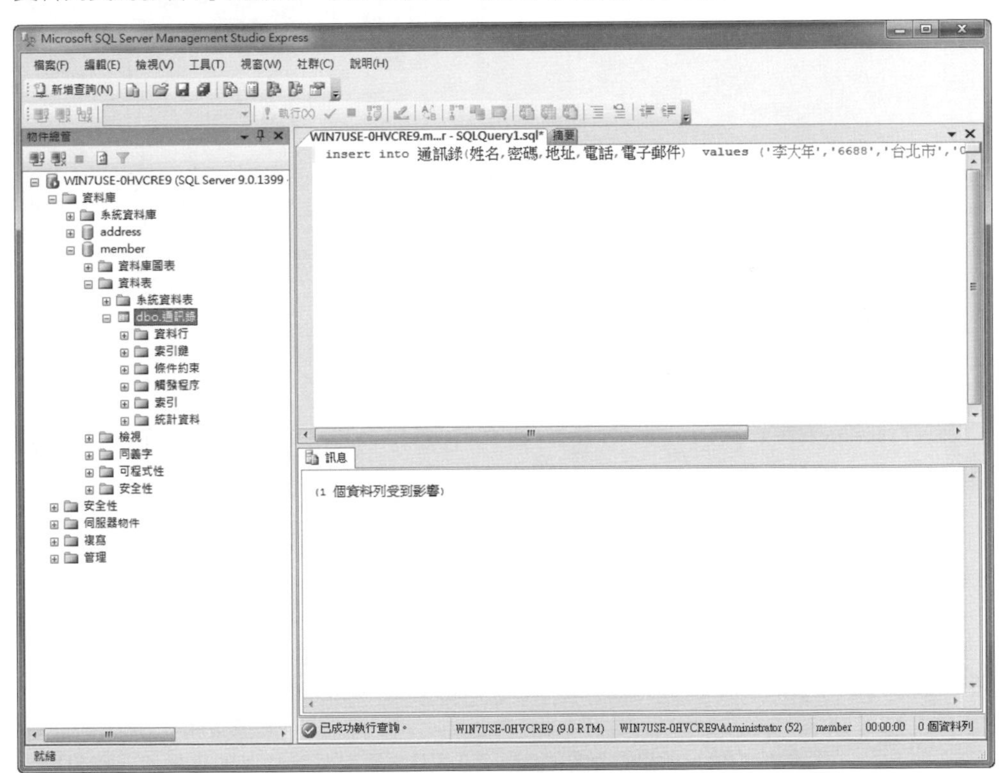

【圖5-11】

接著我們可以將通訊錄資料表打開，驗證是否已經將資料新增進去。請到左邊【物件總管】展開資料表，到新增的通訊錄資料表上按右鍵，點選【開啟資料表】→

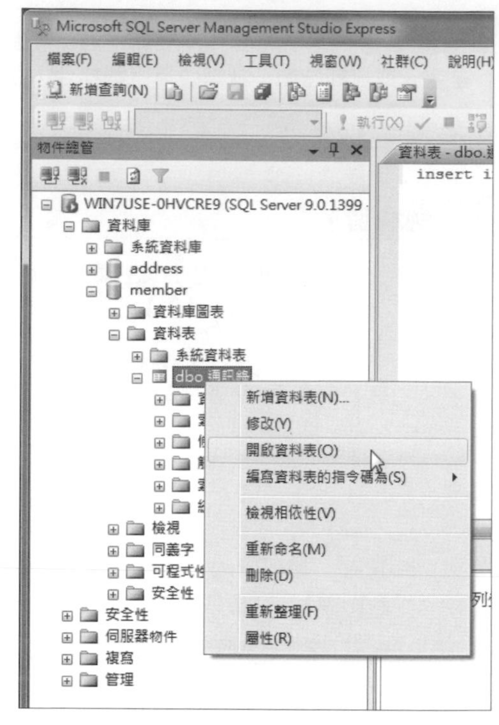

【圖5-12】

開啟後，在中央即可見到已開啟的通訊錄資料表中所新增的資料。

資料表 - dbo.通訊錄 | WIN7USE-0HVCRE9.m...r - SQLQuery1.sql* | 摘要

	姓名	密碼	地址	電話	電子郵件
▶	李大年	6688	台北市	0933-789-666	123@abc
*	NULL	NULL	NULL	NULL	NULL

【圖5-13】

5.3.4 修改資料表

在SQL指令中，修改資料表中的資料主要是將資料表內符合條件的資料予以更新修改，其指令語法如下：

```
Update 資料表名稱 set 欄位名稱1=欄位值1 , 欄位名稱2=欄位值2 , …欄位名稱n=
欄位值n Where 修改條件
```

在此語法格式中，Where所接的條件即欄位資料要修改的條件，如果不加條件的話，則所有資料表中的資料欄位都會被修改更新。

> **重點提示** 要更新的值，如果是數字的話，就不需要用引號括住；如果是字元或日期時間，就需要用引號括住，在Access中的日期時間，是使用【#】前後括住。

【範例練習】

我們將通訊錄資料表中姓名為李大年的地址欄位資料改為高雄市，請輸入【update 通訊錄 set 地址 =' 高雄市 ' where 姓名 =' 李大年 '】，接著按下上方的【！執行】鈕。

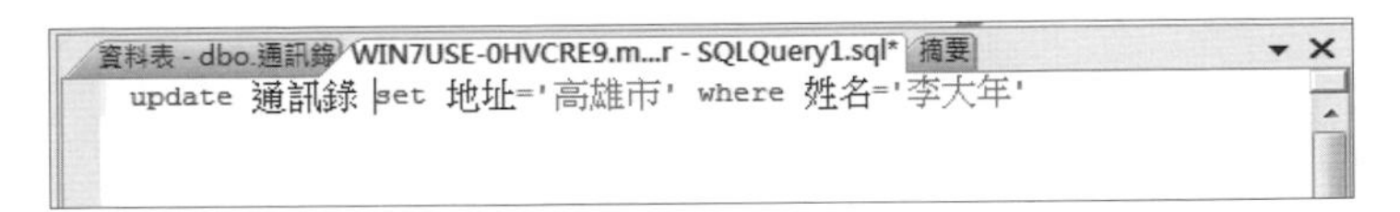

【圖5-14】

若是指令無誤，順利修改了通訊錄資料表中的資料，則會在下方的訊息區中出現【(1 個資料列受到影響)】的訊息，表示已經有一個資料列被修改了資料→

【圖5-15】

接著我們可以將通訊錄資料表打開，驗證是否已經將資料修改。開啟資料表後，在中央即可見到已開啟的通訊錄資料表中所修改的資料。

資料表 - dbo.通訊錄 | WIN7USE-0HVCRE9.m...r - SQLQuery1.sql* | 摘要

	姓名	密碼	地址	電話	電子郵件
▶	李大年	6688	高雄市 ...	0933-789-666	123@abc.xyz ...
	李大年	6688	台北市 ...	0933-789-666	123@abc.xyz ...
*	NULL	NULL	NULL	NULL	NULL

【圖5-16】

重點提示 另外，這個SQL指令中，set後所接的欄位值不一定只是一般的文字或數字，也可以是變數或是運算式或是其他的查詢指令…等。

5.3.5 刪除資料

要刪除資料表中的資料記錄，是將資料表內符合條件的記錄予以刪除，指令的格式如下：

```
Delete 資料表名稱 Where 條件式
```

此語法是依照where所接的條件來刪除資料表名稱中的資料記錄。

【範例練習】

通訊錄資料表中原始的資料如下：

資料表 - dbo.通訊錄 | WIN7USE-0HVCRE9.m...r - SQLQuery1.sql* | 摘要

	姓名	密碼	地址	電話	電子郵件
▶	李大年	6688	高雄市 ...	0933-789-666	123@abc.xyz ...
	李大年	6688	台北市 ...	0933-789-666	123@abc.xyz ...
*	NULL	NULL	NULL	NULL	NULL

【圖5-17】

我們將通訊錄資料表中地址為"高雄市"的記錄予以刪除，請輸入【delete 通訊錄 where 地址='　高雄市'】，接著按下上方的【！執行】鈕。

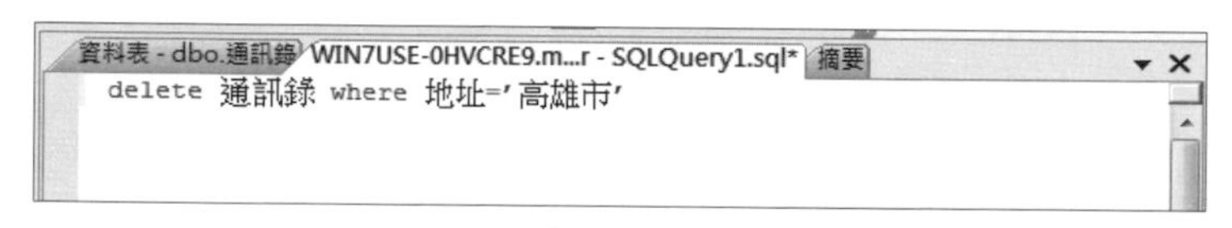

【圖5-18】

若是指令無誤，順利刪除了通訊錄資料表中的資料，則會在下方的訊息區中出現【(1 個資料列受到影響)】的訊息，表示已經有一個資料列被刪除了。

【圖5-19】

接著我們可以將通訊錄資料表打開，驗證是否已經將資料刪除。開啟資料表後，在中央即可見到已開啟的通訊錄資料表中，地址為 " 高雄市 " 的記錄已被刪除。

資料表 - dbo.通訊錄 | WIN7USE-0HVCRE9.m...r - SQLQuery1.sql* | 摘要

	姓名	密碼	地址	電話	電子郵件
▶	李大年	6688	台北市 ...	0933-789-666	123@abc.xyz ...
*	NULL	NULL	NULL	NULL	NULL

【圖5-20】

```
Delete 資料表名稱
```

此語法是將資料表名稱中的資料記錄全部刪除，刪除的方式是一筆一筆的將資料記錄刪除。

【範例練習】

我們將通訊錄資料表中所有的記錄予以刪除，請輸入【delete 通訊錄】，接著按下上方的【！執行】鈕。

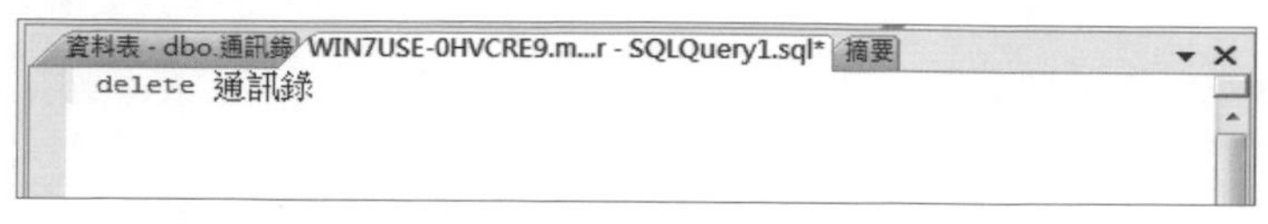

【圖5-21】

若是指令無誤，順利刪除了通訊錄資料表中所有的資料，因為是資料一筆一筆的刪除，所以會在下方的訊息區中出現【(1 個資料列受到影響)】的訊息，表示已經有一個資料列被刪除了，因為原通訊錄資料表中只有一筆記錄。

【圖5-22】

接著我們可以將通訊錄資料表打開，驗證是否已經將資料全部刪除。開啟資料表後，在中央即可見到已開啟的通訊錄資料表中所有的資料已被刪除。

資料表 - dbo.通訊錄　WIN7USE-0HVCRE9.m...r - SQLQuery1.sql*　摘要

	姓名	密碼	地址	電話	電子郵件
*	NULL	NULL	NULL	NULL	NULL

【圖5-23】

```
Turncate Table 資料表名稱
```

此語法是將資料表名稱中的資料記錄全部刪除，刪除的方式是一次全部將資料記錄刪除，所以使用這種方法刪除資料的效率較高。

【範例練習】

我們同樣將通訊錄資料表中所有的記錄予以刪除，請輸入【truncate table 通訊錄】，接著按下上方的【！執行】鈕→

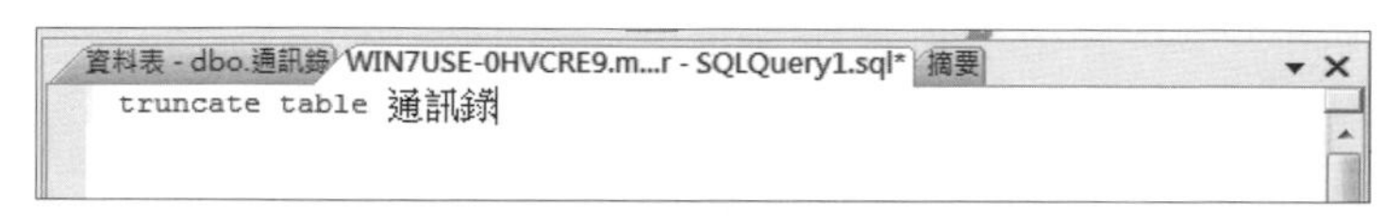

【圖5-24】

若是指令無誤，順利刪除了通訊錄資料表中所有的資料，因為是資料一次全部刪除，所以會在下方的訊息區中出現【命令已順利完成】的訊息，表示資料已經全部被刪除→

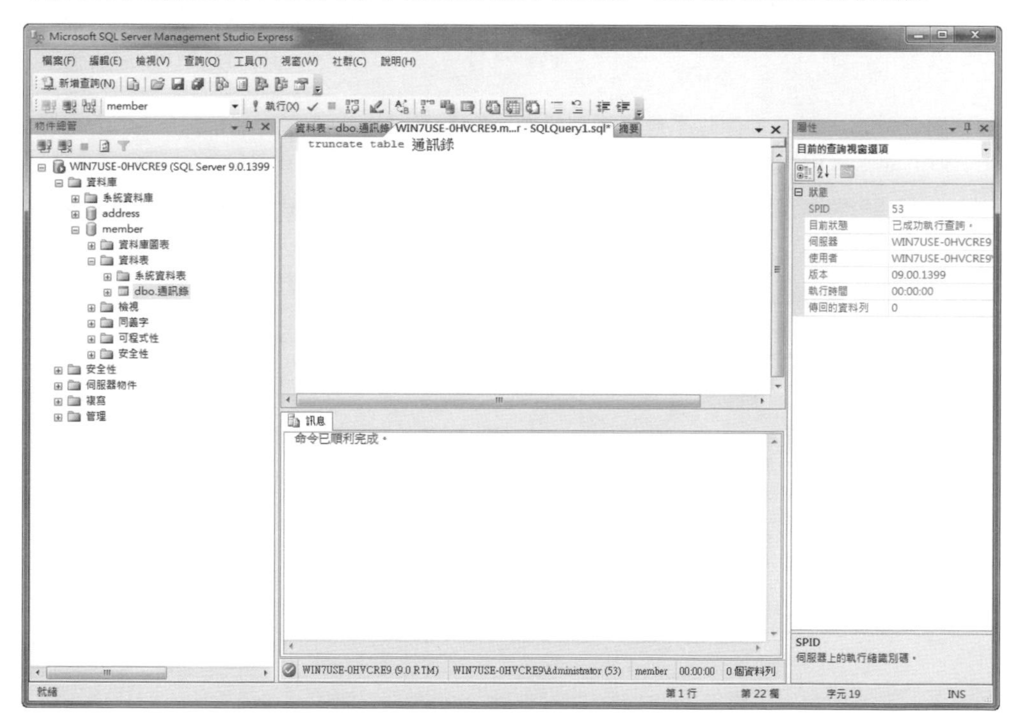

【圖5-25】

接著我們可以將通訊錄資料表打開，驗證是否已經將資料全部刪除。開啟資料表後，在中央即可見到已開啟的通訊錄資料表中所有的資料已被刪除。

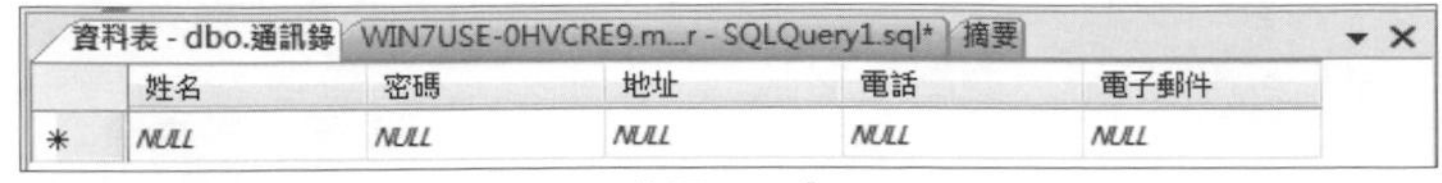

【圖5-26】

```
Drop Table  資料表名稱
```

此語法是將整個資料表完全刪除。

【範例練習】

我們要將通訊錄資料表從資料庫中刪除，請輸入【drop table 通訊錄】，接著按下上方的【！執行】鈕→

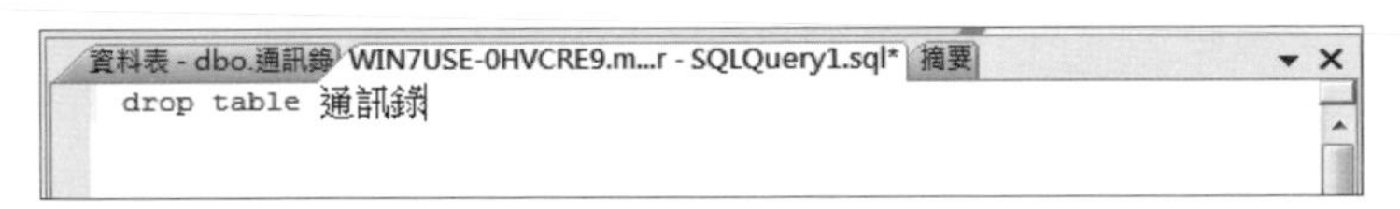

【圖5-27】

若是指令無誤，則順利刪除了通訊錄資料表，因為是將通訊錄資料表整個刪除，所以會在下方的訊息區中出現【命令已順利完成】的訊息，表示通訊錄資料表已經被刪除→

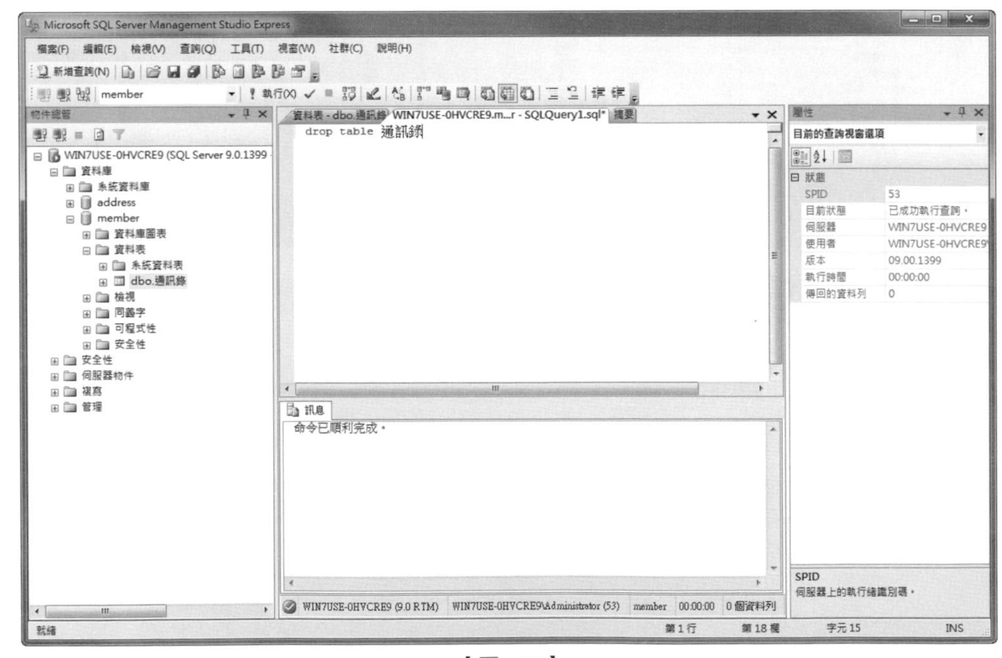

【圖5-28】

接著我們可以到左邊【物件總管】中的 member 資料庫下的資料表項目上按右鍵，點選【重新整理】→

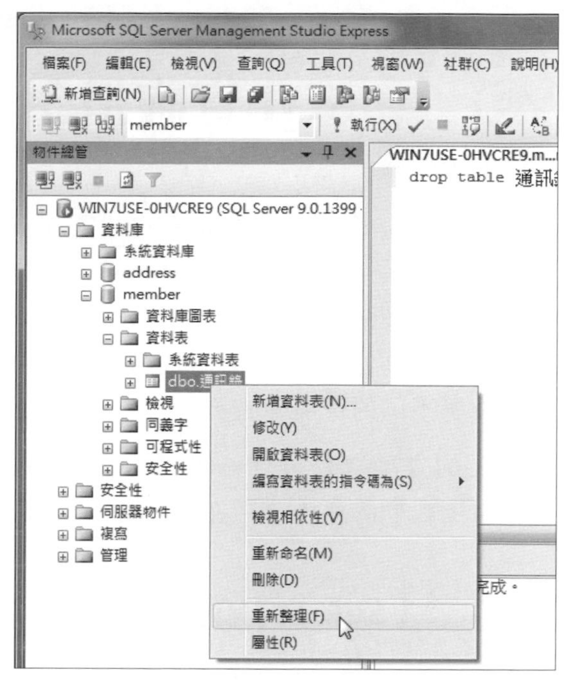

【圖5-29】

在【物件總管】中的 member 資料庫下可以看到通訊錄資料表已經被刪除，沒有出現在 member 資料庫之下。

【圖5-30】

5.4 SQL查詢指令

在SQL的指令中，查詢指令可說是在資料庫的使用上最頻繁，其語法的變化也最多的。實際上，以ASP.NET建立網路資料庫的主要目的之一，就是希望能在網路上能快速的查詢資料庫中的資料表每一筆記錄，進而能迅速的顯示在網頁上，而SQL的查詢指令，就可以提供我們各種的查詢，並且可以針對不同的資料庫查詢。

SQL的查詢指令只有一個，就是【Select】,【Select】的語法格式變化很多，以下我們將逐一介紹在查詢時所應用的【Select】語法。

5.4.1 【Select】的基本格式

```
Select  [Distinct] [top n / top n percent] 欄位名稱1 , 欄位名稱2 ,
… 欄位名稱n  [into 新資料表名稱]  from 資料表名稱  [where 條件式]
[group by 欄位1 , 欄位2 …]  [having 條件式]  [order by 排序條件]
```

在上述格式中，主要的查詢意義是依各條件取出資料表中指定的欄位記錄(欄位名稱1，欄位名稱2…)，其中以中括號括住的格式可以省略，沒有用中括號括住的格式則必須要寫出。格式的說明與查詢的語法說明如下：

5.4.2 欄位名稱1 , 欄位名稱2 , …

此格式可以指定資料表中要查詢的欄位，這裡的欄位名稱是資料表中所定義的欄位，每個欄位間必須用逗號隔開，其查詢意義為取出資料表中特定欄位的資料記錄，語法格式如下：

```
Select  欄位名稱1 , 欄位名稱2 ,…欄位名稱n  from  資料表名稱
```

5.4.3 星號 *

如果要查詢資料表中所有的欄位，則可以【*】取代所有的欄位名稱，其查詢意義為取出資料表中所有欄位的資料記錄，語法格式如下：

```
Select  *  from  資料表名稱
```

5.4.4 [Distinct]

欄位值不會重覆，此格式在語法中可以視情況加入，加入後，如果資料表中欄位值有重覆，只會顯示一筆記錄。如果不加，則為預設值 [All]，表示資料表中欄位值無論重覆與否都會顯示。語法格式如下：

```
Select  Distinct  欄位名稱 1 , 欄位名稱 2 ,… from  資料表名稱
```

5.4.5 [top n / top n percent]

查詢資料欄位的前n筆 / 前n% 資料記錄，其語法格式如下：

```
Select  top n  欄位名稱 1 , 欄位名稱 2 ,… from  資料表名稱
Select  top n percent  欄位名稱 1 , 欄位名稱 2 ,… from  資料表名稱
```

5.4.6 [into 新資料表名稱]

此格式是表示要將查詢的結果存入一個新的資料表中，新的資料表不需要先建立，語法格式如下：

```
Select  欄位名稱 1 , 欄位名稱 2 ,… into 新資料表名稱  from  資料表名稱
```

5.4.7 [where 條件式]

此格式可以設定在查詢時要依據的條件，此格式是Select語法的主要核心，查詢的條件式設定有很多變化與搭配的語法，我們將稍後介紹，此語法格式如下：

```
Select  欄位名稱 1 , 欄位名稱 2 ,…  from  資料表名稱  where  條件式
```

5.4.8 [group by 欄位1 , 欄位2…] / [having 條件式]

此格式可以將傳回的查詢結果分類，分類後將資料顯示出來，通常要搭配 having 子句，以做為每一個分類的篩選條件。語法格式如下：

```
Select  欄位名稱 1 , 欄位名稱 2 ,…  from  資料表名稱  group  by  欄位 1 ,
欄位 2 , …  having  條件式
```

5.4.9 [order by 條件式]

此格式是將查詢的結果做條件式的排序，一般條件式都是設定某一個特定欄位，依該特定欄位去做查詢資料的排序，可以在條件後面加上排序方向的設定，如Desc(Descending)為由大到小(降冪)排序，此為預設值；Asc(Ascending)則為由小到大(升冪)排序。使用order by條件式，若與where條件式並用的話，必須放在where條件式之後。其語法格式如下：

```
Select 欄位名稱 1 , 欄位名稱 2 ,… from 資料表名稱 order by 條件式 desc
```

```
Select 欄位名稱 1 , 欄位名稱 2 ,… from 資料表名稱 order by 條件式 asc
```

5.4.10 [where 條件式]的語法說明

當我們要查詢的資料需要依照某些條件去篩選時，[where 條件式]就可以派上用場，在SQL的Select語法中，[where 條件式]中的條件有很多種格式可以應用，以下我們就常用的項目來一一介紹。我們以本書中在第六章所附的db1資料庫中的通訊錄資料表與Northwind資料庫中的產品資料資料表為例，做為以下語法範例的資料表。

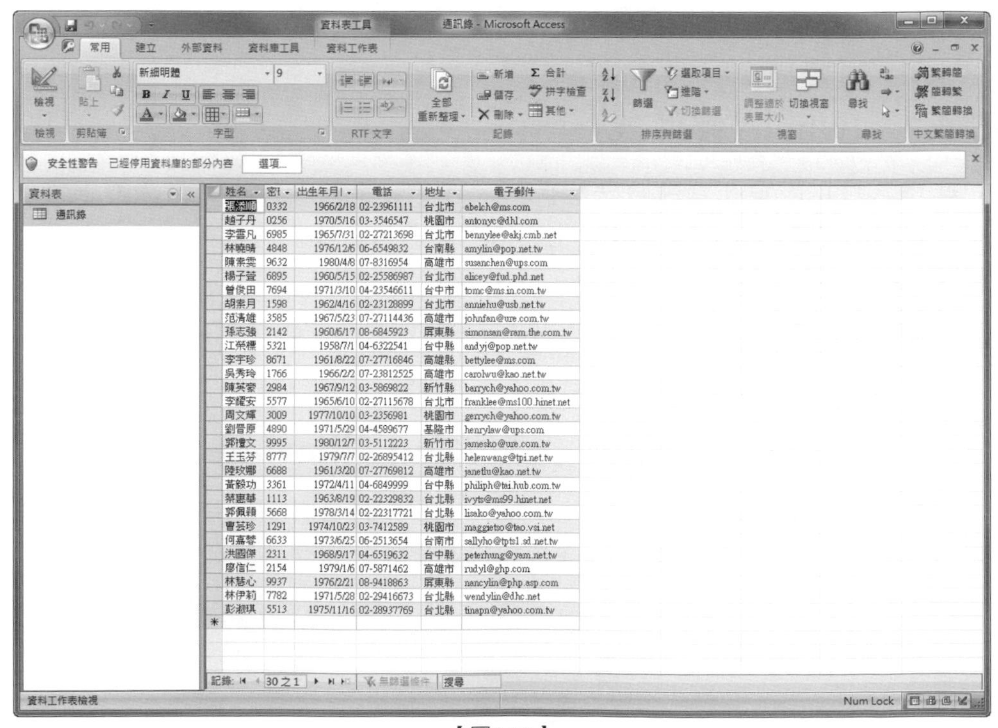

【圖5-31】

【圖5-32】

條件的欄位值

條件式中的欄位值可以是數字、文字、日期 / 時間。如果條件為數字，則不需用單雙引號括住，如果是字串，則必須要用單引號或是雙引號括住，若是日期時間，則要用#前後括住，另外條件也可以搭配括號，表示要優先考慮執行。

運算子

在條件中可以使用的比較運算子有：

運算子	執行意義
=	等於
>	大於
<	小於
>=	大於等於
<=	小於等於
<> / !=	不等於

運算子	執行意義
!>	不大於
!<	不小於
And	且
Or	或
Not	否，非
Like	附加條件格式
Between	介於某個範圍之間
In	限定的欄位條件
%	代表0個以上的任意字元
_	代表任意一個字元
\	代表特殊字元
[]	代表某一個範圍內的字元
[^]	代表不在某一個範圍內的字元
Len(欄位名稱)	表示欄位的長度

語法範例

查詢通訊錄資料表中地址是台北市的資料：

```
select * from 通訊錄 where 地址="台北市"
```

查詢通訊錄資料表中的資料依姓名欄位做排序：

```
select * from 通訊錄 order by 姓名
```

查詢產品資料資料表中單價小於100元的資料：

```
select * from 產品資料 where 單價<100
```

查詢產品資料資料表中單價小於100元且依產品名稱排序的資料：

```
select * from 產品資料 where 單價<100  order by 產品
```

查詢產品資料資料表中依產品名稱排序並取出前10項的資料：

```
select top 10 * from 產品資料 order by 產品
```

查詢產品資料資料表中依單價排序並取出前10%的資料：

```
select top 10 percent * from 產品資料 order by 單價
```

查詢產品資料資料表中單價介於50~100元之間的資料：

```
select * from 產品資料 where 單價<=100 and 單價>=50
```

查詢通訊錄資料表中姓名是姓"李"的資料：

```
select * from 通訊錄 where 姓名 like "李%"
```

查詢通訊錄資料表中姓名第一個字是"李"，最後一個字是"凡"的資料：

```
select * from 通訊錄 where 姓名 like "李%凡"
```

查詢產品資料資料表中產品名稱最後一個字為"油"的資料：

```
select * from 產品資料 where 產品 like "%油"
```

查詢產品資料資料表中庫存量介於50~100之間的資料：

```
select * from 產品資料 where 庫存量 between 50 and 100
```

查詢通訊錄資料表中地址為台北市與高雄市的資料：

```
select * from 通訊錄 where 地址 in ("台北市","高雄市")
```

查詢產品資料資料表中產品名稱為4個字元的資料：

```
select * from 產品資料 where len(產品)=4=
```

查詢通訊錄資料表中出生年月日是1965/6/14的資料：

```
select * from 通訊錄 where 出生年月日=#1965-6-14#
```

查詢通訊錄資料表中1973/7/15以後出生的資料：

```
select * from 通訊錄 where 出生年月日<#1973-7-15#
```

查詢產品資料資料表中單價大於30元且產品名稱最後一個字為"司"的資料：

```
select * from 產品資料 where 單價>30 and 產品 like "%司"
```

查詢產品資料資料表中單價小於30元或產品名稱最後一個字為"司"的資料：

```
select * from 產品資料 where 單價<30 or 產品 like "%司"
```

查詢通訊錄資料表中地址不是台北市與高雄市的資料：

```
select * from 通訊錄 where 地址 not in ("台北市","高雄市")
```

查詢通訊錄資料表中介於1965/6/14~1973/7/15之間出生的資料：

```
select * from 通訊錄 where 出生年月日 between #1965/6/14# and #1973-7-15#
select * from 通訊錄 where 出生年月日>=#1973-7-15# and 出生年月日 <=#1965/6/14#
```

查詢產品資料資料表中供應商最後一個字不是"一"的資料：

```
select * from 產品資料 where 類別 like "%[^一]"
```

SQL聚合函數

SQL另提供了聚合函數，可供查詢資料表欄位相關的資料，常用的聚合函數如下：

◆ count(欄位名稱)：

計算該欄位的資料筆數，即欄位擁有值的記錄數，欄位名稱可用*取代，代表所有的資料筆數，並可結合上述的條件來查詢。

```
select  count(*)  from  通訊錄
select  count(姓名)  from  通訊錄
select  count(*)  from  通訊錄  where  地址="台北市"
```

◆ avg(欄位名稱)：

計算欄位的平均值，並可結合上述的條件來查詢。

```
select  avg(單價)  from  產品資料
select  count(*) , avg(單價)  from  產品資料  where  產品  like  “%司"
```

◆ max(欄位名稱)：

取得欄位記錄的最大值，並可結合上述的條件來查詢。

```
select  max(單價)  from  產品資料
select  max(單價)  from  產品資料  where  產品  like  “%司"
```

◆ min(欄位名稱)：

取得欄位記錄的最小值，並可結合上述的條件來查詢。

```
select  min(單價)  from  產品資料
select  min(單價)  from  產品資料  where  產品  like  “%司"
```

◆ sum(欄位名稱)：

計算欄位記錄的總和值，並可結合上述的條件來查詢。

```
select  sum(單價)  from  產品資料
select  sum(單價)  from  產品資料  where  產品  like  “%司"
```

結論

本章介紹的是應用在ASP.NET中使用ADO.NET操作網路資料庫的SQL語法，使用本章所介紹的SQL語法，可以進行許多我們在網路資料庫中的資料庫操作，接下來就讓我們進入ASP.NET網站資料庫的操作，使用ASP.NET程式配合ADO.NET，加上SQL語法來實際體會網路資料庫的操作。

網頁資料庫設計基礎篇

CHAPTER

06

ASP.NET網站資料庫的基本設計

在本書的第四章與第五章，我們介紹了網路資料庫的概念、ADO.NET與SQL語法，這是操作網路資料庫的基礎。在具備這些觀念與基礎後，在本章我們就要利用這些觀念與基礎，加上ASP.NET程式與SQL語法，來實際操作網路資料庫。本章我們將詳細介紹在ASP.NET中如何使用ADO.NET物件搭配SQL語法，在網路上進行資料庫的各項操作。

6.1 Connection物件 (OleDbConnection類別)

在第四章我們有提到過，Web伺服器與資料庫之間是沒有任何聯繫關係的，要使彼此之間有連結，就必須要透過Connection物件。所以由此我們可以了解，操作網路資料庫的第一步就要從Connection物件開始，因Connection物件可以建立與資料庫來源之間的連結，並可開啟資料庫與初始化資料庫，而在ADO.NET中提供了兩種版本的Connection物件，一是使用OLEDB操作的物件【OleDbConnection】，另一則是使用SQL Server操作的物件【SqlConnection】。

OleDbConnection類別是屬於【System.Data.OleDb】的命名空間。

Connection物件的操作方式如下：

6.1.1 匯入名稱空間

在ASP.NET程式中，必須先匯入名稱空間後，才可以使用ADO.NET中的物件與類別，所以操作網路資料庫的開始，我們要先匯入相關的名稱空間如下：

要注意的是，如果使用的資料庫系統是非SQL Server系統，如Microsoft Access、Oracle…等，則要匯入的名稱空間如下：

```
<%@ Import Namespsce="System.Datra" %>
<%@ Import Namespsce="System.Datra.OleDb" %>
```

而如果是使用SQL Server與SQL Server Express的資料庫系統，則要匯入的名稱空間如下：

```
<%@ Import Namespsce="System.Datra" %>
<%@ Import Namespsce="System.Datra.SqlClient" %>
```

6.1.2 建立Connection物件

匯入名稱空間後，接著要開始建立Connection物件，建立的語法如下：

```
Dim  Connection物件名稱  As  OleDbConnection
Connection物件名稱 = New  OleDbConnection(連線字串)
```

以上兩式可以結合為一個敘述式如下：

```
Dim  Connection物件名稱  As  OleDbConnection = New  OleDbConnection(連線字串)
```

建立了Connection物件後，可使用OleDbConnection類別的屬性來操作Connection物件，也可以設定在連線字串中。OleDbConnection類別的常用屬性如下表：

屬性名稱	功用
Provider	是唯讀屬性，提供者，即連結的資料庫驅動程式。
DataSource	是唯讀屬性，資料來源，就是資料庫檔案所在的實際路徑。
Database	是唯讀屬性，取得目前資料庫名稱或要在連接開啟之後使用的資料庫名稱。
ConnectionTimeout	是唯讀屬性，取得資料庫連線到結束連線的時間，以秒為單位，預設值為15秒。
ConnectionString	設定或取得連線字串，即設定連結資料庫時的各項參數。
ServerVersion	是唯讀屬性，取得資料庫連線的網路伺服器的版本資訊。
State	是唯讀屬性，取得目前資料庫的連線狀態(開啟或關閉)。 屬性值有： ConnectionState.Open：連結為開啟狀態 ConnectionState.Closed：連結為關閉狀態 ConnectionState.Connecting：連結物件正在連結到資料來源 ConnectionState.Executing：連結物件正在執行命令 ConnectionState.Fetching：連結物件正在擷取資料

在建立Connection物件時，最重要的一個項目便是【連線字串】，依資料庫的種類在連線字串中必須設定相關的參數，才能順利的連結資料庫。連線字串的內容有兩個最重要的參數，一個是【Provider；提供者】參數，這是使用的資料庫系統的驅動程式，要設定正確的驅動程式才能驅動資料庫，順

利連結資料庫。另一個則是【Data Source；資料來源】參數，這是資料庫檔案的實際路徑，要正確的設定才能讓程式找到資料庫，並順利連結資料庫。

連線字串可以設定的參數如下：

參數名稱	功用
Provider	提供者，即連結的資料庫驅動程式。
Password	要開啟資料庫的密碼。
User ID	要開啟資料庫的使用者ID。
Data Source	資料來源，就是資料庫檔案所在的實際路徑。
Initial Catalog	資料庫Server中連結的資料庫名稱。

參數不只一個的時候，使用【；】將參數隔開。

Provider參數

要正確的設定Provider參數，才能讓程式順利驅動資料庫，而此參數設定是以所要連結的資料庫為依據，不同的資料庫，參數的設定就不同。下表我們列出常見的資料庫系統所要設定的Provider參數：

資料庫系統	Provider參數
Microsoft Office Access	Microsoft.Jet.OLEDB.4.0
Oracle	MSDAORA
SQL Server	SQLOLEDB

語法範例

```
Provider = Microsoft.Jet.OLEDB.4.0
Provider = MSDAORA
Provider = SQLOLEDB
```

Data Source參數

在我們指定好資料庫的驅動程式後，接下來就要設定資料庫所在的實際路徑，以便讓程式能順利的找到資料庫檔案，這樣才能讓Connection物件順利連結資料庫檔案。在ASP.NET中可以直接寫出檔案路徑，或是利用Server物件的MapPath()方法來取得檔案的實際路徑。

語法範例

```
Data Source = c:\db1.mdb
Data Source = Server.MapPath( "db1.mdb")
Data Source = Server.MapPath( "/ch8/db1.mdb")
Data Source = Oracle1a2;User ID=simonlee;Password=1688
Data Source = TestSQLServer;Integrated Security=TEST;
```

連線字串的完整寫法如下：

若以一個字串變數str表示的話，則參數須以雙引號前後括住：

```
str="Provider=Microsoft.Jet.OLEDB.4.0;Data Source=db1.mdb"
```

如果連線字串的敘述太長，可以在程式中換行，換行的地方以底線符號連接，前後各加一個空格：

```
str="Provider=Microsoft.Jet.OLEDB.4.0;" & _
  "Data Source=" &  Server.MapPath( "db1.mdb")
```

基於以上的範例與規則，寫法還有其他的變化，可自行搭配。

6.1.3 開啟連結資料庫

建立好Connection物件，並設定好連線字串後，便可以使用Connection物件的開啟方法來開啟資料庫的連結，Connection物件使用在資料庫上可以使用的方法有：

方法名稱	功用
Open()	開啟資料庫的連結
Close()	關閉已開啟連結的資料庫

開啟資料庫的連結方法是：

```
Connection 物件名稱 .Open()
```

而資料庫連結的關閉，則可以釋放所有已經連結的資料庫所佔的資源，關閉已連結的資料庫的方法則是：

```
Connection 物件名稱 .Close()
```

範例練習6-1 (完整程式碼在本書附的光碟中ch6\ex6-1.aspx)

建立ASP.NET程式，開啟db1.mdb資料庫的連結，並在網頁中顯示資料庫的連結狀態。

程式碼

```
1.  <%@ Page Language="VB" %>
2.  <%@ Import Namespace="system.data" %>
3.  <%@ Import Namespace="system.data.oledb" %>
4.  <html>
5.  <head runat="server">
6.  <title>範例 ex8-1</title>
7.  </head>
8.  <body>
9.  <%
10. Dim str As String
11. str = "provider=microsoft.jet.oledb.4.0;data source=" & Server.
    MapPath("db1.mdb")
12. Dim con As OleDbConnection = New OleDbConnection(str)
13. con.Open()
14. If con.State = ConnectionState.Open Then
15. Response.Write("<center>資料庫 db1 已經連結開啟！</center>")
16. Else
17. Response.Write("<center>資料庫 db1 為關閉狀態！</center>")
18. End If
19. con.Close()
20. %>
21. </body>
22. </html>
```

程式說明

第 1 行：ASP.NET 程式的指引區間，告知 .NET 系統此網頁程式是以 Visual Basic 程式撰寫。

第 2 行：ASP.NET 程式的指引區間，為了要使用 ADO.NET 的資料庫物件與類別，所以要先載入名稱空間 system.data。

第 3 行：ASP.NET 程式的指引區間，為了要使用 ADO.NET 的資料庫物件與類別，所以要先載入名稱空間 system.data.oledb。

第 5 行：宣告網頁的表頭，並設定此網頁程式在 Server 端執行。

第 9~20 行：ASP 網頁的動態標籤程式區間。

第 10 行，宣告 str 變數，並設其資料型態為 String，在本程式中做為 Connection 物件的連線字串。

第 11 行：建立 Connection 物件的連線字串 str，因為要連結的資料庫為 Microsoft Office Access，所以 provider 參數設定為【microsoft.jet.oledb.4.0】，data source 參數則是指定要連結的 db1.mdb 資料庫的所在位置，在本範例中，我們將 db1.mdb 資料庫檔案放在與程式相同的資料夾中，所以在位置的設定中，不需要加上任何的路徑區隔。

第 12 行：建立 Connection 物件 con，並帶入連線字串 str。

第 13 行：以 con 物件的 open() 方法開啟 db1.mdb 資料庫的連結。

第 14~18 行：建立 If~Else 條件式，條件式則以 con 物件的 State 屬性來判斷資料庫 db1.mdb 是否已經連結開啟，當資料庫已經連結開啟時，則 con 物件的 State 屬性值為 SonnectionState.Open，否則為 SonnectionState.Closed。如果條件判斷為成立，則輸出 " 資料庫 db1 已經開啟連結！ " 的文字訊息，並置中對齊，若是資料庫沒有連結開啟，則輸出 " 資料庫 db1 為關閉狀態！ " 的文字訊息，並置中對齊。

第 19 行：以 con 物件的 Close() 方法關閉已開啟的 db1.mdb 資料庫的連結。

執行結果

【圖6-1】

6.2 Command物件 (OleDbCommand類別)

操作網路資料庫在建立了Connection物件並開啟資料庫的連結之後，接著就是要建立Command物件。Command物件我們在前面第四章中提到過，主要功能為針對資料庫的資料來源做各項操作的指令，所謂的操作指令即我們在第七章中所提到的SQL指令，所以我們可以將Command物件視為ADO.NET中操作SQL指令的物件，可對資料庫做新增、刪除、更新、查詢…等操作。要注意，一定要先以Connection物件取得資料庫的連結並開啟後，才能使用Command物件。

在ADO.NET中也提供了兩種版本的Command物件，一是使用OLEDB操作的物件【OleDbCommand】，另一則是使用SQL Server操作的物件【SqlCommand】。

OleDbCommand類別是屬於【System.Data.OleDb】的命名空間。

Command物件的操作方式如下：

6.2.1 建立Command物件

建立Command物件的語法格式如下：

```
Dim  Command物件名稱  As  OleDbCommand
Command物件名稱 = New  OleDbCommand(SQL指令字串 , Connection物件名稱)
```

以上兩式可以結合為一個敘述式如下：

```
Dim  Command物件名稱  As  OleDbCommand = New  OleDbCommand(SQL指令字串 ,
Connection物件名稱)
```

在格式中我們可以發現，Command物件的建立與Connection物件的建立方式類似，在宣告Command物件名稱後，建立物件時要加入兩個參數，一個是要執行的SQL指令字串，主要是執行資料庫的各項操作；另一個則是Connection物件，要放入Connection物件的用意是要告訴Command物件要操作的是哪一個已連結的資料庫。

6.2.2 OleDbCommand類別的常用屬性

建立了Command物件後，可使用OleDbCommand類別的屬性來操作Command物件，OleDbCommand類別的常用屬性如下表：

屬性名稱	功用
Parameters	取得Command物件的相關參數。
CommandTimeout	取得或設定結束執行命令的嘗試並產生錯誤之前的等待時間。
CommandText	取得或設定要在資料來源執行的SQL指令陳述式或預存程序。
CommandType	取得或設定CommandText屬性。
Connection	取得或設定OleDbCommand的執行個體所使用的 OleDbConnection。

6.2.3 OleDbCommand類別的常用方法

當建立好Command物件後，我們就要利用Command物件的方法來執行SQL指令，執行SQL指令的Command物件方法是【ExecuteNonQuery()】，在Command物件中常用的方法如下表：

方法名稱	功用
ExecuteNonQuery	針對Connection物件連結的資料庫執行SQL指令陳述式，並傳回受影響的資料列數。
ExecuteReader	傳送CommandText至Connection物件，並建置 OleDbDataReader物件。(配合SQL的Select指令來查詢資料表)
ExecuteScalar	執行查詢，並傳回查詢所傳回的結果集中第一個資料列的第一個資料行。會忽略其他的資料行或資料列。(配合SQL的Select指令來查詢資料表)
Prepare	在資料來源上建立命令的複製(或已編譯的)版本，以加快執行的效率。
Cancel	嘗試取消執行OleDbCommand。

Command物件的完整使用方式如下：

```
Dim str , strsql As String
str = "provider=microsoft.jet.oledb.4.0;data source=" & Server.MapPath("db1.mdb")
Dim con As OleDbConnection = New OleDbConnection(str)
con.Open()
strsql = “select * from 通訊錄"
Dim com As OleDbCommand
com = New OleDbCommand(strsql , con)
```

6.3 DataReader物件 (OleDbDataReader類別)

在Connection物件與Command物件順利建立後，接下來使用Command物件執行SQL指令，會得到資料庫的執行結果，而這個結果就要使用DataReader物件來取得。所取得的資料性質為唯讀且只能單向向前操作的串流資料，因為ASP.NET的程式是使用類似讀取文字資料的串流方式來取得資料表的記錄。每次只能讀取一筆資料，且只能與Command物件一起使用。當Command物件執行SQL命令後，產生執行的資料後，便會自動產生DataReader物件，我們就可以使用DataReader物件讀取資料。操作方式是一次循序讀取一筆記錄，讀到記憶體中，只能唯讀，不能更新、插入、刪除資料，並配合Command物件操作。

同樣的，在ADO.NET中也提供了兩種版本的DataReader物件，一是使用OLEDB操作的物件【OleDbDataReader】，另一則是使用SQL Server操作的物件【SqlDataReader】。

OleDbDataReader類別是屬於【System.Data.OleDb】的命名空間。

DataReader物件的操作方式如下：

6.3.1 建立DataReader物件

建立DataReader物件的語法格式如下：

```
Dim  DataReader物件名稱  As  OleDbDataReader
DataReader物件名稱 = Command物件名稱.ExecuteReader()
```

重點提示 由以上的格式來看，要建立OleDbDataReader物件，必須呼叫OleDbCommand物件的ExecuteReader()方法，而不是經由OleDbDataReader的建構方式建立。

6.3.2 OleDbDataReader類別的常用屬性

建立了DataReader物件後，可使用OleDbDataReader類別的屬性來操作DataReader物件，OleDbDataReader類別的常用屬性如下表：

屬性名稱	功用

Item	DataReader集合物件，可利用索引值或欄位名稱取得各欄位中的資料。資料表一旦形成，其中的欄位便會自動賦予每個欄位一個索引值，從左邊第一個欄位起，索引值為0，以此類推。此屬性的使用格式如下：
	`DataReader 物件名稱 .Item( 欄位索引值 )`
	`DataReader 物件名稱 .Item( 欄位名稱 )`

IsClosed	DataReader物件是否關閉。設定值有： True：關閉 False：開啟
HasRows	取得OleDbDataReader是否包含一個或多個資料列。
FieldCount	取得目前資料列中的資料行數目(即欄位數)。

6.3.3 OleDbDataReader類別的常用方法

建立了DataReader物件後，我們也可以使用OleDbDataReader類別的方法來操作DataReader物件，OleDbDataReader類別的常用方法如下表：

方法名稱	功用
Read	讀取資料記錄，一次讀取一筆，若有記錄傳回True，沒有記錄則傳回False。
NextResult	全部讀取SQL指令後的結果時，取得下一個結果。
IsDBNull(欄位索引值)	檢查欄位值是否為空值，如果是，則傳回True，如果不是，則傳回False。
GetValues	取得所有的欄位值。
GetValue(欄位索引值)	取得指定的欄位值，可利用索引值取得各欄位中的資料(只可使用欄位索引值)。格式如下： DataReader物件名稱.GetValue(欄位索引值)
GetOrdinal(欄位名稱)	取得指定欄位名稱的順序編號(即欄位索引值)。格式如下： DataReader物件名稱.GetOrdinal(欄位名稱)
GetName(欄位索引值)	取得指定欄位名稱。格式如下： DataReader物件名稱.GetName(欄位索引值)
GetDataTypeName(欄位索引值)	取得指定欄位的資料型態。格式如下： DataReader物件名稱.GetDataTypeName(欄位索引值)
Close	關閉DataReader物件。

6.3.4 DataReader物件的工作方式

當我們在ASP.NET程式中以Command物件的ExecuteReader()方法取得DataReader物件後，DataReader物件就好像一個記錄檔案，也類似一個資料表，每一筆記錄是一列，一次讀取一筆記錄，開啟DataReader物件時，記錄的指標是停留在第一筆記錄之前，此時我們就可以執行DataReader物件的Read()方法，以讀取下一筆記錄，這時候記錄的指標就會指向第一筆記錄，此時再利用DataReader物件的相關屬性與方法來操作資料記錄。

範例練習6-2 (完整程式碼在本書附的光碟中ch6\ex6-2.aspx)

建立ASP.NET程式，開啟db1.mdb資料庫的連結，並將通訊錄資料表中所有的資料記錄顯示在網頁中。

程式碼

```
1.  <%@ Page Language="VB" %>
2.  <%@ Import Namespace="system.data" %>
3.  <%@ Import Namespace="system.data.oledb" %>
4.  <html>
5.  <head runat="server">
6.  <title>範例 ex8-2</title>
7.  </head>
8.  <body>
9.  <%
10. Dim str, sqlstr As String
11. str = "provider=microsoft.jet.oledb.4.0;data source=" & Server.
    MapPath("db1.mdb")
12. Dim con As OleDbConnection = New OleDbConnection(str)
13. con.Open()
14. sqlstr = "select * from 通訊錄"
15. Dim com As OleDbCommand = New OleDbCommand(sqlstr, con)
16. Dim red As OleDbDataReader
17. red = com.ExecuteReader
18. Response.Write("<center><table border=1><tr>")
19. Dim i As Integer
20. For i = 0 To red.FieldCount - 1
21. Response.Write("<td>" & red.GetName(i) & "</td>")
22. Next
23. Response.Write("</tr>")
24. While red.Read
25. Response.Write("<tr>")
```

```
26. For i = 0 To red.FieldCount - 1
27. Response.Write("<td>" & red.GetValue(i) & "</td>")
28. Next
29. End While
30. Response.Write("</tr></table></center>")
31. red.Close()
32. con.Close()
33. %>
34. </body>
35. </html>
```

程式說明

第 1 行：ASP.NET 程式的指引區間，告知 .NET 系統此網頁程式是以 Visual Basic 程式撰寫。

第 2 行：ASP.NET 程式的指引區間，為了要使用 ADO.NET 的資料庫物件與類別，所以要先載入名稱空間 system.data。

第 3 行：ASP.NET 程式的指引區間，為了要使用 ADO.NET 的資料庫物件與類別，所以要先載入名稱空間 system.data.oledb。

第 5 行：宣告網頁的表頭，並設定此網頁程式在 Server 端執行。

第 9~33 行：ASP 網頁的動態標籤程式區間。

第 10 行，宣告 str 與 sqlstr 變數，並設其資料型態為 String，在本程式中 str 要做為 Connection 物件的連線字串，sqlstr 則是做為 SQL 指令字串。

第 11 行：建立 Connection 物件的連線字串 str，因為要連結的資料庫為 Microsoft Office Access，所以 provider 參數設定為【microsoft.jet.oledb.4.0】，data source 參數則是指定要連結的 db1.mdb 資料庫的所在位置，在本範例中，我們將 db1.mdb 資料庫檔案放在與程式相同的資料夾中，所以在位置的設定中，不需要加上任何的路徑區隔。

第 12 行：建立 Connection 物件 con，並帶入連線字串 str。

第 13 行：以 con 物件的 open() 方法開啟 db1.mdb 資料庫的連結。

第 14 行：建立 Command 物件要執行的 SQL 指令字串，在此我們設定 SQL 指令為【select * from 通訊錄】，可將通訊錄資料表中所有的資料取出，並將指令設定在 sqlstr 字串變數中。

第 15 行：建立 Command 物件 com，並將 Command 物件所需的兩個參數，要執行的 SQL 指令 sqlstr 與 Connection 物件 con 帶入到 Command 物件中。

第 16 行：宣告 red 為 OleDbDataReader 類別物件變數。

第 17 行：執行 Command 物件的 ExecuteReader() 方法，以建立 DataReader 物件 red，此時 SQL 指令執行後的結果資料表已經產生，存放在 DataReader 物件中。

第 18 行：以 ASP.NET 程式輸出 HTML 的表格，建立表格列，並設表格框線寬度為 1，置中對齊。

第 19 行：宣告變數 i，並設其資料型態為 Integer。

第 20~22 行：建立 For 迴圈，迴圈起始值變數 i 從 0 開始，以 red 物件執行 FieldCount 屬性所得的值，即資料表的欄位總數，再減 1 做為迴圈終止值，則迴圈執行的次數為 0~ 欄位總數 -1，正好做為資料表欄位的索引值，因資料表欄位的索引值從第一個欄位 0 起算，到最後一個欄位索引值即為欄位總數 -1。所以在第 21 行我們執行 red 物件的 GetName 方法，帶入迴圈 i 值，便可取出 red 物件中所有的欄位名稱，放入表格的欄，輸出到瀏覽器中。

第 23 行：結束輸出表格的列。

第 24~29 行：建立 While 迴圈，條件式為 red.read，是當 red 物件可以讀取資料時，就依照第 20~22 行的方法，執行 red 物件的 GetValue 方法，取出 red 物件中每一筆資料記錄的欄位值，放入表格的欄中，在第 26~28 行中以 For 迴圈將所有記錄的欄位資料取出。

第 30 行：結束表格的輸出。

第 31 行：執行 red 物件的 Close() 方法，關閉已開啟的 DataReader 物件 red。

第 32 行：以 con 物件的 Close() 方法關閉已開啟的 db1.mdb 資料庫的連結。

執行結果

原始的 Access db1 資料庫的通訊錄資料表：

通訊錄

姓名	密碼	出生年月日	電話	地址	電子郵件
張添順	0332	1966/2/18	02-23961111	台北市	abelch@ms.com
趙子丹	0256	1970/5/16	03-3546547	桃園市	antonyc@dhl.com
李雲凡	6985	1965/7/31	02-27213698	台北市	bennylee@akj.cmb.net
林曉晴	4848	1976/12/6	06-6549832	台南縣	amylin@pop.net.tw
陳素雯	9632	1980/4/8	07-8316954	高雄市	susanchen@ups.com
楊子萱	6895	1960/5/15	02-25586987	台北市	alicey@fud.phd.net
曾俊田	7694	1971/3/10	04-23546611	台中市	tomc@ms.in.com.tw
胡素月	1598	1962/4/16	02-23128899	台北市	anniehu@usb.net.tw
范清雄	3585	1967/5/23	07-27114436	高雄市	johnfan@ure.com.tw
孫志強	2142	1960/6/17	08-6845923	屏東縣	simonsan@ram.the.com.tw
江榮標	5321	1958/7/1	04-6322541	台中縣	andyj@pop.net.tw
李宇珍	8671	1961/8/22	07-27716846	高雄縣	bettylee@ms.com
吳秀玲	1766	1966/2/2	07-23812525	高雄市	carolwu@kao.net.tw
陳英豪	2984	1967/9/12	03-5869822	新竹縣	barrych@yahoo.com.tw
李耀安	5577	1965/6/10	02-27115678	台北市	franklee@ms100.hinet.net
周文輝	3009	1977/10/10	03-2356981	桃園市	gerrych@yahoo.com.tw
劉晉原	4890	1971/5/29	04-4589677	基隆市	henrylaw@ups.com
郭禮文	9995	1980/12/7	03-5112223	新竹市	jamesko@ure.com.tw
王玉芬	8777	1979/7/7	02-26895412	台北縣	helenwang@tpi.net.tw
陸玫娜	6688	1961/3/20	07-27769812	高雄市	janetlu@kao.net.tw
黃毅功	3361	1972/4/11	04-6849999	台中縣	philiph@tai.hub.com.tw
蔡惠華	1113	1963/8/19	02-22329832	台北縣	ivyts@ms99.hinet.net
郭佩穎	5668	1978/3/14	02-22317721	台北縣	lisako@yahoo.com.tw
曹芸珍	1291	1974/10/23	03-7412589	桃園市	maggietso@tao.vsi.net
何嘉蓉	6633	1973/6/25	06-2513654	台南市	sallyho@tpts1.sd.net.tw
洪國傑	2311	1968/9/17	04-6519632	台中縣	peterhung@yam.net.tw
廖信仁	2154	1979/1/6	07-5871462	高雄市	rudyl@ghp.com
林慧心	9937	1976/2/21	08-9418863	屏東縣	nancylin@php.asp.com
林伊莉	7782	1971/5/28	02-29416673	台北縣	wendylin@dhc.net
彭淑琪	5513	1975/11/16	02-28937769	台北縣	tinapn@yahoo.com.tw
*					

記錄: 30 之 1 無篩選條件 搜尋

【圖6-2】

輸出到網頁後的通訊錄資料表：

姓名	密碼	出生年月日	電話	地址	電子郵件
張添順	0332	1966/2/18	02-23961111	台北市	abelch@ms.com
趙子丹	0256	1970/5/16	03-3546547	桃園市	antonyc@dhl.com
李雲凡	6985	1965/7/31	02-27213698	台北市	bennylee@akj.cmb.net
林曉晴	4848	1976/12/6	06-6549832	台南縣	amylin@pop.net.tw
陳素雯	9632	1980/4/8	07-8316954	高雄市	susanchen@ups.com
楊子萱	6895	1960/5/15	02-25586987	台北市	alicey@fud.phd.net
曾俊田	7694	1971/3/10	04-23546611	台中市	tomc@ms.in.com.tw
胡素月	1598	1962/4/16	02-23128899	台北市	anniehu@usb.net.tw
范清雄	3585	1967/5/23	07-27114436	高雄市	johnfan@ure.com.tw
孫志強	2142	1960/6/17	08-6845923	屏東縣	simonsan@ram.the.com.tw
江榮標	5321	1958/7/1	04-6322541	台中縣	andyj@pop.net.tw
李宇珍	8671	1961/8/22	07-27716846	高雄縣	bettylee@ms.com
吳秀玲	1766	1966/2/2	07-23812525	高雄市	carolwu@kao.net.tw
陳英豪	2984	1967/9/12	03-5869822	新竹縣	barrych@yahoo.com.tw
李耀安	5577	1965/6/10	02-27115678	台北市	franklee@ms100.hinet.net
周文輝	3009	1977/10/10	03-2356981	桃園市	gerrych@yahoo.com.tw
劉晉原	4890	1971/5/29	04-4589677	基隆市	henrylaw@ups.com
郭禮文	9995	1980/12/7	03-5112223	新竹市	jamesko@ure.com.tw
王玉芬	8777	1979/7/7	02-26895412	台北縣	helenwang@tpi.net.tw
陸玫娜	6688	1961/3/20	07-27769812	高雄市	janetlu@kao.net.tw
黃毅功	3361	1972/4/11	04-6849999	台中縣	philiph@tai.hub.com.tw
蔡惠華	1113	1963/8/19	02-22329832	台北縣	ivyts@ms99.hinet.net
郭佩穎	5668	1978/3/14	02-22317721	台北縣	lisako@yahoo.com.tw
曹芸珍	1291	1974/10/23	03-7412589	桃園市	maggietso@tao.vsi.net
何嘉蓉	6633	1973/6/25	06-2513654	台南市	sallyho@tpts1.sd.net.tw
洪國傑	2311	1968/9/17	04-6519632	台中縣	peterhung@yam.net.tw
廖信仁	2154	1979/1/6	07-5871462	高雄市	rudyl@ghp.com
林慧心	9937	1976/2/21	08-9418863	屏東縣	nancylin@php.asp.com
林伊莉	7782	1971/5/28	02-29416673	台北縣	wendylin@dhc.net
彭淑琪	5513	1975/11/16	02-28937769	台北縣	tinapn@yahoo.com.tw

【圖6-3】

範例練習6-3 (完整程式碼在本書附的光碟中ch6\ex6-3.aspx)

同上題，使用ASP.NET的Web控制項建立表格，開啟db1.mdb資料庫的連結，並將通訊錄資料表中所有的資料記錄顯示在網頁中。

程式碼

```
1.  <%@ Page Language="VB" %>
2.  <%@ Import Namespace="system.data" %>
3.  <%@ Import Namespace="system.data.oledb" %>
4.  <script language="vbscript" runat="server">
5.  Sub page_load(ByVal sender As Object, ByVal e As EventArgs)
6.  Dim str, sqlstr As String
7.  str = "provider=microsoft.jet.oledb.4.0;data source=" & Server.
    MapPath("db1.mdb")
8.  Dim con As OleDbConnection = New OleDbConnection(str)
9.  con.Open()
10. sqlstr = "select * from 通訊錄"
11. Dim com As OleDbCommand = New OleDbCommand(sqlstr, con)
12. Dim red As OleDbDataReader
13. red = com.ExecuteReader
14. outdata(red)
15. red.Close()
16. con.Close()
17. End Sub
18. Sub outdata(ByVal red As OleDbDataReader)
19. Dim row As TableRow = New TableRow
20. Dim cell As TableCell
21. Dim i As Integer
22. For i = 0 To red.FieldCount - 1
23. cell = New TableCell
24. cell.Text = red.GetName(i)
25. row.Cells.Add(cell)
26. Next
27. ta1.rows.add(row)
28. While red.Read
29. row = New TableRow
30. For i = 0 To red.FieldCount - 1
31. cell = New TableCell
32. cell.Text = red.GetValue(i)
33. row.Cells.Add(cell)
34. Next
35. ta1.rows.add(row)
36. End While
37. End Sub
```

```
38. </script>
39. <html>
40. <head id="Head1" runat="server">
41. <title>範例 ex8-3</title>
42. </head>
43. <body>
44. <form id="f1" runat="server">
45. <center><asp:Table ID="ta1" runat="server"  GridLines="Both" />
46. </center>
47. </form>
48. </body>
49. </html>
```

程式說明

第 1 行：ASP.NET 程式的指引區間，告知 .NET 系統此網頁程式是以 Visual Basic 程式撰寫。

第 2 行：ASP.NET 程式的指引區間，為了要使用 ADO.NET 的資料庫物件與類別，所以要先載入名稱空間 system.data。

第 3 行：ASP.NET 程式的指引區間，為了要使用 ADO.NET 的資料庫物件與類別，所以要先載入名稱空間 system.data.oledb。

第 4~38 行：宣告 .NET 程式碼區間，以 <script> 標籤區間寫出，設定此區間的編譯的語言為 script 語言，並在 Server 端執行。

第 5~17 行：建立 page_load 副程式，即 page_load 事件程序，當 ASP.NET 網頁程式載入時觸發此事件程序。

第 6 行：宣告 str 與 sqlstr 變數，並設其資料型態為 String，在本程式中 str 要做為 Connection 物件的連線字串，sqlstr 則是做為 SQL 指令字串。

第 7 行：建立 Connection 物件的連線字串 str，因為要連結的資料庫為 Microsoft Office Access，所以 provider 參數設定為【microsoft.jet.oledb.4.0】，data source 參數則是指定要連結的 db1.mdb 資料庫的所在位置，在本範例中，我們將 db1.mdb 資料庫檔案放在與程式相同的資料夾中，所以在位置的設定中，不需要加上任何的路徑區隔。

第 8 行：建立 Connection 物件 con，並帶入連線字串 str。

第 9 行：以 con 物件的 open() 方法開啟 db1.mdb 資料庫的連結。

第 10 行：建立 Command 物件要執行的 SQL 指令字串，在此我們設定 SQL 指令為【select * from 通訊錄】，可將通訊錄資料表中所有的資料記錄取出，並將指令設定在 sqlstr 字串變數中。

第 11 行：建立 Command 物件 com，並將 Command 物件所需的兩個參數，要執行的 SQL 指令 sqlstr 與 Connection 物件 con 帶入到 Command 物件中。

第 12 行：宣告 red 為 OleDbDataReader 類別物件變數。

第 13 行：執行 Command 物件的 ExecuteReader() 方法，以建立 DataReader 物件 red，此時 SQL 指令執行後的結果資料表已經產生，存放在 DataReader 物件中。

第 14 行：執行 outdata 副程式，並帶入 red 物件做為參數。

第 15 行：執行 red 物件的 Close() 方法，關閉已開啟的 DataReader 物件 red。

第 16 行：以 con 物件的 Close() 方法關閉已開啟的 db1.mdb 資料庫的連結。

第 18~37 行：建立 outdata 副程式，即 outdata 事件程序，設定 OleDbDataReader 類別物件變數 red 為此副程式要執行時帶入的參數。

第 19 行：宣告並建立 row 變數為 Web 伺服器控制項的表格列 (TableRow) 物件。

第 20 行：宣告 cell 變數為 Web 伺服器控制項的表格欄 (TableCell) 物件變數。

第 21 行：宣告變數 i，並設其資料型態為 Integer。

第 22~26 行：建立 For 迴圈，迴圈起始值變數 i 從 0 開始，以 red 物件執行 FieldCount 屬性所得的值，即資料表的欄位總數，再減 1 做為迴圈終止值，則迴圈執行的次數為 0~欄位總數 -1，正好做為資料表欄位的索引值，因資料表欄位的索引值從第一個欄位 0 起算，到最後一個欄位索引值即為欄位總數 -1。

第 23 行：建立 Web 伺服器控制項的表格欄物件。

第 24 行：執行 red 物件的 GetName 方法，帶入迴圈 i 值，便可取出 red 物件中所有的欄位名稱，設定給表格欄物件 (cell) 的文字屬性 (text)，即表格儲存格內的文字內容。

第 25 行：將表格的欄物件 (cell) 加入到表格列物件 (row) 中。

第 26 行：For 迴圈結束

第 27 行：將表格的列物件 (row) 加入到表格物件 (ta1) 中。

第 28~36 行：建立 while 迴圈。

第 28 行：while 條件式為 red.read，red 為 DataDeader 物件，已經存放 SQL 指令執行後產生的資料表，執行其 read 方法，一次讀取一筆資料，當有讀到資料，則此 while 條件式成立將傳回 true，接著執行 29 行以後的程式。如果沒有讀到資料，則代表條件不成立，將傳回 false，跳離 while 迴圈。

第 29 行：建立 Web 伺服器控制項的表格列物件。

第 30~34 行：建立 For 迴圈。

第 30 行：迴圈計次變數 i 從 0 起始，迴圈起始值變數 i 從 0 開始，以 red 物件執行 FieldCount 屬性所得的值，即資料表的欄位總數，再減 1 做為迴圈終止值。

第 31 行：建立 Web 伺服器控制項的表格欄物件。

第 32 行：執行 red 物件的 GetValue 方法，帶入迴圈 i 值，可取出 red 物件中所有的欄位內容值，設定給表格欄物件 (cell) 的文字屬性 (text)，即表格儲存格內的文字內容。

第 33 行：將表格的欄物件 (cell) 加入到表格列物件 (row) 中。

第 34 行：結束 For 迴圈。

第 35 行：將表格的列物件 (row) 加入到表格物件 (ta1) 中。

第 36 行：結束 while 迴圈。

第 37 行：結束副程式 outdata。

第 45 行：建立 Web 伺服器控制項 Table，設定其 id 名稱為 ta1，並設定表格內框線為同時顯示水平與垂直儲存格框線，並使表格置中顯示。

執行結果

姓名	密碼	出生年月日	電話	地址	電子郵件
張添順	0332	1966/2/18	02-23961111	台北市	abelch@ms.com
趙子丹	0256	1970/5/16	03-3546547	桃園市	antonyc@dhl.com
李雲凡	6985	1965/7/31	02-27213698	台北市	bennylee@akj.cmb.net
林曉晴	4848	1976/12/6	06-6549832	台南縣	amylin@pop.net.tw
陳素雯	9632	1980/4/8	07-8316954	高雄市	susanchen@ups.com
楊子萱	6895	1960/5/15	02-25586987	台北市	alicey@fud.phd.net
曾俊田	7694	1971/3/10	04-23546611	台中市	tomc@ms.in.com.tw
胡素月	1598	1962/4/16	02-23128899	台北市	anniehu@usb.net.tw
范清雄	3585	1967/5/23	07-27114436	高雄市	johnfan@ure.com.tw
孫志強	2142	1960/6/17	08-6845923	屏東縣	simonsan@ram.the.com.tw
江榮標	5321	1958/7/1	04-6322541	台中縣	andyj@pop.net.tw
李宇珍	8671	1961/8/22	07-27716846	高雄縣	bettylee@ms.com
吳秀玲	1766	1966/2/2	07-23812525	高雄市	carolwu@kao.net.tw
陳英豪	2984	1967/9/12	03-5869822	新竹縣	barrych@yahoo.com.tw
李耀安	5577	1965/6/10	02-27115678	台北市	franklee@ms100.hinet.net
周文輝	3009	1977/10/10	03-2356981	桃園市	gerrych@yahoo.com.tw
劉晉原	4890	1971/5/29	04-4589677	基隆市	henrylaw@ups.com
郭禮文	9995	1980/12/7	03-5112223	新竹市	jamesko@ure.com.tw
王玉芬	8777	1979/7/7	02-26895412	台北縣	helenwang@tpi.net.tw
陸玫娜	6688	1961/3/20	07-27769812	高雄市	janetlu@kao.net.tw
黃毅功	3361	1972/4/11	04-6849999	台中縣	philiph@tai.hub.com.tw
蔡惠華	1113	1963/8/19	02-22329832	台北縣	ivyts@ms99.hinet.net
郭佩穎	5668	1978/3/14	02-22317721	台北縣	lisako@yahoo.com.tw
曹芸珍	1291	1974/10/23	03-7412589	桃園市	maggietso@tao.vsi.net
何嘉蓉	6633	1973/6/25	06-2513654	台南市	sallyho@tpts1.sd.net.tw
洪國傑	2311	1968/9/17	04-6519632	台中縣	peterhung@yam.net.tw
廖信仁	2154	1979/1/6	07-5871462	高雄市	rudyl@ghp.com
林慧心	9937	1976/2/21	08-9418863	屏東縣	nancylin@php.asp.com
林伊莉	7782	1971/5/28	02-29416673	台北縣	wendylin@dhc.net
彭淑琪	5513	1975/11/16	02-28937769	台北縣	tinapn@yahoo.com.tw

【圖6-4】

範例練習6-4 (完整程式碼在本書附的光碟中ch6\ex6-4.aspx)

建立ASP.NET程式，開啟db1.mdb資料庫的連結，並將通訊錄資料表中所有的資料記錄與欄位名稱逐筆印出顯示在網頁中。

程式碼

```
1.  <%@ Page Language="VB" %>
2.  <%@ Import Namespace="system.data" %>
3.  <%@ Import Namespace="system.data.oledb" %>
4.  <script language="vbscript" runat="server">
5.  Sub page_load(ByVal sender As Object, ByVal e As EventArgs)
6.  Dim str, sqlstr As String
7.  str = "provider=microsoft.jet.oledb.4.0;data source=" & Server.
    MapPath("northwind.mdb")
8.  Dim con As OleDbConnection = New OleDbConnection(str)
9.  con.Open()
10. sqlstr = "select * from 產品資料 "
11. Dim com As OleDbCommand = New OleDbCommand(sqlstr, con)
12. Dim red As OleDbDataReader
13. red = com.ExecuteReader
14. response.write(" 資料表欄位與欄位值輸出如下：<p><hr>")
15. do while red.read()
16. dim i
17. for i=0 to red.fieldcount-1
18. response.write(red.getname(i) & " = " & red.item(i) & "<br>")
19. next
20. response.write("<p>")
21. loop
22. red.close()
23. con.close()
24. end sub
25. </script>
26. <html>
27. <head id="Head1" runat="server">
28. <title>範例 ex8-4</title>
29. </head>
30. </html>
```

程式說明

第 1 行：ASP.NET 程式的指引區間，告知 .NET 系統此網頁程式是以 Visual Basic 程式撰寫。

第 2 行：ASP.NET 程式的指引區間，為了要使用 ADO.NET 的資料庫物件與類別，所以要先載入名稱空間 system.data。

第 3 行：ASP.NET 程式的指引區間，為了要使用 ADO.NET 的資料庫物件與類別，所以要先載入名稱空間 system.data.oledb。

第 4~25 行：宣告 .NET 程式碼區間，以 <script> 標籤區間寫出，設定此區間的編譯的語言為 script 語言，並在 Server 端執行。

第 5~24 行：建立 page_load 副程式，即 page_load 事件程序，當 ASP.NET 網頁程式載入時觸發此事件程序。

第 6 行：宣告 str 與 sqlstr 變數，並設其資料型態為 String，在本程式中 str 要做為 Connection 物件的連線字串，sqlstr 則是做為 SQL 指令字串。

第 7 行：建立 Connection 物件的連線字串 str，因為要連結的資料庫為 Microsoft Office Access，所以 provider 參數設定為【microsoft.jet.oledb.4.0】，data source 參數則是指定要連結的 northwind.mdb 資料庫的所在位置，在本範例中，我們將 northwind.mdb 資料庫檔案放在與程式相同的資料夾中，所以在位置的設定中，不需要加上任何的路徑區隔。

第 8 行：建立 Connection 物件 con，並帶入連線字串 str。

第 9 行：以 con 物件的 open() 方法開啟 northwind.mdb 資料庫的連結。

第 10 行：建立 Command 物件要執行的 SQL 指令字串，在此我們設定 SQL 指令為【select * from 產品資料】，可將產品資料資料表中所有的資料記錄取出，並將指令設定在 sqlstr 字串變數中。

第 11 行：建立 Command 物件 com，並將 Command 物件所需的兩個參數，要執行的 SQL 指令 sqlstr 與 Connection 物件 con 帶入到 Command 物件中。

第 12 行：宣告 red 為 OleDbDataReader 類別物件變數。

第 13 行：執行 Command 物件的 ExecuteReader() 方法，以建立 DataReader 物件 red，此時 SQL 指令執行後的結果資料表已經產生，存放在 DataReader 物件中。

第 14 行：輸出文字資料。

第 15~21 行：建立 do~while 迴圈，用來讀取資料表中的欄位名稱與欄位值。迴圈條件式為 red.read，red 為 DataDeader 物件，已經存放 SQL 指令執行後產生的資料表，執行其 read 方法，一次讀取一筆資料，當有讀到資料，則此 while 條件式成立將傳回 true，接著執行 16 行以後的程式。如果沒有讀到資料，則代表條件不成立，將傳回 false，跳離 do~while 迴圈。

第 16 行：建立 for 迴圈的計次變數 i。

第 17~19 行：建立 for 迴圈，i 變數從 0 開始，以 red 物件執行 FieldCount 屬性所得的值，即資料表的欄位總數，再減 1 做為迴圈終止值。到欄位利用此迴圈取出資料表中的欄位名稱與欄位值。

第 18 行：執行 red 物件的 getname() 方法帶入 i 變數，以取得每一個欄位名稱。再以 red 物件的 item() 方法帶入 i 變數，以取得每一個欄位值，並輸出到瀏覽器中。

第 20 行：每輸出一筆欄位名稱與欄位值後，執行換行以顯示下一筆資料。

第 22 行：執行 red 物件的 Close() 方法，關閉已開啟的 DataReader 物件 red。

第 23 行：以 con 物件的 Close() 方法關閉已開啟的 northwind.mdb 資料庫的連結。

執行結果

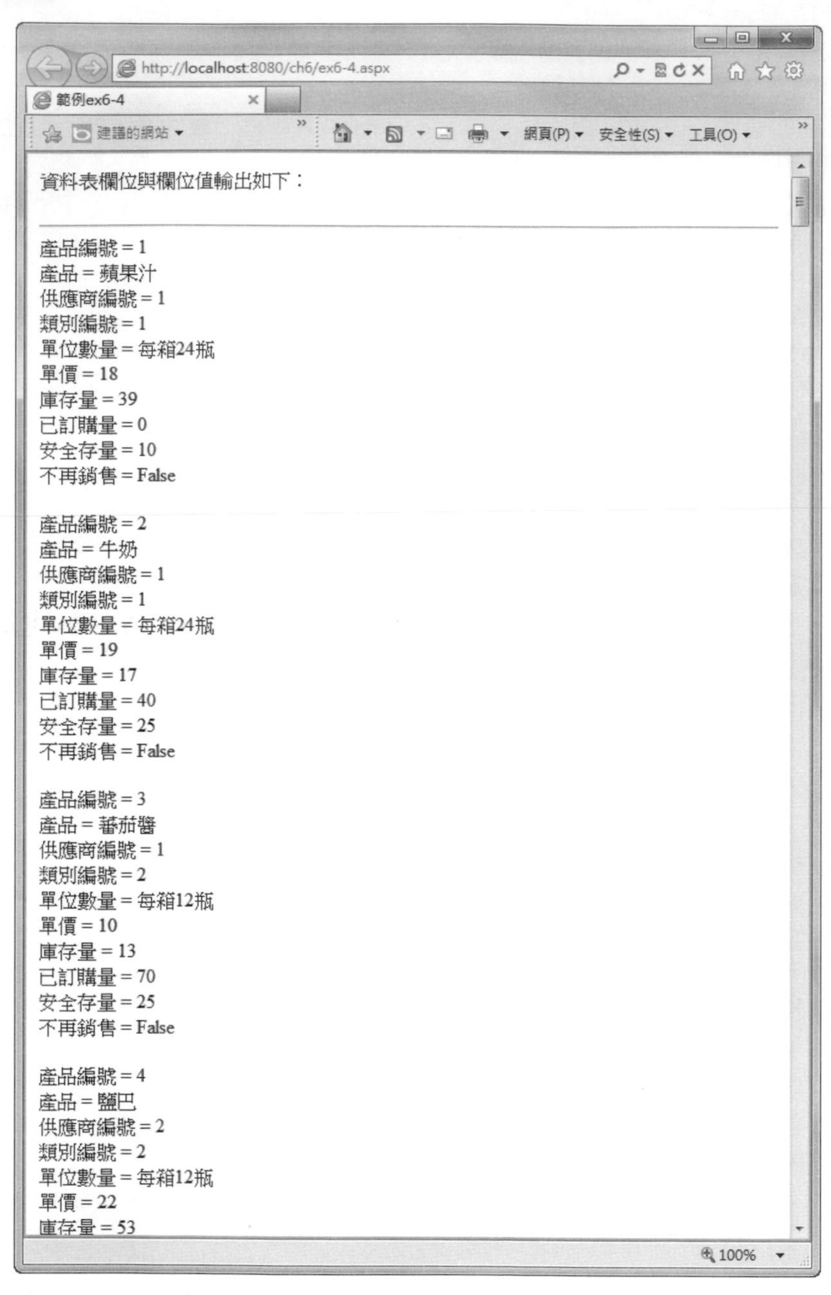
http://localhost:8080/ch6/ex6-4.aspx
範例ex6-4
建議的網站
網頁(P)
安全性(S)
工具(O)
資料表欄位與欄位值輸出如下：
產品編號 = 1
產品 = 蘋果汁
供應商編號 = 1
類別編號 = 1
單位數量 = 每箱24瓶
單價 = 18
庫存量 = 39
已訂購量 = 0
安全存量 = 10
不再銷售 = False
產品編號 = 2
產品 = 牛奶
供應商編號 = 1
類別編號 = 1
單位數量 = 每箱24瓶
單價 = 19
庫存量 = 17
已訂購量 = 40
安全存量 = 25
不再銷售 = False
產品編號 = 3
產品 = 蕃茄醬
供應商編號 = 1
類別編號 = 2
單位數量 = 每箱12瓶
單價 = 10
庫存量 = 13
已訂購量 = 70
安全存量 = 25
不再銷售 = False
產品編號 = 4
產品 = 鹽巴
供應商編號 = 2
類別編號 = 2
單位數量 = 每箱12瓶
單價 = 22
庫存量 = 53
100%

【圖6-5】

範例練習6-5 (完整程式碼在本書附的光碟中ch6\ex6-5.aspx)

建立ASP.NET程式，開啟並連結db1.mdb資料庫後，利用SQL指令篩選出通訊錄資料表中，地址欄位中位於【台北市】的地址資料，並以表格控制項物件顯示結果於網頁中。

程式碼

```
1.  <%@ Page Language="VB" %>
2.  <%@ Import Namespace="system.data" %>
3.  <%@ Import Namespace="system.data.oledb" %>
4.  <script language="vbscript" runat="server">
5.  Sub page_load(ByVal sender As Object, ByVal e As EventArgs)
6.  Dim str, sqlstr As String
7.  str = "provider=microsoft.jet.oledb.4.0;data source=" & Server.
    MapPath("db1.mdb")
8.  Dim con As OleDbConnection = New OleDbConnection(str)
9.  con.Open()
10. sqlstr = "select * from 通訊錄 where 地址='台北市'"
11. Dim com As OleDbCommand = New OleDbCommand(sqlstr, con)
12. Dim red As OleDbDataReader
13. red = com.ExecuteReader
14. outdata(red)
15. red.Close()
16. con.Close()
17. End Sub
18. Sub outdata(ByVal red As OleDbDataReader)
19. Dim row As TableRow = New TableRow
20. Dim cell As TableCell
21. Dim i As Integer
22. For i = 0 To red.FieldCount - 1
23. cell = New TableCell
24. cell.Text = red.GetName(i)
25. row.Cells.Add(cell)
26. Next
27. tal.rows.add(row)
28. While red.Read
29. row = New TableRow
30. For i = 0 To red.FieldCount - 1
31. cell = New TableCell
32. cell.Text = red.GetValue(i)
33. row.Cells.Add(cell)
34. Next
35. tal.rows.add(row)
36. End While
```

```
37. End Sub
38. </script>
39. <html>
40. <head id="Head1" runat="server">
41. <title>範例 ex8-5</title>
42. </head>
43. <body>
44. <form id="f1" runat="server">
45. <center><asp:Table ID="ta1" runat="server"  GridLines="Both" />
46. </center>
47. </form>
48. </body>
49. </html>
```

程式說明

第 1 行：ASP.NET 程式的指引區間，告知 .NET 系統此網頁程式是以 Visual Basic 程式撰寫。

第 2 行：ASP.NET 程式的指引區間，為了要使用 ADO.NET 的資料庫物件與類別，所以要先載入名稱空間 system.data。

第 3 行：ASP.NET 程式的指引區間，為了要使用 ADO.NET 的資料庫物件與類別，所以要先載入名稱空間 system.data.oledb。

第 4~38 行：宣告 .NET 程式碼區間，以 <script> 標籤區間寫出，設定此區間的編譯的語言為 script 語言，並在 Server 端執行。

第 5~17 行：建立 page_load 副程式，即 page_load 事件程序，當 ASP.NET 網頁程式載入時觸發此事件程序。

第 6 行：宣告 str 與 sqlstr 變數，並設其資料型態為 String，在本程式中 str 要做為 Connection 物件的連線字串，sqlstr 則是做為 SQL 指令字串。

第 7 行：建立 Connection 物件的連線字串 str，因為要連結的資料庫為 Microsoft Office Access，所以 provider 參數設定為【microsoft.jet.oledb.4.0】，data source 參數則是指定要連結的 db1.mdb 資料庫的所在位置，在本範例中，我們將 db1.mdb 資料庫檔案放在與程式相同的資料夾中，所以在位置的設定中，不需要加上任何的路徑區隔。

第 8 行：建立 Connection 物件 con，並帶入連線字串 str。

第 9 行：以 con 物件的 open() 方法開啟 db1.mdb 資料庫的連結。

第 10 行：建立 Command 物件要執行的 SQL 指令字串，在此我們設定 SQL 指令為【select * from 通訊錄 where 地址 = '台北市'】，可篩選出通訊錄資料表中，地址欄位中位於【台北市】的地址資料，並將指令設定在 sqlstr 字串變數中。

第 11 行：建立 Command 物件 com，並將 Command 物件所需的兩個參數，要執行的 SQL 指令 sqlstr 與 Connection 物件 con 帶入到 Command 物件中。

第 12 行：宣告 red 為 OleDbDataReader 類別物件變數。

第 13 行：執行 Command 物件的 ExecuteReader() 方法，以建立 DataReader 物件 red，此時 SQL 指令執行後的結果資料表已經產生，存放在 DataReader 物件中。

第 14 行：執行 outdata 副程式，並帶入 red 物件做為參數。

第 15 行：執行 red 物件的 Close() 方法，關閉已開啟的 DataReader 物件 red。

第 16 行：以 con 物件的 Close() 方法關閉已開啟的 db1.mdb 資料庫的連結。

第 18~37 行：建立 outdata 副程式，即 outdata 事件程序，設定 OleDbDataReader 類別物件變數 red 為此副程式要執行時帶入的參數。

第 19 行：宣告並建立 row 變數為 Web 伺服器控制項的表格列 (TableRow) 物件。

第 20 行：宣告 cell 變數為 Web 伺服器控制項的表格欄 (TableCell) 物件變數。

第 21 行：宣告變數 i，並設其資料型態為 Integer。

第 22~26 行：建立 For 迴圈，迴圈起始值變數 i 從 0 開始，以 red 物件執行 FieldCount 屬性所得的值，即資料表的欄位總數，再減 1 做為迴圈終止值，則迴圈執行的次數為 0~欄位總數 -1，正好做為資料表欄位的索引值，因資料表欄位的索引值從第一個欄位 0 起算，到最後一個欄位索引值即為欄位總數 -1。

第 23 行：建立 Web 伺服器控制項的表格欄物件。

第 24 行：執行 red 物件的 GetName 方法，帶入迴圈 i 值，便可取出 red 物件中所有的欄位名稱，設定給表格欄物件 (cell) 的文字屬性 (text)，即表格儲存格內的文字內容。

第 25 行：將表格的欄物件 (cell) 加入到表格列物件 (row) 中。

第 26 行：For 迴圈結束

第 27 行：將表格的列物件 (row) 加入到表格物件 (ta1) 中。

第 28~36 行：建立 while 迴圈。

第 28 行：while 條件式為 red.read，red 為 DataDeader 物件，已經存放 SQL 指令執行後產生的資料表，執行其 read 方法，一次讀取一筆資料，當有讀到資料，則此 while 條件式成立將傳回 true，接著執行 29 行以後的程式。如果沒有讀到資料，則代表條件不成立，將傳回 false，跳離 while 迴圈。

第 29 行：建立 Web 伺服器控制項的表格列物件。

第 30~34 行：建立 For 迴圈。

第 30 行：迴圈計次變數 i 從 0 起始，迴圈起始值變數 i 從 0 開始，以 red 物件執行 FieldCount 屬性所得的值，即資料表的欄位總數，再減 1 做為迴圈終止值。

第 31 行：建立 Web 伺服器控制項的表格欄物件。

第 32 行：執行 red 物件的 GetValue 方法，帶入迴圈 i 值，可取出 red 物件中所有的欄位內容值，設定給表格欄物件 (cell) 的文字屬性 (text)，即表格儲存格內的文字內容。

第 33 行：將表格的欄物件 (cell) 加入到表格列物件 (row) 中。

第 34 行：結束 For 迴圈。

第 35 行：將表格的列物件 (row) 加入到表格物件 (ta1) 中。

第 36 行：結束 while 迴圈。

第 37 行：結束副程式 outdata。

第 45 行：建立 Web 伺服器控制項 Table，設定其 id 名稱為 ta1，並設定表格內框線為同時顯示水平與垂直儲存格框線，並使表格置中顯示。

執行結果

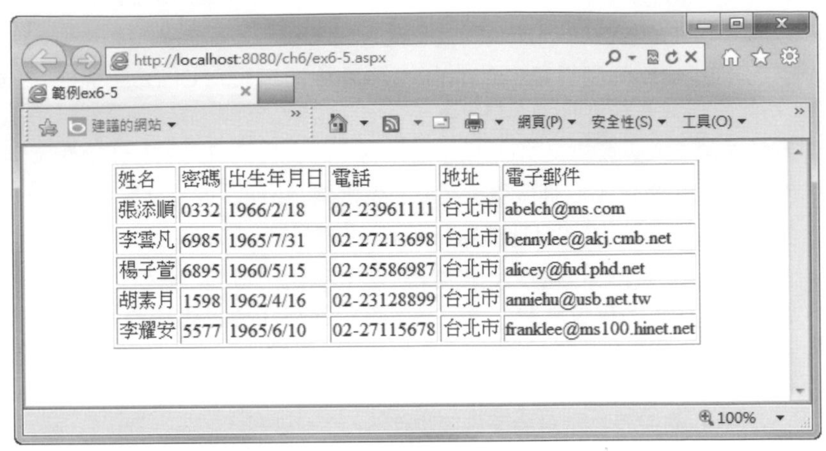

姓名	密碼	出生年月日	電話	地址	電子郵件
張添順	0332	1966/2/18	02-23961111	台北市	abelch@ms.com
李雲凡	6985	1965/7/31	02-27213698	台北市	bennylee@akj.cmb.net
楊子萱	6895	1960/5/15	02-25586987	台北市	alicey@fud.phd.net
胡素月	1598	1962/4/16	02-23128899	台北市	anniehu@usb.net.tw
李耀安	5577	1965/6/10	02-27115678	台北市	franklee@ms100.hinet.net

【圖6-6】

範例練習6-6 (完整程式碼在本書附的光碟中ch6\ex6-6.aspx)

建立 ASP.NET 程式，開啟並連結 db1.mdb 資料庫後，利用 SQL 指令篩選出通訊錄資料表中，將姓名欄位的資料依升冪排序後，以表格控制項物件顯示結果於網頁中。

程式碼

```
1.  <%@ Page Language="VB" %>
2.  <%@ Import Namespace="system.data" %>
3.  <%@ Import Namespace="system.data.oledb" %>
4.  <script language="vbscript" runat="server">
5.  Sub page_load(ByVal sender As Object, ByVal e As EventArgs)
6.  Dim str, sqlstr As String
7.  str = "provider=microsoft.jet.oledb.4.0;data source=" & Server.
    MapPath("db1.mdb")
8.  Dim con As OleDbConnection = New OleDbConnection(str)
9.  con.Open()
10. sqlstr = "select * from 通訊錄 order by 姓名"
11. Dim com As OleDbCommand = New OleDbCommand(sqlstr, con)
12. Dim red As OleDbDataReader
13. red = com.ExecuteReader
14. outdata(red)
15. red.Close()
16. con.Close()
17. End Sub
18. Sub outdata(ByVal red As OleDbDataReader)
19. Dim row As TableRow = New TableRow
20. Dim cell As TableCell
```

```
21. Dim i As Integer
22. For i = 0 To red.FieldCount - 1
23. cell = New TableCell
24. cell.Text = red.GetName(i)
25. row.Cells.Add(cell)
26. Next
27. ta1.rows.add(row)
28. While red.Read
29. row = New TableRow
30. For i = 0 To red.FieldCount - 1
31. cell = New TableCell
32. cell.Text = red.GetValue(i)
33. row.Cells.Add(cell)
34. Next
35. ta1.rows.add(row)
36. End While
37. End Sub
38. </script>
39. <html>
40. <head id="Head1" runat="server">
41. <title>範例 ex8-6</title>
42. </head>
43. <body>
44. <form id="f1" runat="server">
45. <center><asp:Table ID="ta1" runat="server"  GridLines="Both" />
46. </center>
47. </form>
48. </body>
49. </html>
```

程式說明

第 1 行：ASP.NET 程式的指引區間，告知 .NET 系統此網頁程式是以 Visual Basic 程式撰寫。

第 2 行：ASP.NET 程式的指引區間，為了要使用 ADO.NET 的資料庫物件與類別，所以要先載入名稱空間 system.data。

第 3 行：ASP.NET 程式的指引區間，為了要使用 ADO.NET 的資料庫物件與類別，所以要先載入名稱空間 system.data.oledb。

第 4~38 行：宣告 .NET 程式碼區間，以 <script> 標籤區間寫出，設定此區間的編譯的語言為 script 語言，並在 Server 端執行。

第 5~17 行：建立 page_load 副程式，即 page_load 事件程序，當 ASP.NET 網頁程式載入時觸發此事件程序。

第 6 行：宣告 str 與 sqlstr 變數，並設其資料型態為 String，在本程式中 str 要做為 Connection 物件的連線字串，sqlstr 則是做為 SQL 指令字串。

第 7 行：建立 Connection 物件的連線字串 str，因為要連結的資料庫為 Microsoft Office Access，所以 provider 參數設定為【microsoft.jet.oledb.4.0】，data source 參數則是指定要連結的 db1.mdb 資料庫的所在位置，在本範例中，我們將 db1.mdb 資料庫檔案放在與程式相同的資料夾中，所以在位置的設定中，不需要加上任何的路徑區隔。

第 8 行：建立 Connection 物件 con，並帶入連線字串 str。

第 9 行：以 con 物件的 open() 方法開啟 db1.mdb 資料庫的連結。

第 10 行：建立 Command 物件要執行的 SQL 指令字串，在此我們設定 SQL 指令為【select * from 通訊錄 order by 姓名】，可篩選出通訊錄資料表中，將姓名欄位的資料依升冪排序，並將指令設定在 sqlstr 字串變數中。

第 11 行：建立 Command 物件 com，並將 Command 物件所需的兩個參數，要執行的 SQL 指令 sqlstr 與 Connection 物件 con 帶入到 Command 物件中。

第 12 行：宣告 red 為 OleDbDataReader 類別物件變數。

第 13 行：執行 Command 物件的 ExecuteReader() 方法，以建立 DataReader 物件 red，此時 SQL 指令執行後的結果資料表已經產生，存放在 DataReader 物件中。

第 14 行：執行 outdata 副程式，並帶入 red 物件做為參數。

第 15 行：執行 red 物件的 Close() 方法，關閉已開啟的 DataReader 物件 red。

第 16 行：以 con 物件的 Close() 方法關閉已開啟的 db1.mdb 資料庫的連結。

第 18~37 行：建立 outdata 副程式，即 outdata 事件程序，設定 OleDbDataReader 類別物件變數 red 為此副程式要執行時帶入的參數。

第 19 行：宣告並建立 row 變數為 Web 伺服器控制項的表格列 (TableRow) 物件。

第 20 行：宣告 cell 變數為 Web 伺服器控制項的表格欄 (TableCell) 物件變數。

第 21 行：宣告變數 i，並設其資料型態為 Integer。

第 22~26 行：建立 For 迴圈，迴圈起始值變數 i 從 0 開始，以 red 物件執行 FieldCount 屬性所得的值，即資料表的欄位總數，再減 1 做為迴圈終止值，則迴圈執行的次數為 0~欄位總數 -1，正好做為資料表欄位的索引值，因資料表欄位的索引值從第一個欄位 0 起算，到最後一個欄位索引值即為欄位總數 -1。

第 23 行：建立 Web 伺服器控制項的表格欄物件。

第 24 行：執行 red 物件的 GetName 方法，帶入迴圈 i 值，便可取出 red 物件中所有的欄位名稱，設定給表格欄物件 (cell) 的文字屬性 (text)，即表格儲存格內的文字內容。

第 25 行：將表格的欄物件 (cell) 加入到表格列物件 (row) 中。

第 26 行：For 迴圈結束

第 27 行：將表格的列物件 (row) 加入到表格物件 (ta1) 中。

第 28~36 行：建立 while 迴圈。

第 28 行：while 條件式為 red.read，red 為 DataDeader 物件，已經存放 SQL 指令執行後產生的資料表，執行其 read 方法，一次讀取一筆資料，當有讀到資料，則此 while 條件式成立將傳回 true，接著執行 29 行以後的程式。如果沒有讀到資料，則代表條件不成立，將傳回 false，跳離 while 迴圈。

第 29 行：建立 Web 伺服器控制項的表格列物件。

第 30~34 行：建立 For 迴圈。

第 30 行：迴圈計次變數 i 從 0 起始，迴圈起始值變數 i 從 0 開始，以 red 物件執行 FieldCount 屬性所得的值，即資料表的欄位總數，再減 1 做為迴圈終止值。

第 31 行：建立 Web 伺服器控制項的表格欄物件。

第 32 行：執行 red 物件的 GetValue 方法，帶入迴圈 i 值，可取出 red 物件中所有的欄位內容值，設定給表格欄物件 (cell) 的文字屬性 (text)，即表格儲存格內的文字內容。

第 33 行：將表格的欄物件 (cell) 加入到表格列物件 (row) 中。

第 34 行：結束 For 迴圈。

第 35 行：將表格的列物件 (row) 加入到表格物件 (ta1) 中。

第 36 行：結束 while 迴圈。

第 37 行：結束副程式 outdata。

第 45 行：建立 Web 伺服器控制項 Table，設定其 id 名稱為 ta1，並設定表格內框線為同時顯示水平與垂直儲存格框線，並使表格置中顯示。

執行結果

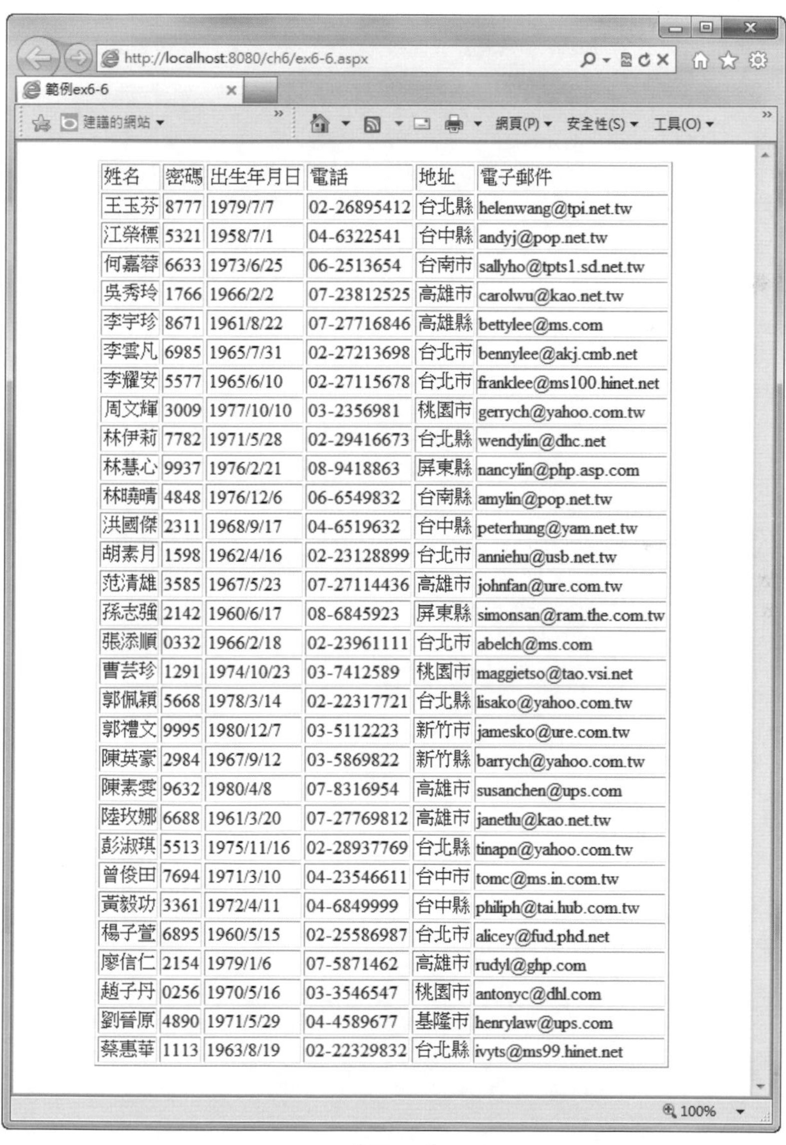

姓名	密碼	出生年月日	電話	地址	電子郵件
王玉芬	8777	1979/7/7	02-26895412	台北縣	helenwang@tpi.net.tw
江榮標	5321	1958/7/1	04-6322541	台中縣	andyj@pop.net.tw
何嘉蓉	6633	1973/6/25	06-2513654	台南市	sallyho@tpts1.sd.net.tw
吳秀玲	1766	1966/2/2	07-23812525	高雄市	carolwu@kao.net.tw
李宇珍	8671	1961/8/22	07-27716846	高雄縣	bettylee@ms.com
李雲凡	6985	1965/7/31	02-27213698	台北市	bennylee@akj.cmb.net
李耀安	5577	1965/6/10	02-27115678	台北市	franklee@ms100.hinet.net
周文輝	3009	1977/10/10	03-2356981	桃園市	gerrych@yahoo.com.tw
林伊莉	7782	1971/5/28	02-29416673	台北縣	wendylin@dhc.net
林慧心	9937	1976/2/21	08-9418863	屏東縣	nancylin@php.asp.com
林曉晴	4848	1976/12/6	06-6549832	台南縣	amylin@pop.net.tw
洪國傑	2311	1968/9/17	04-6519632	台中縣	peterhung@yam.net.tw
胡素月	1598	1962/4/16	02-23128899	台北市	anniehu@usb.net.tw
范清雄	3585	1967/5/23	07-27114436	高雄市	johnfan@ure.com.tw
孫志強	2142	1960/6/17	08-6845923	屏東縣	simonsan@ram.the.com.tw
張添順	0332	1966/2/18	02-23961111	台北市	abelch@ms.com
曹芸珍	1291	1974/10/23	03-7412589	桃園市	maggietso@tao.vsi.net
郭佩穎	5668	1978/3/14	02-22317721	台北縣	lisako@yahoo.com.tw
郭禮文	9995	1980/12/7	03-5112223	新竹市	jamesko@ure.com.tw
陳英豪	2984	1967/9/12	03-5869822	新竹縣	barrych@yahoo.com.tw
陳素雯	9632	1980/4/8	07-8316954	高雄市	susanchen@ups.com
陸玫娜	6688	1961/3/20	07-27769812	高雄市	janetlu@kao.net.tw
彭淑琪	5513	1975/11/16	02-28937769	台北縣	tinapn@yahoo.com.tw
曾俊田	7694	1971/3/10	04-23546611	台中市	tomc@ms.in.com.tw
黃毅功	3361	1972/4/11	04-6849999	台中縣	philiph@tai.hub.com.tw
楊子萱	6895	1960/5/15	02-25586987	台北市	alicey@fud.phd.net
廖信仁	2154	1979/1/6	07-5871462	高雄市	rudyl@ghp.com
趙子丹	0256	1970/5/16	03-3546547	桃園市	antonyc@dhl.com
劉晉原	4890	1971/5/29	04-4589677	基隆市	henrylaw@ups.com
蔡惠華	1113	1963/8/19	02-22329832	台北縣	ivyts@ms99.hinet.net

【圖6-7】

範例練習6-7 (完整程式碼在本書附的光碟中ch6\ex6-7.aspx)

建立 ASP.NET 程式，開啟並連結 northwind.mdb 資料庫後，利用 SQL 指令篩選出產品資料資料表中，產品名稱最後一個字是【油】的資料，以表格控制項物件顯示結果於網頁中。

程式碼

```
1.  <%@ Page Language="VB" %>
2.  <%@ Import Namespace="system.data" %>
3.  <%@ Import Namespace="system.data.oledb" %>
4.  <script language="vbscript" runat="server">
5.  Sub page_load(ByVal sender As Object, ByVal e As EventArgs)
6.  Dim str, sqlstr As String
7.  str = "provider=microsoft.jet.oledb.4.0;data source=" & Server.
    MapPath("northwind.mdb")
8.  Dim con As OleDbConnection = New OleDbConnection(str)
9.  con.Open()
10. sqlstr = "select * from 產品資料 where 產品 like '%油'"
11. Dim com As OleDbCommand = New OleDbCommand(sqlstr, con)
12. Dim red As OleDbDataReader
13. red = com.ExecuteReader
14. outdata(red)
15. red.Close()
16. con.Close()
17. End Sub
18. Sub outdata(ByVal red As OleDbDataReader)
19. Dim row As TableRow = New TableRow
20. Dim cell As TableCell
21. Dim i As Integer
22. For i = 0 To red.FieldCount - 1
23. cell = New TableCell
24. cell.Text = red.GetName(i)
25. row.Cells.Add(cell)
26. Next
27. ta1.rows.add(row)
28. While red.Read
29. row = New TableRow
30. For i = 0 To red.FieldCount - 1
31. cell = New TableCell
32. cell.Text = red.GetValue(i)
33. row.Cells.Add(cell)
34. Next
35. ta1.rows.add(row)
36. End While
37. End Sub
38. </script>
```

```
39. <html>
40. <head id="Head1" runat="server">
41. <title>範例 ex8-7</title>
42. </head>
43. <body>
44. <form id="f1" runat="server">
45. <center><asp:Table ID="ta1" runat="server"  GridLines="Both" />
46. </center>
47. </form>
48. </body>
49. </html>
```

程式說明

第 1 行：ASP.NET 程式的指引區間，告知 .NET 系統此網頁程式是以 Visual Basic 程式撰寫。

第 2 行：ASP.NET 程式的指引區間，為了要使用 ADO.NET 的資料庫物件與類別，所以要先載入名稱空間 system.data。

第 3 行：ASP.NET 程式的指引區間，為了要使用 ADO.NET 的資料庫物件與類別，所以要先載入名稱空間 system.data.oledb。

第 4~38 行：宣告 .NET 程式碼區間，以 <script> 標籤區間寫出，設定此區間的編譯的語言為 script 語言，並在 Server 端執行。

第 5~17 行：建立 page_load 副程式，即 page_load 事件程序，當 ASP.NET 網頁程式載入時觸發此事件程序。

第 6 行：宣告 str 與 sqlstr 變數，並設其資料型態為 String，在本程式中 str 要做為 Connection 物件的連線字串，sqlstr 則是做為 SQL 指令字串。

第 7 行：建立 Connection 物件的連線字串 str，因為要連結的資料庫為 Microsoft Office Access，所以 provider 參數設定為【microsoft.jet.oledb.4.0】，data source 參數則是指定要連結的 northwind.mdb 資料庫的所在位置，在本範例中，我們將 northwind.mdb 資料庫檔案放在與程式相同的資料夾中，所以在位置的設定中，不需要加上任何的路徑區隔。

第 8 行：建立 Connection 物件 con，並帶入連線字串 str。

第 9 行：以 con 物件的 open() 方法開啟 northwind.mdb 資料庫的連結。

第 10 行：建立 Command 物件要執行的 SQL 指令字串，在此我們設定 SQL 指令為【select * from 產品資料 where 產品 like '% 油'】，可篩選出產品資料資料表中，產品名稱最後一個字是【油】的資料，並將指令設定在 sqlstr 字串變數中。

第 11 行：建立 Command 物件 com，並將 Command 物件所需的兩個參數，要執行的 SQL 指令 sqlstr 與 Connection 物件 con 帶入到 Command 物件中。

第 12 行：宣告 red 為 OleDbDataReader 類別物件變數。

第 13 行：執行 Command 物件的 ExecuteReader() 方法，以建立 DataReader 物件 red，此時 SQL 指令執行後的結果資料表已經產生，存放在 DataReader 物件中。

第 14 行：執行 outdata 副程式，並帶入 red 物件做為參數。

第 15 行：執行 red 物件的 Close() 方法，關閉已開啟的 DataReader 物件 red。

第 16 行：以 con 物件的 Close() 方法關閉已開啟的 northwind.mdb 資料庫的連結。

第 18~37 行：建立 outdata 副程式，即 outdata 事件程序，設定 OleDbDataReader 類別物件變數 red 為此副程式要執行時帶入的參數。

第 19 行：宣告並建立 row 變數為 Web 伺服器控制項的表格列 (TableRow) 物件。

第 20 行：宣告 cell 變數為 Web 伺服器控制項的表格欄 (TableCell) 物件變數。

第 21 行：宣告變數 i，並設其資料型態為 Integer。

第 22~26 行：建立 For 迴圈，迴圈起始值變數 i 從 0 開始，以 red 物件執行 FieldCount 屬性所得的值，即資料表的欄位總數，再減 1 做為迴圈終止值，則迴圈執行的次數為 0~欄位總數 -1，正好做為資料表欄位的索引值，因資料表欄位的索引值從第一個欄位 0 起算，到最後一個欄位索引值即為欄位總數 -1。

第 23 行：建立 Web 伺服器控制項的表格欄物件。

第 24 行：執行 red 物件的 GetName 方法，帶入迴圈 i 值，便可取出 red 物件中所有的欄位名稱，設定給表格欄物件 (cell) 的文字屬性 (text)，即表格儲存格內的文字內容。

第 25 行：將表格的欄物件 (cell) 加入到表格列物件 (row) 中。

第 26 行：For 迴圈結束

第 27 行：將表格的列物件 (row) 加入到表格物件 (ta1) 中。

第 28~36 行：建立 while 迴圈。

第 28 行：while 條件式為 red.read，red 為 DataDeader 物件，已經存放 SQL 指令執行後產生的資料表，執行其 read 方法，一次讀取一筆資料，當有讀到資料，則此 while 條件式成立將傳回 true，接著執行 29 行以後的程式。如果沒有讀到資料，則代表條件不成立，將傳回 false，跳離 while 迴圈。

第 29 行：建立 Web 伺服器控制項的表格列物件。

第 30~34 行：建立 For 迴圈。

第 30 行：迴圈計次變數 i 從 0 起始，迴圈起始值變數 i 從 0 開始，以 red 物件執行 FieldCount 屬性所得的值，即資料表的欄位總數，再減 1 做為迴圈終止值。

第 31 行：建立 Web 伺服器控制項的表格欄物件。

第 32 行：執行 red 物件的 GetValue 方法，帶入迴圈 i 值，可取出 red 物件中所有的欄位內容值，設定給表格欄物件 (cell) 的文字屬性 (text)，即表格儲存格內的文字內容。

第 33 行：將表格的欄物件 (cell) 加入到表格列物件 (row) 中。

第 34 行：結束 For 迴圈。

第 35 行：將表格的列物件 (row) 加入到表格物件 (ta1) 中。

第 36 行：結束 while 迴圈。

第 37 行：結束副程式 outdata。

第 45 行：建立 Web 伺服器控制項 Table，設定其 id 名稱為 ta1，並設定表格內框線為同時顯示水平與垂直儲存格框線，並使表格置中顯示。

執行結果

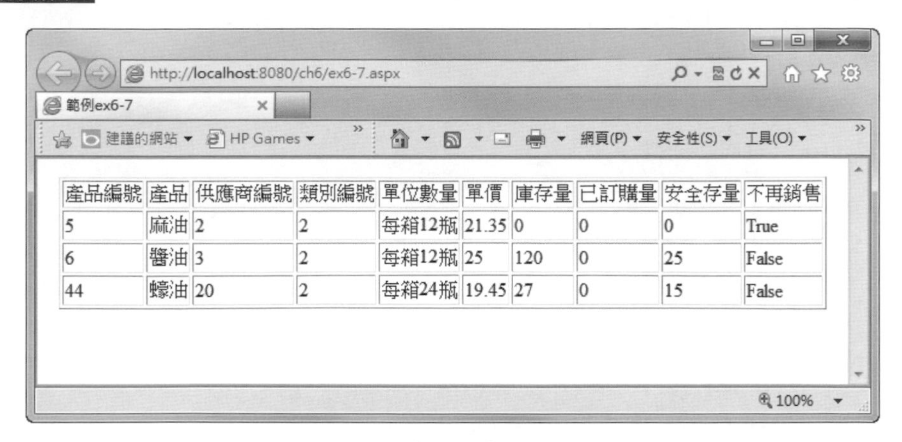

產品編號	產品	供應商編號	類別編號	單位數量	單價	庫存量	已訂購量	安全存量	不再銷售
5	麻油	2	2	每箱12瓶	21.35	0	0	0	True
6	醬油	3	2	每箱12瓶	25	120	0	25	False
44	蠔油	20	2	每箱24瓶	19.45	27	0	15	False

【圖6-8】

範例練習6-8 (完整程式碼在本書附的光碟中ch6\ex6-8.aspx)

建立 ASP.NET 程式，開啟並連結 db1.mdb 資料庫後，利用 SQL 指令篩選出通訊錄資料表中，依姓名欄位排序並取出前十項的資料，以表格控制項物件顯示結果於網頁中。

程式碼

```
1.  <%@ Page Language="VB" %>
2.  <%@ Import Namespace="system.data" %>
3.  <%@ Import Namespace="system.data.oledb" %>
4.  <script language="vbscript" runat="server">
5.  Sub page_load(ByVal sender As Object, ByVal e As EventArgs)
6.  Dim str, sqlstr As String
7.  str = "provider=microsoft.jet.oledb.4.0;data source=" & Server.
    MapPath("db1.mdb")
8.  Dim con As OleDbConnection = New OleDbConnection(str)
9.  con.Open()
10. sqlstr = "select top 10 * from 通訊錄 order by 姓名"
11. Dim com As OleDbCommand = New OleDbCommand(sqlstr, con)
12. Dim red As OleDbDataReader
13. red = com.ExecuteReader
14. outdata(red)
15. red.Close()
16. con.Close()
17. End Sub
18. Sub outdata(ByVal red As OleDbDataReader)
19. Dim row As TableRow = New TableRow
20. Dim cell As TableCell
21. Dim i As Integer
```

```
22. For i = 0 To red.FieldCount - 1
23. cell = New TableCell
24. cell.Text = red.GetName(i)
25. row.Cells.Add(cell)
26. Next
27. ta1.rows.add(row)
28. While red.Read
29. row = New TableRow
30. For i = 0 To red.FieldCount - 1
31. cell = New TableCell
32. cell.Text = red.GetValue(i)
33. row.Cells.Add(cell)
34. Next
35. ta1.rows.add(row)
36. End While
37. End Sub
38. </script>
39. <html>
40. <head id="Head1" runat="server">
41. <title>範例 ex8-8</title>
42. </head>
43. <body>
44. <form id="f1" runat="server">
45. <center><asp:Table ID="ta1" runat="server"  GridLines="Both" />
46. </center>
47. </form>
48. </body>
49. </html>
```

程式說明

第 1 行：ASP.NET 程式的指引區間，告知 .NET 系統此網頁程式是以 Visual Basic 程式撰寫。

第 2 行：ASP.NET 程式的指引區間，為了要使用 ADO.NET 的資料庫物件與類別，所以要先載入名稱空間 system.data。

第 3 行：ASP.NET 程式的指引區間，為了要使用 ADO.NET 的資料庫物件與類別，所以要先載入名稱空間 system.data.oledb。

第 4~38 行：宣告 .NET 程式碼區間，以 <script> 標籤區間寫出，設定此區間的編譯的語言為 script 語言，並在 Server 端執行。

第 5~17 行：建立 page_load 副程式，即 page_load 事件程序，當 ASP.NET 網頁程式載入時觸發此事件程序。

第 6 行：宣告 str 與 sqlstr 變數，並設其資料型態為 String，在本程式中 str 要做為 Connection 物件的連線字串，sqlstr 則是做為 SQL 指令字串。

第 7 行：建立 Connection 物件的連線字串 str，因為要連結的資料庫為 Microsoft Office

Access，所以 provider 參數設定為【microsoft.jet.oledb.4.0】，data source 參數則是指定要連結的 db1.mdb 資料庫的所在位置，在本範例中，我們將 db1.mdb 資料庫檔案放在與程式相同的資料夾中，所以在位置的設定中，不需要加上任何的路徑區隔。

第 8 行：建立 Connection 物件 con，並帶入連線字串 str。

第 9 行：以 con 物件的 open() 方法開啟 db1.mdb 資料庫的連結。

第 10 行：建立 Command 物件要執行的 SQL 指令字串，在此我們設定 SQL 指令為【select top 10 * from 通訊錄 order by 姓名】，可篩選出通訊錄資料表中，依姓名欄位排序並取出前十項的資料，並將指令設定在 sqlstr 字串變數中。

第 11 行：建立 Command 物件 com，並將 Command 物件所需的兩個參數，要執行的 SQL 指令 sqlstr 與 Connection 物件 con 帶入到 Command 物件中。

第 12 行：宣告 red 為 OleDbDataReader 類別物件變數。

第 13 行：執行 Command 物件的 ExecuteReader() 方法，以建立 DataReader 物件 red，此時 SQL 指令執行後的結果資料表已經產生，存放在 DataReader 物件中。

第 14 行：執行 outdata 副程式，並帶入 red 物件做為參數。

第 15 行：執行 red 物件的 Close() 方法，關閉已開啟的 DataReader 物件 red。

第 16 行：以 con 物件的 Close() 方法關閉已開啟的 db1.mdb 資料庫的連結。

第 18~37 行：建立 outdata 副程式，即 outdata 事件程序，設定 OleDbDataReader 類別物件變數 red 為此副程式要執行時帶入的參數。

第 19 行：宣告並建立 row 變數為 Web 伺服器控制項的表格列 (TableRow) 物件。

第 20 行：宣告 cell 變數為 Web 伺服器控制項的表格欄 (TableCell) 物件變數。

第 21 行：宣告變數 i，並設其資料型態為 Integer。

第 22~26 行：建立 For 迴圈，迴圈起始值變數 i 從 0 開始，以 red 物件執行 FieldCount 屬性所得的值，即資料表的欄位總數，再減 1 做為迴圈終止值，則迴圈執行的次數為 0~欄位總數 -1，正好做為資料表欄位的索引值，因資料表欄位的索引值從第一個欄位 0 起算，到最後一個欄位索引值即為欄位總數 -1。

第 23 行：建立 Web 伺服器控制項的表格欄物件。

第 24 行：執行 red 物件的 GetName 方法，帶入迴圈 i 值，便可取出 red 物件中所有的欄位名稱，設定給表格欄物件 (cell) 的文字屬性 (text)，即表格儲存格內的文字內容。

第 25 行：將表格的欄物件 (cell) 加入到表格列物件 (row) 中。

第 26 行：For 迴圈結束

第 27 行：將表格的列物件 (row) 加入到表格物件 (ta1) 中。

第 28~36 行：建立 while 迴圈。

第 28 行：while 條件式為 red.read，red 為 DataDeader 物件，已經存放 SQL 指令執行後產生的資料表，執行其 read 方法，一次讀取一筆資料，當有讀到資料，則此 while 條件式成立將傳回 true，接著執行 29 行以後的程式。如果沒有讀到資料，則代表條件不成立，將傳回 false，跳離 while 迴圈。

第 29 行：建立 Web 伺服器控制項的表格列物件。

第 30~34 行：建立 For 迴圈。

第 30 行：迴圈計次變數 i 從 0 起始，迴圈起始值變數 i 從 0 開始，以 red 物件執行 FieldCount 屬性所得的值，即資料表的欄位總數，再減 1 做為迴圈終止值。

第 31 行：建立 Web 伺服器控制項的表格欄物件。

第 32 行：執行 red 物件的 GetValue 方法，帶入迴圈 i 值，可取出 red 物件中所有的欄位內容值，設定給表格欄物件 (cell) 的文字屬性 (text)，即表格儲存格內的文字內容。

第 33 行：將表格的欄物件 (cell) 加入到表格列物件 (row) 中。

第 34 行：結束 For 迴圈。

第 35 行：將表格的列物件 (row) 加入到表格物件 (ta1) 中。

第 36 行：結束 while 迴圈。

第 37 行：結束副程式 outdata。

第 45 行：建立 Web 伺服器控制項 Table，設定其 id 名稱為 ta1，並設定表格內框線為同時顯示水平與垂直儲存格框線，並使表格置中顯示。

執行結果

姓名	密碼	出生年月日	電話	地址	電子郵件
王玉芬	8777	1979/7/7	02-26895412	台北縣	helenwang@tpi.net.tw
江榮標	5321	1958/7/1	04-6322541	台中縣	andyj@pop.net.tw
何嘉蓉	6633	1973/6/25	06-2513654	台南市	sallyho@tpts1.sd.net.tw
吳秀玲	1766	1966/2/2	07-23812525	高雄市	carolwu@kao.net.tw
李宇珍	8671	1961/8/22	07-27716846	高雄縣	bettylee@ms.com
李雲凡	6985	1965/7/31	02-27213698	台北市	bennylee@akj.cmb.net
李耀安	5577	1965/6/10	02-27115678	台北市	franklee@ms100.hinet.net
周文輝	3009	1977/10/10	03-2356981	桃園市	gerrych@yahoo.com.tw
林伊莉	7782	1971/5/28	02-29416673	台北縣	wendylin@dhc.net
林慧心	9937	1976/2/21	08-9418863	屏東縣	nancylin@php.asp.com

【圖6-9】

範例練習6-9 (完整程式碼在本書附的光碟中ch6\ex6-9.aspx)

建立 ASP.NET 程式，開啟並連結 northwind.mdb 資料庫後，利用 SQL 指令篩選出產品資料資料表中，產品名稱是四個字元的資料，以表格控制項物件顯示結果於網頁中。

程式碼

```
1.  <%@ Page Language="VB" %>
2.  <%@ Import Namespace="system.data" %>
3.  <%@ Import Namespace="system.data.oledb" %>
4.  <script language="vbscript" runat="server">
5.  Sub page_load(ByVal sender As Object, ByVal e As EventArgs)
6.  Dim str, sqlstr As String
7.  str = "provider=microsoft.jet.oledb.4.0;data source=" & Server.
    MapPath("northwind.mdb")
8.  Dim con As OleDbConnection = New OleDbConnection(str)
9.  con.Open()
10. sqlstr = "select * from 產品資料 where len(產品)=4"
11. Dim com As OleDbCommand = New OleDbCommand(sqlstr, con)
12. Dim red As OleDbDataReader
13. red = com.ExecuteReader
14. outdata(red)
15. red.Close()
16. con.Close()
17. End Sub
18. Sub outdata(ByVal red As OleDbDataReader)
19. Dim row As TableRow = New TableRow
20. Dim cell As TableCell
21. Dim i As Integer
22. For i = 0 To red.FieldCount - 1
23. cell = New TableCell
24. cell.Text = red.GetName(i)
25. row.Cells.Add(cell)
26. Next
27. tal.rows.add(row)
28. While red.Read
29. row = New TableRow
30. For i = 0 To red.FieldCount - 1
31. cell = New TableCell
32. cell.Text = red.GetValue(i)
33. row.Cells.Add(cell)
34. Next
35. tal.rows.add(row)
36. End While
37. End Sub
38. </script>
```

```
39. <html>
40. <head id="Head1" runat="server">
41. <title>範例 ex8-9</title>
42. </head>
43. <body>
44. <form id="f1" runat="server">
45. <center><asp:Table ID="ta1" runat="server"  GridLines="Both" />
46. </center>
47. </form>
48. </body>
49. </html>
```

程式說明

第 1 行：ASP.NET 程式的指引區間，告知 .NET 系統此網頁程式是以 Visual Basic 程式撰寫。

第 2 行：ASP.NET 程式的指引區間，為了要使用 ADO.NET 的資料庫物件與類別，所以要先載入名稱空間 system.data。

第 3 行：ASP.NET 程式的指引區間，為了要使用 ADO.NET 的資料庫物件與類別，所以要先載入名稱空間 system.data.oledb。

第 4~38 行：宣告 .NET 程式碼區間，以 <script> 標籤區間寫出，設定此區間的編譯的語言為 script 語言，並在 Server 端執行。

第 5~17 行：建立 page_load 副程式，即 page_load 事件程序，當 ASP.NET 網頁程式載入時觸發此事件程序。

第 6 行：宣告 str 與 sqlstr 變數，並設其資料型態為 String，在本程式中 str 要做為 Connection 物件的連線字串，sqlstr 則是做為 SQL 指令字串。

第 7 行：建立 Connection 物件的連線字串 str，因為要連結的資料庫為 Microsoft Office Access，所以 provider 參數設定為【microsoft.jet.oledb.4.0】，data source 參數則是指定要連結的 northwind.mdb 資料庫的所在位置，在本範例中，我們將 northwind.mdb 資料庫檔案放在與程式相同的資料夾中，所以在位置的設定中，不需要加上任何的路徑區隔。

第 8 行：建立 Connection 物件 con，並帶入連線字串 str。

第 9 行：以 con 物件的 open() 方法開啟 northwind.mdb 資料庫的連結。

第 10 行：建立 Command 物件要執行的 SQL 指令字串，在此我們設定 SQL 指令為【select * from 產品資料 where len(產品)=4】，可篩選出產品資料資料表中，產品名稱是四個字元的資料，並將指令設定在 sqlstr 字串變數中。

第 11 行：建立 Command 物件 com，並將 Command 物件所需的兩個參數，要執行的 SQL 指令 sqlstr 與 Connection 物件 con 帶入到 Command 物件中。

第 12 行：宣告 red 為 OleDbDataReader 類別物件變數。

第 13 行：執行 Command 物件的 ExecuteReader() 方法，以建立 DataReader 物件 red，此時 SQL 指令執行後的結果資料表已經產生，存放在 DataReader 物件中。

第 14 行：執行 outdata 副程式，並帶入 red 物件做為參數。

第 15 行：執行 red 物件的 Close() 方法，關閉已開啟的 DataReader 物件 red。

第 16 行：以 con 物件的 Close() 方法關閉已開啟的 northwind.mdb 資料庫的連結。

第 18~37 行：建立 outdata 副程式，即 outdata 事件程序，設定 OleDbDataReader 類別物件變數 red 為此副程式要執行時帶入的參數。

第 19 行：宣告並建立 row 變數為 Web 伺服器控制項的表格列 (TableRow) 物件。

第 20 行：宣告 cell 變數為 Web 伺服器控制項的表格欄 (TableCell) 物件變數。

第 21 行：宣告變數 i，並設其資料型態為 Integer。

第 22~26 行：建立 For 迴圈，迴圈起始值變數 i 從 0 開始，以 red 物件執行 FieldCount 屬性所得的值，即資料表的欄位總數，再減 1 做為迴圈終止值，則迴圈執行的次數為 0~欄位總數 -1，正好做為資料表欄位的索引值，因資料表欄位的索引值從第一個欄位 0 起算，到最後一個欄位索引值即為欄位總數 -1。

第 23 行：建立 Web 伺服器控制項的表格欄物件。

第 24 行：執行 red 物件的 GetName 方法，帶入迴圈 i 值，便可取出 red 物件中所有的欄位名稱，設定給表格欄物件 (cell) 的文字屬性 (text)，即表格儲存格內的文字內容。

第 25 行：將表格的欄物件 (cell) 加入到表格列物件 (row) 中。

第 26 行：For 迴圈結束

第 27 行：將表格的列物件 (row) 加入到表格物件 (ta1) 中。

第 28~36 行：建立 while 迴圈。

第 28 行：while 條件式為 red.read，red 為 DataDeader 物件，已經存放 SQL 指令執行後產生的資料表，執行其 read 方法，一次讀取一筆資料，當有讀到資料，則此 while 條件式成立將傳回 true，接著執行 29 行以後的程式。如果沒有讀到資料，則代表條件不成立，將傳回 false，跳離 while 迴圈。

第 29 行：建立 Web 伺服器控制項的表格列物件。

第 30~34 行：建立 For 迴圈。

第 30 行：迴圈計次變數 i 從 0 起始，迴圈起始值變數 i 從 0 開始，以 red 物件執行 FieldCount 屬性所得的值，即資料表的欄位總數，再減 1 做為迴圈終止值。

第 31 行：建立 Web 伺服器控制項的表格欄物件。

第 32 行：執行 red 物件的 GetValue 方法，帶入迴圈 i 值，可取出 red 物件中所有的欄位內容值，設定給表格欄物件 (cell) 的文字屬性 (text)，即表格儲存格內的文字內容。

第 33 行：將表格的欄物件 (cell) 加入到表格列物件 (row) 中。

第 34 行：結束 For 迴圈。

第 35 行：將表格的列物件 (row) 加入到表格物件 (ta1) 中。

第 36 行：結束 while 迴圈。

第 37 行：結束副程式 outdata。

第 45 行：建立 Web 伺服器控制項 Table，設定其 id 名稱為 ta1，並設定表格內框線為同時顯示水平與垂直儲存格框線，並使表格置中顯示。

執行結果

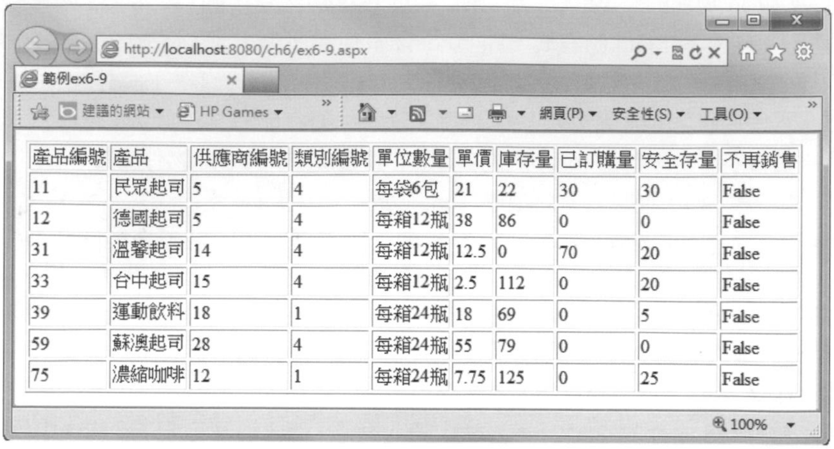
http://localhost:8080/ch6/ex6-9.aspx
範例ex6-9
建議的網站
HP Games
網頁(P)
安全性(S)
工具(O)
100%

產品編號	產品	供應商編號	類別編號	單位數量	單價	庫存量	已訂購量	安全存量	不再銷售
11	民眾起司	5	4	每袋6包	21	22	30	30	False
12	德國起司	5	4	每箱12瓶	38	86	0	0	False
31	溫馨起司	14	4	每箱12瓶	12.5	0	70	20	False
33	台中起司	15	4	每箱12瓶	2.5	112	0	20	False
39	運動飲料	18	1	每箱24瓶	18	69	0	5	False
59	蘇澳起司	28	4	每箱24瓶	55	79	0	0	False
75	濃縮咖啡	12	1	每箱24瓶	7.75	125	0	25	False

【圖6-10】

6.4 DataSet物件(DataSet類別)

DataSet物件是【ADO.NET】架構的主要元件，是由DataTable物件的集合所組成，並可以使用DataRelation物件將DataTable物件相互關聯。就DataTable物件而言，可以當作是一張張的資料表，而DataSet物件可以一次在記憶體中存入所有的資料紀錄，就是許多資料表的集合，所以可以將DataSet物件當作是儲存在記憶體中的資料庫。DataSet物件在使用時，因為是許多DataTable物件的集合，所以佔用的記憶體會比較多，它的功能與DataReader物件類似，但是卻沒有DataReader物件中資料只能【單向向前移動】與【資料唯讀】的特性，所以可以提供更完整的資料存取功能。DataSet物件不能單獨使用，必須與DataAdapter物件一起結合使用，而DataSet類別則是屬於【System.Data】的命名空間。

在操作資料庫時，要如何選擇到底是使用DataSet物件較佳，還是使用DataReader物件較恰當呢？這是一個很好的問題，雖然DataSet物件的功能比DataReader物件來的完整，但是在資料庫的操作上面，Datareader物件還是有它的優點存在。我們可以由以下的方向來判定：

如果只是要在網頁中顯示資料庫中的資料，不做其它的操作，就請使用DataReader物件。如果要在網頁中對於資料庫中的資料進行編輯、修改、任意移動…等工作，則請使用DataSet物件。

DataSet物件是【ADO.NET】存取資料的核心物件之一，可以看做是一個容器，儲存在記憶體中的一個資料庫，不依賴資料來源而可以繼續資料庫的程式設計，即為一個功能完整的資料集合，亦包含了關聯的資料表、資料表的密碼、資料更新時間…等內容。所以由以上的內容我們可以歸納出DataSet物件的基本組成有：

TablesCollection物件

一個DataSet物件即為一個或多個資料表的集合，這些資料表每一個都是DataTable物件，而DataSet物件中所有的DataTable物件就組成了TablesCollection物件。

RelationsCollection物件

一般來說，典型的資料庫中會包含資料表中的各種關聯，這些每一個資料表中的關聯都是DataRelation物件，DataRelation物件讓兩個資料表之間構成了聯繫，而DataRelation物件的基本組成是由關聯的名稱、聯繫的兩個資料表、主索引欄位與外部鍵欄位所組成，資料庫中所有的DataRelation物件就組成了RelationsCollection物件。

ExtendedProperties物件

資料庫中所設定的使用者自訂資訊，如密碼…等，這些資訊就構成了ExtendedProperties物件。

DataTable物件建立的格式如下：

宣告DataSet物件：

```
Dim DataSet 物件名稱 As DataSet
```

建立DataSet物件：

```
DataSet 物件名稱 = New DataSet()
```

以下是DataSet物件的架構圖：

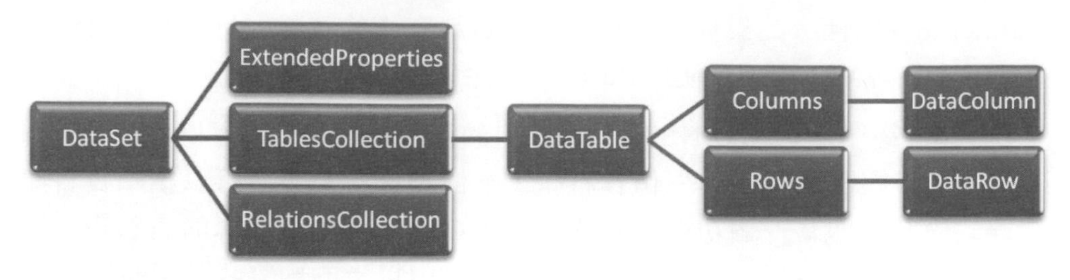

重點提示 由以上的說明，我們可以知道，DataSet物件處理的對象是儲存在記憶體中的資料記錄，在使用時，要先將資料記錄存入DataSet物件。
DataSet物件是由DataTable物件組成的集合物件。

6.4.1 DataSet類別的常用屬性

DataSet類別的常用屬性如下表：

屬性名稱	功用
DataSetName	取得或設定目前的DataSet物件的名稱。
Relations	取得連結資料表並允許從父資料表到子資料表進行導覽之關聯的集合。
Tables	取得包含在DataSet物件中的資料表的集合。格式如下： DataSet物件名稱.Tables(“資料表名稱”) 另可以使用 Tables.Count 屬性以求出DataSet物件所包含的資料表數量

6.4.2 DataSet類別的常用方法

DataSet類別的常用方法如下表：

方法名稱	功用
Clear	刪除所有資料表中的資料列，即清除所有資料的DataSet。
Copy	複製DataSet物件的資料與結構。
Merge	將指定的DataSet、DataTable、DataRow…等物件的陣列合併到目前的DataSet或DataTable物件中。

6.5 DataTable物件(DataTable類別)

DataTable物件在【ADO.NET】中代表的是記憶體中的一個資料表，以表格來儲存資料表中的資料記錄，是以【DataRowCollection】與【DataColumnCollection】兩個集合物件組成。DataRowCollection是列集合物件，由DataRow物件所組成，每一個DataRow物件代表資料表中的一列，即一筆資料記錄。DataColumnCollection是欄集合物件，由DataColumn物件所組成，每一個DataColumn物件代表資料表中的一欄。在DataTable物件中可以執行資料的新增、刪除、與插入列的資料表操作，DataTable類別是屬於【System.Data】的命名空間。

DataTable物件所組成的集合物件就是DataSet物件，所以如果以資料庫的觀點來看，DataSet物件就如同是資料庫，而DataTable物件就如同是資料表。當建立好DataTable物件後，可以進行資料表中的新增資料、刪除資料、插入資料的動作，所以DataTable物件就是一個存放在記憶體的資料表。

DataTable物件建立的格式如下：

宣告DataTable物件：

```
Dim DataTable 物件名稱 As DataTable
```

建立並設定DataTable物件為DataSet物件中的資料表：

```
DataTable 物件名稱 = DataSet 物件 .Tables( “資料表名稱” )
```

以下是DataTable物件的架構圖：

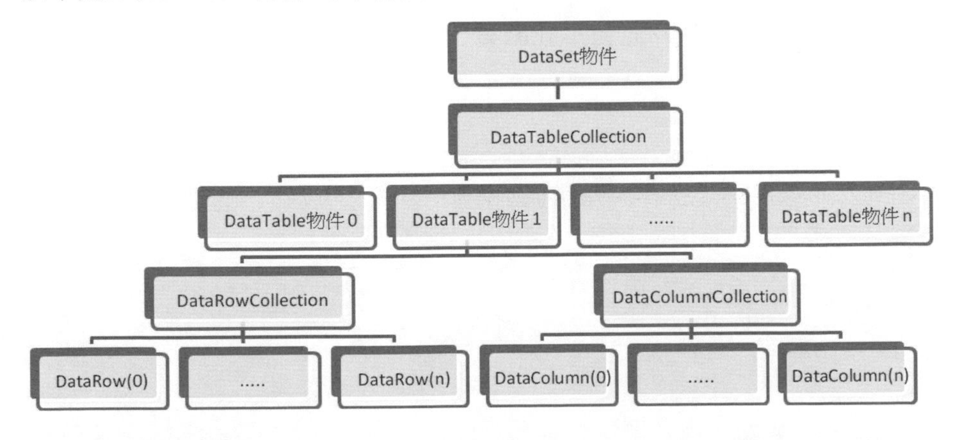

6.6 DataAdapter物件 (DataAdapter類別)

DataAdapter物件是DataSet物件與Connection物件資料來源之間的聯繫橋樑，可以使用【Fill】方法將資料記錄存入DataSet物件，而DataSet物件也是利用DataAdapter物件來取得資料記錄。

在程式的寫法上，是利用Collection物件建立資料庫的連結之後，再使用DataAdapter物件的【Fill】方法將資料記錄存到DataSet物件中，DataAdapter類別是屬於【System.Data.Common】的命名空間。

DataAdapter物件建立的格式如下：

宣告DataAdapter物件：

```
Dim DataAdapter物件名稱 As OleDbDataAdapter
```

建立DataAdapter物件：

```
DataAdapter物件名稱 = New OleDbDataAdapter(SQL指令字串 , Connection物件)
```

DataAdapter物件【Fill】方法：

```
新增DataSet物件中的DataTable物件，資料表名稱即DataTable物件的名稱。
DataAdapter物件.Fill(DataSet物件 , "資料表名稱")
```

範例練習6-10 (完整程式碼在本書附的光碟中ch6\ex6-10.aspx)

建立ASP.NET程式，開啟並連結northwind.mdb資料庫後，利用DataSet物件開啟資料表並顯示在網頁上。

程式碼

```
1.  <%@ Page Language="VB" %>
2.  <%@ Import Namespace="system.data" %>
3.  <%@ Import Namespace="system.data.oledb" %>
4.  <script language="vbscript" runat="server">
5.  Sub page_load(ByVal sender As Object, ByVal e As EventArgs)
6.  Dim str, sqlstr As String
7.  str = "provider=microsoft.jet.oledb.4.0;data source=" & Server.
    MapPath("northwind.mdb")
```

```
8.  Dim con As OleDbConnection = New OleDbConnection(str)
9.  con.Open()
10. sqlstr = "select * from 產品資料"
11. Dim ada As OleDbDataAdapter
12. Dim ds As DataSet
13. ada = New OleDbDataAdapter(sqlstr, con)
14. ds = New DataSet()
15. ada.Fill(ds, "產品資料")
16. Dim ta As DataTable
17. ta = ds.Tables("產品資料")
18. Dim i, j As Integer
19. Response.Write("<center><table border=1>")
20. For i = 0 To ta.Rows.Count - 1
21. Response.Write("<tr>")
22. For j = 0 To ta.Columns.Count - 1
23. Response.Write("<td>")
24. Response.Write(ta.Rows(i).Item(j))
25. Response.Write("</td>")
26. Next
27. Response.Write("</tr>")
28. Next
29. Response.Write("</table></center>")
30. con.Close()
31. End Sub
32. </script>
33. <html>
34. <head id="Head1" runat="server">
35. <title>範例 ex8-10</title>
36. </head>
37. <body>
38. <form id="f1" runat="server">
39. <center>
40. <font size="6" color="blue" face="標楷體">
41. 使用 DataSet 物件開啟資料庫
42. </font>
43. </center>
44. </form>
45. </body>
46. </html>
```

程式說明

第 1 行：ASP.NET 程式的指引區間，告知 .NET 系統此網頁程式是以 Visual Basic 程式撰寫。

第 2 行：ASP.NET 程式的指引區間，為了要使用 ADO.NET 的資料庫物件與類別，所以要先載入名稱空間 system.data。

第 3 行：ASP.NET 程式的指引區間，為了要使用 ADO.NET 的資料庫物件與類別，所以要先載入名稱空間 system.data.oledb。

第 4~38 行：宣告 .NET 程式碼區間，以 <script> 標籤區間寫出，設定此區間的編譯的語言為 script 語言，並在 Server 端執行。

第 5~31 行：建立 page_load 副程式，即 page_load 事件程序，當 ASP.NET 網頁程式載入時觸發此事件程序。

第 6 行：宣告 str 與 sqlstr 變數，並設其資料型態為 String，在本程式中 str 要做為 Connection 物件的連線字串，sqlstr 則是做為 SQL 指令字串。

第 7 行：建立 Connection 物件的連線字串 str，因為要連結的資料庫為 Microsoft Office Access，所以 provider 參數設定為【microsoft.jet.oledb.4.0】，data source 參數則是指定要連結的 northwind.mdb 資料庫的所在位置，在本範例中，我們將 northwind.mdb 資料庫檔案放在與程式相同的資料夾中，所以在位置的設定中，不需要加上任何的路徑區隔。

第 8 行：建立 Connection 物件 con，並帶入連線字串 str。

第 9 行：以 con 物件的 open() 方法開啟 northwind.mdb 資料庫的連結。

第 10 行：建立 DataAdapter 物件要執行的 SQL 指令字串，在此我們設定 SQL 指令為【select * from 產品資料】，可將產品資料資料表中所有的資料記錄取出，並將指令設定在 sqlstr 字串變數中。

第 11 行：宣告 ada 變數為 DataAdapter 物件。

第 12 行：宣告 ds 變數為 DataSet 物件。

第 13 行：帶入 SQL 指令與 Connection 物件以建立 DataAdapter 物件。

第 14 行：建立 DataSet 物件。

第 15 行：使用 DataAdapter 物件的 Fill 方法，新增 DataSet 物件 ds 的【產品資料】資料表。

第 16 行：宣告 ta 變數為 DataTable 物件。

第 17 行：建立並設定 DataTable 物件 ta 為 DataSet 物件 ds 中的【產品資料】資料表。

第 18 行：宣告變數 i、j，並設其資料型態為 Integer。

第 19 行：輸出 ASP.NET 表格並置中。

第 20~28 行：建立一個巢狀迴圈，使用表格來輸出資料表。

第 20 行：外迴圈計次變數 i 從 0 開始，終止值為 DataTable 物件 ta 中的列數減 1。(即為總列數)

第 21 行：輸出表格的列。

第 22~26 行：巢狀迴圈中的內迴圈，使用表格欄輸出資料表中的資料。

第 22 行：內迴圈計次變數 j 從 0 開始，終止值為 DataTable 物件 ta 中的欄數減 1。(即為總欄數)

第 23 行：輸出表格的欄。(即儲存格)

第 24 行：輸出儲存格的資料為 DataTable 物件 ta 中的對應列數與該列上的項目，此即資料表中的每一筆資料記錄中的各欄位上的資料。

第 25 行：結束表格欄。

第 27 行：結束表格列。

第 29 行：結束表格輸出。

第 30 行：以 con 物件的 Close() 方法關閉已開啟的 northwind.mdb 資料庫的連結。

第 31 行：結束 page_load 副程式。

執行結果

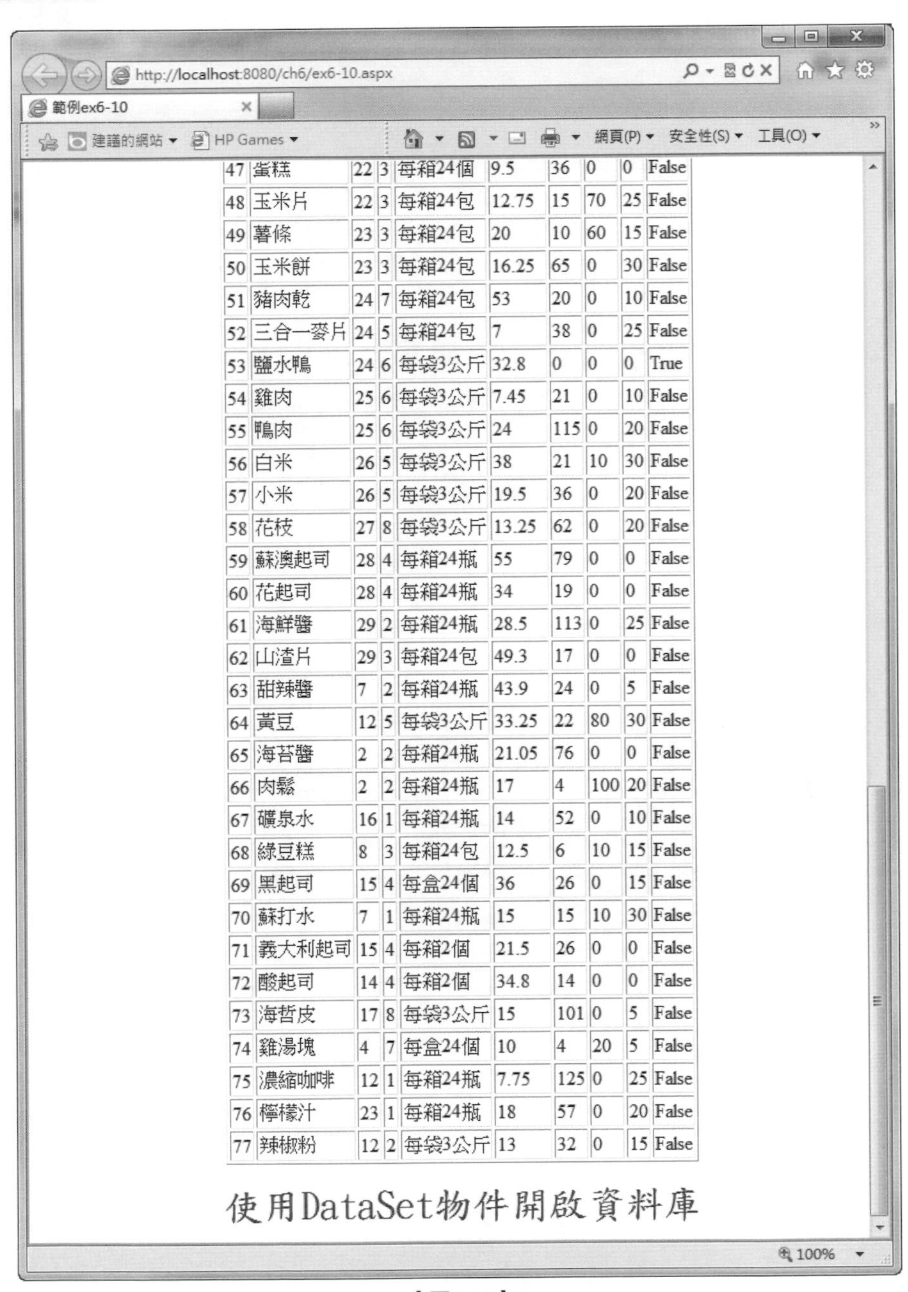

47	蛋糕	22	3	每箱24個	9.5	36	0	0	False
48	玉米片	22	3	每箱24包	12.75	15	70	25	False
49	薯條	23	3	每箱24包	20	10	60	15	False
50	玉米餅	23	3	每箱24包	16.25	65	0	30	False
51	豬肉乾	24	7	每箱24包	53	20	0	10	False
52	三合一麥片	24	5	每箱24包	7	38	0	25	False
53	鹽水鴨	24	6	每袋3公斤	32.8	0	0	0	True
54	雞肉	25	6	每袋3公斤	7.45	21	0	10	False
55	鴨肉	25	6	每袋3公斤	24	115	0	20	False
56	白米	26	5	每袋3公斤	38	21	10	30	False
57	小米	26	5	每袋3公斤	19.5	36	0	20	False
58	花枝	27	8	每袋3公斤	13.25	62	0	20	False
59	蘇澳起司	28	4	每箱24瓶	55	79	0	0	False
60	花起司	28	4	每箱24瓶	34	19	0	0	False
61	海鮮醬	29	2	每箱24瓶	28.5	113	0	25	False
62	山渣片	29	3	每箱24包	49.3	17	0	0	False
63	甜辣醬	7	2	每箱24瓶	43.9	24	0	5	False
64	黃豆	12	5	每袋3公斤	33.25	22	80	30	False
65	海苔醬	2	2	每箱24瓶	21.05	76	0	0	False
66	肉鬆	2	2	每箱24瓶	17	4	100	20	False
67	礦泉水	16	1	每箱24瓶	14	52	0	10	False
68	綠豆糕	8	3	每箱24包	12.5	6	10	15	False
69	黑起司	15	4	每盒24個	36	26	0	15	False
70	蘇打水	7	1	每箱24瓶	15	15	10	30	False
71	義大利起司	15	4	每箱2個	21.5	26	0	0	False
72	酸起司	14	4	每箱2個	34.8	14	0	0	False
73	海哲皮	17	8	每袋3公斤	15	101	0	5	False
74	雞湯塊	4	7	每盒24個	10	4	20	5	False
75	濃縮咖啡	12	1	每箱24瓶	7.75	125	0	25	False
76	檸檬汁	23	1	每箱24瓶	18	57	0	20	False
77	辣椒粉	12	2	每袋3公斤	13	32	0	15	False

使用DataSet物件開啟資料庫

【圖6-11】

範例練習6-11 （完整程式碼在本書附的光碟中ch6\ex6-11.aspx）

建立ASP.NET程式，開啟並連結db1.mdb資料庫後，利用SQL指令篩選出通訊錄資料表中，姓名欄姓【李】的資料，使用DataSet物件開啟資料庫並顯示結果於網頁中。

程式碼

```
1.  <%@ Page Language="VB" %>
2.  <%@ Import Namespace="system.data" %>
3.  <%@ Import Namespace="system.data.oledb" %>
4.  <script language="vbscript" runat="server">
5.  Sub page_load(ByVal sender As Object, ByVal e As EventArgs)
6.  Dim str, sqlstr As String
7.  str = "provider=microsoft.jet.oledb.4.0;data source=" & Server.
    MapPath("db1.mdb")
8.  Dim con As OleDbConnection = New OleDbConnection(str)
9.  con.Open()
10. sqlstr = "select * from 通訊錄 where 姓名 like '李%'"
11. Dim ada As OleDbDataAdapter
12. Dim ds As DataSet
13. ada = New OleDbDataAdapter(sqlstr, con)
14. ds = New DataSet()
15. ada.Fill(ds, "姓名資料")
16. Dim ta As DataTable
17. ta = ds.Tables("姓名資料")
18. Dim i, j As Integer
19. Response.Write("<center><table border=1>")
20. For i = 0 To ta.Rows.Count - 1
21. Response.Write("<tr>")
22. For j = 0 To ta.Columns.Count - 1
23. Response.Write("<td>")
24. Response.Write(ta.Rows(i).Item(j))
25. Response.Write("</td>")
26. Next
27. Response.Write("</tr>")
28. Next
29. Response.Write("</table></center>")
30. con.Close()
31. End Sub
32. </script>
33. <html>
34. <head id="Head1" runat="server">
35. <title>範例ex8-11</title>
36. </head>
37. <body>
38. <form id="f1" runat="server">
```

```
39. <center>
40. <font size="6" color="blue" face="標楷體">
41. 使用 DataSet 物件開啟資料庫
42. </font>
43. </center>
44. </form>
45. </body>
46. </html>
```

程式說明

第 1 行：ASP.NET 程式的指引區間，告知 .NET 系統此網頁程式是以 Visual Basic 程式撰寫。

第 2 行：ASP.NET 程式的指引區間，為了要使用 ADO.NET 的資料庫物件與類別，所以要先載入名稱空間 system.data。

第 3 行：ASP.NET 程式的指引區間，為了要使用 ADO.NET 的資料庫物件與類別，所以要先載入名稱空間 system.data.oledb。

第 4~38 行：宣告 .NET 程式碼區間，以 <script> 標籤區間寫出，設定此區間的編譯的語言為 script 語言，並在 Server 端執行。

第 5~31 行：建立 page_load 副程式，即 page_load 事件程序，當 ASP.NET 網頁程式載入時觸發此事件程序。

第 6 行：宣告 str 與 sqlstr 變數，並設其資料型態為 String，在本程式中 str 要做為 Connection 物件的連線字串，sqlstr 則是做為 SQL 指令字串。

第 7 行：建立 Connection 物件的連線字串 str，因為要連結的資料庫為 Microsoft Office Access，所以 provider 參數設定為【microsoft.jet.oledb.4.0】，data source 參數則是指定要連結的 db1.mdb 資料庫的所在位置，在本範例中，我們將 db1.mdb 資料庫檔案放在與程式相同的資料夾中，所以在位置的設定中，不需要加上任何的路徑區隔。

第 8 行：建立 Connection 物件 con，並帶入連線字串 str。

第 9 行：以 con 物件的 open() 方法開啟 db1.mdb 資料庫的連結。

第 10 行：建立 DataAdapter 物件要執行的 SQL 指令字串，在此我們設定 SQL 指令為【select * from 通訊錄 where 姓名 like‘李 %’】，可篩選出通訊錄資料表中，姓名欄位中以【李】開頭的資料，並將指令設定在 sqlstr 字串變數中。

第 11 行：宣告 ada 變數為 DataAdapter 物件。

第 12 行：宣告 ds 變數為 DataSet 物件。

第 13 行：帶入 SQL 指令與 Connection 物件以建立 DataAdapter 物件。

第 14 行：建立 DataSet 物件。

第 15 行：使用 DataAdapter 物件的 Fill 方法，新增 DataSet 物件 ds 的【姓名資料】資料表。

第 16 行：宣告 ta 變數為 DataTable 物件。

第 17 行：建立並設定 DataTable 物件 ta 為 DataSet 物件 ds 中的【姓名資料】資料表。

第 18 行：宣告變數 i、j，並設其資料型態為 Integer。

第 19 行：輸出 ASP.NET 表格並置中。

第 20~28 行：建立一個巢狀迴圈，使用表格來輸出資料表。

第 20 行：外迴圈計次變數 i 從 0 開始，終止值為 DataTable 物件 ta 中的列數減 1。(即為總列數)

第 21 行：輸出表格的列。

第 22~26 行：巢狀迴圈中的內迴圈，使用表格欄輸出資料表中的資料。

第 22 行：內迴圈計次變數 j 從 0 開始，終止值為 DataTable 物件 ta 中的欄數減 1。(即為總欄數)

第 23 行：輸出表格的欄。(即儲存格)

第 24 行：輸出儲存格的資料為 DataTable 物件 ta 中的對應列數與該列上的項目，此即資料表中的每一筆資料記錄中的各欄位上的資料。

第 25 行：結束表格欄。

第 27 行：結束表格列。

第 29 行：結束表格輸出。

第 30 行：以 con 物件的 Close() 方法關閉已開啟的 db1.mdb 資料庫的連結。

第 31 行：結束 page_load 副程式。

執行結果

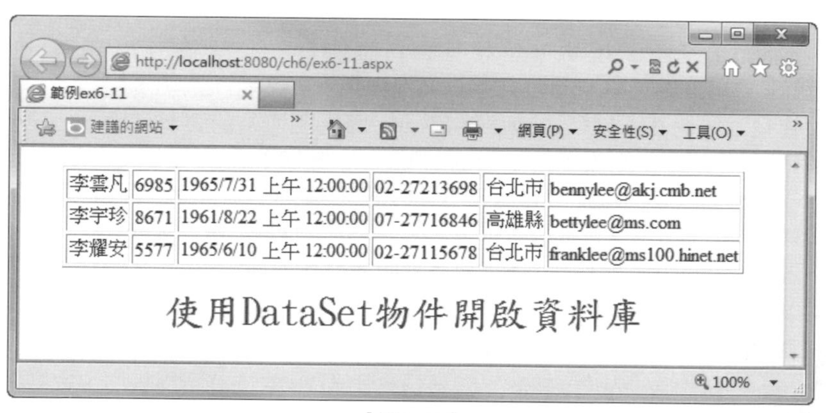

【圖6-12】

重點提示

總結以上的範例，可得知要將資料存入DataSet物件須以下列步驟進行：

- 建立並開啟Connection物件。
- 建立DataAdapter物件，利用DataAdapter物件取得資料記錄。
- 建立DataSet物件，將資料記錄存入DataSet物件。
- 利用DataTable物件取得DataSet物件中的資料表。
- 再利用迴圈顯示每一個DataTable物件中的欄位資料。
- 最後再關閉資料庫的連結。

6.7 DataView物件(DataView類別)

DataView物件是附屬在DataTable物件之下，主要功用是DataTable的可繫結資料表，可以供資料的查詢、排序、篩選、編輯…等，就是DataTable物件的查詢結果資料表。使用時要先宣告DataView物件與DataRowView物件，DataRowView物件是表示每一筆資料記錄的物件，並利用DefaultView屬性取得DataTable物件的DataView物件。

DataView物件的建立與使用方式如下：

宣告DataView物件：

```
Dim DataView物件名稱 As DataView
```

宣告DataRowView物件：

```
Dim DataRowView物件名稱 As DataRowView
```

取得DataTable物件的DataView物件：

```
DataView物件 = DataSet物件.Tables(〝資料表名稱〞).DefaultView
```

建立了DataView物件後，可使用DataView類別的屬性來操作DataView物件，DataView類別的常用屬性如下表：

屬性名稱	功用
AllowDelete	取得或設定是否允許刪除資料。
AllowEdit	取得或設定是否允許編輯資料。
AllowNew	取得或設定是否可以使用AddNew方法新增資料。
RowFilter	取得或設定DataView物件中的資料運算式，即過濾條件。
Sort	取得或設定DataView物件的資料排序。
Item	從資料表中取得資料項目。格式如下： Item(資料索引值) 索引值從0開始。

範例練習6-12 （完整程式碼在本書附的光碟中ch6\ex6-12.aspx）

建立 ASP.NET 程式，開啟並連結 northwind.mdb 資料庫後，利用 DataSet 物件開啟資料表並使用 DataView 物件設定篩選條件後，將篩選結果顯示在網頁上。

程式碼

```
1.  <%@ Page Language="VB" %>
2.  <%@ Import Namespace="system.data" %>
3.  <%@ Import Namespace="system.data.oledb" %>
4.  <html>
5.  <head id="Head1" runat="server">
6.  <title>範例 ex8-12</title>
7.  </head>
8.  <body>
9.  <form id="f1" runat="server">
10. <center>
11. <font size="6" color="blue" face="標楷體">
12. <p>使用 DataSet 物件開啟資料庫</p>
13. <p>使用 DataView 物件設定篩選條件</p>
14. </font>
15. <table border=1>
16. <%  Dim str, sqlstr As String
17. str = "provider=microsoft.jet.oledb.4.0;data source=" & Server.
    MapPath("northwind.mdb")
18. Dim con As OleDbConnection = New OleDbConnection(str)
19. con.Open()
20. sqlstr = "select * from 產品資料"
21. Dim ada As OleDbDataAdapter
22. Dim ds As DataSet
23. ada = New OleDbDataAdapter(sqlstr, con)
24. ds = New DataSet()
25. ada.Fill(ds, "單價資料")
26. Dim dv As DataView
27. dv = ds.Tables("單價資料").DefaultView
28. dv.RowFilter = "單價>=50"
29. dv.Sort = "產品 desc"
30. Dim drv As DataRowView
31. For Each drv In dv
32. Response.Write("<tr><td>" & drv.Item(0) & "</td>")
33. Response.Write("<td>" & drv.Item(1) & "</td>")
34. Response.Write("<td>" & drv.Item(2) & "</td>")
35. Response.Write("<td>" & drv.Item(3) & "</td>")
36. Response.Write("<td>" & drv.Item(4) & "</td>")
37. Response.Write("<td>" & drv.Item(5) & "</td>")
38. Response.Write("<td>" & drv.Item(6) & "</td>")
```

```
39. Response.Write("<td>" & drv.Item(7) & "</td>")
40. Response.Write("<td>" & drv.Item(8) & "</td></tr>")
41. Next
42. con.Close()
43. %>
44. </table>
45. </center>
46. </form>
47. </body>
48. </html>
```

程式說明

第 1 行：ASP.NET 程式的指引區間，告知 .NET 系統此網頁程式是以 Visual Basic 程式撰寫。

第 2 行：ASP.NET 程式的指引區間，為了要使用 ADO.NET 的資料庫物件與類別，所以要先載入名稱空間 system.data。

第 3 行：ASP.NET 程式的指引區間，為了要使用 ADO.NET 的資料庫物件與類別，所以要先載入名稱空間 system.data.oledb。

第 15~44 行：設定表格顯示資料。

第 16 行：宣告 str 與 sqlstr 變數，並設其資料型態為 String，在本程式中 str 要做為 Connection 物件的連線字串，sqlstr 則是做為 SQL 指令字串。

第 17 行：建立 Connection 物件的連線字串 str，因為要連結的資料庫為 Microsoft Office Access，所以 provider 參數設定為【microsoft.jet.oledb.4.0】，data source 參數則是指定要連結的 northwind.mdb 資料庫的所在位置，在本範例中，我們將 northwind.mdb 資料庫檔案放在與程式相同的資料夾中，所以在位置的設定中，不需要加上任何的路徑區隔。

第 18 行：建立 Connection 物件 con，並帶入連線字串 str。

第 19 行：以 con 物件的 open() 方法開啟 northwind.mdb 資料庫的連結。

第 20 行：建立 DataAdapter 物件要執行的 SQL 指令字串，在此我們設定 SQL 指令為【select * from 產品資料】，可將產品資料資料表中所有的資料記錄取出，並將指令設定在 sqlstr 字串變數中。

第 21 行：宣告 ada 變數為 DataAdapter 物件。

第 22 行：宣告 ds 變數為 DataSet 物件。

第 23 行：帶入 SQL 指令與 Connection 物件以建立 DataAdapter 物件。

第 24 行：建立 DataSet 物件。

第 25 行：使用 DataAdapter 物件的 Fill 方法，新增 DataSet 物件 ds 的【單價資料】資料表。

第 26 行：宣告 dv 變數為 DataView 物件。

第 27 行：取得 DataTable 物件的 DataView 物件。

第 28 行：設定 DataView 物件的篩選過濾條件，在此設定條件為資料表中的單價欄大於等於 50 元的資料。

第 29 行：設定 DataView 物件的排序條件為依產品名稱遞減排序。

第 30 行：宣告 drv 變數為 DataRowView 物件。

第 31~41 行：利用 For~Each 迴圈取出 DataView 中的各筆記錄。

第 32~40 行：利用表格顯示資料，使用 DataRowView 物件 drv 執行【Item】屬性以取得資料。

第 42 行：以 con 物件的 Close() 方法關閉已開啟的 northwind.mdb 資料庫的連結。

執行結果

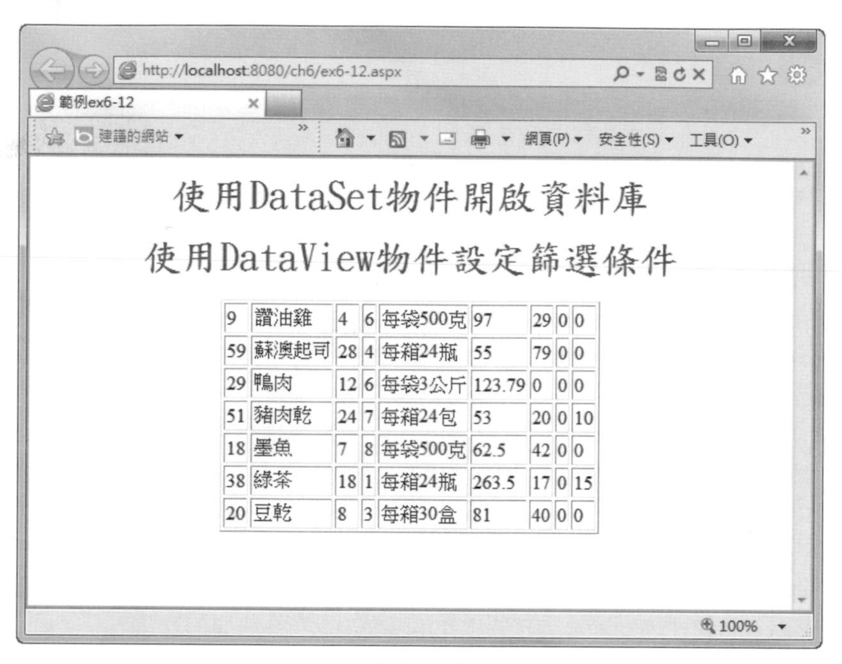

9	醬油雞	4	6	每袋500克	97	29	0	0
59	蘇澳起司	28	4	每箱24瓶	55	79	0	0
29	鴨肉	12	6	每袋3公斤	123.79	0	0	0
51	豬肉乾	24	7	每箱24包	53	20	0	10
18	墨魚	7	8	每袋500克	62.5	42	0	0
38	綠茶	18	1	每箱24瓶	263.5	17	0	15
20	豆乾	8	3	每箱30盒	81	40	0	0

【圖6-13】

重點提示 由以上的範例，我們可以知道，DataTable物件可以用DataView物件的屬性來篩選過濾資料。另外，DataTable物件也可以利用【Select()】方法來篩選資料。

範例練習6-13 (完整程式碼在本書附的光碟中ch6\ex6-13.aspx)

建立 ASP.NET 程式，開啟並連結 northwind.mdb 資料庫後，利用 DataSet 物件開啟資料表並使用 Select() 方法篩選資料後，將篩選結果顯示在網頁上。

程式碼

```
1.  <%@ Page Language="VB" %>
2.  <%@ Import Namespace="system.data" %>
3.  <%@ Import Namespace="system.data.oledb" %>
4.  <html>
5.  <head id="Head1" runat="server">
6.  <title>範例 ex8-13</title>
7.  </head>
8.  <body>
9.  <form id="f1" runat="server">
10. <center>
11. <font size="6" color="blue" face="標楷體">
12. <p>使用 DataSet 物件開啟資料庫</p>
13. <p>使用 DataTable 物件的 Select() 方法篩選資料</p>
14. </font>
15. <table border=1>
16. <%  Dim str, sqlstr As String
17. str = "provider=microsoft.jet.oledb.4.0;data source=" & Server.
    MapPath("northwind.mdb")
18. Dim con As OleDbConnection = New OleDbConnection(str)
19. con.Open()
20. sqlstr = "select * from 產品資料"
21. Dim ada As OleDbDataAdapter
22. Dim ds As DataSet
23. ada = New OleDbDataAdapter(sqlstr, con)
24. ds = New DataSet()
25. ada.Fill(ds, "單價資料")
26. Dim dr As DataRow
27. Dim drs() As DataRow
28. drs = ds.Tables("單價資料").Select("單價>=100", "產品 asc")
29. For Each dr In drs
30. Response.Write("<tr><td>" & dr.Item(0) & "</td>")
31. Response.Write("<td>" & dr.Item(1) & "</td>")
32. Response.Write("<td>" & dr.Item(2) & "</td>")
33. Response.Write("<td>" & dr.Item(3) & "</td>")
34. Response.Write("<td>" & dr.Item(4) & "</td>")
35. Response.Write("<td>" & dr.Item(5) & "</td>")
36. Response.Write("<td>" & dr.Item(6) & "</td>")
37. Response.Write("<td>" & dr.Item(7) & "</td>")
38. Response.Write("<td>" & dr.Item(8) & "</td></tr>")
39. Next
40. con.Close()
```

```
41. %>
42. </table>
43. </center>
44. </form>
45. </body>
46. </html>
```

程式說明

第 1 行：ASP.NET 程式的指引區間，告知 .NET 系統此網頁程式是以 Visual Basic 程式撰寫。

第 2 行：ASP.NET 程式的指引區間，為了要使用 ADO.NET 的資料庫物件與類別，所以要先載入名稱空間 system.data。

第 3 行：ASP.NET 程式的指引區間，為了要使用 ADO.NET 的資料庫物件與類別，所以要先載入名稱空間 system.data.oledb。

第 5~19 行：設定表格顯示資料。

第 16 行：宣告 str 與 sqlstr 變數，並設其資料型態為 String，在本程式中 str 要做為 Connection 物件的連線字串，sqlstr 則是做為 SQL 指令字串。

第 17 行：建立 Connection 物件的連線字串 str，因為要連結的資料庫為 Microsoft Office Access，所以 provider 參數設定為【microsoft.jet.oledb.4.0】，data source 參數則是指定要連結的 northwind.mdb 資料庫的所在位置，在本範例中，我們將 northwind.mdb 資料庫檔案放在與程式相同的資料夾中，所以在位置的設定中，不需要加上任何的路徑區隔。

第 18 行：建立 Connection 物件 con，並帶入連線字串 str。

第 19 行：以 con 物件的 open() 方法開啟 northwind.mdb 資料庫的連結。

第 20 行：建立 DataAdapter 物件要執行的 SQL 指令字串，在此我們設定 SQL 指令為【select * from 產品資料】，可將產品資料資料表中所有的資料記錄取出，並將指令設定在 sqlstr 字串變數中。

第 21 行：宣告 ada 變數為 DataAdapter 物件。

第 22 行：宣告 ds 變數為 DataSet 物件。

第 23 行：帶入 SQL 指令與 Connection 物件以建立 DataAdapter 物件。

第 24 行：建立 DataSet 物件。

第 25 行：使用 DataAdapter 物件的 Fill 方法，新增 DataSet 物件 ds 的【單價資料】資料表。

第 26 行：宣告 dr 變數為 DataRow 物件，即資料表中的一列資料。

第 27 行：宣告 drs 變數為 DataRow 物件陣列，即資料表中的多列資料。

第 28 行：以 DataTable 物件的 Select() 方法資料的篩選過濾條件，在此設定條件為資料表中的單價欄大於等於 100 元並依產品欄位遞減排序的資料。

第 29~39 行：利用 For~Each 迴圈取出 DataRow 物件中的各筆記錄。

第 30~38 行：利用表格顯示資料，使用 DataRow 物件 dr 執行【Item】屬性以取得資料。

第 40 行：以 con 物件的 Close() 方法關閉已開啟的 northwind.mdb 資料庫的連結。

執行結果

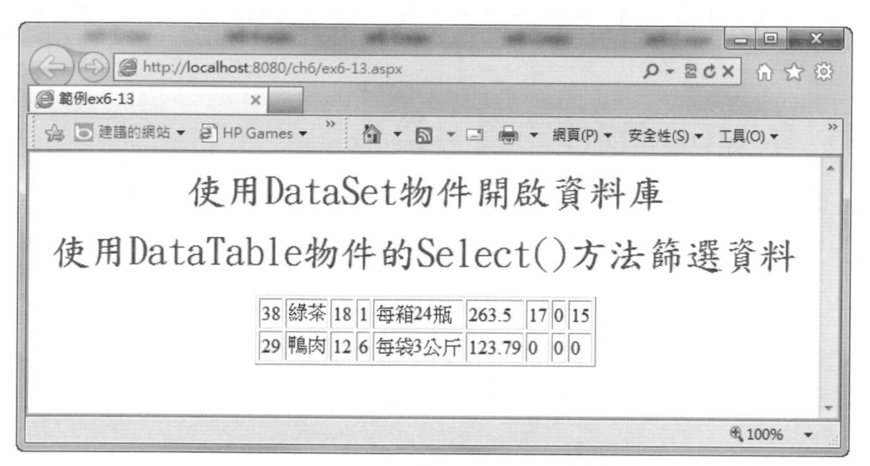

【圖6-14】

6.8 資料繫結

ASP.NET可以支援資料繫結的技術，將外部的資料庫資料繫結到ASP.NET的控制項中，藉由程式的操作將資料表中的資料記錄結果顯示在網頁中。在ASP.NET的Web伺服器控制項中，是可以支援資料繫結的技術，可以將不同的資料來源如DataReader物件、DataView物件結合到ASP.NETWeb伺服器控制項中。

ASP.NET的Web伺服器控制項並不是全部都支援資料繫結技術，要如何得知哪一個控制項有支援資料繫結技術呢？只要控制項有【DataSource】屬性，就是有支援資料繫結。資料繫結的設定方式如下：

- 首先先定義出資料來源與取得資料來源的物件。
- 再來指定Web伺服器控制項的【DataSource】屬性，作為資料來源的物件，一般來說，在資料庫中就是【DataReader】物件、【DataView】物件。
- 最後執行該控制項的【DataBind()】方法來建立資料繫結。

經過資料繫結後，資料來源的資料就會被載入ASP.NET的Web伺服器控制項，再以Web伺服器控制項的設定方式來顯示資料。

6.8.1 DataGrid物件的資料繫結

ASP.NET的DataGrid物件可以使用表格來顯示資料表的資料記錄，只要建立DataGrid物件的資料繫結，便可以顯示資料表的資料記錄。

DataGrid物件的建立格式如下：

```
<asp:DataGrid  id ="DataGrid物件的id名稱" 屬性 = "屬性值" runat =
"server"/>
```

DataGrid物件的資料繫結：

```
DataGrid物件的id名稱.DataSource = 資料來源(資料表)
DataGrid物件的id名稱.DataBind()
```

範例練習6-14 (完整程式碼在本書附的光碟中ch6\ex6-14.aspx)

建立ASP.NET程式，開啟並連結northwind.mdb資料庫後，利用DataSet物件開啟產品資料資料表並使用DataGrid物件繫結DataSet開啟的資料表後，將結果顯示在網頁上。

程式碼

```
1.  <%@ Page Language="VB" %>
2.  <%@ Import Namespace="system.data" %>
3.  <%@ Import Namespace="system.data.oledb" %>
4.  <script language="vbscript" runat="server">
5.  Sub page_load(ByVal sender As Object, ByVal e As EventArgs)
6.  Dim str, sqlstr As String
7.  str = "provider=microsoft.jet.oledb.4.0;data source=" & Server.
    MapPath("northwind.mdb")
8.  Dim con As OleDbConnection = New OleDbConnection(str)
9.  con.Open()
10. sqlstr = "select * from 產品資料"
11. Dim ada As OleDbDataAdapter
12. Dim ds As DataSet
13. ada = New OleDbDataAdapter(sqlstr, con)
14. ds = New DataSet()
15. ada.Fill(ds, "產品資料表")
16. dg.DataSource = ds.Tables("產品資料表")
17. dg.DataBind()
18. con.Close()
19. End Sub
```

```
20. </script>
21. <html>
22. <head id="Head1" runat="server">
23. <title>範例 ex8-14</title>
24. </head>
25. <body>
26. <form id="f1" runat="server">
27. <center>
28. <font size="6" color="blue" face="標楷體">
29. 使用 DataSet 物件開啟資料庫 <p> 並以 DataGrid 顯示資料記錄 </p>
30. </font>
31. <asp:DataGrid ID="dg" runat="server" />
32. </center>
33. </form>
34. </body>
35. </html>
```

程式說明

第 1 行：ASP.NET 程式的指引區間，告知 .NET 系統此網頁程式是以 Visual Basic 程式撰寫。

第 2 行：ASP.NET 程式的指引區間，為了要使用 ADO.NET 的資料庫物件與類別，所以要先載入名稱空間 system.data。

第 3 行：ASP.NET 程式的指引區間，為了要使用 ADO.NET 的資料庫物件與類別，所以要先載入名稱空間 system.data.oledb。

第 5~19 行：建立 page_load 副程式，即 page_load 事件程序，當 ASP.NET 網頁程式載入時觸發此事件程序。

第 6 行：宣告 str 與 sqlstr 變數，並設其資料型態為 String，在本程式中 str 要做為 Connection 物件的連線字串，sqlstr 則是做為 SQL 指令字串。

第 7 行：建立 Connection 物件的連線字串 str，因為要連結的資料庫為 Microsoft Office Access，所以 provider 參數設定為【microsoft.jet.oledb.4.0】，data source 參數則是指定要連結的 northwind.mdb 資料庫的所在位置，在本範例中，我們將 northwind.mdb 資料庫檔案放在與程式相同的資料夾中，所以在位置的設定中，不需要加上任何的路徑區隔。

第 8 行：建立 Connection 物件 con，並帶入連線字串 str。

第 9 行：以 con 物件的 open() 方法開啟 northwind.mdb 資料庫的連結。

第 10 行：建立 DataAdapter 物件要執行的 SQL 指令字串，在此我們設定 SQL 指令為【select * from 產品資料】，可將產品資料資料表中所有的資料記錄取出，並將指令設定在 sqlstr 字串變數中。

第 11 行：宣告 ada 變數為 DataAdapter 物件。

第 12 行：宣告 ds 變數為 DataSet 物件。

第 13 行：帶入 SQL 指令與 Connection 物件以建立 DataAdapter 物件。

第 14 行：建立 DataSet 物件。

第 15 行：使用 DataAdapter 物件的 Fill 方法，新增 DataSet 物件 ds 的【產品資料表】資料表。

第 16 行：設定 DataGrid 物件的【DataSource】屬性，即 DataGrid 物件的資料來源，在此設定為 DataSet 物件 ds 中的【產品資料表】資料表。

第 17 行：執行 DataGrid 物件的資料繫結。

第 18 行：以 con 物件的 Close() 方法關閉已開啟的 northwind.mdb 資料庫的連結。

第 31 行：建立 Web 伺服器控制項 DataGrid，並設定其 id 屬性為 dg，設定執行在伺服器端。

執行結果

使用DataSet物件開啟資料庫

並以DataGrid顯示資料記錄

產品編號	產品	供應商編號	類別編號	單位數量	單價	庫存量	已訂購量	安全存量	不再銷售
1	蘋果汁	1	1	每箱24瓶	18	39	0	10	False
2	牛奶	1	1	每箱24瓶	19	17	40	25	False
3	蕃茄醬	1	2	每箱12瓶	10	13	70	25	False
4	鹽巴	2	2	每箱12瓶	22	53	0	0	False
5	麻油	2	2	每箱12瓶	21.35	0	0	0	True
6	醬油	3	2	每箱12瓶	25	120	0	25	False
7	海鮮粉	3	7	每箱30盒	30	15	0	10	False
8	胡椒粉	3	2	每箱30盒	40	6	0	0	False
9	讚油雞	4	6	每袋500克	97	29	0	0	True
10	大甲蟹	4	8	每袋500克	31	31	0	0	False
11	民眾起司	5	4	每袋6包	21	22	30	30	False
12	德國起司	5	4	每箱12瓶	38	86	0	0	False
13	龍蝦	6	8	每袋500克	6	24	0	5	False
14	沙茶	6	7	每箱12瓶	23.25	35	0	0	False
15	味素	6	2	每箱30盒	15.5	39	0	5	False
16	餅乾	7	3	每箱30盒	17.45	29	0	10	False
17	豬肉	7	6	每袋500克	39	0	0	0	True
18	墨魚	7	8	每袋500克	62.5	42	0	0	False
19	糖果	8	3	每箱30盒	9.2	25	0	5	False
20	豆乾	8	3	每箱30盒	81	40	0	0	False
21	花生	8	3	每箱30包	10	3	40	5	False
22	再來米	9	5	每袋3公斤	21	104	0	25	False
23	燕麥	9	5	每袋3公斤	9	61	0	25	False
24	汽水	10	1	每箱12瓶	4.5	20	0	0	True
25	巧克力	11	3	每箱30盒	14	76	0	30	False
26	綿綿糖	11	3	每箱30盒	31.23	15	0	0	False
27	牛肉乾	11	3	每箱30包	43.9	49	0	30	False
28	烤肉醬	12	7	每箱12瓶	45.6	26	0	0	True
29	鴨肉	12	6	每袋3公斤	123.79	0	0	0	True
30	黃魚	13	8	每袋3公斤	25.89	10	0	15	False
31	溫馨起司	14	4	每箱12瓶	12.5	0	70	20	False
32	白起司	14	4	每箱12瓶	32	9	40	25	False

【圖6-15】

6.8.2 DataSet物件的資料繫結

DataSet物件的資料繫結是以DataView物件作為資料來源，在本章前面單元我們得知，DataView物件就等於是一個DataTable物件，將DataView物件指定為ASP.NET的Web伺服器控制項的資料來源(DataSource)，在以控制項的相關屬性設定到資料表的欄位上，最後執行資料繫結【DataBind()】即可。

範例練習6-15 (完整程式碼在本書附的光碟中ch6\ex6-15.aspx)

建立ASP.NET程式，開啟並連結northwind.mdb資料庫後，利用DataSet物件開啟【員工】資料表，使用ASP.NET的Web伺服器控制項單選鈕，指定DataSet物件上的資料表為資料來源，並進行繫結以操作資料表，將結果顯示在網頁上。

程式碼

```
1.  <%@ Page Language="VB" %>
2.  <%@ Import Namespace="system.data" %>
3.  <%@ Import Namespace="system.data.oledb" %>
4.  <script language="vbscript" runat="server">
5.  Sub page_load(ByVal sender As Object, ByVal e As EventArgs)
6.  if not ispostback then
7.  Dim str, sqlstr As String
8.  str = "provider=microsoft.jet.oledb.4.0;data source=" & Server.
    MapPath("northwind.mdb")
9.  Dim con As OleDbConnection = New OleDbConnection(str)
10. con.Open()
11. sqlstr = "select * from 員工"
12. Dim ada As OleDbDataAdapter
13. Dim ds As DataSet
14. ada = New OleDbDataAdapter(sqlstr, con)
15. ds = New DataSet()
16. ada.Fill(ds, "員工")
17. rbl.DataSource=ds.Tables("員工").DefaultView
18. rbl.DataTextField="姓名"
19. rbl.DataBind()
20. con.Close()
21. end if
22. End Sub
23. Sub b1_click(ByVal sender As Object, ByVal e As EventArgs)
24. a1.text="您選擇了：" & rbl.SelectedItem.Text
25. End sub
26. </script>
27. <html>
28. <head id="Head1" runat="server">
```

```
29. <title>範例 ex8-15</title>
30. </head>
31. <body>
32. <form id="f1" runat="server">
33. <center>
34. <font size="6" color="blue" face="標楷體">
35. 使用 DataSet 物件開啟資料庫 <p> 並建立資料繫結 </p>
36. </font>
37. <asp:RadioButtonList id="rbl" runat="server" />
38. <asp:button id="b1" text="選取" onclick="b1_click" runat="server" />
39. <p><asp:label id="a1" ForeColor="blue" runat="server" /></p>
40. </center>
41. </form>
42. </body>
43. </html>
```

程式說明

第 1 行：ASP.NET 程式的指引區間，告知 .NET 系統此網頁程式是以 Visual Basic 程式撰寫。

第 2 行：ASP.NET 程式的指引區間，為了要使用 ADO.NET 的資料庫物件與類別，所以要先載入名稱空間 system.data。

第 3 行：ASP.NET 程式的指引區間，為了要使用 ADO.NET 的資料庫物件與類別，所以要先載入名稱空間 system.data.oledb。

第 5~22 行：建立 page_load 副程式，即 page_load 事件程序，當 ASP.NET 網頁程式載入時觸發此事件程序。

第 6~21 行：建立 If 條件式，條件式為 Page 物件執行其 IsPostBack 屬性，判斷網頁是否是第一次載入，若網頁是第一次載入執行，則會取得 False 值，再以 Not 將 False 值反向，得到 true 值，就是條件成立，執行 If 區間的敘述式。

第 7 行：If 區間的敘述式，宣告 str 與 sqlstr 變數，並設其資料型態為 String，在本程式中 str 要做為 Connection 物件的連線字串，sqlstr 則是做為 SQL 指令字串。

第 8 行：If 區間的敘述式，建立 Connection 物件的連線字串 str，因為要連結的資料庫為 Microsoft Office Access，所以 provider 參數設定為【microsoft.jet.oledb.4.0】，data source 參數則是指定要連結的 northwind.mdb 資料庫的所在位置，在本範例中，我們將 northwind.mdb 資料庫檔案放在與程式相同的資料夾中，所以在位置的設定中，不需要加上任何的路徑區隔。

第 9 行：If 區間的敘述式，建立 Connection 物件 con，並帶入連線字串 str。

第 10 行：If 區間的敘述式，以 con 物件的 open() 方法開啟 northwind.mdb 資料庫的連結。

第 11 行：If 區間的敘述式，建立 DataAdapter 物件要執行的 SQL 指令字串，在此我們設定 SQL 指令為【select * from 員工】，可將員工資料表中所有的資料記錄取出，並將指令設定在 sqlstr 字串變數中。

第 12 行：If 區間的敘述式，宣告 ada 變數為 DataAdapter 物件。

第 13 行：If 區間的敘述式，宣告 ds 變數為 DataSet 物件。

第 14 行：If 區間的敘述式，帶入 SQL 指令與 Connection 物件以建立 DataAdapter 物件。

第 15 行：If 區間的敘述式，建立 DataSet 物件。

第 16 行：If 區間的敘述式，使用 DataAdapter 物件的 Fill 方法，新增 DataSet 物件 ds 的【產品資料表】資料表。

第 17 行：If 區間的敘述式，利用 DefaultView 屬性取得設定 DataSet 物件 ds 的【員工】資料表 DataTable 物件的 DataView 物件，作為 ASP.NET 的 Web 伺服器控制項單選鈕 RadioButtonList 物件 rb1 的資料來源 (DataSource)。

第 18 行：If 區間的敘述式，設定 ASP.NET 的 Web 伺服器控制項單選鈕 RadioButtonList 物件 rb1 的要資料繫結的資料表欄位 (DataTextField) 為【姓名】欄。

第 19 行：If 區間的敘述式，執行 Web 伺服器控制項單選鈕 RadioButtonList 物件 rb1 的資料繫結。

第 20 行：If 區間的敘述式，以 con 物件的 Close() 方法關閉已開啟的 northwind.mdb 資料庫的連結。

第 23~25 行：建立 b1_click 副程式，即 b1_click 事件程序，當按鈕元件 b1 被按下時觸發此事件程序。

第 24 行：設定 ASP.NET 的 Web 伺服器控制項 Label 物件 a1 要顯示的文字，為字串加上單選鈕 RadioButtonList 物件 rb1 被選的項目文字。

第 37 行：建立 Web 伺服器控制項 RadioButtonList，設定其 id 名稱為 rbl，並執行在 Server 端。

第 38 行：建立 Web 伺服器控制項 Button，設定其 id 名稱為 b1，按鈕上要顯示的文字為 " 選取 "，並設定其觸發事件 OnClick 要執行的事件程序為 b1_click，當按下按鈕時將觸發 OnClick 事件執行 b1_click 事件程序的副程式內容。

第 39 行：建立 Web 伺服器控制項 Label，設定其 id 名稱為 a1，顯示的文字色彩為藍色，並執行在 Server 端。

執行結果

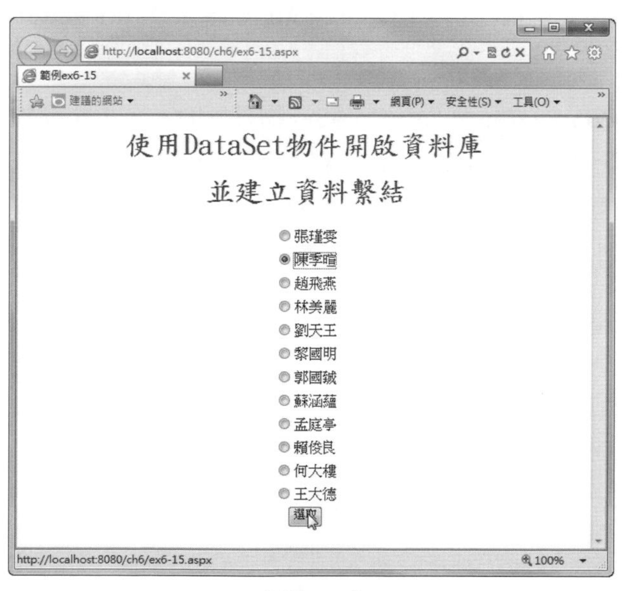

【圖6-16】

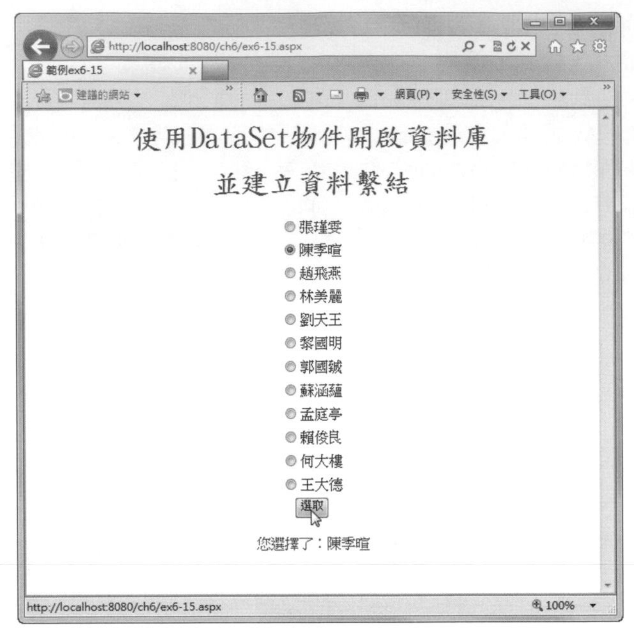

【圖6-17】

結論

本章主要是說明ASP.NET資料庫操作的入門，重點在於兩個大方向：

第一：以Connection物件、Command物件、DataReader物件顯示資料表於網頁上。

第二：使用Connection物件、DataSet物件、DataAdapter物件、DataTable物件為主，搭配DataView物件與資料繫結，可以進一步的操作資料庫，在本書後續，我們將會進一步的來說明ASP.NET資料庫的進階操作，並搭配資料繫結，讓網頁資料庫的操作能更進一步。

CHAPTER

07

ASP.NET實務案例1

本章將介紹ASP.NET的實務範例實作，【訪客留言板】是在ASP.NET網站中最常見的功能之一，也是學習ASP.NET網站與資料庫功能的最佳基本範例。【訪客留言板】主要在網站中的功能是，讓瀏覽網站的使用者能對網站發表己見，或是提出建議，甚至分享心得感想…等，所以這是一個網站與瀏覽者溝通的一個介面，雖然是基本功能，但卻是非常重要的網站功能。

【訪客留言板】在設計上，提供使用者的輸入表單在規劃時要注意，方向要以簡明扼要的資訊為主，盡量不要設置太繁瑣或隱私的個人輸入資訊，如身分證字號、住址…等，除非有必要要蒐集這方面資訊，否則基於網路的安全與填寫的便利性而言，會降低瀏覽者填寫留言版的意願，這點在網站設計上要多加注意。

重點提示 設計訪客留言板時要特別注意，如果在執行中出現以下的錯誤訊息：

【A potentially dangerous Request.Form value was detected from the client……】

解決方式為：

在主要的執行檔(*.aspx)中要加上以下的敘述：

【<%@ Page validateRequest="false"%>】

另外在web.config檔中也要加上以下的敘述：

【<httpRuntime requestValidationMode="2.0" />】

新建Web.config檔的內容如下：

```
<?xml version="1.0"?>
<configuration>

    <system.web>
        <compilation debug="false" targetFramework="4.0" />
        <httpRuntime requestValidationMode="2.0" />
    </system.web>

</configuration>
```

若是已經建立了web.config檔，請自行加入該行敘述。

會有這樣的錯誤訊息發生，主要是因為使用新版ASP.NET 4.0版本的因素，這是ASP.NET 4.0的重要改變之一，若是不加上以上兩行敘述，則留言板將無法運作執行。

關於ASP.NET 4.0中的重要改變，可參考Microsoft ASP.NET英文原文的網站說明，網址如下：

【http://www.asp.net/whitepapers/aspnet4/breaking-changes】

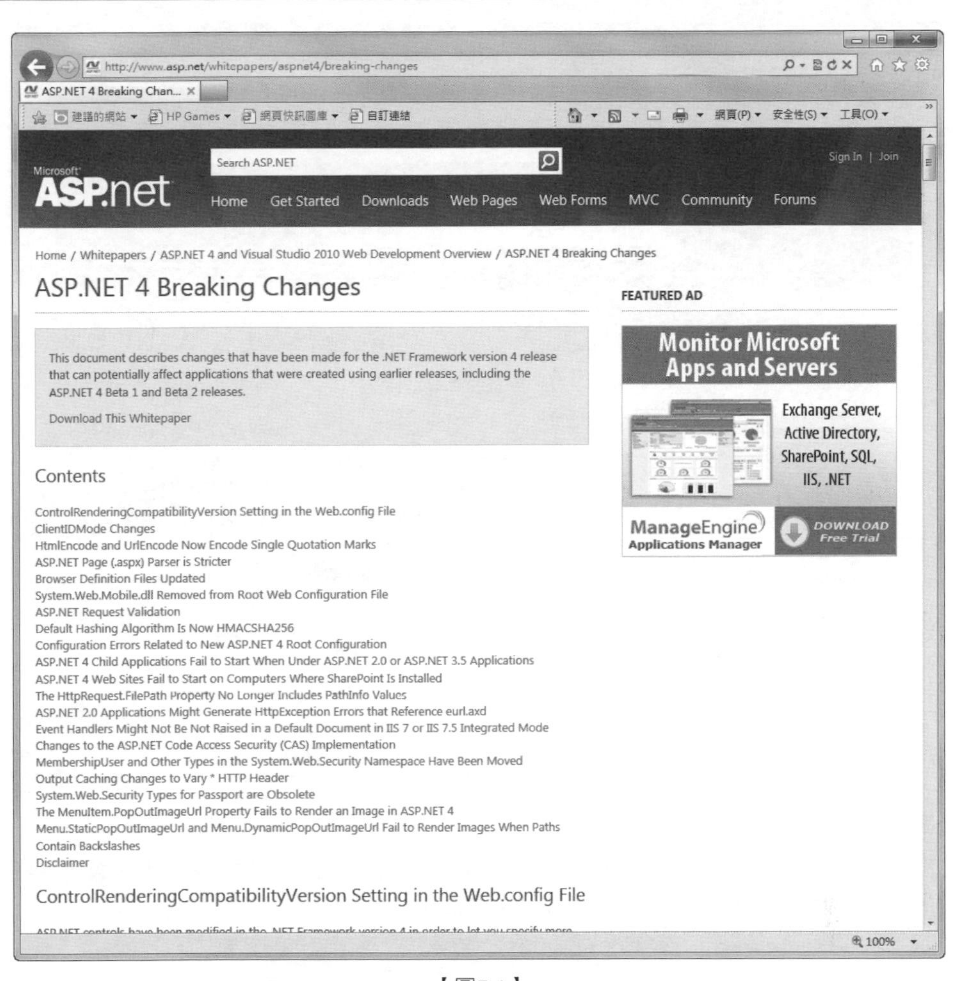

【圖7-1】

如果留言板所使用的資料庫是Access 2007以上的版本，則必須注意在資料庫連結的驅動程式要設定為【Provider=Microsoft.ACE.OLEDB.12.0】

但是如果連結的驅動程式設定正確，在執行時卻出現以下的錯誤訊息：

【The 'Microsoft.ACE.OLEDB.12.0' provider is not registered on the local machine】

會出現這樣的錯誤訊息，原因是Microsoft.ACE.OLEDB.12.0這個驅動程式尚未在本機電腦中註冊。要解決此問題，只要在本機電腦中安裝微軟的Access資料庫引擎即可。可以進入微軟下載中心，搜尋【2007 Office system 驅動程式：資料連線元件】即可，操作畫面如下：

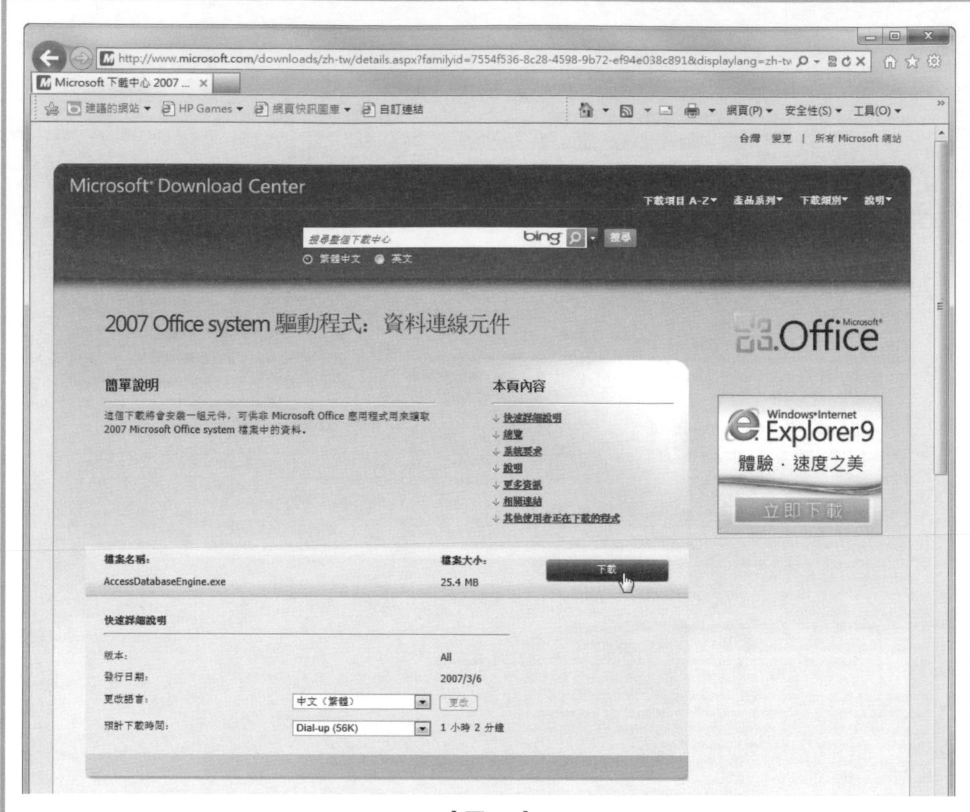

【圖7-2】

下載後可見到檔案為【AccessDatabaseEngine.exe】，點2下直接進入安裝，首先是授權合約，勾選【我接受授權合約中的條款】，按【下一步】鈕。

【圖7-3】

設定安裝的本機路徑，按下【安裝】鈕。

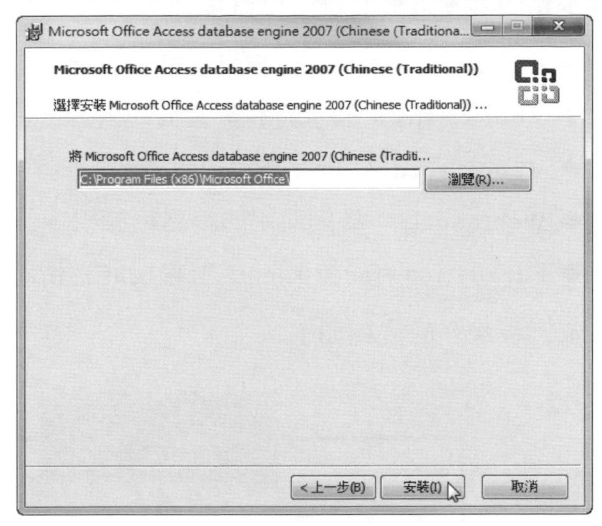

【圖7-4】

安裝進行中。

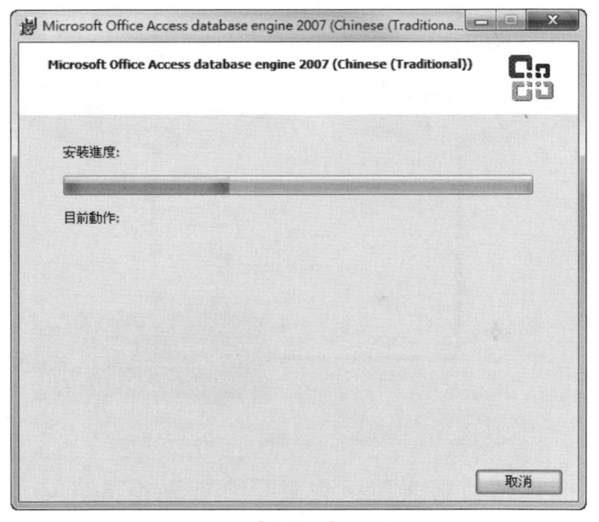

【圖7-5】

安裝完成。

【圖7-6】

本章訪客留言板範例主要檔案有：

- Vform.aspx：訪客留言板主要表單檔，也是主要的執行檔。
- Vbook.aspx：顯示訪客留言板的內容。
- Vbook.accdb：儲存訪客留言資料的資料庫檔案。
- Web.config：搭配使用的網路組態檔。
- Face01.ico~face20.ico：留言板的心情圖示檔案

留言板操作的流程如下：

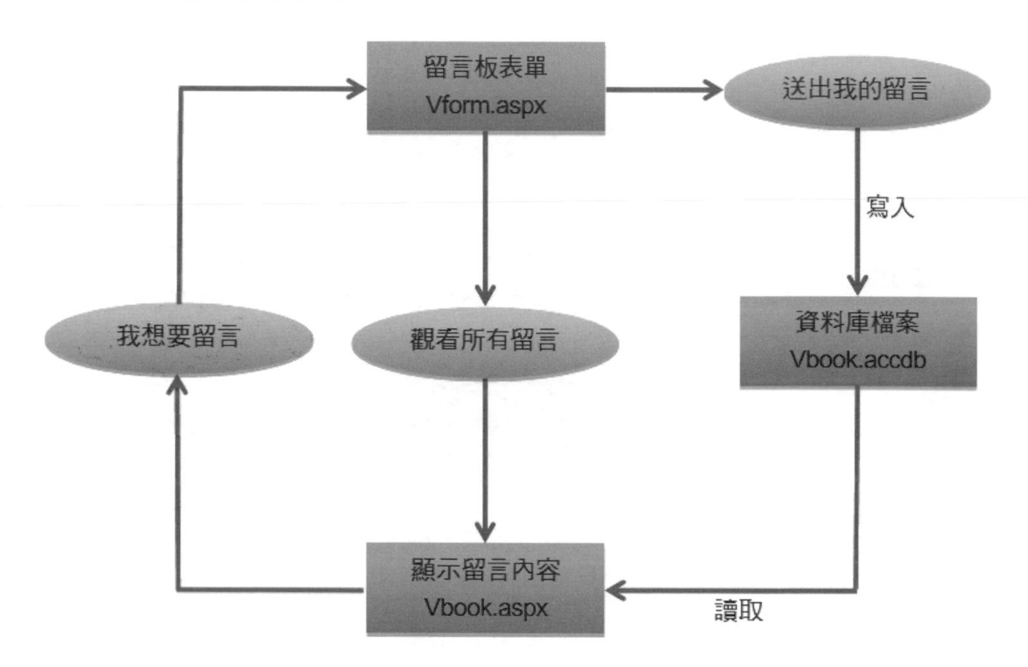

進入留言板表單，也就是主要執行的ASP.NET程式(aspx)，可以有兩種操作，第一是填寫相關資料與留言後，按下【送出我的留言】鈕，此時留言內容及相關資料便寫入後端資料庫檔案中，並讀取後顯示留言內容。第二個操作方式是按下【觀看所有留言】鈕，便直接連結到顯示留言內容的aspx程式，此時會讀取資料庫中所有的留言內容並顯示。

在顯示留言內容的網頁中，如果想要留言，可以按下【我想要留言】鈕，便返回留言板表單，繼續操作留言。

7.1 Vform.aspx程式說明

7.1.1 表單畫面佈置(以表格規範版面的對齊)

使用ASP.NET伺服器控制項設計主要填寫與操作項目

【姓名】欄(TextBox)

【性別】欄(RadioButtonList)

【郵件信箱】欄(TextBox)

【主旨】欄(TextBox)

【留言】欄(TextBox)

【選擇心情】欄(RadioButtonList)

【送出我的留言】鈕(Button)

【觀看所有留言】鈕(Button)

驗證輸入的控制項

在表單中，將姓名欄、郵件信箱欄、主旨欄、留言欄設定資料驗證，檢驗留言者所填寫的資料，並設計相關的錯誤提示訊息。各項目的驗證控制項如下：

【姓名】欄(RequiredFieldValidator)

【郵件信箱】欄(RequiredFieldValidator)(RegularExpressionValidator)

其中RegularExpressionValidator用來驗證郵件信箱，在此設定郵件信箱驗證規則是【.{1,}@.{1,}】，表示在@符號前接受至少一個字元，@符號後接受至少一個字元。

【主旨】欄(RequiredFieldValidator)

【留言】欄(RequiredFieldValidator)

相關程式碼如下：

```
<tr><td>姓        名：</td>
<td>
   <asp:TextBox runat="server" id="Name" Size=20 />
   <asp:RequiredFieldValidator runat="server" Text="[本欄位不可以空白喔！]"
ControlToValidate="Name" EnableClientScript="False"/>
</td></tr>
<tr><td>性        別：</td>
<td>
   <asp:RadioButtonList ID=rbl runat=server>
    <asp:ListItem Text="男" Value="男" />
    <asp:ListItem Text="女" Value="女" />
   </asp:RadioButtonList>
</td></tr>
<tr><td>郵件信箱：</td>
<td>
   <asp:TextBox runat="server" id="Email" Size=40 />
   <asp:RequiredFieldValidator runat="server" Text="[本欄位不可以空白喔！]"
ControlToValidate="Email" EnableClientScript="False"/>
   <asp:RegularExpressionValidator runat="server"
        ControlToValidate="Email" Text="[郵件信箱必須包含 @ 符號]"
        ValidationExpression=".{1,}@.{1,}"
        EnableClientScript="False" Display="Dynamic"/>
</td></tr>
<tr><td>主        旨：</td>
<td>
   <asp:TextBox runat="server" id="Subject" Size=60 />
   <asp:RequiredFieldValidator runat="server" Text="[本欄位不可以空白喔！]"
ControlToValidate="Subject" EnableClientScript="False"/>
</td></tr>
<tr valign="top"><td>留        言：</td>
<td>
   <asp:TextBox runat="server" id="Body" TextMode="MultiLine" Rows="4"
Columns="60" />
   <asp:RequiredFieldValidator runat="server" Text="[本欄位不可以空白喔！]"
ControlToValidate="Body" EnableClientScript="False"/>
</td></tr>
```

選擇心情的圖案佈置

使用RadioButtonList控制項，並設定排列方式為水平，每一水平方向放置五個圖案，利用ListItem控制項設定共20個心情圖案。圖案可以自行準備，本章使用的是ICO圖檔。

相關程式碼如下：

```
<tr valign="top"><td>選擇心情：</td>
<td>
   <asp:RadioButtonList runat="server" id="Icon"
RepeatDirection="Horizontal" RepeatColumns="5">
      <asp:ListItem Selected><Img src="face01.ico" align="middle">
      </asp:ListItem>
      <asp:ListItem><Img src="face02.ico" align="middle">
      </asp:ListItem>
      <asp:ListItem><Img src="face03.ico" align="middle">
      </asp:ListItem>
      <asp:ListItem><Img src="face04.ico" align="middle">
      </asp:ListItem>
      <asp:ListItem><Img src="face05.ico" align="middle">
      </asp:ListItem>
      <asp:ListItem><Img src="face06.ico" align="middle">
      </asp:ListItem>
      <asp:ListItem><Img src="face07.ico" align="middle">
      </asp:ListItem>
      <asp:ListItem><Img src="face08.ico" align="middle">
      </asp:ListItem>
      <asp:ListItem><Img src="face09.ico" align="middle">
      </asp:ListItem>
      <asp:ListItem><Img src="face10.ico" align="middle">
      </asp:ListItem>
      <asp:ListItem><Img src="face11.ico" align="middle">
      </asp:ListItem>
      <asp:ListItem><Img src="face12.ico" align="middle">
      </asp:ListItem>
      <asp:ListItem><Img src="face13.ico" align="middle">
      </asp:ListItem>
      <asp:ListItem><Img src="face14.ico" align="middle">
      </asp:ListItem>
      <asp:ListItem><Img src="face15.ico" align="middle">
      </asp:ListItem>
      <asp:ListItem><Img src="face16.ico" align="middle">
      </asp:ListItem>
      <asp:ListItem><Img src="face17.ico" align="middle">
      </asp:ListItem>
      <asp:ListItem><Img src="face18.ico" align="middle">
      </asp:ListItem>
      <asp:ListItem><Img src="face19.ico" align="middle">
      </asp:ListItem>
      <asp:ListItem><Img src="face20.ico" align="middle">
      </asp:ListItem>
   </asp:RadioButtonList>
</td></tr>
```

操作按鈕的佈置

使用Button控制項，按下後出發相關的副程式程序：

【送出我的留言】鈕按下後觸發【SMsg()】副程式。

【觀看所有留言】鈕按下後觸發【VMsg()】副程式。

相關程式碼如下：

```
<tr><td ColSpan="2">
   <asp:Button runat="server" Text="送出我的留言" OnClick="SMsg" />
   <asp:Button runat="server" Text="觀看所有留言" OnClick="VMsg" />
</td></tr>
```

7.1.2 按鈕觸發的副程式

【VMsg()】副程式的功用是，當按下【觀看所有留言】鈕時，將網頁導向到vbook.aspx程式，觀看所有留言。

相關程式碼如下：

```
Sub VMsg(sender As Object, e As EventArgs)
      Response.Redirect( "vbook.aspx" )
End Sub
```

【SMsg()】副程式的功用則是，當按下【送出我的留言】鈕時，執行條件式判斷網頁的IsValid屬性，IsValid屬性是判斷驗證的資料是否正確，若為true則是控制項通過驗證，false則是控制項沒有通過驗證。(可參考本書第三章的說明)

如果通過驗證，代表條件成立，就執行WDatabase()副程式程序，並且將網頁導向到vbook.aspx程式，觀看所有留言。

WDatabase()副程式是寫入留言資料到資料庫的副程式。

相關程式碼如下：

```
Sub SMsg(sender As Object, e As EventArgs)
      If IsValid Then
         WDatabase()
         Response.Redirect("vbook.aspx")
      End If
End Sub
```

7.1.3 寫入留言到資料庫的副程式

本範例中將留言資料寫入到後端資料庫是以【WDatabase()】副程式來執行，將此副程式放在【送出我的留言】按鈕中呼叫。

首先，資料庫要使用的提供者(驅動程式)要注意，不同的資料庫使用的是不同的提供者(Provider)，本範例使用的是Access 2007以上的資料庫檔案，所以要使用的驅動程式提供者是【Microsoft.ACE.OLEDB.12.0】，程式參數的撰寫方法為：【Provider=Microsoft.ACE.OLEDB.12.0】。

以Connection物件連結並開啟資料庫，以Command物件執行SQL敘述，SQL敘述使用寫入資料庫的指令【Insert Into VisitBook (姓名,性別,郵件信箱,主旨,留言,心情) Values (?, ?, ?, ?, ?, ?)】，這裡使用六個問號，代表的是未知數，因為網頁的運作上，一開始並不知道上網留言者要輸入何種資料，所以在SQL敘述上以問號代表。

接著再使用Command物件加入參數的方法【Command物件名稱.Parameters.Add()】來設定這六個未知參數的資料型別，這六個未知參數分別對應的是資料庫中的姓名欄、性別欄、郵件信箱欄、主旨欄、留言欄、心情欄所要寫入的資料。

然後再使用Command物件的敘述【Command物件名稱.Parameters(欄位名稱/編號).Value】將留言者輸入的個欄位資料設定給六個未知數，再執行Command物件的ExecuteNonQuery()方法，即可將留言者所輸入的資料寫入到資料庫檔案中。(參考本書第十二章)

寫入成功後，再將原本以Connection物件連結開啟的資料庫關閉即可。

相關程式碼如下：

```
Sub WDatabase()
      Dim Con As OleDbConnection
      Dim Cmd  As OleDbCommand
      Dim str = "Provider=Microsoft.ACE.OLEDB.12.0;Data Source=" &
Server.MapPath( "Vbook.accdb" )
      Con = New OleDbConnection(str)
      Con.Open()
      Dim SQL As String
      SQL = "INSERT INTO VisitBook (姓名,性別,郵件信箱,主旨,留言,心情)
VALUES (?, ?, ?, ?, ?, ?)"
      Cmd = New OleDbCommand( SQL, Con )
```

```
        Cmd.Parameters.Add( New OleDbParameter("@姓名", OleDbType.Char, 255))
        Cmd.Parameters.Add( New OleDbParameter("@性別", OleDbType.Char, 255))
        Cmd.Parameters.Add( New OleDbParameter("@郵件信箱", OleDbType.Char, 255))
        Cmd.Parameters.Add( New OleDbParameter("@主旨", OleDbType.VarChar))
        Cmd.Parameters.Add( New OleDbParameter("@留言", OleDbType.VarChar))
        Cmd.Parameters.Add( New OleDbParameter("@心情", OleDbType.Char, 255))
        Cmd.Parameters(0).Value = Name.Text
        Cmd.Parameters(1).Value = rbl.SelectedItem.Text
        Cmd.Parameters(2).Value = Email.Text
        Cmd.Parameters(3).Value = Subject.Text
        Cmd.Parameters(4).Value = Body.Text
        Cmd.Parameters(5).Value = Icon.SelectedItem.Text
        Cmd.ExecuteNonQuery()
        Con.Close()
    End Sub
```

重點提示 如果是使用ASP.NET 4.0版本，要記得在檔案的開頭加上以下的敘述：

【<%@ Page validateRequest="false"%>】

否則會出現錯誤訊息：

【A potentially dangerous Request.Form value was detected from the client……】

Vform.aspx檔案完整程式碼如下：

```
<%@ Import Namespace="System.Data" %>
<%@ Import Namespace="System.Data.OleDb" %>
<%@ Page validateRequest="false"%>
<script Language="VB" runat="server">
   Sub VMsg(sender As Object, e As EventArgs)
      Response.Redirect( "vbook.aspx" )
   End Sub

   Sub SMsg(sender As Object, e As EventArgs)
      If IsValid Then
         WDatabase()
         Response.Redirect("vbook.aspx")
      End If
   End Sub

   Sub WDatabase()
      Dim Con As OleDbConnection
      Dim Cmd  As OleDbCommand
      Dim str = "Provider=Microsoft.ACE.OLEDB.12.0;Data Source=" &
Server.MapPath( "Vbook.accdb" )
      Con = New OleDbConnection(str)
      Con.Open()
```

```
      Dim SQL As String
      SQL = "INSERT INTO VisitBook (姓名,性別,郵件信箱,主旨,留言,心情)
VALUES (?, ?, ?, ?, ?, ?)"
      Cmd = New OleDbCommand( SQL, Con )
      Cmd.Parameters.Add( New OleDbParameter("@姓名", OleDbType.
Char, 255))
      Cmd.Parameters.Add( New OleDbParameter("@性別", OleDbType.
Char, 255))
      Cmd.Parameters.Add( New OleDbParameter("@郵件信箱", OleDbType.
Char, 255))
      Cmd.Parameters.Add( New OleDbParameter("@主旨", OleDbType.
VarChar))
      Cmd.Parameters.Add( New OleDbParameter("@留言", OleDbType.
VarChar))
      Cmd.Parameters.Add( New OleDbParameter("@心情", OleDbType.
Char, 255))
      Cmd.Parameters(0).Value = Name.Text
      Cmd.Parameters(1).Value = rbl.SelectedItem.Text
      Cmd.Parameters(2).Value = Email.Text
      Cmd.Parameters(3).Value = Subject.Text
      Cmd.Parameters(4).Value = Body.Text
      Cmd.Parameters(5).Value = Icon.SelectedItem.Text
      Cmd.ExecuteNonQuery()
      Con.Close()
   End Sub
</script>
<html>
<head>
    <title>訪客留言板</title></head>
<body>
<Form runat="server">
<center><font face=標楷體 color=blue size=6>訪客留言板</font></center>
<hr color=blue size=2>
<center>
<table cellpadding="2" cellspacing="0">
<tr><td>姓        名：</td>
<td>
   <asp:TextBox runat="server" id="Name" Size=20 />
   <asp:RequiredFieldValidator runat="server" Text="[本欄位不可以空白喔！]"
ControlToValidate="Name" EnableClientScript="False"/>
</td></tr>
<tr><td>性        別：</td>
<td>
   <asp:RadioButtonList ID=rbl runat=server>
    <asp:ListItem Text="男" Value="男" />
```

```
    <asp:ListItem Text="女" Value="女" />
   </asp:RadioButtonList>
</td></tr>
<tr><td>郵件信箱：</td>
<td>
   <asp:TextBox runat="server" id="Email" Size=40 />
   <asp:RequiredFieldValidator runat="server" Text="[本欄位不可以空白喔！]"
ControlToValidate="Email" EnableClientScript="False"/>
   <asp:RegularExpressionValidator runat="server"
        ControlToValidate="Email" Text="[郵件信箱必須包含 @ 符號]"
        ValidationExpression=".{1,}@.{1,}"
        EnableClientScript="False" Display="Dynamic"/>
</td></tr>
<tr><td>主        旨：</td>
<td>
   <asp:TextBox runat="server" id="Subject" Size=60 />
   <asp:RequiredFieldValidator runat="server" Text="[本欄位不可以空白喔！]"
ControlToValidate="Subject" EnableClientScript="False"/>
</td></tr>
<tr valign="top"><td>留        言：</td>
<td>
   <asp:TextBox runat="server" id="Body" TextMode="MultiLine" Rows="4"
Columns="60" />
   <asp:RequiredFieldValidator runat="server" Text="[本欄位不可以空白喔！]"
ControlToValidate="Body" EnableClientScript="False"/>
</td></tr>
<tr valign="top"><td>選擇心情：</td>
<td>
   <asp:RadioButtonList runat="server" id="Icon" RepeatDirection=
"Horizontal" RepeatColumns="5">
      <asp:ListItem Selected><Img src="face01.ico" align="middle">
      </asp:ListItem>
      <asp:ListItem><Img src="face02.ico" align="middle">
      </asp:ListItem>
      <asp:ListItem><Img src="face03.ico" align="middle">
      </asp:ListItem>
      <asp:ListItem><Img src="face04.ico" align="middle">
      </asp:ListItem>
      <asp:ListItem><Img src="face05.ico" align="middle">
      </asp:ListItem>
      <asp:ListItem><Img src="face06.ico" align="middle">
      </asp:ListItem>
      <asp:ListItem><Img src="face07.ico" align="middle">
      </asp:ListItem>
      <asp:ListItem><Img src="face08.ico" align="middle">
```

```
        </asp:ListItem>
        <asp:ListItem><Img src="face09.ico" align="middle">
        </asp:ListItem>
        <asp:ListItem><Img src="face10.ico" align="middle">
        </asp:ListItem>
        <asp:ListItem><Img src="face11.ico" align="middle">
        </asp:ListItem>
        <asp:ListItem><Img src="face12.ico" align="middle">
        </asp:ListItem>
        <asp:ListItem><Img src="face13.ico" align="middle">
        </asp:ListItem>
        <asp:ListItem><Img src="face14.ico" align="middle">
        </asp:ListItem>
        <asp:ListItem><Img src="face15.ico" align="middle">
        </asp:ListItem>
        <asp:ListItem><Img src="face16.ico" align="middle">
        </asp:ListItem>
        <asp:ListItem><Img src="face17.ico" align="middle">
        </asp:ListItem>
        <asp:ListItem><Img src="face18.ico" align="middle">
        </asp:ListItem>
        <asp:ListItem><Img src="face19.ico" align="middle">
        </asp:ListItem>
        <asp:ListItem><Img src="face20.ico" align="middle">
        </asp:ListItem>
    </asp:RadioButtonList>
</td></tr>
<tr><td ColSpan="2">
    <asp:Button runat="server" Text="送出我的留言" OnClick="SMsg" />
    <asp:Button runat="server" Text="觀看所有留言" OnClick="VMsg" />
</td></tr>
</table><hr color=blue size=2>
</Form></center>
</body>
</html>
```

7.1.4 搭配的資料庫檔案：vbook.accdb

本範例要使用的資料庫檔為Access 2007以上的accdb檔，欄位結構如下：

欄位名稱	資料型態	其他相關屬性
姓名	文字	欄位大小：255
性別	文字	欄位大小：255
郵件信箱	文字	欄位大小：255
主旨	備忘	無
留言	備忘	無
留言時間	日期/時間	預設值：=Now() 索引：是(可重複)
心情	文字	欄位大小：255

搭配使用的資料表為【VisitBook】。

7.2 Vbook.aspx程式說明

設定DataGrid物件用來顯示留言資料，之所以使用DataGrid物件是因為DataGrid物件具有資料分頁的功能，但是DataGrid物件在資料顯示的排版上可能不如表格式的物件如DataList或Repeater物件來的好。所以在選擇資料輸出的設計上，建議要多加思考。

在本範例中是使用DataGrid物件，在透過程式的修飾，將其顯示為如同表格般的整齊，在程式碼的撰寫上，會稍稍繁瑣些，但較有一致性。

7.2.1 顯示留言畫面佈置

宣告並設定DataGrid物件

DataGrid物件可依照自訂的規劃設定，在本範例設定如下：

- 不顯示標題抬頭：ShowHeader="False"
- 可以分頁：AllowPaging="True"
- 每頁顯示的資料筆數為6筆：PageSize="6"
- 不自動產生欄位：AutoGenerateColumns="false"（若是要自動產生欄位，則最後會把所有的欄位全部顯示在DataGrid物件內。）

◆ 以數字顯示分頁數：PagerStyle-Mode="NumericPages"

◆ 分頁顯示的數字對齊右側：PagerStyle-HorizontalAlign="Right"

◆ 觸發PageIndexChanged事件：OnPageIndexChanged="ChPg"，執行ChPg副程式程序。

相關程式碼如下：

```
<asp:DataGrid
        runat="server" id="dg"
        ShowHeader="False"
        AllowPaging="True"
        PageSize="6"
        PagerStyle-Mode="NumericPages"
        PagerStyle-HorizontalAlign="Right"
        OnPageIndexChanged="ChPg"
        BorderWidth="0"
        CellPadding="2"
        CellSpacing="0"
        AutoGenerateColumns="false">
        <Columns>
           <asp:BoundColumn DataField="HTML" HeaderText="HTML" />
        </Columns>
    </asp:DataGrid>
```

【我想要留言】按鈕設計

使用Button控制項，按下後將觸發【mClick()】事件程序。

相關程式碼如下：

```
<asp:Button runat="server" Text="我想要留言" OnClick="mClick" />
```

7.2.2 開啟資料庫並資料繫結到DataGrid物件【OpenDb()副程式】

以副程式【OpenDb()】進行設計，宣告要使用的Connection物件、DataAdapter物件、DataSet物件，並設定Connection物件要使用的連線字串，包含提供者(Provider)驅動程式與資料來源，連線並開啟資料庫。

相關程式碼如下：

```
Dim Con As OleDbConnection
      Dim Adpt As OleDbDataAdapter
      Dim Ds As DataSet

      Dim str = "Provider=Microsoft.ACE.OLEDB.12.0;Data Source=" &
Server.MapPath( "Vbook.accdb" )
      Con = New OleDbConnection(str)
      Con.Open()
```

在此可以增加一個小小的技巧，就是將留言的內容依時間排序，只要在原始資料庫檔案中加入一個【留言時間】欄位，資料型態設定為日期/時間，再利用SQL敘述的Select設定排序即可。宣告ada變數為DataAdapter物件，並帶入排序的SQL指令與Connection物件以建立DataAdapter物件。

相關程式碼如下：

```
Dim SQL = "Select Top 100 * From VisitBook Order By 留言時間 Desc"
Adpt = New OleDbDataAdapter( SQL, Con )
```

宣告ds變數為DataSet物件，並建立DataSet物件。再使用DataAdapter物件的Fill方法，新增DataSet物件ds的資料庫【VisitBook】資料表。

相關程式碼如下：

```
Ds = New Dataset()
Adpt.Fill(Ds, "VisitBook")
```

建立一個DataTable物件Table1設定為DataSet物件中的【VisitBook】資料表。接著在DataTable物件中建立一個資料欄位，名為HTML。此欄位將等同於表單中六個欄位的組成。

相關程式碼如下：

```
Dim Table1 As DataTable = Ds.Tables("VisitBook")
Table1.Columns.Add(New DataColumn("HTML", GetType(String)))
Dim I As Integer
For I = 0 To Table1.Rows.Count - 1
    Table1.Rows(I).Item("HTML") = mht( Table1.Rows(I) )
Next
```

利用DefaultView屬性取得設定DataSet物件ds(即Table1)的【VisitBook】資料表，作為DataGrid物件dg的資料來源(DataSource)。再執行DataGrid物件的資料繫結，最後關閉資料庫的連結。

所謂的資料繫結，就是將外部資料庫的資料連結到ASP.NET的控制項中。(可參考本書第六章、第十二章)

相關程式碼如下：

```
dg.DataSource = Table1.DefaultView
dg.DataBind()
Con.Close()
```

此副程式完整程式碼如下：

```
Sub OpenDb()
      Dim Con As OleDbConnection
      Dim Adpt As OleDbDataAdapter
      Dim Ds As DataSet

      Dim str = "Provider=Microsoft.ACE.OLEDB.12.0;Data Source=" &
 Server.MapPath( "Vbook.accdb" )
      Con = New OleDbConnection(str)
      Con.Open()

      Dim SQL = "Select Top 100 * From VisitBook Order By 留言時間 Desc"
      Adpt = New OleDbDataAdapter( SQL, Con )

      Ds = New Dataset()
      Adpt.Fill(Ds, "VisitBook")

      Dim Table1 As DataTable = Ds.Tables("VisitBook")
      Table1.Columns.Add(New DataColumn("HTML", GetType(String)))
      Dim I As Integer
      For I = 0 To Table1.Rows.Count - 1
         Table1.Rows(I).Item("HTML") = mht( Table1.Rows(I) )
      Next

      dg.DataSource = Table1.DefaultView
      dg.DataBind()
      Con.Close()
   End Sub
```

7.2.3 將資料庫的欄位資料以HTML輸出【mht()函數】

設計函數【mht()】，因為所有欄位顯示的資料皆為字串，所以函數的傳回值為字串型態。首先宣告留言輸出欄位的變數，可以與欄位同名的方式設定。郵件信箱的部分可以製作超連結，如此可以在顯示留言時直接點選撰

寫電子郵件。可以透過Server物件的HtmlEncode方法將留言字串編碼為HTML輸出。(可參考本書第二章)

相關程式碼如下：

```
Dim 心情 = row.Item("心情")
Dim 姓名 = "<B>姓名：</B>" & Server.HtmlEncode(row.Item("姓名"))
Dim 性別 = "<B>性別：</B>" & Server.HtmlEncode(row.Item("性別"))
Dim 主旨 = "<B>主旨：</B>" & Server.HtmlEncode(row.Item("主旨"))
Dim 留言 = "<pre><Font Size=+1>" & Server.HtmlEncode(row.Item("留言")) &
"</Font></pre>"
Dim 留言時間 = "<B>留言時間:</B>" & Server.HtmlEncode(row.Item("留言時間"))
Dim 郵件信箱 = Server.HtmlEncode(row.Item("郵件信箱"))
郵件信箱 = "<B>郵件信箱：</B><a href='mailto: " & 郵件信箱 & "'>" & 郵件信箱
& "</a>"
```

以表格顯示輸出訊息。

```
Dim HTML As String
HTML = "<table border=0>"
HTML &= "<tr valign=top><td Rowspan=5>" & 心情 & "</td>"
HTML &= "<td>" & 姓名 & "</td></tr>"
HTML &= "<td>" & 性別 & "</td></tr>"
HTML &= "<tr><td>" & 郵件信箱 & "</td></tr>"
HTML &= "<tr><td>" & 主旨 & "</td></tr>"
HTML &= "<tr><td>" & 留言時間 & "</td></tr>"
HTML &= "<tr><td colspan=2 bgcolor=lightblue>" & 留言 & "</td></tr>"
HTML &= "</table>"
Return HTML
```

此函數完整程式碼如下：

```
Function mht( row As DataRow ) As String
Dim 心情 = row.Item("心情")
Dim 姓名 = "<B>姓名：</B>" & Server.HtmlEncode(row.Item("姓名"))
Dim 性別 = "<B>性別：</B>" & Server.HtmlEncode(row.Item("性別"))
Dim 主旨 = "<B>主旨：</B>" & Server.HtmlEncode(row.Item("主旨"))
Dim 留言 = "<pre><Font Size=+1>" & Server.HtmlEncode(row.Item("留言")) &
"</Font></pre>"
Dim 留言時間 = "<B>留言時間:</B>" & Server.HtmlEncode(row.Item("留言時間"))
Dim 郵件信箱 = Server.HtmlEncode(row.Item("郵件信箱"))
郵件信箱 = "<B>郵件信箱：</B><a href='mailto: " & 郵件信箱 & "'>" & 郵件信箱 &
"</a>"

Dim HTML As String
HTML = "<table border=0>"
```

```
HTML &= "<tr valign=top><td Rowspan=5>" & 心情 & "</td>"
HTML &= "<td>" & 姓名 & "</td></tr>"
HTML &= "<td>" & 性別 & "</td></tr>"
HTML &= "<tr><td>" & 郵件信箱 & "</td></tr>"
HTML &= "<tr><td>" & 主旨 & "</td></tr>"
HTML &= "<tr><td>" & 留言時間 & "</td></tr>"
HTML &= "<tr><td colspan=2 bgcolor=lightblue>" & 留言 & "</td></tr>"
HTML &= "</table>"
Return HTML
End Function
```

7.2.4 建立網頁載入副程式【Page_Load】

使用在網頁載入時，主要是以條件式為Page物件執行其IsPostBack屬性，判斷網頁是否是第一次載入，若網頁是第一次載入執行，則會取得False值，再以Not將False值反向，得到true值，就是條件成立，執行If區間的敘述式，即執行【OpenDb()】副程式。

相關程式碼如下：

```
Sub Page_Load(sender As Object, e As EventArgs)
    If Not IsPostBack Then
        OpenDb()
    End If
End Sub
```

7.2.5 建立【ChPg()】副程式

主要使用在DataGrid物件，設定DataGrid物件目前顯示的分頁頁面，由e參數取得當時新的頁面索引值設定給當時DataGrid物件所在的頁面，也就是設定新的分頁數值，並且呼叫【OpenDb()】副程式。

相關程式碼如下：

```
Sub ChPg(sender As Object, e As DataGridPageChangedEventArgs)
   dg.CurrentPageIndex = e.NewPageIndex
   OpenDb()
End Sub
```

7.2.6 建立【mClick()】副程式

【我想要留言】按鈕後觸發此副程式，功用在於將當時的網頁重新導向到Vform.aspx程式，即導向回網頁表單畫面。

相關程式碼如下：

```
Sub mClick(sender As Object, e As EventArgs)
   Response.Redirect( "vform.aspx" )
End Sub
```

Vbook.aspx檔案完整程式碼如下：

```
<%@ Import Namespace="System.Data" %>
<%@ Import Namespace="System.Data.OleDb" %>

<html>
<head><title>訪客留言板</title></head>
<body><Center>

<Form runat="server">
<H2>訪客留言板<Hr></H2>
   <asp:DataGrid
       runat="server" id="dg"
       ShowHeader="False"
       AllowPaging="True"
       PageSize="6"
       PagerStyle-Mode="NumericPages"
       PagerStyle-HorizontalAlign="Right"
       OnPageIndexChanged="ChPg"
       BorderWidth="0"
       CellPadding="2"
       CellSpacing="0"
       AutoGenerateColumns="false">
       <Columns>
          <asp:BoundColumn DataField="HTML" HeaderText="HTML" />
       </Columns>
   </asp:DataGrid>
<Hr>
<asp:Button runat="server" Text="我想要留言" OnClick="mClick" />
</Form>
</Center></body>
</html>
<script Language="VB" runat="server">

   Sub OpenDb()
      Dim Con As OleDbConnection
      Dim Adpt As OleDbDataAdapter
```

```
        Dim Ds As DataSet

        Dim str = "Provider=Microsoft.ACE.OLEDB.12.0;Data Source=" &
    Server.MapPath( "Vbook.accdb" )
        Con = New OleDbConnection(str)
        Con.Open()

        Dim SQL = "Select Top 100 * From VisitBook Order By 留言時間 Desc"
        Adpt = New OleDbDataAdapter( SQL, Con )

        Ds = New Dataset()
        Adpt.Fill(Ds, "VisitBook")

        Dim Table1 As DataTable = Ds.Tables("VisitBook")
        Table1.Columns.Add(New DataColumn("HTML", GetType(String)))
        Dim I As Integer
        For I = 0 To Table1.Rows.Count - 1
           Table1.Rows(I).Item("HTML") = mht( Table1.Rows(I) )
        Next

        dg.DataSource = Table1.DefaultView
        dg.DataBind()
        Con.Close()
    End Sub

    Function mht( row As DataRow ) As String
        Dim 心情 = row.Item("心情")
        Dim 姓名 = "<B>姓名：</B>" & Server.HtmlEncode(row.Item("姓名"))
        Dim 性別 = "<B>性別：</B>" & Server.HtmlEncode(row.Item("性別"))
        Dim 主旨 = "<B>主旨：</B>" & Server.HtmlEncode(row.Item("主旨"))
        Dim 留言 = "<pre><Font Size=+1>" & Server.HtmlEncode(row.Item
("留言")) & "</Font></pre>"
        Dim 留言時間 = "<B>留言時間：</B>" & Server.HtmlEncode(row.Item
("留言時間"))
        Dim 郵件信箱 = Server.HtmlEncode(row.Item("郵件信箱"))
        郵件信箱 = "<B>郵件信箱：</B><a href='mailto: " & 郵件信箱 & "'>" &
郵件信箱 & "</a>"

        Dim HTML As String
        HTML = "<table border=0>"
        HTML &= "<tr valign=top><td Rowspan=5>" & 心情 & "</td>"
        HTML &= "<td>" & 姓名 & "</td></tr>"
        HTML &= "<td>" & 性別 & "</td></tr>"
        HTML &= "<tr><td>" & 郵件信箱 & "</td></tr>"
        HTML &= "<tr><td>" & 主旨 & "</td></tr>"
        HTML &= "<tr><td>" & 留言時間 & "</td></tr>"
        HTML &= "<tr><td colspan=2 bgcolor=lightblue>" & 留言 & "</td></tr>"
        HTML &= "</table>"
        Return HTML
```

```
    End Function

    Sub Page_Load(sender As Object, e As EventArgs)
       If Not IsPostBack Then
          OpenDb()
       End If
    End Sub

    Sub ChPg(sender As Object, e As DataGridPageChangedEventArgs)
       dg.CurrentPageIndex = e.NewPageIndex
       OpenDb()
    End Sub

    Sub mClick(sender As Object, e As EventArgs)
       Response.Redirect( "vform.aspx" )
    End Sub

</script>
```

執行結果

進入留言板表單畫面(執行 Vform.aspx)

【圖7-7】

按下【送出我的留言】鈕，送出留言後顯示留言內容。

【圖7-8】

在顯示留言畫面中，按下【我想要留言】鈕

【圖7-9】

回到留言板表單畫面

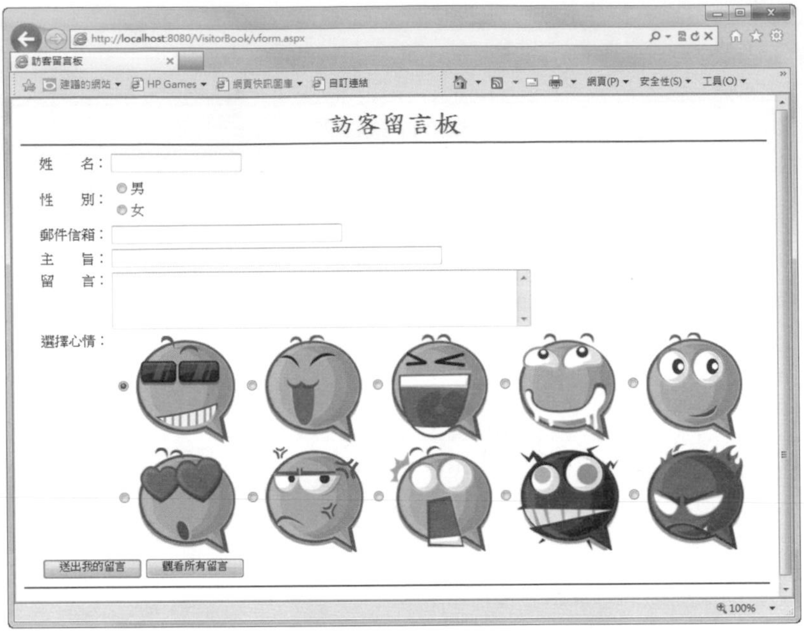

http://localhost:8080/VisitorBook/vform.aspx
訪客留言板
姓　名：
性　別：
男
女
郵件信箱：
主　旨：
留　言：
選擇心情：
送出我的留言
觀看所有留言

【圖7-10】

在留言板表單畫面中，按下【觀看所有留言】鈕，顯示所有留言畫面

http://localhost:8080/VisitorBook/vbook.aspx
訪客留言板
姓名：鄭秋梅
性別：女
郵件信箱：may@ping.mail.tw
主旨：留言板測試
留言時間：2012/2/26 下午 09:46:49
這是資料庫版的訪客留言板
可以選擇心情圖示喔！
姓名：李大年
性別：男
郵件信箱：user1@test.mail.tw
主旨：留言板測試7
留言時間：2012/2/26 下午 05:18:49
123456789
姓名：吳嘉穎
性別：女
郵件信箱：wing@tmk.mail.tw
主旨：留言板測試6
留言時間：2012/2/26 下午 12:04:05
123

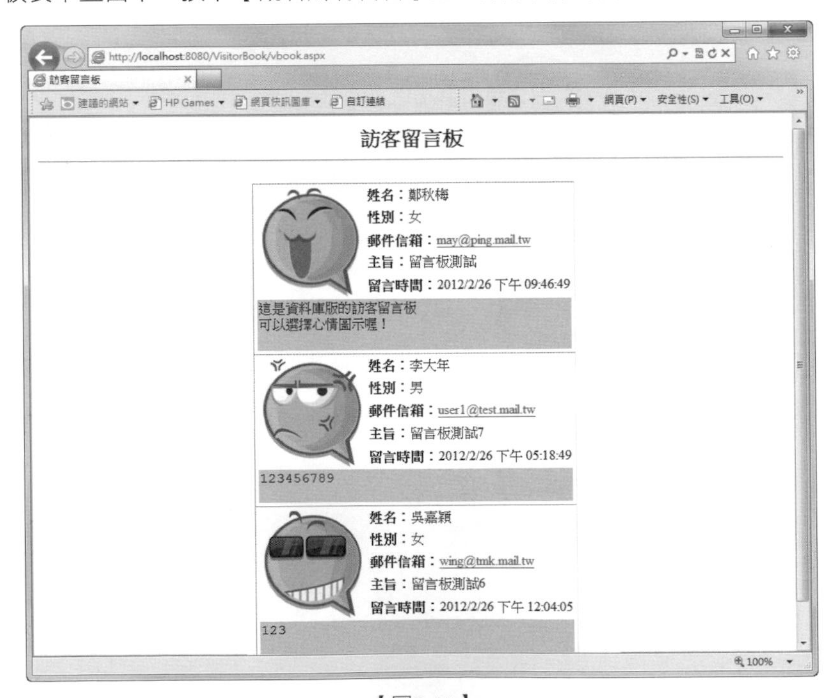

【圖7-11】

在留言畫面中如果有欄位未填，按下【送出我的留言】鈕，將出現驗證後的提示訊息。

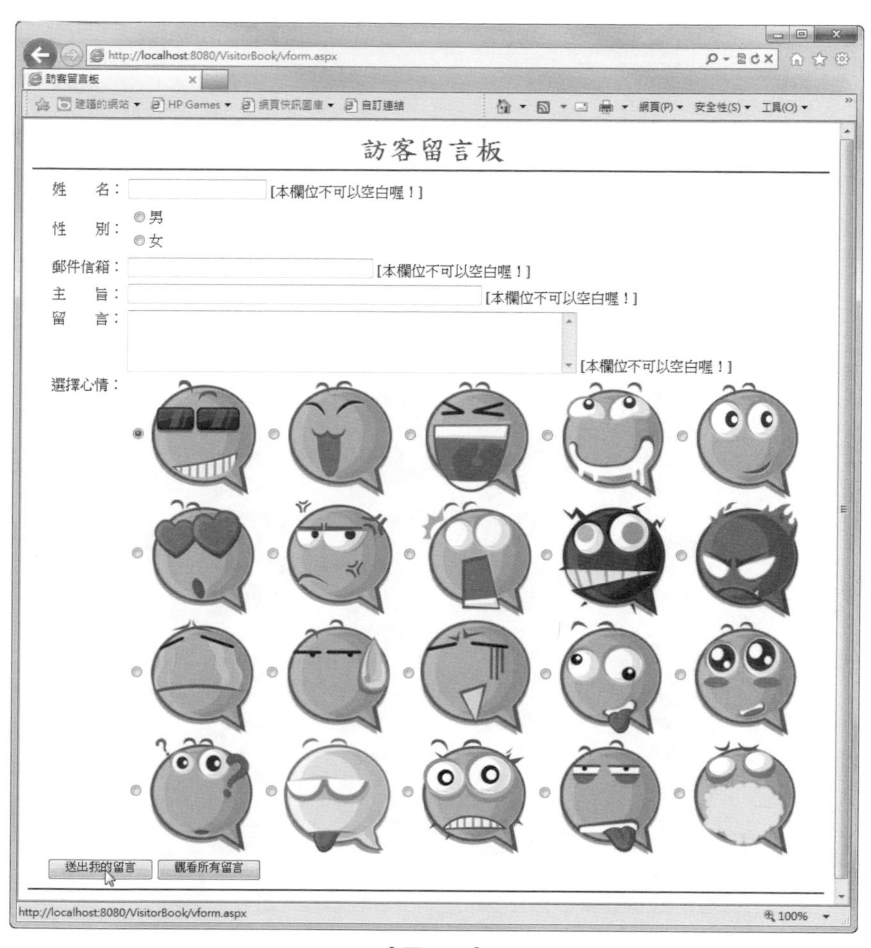

【圖7-12】

若有欄位資料填寫錯誤，將顯示錯誤提示訊息。

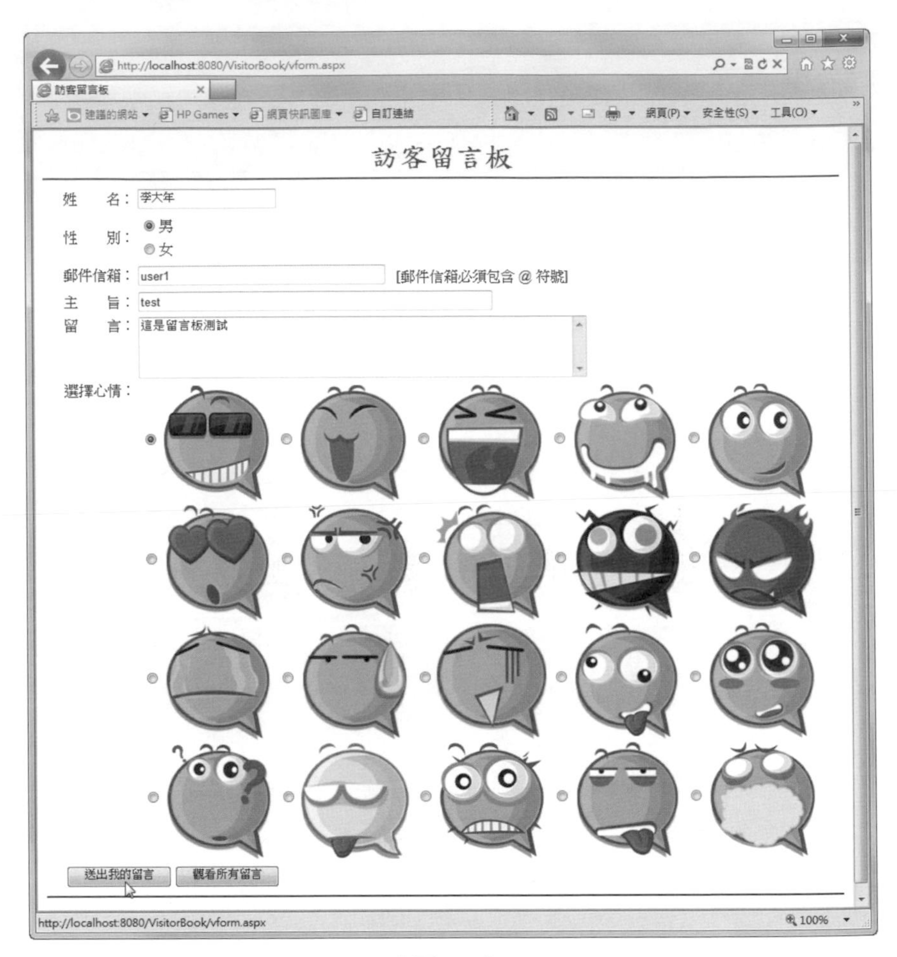

【圖7-13】

訪客留言板是 ASP.NET 網站設計中很基本的一項功能，在學習上也大多列為必要的項目，筆者建議讀者詳細瞭解本章與本書的單元內容後，可以從頭開始自行建立，資料庫檔案也自行建立，從無到有，完成此範例，這樣對於學習上將更紮實。

網頁資料庫設計商用實務篇

CHAPTER 08

各類商用資料庫的連結

在本書第四章【網站資料庫與ADO.NET】中，我們可以了解到在網站的運作中，網站資料庫是非常普遍的一項架構，也是一項非常重要的網站功能與結構。在網站資料庫的運作中，起步就是要連結並開啟資料庫。而網站資料庫在實務的應用中，資料庫的種類便是一個很重要的重點，因為不同的資料庫類型，在ASP.NET中會有不同的連結方式，本章將介紹在ASP.NET中，各類不同資料庫的連結方式。

要在ASP.NET網頁中連結資料庫，首先是必須使用ADO.NET，要連結的資料庫來源檔案有不同的類型，就必須要有不同的資料庫驅動程式與相對應的參數設定，而資料庫驅動程式一般稱為資料提供者(Provider)，在撰寫ASP.NET網站資料庫程式時，要執行資料庫的連結，一般都需要寫出Provider與相關的連結參數，如此才能順利連結資料庫。這便是我們在撰寫ADO.NET程式時，使用Connection物件在連結資料庫時要設定的連線字串(Connection String)。

ADO.NET的資料提供者一般分為兩大類：一是SQL的提供者，另一則是OLEDB提供者。

SQL提供者要存取SQL資料庫時，可以跳過OLEDB提供者，直接聯繫SQL Server伺服器，如此的執行效能會較高，要使用SQL提供者，必須先導入【System.Data.SQLClient】。

OLEDB提供者則是比較普遍的資料庫都可以存取，要使用OLEDB提供者，必須先導入【System.Data.OLEDB】。

當然，除了SQL與OLEDB之外，微軟也提供了另一項驅動提供者ODBC(可參考本書第四章ADO.NET單元)。

以下就不同類型的資料庫，說明連結時所需要的參數與驅動程式提供者(Provider)，即Connection物件的連線字串的設定：

8.1 Access

此處的Access所指的類型是Access 2000以後到2007之前，即資料庫檔案類型為*.mdb。

Provider/Driver：驅動程式提供者
Data Source/Dbq：資料庫檔案的來源檔案
User Id/uid：連結資料庫的使用者名稱(登入名稱)
Password/pwd：連結資料庫的密碼

OLEDB：(Microsoft OLEDB提供者)
Provider=Microsoft.Jet.OLEDB.4.0;Data Source=C:\mydatabase.mdb;User Id=admin;Password=;

ODBC：(Microsoft ODBC提供者)
Driver={Microsoft Access Driver (*.mdb)};Dbq=C:\mydatabase.mdb;Uid=Admin;Pwd=;

8.2 Access 2007

此處的Access所指的類型是Access 2007，資料庫檔案類型為*.accdb。

Provider/Driver：驅動程式提供者
Data Source/Dbq：資料庫檔案的來源檔案
Uid：連結資料庫的使用者名稱(登入名稱)
Pwd：連結資料庫的密碼
Persist Security Info：連結資料庫的相關資訊
　設定值為true/false
　預設值為 False，當資料庫程式需要進行資料庫連線時，此時會將資料庫中的相關資訊，例如密碼…等資訊暫存於連線物件中(即存放在記憶體中)，當連線建立成功之後，就會立即將這些資訊予以清除，這做法能確保記憶體中的資訊立即清除，可以降低資訊洩漏的風險。
　若將設定值設為 True，即使資料庫連線已經建立，也會將密碼資訊儲存在記憶體中，供後續網頁程式使用。

OLEDB：(Microsoft OLEDB提供者)
Provider=Microsoft.ACE.OLEDB.12.0;Data Source=C:\myFolder\ mydatabase.accdb;Persist Security Info=False;

ODBC：(Microsoft ODBC提供者)
Driver={Microsoft Access Driver (*.mdb, *.accdb)};Dbq=C:\mydatabase.accdb;Uid=Admin;Pwd=;

重點提示 雖然Access不太適用於一般中大型網站資料庫，但是若定位在網站小型資料庫，Access就相當適用了。

8.3 SQL Server 2000/7.0

Provider/Driver：驅動程式提供者
Data Source/Server：資料庫檔案的來源伺服器位址
Database：指定要連接的資料庫名稱
Initial Catalog：指定要連接的資料庫名稱
User Id/uid：連結資料庫的使用者名稱(登入名稱)
Password/pwd：連結資料庫的密碼

Sqlconnection：(SQL提供者)
Data Source=myServerAddress;Initial Catalog=myDataBase;User Id=myUsername;Password=myPassword;

OLEDB：(Microsoft OLEDB提供者)
Provider=sqloledb;Data Source=myServerAddress;Initial Catalog=myDataBase;User Id=myUsername;Password=myPassword;

ODBC：(Microsoft ODBC提供者)
Driver={SQL Server};Server=myServerAddress;Database=myDataBase;Uid=myUsername;Pwd=myPassword;

8.4 SQL Server 2005

Provider/Driver：驅動程式提供者
Data Source/Server：資料庫檔案的來源伺服器位址
Database：指定要連接的資料庫名稱
Initial Catalog：指定要連接的資料庫名稱
User Id/uid：連結資料庫的使用者名稱(登入名稱)
Password/pwd：連結資料庫的密碼

Sqlconnection：(SQL提供者)
Data Source=myServerAddress;Initial Catalog=myDataBase;User Id=myUsername;Password=myPassword;

OLEDB：(Microsoft OLEDB提供者)
Provider=SQLNCLI;Server=myServerAddress;Database=myDataBase;Uid=myUsername; Pwd=myPassword;

ODBC：(Microsoft ODBC提供者)
Driver={SQL Server Native Client 10.0};Server=myServerAddress;Database=myDataBase;Uid=myUsername;Pwd=myPassword;

8.5 SQL Server 2008

Provider/Driver：驅動程式提供者
Data Source/Server：資料庫檔案的來源伺服器位址
Database：指定要連接的資料庫名稱
Initial Catalog：指定要連接的資料庫名稱
User Id/uid：連結資料庫的使用者名稱(登入名稱)
Password/pwd：連結資料庫的密碼

Sqlconnection：(SQL提供者)
Data Source=myServerAddress;Initial Catalog=myDataBase;User Id=myUsername;Password=myPassword;

OLEDB：(Microsoft OLEDB提供者)
Provider=SQLNCLI;Server=myServerAddress;Database=myDataBase;Uid=myUsername; Pwd=myPassword;

ODBC：(Microsoft ODBC提供者)
Driver={SQL Server Native Client 10.0};Server=myServerAddress;Database=myDataBase;Uid=myUsername;Pwd=myPassword;

8.6 MySQL

Provider/Driver：驅動程式提供者
Data Source/Server：資料庫檔案的來源伺服器位址
Database：指定要連接的資料庫名稱
User Id/uid/User：連結資料庫的使用者名稱(登入名稱)
Password/pwd：連結資料庫的密碼

MySqlconnection：(MySQL提供者)
Server=myServerAddress;Database=myDataBase;Uid=myUsername;Pwd=myPassword;

OLEDB：(Microsoft OLEDB提供者)
Provider=MySQLProv;Data Source=mydb;User Id=myUsername;Password=myPassword;

ODBC：(Microsoft ODBC提供者)
Driver={MySQL ODBC 5.1 Driver};Server=localhost;Database=myDataBase; User=myUsername;Password=myPassword;Option=3;

MySQL OLEDB：(MySQL提供者)
Provider=MySQLProv;Data Source=mydb;User Id=myUsername;Password=myPassword;

MySQL ODBC：(MySQL提供者)
Driver={MySQL ODBC 5.1 Driver};Server=localhost;Database=myDataBase; User=myUsername;Password=myPassword;Option=3;

8.7 Oracle

Provider/Driver：驅動程式提供者
Data Source/Server：資料庫檔案的來源伺服器位址
Database：指定要連接的資料庫名稱
User Id/uid/User：連結資料庫的使用者名稱(登入名稱)
Password/pwd：連結資料庫的密碼
Integrated Security：設定為false代表要使用使用者ID與密碼進行資料庫驗證，設定為true則是要使用Windows帳戶身分進行驗證登入。

OracleConnection：(Microsoft提供者)
Data Source=MyOracleDB;Integrated Security=yes;

OLEDB：(Microsoft OLEDB提供者)
Provider=msdaora;Data Source=MyOracleDB;User Id=myUsername;Password=myPassword;

ODBC：(Microsoft ODBC提供者)
Driver={Microsoft ODBC Driver for Oracle};ConnectString=OracleServer.world;Uid=myUsername;Pwd=myPassword;

Oracle OLEDB：(Oracle提供者)
Provider=OraOLEDB.Oracle;Data Source=MyOracleDB;User Id=myUsername;Password=myPassword;

8.8 SQLDataSource控制項

8.8.1 功用

【SqlDataSource】控制項可以使用Web伺服器控制項來存取位於網站資料庫中的資料，網站資料庫包括Microsoft SQL Server、Oracle與OLEDB資料來源/ODBC資料來源，可以搭配顯示資料的控制項或其他控制項來使用，如GridView控制項、FormView控制項和DetailsView控制項，在使用不使用或少量的程式碼情況下，顯示與管理ASP.NET Web網頁上的資料。

【SqlDataSource】控制項使用ADO.NET類別與ADO.NET支援的資料庫聯繫。其中包括Microsoft SQL Server（使用 System.Data.SqlClient 提供者）、System.Data.OleDb、System.Data.Odbc 和 Oracle（使用 System.Data.OracleClient 提供者）。【SqlDataSource】控制項的優點在於，不直接使用ADO.NET類別的情況下，可以存取和管理ASP.NET網頁中的資料。在執行階段，【SqlDataSource】控制項會自動開啟資料庫連結、執行SQL陳述式或預存程序、傳回選取的資料，然後關閉資料庫的連結。

設定【SqlDataSource】控制項時，會將 ProviderName 屬性設定為資料庫類型（預設值為 System.Data.SqlClient），並且將 ConnectionString 屬性設定為包含連結資料庫所需的連接字串。連接字串的內容要視資料來源控制項存取的資料庫類型而有所不同。

以下是一個連結範例程式碼，將連接字串設定為MyConnectionString，連接SQL Server中的MyData資料庫。（以VB.NET語法為例）

```
<%@ Page language="VB" %>
<html>
  <head runat="server">
    <title>ASP.NET SqlDataSource </title>
</head>
<body>
    <form id="f1" runat="server">
      <asp:SqlDataSource
        id="SqlDataSource1"
        runat="server"
        DataSourceMode="DataReader"
        ConnectionString="<%$ ConnectionStrings: MyConnectionString%>"
          SelectCommand="SELECT FirstName FROM Dealer">
      </asp:SqlDataSource>

      <asp:ListBox
          id="ListBox1"
          runat="server"
          DataTextField="FirstName"
          DataSourceID="SqlDataSource1">
      </asp:ListBox>
    </form>
  </body>
</html>
```

8.8.2 使用SQLDataSource控制項連結Access資料庫

```
<%@ Import Namespace="system.data.oledb" %>
...
Provider=Microsoft.Jet.OLEDB.4.0 ; Data Source=資料庫來源檔案的路徑位址
```

8.8.3 使用SQLDataSource控制項連結ODBC資料庫

```
<%@ Import Namespace="system.data.odbc" %>
...
Driver=ODBC Driver ; server=ODBCServer;
```

8.8.4 使用SQLDataSource控制項連結SQL資料庫

```
<%@ Import Namespace="system.data.SqlClient" %>
...
Data Source=資料庫伺服器名稱 ; Integrated Security=SSPI ; Initial
 Catalog=指定要連結的資料庫名稱
```

重點提示 Integrated Security=SSPI

所謂的SSPI是指在連結資料庫時採用的是信任連結，即使用Windows帳戶進行驗證登入。

8.8.5 使用SQLDataSource控制項連結ORACLE資料庫

```
<%@ Import Namespace="system.data.OracleClient" %>
...
Data Source=資料庫檔案的來源伺服器位址 ; Persist Security Info=連結資料庫的
密碼資訊 ; Password="連結資料庫的密碼";User ID=連結資料庫的使用者名稱（登入名稱）
```

重點提示 使用System.Data.OracleClient提供者需要在執行ASP.NET網頁的電腦上安裝Oracle用戶端軟體8.1.7版（含）以上的版本。

8.9 ASP.NET的資料庫連結

8.9.1 開發工具

目前在開發ASP.NET網站中，無論是一般網站功能的設計，或是資料庫的連結操作，都可利用微軟公司所提供的各種開發工具，在這些開發工具中，針對網站開發的項目有：

【Visual Web Developer】、【WebMatrix】…等。

如果以資料庫的連結來說，筆者較建議使用【Visual Web Developer】這項開發工具，因為【Visual Web Developer】從ASP.NET網站基本到進階功能，與資料庫的操作功能都非常的完整，設計師可以在此開發工具中完整的建置ASP.NET網站，並且也能與SQL Server相連結，可說是相當實用與完整的一套ASP.NET網站開發工具。

【Visual Web Developer】的版本分為正式版與免費的Express版，Express版是較為精簡的版本，不過就一般ASP.NET網站的開發與資料庫的連結操作，是沒有問題的。

Express版在微軟的網站上有提供免費試用版下載，下載網址如下：

【http://www.microsoft.com/taiwan/vstudio/2010/download/default.aspx】

【圖8-1】

進入下載頁面後，可選擇【試用VISUAL STUDIO 2010 PROFESSIONAL專業版(入門開發)】，可以見到提供下載的檔案共四個，包含一個執行檔(*.exe)，與三個壓縮檔(*.rar)，分別下載後，執行該執行檔，即可產生一個ISO檔，這一個光碟檔案，可以利用NERO…等工具將其還原為DVD光碟，便可以使用DVD光碟安裝軟體。

【圖8-2】

重點提示

目前【Visual Web Developer】已經與【VISUAL STUDIO 2010】整合在一起，在微軟的下載網站上，可以選擇個別單獨安裝，或者直接安裝【VISUAL STUDIO 2010】。

如要個別安裝，可以進入下列網址下載：

【http://www.microsoft.com/visualstudio/en-us/products/2010-editions/visual-web-developer-express】

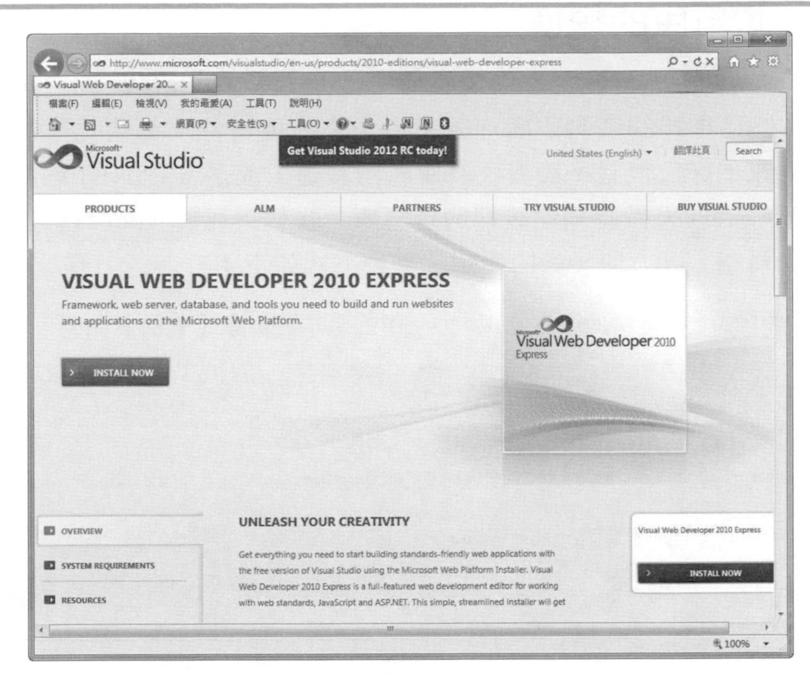

【圖8-3】

按下右方的【INSTALL NOW】即可進入安裝。安裝後執行的畫面如下：

【圖8-4】

8.9.2 資料庫的轉換

在ASP.NET中，如果要建置資料庫，建議以SQL Server資料庫較佳，原因是在網站後端的資料庫處理效率與未來的擴充性上都要比一般常用的Access要來的好。但是一般對資料庫較無基礎，或是ASP.NET的初學者多半都使用Access來做為網站後端的資料庫。我們可以將Access資料庫轉換為SQL資料庫，以方便後續的使用。轉換方式如下：

STEP 01　開啟Access資料庫，在此以Access中的範本資料庫【北風】為例。

【圖8-5】

STEP 02　【資料庫工具】標籤/【移動工具】功能區/SQL Server

資料庫工具
資料庫關聯圖
物件相依性
資料庫文件產生器
分析執行效能
分析資料表
SQL Server
Access 資料庫
SharePoint
資料庫關聯圖
分析
移動資料

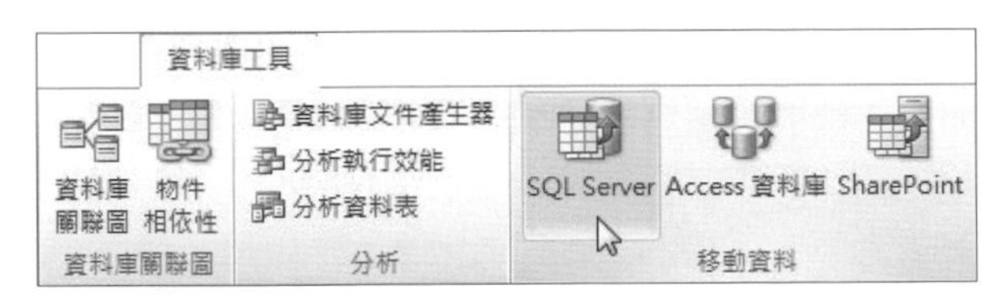

【圖8-6】

STEP 03 進入【SQL轉換精靈】設定視窗→點選【建立新資料庫】→按下 下一步(N) >

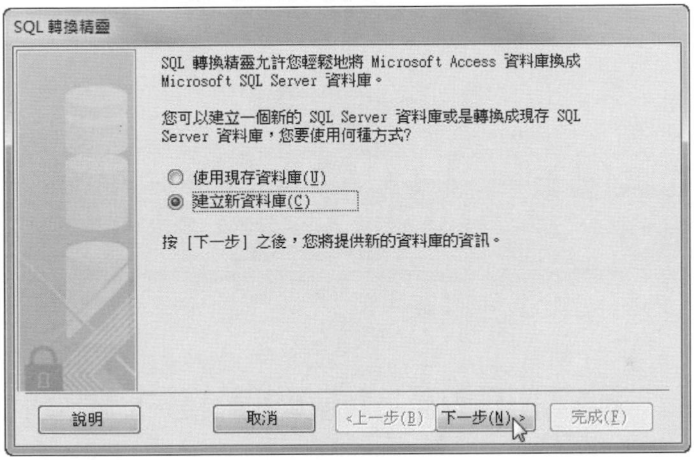

SQL 轉換精靈
SQL 轉換精靈允許您輕鬆地將 Microsoft Access 資料庫換成 Microsoft SQL Server 資料庫。
您可以建立一個新的 SQL Server 資料庫或是轉換成現存 SQL Server 資料庫，您要使用何種方式?
使用現存資料庫(U)
建立新資料庫(C)
按 [下一步] 之後，您將提供新的資料庫的資訊。
說明
取消
< 上一步(B)
下一步(N) >
完成(F)

【圖8-7】

STEP 04 接下來輸入要轉換目的地的SQL Server伺服器名稱→勾選【使用信任連接】→設定轉換後的SQL資料庫名稱→按下 下一步(N) >

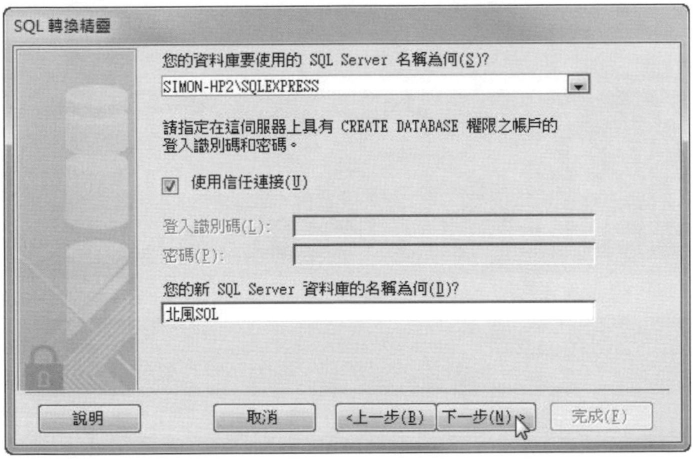

SQL 轉換精靈
您的資料庫要使用的 SQL Server 名稱為何(S)?
SIMON-HP2\SQLEXPRESS
請指定在這伺服器上具有 CREATE DATABASE 權限之帳戶的登入識別碼和密碼。
使用信任連接(U)
登入識別碼(L):
密碼(P):
您的新 SQL Server 資料庫的名稱為何(D)?
北風SQL
說明
取消
< 上一步(B)
下一步(N) >
完成(F)

【圖8-8】

STEP 05 接著選取要匯出為SQL資料庫的Access資料表，可選取單一資料表並按下 [>] 鈕，個別加入要轉換的資料表，或是按下 [>>] 鈕將所有資料表加入→選取後按下 [下一步(N) >]

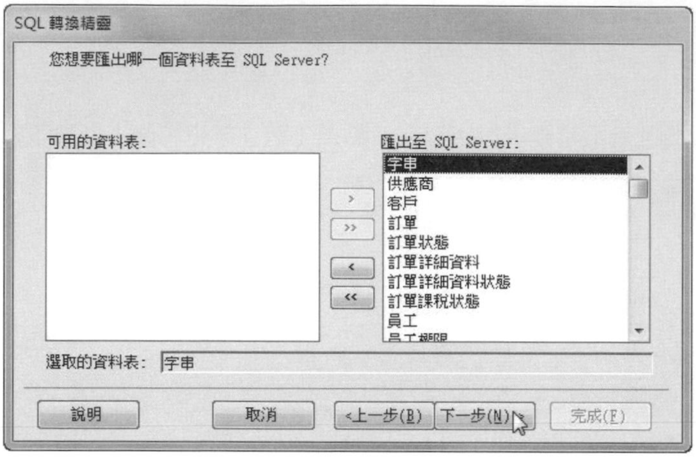

【圖8-9】

STEP 06 接下來設定轉換的資料表屬性，可依實際需要設定→設定後按下 [下一步(N) >]

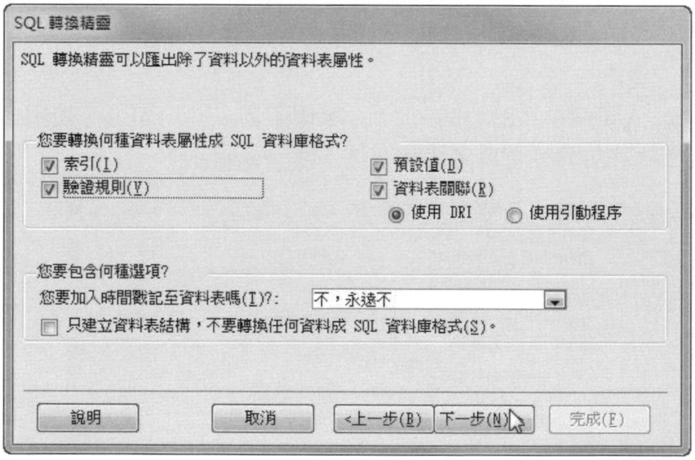

【圖8-10】

STEP 07 再來要設定應用程式的變更方式，主要是設定Access與SQL Server的運作方式，可以選擇【建立新的Access主從架構應用程式】→按下 下一步(N) >

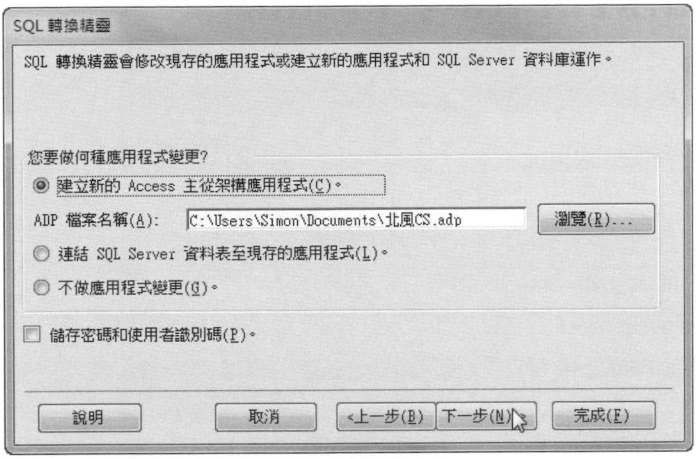

SQL 轉換精靈

SQL 轉換精靈會修改現存的應用程式或建立新的應用程式和 SQL Server 資料庫運作。

您要做何種應用程式變更?

建立新的 Access 主從架構應用程式(C)。

ADP 檔案名稱(A): C:\Users\Simon\Documents\北風CS.adp 瀏覽(R)...

連結 SQL Server 資料表至現存的應用程式(L)。

不做應用程式變更(G)。

儲存密碼和使用者識別碼(P)。

說明 取消 <上一步(B) 下一步(N) > 完成(F)

【圖8-11】

STEP 08 接著選擇要不要開啟建立的應用程式或是使用原先開啟的資料庫檔案→按下 完成(F)

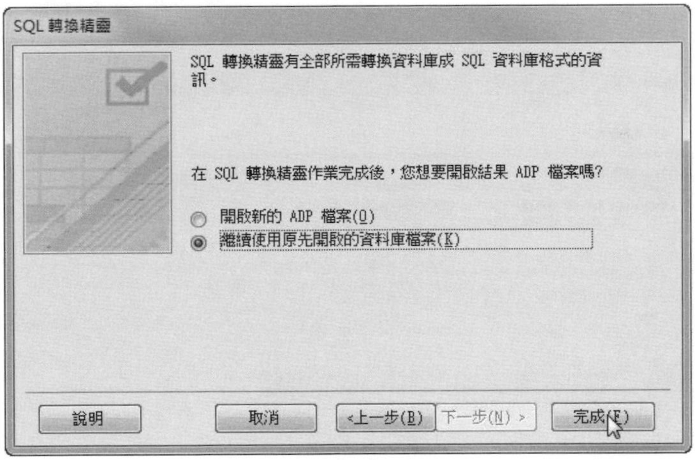

SQL 轉換精靈

SQL 轉換精靈有全部所需轉換資料庫成 SQL 資料庫格式的資訊。

在 SQL 轉換精靈作業完成後，您想要開啟結果 ADP 檔案嗎?

開啟新的 ADP 檔案(O)

繼續使用原先開啟的資料庫檔案(K)

說明 取消 <上一步(B) 下一步(N) > 完成(F)

【圖8-12】

STEP 09 進入資料庫轉換的階段，可以看到轉換的過程訊息。

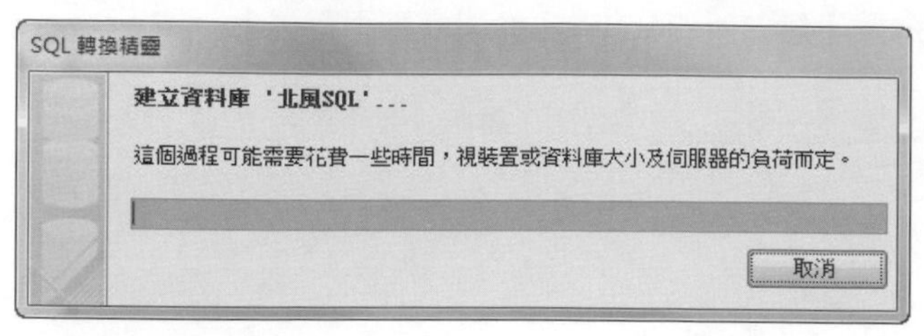

【圖8-13】

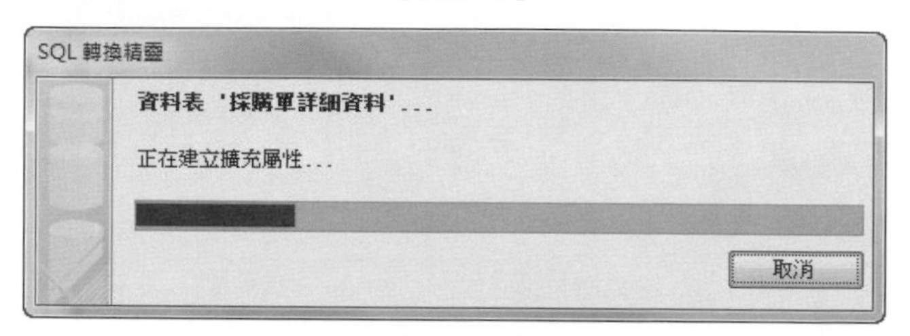

【圖8-14】

STEP 10 轉換完成後，會產生轉換報告訊息，檢視後直接關閉即可。

【圖8-15】

STEP 11 當轉換完成後，可以進入SQL Server管理工具(SQL Server Management Studio；SSMS)中，連接SQL Server伺服器後，展開資料庫，即可看到轉換成功的資料庫已經出現在SQL Server中。

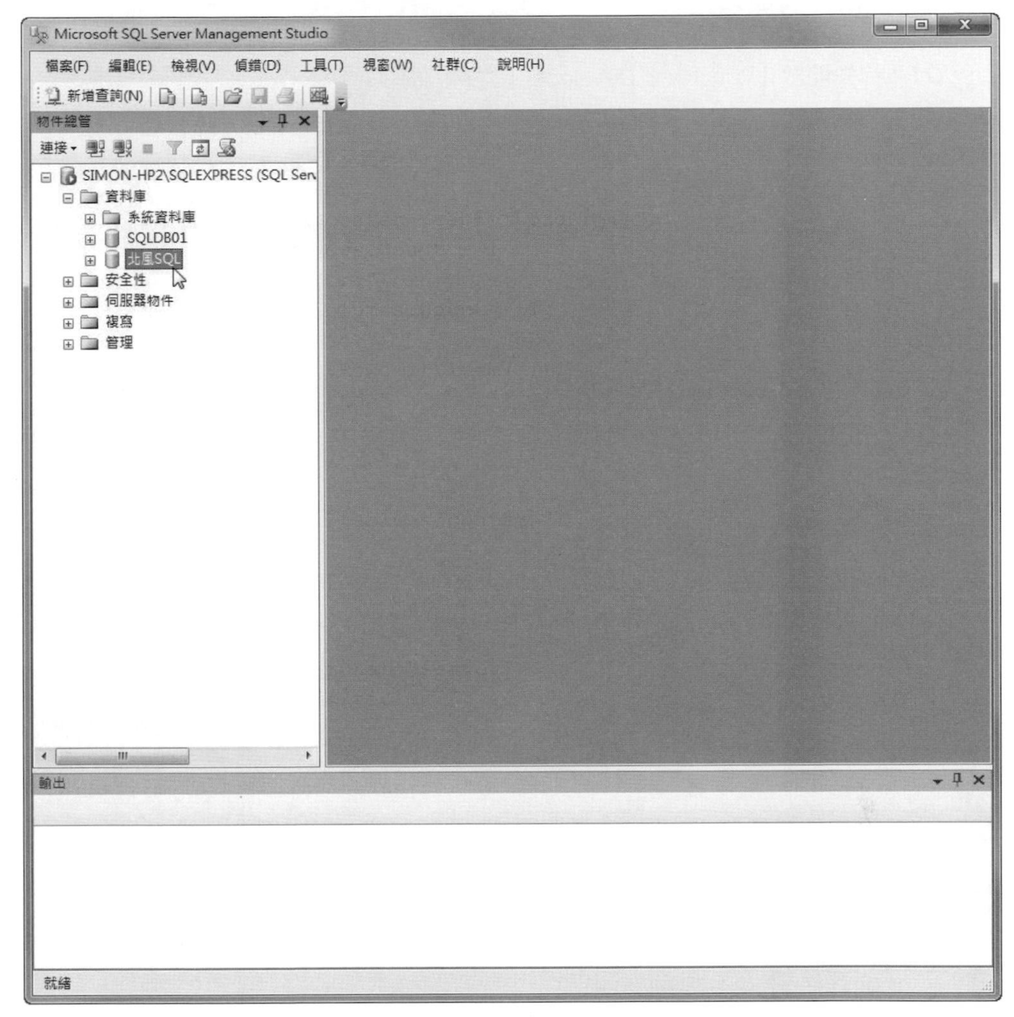

【圖8-16】

8.9.3 資料庫的連結操作

ASP.NET的資料庫連結操作，除了自行撰寫程式之外，也可使用【Visual Web Developer】開發工具。

STEP 01 首先開啟【Visual Web Developer】並開啟網站

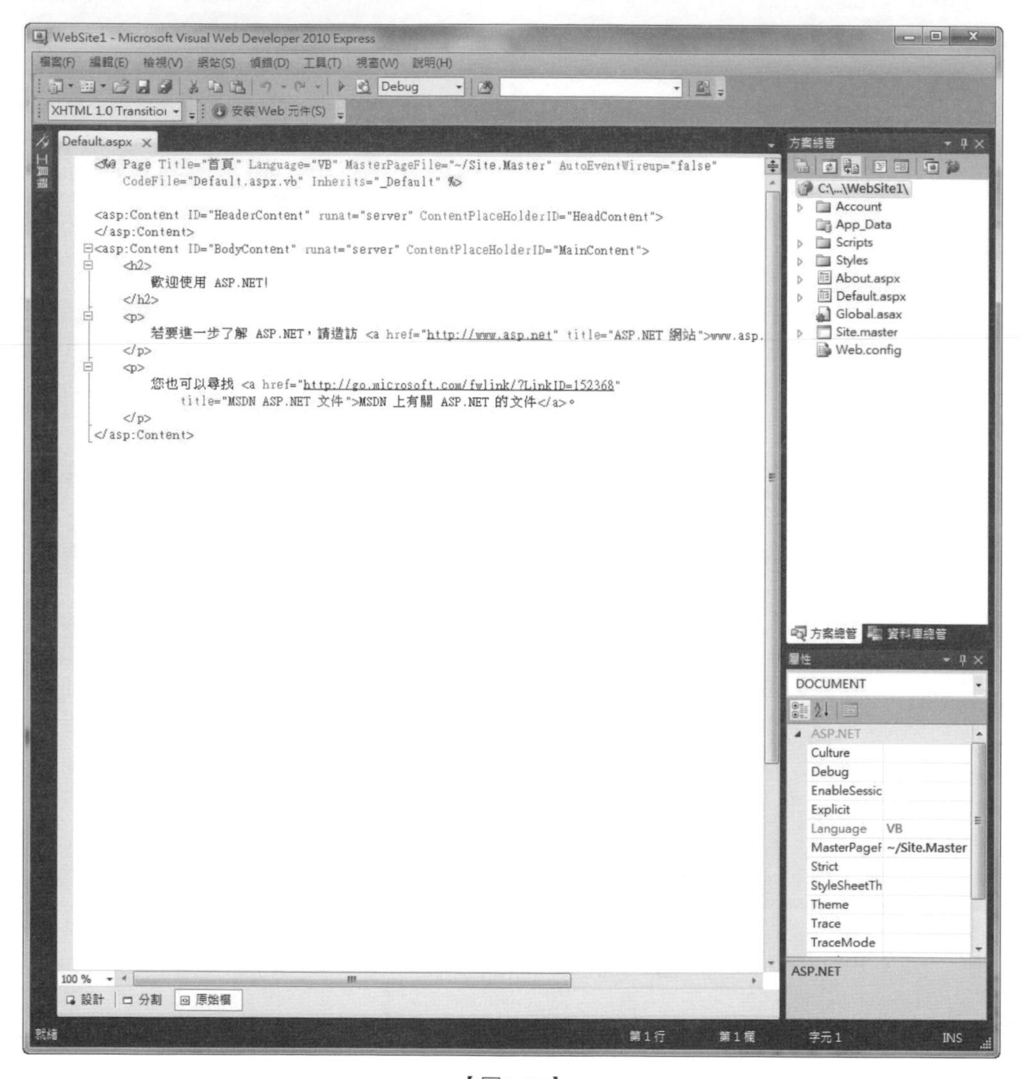

【圖8-17】

STEP 02 於右側面板區切換到【資料庫總管】

【圖8-18】

STEP 03 按下上方的【連結至資料庫】鈕

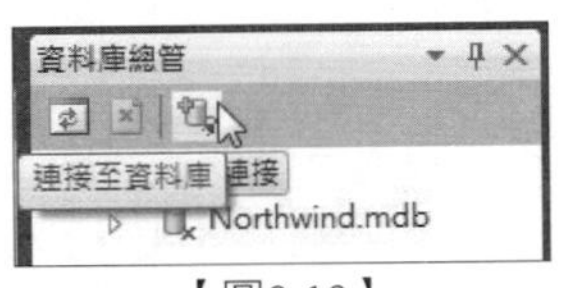

【圖8-19】

STEP 04 開啟【加入連接】設定視窗

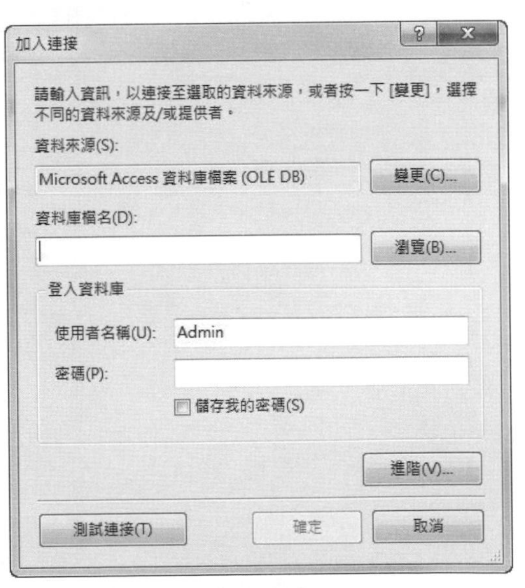

【圖8-20】

STEP 05 按下【資料來源】下的 變更(C)... 鈕，選擇要連接的資料來源→在此選【Microsoft SQL Server】→按下 確定 鈕

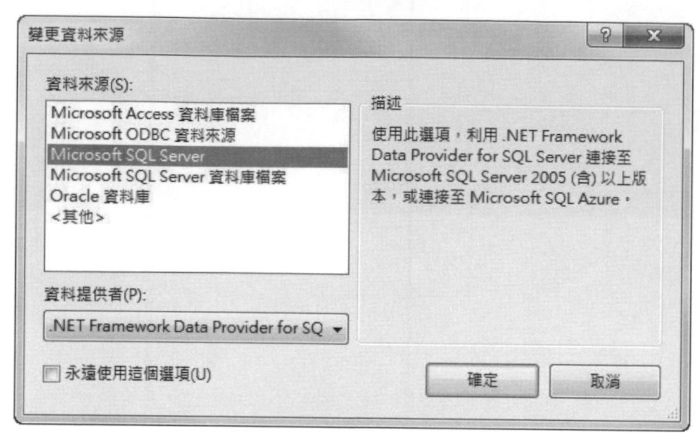

【圖8-21】

STEP 06 開啟【加入連接】設定視窗→輸入要連接的SQL Server伺服器名稱→輸入要連接的資料庫名稱→按下 測試連接(T) 鈕，可以先測試是否連接成功

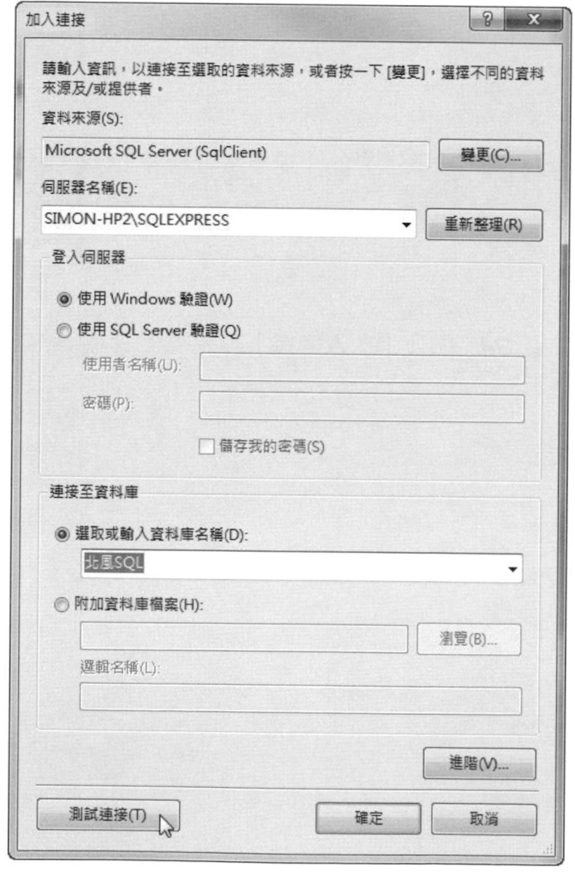

【圖8-22】

STEP 07 若是資料庫連接成功，則會出現連接成功訊息視窗，按下確定鈕。

【圖8-23】

STEP 08 最後再按下【加入連接】設定視窗的確定鈕，以完成與SQL Server資料庫的連接，於【資料庫總管】面板中可以看到已經完成連結的SQL Server資料庫，按下左方的三角形，可以將資料庫展開，可以見到已經連結的SQL資料庫。

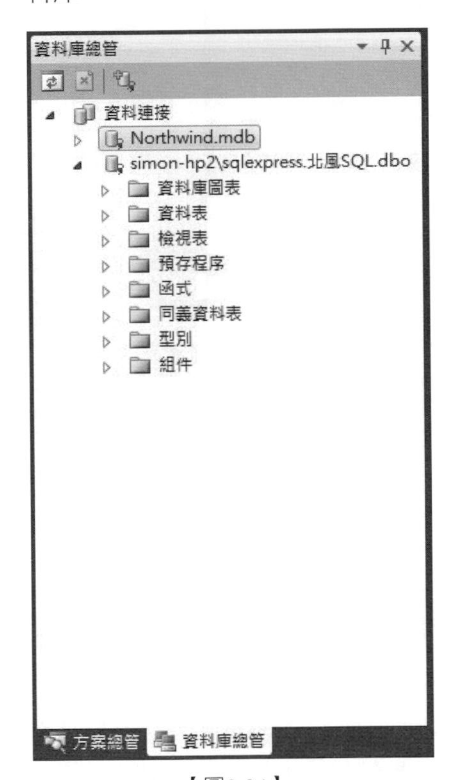

【圖8-24】

8.9.4 ASP.NET資料庫操作

在【Visual Web Developer】開發工具中完成資料庫的連結後，便可以進行ASP.NET資料庫的操作。

STEP 01 首先開啟【Visual Web Developer】開發工具並開啟網站

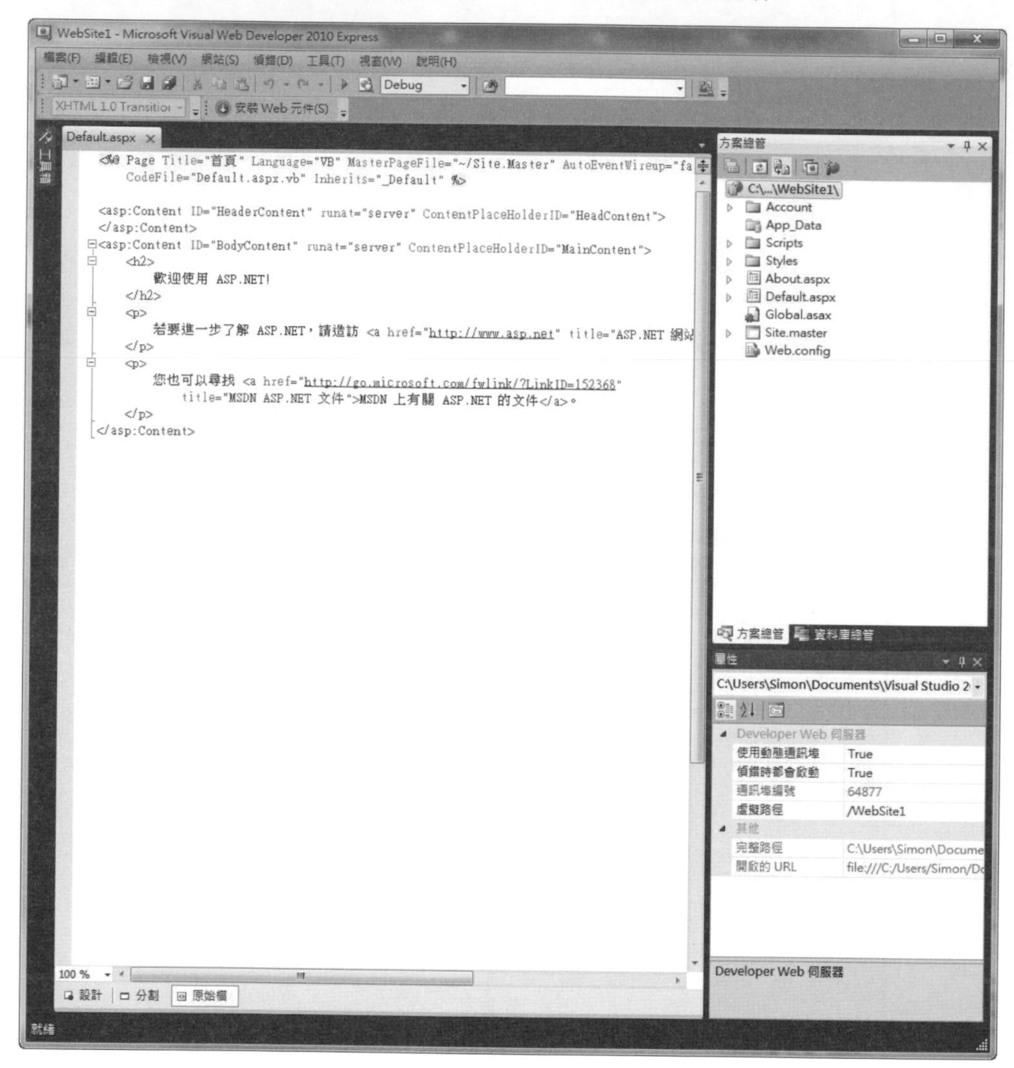

【圖8-25】

STEP 02 於右側點一下【資料庫總管】，進入【資料庫總管】面板

【圖8-26】

STEP **03** 點一下資料庫名稱前方的三角形，可以展開並連接資料庫

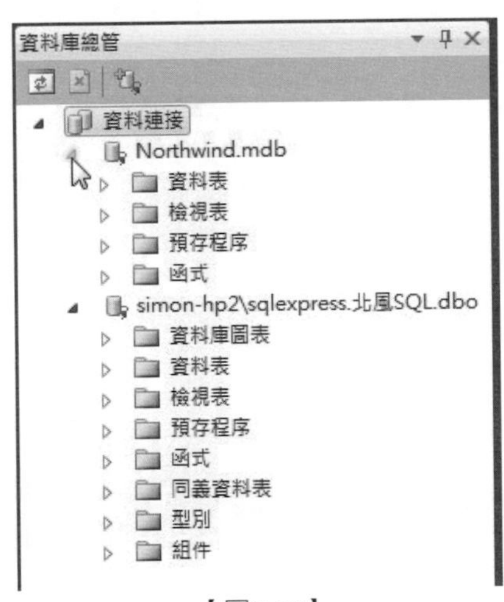

【圖8-27】

STEP 04 功能表/網站/加入新項目

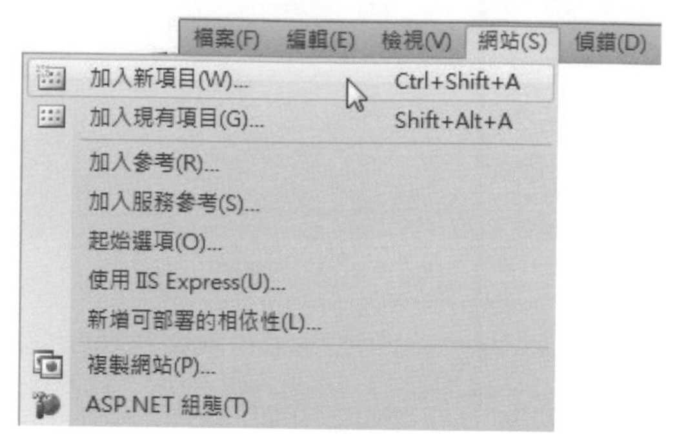

【圖8-28】

STEP 05 開啟【建立新項目】設定視窗→選取要使用的程式語言：Visual Basic→選取網頁程式種類：Web Form(網頁表單)→於下方輸入網頁檔案名稱：my_db01.aspx→勾選：【將程式碼置於個別檔案中】→按下 新增(A) 鈕

【圖8-29】

STEP 06 可建立一個新的網頁表單程式，於編輯區下方點一下【設計】模式→將編輯區切換為設計畫面，即網頁的顯示模式

【圖8-30】

STEP 07 【資料庫總管】面板終將資料表展開，點選要在網頁中顯示的資料表

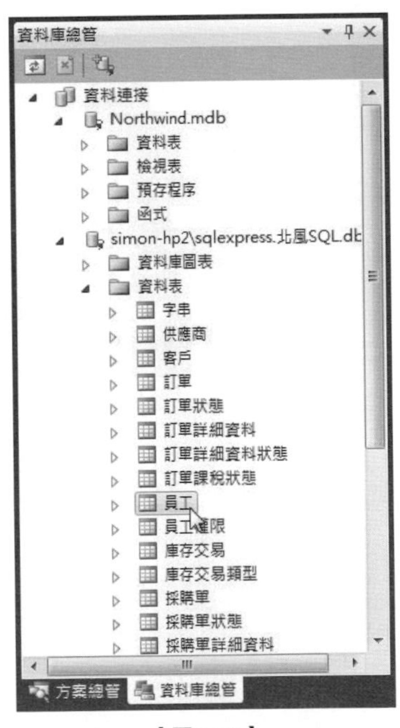

【圖8-31】

STEP 08 將資料表拖曳到【設計】畫面中→此時【Visual Web Developer】會自動以【GridView】控制項元件顯示資料表，如以下的畫面：

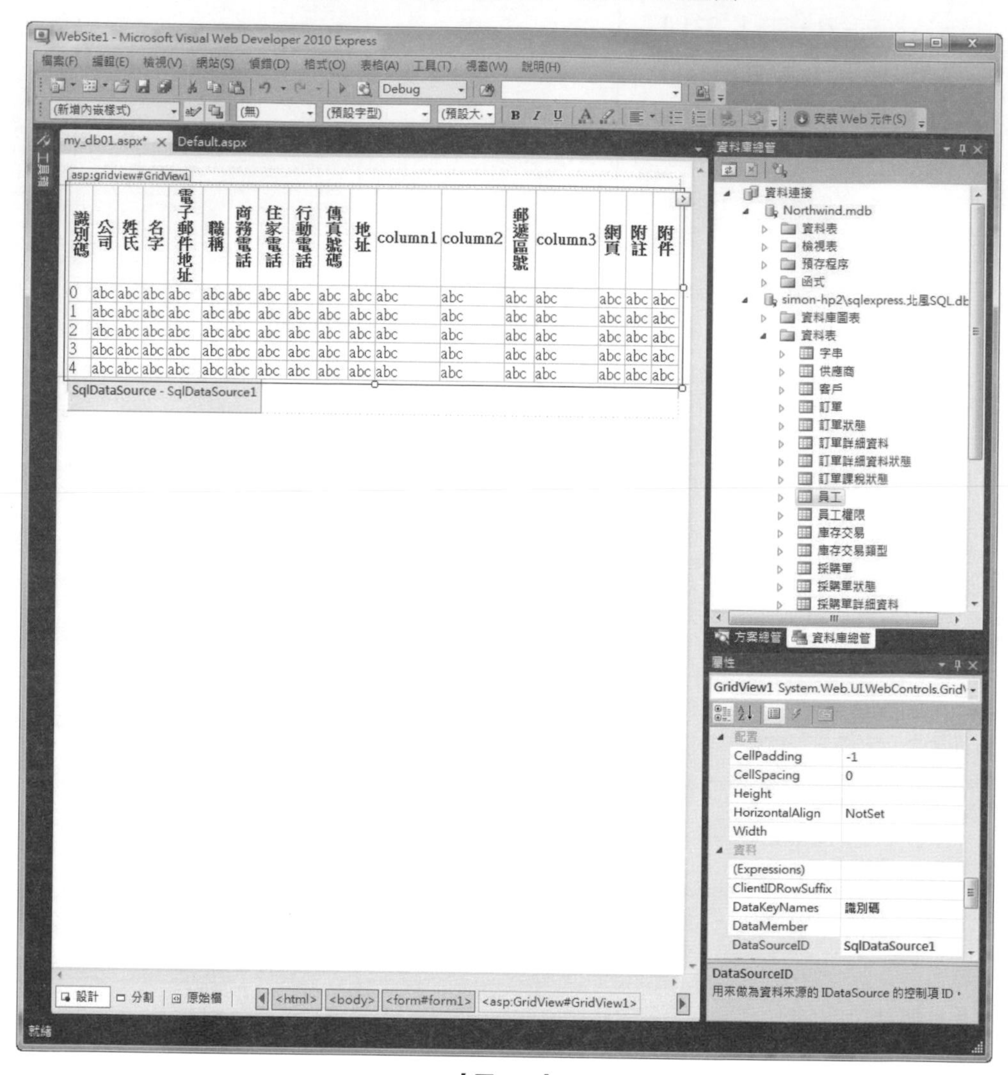

【圖8-32】

STEP 09 在【設計】畫面中顯示的資料表(員工資料表)是以【GridView】控制項元件來顯示，在畫面中可以看到顯示的狀態是目前資料表的結構：如欄位名稱、欄位的資料型態(abc、數字0、1、2…)

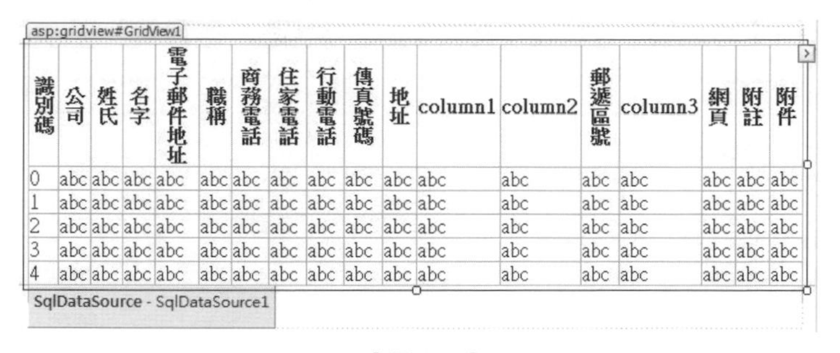

【圖8-33】

STEP **10** 在下方顯示的【sqlDataSource-sqlDataSource1】是連接資料庫的資料來源，即驅動資料庫的驅動程式，可以點選後按下右上角的【>】符號

【圖8-34】

STEP **11** 點選【設定資料來源】，進入設定要連接資料庫的資料來源

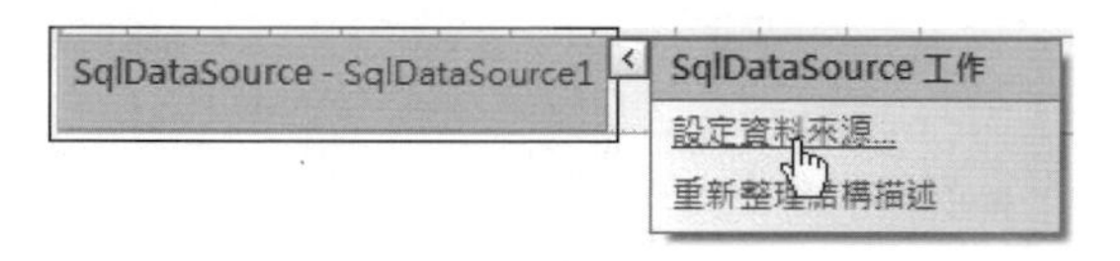

【圖8-35】

STEP **12** 進入【設定資料來源】設定視窗，設定【選擇資料連接】→拉下下拉選單可以選擇要連接的資料來源名稱

【圖8-36】

STEP **13** 按下【+】可以顯示目前連接資料庫的連接字串，即驅動程式的程式碼

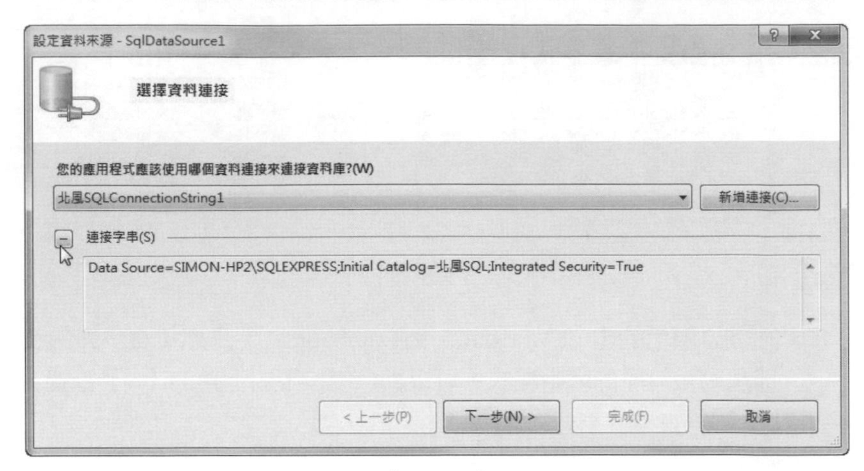

【圖8-37】

STEP **14** 按下 下一步(N) > 進入【設定SELECT陳述式】，即設定SQL的SELECT語法→點選【指定資料表或檢視的資料行】→下方的【名稱】下拉選單可以選擇要顯示的資料表名稱→於資料行中勾選要顯示的資料表欄位→勾選後會自動產生SELECT語法程式於下方→右方可以設定SELECT與法中的條件敘述(WHERE)與排序規則(ORDER BY)→設定完畢後按下 下一步(N) >

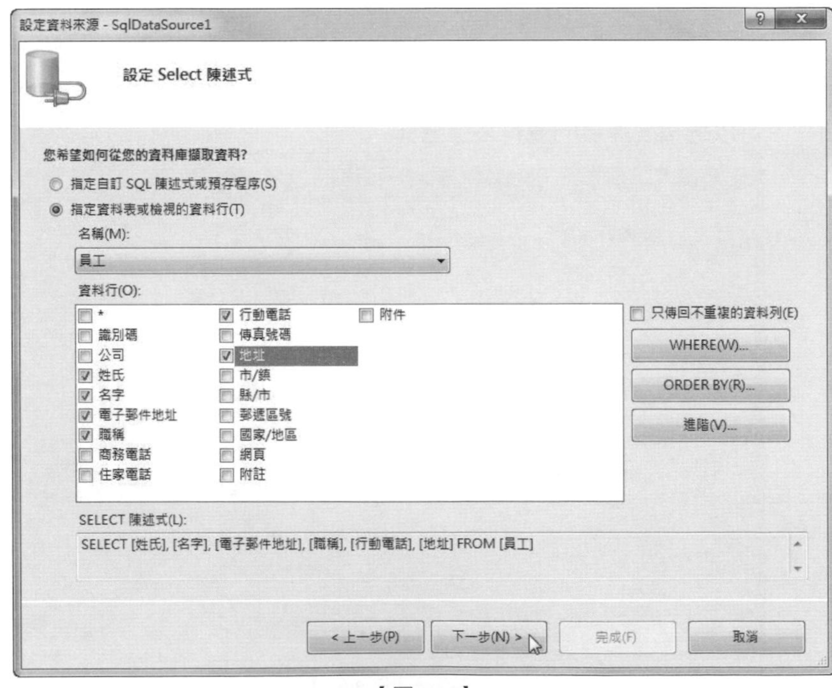

【圖8-38】

STEP **15** 接著顯示前一步驟所設定的SELECT陳述式→可以按下 測試查詢(T) 鈕，預先檢視SELECT陳述式執行的結果

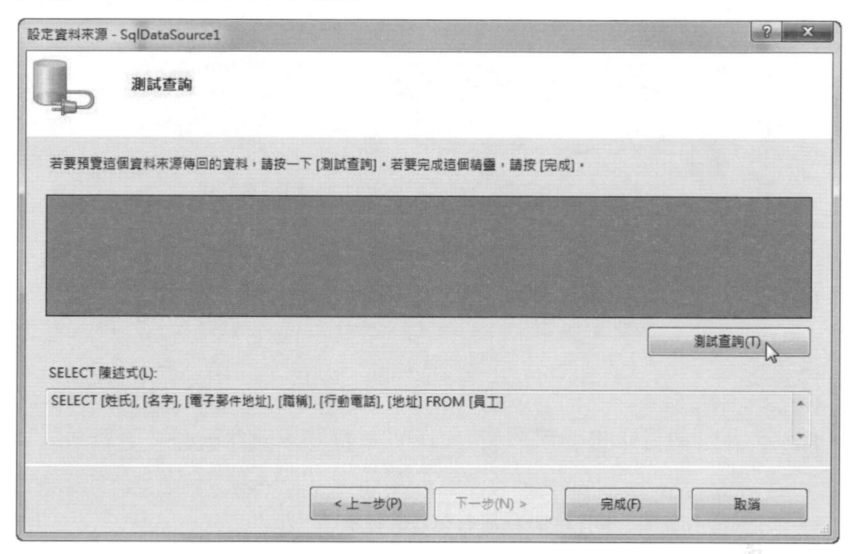

【圖8-39】

STEP **16** 顯示查詢結果無誤後，按下 完成(F) 鈕

設定資料來源 - SqlDataSource1

測試查詢

若要預覽這個資料來源傳回的資料，請按一下 [測試查詢]。若要完成這個精靈，請按 [完成]。

姓	名字	電子郵件地址	職稱	行動電話	地址
張	瑾雯	nancy@northwindtraders.com	業務代表		仁愛路二段56號
陳	季暄	andrew@northwindtraders.com	副總裁，銷售部門		敦化南路一段1號
趙	飛燕	jan@northwindtraders.com	業務代表		忠孝東路四段4 號
林	美麗	mariya@northwindtraders.com	業務代表		南京東路三段3號
劉	天王	steven@northwindtraders.com	業務經理		北平東路24號
黎	國明	michael@northwindtraders.com	業務代表		中山北路六段88號
郭	國臻	robert@northwindtraders.com	業務代表		師大路67號
蘇	涵蘊	laura@northwindtraders.com	業務協調員		紹興南路99號

測試查詢(T)

SELECT 陳述式(L):

SELECT [姓氏], [名字], [電子郵件地址], [職稱], [行動電話], [地址] FROM [員工]

< 上一步(P)　下一步(N) >　完成(F)　取消

【圖8-40】

STEP **17** 因為改變的資料來源的設定，接著出現是否重新整理GridView控制項元件的欄位與索引的訊息，按下 是(Y) 鈕，以更新GridView控制項元件顯示資料表的條件

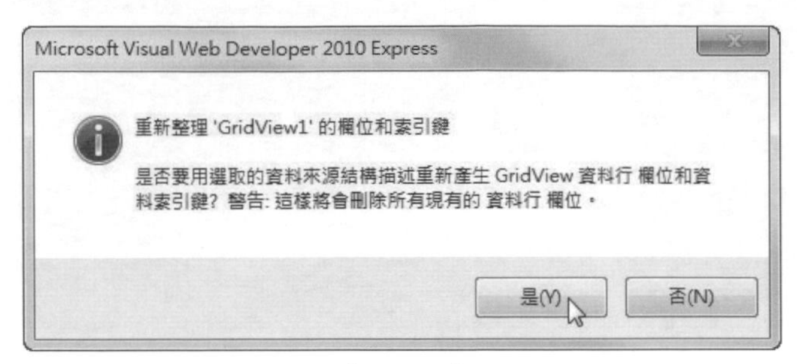

【圖8-41】

STEP **18** 回到【設計】畫面可以看到GridView控制項元件已經被更新

asp:gridview#GridView1

姓氏	名字	電子郵件地址	職稱	行動電話	地址
abc	abc	abc	abc	abc	abc
abc	abc	abc	abc	abc	abc
abc	abc	abc	abc	abc	abc
abc	abc	abc	abc	abc	abc
abc	abc	abc	abc	abc	abc

SqlDataSource - SqlDataSource1

【圖8-42】

STEP **19** 點選GridView控制項元件按下右上角的【>】符號→開啟【GridView工作】選單→點選【自動格式化】→可設定GridView控制項元件的外觀格式

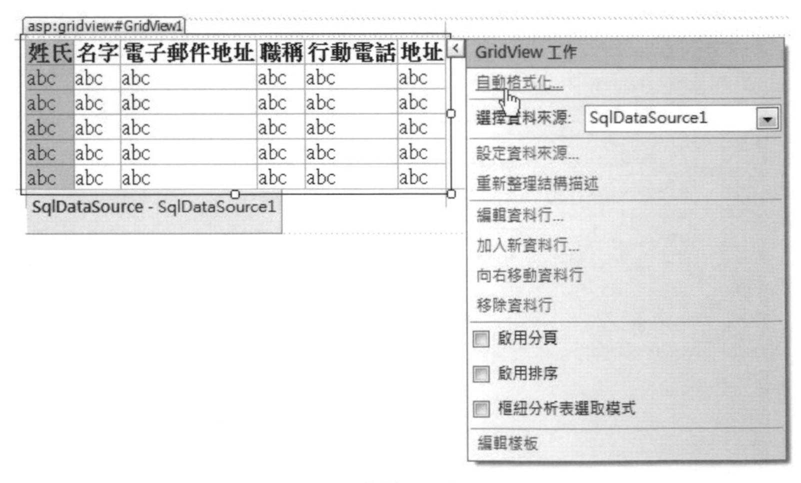

【圖8-43】

STEP **20** 進入【自動格式設定】→於【選取結構描述】中點選想要設定的樣式名稱→按下 確定 鈕

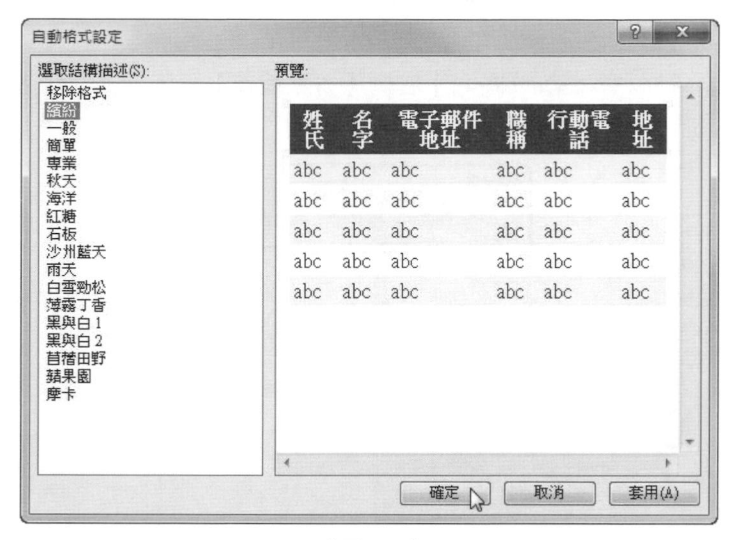

【圖8-44】

STEP **21** 回到【設計】畫面中，可以見到GridView控制項元件已經改變樣式

asp:gridview#GridView1

姓氏	名字	電子郵件地址	職稱	行動電話	地址
abc	abc	abc	abc	abc	abc
abc	abc	abc	abc	abc	abc
abc	abc	abc	abc	abc	abc
abc	abc	abc	abc	abc	abc
abc	abc	abc	abc	abc	abc

SqlDataSource - SqlDataSource1

【圖8-45】

STEP **22** 所有設定完畢後，按下工具列/在瀏覽器中檢視→若網頁尚未存檔，則出現網頁存檔訊息，按下 是(Y) 鈕，存檔後網頁才能顯示結果。

【圖8-46】

因新建立的網站尚未加入IIS的服務，所以在網站中建立的ASP.NET程式並無法執行。要能順利執行所有網站程式，必須將網站加入IIS服務，加入的方式如下：

STEP 01 回到【Visual Web Developer】右側【方案總管】面板，於網站路徑按下右鍵→點一下【使用IIS Express…】

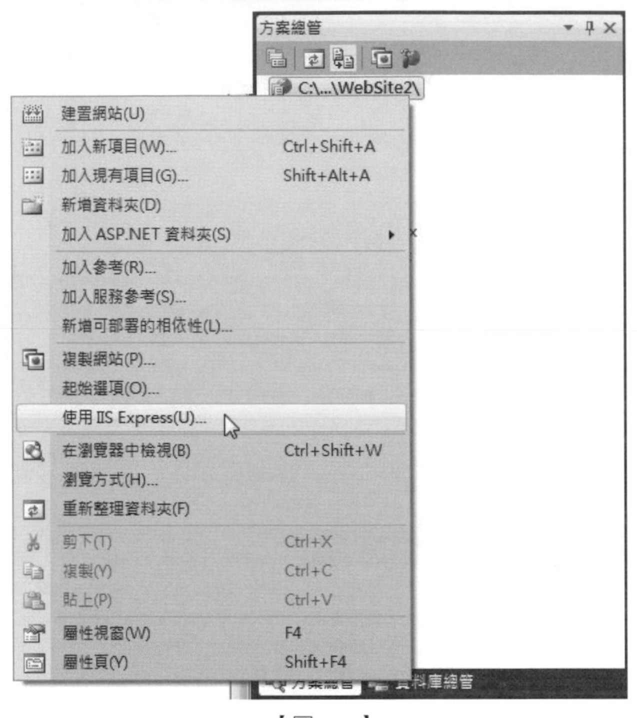

【圖8-47】

STEP 02 出現是否要將網站設定為IIS Express的Web伺服器詢問視窗→按下「是(Y)」鈕，即可將網站加入IIS服務

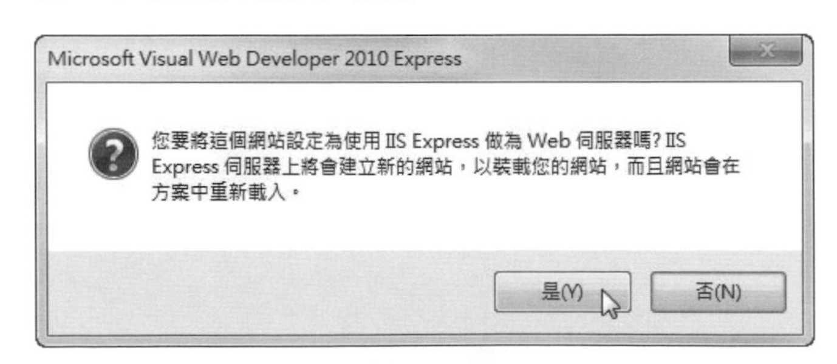

【圖8-48】

STEP 03 當網站加入IIS服務後，即可見到建立的GridView控制項元件網頁在【設計】畫面中的轉換，畫面如下：

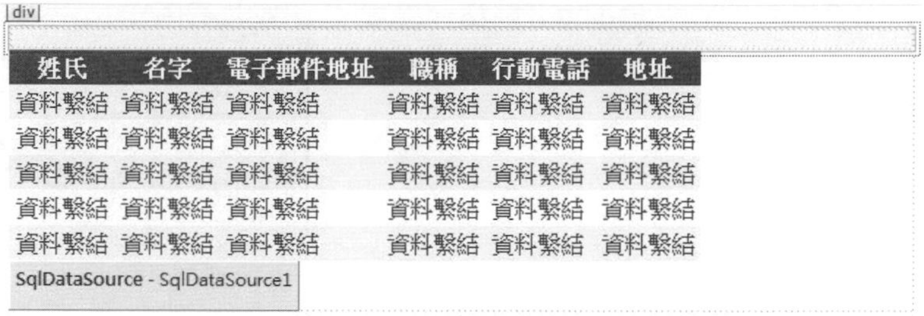

div

姓氏	名字	電子郵件地址	職稱	行動電話	地址
資料繫結	資料繫結	資料繫結	資料繫結	資料繫結	資料繫結
資料繫結	資料繫結	資料繫結	資料繫結	資料繫結	資料繫結
資料繫結	資料繫結	資料繫結	資料繫結	資料繫結	資料繫結
資料繫結	資料繫結	資料繫結	資料繫結	資料繫結	資料繫結
資料繫結	資料繫結	資料繫結	資料繫結	資料繫結	資料繫結

SqlDataSource - SqlDataSource1

【圖8-49】

STEP 04 工具列/在瀏覽器中檢視→開啟瀏覽器顯示資料表

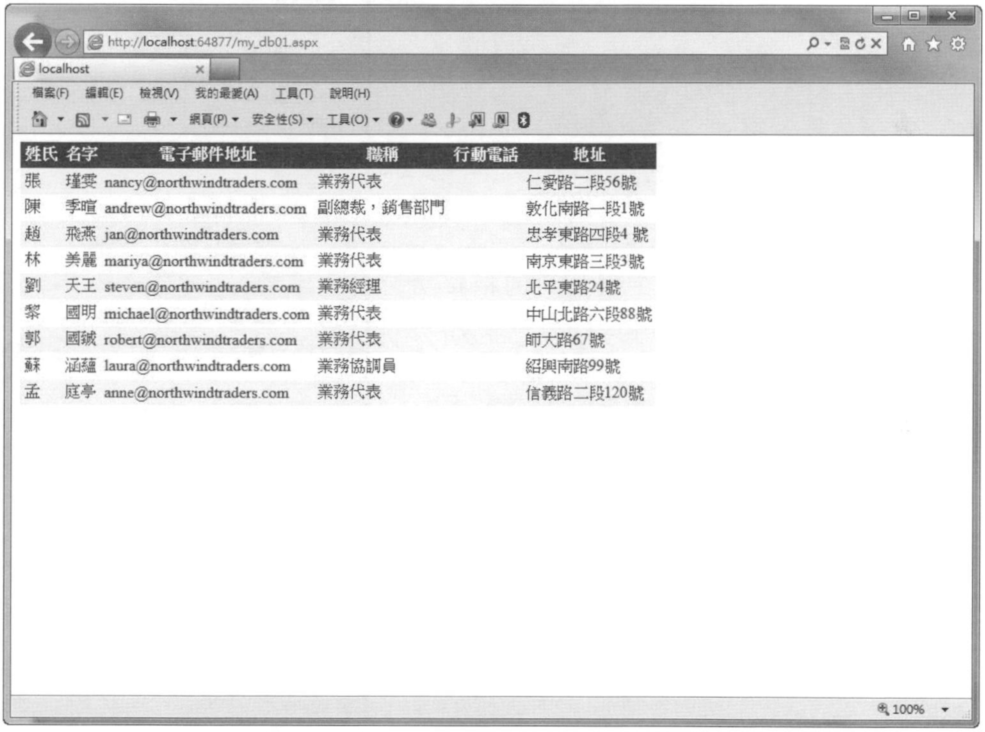

http://localhost:64877/my_db01.aspx
localhost
檔案(F) 編輯(E) 檢視(V) 我的最愛(A) 工具(T) 說明(H)
網頁(P) 安全性(S) 工具(O)

姓氏	名字	電子郵件地址	職稱	行動電話	地址
張	瑾雯	nancy@northwindtraders.com	業務代表		仁愛路二段56號
陳	季暄	andrew@northwindtraders.com	副總裁，銷售部門		敦化南路一段1號
趙	飛燕	jan@northwindtraders.com	業務代表		忠孝東路四段4 號
林	美麗	mariya@northwindtraders.com	業務代表		南京東路三段3號
劉	天王	steven@northwindtraders.com	業務經理		北平東路24號
黎	國明	michael@northwindtraders.com	業務代表		中山北路六段88號
郭	國皴	robert@northwindtraders.com	業務代表		師大路67號
蘇	涵蘊	laura@northwindtraders.com	業務協調員		紹興南路99號
孟	庭亭	anne@northwindtraders.com	業務代表		信義路二段120號

100%

【圖8-50】

重點提示 在瀏覽器顯示畫面中可以看到資料表初步以GridView控制項元件顯示資料表的結果，但是只顯示了資料表中部份的資料，並未顯示全部的資料。原因是GridView控制項元件預設並未設定資料分頁功能。

STEP 05 回到【Visual Web Developer】選取GridView控制項元件並於右側【屬性】面板中找到【AllowPaging】屬性→設定為【True】，啟動GridView控制項元件的分頁功能

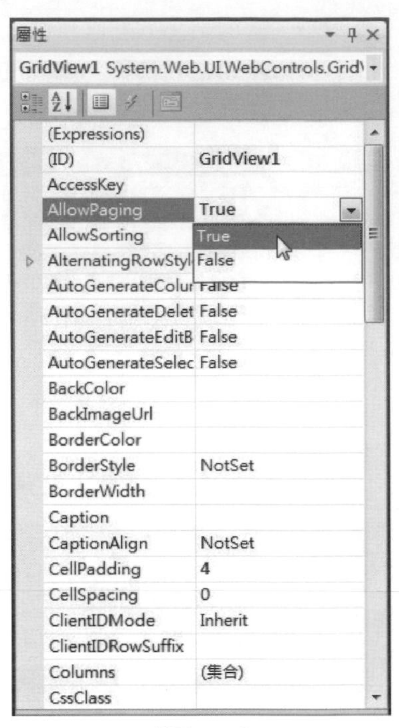

【圖8-51】

STEP 06 在【屬性】面板中與分頁的相關功能有【PagerSettings】(分頁設定)、【PagerStyle】(分頁樣式)、【PageSize】(分頁大小；預設為每頁10筆資料)

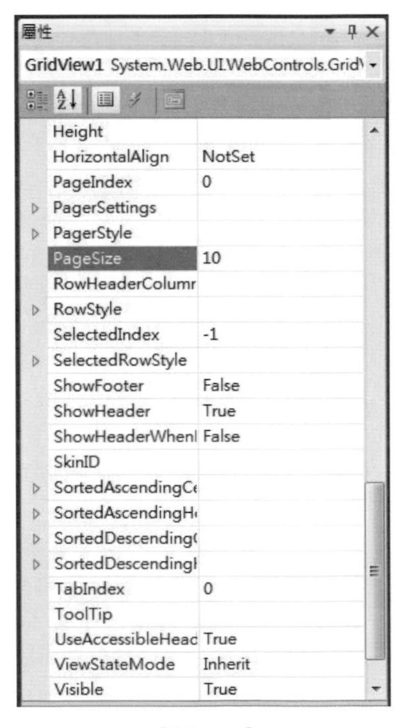

【圖8-52】

STEP 07 點選GridView控制項元件按下右上角的【>】符號→開啟【GridView工作】選單→勾選：【啟用分頁】，也可以設定分頁功能

產品代碼	產品名稱	標準成本	標價	目標庫存數量	每單位的數量
abc	abc	0	0	0	abc
abc	abc	0.1	0.1	1	abc
abc	abc	0.2	0.2	2	abc
abc	abc	0.3	0.3	3	abc
abc	abc	0.4	0.4	4	abc
abc	abc	0.5	0.5	5	abc
abc	abc	0.6	0.6	6	abc
abc	abc	0.7	0.7	7	abc
abc	abc	0.8	0.8	8	abc
abc	abc	0.9	0.9	9	abc
		12			

SqlDataSource - SqlDataSource1

GridView 工作
自動格式化...
選擇資料來源: SqlDataSource1
設定資料來源...
重新整理結構描述
編輯資料行...
加入新資料行...
啟用分頁
啟用排序
樞紐分析表選取模式
編輯樣板

【圖8-53】

以上就是如何在網頁中顯示資料表的方式，完整的程式碼如下：

```
<%@ Page Language="VB" AutoEventWireup="false" CodeFile="my_db01.aspx.vb"
Inherits="my_db01" %>

<!DOCTYPE html PUBLIC "-//W3C//DTD XHTML 1.0 Transitional//EN" "http://www.
w3.org/TR/xhtml1/DTD/xhtml1-transitional.dtd">

<html xmlns="http://www.w3.org/1999/xhtml">
<head runat="server">
    <title></title>
</head>
<body>
    <form id="form1" runat="server">
    <div>

        <asp:GridView ID="GridView1" runat="server" AllowPaging="True"
            AutoGenerateColumns="False" CellPadding="4" DataSourceID=
"SqlDataSource1"
            EmptyDataText=" 沒有資料錄可顯示。" ForeColor="#333333" GridLines=
"None" Height="323px"
            Width="677px">
            <AlternatingRowStyle BackColor="White" />
            <Columns>
                <asp:BoundField DataField=" 產品代碼 " HeaderText=" 產品代碼 "
SortExpression=" 產品代碼 " />
                <asp:BoundField DataField=" 產品名稱 " HeaderText=" 產品名稱 "
SortExpression=" 產品名稱 " />
```

```
                <asp:BoundField DataField=" 標準成本 " HeaderText=" 標準成本 "

                    SortExpression=" 標準成本 " />
                <asp:BoundField DataField=" 標價 " HeaderText=" 標價 "
SortExpression=" 標價 " />
                <asp:BoundField DataField=" 目標庫存數量 " HeaderText=" 目標庫存數量 "
                    SortExpression=" 目標庫存數量 " />
                <asp:BoundField DataField=" 每單位的數量 " HeaderText=" 每單位的數量 "
                    SortExpression=" 每單位的數量 " />
            </Columns>
            <FooterStyle BackColor="#990000" Font-Bold="True" ForeColor=
"White" />
            <HeaderStyle BackColor="#990000" Font-Bold="True" ForeColor=
"White" />
            <PagerStyle BackColor="#FFCC66" ForeColor="#333333" HorizontalAlign
="Center" />
            <RowStyle BackColor="#FFFBD6" ForeColor="#333333" />
            <SelectedRowStyle BackColor="#FFCC66" Font-Bold="True" ForeColor
="Navy" />
            <SortedAscendingCellStyle BackColor="#FDF5AC" />
            <SortedAscendingHeaderStyle BackColor="#4D0000" />
            <SortedDescendingCellStyle BackColor="#FCF6C0" />
            <SortedDescendingHeaderStyle BackColor="#820000" />
        </asp:GridView>
        <asp:SqlDataSource ID="SqlDataSource1" runat="server"
            ConnectionString="<%$ ConnectionStrings: 北風 SQLConnectionString %>"
            ProviderName="<%$ ConnectionStrings: 北風 SQLConnectionString.
ProviderName %>"

            SelectCommand="SELECT [ 產品代碼 ], [ 產品名稱 ], [ 標準成本 ], [ 標價 ],
[ 目標庫存數量 ], [ 每單位的數量 ] FROM [ 產品 ]">
        </asp:SqlDataSource>

    </div>
    </form>
</body>
</html>
```

執行結果

設定分頁後，可以看到網頁中資料表的顯示結果：

產品代碼	產品名稱	標準成本	標價	目標庫存數量	每單位的數量
NWTB-1	北風貿易茶	300.0000	330.0000	40	10 盒 x 20 包
NWTCO-3	北風貿易糖漿	1125.0000	1200.0000	100	12 - 550 ml 瓶
NWTCO-4	北風貿易原住民風味醬	1680.0000	1750.0000	40	48 - 6 盎司/罐
NWTO-5	北風貿易橄欖油	480.0000	640.0000	40	36 盒
NWTJP-6	北風貿易藍莓果醬	540.0000	560.0000	100	12 - 8 盎司/罐
NWTDFN-7	北風貿易水梨乾	675.0000	900.0000	40	12 - 1 磅/包
NWTS-8	北風貿易咖哩醬	480.0000	520.0000	40	12 - 12 盎司/罐
NWTDFN-14	北風貿易胡桃果	523.0000	697.0000	40	40 - 100 克/包
NWTCFV-17	北風貿易綜合水果	877.0000	1170.0000	40	15.25 盎司
NWTBGM-19	北風貿易巧克力脆片	180.0000	210.0000	20	10 盒 x 12 片

【圖8-54】

結論

資料庫若是要使用在ASP.NET網頁中，建議盡量先以SQL Server工具轉換為SQL Server資料庫，再以【Visual Web Developer】開發工具將資料庫連接到ASP.NET網站中，直接將資料表拖曳到【設計】畫面中，預設是以GridView控制項元件顯示資料表，如有其他的需要，可再更換其他的資料庫控制項元件。

資料庫的預存程序

在使用網站資料庫時，SQL Server資料庫的開發是資料庫的主要種類之一。在市面上幾乎所有的資料庫都是以SQL語法執行查詢，所以SQL語法已經成為一種標準，只不過各家資料庫會依照軟體不同的特性去發展，會造成有些許的差異性。

在此我們介紹一下T-SQL，所謂的T-SQL是Transact-SQL，簡單的說，它是具有程式區塊特性的SQL指令的集合，也就是SQL-Server的程式語言。可以處理所有SQL Server的運作，是資料庫物件的主要開發語言。

在一般資料庫的操作，除了單純使用SQL查詢語法之外，也可以結合T-SQL程式的設計來執行資料庫的操作，比如在本書前面第五章與第六章中所提到的SQL語法，便可以結合為以下的例子：

```
Use northwind
Select * from 產品資料
```

上述的程式範例表示要使用並執行northwind資料庫，查詢【產品資料】資料表所有的欄位。

9.1 何謂預存程序

在資料庫程式的設計上，預存程序就是指儲存在資料庫伺服器(如SQL Server)中的語法程式，換句話說，就是將資料庫程式儲存在網路後端。預存程序的架構是，可將多行指令語法或程式集中於一個程式的陳述式執行，在程式第一次執行時，便會解析編譯程式並且會將程式最佳化，並且儲存在系統的快取記憶體中供程式稍後使用，並且可以隨時呼叫，呼叫次數不限。也因為是儲存在後端伺服器，此程式與前端的應用程式是毫無關聯的，不會因為修改而影響到前端應用程式的程式碼。

綜合以上所述，資料庫的預存程序的優點有：

加快程式執行的效率

如果程式中有大量的資料庫程式碼，甚至需要重複執行，將資料庫程式儲存在網路後端處理的速度是比較快的。每次使用預存程序時，程式都不需要再次的分析與最佳化。

降低網路的負荷量

因為預存程序可以將多行程式語法透過一個程式敘述式便可以執行，所以資料庫程式執行時，不用在網路上傳送大量的程式碼，可以因此降低網路傳輸上的負擔。

資料庫程式的最佳化(模組化)

預存程序建立一次，可以在程式多處呼叫執行，也可多次呼叫，並且程式與網路前端的應用程式獨立，修改程式時完全不影響其他前端程式的運作，所以一般可將此程序交由專業的資料庫管理人員去處理，達到系統架構分工的目標。

STEP 01 開啟Microsoft SQL Server Management Studio，並建立開啟資料庫(以address資料庫為例)

【圖9-1】

STEP 02 展開資料庫後，可以看到預存程式是包含在資料庫中的【可程式性】

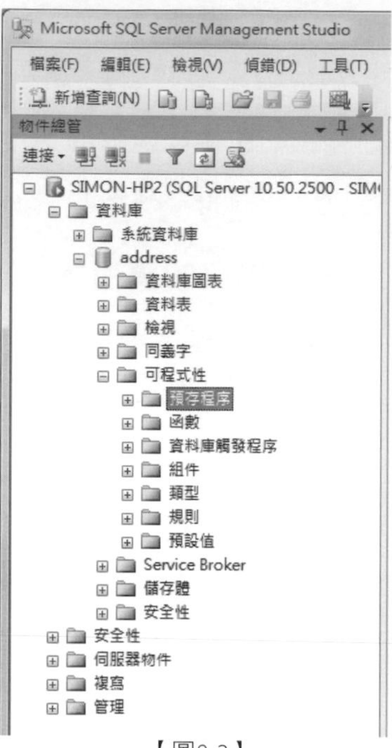

【圖9-2】

STEP 03 再將預存程式展開，可以看到其中包含【系統預存程序】

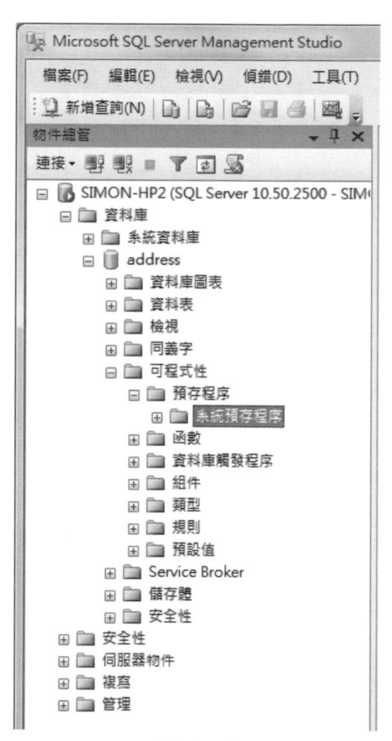

【圖9-3】

STEP 04 此外在【可程式性】中還包含了另一個程序為【資料庫觸發程序】

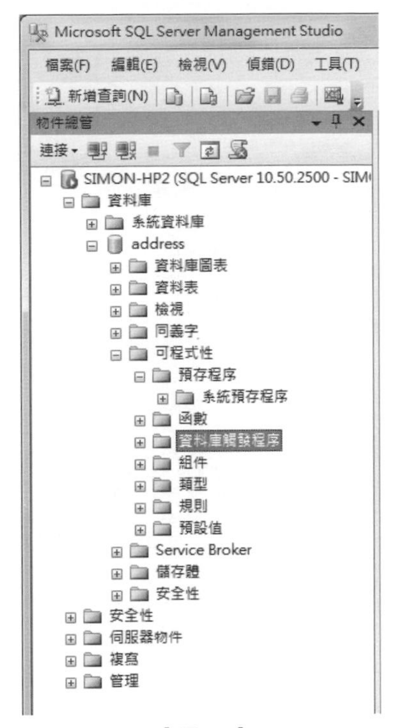

【圖9-4】

STEP 05 其中【系統預存程序】式資料庫預設的，將其展開可以見到預設的多項程序

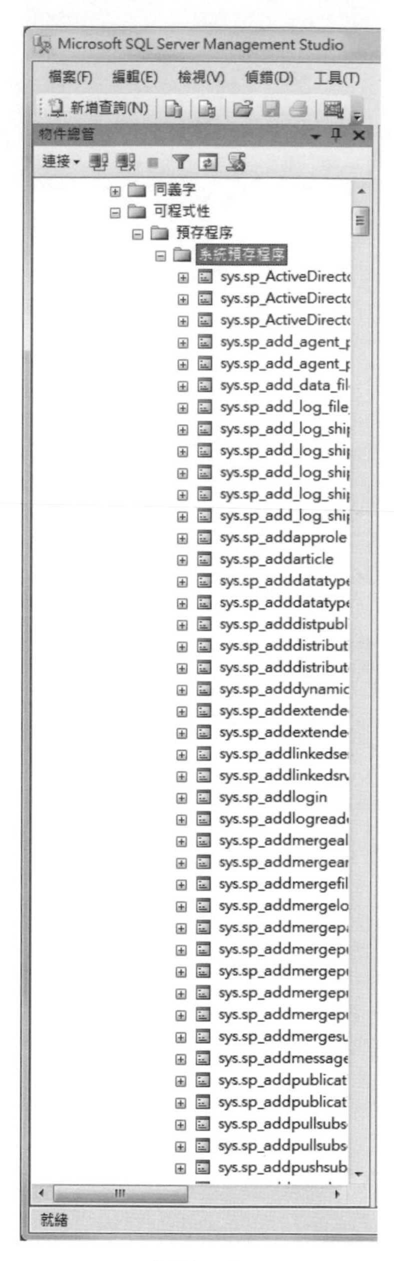

【圖9-5】

9.2 預存程序的建立

開啟Microsoft SQL Server Management Studio→物件總管→資料庫名稱(address)/【可程式性】/【預存程序】按右鍵→新增預存程序

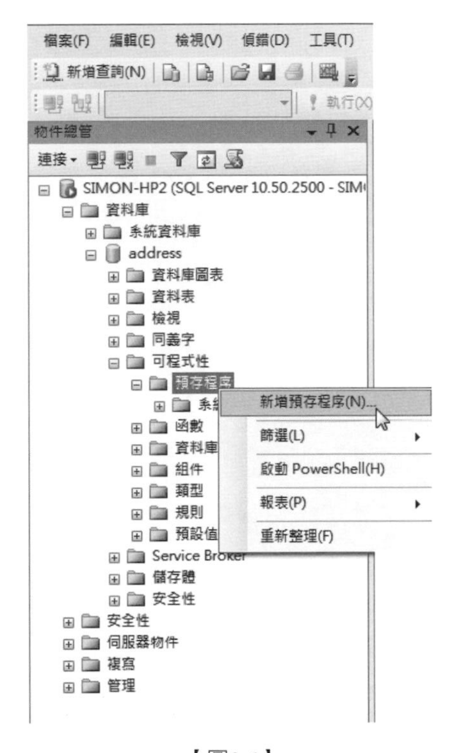

【圖9-6】

開啟查詢視窗，視窗中可以看到建立預存程序的基本語法

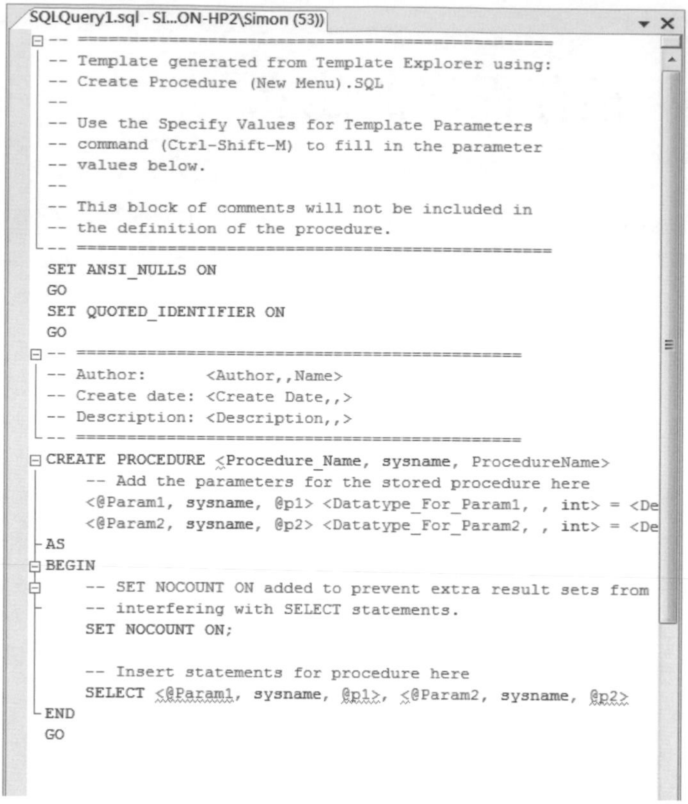

```
SQLQuery1.sql - SI...ON-HP2\Simon (53))
-- ================================================
-- Template generated from Template Explorer using:
-- Create Procedure (New Menu).SQL
--
-- Use the Specify Values for Template Parameters
-- command (Ctrl-Shift-M) to fill in the parameter
-- values below.
--
-- This block of comments will not be included in
-- the definition of the procedure.
-- ================================================
SET ANSI_NULLS ON
GO
SET QUOTED_IDENTIFIER ON
GO
-- =============================================
-- Author:       <Author,,Name>
-- Create date: <Create Date,,>
-- Description: <Description,,>
-- =============================================
CREATE PROCEDURE <Procedure_Name, sysname, ProcedureName>
    -- Add the parameters for the stored procedure here
    <@Param1, sysname, @p1> <Datatype_For_Param1, , int> = <De
    <@Param2, sysname, @p2> <Datatype_For_Param2, , int> = <De
AS
BEGIN
    -- SET NOCOUNT ON added to prevent extra result sets from
    -- interfering with SELECT statements.
    SET NOCOUNT ON;

    -- Insert statements for procedure here
    SELECT <@Param1, sysname, @p1>, <@Param2, sysname, @p2>
END
GO
```

【圖9-7】

語法格式如下：

```
CREATE PROCEDURE <Procedure_Name, sysname, ProcedureName>
    -- Add the parameters for the stored procedure here(註解說明文字)
    <@Param1, sysname, @p1> <Datatype_For_Param1, , int> = <Default_
Value_For_Param1, , 0>,
    <@Param2, sysname, @p2> <Datatype_For_Param2, , int> = <Default_
Value_For_Param2, , 0>
AS
BEGIN
    -- SET NOCOUNT ON added to prevent extra result sets from(註解說明文字)
    -- interfering with SELECT statements.(註解說明文字)
    SET NOCOUNT ON;

    -- Insert statements for procedure here(註解說明文字)
    SELECT <@Param1, sysname, @p1>, <@Param2, sysname, @p2>
END
GO
```

語法格式看來相當複雜，對於初學者，建議只要保留【CREATE PROCEDURE】敘述，再撰寫相關程式碼即可。

一般預存程序須包含下列的項目：【預存程序的名稱】、【程式中所需使用的參數】(可以一個或多個)、【預存程序的主要程式】

9.3 預存程序建立的規則

預存程序的建立規則大致如下：

◆ 可以使用所有合法的T-SQL程式敘述與SQL語法。

◆ 以下的程式敘述式不可使用在預存程序中的任何位置：

Create Default

Create Procedure

Create Rule

Create Trigger

Create View

◆ 預存程序中所使用的參數最多為2,100個。

◆ 區域變數的個數無上限。

◆ 使用的記憶體上限為128MB。

◆ 定義參數時，參數前要加上@符號，可事先宣告參數預設值，也必須有資料的型態。

範例練習9-1 (完整程式碼在本書附的光碟中ch9\ex9-1.sql)

建立預存程序名稱為 setData，建立參數以插入 address 資料庫中的各欄位資料。(address 為本書第四章中所建立的資料庫)

開啟 Microsoft SQL Server Management Studio →物件總管→資料庫名稱 (address)/【可程式性】/【預存程序】按右鍵→新增預存程序

程式碼

```
1.  CREATE PROCEDURE setData
2.  @num char(10),@name char(18),@sex char(6),@birth datetime,
3.  @tel char(16),@cell char(16),@addr char(60),@email char(60)
4.  AS
5.  BEGIN
6.  insert into 員工通訊錄(員工編號,姓名,性別,出生年月日,電話,行動電話,地址,
    電子郵件)
7.  values(@num,@name,@sex,@birth,@tel,@cell,@addr,@email)
8.  END
9.  GO
```

程式輸入後，按下上方的【執行】鈕。

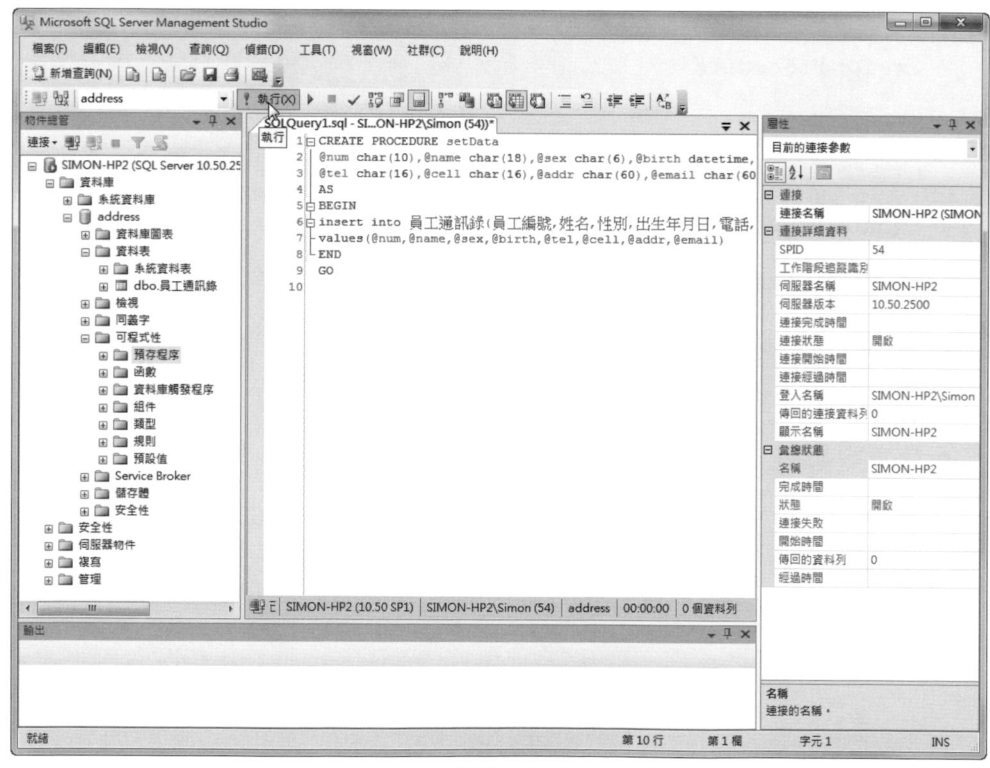

【圖9-8】

若預存程序中的各項語法都正確，則於下方的訊息欄中出現【命令已順利完成】。

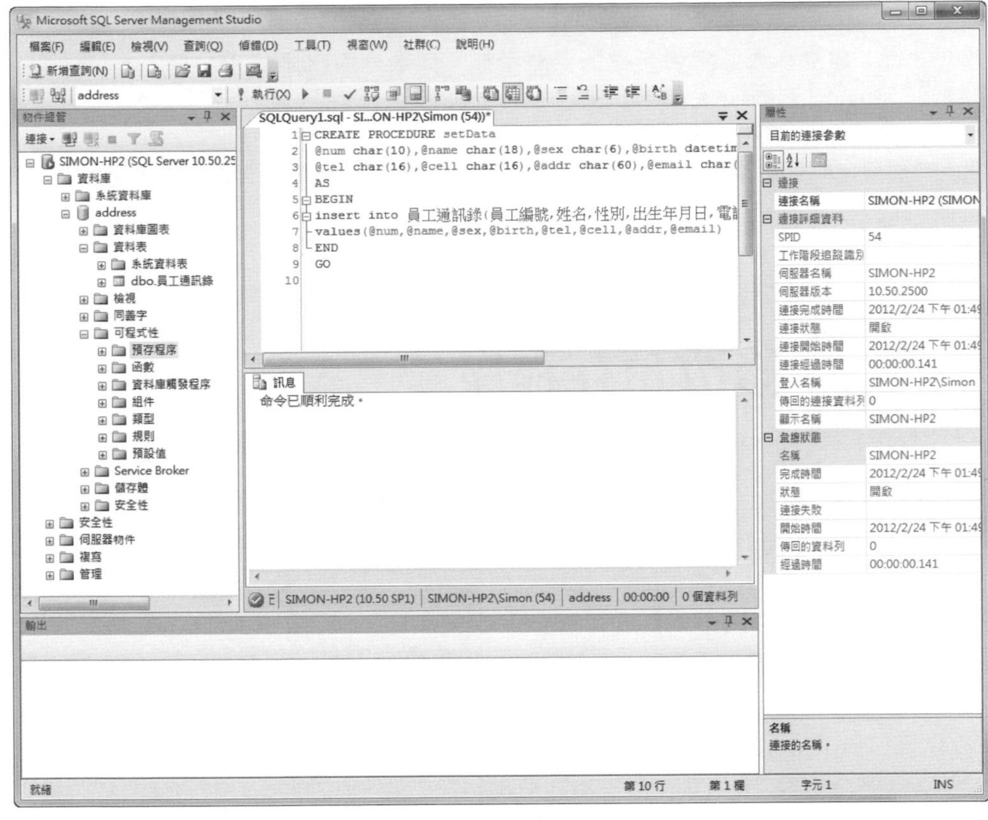

【圖9-9】

於物件總管中可以見到已經被建立的預存程序 setData。

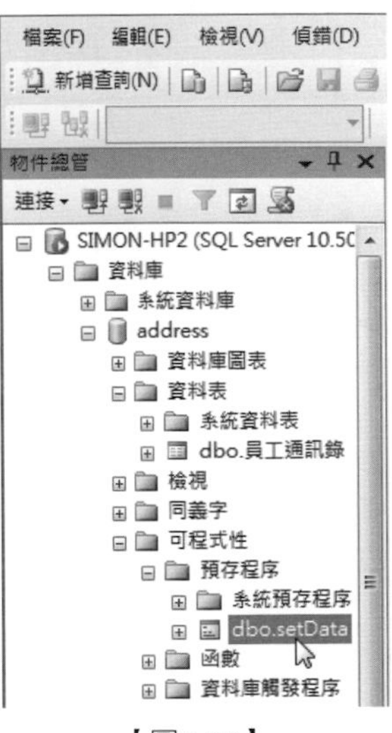

【圖9-10】

程式說明

第 1 行：建立預存程序，使用 Create Procedure 敘述，建立的名稱為 setData。

第 2~3 行：建立參數並宣告參數的資料型態，參數分別對應的欄位為：@num(員工編號)，@name(姓名)，@sex(性別)，@birth(出生年月日)，@tel(電話),@cell(行動電話),@addr(地址),@email(電子郵件)。

第 6~7 行：SQL 新增資料的語法，將對應各欄位的預存程序參數值帶入資料庫欄位中。

9.4 修改預存程序

STEP 01 開啟Microsoft SQL Server Management Studio→物件總管→資料庫名稱(address)/【可程式性】/【預存程序】按右鍵→修改

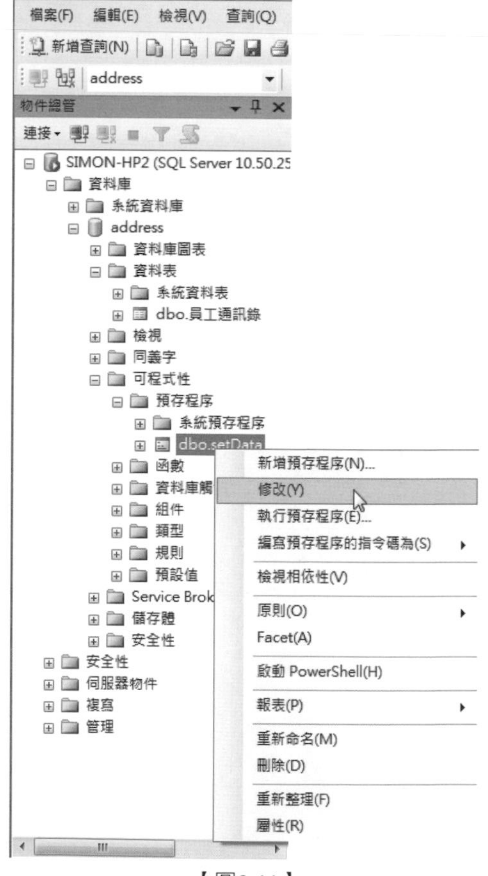

【圖9-11】

STEP 02 開啟查詢視窗，視窗中可以看到修改預存程序的基本語法

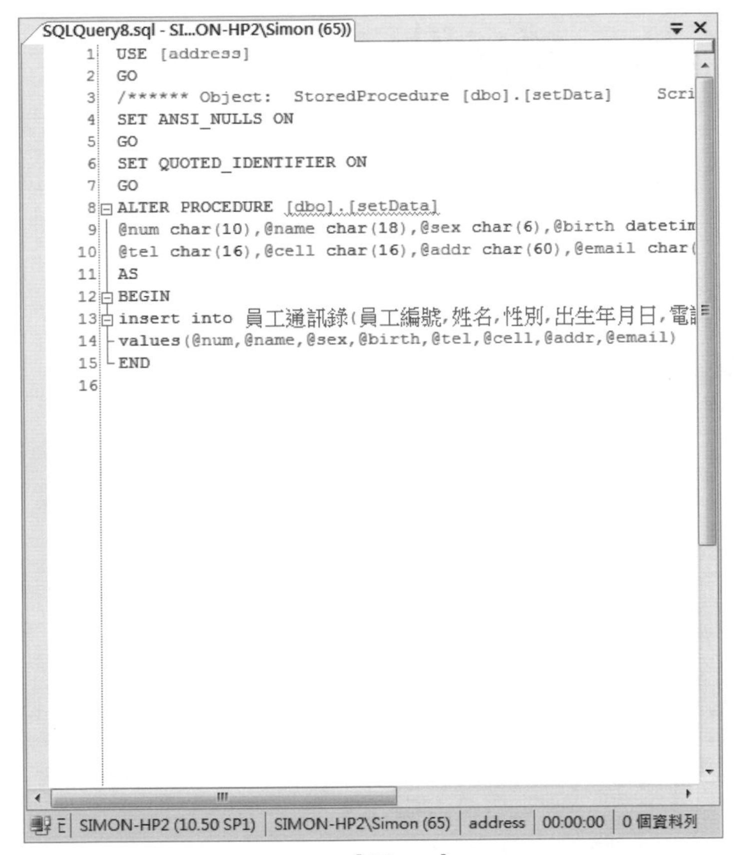

SQLQuery8.sql - SI...ON-HP2\Simon (65))
USE [address]
GO
/****** Object: StoredProcedure [dbo].[setData] Scri
SET ANSI_NULLS ON
GO
SET QUOTED_IDENTIFIER ON
GO
ALTER PROCEDURE [dbo].[setData]
@num char(10),@name char(18),@sex char(6),@birth datetim
@tel char(16),@cell char(16),@addr char(60),@email char(
AS
BEGIN
insert into 員工通訊錄(員工編號,姓名,性別,出生年月日,電
values(@num,@name,@sex,@birth,@tel,@cell,@addr,@email)
END
SIMON-HP2 (10.50 SP1)
SIMON-HP2\Simon (65)
address
00:00:00
0 個資料列

【圖9-12】

STEP 03 在語法格式中可以看到，程式敘述更改為【ALTER PROCEDURE】敘述，可更改相關的程式敘述後再按下上方的【執行】鈕即可。

9.5 執行預存程序

STEP 01 開啟Microsoft SQL Server Management Studio→物件總管→資料庫名稱(address)/【可程式性】/【預存程序】按右鍵→【執行預存程序】

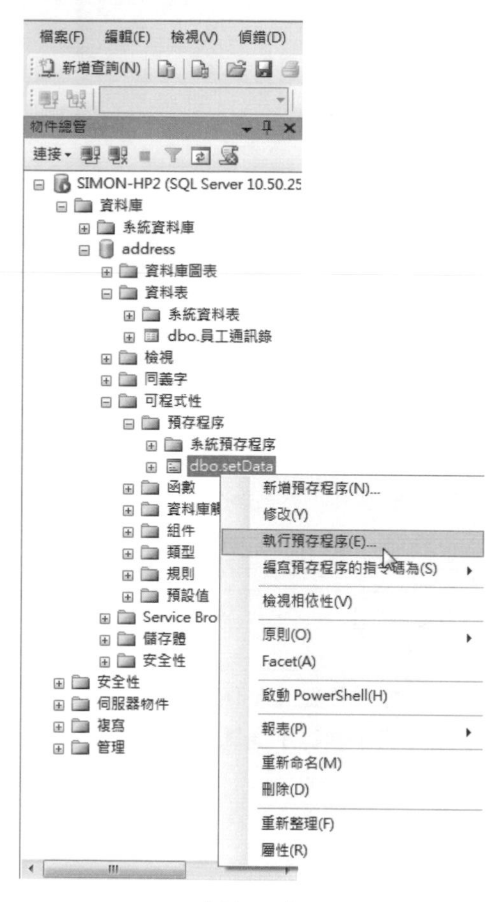

【圖9-13】

STEP 02 開啟【執行程序】設定視窗，可以看到對應的每個參數欄位，在每個參數的值欄中輸入所要的值後按下【確定】鍵。在此我們輸入以下的資料，員工編號：003、姓名：王大同、性別：男、出生年月日：1980/07/01、電話：03-456-7890、行動電話：0911-222-333、地址：桃園縣中壢市、電子郵件：user1@test.mail.tw

【圖9-14】

STEP 03 完成執行後，會在查詢視窗中產生執行的程式敘述。

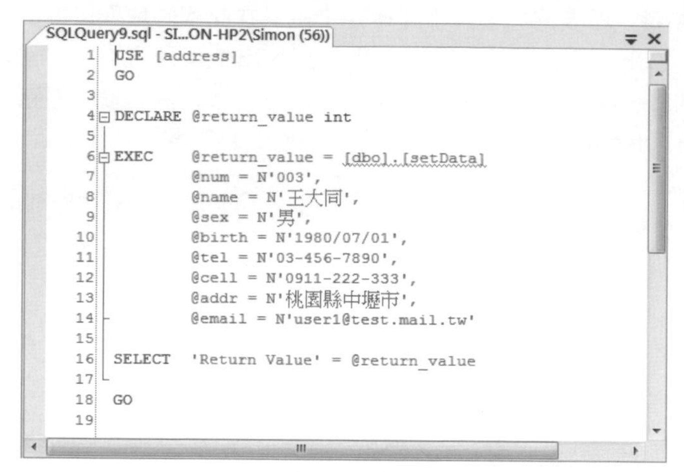


```
1  USE [address]
2  GO
3
4  DECLARE @return_value int
5
6  EXEC    @return_value = [dbo].[setData]
7          @num = N'003',
8          @name = N'王大同',
9          @sex = N'男',
10         @birth = N'1980/07/01',
11         @tel = N'03-456-7890',
12         @cell = N'0911-222-333',
13         @addr = N'桃園縣中壢市',
14         @email = N'user1@test.mail.tw'
15
16 SELECT  'Return Value' = @return_value
17
18 GO
19
```

【圖9-15】

STEP 04 於下方的結果欄中結果如下。

結果 | 訊息

	Return Value
1	0

【圖9-16】

STEP 05 回到原資料庫的資料表中查閱，可以見到新增的資料已經經由預存程序執行後，新增到資料表中。

SIMON-HP2.address - dbo.員工通訊錄 | SQLQuery9.sql - SL..ON-HP2\Simon (56)) | SQLQuery8.sql - SL..ON-HP2\Simon (65))

	員工編號	姓名	性別	出生年月日	電話	行動電話	地址	電子郵件
	001	李大年	男	1970-10-10 ...	02-3210-6789	0912-345-678	台北市中正區 ...	simonlee@tpe.mail.tw ...
	002	鄭秋梅	女	1980-01-01 ...	08-987-6543	0980-123-456	屏東縣高樹鄉 ...	maychen@pingt.mail.tw ...
▶	003	王大同	男	1980-07-01 ...	03-456-7890	0911-222-333	桃園縣中壢市 ...	user1@test.mail.tw ...
*	NULL	NULL	NULL	NULL	NULL	NULL	NULL	NULL

【圖9-17】

由以上的執行敘述中，可以見到執行預存程序的語法格式為：

```
Exec 參數1 = 參數值1 , 參數2 = 參數值2 , … , 參數n = 參數值n
```

在此可以看到預存程序中有一個基本的項目，就是【參數】。參數對於預存程序是很重要的，可以讓預存程序的使用變得更加靈活，預存程序的參數基本上可分為輸入參數、輸出參數、傳回碼，預存程序的程式編寫中常使用輸入與輸出參數。

重點提示 在網站的運作中，以ADO.NET搭配ASP.NET程式，使用預存程序的步驟大致如下：

- ◆ 於資料庫中建立預存程序。
- ◆ 在撰寫的ASP.NET程式中建立執行SQL指令的物件(如Command物件…等)。
- ◆ 將預存程序名稱設定給執行SQL指令的物件。
- ◆ 執行SQL指令的物件。

在預存程序的運作中，建議盡量使用ADO.NET搭配VB.NET，如果使用Access資料庫設計表單輸入介面，當執行預存程序時，會有無法傳回資料記錄值的現象發生，但是若使用VB.NET則可以順利取得傳回值。

CHAPTER

10

資料庫交易 (Transaction)

10.1 資料庫交易(Transaction)

所謂的資料庫交易(Transaction)是指資料庫在執行運作時，能確保整個運作程序能順利完成，最後儲存到資料庫(更新資料庫)。更進一步的說明是，當資料庫在網路上嘗試寫入資料庫、更新資料庫，尤其是大量資料處理時，若是其中有步驟無法順利完成，此時應該馬上暫停資料庫的處理動作，並且要將資料庫恢復到最原始狀態，也就是尚未執行資料庫該次處理動作之時。這就是資料庫交易(Transaction)的基本概念。

所以，資料庫的交易代表的是資料庫的更新，更新就要確保資料前後的正確性，基本上，進行交易動作，也必須有鎖定機制，最終的目的只有一個，就是確保資料更新前後的正確性。以SQL Server為例，鎖定機制多由SQL Server自行處理。

舉例來說，如果有一個資料庫名為address，在進行更新資料表時，如更新某些紀錄，寫入資料…等，這些更新動作都必須要完全確認無誤，才算更新完成。如果其中有任何一個步驟有問題或發生錯誤，此時更新動作必須中止，並且復原到當初尚未執行更新動作之前，即進行交易動作之前的資料庫狀態。

如果以一個實際的範例來說，在一個商品資料庫中，如果要出貨，出貨算是一個動作，但是在網頁資料庫的運作中，至少要經過三個動作過程：

- 更新商品資料庫的庫存資料表
- 更新商品資料庫的產品資料表
- 寫入資料到商品資料庫的庫存變更資料表

通常利用T-SQL敘述式或是資料庫的函數(如ADO、ODBC、OLEDB…)來執行交易，並指定交易的啟動與結束。T-SQL的交易敘述式如下：

```
Begin Transaction(交易起始)
Commit Transaction(認可交易，指定交易名稱)
Commit Work(認可交易，不指定交易名稱)
```

```
Rollback Transaction(復原交易，指定交易名稱)
Rollback Work((復原交易，不指定交易名稱)
```

交易動作只能由以上的任何一個方式進行，如果同時使用T-SQL敘述式與資料庫的函數，如使用T-SQL敘述後再用資料庫函數進行同一筆交易，可能就會導致無法預期的錯誤，這點要特別注意。基本上，只要記得，用甚麼方法啟動交易，就用甚麼方法結束。

在.NET Framework 2.0開始，推出了【System.Transactions】名稱空間(namespacve)，在這個名稱空間中，有包含很多與交易相關的類別，最常用的就是【TransactionScope】與【Transaction】這兩個類別。此兩個類別的詳細內容將在本書下一章說明。

> **重點提示** 在ASP.NET中，資料庫的建置與應用，一般建議可盡量使用SQL Server系統與資料庫，如果使用的是Access資料庫，可將其轉換為SQL Server資料庫，這部份可參考本書第八章。

在使用SQL Server資料庫時，進行資料庫交易，都必須要具備以下的特性，才算完成一整個資料庫交易：

- 資料的修改一定要是全部完成，不可以只有部份完成。
- 當交易完成後，所有的資料一定要維持一致性，尤其在關聯式資料庫，一定要將所有關聯規則都要套用交易，方能維持資料的一致性。
- 所有交易中的修改，一定要與其他交易的修改做隔離。簡單的說，交易所見到的資料，就是另一筆交易修改前的資料，或者是交易完成後的狀態。
- 交易完成之後資料庫的交易作用是永遠存在的，即使資料庫系統失敗，也不會影響交易的結果。

10.2 資料庫的回復

當資料庫進行交易時，中途發生錯誤導致整個交易過程無法完成，以SQL Server為例，就會自動進行資料庫的復原，並且會釋放一切因交易所佔用的系統資源。若是交易當時SQL Server的連線已中斷，尚未處理完畢的交易就會在網路中斷時全部復原，連線中斷的原因有用戶端的程式執行失敗、電腦重新啟動、電腦當機…等。SQL Server都會在網路通知連線中斷時，將交易全部復原。

10.3 資料庫交易的種類(以SQL Server為例)

10.3.1 自動交易

一般稱為自動認可交易，是SQL Server預設的交易模式。在SQL Server中，所有沒有宣告的交易，都會被當作自動認可的交易，自動認可交易以一個動作為主，比如資料庫的更新動作。

10.3.2 隱含交易

所謂的隱含交易是指SQL Server在所有交易認可與復原之後所建立的新交易，此功能預設是關閉的，可以利用以下的T-SQL敘述開啟。

```
Set Implicit_Transactions On
```

以下的範例說明如何啟動隱含交易，啟動後便接著進行交易。

```
Set Implicit Transactions On
Use address
Insert Into 員工通訊錄(員工編號 , 姓名 , 性別 , 出生年月日 , 電話 , 行動電話 ,
住址 , 電子郵件) Values ('007','許萃育','女', '1980/10/10', '(08)987-2500',
'0912-666-888', '屏東縣', 'may@ping.tung.mail.tw')
```

```
Commit Transaction
```

10.3.3 外顯交易

外顯交易就是自行設計的交易，由設計師自行設計交易的啟動、結束，可以利用以下的T-SQL敘述式來操作。T-SQL敘述式如下：

```
Begin Transaction
Commit Transaction
Commit Work
Rollback Transaction
Rollback Work
```

範例練習 (完整程式碼在本書附的光碟中ch10\ex10-1.sql)

建立一個交易，命名為 t1，交易內容為將員工王大同的員工編號從 003 更新為 007

開啟 Microsoft SQL Server Management Studio→物件總管→資料庫名稱 (address)/【可程式性】/【預存程序】按右鍵→新增預存程序

程式碼

```
Declare @myTran varchar(10)
 Set @myTran = 't1'
 Begin Transaction @myTran
 Begin Try
  Update 員工通訊錄 Set 員工編號 = 007 where 姓名='王大同'
  COmmit Transaction @myTran
 End Try
 Begin Catch
  Rollback Transaction @myTran
 End Catch
```

程式說明

在本程式中，利用 Begin Transaction 啟動交易 @myTran，利用 Try~Catch 例外處理敘述，執行資料庫的更新 (Update)，並由 Commit Transaction 認可此交易。若是無法完成更新，則由 Catch 捕捉該錯誤，執行 Rollback Transaction，以復原此交易。

程式輸入後，按下上方的【執行】鈕。

【圖10-1】

若預存程序中的交易執行一切順利，則會在下方的訊息欄中出現【1 個資料列受到影響】。

執行結果

原資料表：

SIMON-HP2.address - dbo.員工通訊錄 | 1212TransactionNa...ON-HP2\Simon (56)) | SQLQuery1.sql - SL..ON-HP2\Simon (53))*

	員工編號	姓名	性別	出生年月日	電話	行動電話	地址	電子郵件
	001	李大年	男	1970-10-10 00:...	02-3210-6789	0912-345-678	台北市中正區 ...	simonlee@tpe.m...
	002	鄭秋梅	女	1980-01-01 00:...	08-987-6543	0980-123-456	屏東縣高樹鄉 ...	maychen@pingt...
	003	王大同	男	1980-07-01 00:...	03-456-7890	0911-222-333	桃園縣中壢市 ...	user1@test.mail...
▶*	NULL	NULL	NULL	NULL	NULL	NULL	NULL	NULL

【圖10-2】

交易後的資料表：

SIMON-HP2.address - dbo.員工通訊錄 | 1212TransactionNa...ON-HP2\Simon (56)) | SQLQuery1.sql - SL..ON-HP2\Simon (53))*

	員工編號	姓名	性別	出生年月日	電話	行動電話	地址	電子郵件
▶	001	李大年	男	1970-10-10 00:...	02-3210-6789	0912-345-678	台北市中正區 ...	simonlee@tpe.m...
	002	鄭秋梅	女	1980-01-01 00:...	08-987-6543	0980-123-456	屏東縣高樹鄉 ...	maychen@pingt...
	7	王大同	男	1980-07-01 00:...	03-456-7890	0911-222-333	桃園縣中壢市 ...	user1@test.mail...
*	NULL	NULL	NULL	NULL	NULL	NULL	NULL	NULL

【圖10-3】

10.4 交易的隔離

交易式資料庫運作的一項重要工作，交易工作可以在資料庫中一次進行多項交易，此多項交易不能彼此影響，必須各自進行。而此多項交易要處理的資料有可能是重複的，所以在資料的讀取與儲存上就會被鎖定，一旦鎖定，就會造成其他交易無法存取資料的現象。因此就需要執行交易的隔離，透過交易隔離，使得每一個交易彼此都是互相隔離不受影響的，當交易執行時，與其他交易隔離不受影響。

以SQL Server 2008為例，定義了以下的隔離標準：

10.4.1 Read committed

SQL Server 2008預設的交易隔離，此隔離的動作是不允許讀取還沒有認可交易(Commit)的資料。

10.4.2 Read uncommitted

所有交易中的資料都可讀取，即沒有任何的隔離，所以資料有可能被刪除或更動。

10.4.3 Repeatable read

所有交易中的資料都被鎖定，交易中的資料變更都不允許，但可以允許新增。

10.4.4 Snapshot

不允許讀取還沒有認可交易(Commit)的資料，但是資料如果在另一個交易中被認可(Commit)，則可以被讀取，有些類似Read committed。交易可以由其他隔離型態宣告為此型態，但一旦宣告為此型態，則不能再更改為其他型態。

10.4.5 Serializable

所有交易中的資料都被鎖定，交易中的資料變更都不允許，也不允許新增資料，是所有標準中最嚴格的。

設定交易隔離的格式如下：

```
Set Transaction ISOLATION LEVEL Read committed
Set Transaction ISOLATION LEVEL Read uncommitted
Set Transaction ISOLATION LEVEL Repeatable read
Set Transaction ISOLATION LEVEL Snapshot
Set Transaction ISOLATION LEVEL Serializable
```

另有查看交易隔離的設定，指令格式如下：

```
DBCC UserOptions
```

範例練習

設定資料庫交易隔離標準為 Read uncommitted，並查閱目前的交易隔離。

開啟 Microsoft SQL Server Management Studio →物件總管→資料庫名稱 (address)/【可程式性】/【預存程序】按右鍵→新增預存程序

程式碼

```
set transaction isolation level read uncommitted
dbcc useroptions
```

程式輸入後，按下上方的【執行】鈕。

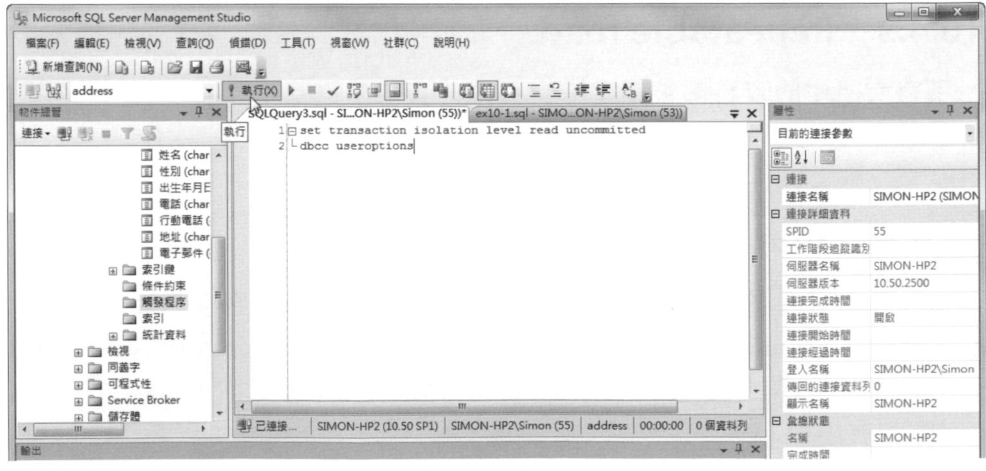

【圖10-4】

若預存程序中的交易隔離設定執行一切順利，則會在下方的結果欄中出現查詢的相關訊息。

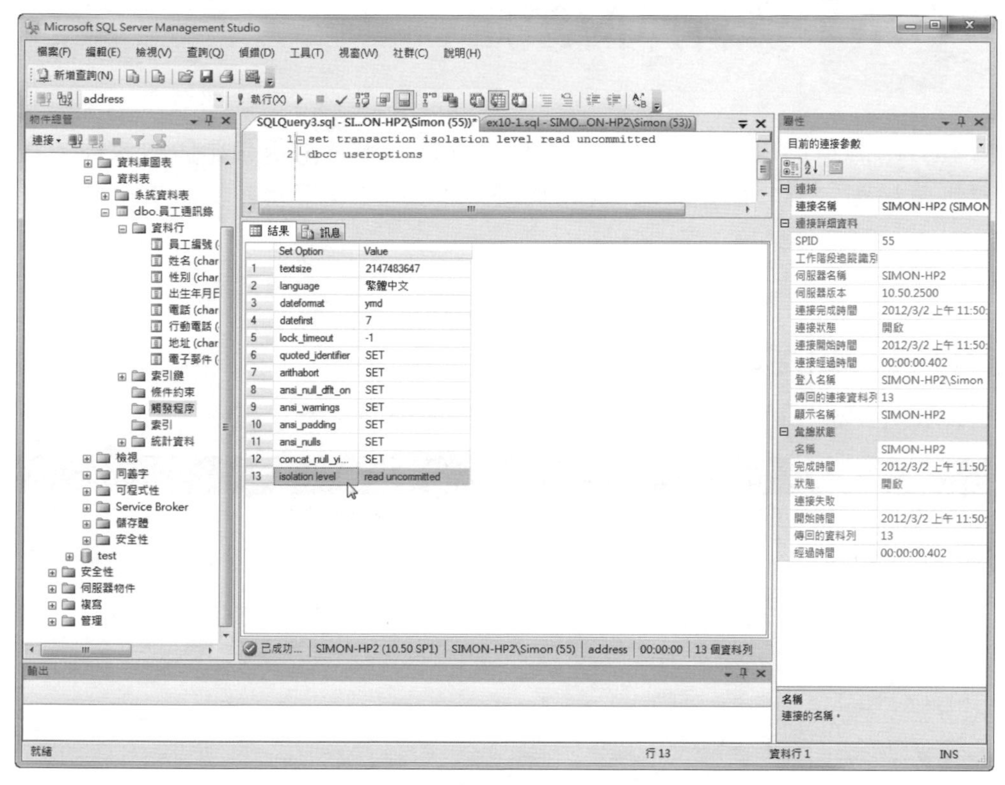

【圖10-5】

10.5 資料庫的鎖定

資料庫的鎖定是指資料庫在運作時，資料使用時是否有獨佔的條件，當資料庫被鎖定時，操作的部份(如軟體、程式…)就不允許其他使用者對以鎖定的資料進行變更。

10.5.1 鎖定的目標

以SQL Server為例，資料庫中可以鎖定的範圍有：

鎖定目標	說明
索引鍵	索引中的資料記錄，可以保護連續化交易中的索引鍵。
分頁(Page)	資料分頁/索引分頁。
範圍	資料頁或索引頁的連續群組。
資料表	整份資料表。
File	資料庫檔案。
Metadata	中繼資料。
Application	應用程式。
Allocation_Unit	大範圍的鎖定(以頁為單位)
Database	整個資料庫。
Rid	記錄識別項目，鎖定資料表中的單一記錄。

10.5.2 鎖定的方法

鎖定方法	說明
共用鎖定	使用於Select敘述式。(不變更資料的動作) 共用鎖定時，任何交易都無法變更資料。
更新鎖定	使用於可被更新的資料。 更新包含交易讀取、資源的共用鎖定、修改資料。一次只有一筆資料可以取得更新鎖定，主要是為了預防Deadlock(死結)狀態。
獨佔鎖定	使用於可被修改的資料。 修改動作有Update、Insert、Delete，並且不可對相同的資料同時進行更新。可以防止同時發生交易存取某個資料，導致其他交易無法讀取或修改已被此鎖定的資料。

鎖定方法	說明
意圖鎖定	建立鎖定的階層結構。 主要是取得階層結構中較低階層的資料之共用鎖定/獨佔鎖定。
大量更新鎖定	使用於大量複製資料到資料表中。 允許處理程序同時大量複製資料到資料表中，使其他不是大量更新的處理程序無法存取資料表。
結構描述鎖定	使用於執行依存某個資料表結構描述。主要是執行資料表的資料定義語言，禁止來自其他操作者的存取。或是在編譯查詢時針對查詢來源的資料表執行。
索引鍵範圍鎖定	使用於交易中的記錄範圍鎖定。可以防止其他的交易動作在同一個範圍內新增、修改、刪除資料。

重點提示　Deadlock(死結)

所謂的Deadlock，簡單的說，就是當交易進行的時候，讀取資料，要求資料的鎖定並修改資料，在這一個執行程序中，需要將交易的鎖定轉為獨佔鎖定，當兩筆交易動作取得某資料庫共用鎖定後嘗試去更新資料，這時其中一筆交易會試著把鎖定轉換為獨佔鎖定。鎖定由共用轉換到獨佔，是需要時間的等待，當兩筆交易成為一個是獨佔鎖定，另一個是共用鎖定，就變成鎖定狀態的不相容，這時第二筆交易再嘗試轉換為獨佔鎖定，此二者互相轉換為獨佔鎖定，而且都在等候另一筆交易解除其共用鎖定，因此發生了Deadlock(死結)。

換另一個說法，就是兩個以上的交易動作，對於資料的鎖定跟解除具有彼此循環的關係，是相互連結的。舉例來說，第一筆交易的動作需要鎖定資料庫中的資料表A、B，相對的，第二筆交易動作也需要鎖定資料庫中的資料表B、A，兩個交易動作都在等待對方解除鎖定，因此造成Deadlock(死結)。

解決Deadlock的方法：

◆ 在不同的交易動作中，可以使用相同的資料表存取順序。

◆ 縮短交易時間，讓系統自動執行交易，盡量不讓使用者執行輸入交易。

◆ 盡量使用較低的交易隔離標準。

◆ 交易時間盡量縮短。(使獨佔鎖定時間減少)

重點提示　以SQL Server系統來說，資料庫的鎖定是由SQL Server系統自動執行處理，所以一般對於設計者來說，可以設計的方面並不會太多。

10.5.3 檢視資料庫的鎖定資訊

可以使用以下的語法：

開啟Microsoft SQL Server Management Studio→物件總管→資料庫名稱(address)/【可程式性】/【預存程序】按右鍵→新增預存程序

程式碼

```
select * from sys.dm_tran_locks
  where resource_database_id=DB_ID()
```

程式輸入後，按下上方的【執行】鈕。

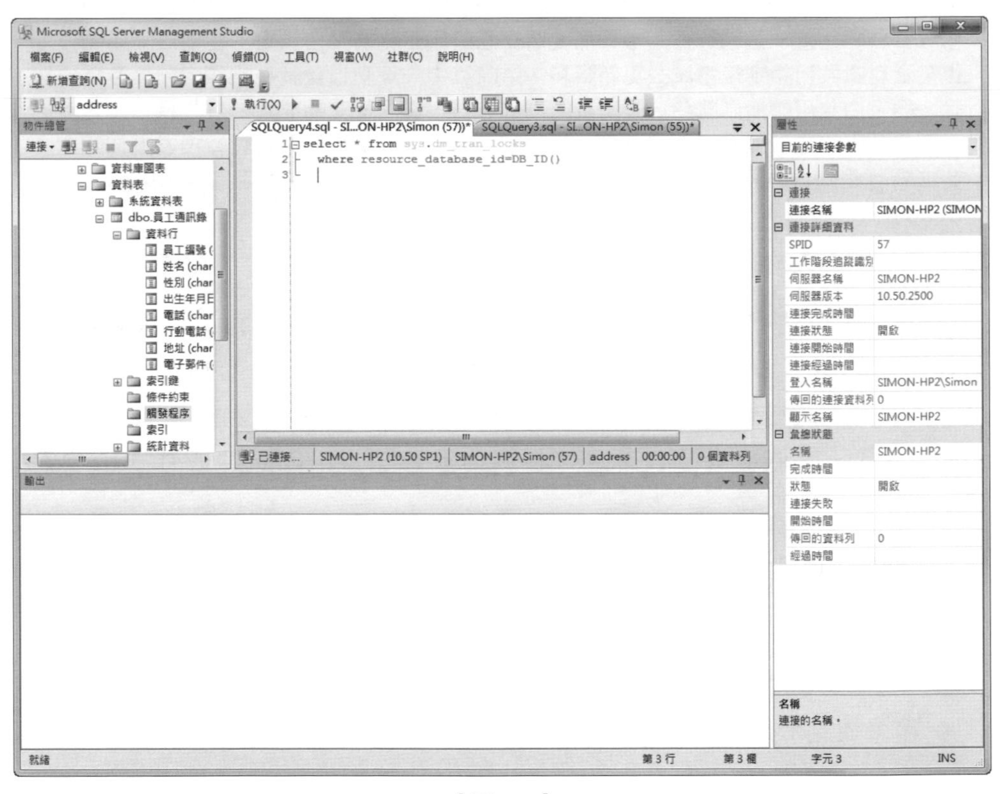

【圖10-6】

若預存程序中的語法執行一切順利，則會在下方的結果欄中出現查詢的相關訊息。

【圖10-7】

程式說明

- Sys.dm_tran_locks是SQL Server系統的資料表，存放的是目前鎖定資訊。
- DB_ID()則是SQL Server的系統函數，函數的傳回值是目前資料庫的編碼，此編碼是唯一性的，使用在作業系統與記錄之中。

執行結果

結果 訊息

	resource_type	resource_subtype	resource_database_id	resource_description	resource_associated_enti
1	DATABASE		5		0
2	DATABASE		5		0
3	DATABASE		5		0
4	DATABASE		5		0
5	DATABASE		5		0
6	DATABASE		5		0
7	DATABASE		5		0
8	DATABASE		5		0

【圖10-8】

資料表欄位以resource為開頭的資料是指資料庫資源，以request為開頭的資料則是使用者的請求。

欄位名稱	說明
resource_type	資源的類型。如File、Metadata、Application、Allocation_Unit、Database、Rid…等。
resource_database_id	資源的資料庫識別碼。
resource_description	資源的描述

10.6 TransactionScope類別

在ASP.NET要進行資料庫交易，基本上有兩種方式可以使用：

10.6.1 TransActionScope類別

使用的名稱空間為【System.Transactions】，組件為：【System.Transactions】，放在System.Transactions.dll中。此類別可以進行資料庫交易，但類別無法被繼承。【System.Transactions】必須要手動自行加入網站參考，ASP.NET的程式碼方可順利運作。加入方式如下：

STEP 01 開啟【Visual Web Developer】開發工具→於右側方案總管中網站路徑上按右鍵→點一下【加入參考】

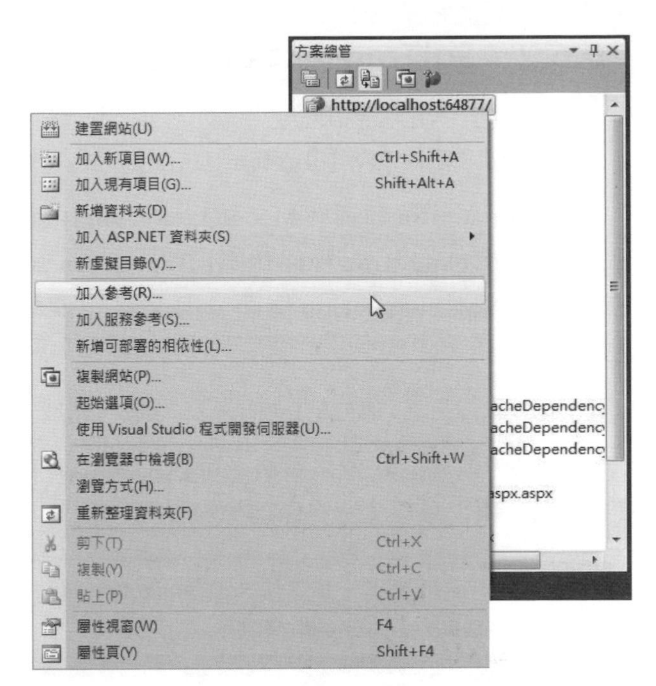

【圖10-9】

STEP 02 開啟【加入參考】設定視窗→點選【.NET】標籤/點選【System.Transaction】→按下 確定 鈕

【圖10-10】

使用TransActionScope類別撰寫資料庫交易程式的方式是，使用一個using程式區間將所有Transaction的動作寫入到其中即可。

若是交易順利完成，便會執行到【Complete()】方法，完成Commit。

若是交易失敗，則自動執行Rollback。

10.6.2 SqlTransaction類別

這是ADO.NET常用的類別，使用的名稱空間為【System.Data.SqlClient】，組件為：【System.Data】，放在System.Data.dll中。

SqlTransaction類別在MS SQL Server中產生T-SQL交易，網站應用程式會以SqlConnection物件呼叫【BeginTransaction()】方法，藉由呼叫這個方法產生SqlTransaction物件，與交易相關的執行都是由SqlTransaction物件執行。

此類別執行交易的做法是：如果交易順利完成，則執行【COMMIT TRAN】。

若交易失敗或中斷，便無法執行【COMMIT TRAN】，就改為【ROLLBACK TRAN】，藉以回復到資料庫的原始狀態。

重點提示 若要更進一步了解SqlTransaction類別，可到MSDN網站 (http://msdn.microsoft.com/zh-tw/default.aspx)

【圖10-11】

於上方搜尋欄中輸入【SqlTransaction類別】，即可搜尋到【SqlTransaction類別】頁面，

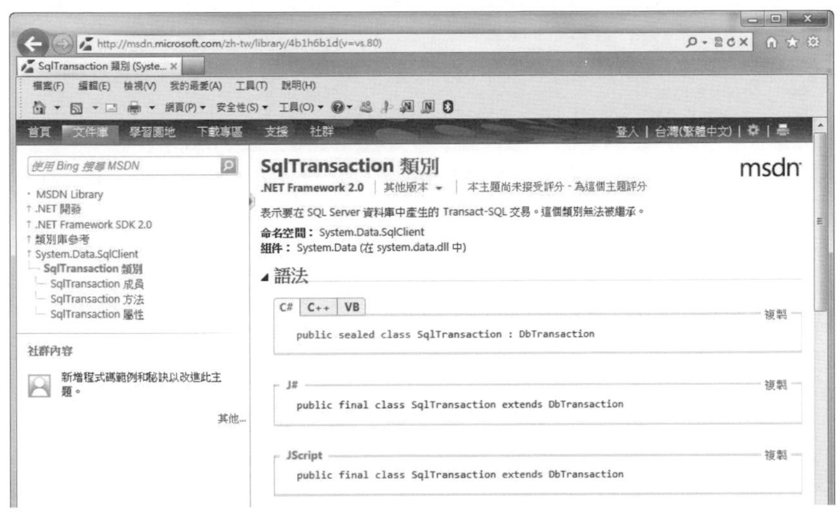

【圖10-12】

可查詢：

【SqlTransaction類別】所有屬性：

【圖10-13】

【SqlTransaction類別】所有方法：

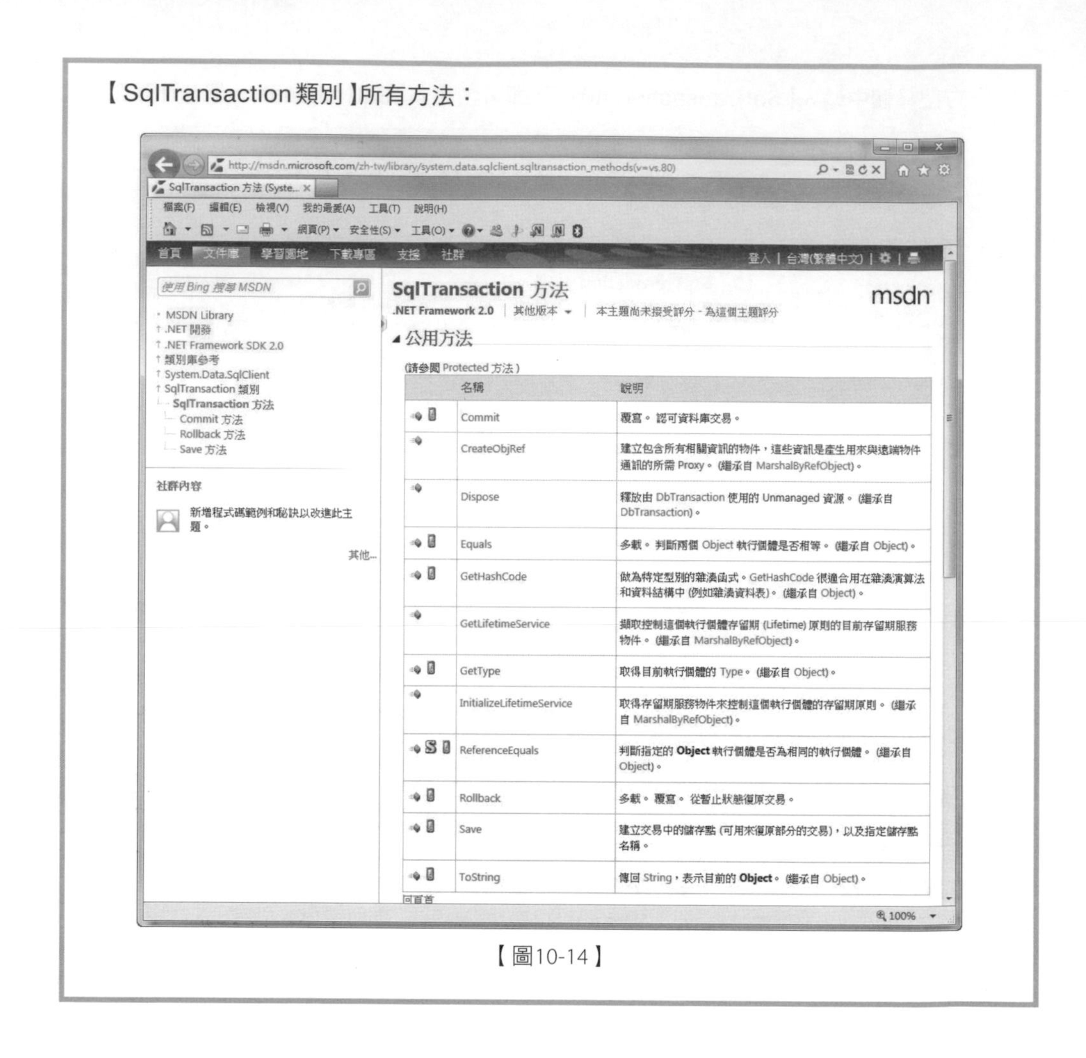

SqlTransaction 方法

.NET Framework 2.0 | 其他版本 | 本主題尚未接受評分 - 為這個主題評分

公用方法

(請參閱 Protected 方法)

	名稱	說明
	Commit	覆寫。認可資料庫交易。
	CreateObjRef	建立包含所有相關資訊的物件，這些資訊是產生用來與遠端物件通訊的所需 Proxy。(繼承自 MarshalByRefObject)。
	Dispose	釋放由 DbTransaction 使用的 Unmanaged 資源。(繼承自 DbTransaction)。
	Equals	多載。判斷兩個 Object 執行個體是否相等。(繼承自 Object)。
	GetHashCode	做為特定型別的雜湊函式。GetHashCode 很適合用在雜湊演算法和資料結構中 (例如雜湊資料表)。(繼承自 Object)。
	GetLifetimeService	擷取控制這個執行個體存留期 (Lifetime) 原則的目前存留期服務物件。(繼承自 MarshalByRefObject)。
	GetType	取得目前執行個體的 Type。(繼承自 Object)。
	InitializeLifetimeService	取得存留期服務物件來控制這個執行個體的存留期原則。(繼承自 MarshalByRefObject)。
S	ReferenceEquals	判斷指定的 **Object** 執行個體是否為相同的執行個體。(繼承自 Object)。
	Rollback	多載。覆寫。從暫止狀態復原交易。
	Save	建立交易中的儲存點 (可用來復原部分的交易)，以及指定儲存點名稱。
	ToString	傳回 String，表示目前的 **Object**。(繼承自 Object)。

【圖10-14】

關於資料庫交易程式的撰寫，請參考本書第11章：ASP.NET資料庫交易程式設計

CHAPTER

11

ASP.NET資料庫交易程式設計

首先在本章先介紹微軟的重量級程式開工具【Visual Studio】，至本書撰寫為止，最新版本為【Visual Studio 2010】，微軟另提供免費的Express版，本書在此使用【Visual Studio 2008 Express】版。

STEP 01 首先進入微軟網站【http://www.microsoft.com/downloads/zh-tw/】的下載中心(下載試用/微軟下載中心)，輸入搜尋關鍵字【Visual studio 2008 express】

【圖11-1】

STEP 02 找到搜尋的項目【Visual studio 2008 express版 SP1】(目前的更新版本)，點選進入下載頁面。

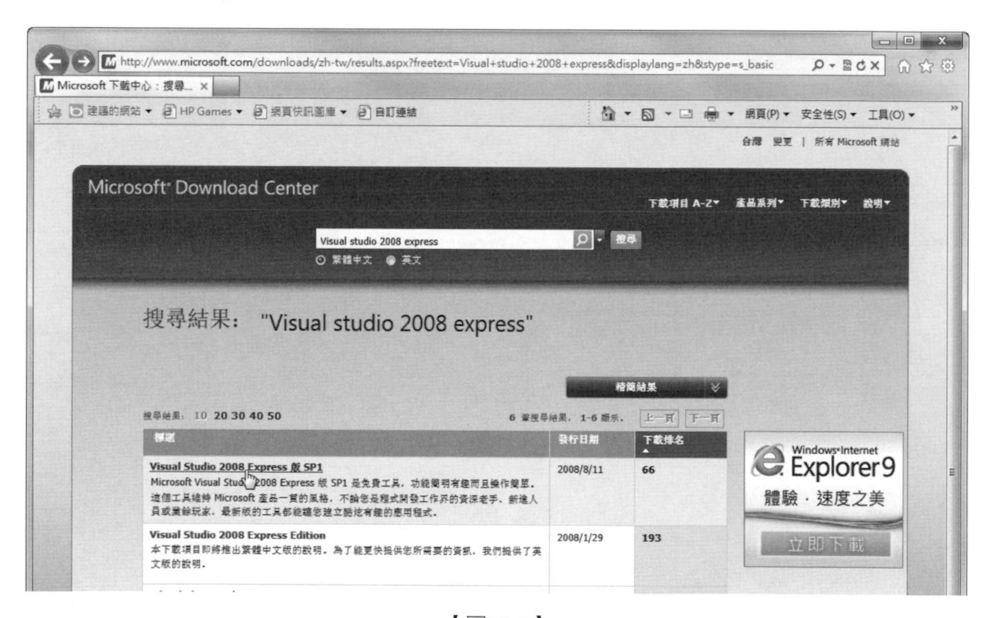

【圖11-2】

STEP 03 進入頁面後點選要下載的語言，並按下【下載】鈕。

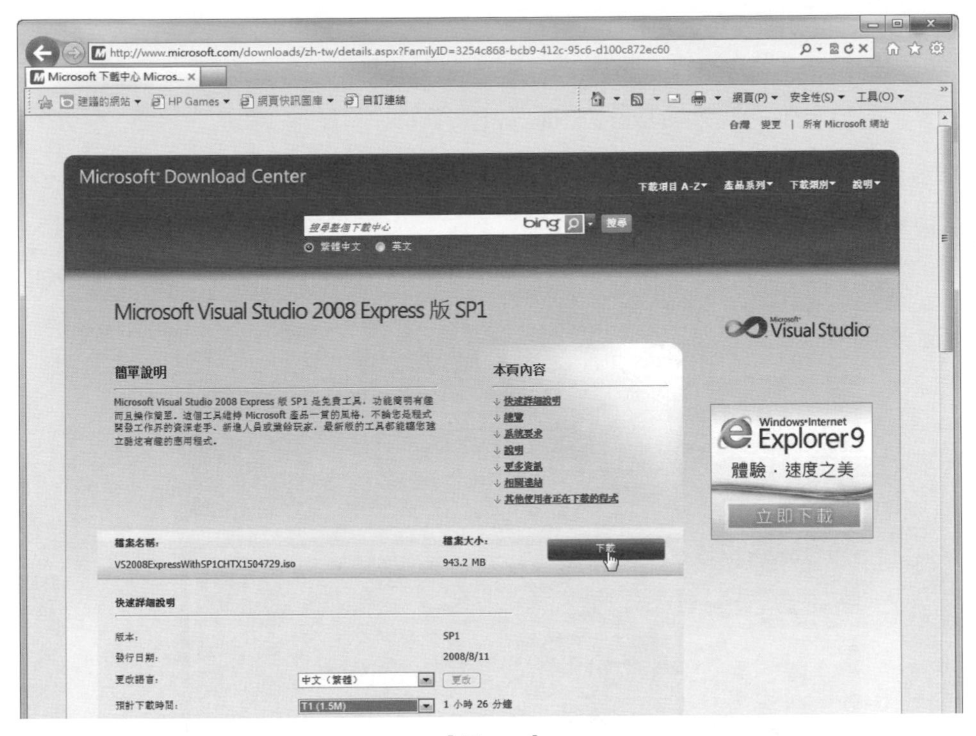

【圖11-3】

STEP 04 下載的檔案名為【VS2008ExpressWithSP1CHTX1504729.iso】，可製作成安裝光碟。放入安裝光碟後進入安裝畫面：

【圖11-4】

STEP 05 可以見到此版本共有四大開發工具：

【Visual C# 2008 Express Edition】

【Visual Basic 2008 Express Edition】

【Visual C++ 2008 Express Edition】

【Visual Web Developer 2008 Express Edition】(網站開發軟體)

點選要安裝的工具以便進入安裝(在此以【Visual Basic 2008 Express Edition】為例)

【圖11-5】

STEP 06 進入歡迎安裝畫面→按【下一步】。

【圖11-6】

STEP **07** 授權合約，勾選【我已閱讀並接受授權合約中的條款】→按【下一步】。

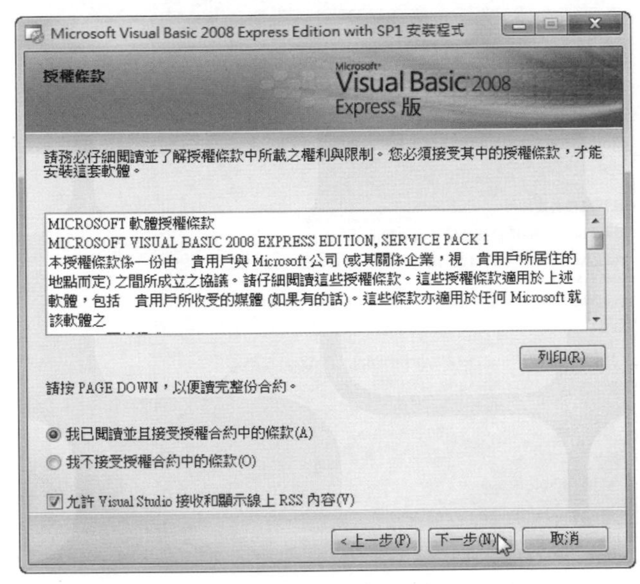

【圖11-7】

STEP **08** 列出即將安裝的軟體→按下【安裝】鈕。

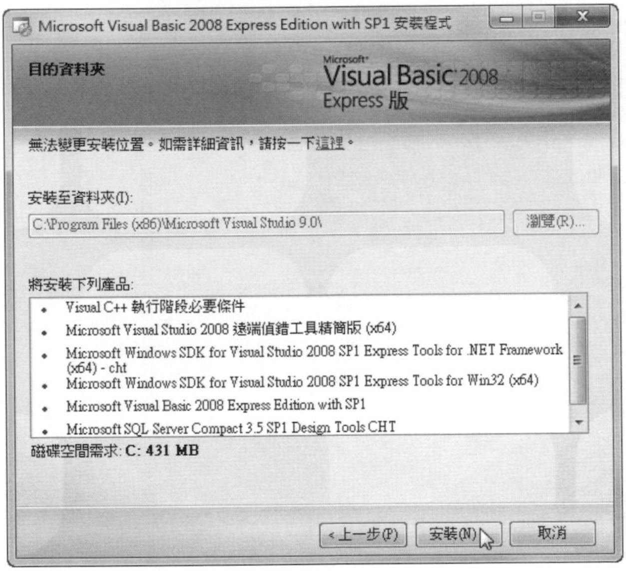

【圖11-8】

STEP 09 安裝進行中。

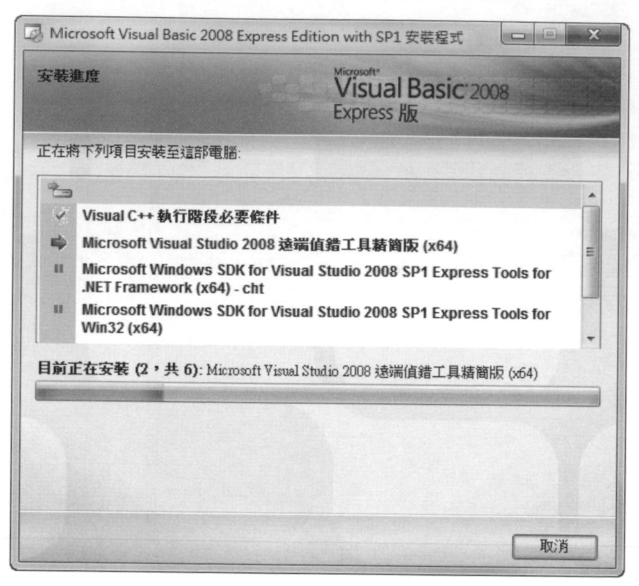

【圖11-9】

STEP 10 安裝完成，按下【結束】鈕。

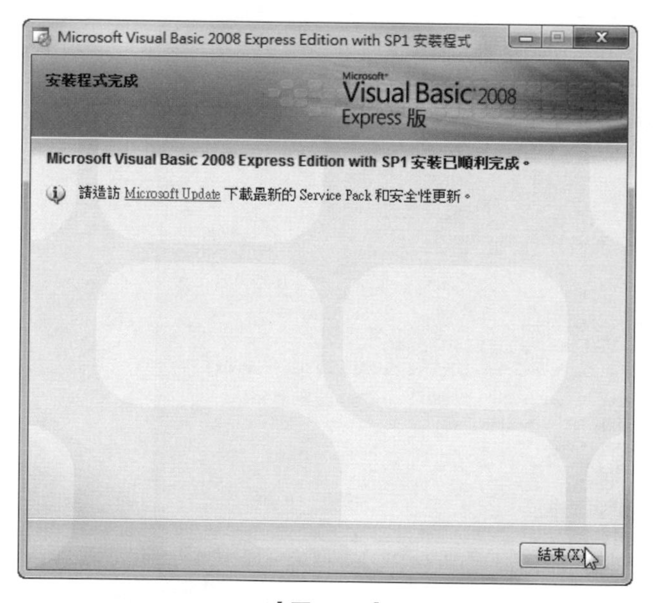

【圖11-10】

微軟公司在網站設計方面的開發工具有許多不同的選擇，除了本書主要使用的【Web Matrix】之外，本章所介紹的【Visual Studio】是微軟最重量級的程式開發工具，擁有各項電腦程式開發的主要程式工具，也涵蓋了網站開發的功能。

除此之外，微軟針對網站開發，也另有【Visual Web Developer；VWD】與【Expression Web】這兩種網站建置與開發工具，讀者們可以自行至微軟網站下載試用。

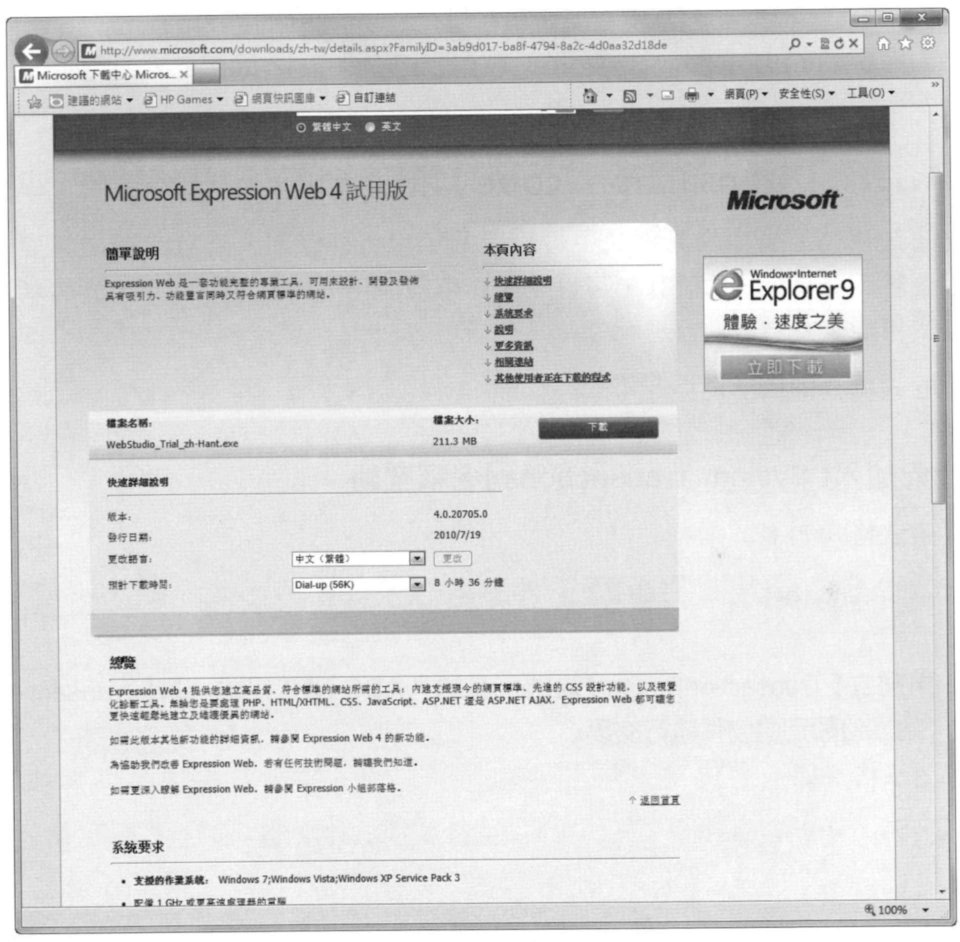

【圖11-11】

11.1 資料庫交易程式的類別

在前一章有提到，.NET Framework 2.0開始，推出了【System.Transactions】名稱空間(namespace)，在這個名稱空間中，有包含很多與交易相關的類別，最常用的就是【TransactionScope】與【Transaction】這兩個類別。

【TransactionScope】類別主要是用在隱含交易程式(Implicit Transaction)，【Transaction】則是用於明確交易程式(Explicit Transaction)。

11.1.1 【TransactionScope】類別

這是撰寫資料庫交易程式中最簡單的，也方便管理，所以建議如果要進行資料庫交易程式的設計，可以先從此類別使用，如果不能達到目的的話，再使用明確交易。

程式撰寫的順序是：

1. 先加入【System.Transactions】名稱空間

語法格式如下：

```
Using System.Transactions
```

2. 再建立【TransactionScope】類別，並加入ADO.NET程式，以【Transaction Scope】類別的物件執行交易

語法格式如下：

```
Using 交易物件名 as New System.Transactions. TransactionScope
  資料庫程式(如ADO.NET)
  …
  交易物件名.方法名()
End using
```

整個程式碼的結構如下：

(以前面章節中的SQL資料庫address中的【員工通訊錄】資料表為例)

```
Dim str As String = WebConfigurationManager.ConnectionStrings("dbconnec
tionstr").ConnectionString
Dim con As New SqlConnection(str)
con.Open()
```

→建立Connection物件的連線字串，並建立Connection物件，將連線字串帶入，並開啟連結資料庫。這裡的連線字串可以寫在【Web.config】檔案中，【Web.config】檔案的程式寫法是：

```
<connectionStrings>
        <add name=" dbconnectionstr " connectionString="Data Source
=.;Initial Catalog=address;Persist Security Info=True;User ID
=sa;Password=test" providerName="System.Data.SqlClient"/>
    </connectionStrings>
```

> **重點提示** 在這裡要注意資料庫的類型，因為使用的是SQL資料庫，所以在資料庫的提供者驅動程式(Provider)名稱為【System.Data.SQLClient】

```
        Dim ta As SqlTransaction = con.BeginTransaction()
```

→建立交易物件，以Connection物件啟動交易。

```
        Dim SQL As String = "INSERT INTO 員工通訊錄(員工編號 , 姓名 , 性別 ,
出生年月日 , 電話 , 行動電話 , 住址 , 電子郵件) values (@員工編號 ,@姓名 ,
@性別 ,@出生年月日 ,@電話 ,@行動電話 ,@住址 ,@電子郵件)"
        Dim com As New SqlCommand(SQL, con)
```

→建立SQL指令字串，在此以Insert插入資料為例，再建立Command物件對已開啟的資料庫執行SQL指令。

```
        com.Transaction = ta
```

→指定Command物件的交易(transaction)。

```
        cmd.Parameters.Add("@員工編號", SqlDbType.NVarChar, 10).Value =
txtNum.Text
        cmd.Parameters.Add("@姓名", SqlDbType.NVarChar, 15).Value =
txtName.Text
```

```
        cmd.Parameters.Add("@ 性別 ", SqlDbType.NVarChar, 6).Value =
 txtSex.Text
        cmd.Parameters.Add("@ 出生年月日 ", SqlDbType.NVarChar, 15).Value =
txtBirth.Text
cmd.Parameters.Add("@ 電話 ", SqlDbType.NVarChar, 20).Value = txtTel.Text
cmd.Parameters.Add("@ 行動電話 ", SqlDbType.NVarChar, 20).Value = txtCell.Text
cmd.Parameters.Add("@ 住址 ", SqlDbType.NVarChar, 60).Value = txtAdr.Text
cmd.Parameters.Add("@ 電子郵件 ", SqlDbType.NVarChar, 50).Value = txtEmail.Text
        com.ExecuteNonQuery()
```

→執行資料的新增

```
            tran.Commit()
            showMsg(" 新增資料成功，交易確認！")
```

→確認交易

```
            ta.Rollback()
            showMsg(" 新增資料失敗，交易 Rollback!")
```

→復原交易

```
            con.Close()
```

→關閉資料庫的連結。

綜合以上的說明，資料庫的交易程式基本上需要有以下的項目：

- 宣告SQLTransaction物件並以Connection物件啟動交易(執行BeginTransaction()方法)。
- 將SQLTransaction物件指定給Command物件使用。
- 最後再呼叫交易的方法。(Commit()、Rollback())

以上是以【TransactionScope】類別設計的資料庫交易程式，一般也稱為隱含交易程式。基本上只要建立了【TransactionScope】類別物件，就會自動將相關有關係的物件一一連結，如SQLConnection、SQLCommand，不需要另外再去撰寫【TransactionScope】類別與各物件間的連結關係。這種不需要很明顯地宣告，就自動可以有彼此連結的關係，就稱為【隱含交易】。

11.1.2 【Transaction】類別

與【TransactionScope】類別相對的就是【Transaction】類別，本身提供了許多屬性與方法，並且會使用到【CommittableTransaction】類別，此類別繼承自【Transaction】類別。

整個程式碼的結構如下：

(以前面章節中的SQL資料庫address中的【員工通訊錄】資料表為例)

```
Dim str As String = WebConfigurationManager.ConnectionStrings("dbconnec
tionstr").ConnectionString
Dim con As New SqlConnection(str)
con.Open()
```

→ 建立Connection物件的連線字串，並建立Connection物件，將連線字串帶入，並開啟連結資料庫。這裡的連線字串可以寫在【Web.config】檔案中，【Web.config】檔案的程式寫法是：

```
<connectionStrings>
         <add name=" dbconnectionstr " connectionString="Data Source
=.;Initial Catalog=address;Persist Security Info=True;User ID
=sa;Password=test" providerName="System.Data.SqlClient"/>
    </connectionStrings>

        Dim SQL As String = "INSERT INTO 員工通訊錄(員工編號 , 姓名 , 性別 ,
出生年月日 , 電話 , 行動電話 , 住址 , 電子郵件) values (@員工編號 ,@姓名 ,@性別 ,
@出生年月日 ,@電話 ,@行動電話 ,@住址 ,@電子郵件)"
        Dim com As New SqlCommand(SQL, con)
```

→ 建立SQL指令字串，在此以Insert插入資料為例，再建立Command物件對已開啟的資料庫執行SQL指令。

```
Using tac As New System.Transactions.CommittableTransaction()
con.EnlistTransaction(tac)
```

→宣告【CommittableTransaction】類別物件tac，並執行Connection物件的EnlistTransaction()方法，將明確交易物件tac帶入為方法的參數以便執行。

```
cmd.Parameters.Add("@員工編號", SqlDbType.NVarChar, 10).Value = txtNum.Text
            cmd.Parameters.Add("@姓名", SqlDbType.NVarChar, 15).Value =
txtName.Text
            cmd.Parameters.Add("@性別", SqlDbType.NVarChar, 6).Value =
 txtSex.Text
            cmd.Parameters.Add("@出生年月日", SqlDbType.NVarChar, 15).Value =
txtBirth.Text
cmd.Parameters.Add("@電話", SqlDbType.NVarChar, 20).Value = txtTel.Text
cmd.Parameters.Add("@行動電話", SqlDbType.NVarChar, 20).Value = txtCell.Text
cmd.Parameters.Add("@住址", SqlDbType.NVarChar, 60).Value = txtAdr.Text
cmd.Parameters.Add("@電子郵件", SqlDbType.NVarChar, 50).Value = txtEmail.Text
            com.ExecuteNonQuery()
```

→執行資料的新增

```
            tran.Commit()
            showMsg("新增資料成功，交易確認！")
```

→確認交易

```
            ta.Rollback()
            showMsg("新增資料失敗，交易Rollback!")
```

→復原交易

```
            con.Close()
End Using
```

→關閉資料庫的連結。

11.2 交易隔離標準的程式

在前一章有提到的資料庫交易隔離等級標準，簡單的來說，隔離等級標準就是在資料庫中，先進行交易者，就先擁有對資料的優先處理權力，所謂的優先處理能力，就是SQL裡面的Select、Insert、Update、Delete動作。也就是隔離其他的使用者動作，讓該交易能順利進行。

在資料庫交易程式的隔離設定中，以明確交易為例，是以【TransactionOptions】結構來設定隔離等級。【TransactionOptions】結構隸屬於【System.Transactions】名稱空間。

語法的格式如下：

```
Dim 交易隔離物件名稱 As New TransactionOptions()
```

→建立設定交易隔離的物件

```
交易隔離物件名稱 . IsolationLevel = System.Transactions.IsolationLevel.
隔離等級名稱
```

→設定交易隔離等級

```
Using tac As New System.Transactions.CommittableTransaction(交易隔離物件名稱)
```

→將交易隔離物件設定到交易物件上

完整結構範例如下：

```
Dim topt As New TransactionOptions()
topt.IsolationLevel = System.Transactions.IsolationLevel.Serializable
Using tac As New System.Transactions.CommittableTransaction(topt)
```

以上是在明確交易程式中設定隔離等級，如果是在隱含交易程式中設定隔離等級，則完整結構範例如下：

```
Dim topt As New TransactionOptions()
topt.IsolationLevel = System.Transactions.IsolationLevel.Serializable
Using ta As New System.Transactions. TransactionScope(TransactionScope
Option.Required , topt)
```

重點提示

上述語法中，【TransactionScopeOption.Required】主要是設定交易的範圍，一般在資料庫交易程式碼中，交易的範圍是在【Using…End using】之間的區域，就是交易動作開始到結束的區間。範圍的選項有：

Required：先檢查是否有環境交易，如果有，就加入；若沒有，就建立新的交易。

RequiredNew：不管有沒有已經存在的環境交易，必須建立新的交易。

Suppress：不會有任何的交易。

【範例練習】 (完整程式碼在本書附的光碟中ch11\ex11-1.aspx)

開啟並連結範例資料庫：北風 SQL 中的【產品】資料表，新增兩筆資料並完成交易。

開啟【Visual Web Developer】開發工具，並連接資料庫。

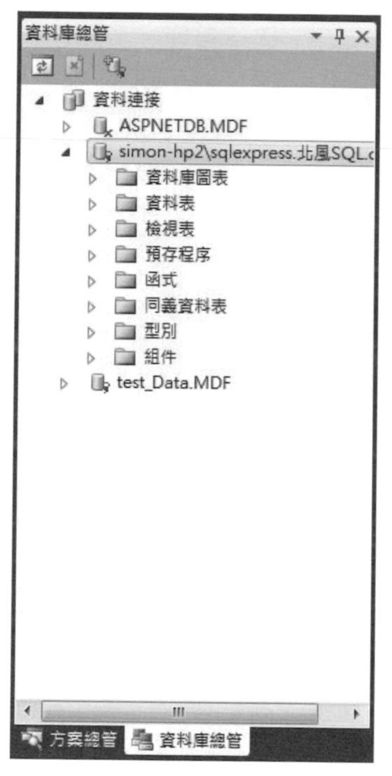

【圖11-12】

將產品資料表從【資料庫總管】面板拖曳到設計畫面中，在此設計顯示兩個資料表，一為新增資料前的資料表，另一為完成交易後的資料表，並設定要顯示的欄位為：

新增資料前：【產品名稱】、【產品代碼】、【標準成本】、【標價】、【每單位的數量】

完成交易後：【產品名稱】、【標準成本】、【標價】

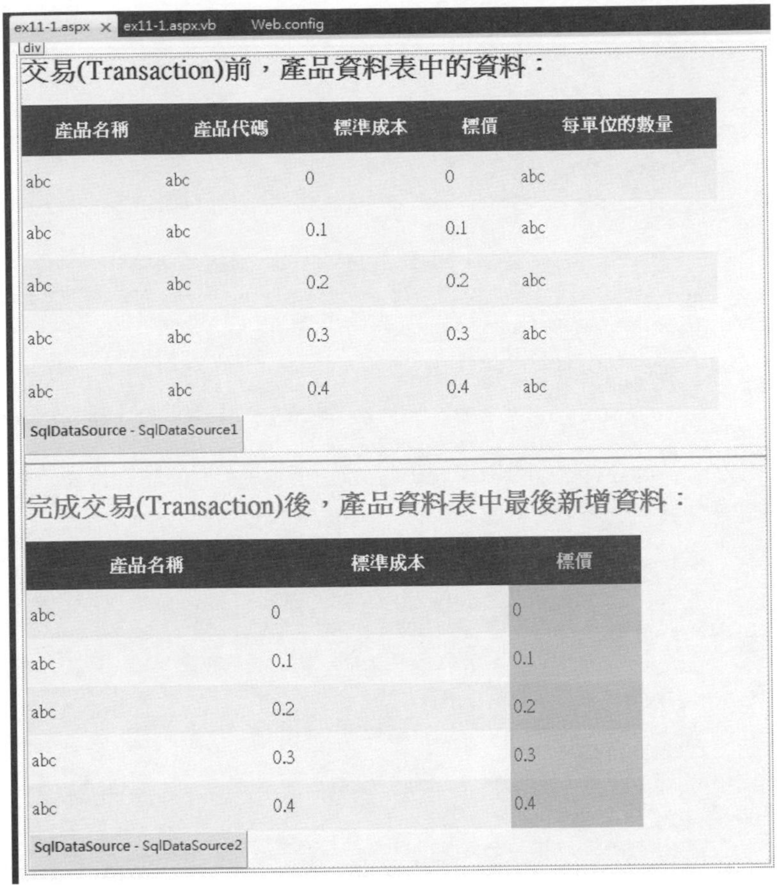

ex11-1.aspx × ex11-1.aspx.vb Web.config

div

交易(Transaction)前，產品資料表中的資料：

產品名稱	產品代碼	標準成本	標價	每單位的數量
abc	abc	0	0	abc
abc	abc	0.1	0.1	abc
abc	abc	0.2	0.2	abc
abc	abc	0.3	0.3	abc
abc	abc	0.4	0.4	abc

SqlDataSource - SqlDataSource1

完成交易(Transaction)後，產品資料表中最後新增資料：

產品名稱	標準成本	標價
abc	0	0
abc	0.1	0.1
abc	0.2	0.2
abc	0.3	0.3
abc	0.4	0.4

SqlDataSource - SqlDataSource2

【圖11-13】

撰寫前端介面程式，資料表以 GridView 控制項元件佈置後，自行修改相關的程式碼如下：(本範例為 ex11-1.aspx)

程式碼

```
<%@ Page Language="VB" AutoEventWireup="false" CodeFile="Transaction_
1-1.aspx.vb" Inherits="test_Cache_Transaction_Transaction_1" %>

<!DOCTYPE html PUBLIC "-//W3C//DTD XHTML 1.0 Transitional//EN" "http://
www.w3.org/TR/xhtml1/DTD/xhtml1-transitional.dtd">

<html xmlns="http://www.w3.org/1999/xhtml" >
<head runat="server">
    <title> 範例 ex11-1</title>
</head>
```

```
<body>
    <form id="form1" runat="server">
    <div>
            <h2>交易 (Transaction) 前，產品資料表中的資料：</h2>
            <asp:GridView ID="GridView1" runat="server"
AutoGenerateColumns="False"
                CellPadding="4" DataSourceID="SqlDataSource1" ForeColor
="#333333"
                GridLines="None" Height="285px" Width="635px">
            <FooterStyle BackColor="#990000" Font-Bold="True" ForeColor
="White" />
            <RowStyle BackColor="#FFFBD6" ForeColor="#333333" />
            <Columns>
                <asp:BoundField DataField="產品名稱" HeaderText="產品名稱"
                    SortExpression="產品名稱" />
                <asp:BoundField DataField="產品代碼" HeaderText="產品代碼"
SortExpression="產品代碼" />
                <asp:BoundField DataField="標準成本" HeaderText="標準成本"
SortExpression="標準成本" />
                <asp:BoundField DataField="標價" HeaderText="標價"
SortExpression="標價" />
                <asp:BoundField DataField="每單位的數量" HeaderText=
"每單位的數量"
                    SortExpression="每單位的數量" />
            </Columns>
            <PagerStyle BackColor="#FFCC66" ForeColor="#333333"
HorizontalAlign="Center" />
            <SelectedRowStyle BackColor="#FFCC66" Font-Bold="True"
ForeColor="Navy" />
            <HeaderStyle BackColor="#990000" Font-Bold="True"
ForeColor="White" />
            <AlternatingRowStyle BackColor="White" />
        </asp:GridView>

        <asp:SqlDataSource ID="SqlDataSource1" runat="server"
ConnectionString="<%$ ConnectionStrings:北風SQLConnectionString %>"
            SelectCommand="SELECT [產品名稱], [產品代碼], [標準成本], [標價],
[每單位的數量] FROM [產品]"></asp:SqlDataSource>
        <hr />

        <span style="color: #ff0000">
        <h2>完成交易 (Transaction) 後，產品資料表中最後新增資料：</h2>
        <asp:GridView ID="GridView2" runat="server" AutoGenerateColumns
="False"
                CellPadding="4" DataSourceID="SqlDataSource2"
            ForeColor="#333333" GridLines="None" Height="265px" Width
="561px">
```

```
            <FooterStyle BackColor="#990000" Font-Bold="True" ForeColor
="White" />
            <Columns>
                <asp:BoundField DataField=" 產品名稱 " HeaderText=" 產品名稱 "
                    SortExpression=" 產品名稱 " />
                <asp:BoundField DataField=" 標準成本 " HeaderText=" 標準成本 "
SortExpression=" 標準成本 " />
                <asp:BoundField DataField=" 標價 " HeaderText=" 標價 "
SortExpression=" 標價 " />
            </Columns>
            <PagerStyle BackColor="#FFCC66" ForeColor="#333333"
HorizontalAlign="Center" />
            <RowStyle BackColor="#FFFBD6" ForeColor="#333333" />
            <SelectedRowStyle BackColor="#FFCC66" ForeColor="Navy"
Font-Bold="True" />
            <HeaderStyle BackColor="#990000" Font-Bold="True"
ForeColor="White" />
            <AlternatingRowStyle BackColor="White" />
            <SortedAscendingCellStyle BackColor="#FDF5AC" />
            <SortedAscendingHeaderStyle BackColor="#4D0000" />
            <SortedDescendingCellStyle BackColor="#FCF6C0" />
            <SortedDescendingHeaderStyle BackColor="#820000" />
        </asp:GridView>

        <asp:SqlDataSource ID="SqlDataSource2" runat="server"
ConnectionString="<%$ ConnectionStrings: 北風 SQLConnectionString %>"
            SelectCommand="SELECT [ 產品名稱 ], [ 標準成本 ], [ 標價 ] FROM
[ 產品 ]"></asp:SqlDataSource>

    </div>
    </form>
</body>
</html>
```

將主要的交易處理程式寫在後置程式碼中，如此可使前端網頁執行程式較為簡潔。(本範例為 ex11-1.aspx.vb)

主要重點為：

◆ 載入【System.Transactions】

◆ 將主要資料庫的連接與交易處理寫在【Using】區間內。

◆ 利用【Try…Catch】區間捕捉交易失敗後的例外處理。

程式碼

```
Imports System
Imports System.Transactions
Imports System.Data
Imports System.Data.SqlClient

Partial Class test_Cache_Transaction_Transaction_1
    Inherits System.Web.UI.Page

    Protected Sub SqlDataSource1_Selected(ByVal sender As Object, ByVal
e As System.Web.UI.WebControls.SqlDataSourceStatusEventArgs) Handles
SqlDataSource1.Selected

        Try
            Using scope As New TransactionScope

                Dim num As Integer = 0

                Using Conn As New SqlConnection(Web.Configuration.
WebConfigurationManager.ConnectionStrings("北風SQLConnectionString").
ConnectionString)

                    Conn.Open()

                    Dim myCommand As New SqlCommand()
                    myCommand.Connection = Conn

                    myCommand.CommandText = "Insert into 產品(產品名稱,
產品代碼,標準成本,標價,每單位的數量) Values('北風喉糖','N001','16','24',
'每大盒*12小盒')"
                    num = myCommand.ExecuteNonQuery()
                    Response.Write("<br />~~~第一筆資料新增成功~~~" & num)

                    myCommand.CommandText = "Insert into 產品(產品名稱,
產品代碼,標準成本,標價,每單位的數量) Values('北風口香糖','N002','10','15',
'每大盒*10小盒')"
                    num = myCommand.ExecuteNonQuery()
                    Response.Write("<br />~~~第二筆資料新增成功~~~" & num)

                    Conn.Close()
                End Using

                scope.Complete()
                Response.Write("<hr>-----資料庫交易成功-----")
            End Using
```

```
        Catch ex As TransactionException
            Response.Write("<hr>***** 資料庫交易失敗 *****")
            Response.Write(ex)
        End Try
    End Sub
End Class
```

回到【Visual Web Developer】開發工具，於【資料庫總管】面板中的產品資料表上按右鍵，執行【顯示資料表資料】

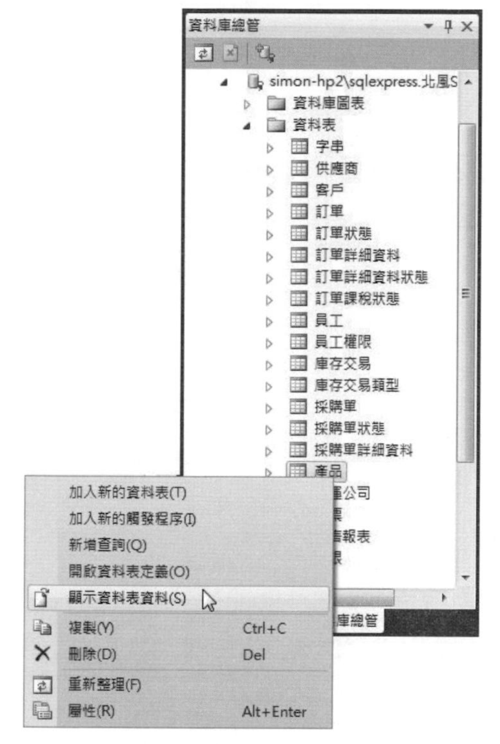

【圖11-14】

可檢視原資料表在未新增資料(交易)之前，共有 45 筆資料。

產品: Query(simon...lexpress.北風SQL) × ex11-1.aspx ex11-1.aspx.vb Web.config

供應商識別碼	識別碼	產品代碼	產品名稱	描述	標準成本	標價
4	1	NWTB-1	北風貿易茶	NULL	300.0000	330.0000
10	3	NWTCO-3	北風貿易糖漿	NULL	1125.0000	1200.000
10	4	NWTCO-4	北風貿易原住...	NULL	1680.0000	1750.000
10	5	NWTO-5	北風貿易橄欖油	NULL	480.0000	640.0000
2;6	6	NWTJP-6	北風貿易藍莓...	NULL	540.0000	560.0000
2	7	NWTDFN-7	北風貿易水梨乾	NULL	675.0000	900.0000
8	8	NWTS-8	北風貿易咖哩醬	NULL	480.0000	520.0000
2;6	14	NWTDFN-14	北風貿易胡桃果	NULL	523.0000	697.0000
6	17	NWTCFV-17	北風貿易綜合...	NULL	877.0000	1170.000
1	19	NWTBGM-19	北風貿易巧克...	NULL	180.0000	210.0000
2;6	20	NWTJP-6	北風貿易橘子...	NULL	1050.0000	1120.000
1	21	NWTBGM-21	北風貿易烤餅	NULL	225.0000	270.0000
4	34	NWTB-34	北風貿易啤酒	NULL	672.0000	695.0000
7	40	NWTCM-40	北風貿易蟹肉	NULL	1440.0000	1520.000
6	41	NWTSO-41	北風貿易蛤蜊...	NULL	360.0000	380.0000
3;4	43	NWTB-43	北風貿易咖啡	NULL	11136.0000	11200.00
10	48	NWTCA-48	北風貿易巧克力	NULL	250.0000	280.0000
2	51	NWTDFN-51	北風貿易蘋果乾	NULL	1192.0000	1590.000
1	52	NWTG-52	北風貿易長米	NULL	1280.0000	1380.000
1	56	NWTP-56	北風貿易義大...	NULL	528.0000	550.0000
1	57	NWTP-57	北風貿易意大...	NULL	530.0000	560.0000
8	65	NWTS-65	北風貿易辣椒醬	NULL	2560.0000	2690.000
8	66	NWTS-66	北風貿易蕃茄醬	NULL	1680.0000	1740.000
5	72	NWTD-72	北風貿易義大...	NULL	783.0000	1044.000
2;6	74	NWTDFN-74	北風貿易杏仁果	NULL	375.0000	420.0000
10	77	NWTCO-77	北風貿易芥末	NULL	420.0000	450.0000
2	80	NWTDFN-80	北風貿易梅乾	NULL	90.0000	105.0000
3	81	NWTB-81	北風貿易綠茶	NULL	30.0000	35.0000
1	82	NWTC-82	北風貿易格蘭...	NULL	60.0000	120.0000
9	83	NWTCS-83	北風貿易洋芋片	NULL	45.0000	50.0000
1	85	NWTBGM-85	北風貿易黑森...	NULL	170.0000	185.0000
1	86	NWTBGM-86	北風貿易蛋糕	NULL	140.0000	156.0000
7	87	NWTB-87	北風貿易茶	NULL	149.0000	154.0000
6	88	NWTCFV-88	北風貿易洋梨	NULL	55.0000	64.0000
6	89	NWTCFV-89	北風貿易桃子	NULL	56.0000	62.0000
6	90	NWTCFV-90	北風貿易鳳梨	NULL	21.0000	25.0000

1 /45

【圖11-15】

回到主要網頁程式 (ex11-1.aspx) 的設計畫面，按下工具列的【在瀏覽器中檢視】鈕 ，開啟瀏覽器，產生執行結果：

~~~第一筆資料新增成功~~~1
~~~第二筆資料新增成功~~~1

-----資料庫交易成功-----

交易(Transaction)前，產品資料表中的資料：

產品名稱	產品代碼	標準成本	標價	每單位的數量
北風貿易茶	NWTB-1	300.0000	330.0000	10 盒 x 20 包
北風貿易糖漿	NWTCO-3	1125.0000	1200.0000	12 - 550 ml 瓶
北風貿易原住民風味醬	NWTCO-4	1680.0000	1750.0000	48 - 6 盎司/罐
北風貿易橄欖油	NWTO-5	480.0000	640.0000	36 盒
北風貿易藍莓果醬	NWTJP-6	540.0000	560.0000	12 - 8 盎司/罐
北風貿易水梨乾	NWTDFN-7	675.0000	900.0000	12 - 1 磅/包
北風貿易咖哩醬	NWTS-8	480.0000	520.0000	12 - 12 盎司/罐
北風貿易胡桃果	NWTDFN-14	523.0000	697.0000	40 - 100 克/包
北風貿易綜合水果	NWTCFV-17	877.0000	1170.0000	15.25 盎司
北風貿易巧克力脆片	NWTBGM-19	180.0000	210.0000	10 盒 x 12 片
北風貿易橘子果醬	NWTJP-6	1050.0000	1120.0000	30 盒
北風貿易烤餅	NWTBGM-21	225.0000	270.0000	24 包 x 4 塊
北風貿易啤酒	NWTB-34	672.0000	695.0000	24 - 12 盎司/瓶
北風貿易蟹肉	NWTCM-40	1440.0000	1520.0000	24 - 4 盎司/罐
北風貿易蛤蜊濃湯	NWTSO-41	360.0000	380.0000	12 - 12 盎司/罐
北風貿易咖啡	NWTB-43	11136.0000	11200.0000	16 - 500 克/罐
北風貿易巧克力	NWTCA-48	250.0000	280.0000	10 包
北風貿易蘋果乾	NWTDFN-51	1192.0000	1590.0000	50 - 300 克/包
北風貿易長米	NWTG-52	1280.0000	1380.0000	16 - 2 公斤/盒
北風貿易義大利馬鈴薯餃子	NWTP-56	528.0000	550.0000	24 - 250 克/包
北風貿易意大利餃	NWTP-57	530.0000	560.0000	24 - 250 克/包
北風貿易辣椒醬	NWTS-65	2560.0000	2690.0000	32 - 8 盎司/瓶
北風貿易蕃茄醬	NWTS-66	1680.0000	1740.0000	24 - 8 盎司/罐

【圖11-16】

在瀏覽器畫面的下方可以看到資料表新增資料成功，即完成交易後的結果，顯示已新增的資料。

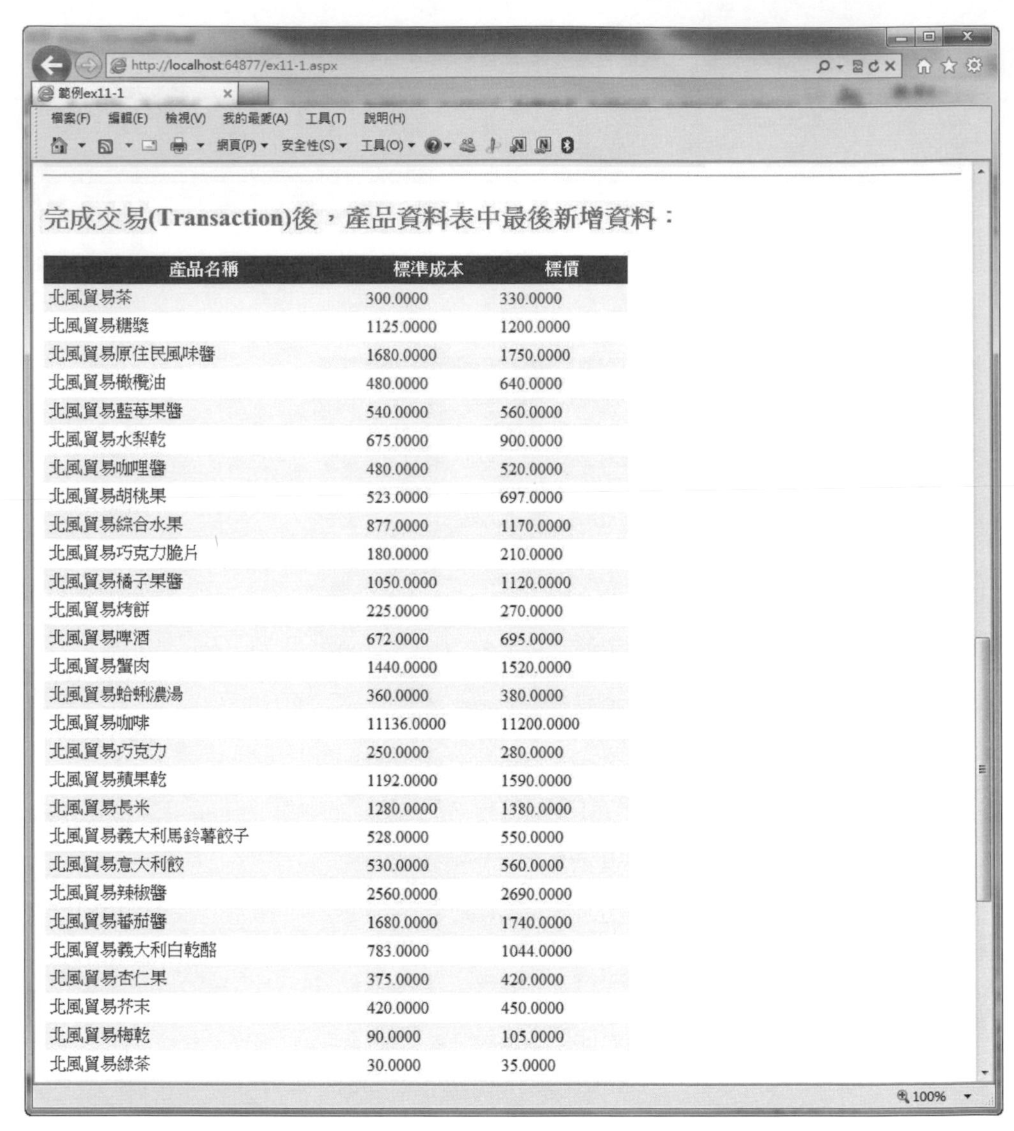

完成交易(Transaction)後，產品資料表中最後新增資料：

產品名稱	標準成本	標價
北風貿易茶	300.0000	330.0000
北風貿易糖漿	1125.0000	1200.0000
北風貿易原住民風味醬	1680.0000	1750.0000
北風貿易橄欖油	480.0000	640.0000
北風貿易藍莓果醬	540.0000	560.0000
北風貿易水梨乾	675.0000	900.0000
北風貿易咖哩醬	480.0000	520.0000
北風貿易胡桃果	523.0000	697.0000
北風貿易綜合水果	877.0000	1170.0000
北風貿易巧克力脆片	180.0000	210.0000
北風貿易橘子果醬	1050.0000	1120.0000
北風貿易烤餅	225.0000	270.0000
北風貿易啤酒	672.0000	695.0000
北風貿易蟹肉	1440.0000	1520.0000
北風貿易蛤蜊濃湯	360.0000	380.0000
北風貿易咖啡	11136.0000	11200.0000
北風貿易巧克力	250.0000	280.0000
北風貿易蘋果乾	1192.0000	1590.0000
北風貿易長米	1280.0000	1380.0000
北風貿易義大利馬鈴薯餃子	528.0000	550.0000
北風貿易意大利餃	530.0000	560.0000
北風貿易辣椒醬	2560.0000	2690.0000
北風貿易蕃茄醬	1680.0000	1740.0000
北風貿易義大利白乾酪	783.0000	1044.0000
北風貿易杏仁果	375.0000	420.0000
北風貿易芥末	420.0000	450.0000
北風貿易梅乾	90.0000	105.0000
北風貿易綠茶	30.0000	35.0000

【圖11-17】

程式說明(ex11-1.aspx.vb)

1. 本範例是使用【TransactionScope】類別，必須事先載入【System.Transactions】名稱空間 (namespace)。
2. 利用 new 關鍵字將實體化一個【TransactionScope】類別物件 scope，此時交易管理員就會自行決定要參與哪一個交易，當決定後就會永遠參與該交易。
3. 在程式執行交易的過程中，只要沒有例外錯誤發生，就會使交易物件 scope 的交易持續進行。
4. 如果在程式執行交易的過程中，有例外錯誤發生，就會使處理範圍內的所有交易復原。
5. Complete() 方法：

   交易物件的執行方法，當成是完成所有的交易工作後，可呼叫此方法一次，此方法真正的作用是通知交易管理員接受交易。

【範例練習】 (完整程式碼在本書附的光碟中 ch11\ex11-2.aspx)

開啟並連結範例資料庫：北風 SQL 中的【產品】資料表，新增兩筆資料但使交易失敗。

本範例其實與前一個範例 (ex11-1) 內容功能完全相同，只在寫入資料庫時，將寫入指令 (SQL) 寫錯，導致無法寫入資料，使交易過程無法完整結束。

前端介面程式與前一個範例 (ex11-1.aspx) 相同，在此不再說明。在後置程式碼檔案中的寫法如下：

程式碼

```
Imports System
Imports System.Transactions
Imports System.Data
Imports System.Data.SqlClient

Partial Class ex11_2
    Inherits System.Web.UI.Page

    Protected Sub SqlDataSource1_Selected(ByVal sender As Object, ByVal
e As System.Web.UI.WebControls.SqlDataSourceStatusEventArgs) Handles
SqlDataSource1.Selected

        Try
            Using scope As New TransactionScope

                Dim num As Integer = 0
```

```
                Using Conn As New SqlConnection(Web.Configuration.
WebConfigurationManager.ConnectionStrings("北風SQLConnectionString").
ConnectionString)

                    Conn.Open()

                    Dim myCommand As New SqlCommand()
                    myCommand.Connection = Conn

                    myCommand.CommandText = "Insert into 產品(產品名稱,
產品代碼,標準成本,標價,每單位的數量) Values('北風喉糖','N001','16','24',
'每大盒*12小盒')"
                    num = myCommand.ExecuteNonQuery()
                    Response.Write("<br />~~~第一筆資料新增成功~~~" & num)

                    myCommand.CommandText = "Insert into 產品ABC(產品名稱,
產品代碼,標準成本,標價,每單位的數量) Values('北風口香糖','N002','10','15',
'每大盒*10小盒')"
                    num = myCommand.ExecuteNonQuery()
                    Response.Write("<br />~~~第二筆資料新增成功~~~" & num)

                    Conn.Close()
                End Using

                scope.Complete()
                Response.Write("<hr>-----資料庫交易成功-----")
            End Using
        Catch ex As TransactionException
            Response.Write("<hr>*****資料庫交易失敗*****")
            Response.Write(ex)
        End Try
    End Sub
End Class
```

主要差別只在於顏色標示處的程式碼，將要寫入資料庫的資料表名稱寫錯 (產品 ABC)，執行後的畫面會產生錯誤訊息：

【圖11-18】

雖然前一個寫入資料表的 SQL 敘述有成功執行，到第二個 SQL 敘述出現錯誤，回到資料表中檢視，會發現資料表並沒有被改變。

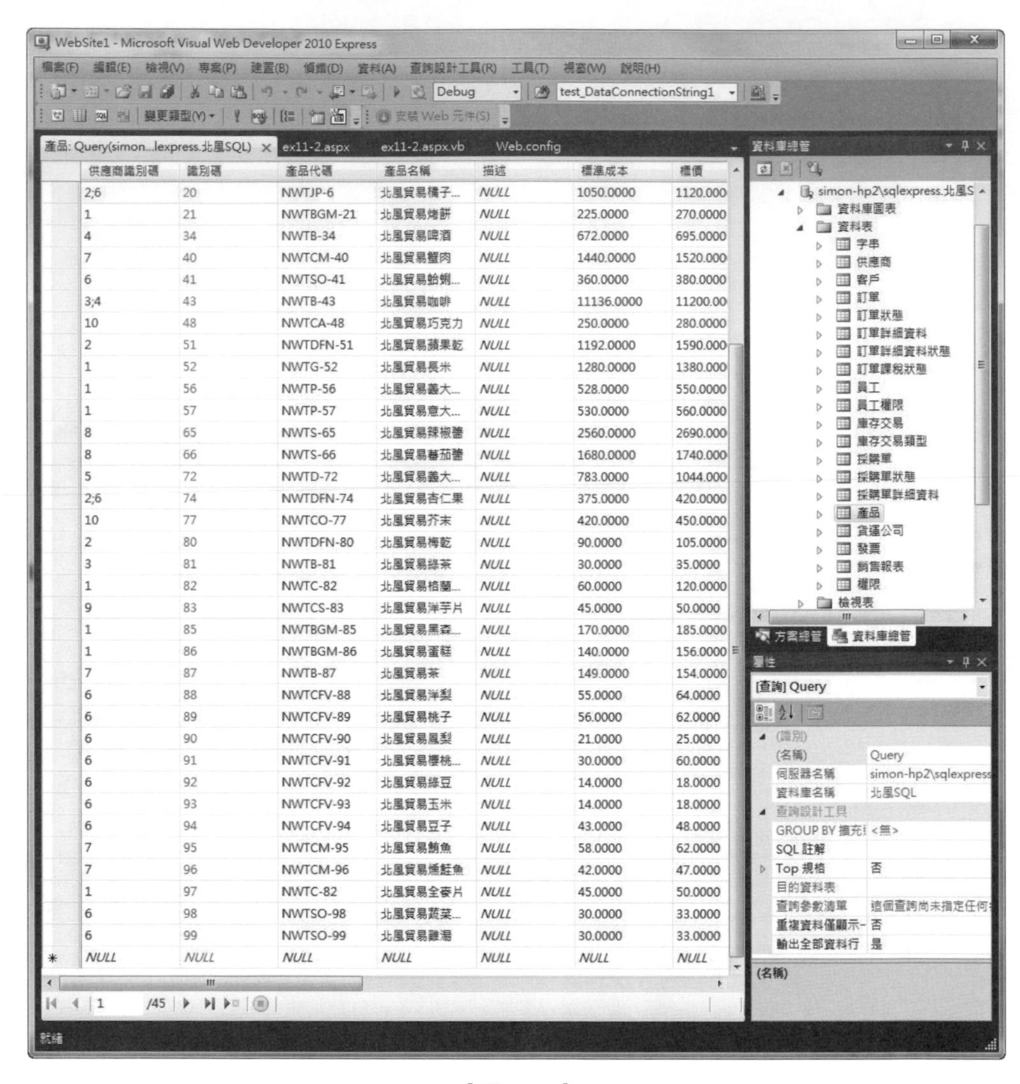

	供應商識別碼	識別碼	產品代碼	產品名稱	描述	標準成本	標價
	2;6	20	NWTJP-6	北風貿易橘子...	NULL	1050.0000	1120.000
	1	21	NWTBGM-21	北風貿易烤餅	NULL	225.0000	270.0000
	4	34	NWTB-34	北風貿易啤酒	NULL	672.0000	695.0000
	7	40	NWTCM-40	北風貿易蟹肉	NULL	1440.0000	1520.000
	6	41	NWTSO-41	北風貿易蛤蜊...	NULL	360.0000	380.0000
	3;4	43	NWTB-43	北風貿易咖啡	NULL	11136.0000	11200.00
	10	48	NWTCA-48	北風貿易巧克力	NULL	250.0000	280.0000
	2	51	NWTDFN-51	北風貿易蘋果乾	NULL	1192.0000	1590.000
	1	52	NWTG-52	北風貿易長米	NULL	1280.0000	1380.000
	1	56	NWTP-56	北風貿易義大...	NULL	528.0000	550.0000
	1	57	NWTP-57	北風貿易意大...	NULL	530.0000	560.0000
	8	65	NWTS-65	北風貿易辣椒醬	NULL	2560.0000	2690.000
	8	66	NWTS-66	北風貿易蕃茄醬	NULL	1680.0000	1740.000
	5	72	NWTD-72	北風貿易義大...	NULL	783.0000	1044.000
	2;6	74	NWTDFN-74	北風貿易杏仁果	NULL	375.0000	420.0000
	10	77	NWTCO-77	北風貿易芥末	NULL	420.0000	450.0000
	2	80	NWTDFN-80	北風貿易梅乾	NULL	90.0000	105.0000
	3	81	NWTB-81	北風貿易綠茶	NULL	30.0000	35.0000
	1	82	NWTC-82	北風貿易格蘭...	NULL	60.0000	120.0000
	9	83	NWTCS-83	北風貿易洋芋片	NULL	45.0000	50.0000
	1	85	NWTBGM-85	北風貿易黑森...	NULL	170.0000	185.0000
	1	86	NWTBGM-86	北風貿易蛋糕	NULL	140.0000	156.0000
	7	87	NWTB-87	北風貿易茶	NULL	149.0000	154.0000
	6	88	NWTCFV-88	北風貿易洋梨	NULL	55.0000	64.0000
	6	89	NWTCFV-89	北風貿易桃子	NULL	56.0000	62.0000
	6	90	NWTCFV-90	北風貿易鳳梨	NULL	21.0000	25.0000
	6	91	NWTCFV-91	北風貿易櫻桃...	NULL	30.0000	60.0000
	6	92	NWTCFV-92	北風貿易綠豆	NULL	14.0000	18.0000
	6	93	NWTCFV-93	北風貿易玉米	NULL	14.0000	18.0000
	6	94	NWTCFV-94	北風貿易豆子	NULL	43.0000	48.0000
	7	95	NWTCM-95	北風貿易鮪魚	NULL	58.0000	62.0000
	7	96	NWTCM-96	北風貿易燻鮭魚	NULL	42.0000	47.0000
	1	97	NWTC-82	北風貿易全麥片	NULL	45.0000	50.0000
	6	98	NWTSO-98	北風貿易蔬菜...	NULL	30.0000	33.0000
	6	99	NWTSO-99	北風貿易雞湯	NULL	30.0000	33.0000
*	NULL	NULL	NULL	NULL	NULL	NULL	NULL

【圖11-19】

由資料表的檢視看來，資料筆數並沒有改變，還是 45 筆記錄，這就是交易並未全部完成，所以程式執行了資料交易回復 (Rollback)。

【範例練習】（完整程式碼在本書附的光碟中ch11\ex11-3.aspx）

開啟並連結範例資料庫：北風 SQL 中的【產品】資料表，新增三筆資料但使交易失敗，檢視資料表將回復到資料表交易前的狀態。(只要資料庫操作有一個錯誤，就全面回復，交易將全部作廢。

在【Visual Web Developer】開發工具中，先檢視原始資料表，資料筆數共有 45 筆記錄。

產品: Query(simon...lexpress.北風SQL) × ex11-3.aspx.vb ex11-3.aspx Web.config

	供應商識別碼	識別碼	產品代碼	產品名稱	描述	標準成本
	2;6	20	NWTJP-6	北風貿易橘子果醬	NULL	1050.0000
	1	21	NWTBGM-21	北風貿易烤餅	NULL	225.0000
	4	34	NWTB-34	北風貿易啤酒	NULL	672.0000
	7	40	NWTCM-40	北風貿易蟹肉	NULL	1440.0000
	6	41	NWTSO-41	北風貿易蛤蜊濃湯	NULL	360.0000
	3;4	43	NWTB-43	北風貿易咖啡	NULL	11136.0000
	10	48	NWTCA-48	北風貿易巧克力	NULL	250.0000
	2	51	NWTDFN-51	北風貿易蘋果乾	NULL	1192.0000
	1	52	NWTG-52	北風貿易長米	NULL	1280.0000
	1	56	NWTP-56	北風貿易義大利馬鈴薯餃子	NULL	528.0000
	1	57	NWTP-57	北風貿易意大利餃	NULL	530.0000
	8	65	NWTS-65	北風貿易辣椒醬	NULL	2560.0000
	8	66	NWTS-66	北風貿易蕃茄醬	NULL	1680.0000
	5	72	NWTD-72	北風貿易義大利白乾酪	NULL	783.0000
	2;6	74	NWTDFN-74	北風貿易杏仁果	NULL	375.0000
	10	77	NWTCO-77	北風貿易芥末	NULL	420.0000
	2	80	NWTDFN-80	北風貿易梅乾	NULL	90.0000
	3	81	NWTB-81	北風貿易綠茶	NULL	30.0000
	1	82	NWTC-82	北風貿易格蘭諾拉燕麥捲	NULL	60.0000
	9	83	NWTCS-83	北風貿易洋芋片	NULL	45.0000
	1	85	NWTBGM-85	北風貿易黑森林蛋糕	NULL	170.0000
	1	86	NWTBGM-86	北風貿易蛋糕	NULL	140.0000
	7	87	NWTB-87	北風貿易茶	NULL	149.0000
	6	88	NWTCFV-88	北風貿易洋梨	NULL	55.0000
	6	89	NWTCFV-89	北風貿易桃子	NULL	56.0000
	6	90	NWTCFV-90	北風貿易鳳梨	NULL	21.0000
	6	91	NWTCFV-91	北風貿易櫻桃派餡	NULL	30.0000
	6	92	NWTCFV-92	北風貿易綠豆	NULL	14.0000
	6	93	NWTCFV-93	北風貿易玉米	NULL	14.0000
	6	94	NWTCFV-94	北風貿易豆子	NULL	43.0000
	7	95	NWTCM-95	北風貿易鮪魚	NULL	58.0000
	7	96	NWTCM-96	北風貿易燻鮭魚	NULL	42.0000
	1	97	NWTC-82	北風貿易全麥片	NULL	45.0000
	6	98	NWTSO-98	北風貿易蔬菜清湯	NULL	30.0000
	6	99	NWTSO-99	北風貿易雞湯	NULL	30.0000
*	NULL	NULL	NULL	NULL	NULL	NULL

1 /45

【圖11-20】

撰寫前端介面程式，在此程式中，前端程式不是處理重點，所以只要撰寫簡單的文字訊息即可。(本範例為 ex11-3.aspx)

body

在後置程式碼中，執行資料庫寫入動作。

在資料庫寫入動作中，將寫入錯誤的指令(SQL敘述)，使資料庫寫入動作失敗！

【圖11-21】

程式碼

```
<%@ Page Language="VB" AutoEventWireup="false" CodeFile="ex11-3.aspx.
vb" Inherits="ex11_3" %>

<!DOCTYPE html PUBLIC "-//W3C//DTD XHTML 1.0 Transitional//EN" "http://
www.w3.org/TR/xhtml1/DTD/xhtml1-transitional.dtd">

<html xmlns="http://www.w3.org/1999/xhtml" >
<head runat="server">
    <title>範例 ex11-3</title>
</head>
<body>
    <form id="form1" runat="server">
    <div>
        <br />
         
        <hr />
        <h3>在後置程式碼中，執行資料庫寫入動作。</h3>
        <h3>在資料庫寫入動作中，將寫入錯誤的指令 (SQL 敘述 )，使資料庫寫入動作失敗！
</h3>
        <hr />
        <span style="color: #ff0000">
        </span><br />
           
    </div>
    </form>
 </body>
</html>
```

將主要的交易處理程式寫在後置程式碼中，如此可使前端網頁執行程式較為簡潔。(本範例為 ex11-3.aspx.vb)

程式碼

```
Imports System
Imports System.Data
Imports System.Data.SqlClient

Partial Class ex11_3
    Inherits System.Web.UI.Page

    Sub DBInit()
        Dim Conn As New SqlConnection(Web.Configuration.
WebConfigurationManager.ConnectionStrings("北風SQLConnectionString").
ConnectionString)
        Conn.Open()

        Dim cmd As New SqlCommand("select top 3 產品代碼,產品名稱,標價
from 產品 order by 識別碼 DESC", Conn)
        Dim dr As SqlDataReader = cmd.ExecuteReader()
        Response.Write("資料表中，最新三筆的資料記錄是：<p>")
        While dr.Read()
            Response.Write("<br><font color=red><b>" & dr.Item
("產品代碼") & "</b></font><br>")
            Response.Write(dr.Item("產品名稱") & "<br>")
            Response.Write(dr.Item("標價") & "<br>")
        End While
        cmd.Dispose()
        dr.Close()
        Conn.Close()
        Conn.Dispose()
    End Sub

    Protected Sub Page_Load(ByVal sender As Object, ByVal e As System.
EventArgs) Handles Me.Load
        DBInit()

        Dim Conn As New SqlConnection(Web.Configuration.
WebConfigurationManager.ConnectionStrings("北風SQLConnectionString").
ConnectionString)
        Conn.Open()

        Dim myTrans As SqlTransaction = Conn.BeginTransaction
        Dim myCommand As New SqlCommand()
```

```
        Try
            myCommand.Connection = Conn
            myCommand.Transaction = myTrans

            myCommand.CommandText = "Insert into 產品（產品名稱，產品代碼，
標準成本，標價，每單位的數量） Values('北風喉糖','N001','16','24','每大盒*12
小盒')"
            myCommand.ExecuteNonQuery()

            myCommand.CommandText = "Insert into 產品（產品名稱，產品代碼，
標準成本，標價，每單位的數量） Values('北風口香糖','N002','10','15','每大盒*10
小盒')"
            myCommand.ExecuteNonQuery()

            myCommand.CommandText = "Insert into 產品（產品abc, 產品代碼，
標準成本，標價，每單位的數量） Values('北風口香糖','N002','10','15','每大盒*10
小盒')"
            myCommand.ExecuteNonQuery()

            myTrans.Commit()
            Response.Write("<h2><font color=blue>-----資料庫交易成功
-----</font><br></h2>")

        Catch ex As Exception
            Response.Write("<h2><font color=red>*****資料庫交易失敗
*****</font><br></h2>")

            myTrans.Rollback()
        Finally
            myCommand.Dispose()
            myTrans.Dispose()
            Conn.Close()
            Conn.Dispose()
        End Try

        Response.Write("<h2><font color=green>完成交易(Transaction)後：
</h2><p></font>")
        DBInit()
    End Sub
End Class
```

在顏色標示處的程式碼，將要寫入資料庫的資料表的欄位名稱寫錯 (產品 abc)，執行後的畫面如下：

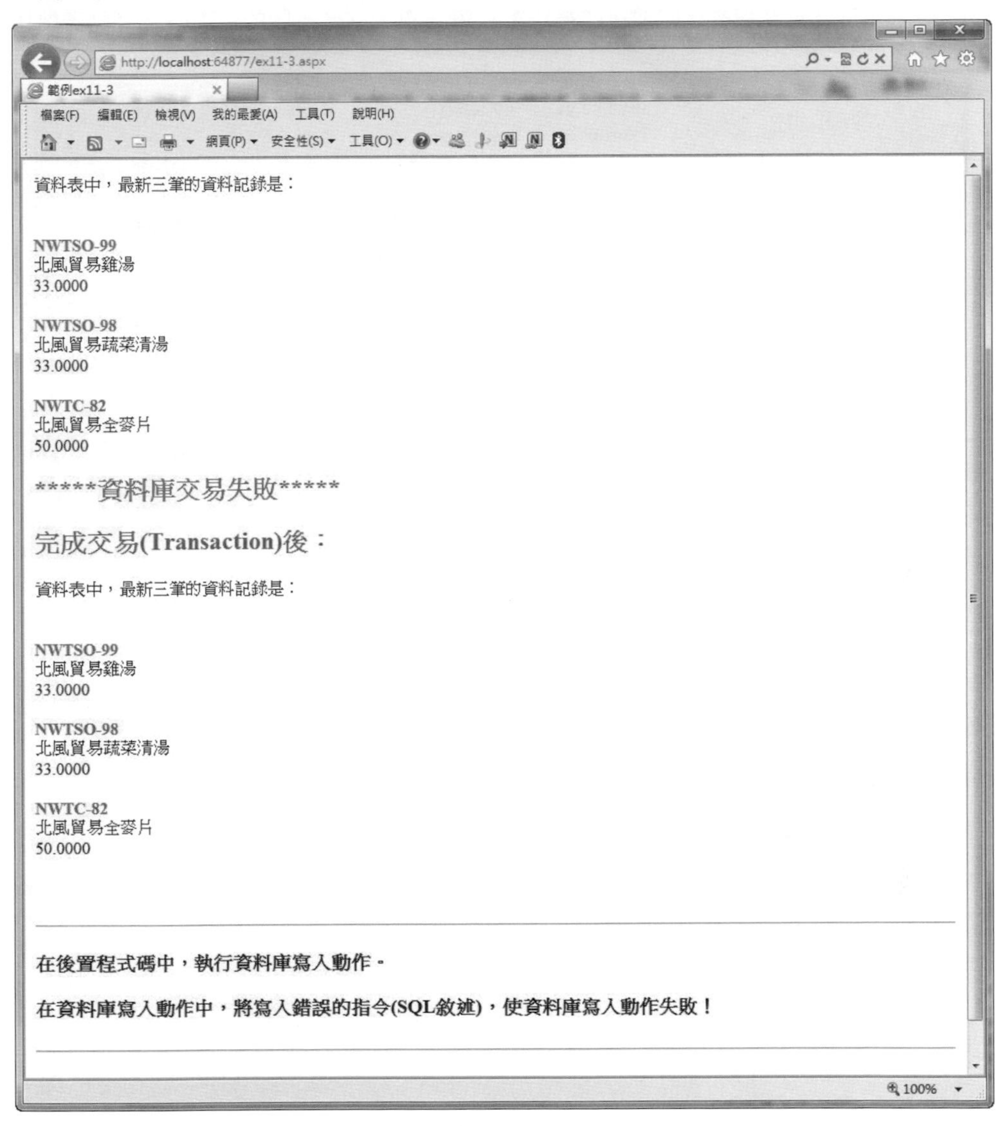

【圖11-22】

因為在後置程式碼中的第三段資料表寫入的 SQL 敘述有誤，所以無法完整完成資料交易處理，交易將全面回復到資料表先前未執行時的狀態。由執行後的結果畫面得知，執行後的最新末三筆資料與交易完成後的最新末三筆資料是完全相同的，再與原資料表做比對如下：

	6	94	NWTCFV-94	北風貿易豆子	NULL	43.0000
	7	95	NWTCM-95	北風貿易鮪魚	NULL	58.0000
	7	96	NWTCM-96	北風貿易燻鮭魚	NULL	42.0000
	1	97	NWTC-82	北風貿易全麥片	NULL	45.0000
	6	98	NWTSO-98	北風貿易蔬菜清湯	NULL	30.0000
	6	99	NWTSO-99	北風貿易雞湯	NULL	30.0000
*	NULL	NULL	NULL	NULL	NULL	NULL

1 /45

【圖11-23】

可見資料表中的資料記錄並未改變，雖然後置程式碼中的前二段資料表寫入的 SQL 敘述是正確的，但是因為沒有完全結束整個資料表寫入動作，所以交易並未完成，資料表的內容將回復到先前的狀態，並未有所改變。

ASP.NET網站資料庫的進階操作與維護

在前一章，我們探討了ASP.NET資料庫的基本操作，在網頁上顯示資料庫的資料是網頁資料庫的基本，由前一章的說明及範例中我們可以得到完整的練習。然而，在網路盛行的今天，網站資料庫的操作日趨複雜與多元化，所以在本章我們將探討ASP.NET網站資料庫的進階操作，讓資料庫的使用與建立能更符合網站的運作。

12.1 DataGrid物件(DataGrid類別)

我們在前面章節中有提過，ASP.NET的DataGrid物件可以使用表格來顯示資料表的資料記錄，只要建立DataGrid物件的資料繫結，便可以顯示資料表的資料記錄。在【.NET Framework 4】版本中，DataGrid物件是屬於資料繫結的清單控制項，顯示資料來源中的項目於資料表，並允許選取、排序、編輯資料項目。

DataGrid類別是屬於【System.Web.UI.WebControls】的命名空間。

DataGrid類別的常用屬性如下：

屬性名稱	功用
AllowPaging	設定或取得DataGrid控制項物件是否啟用分頁。
BackColor	設定或取得DataGrid控制項物件的背景色彩。
BorderColor	設定或取得DataGrid控制項物件的框線色彩。
CurrentPageIndex	設定或取得DataGrid控制項物件目前顯示頁面的索引值。當啟用分頁時，使用此屬性判斷目前在DataGrid控制項物件中的顯示頁面。
ForeColor	設定或取得DataGrid控制項物件的前景色，一般是文字色彩。
DataSource	設定或取得DataGrid控制項物件的資料來源。
HeaderStyle	設定或取得DataGrid控制項物件的標題樣式。常用樣式有： BackColor：背景色。 Font-Bold：粗體字。
PageSize	設定或取得DataGrid控制項物件分頁頁面的顯示項目。
PagerStyle	設定或取得DataGrid控制項物件分頁區段的樣式。常用樣式有： ● PrevPageText：【上一頁】要顯示的文字 ● NextPageText：【下一頁】要顯示的文字 ● Mode：設定為NumericPages可使用數字顯示分頁區段。 ● Position：設定分頁區段要顯示的位置。 ● HorizontalAlign：分頁顯示文字的水平對齊。(Right/Left)

DataGrid類別的常用方法如下：

屬性名稱	功用
DataBind	執行DataGrid控制項物件的資料繫結至指定的資料來源。
onPageIndexChanged	觸發PageIndexChanged事件，執行已宣告的PageIndexChanged事件副程式。

範例練習12-1 (完整程式碼在本書附的光碟中ch12\ex12-1.aspx)

建立 ASP.NET 程式，開啟並連結 db1 資料庫後，利用 DataSet 物件開啟【通訊錄】資料表，並使用 DataGrid 物件繫結 DataSet 開啟的資料表後，設定 DataGrid 物件的外觀並將結果顯示在網頁上。

程式碼

```
1.  <%@ Page Language="VB" %>
2.  <%@ Import Namespace="system.data" %>
3.  <%@ Import Namespace="system.data.oledb" %>
4.  <script language="vbscript" runat="server">
5.  Sub page_load(ByVal sender As Object, ByVal e As EventArgs)
6.  Dim str, sqlstr As String
7.  str = "provider=microsoft.jet.oledb.4.0;data source=" & Server.
    MapPath("db1.mdb")
8.  Dim con As OleDbConnection = New OleDbConnection(str)
9.  con.Open()
10. sqlstr = "select * from 通訊錄"
11. Dim ada As OleDbDataAdapter
12. Dim ds As DataSet
13. ada = New OleDbDataAdapter(sqlstr, con)
14. ds = New DataSet()
15. ada.Fill(ds, "通訊資料")
16. dg.DataSource = ds.Tables("通訊資料")
17. dg.DataBind()
18. con.Close()
19. End Sub
20. </script>
21. <html>
22. <head id="Head1" runat="server">
23. <title>範例 ex9-1</title>
24. </head>
25. <body>
26. <form id="f1" runat="server">
27. <center>
28. <font size="5" color="blue" face="標楷體">
29. 使用 DataSet 物件開啟資料庫 <p> 並以 DataGrid 顯示資料記錄 </p>
30. </font>
31. <asp:DataGrid ID="dg" runat="server" BackColor="#66ffff"
```

```
BorderColor="#0000cc" ForeColor="#000088" HeaderStyle-Font-Bold="true"
HeaderStyle-BackColor="#ddff77"/>
32. </center>
33. </form>
34. </body>
35. </html>
```

程式說明

第 1 行：ASP.NET 程式的指引區間，告知 .NET 系統此網頁程式是以 Visual Basic 程式撰寫。

第 2 行：ASP.NET 程式的指引區間，為了要使用 ADO.NET 的資料庫物件與類別，所以要先載入名稱空間 system.data。

第 3 行：ASP.NET 程式的指引區間，為了要使用 ADO.NET 的資料庫物件與類別，所以要先載入名稱空間 system.data.oledb。

第 5~19 行：建立 page_load 副程式，即 page_load 事件程序，當 ASP.NET 網頁程式載入時觸發此事件程序。

第 6 行：宣告 str 與 sqlstr 變數，並設其資料型態為 String，在本程式中 str 要做為 Connection 物件的連線字串，sqlstr 則是做為 SQL 指令字串。

第 7 行：建立 Connection 物件的連線字串 str，因為要連結的資料庫為 Microsoft Office Access，所以 provider 參數設定為【microsoft.jet.oledb.4.0】，data source 參數則是指定要連結的 db1.mdb 資料庫的所在位置，在本範例中，我們將 db1.mdb 資料庫檔案放在與程式相同的資料夾中，所以在位置的設定中，不需要加上任何的路徑區隔。

第 8 行：建立 Connection 物件 con，並帶入連線字串 str。

第 9 行：以 con 物件的 open() 方法開啟 db1.mdb 資料庫的連結。

第 10 行：建立 DataAdapter 物件要執行的 SQL 指令字串，在此我們設定 SQL 指令為【select * from 通訊錄】，可將通訊錄資料表中所有的資料記錄取出，並將指令設定在 sqlstr 字串變數中。

第 11 行：宣告 ada 變數為 DataAdapter 物件。

第 12 行：宣告 ds 變數為 DataSet 物件。

第 13 行：帶入 SQL 指令與 Connection 物件以建立 DataAdapter 物件。

第 14 行：建立 DataSet 物件。

第 15 行：使用 DataAdapter 物件的 Fill 方法，新增 DataSet 物件 ds 的【通訊資料】資料表。

第 16 行：設定 DataGrid 物件的【DataSource】屬性，即 DataGrid 物件的資料來源，在此設定為 DataSet 物件 ds 中的【通訊資料】資料表。

第 17 行：執行 DataGrid 物件的資料繫結。

第 18 行：以 con 物件的 Close() 方法關閉已開啟的 db1.mdb 資料庫的連結。

第 31 行：建立 Web 伺服器控制項 DataGrid，並設定其 id 屬性為 dg，執行在伺服器端，設定 DataGrid 物件的背景色為【#66ffff】、邊框色彩為【#0000cc】、文字色彩為【#000088】、標題文字為粗體字 (HeaderStyle-Font-Bold)、標題的背景色為【#ddff77】。

執行結果

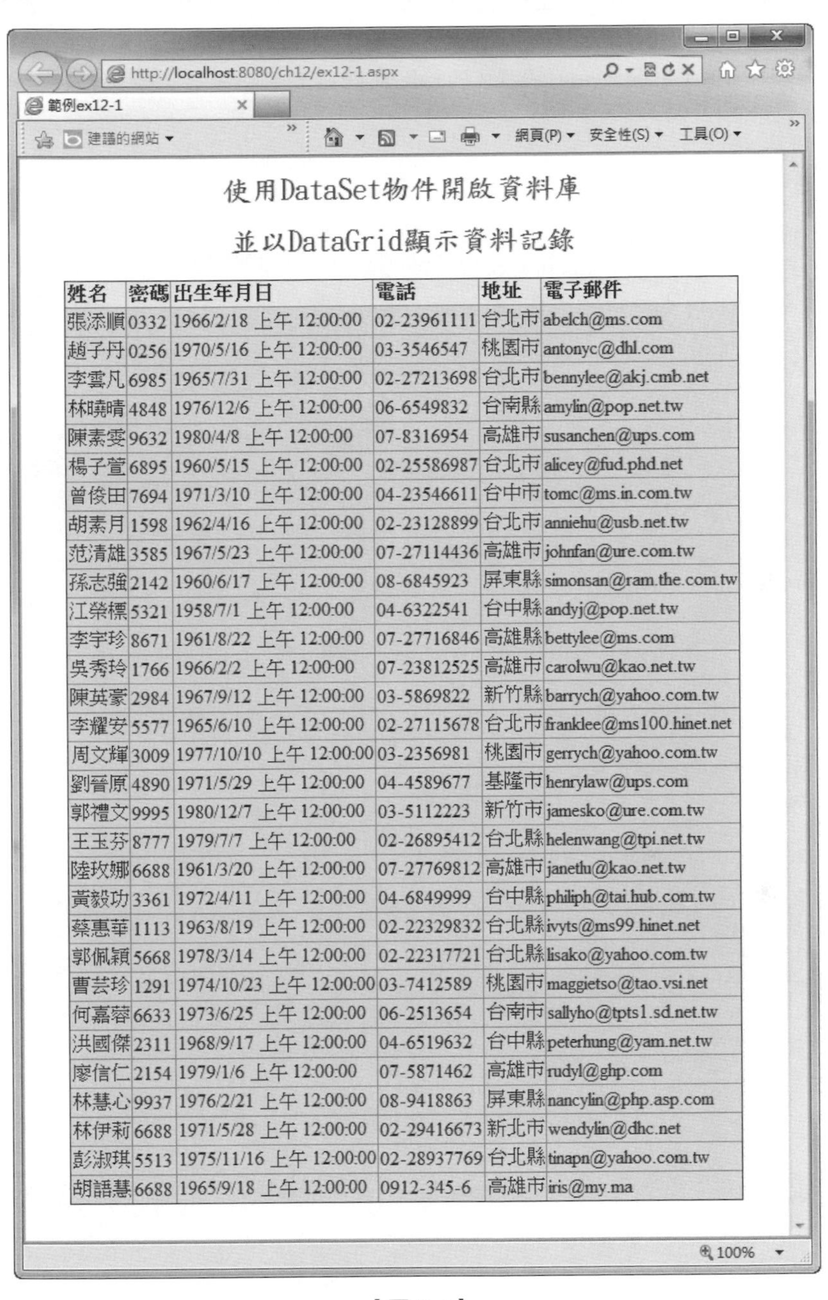

使用DataSet物件開啟資料庫

並以DataGrid顯示資料記錄

姓名	密碼	出生年月日	電話	地址	電子郵件
張添順	0332	1966/2/18 上午 12:00:00	02-23961111	台北市	abelch@ms.com
趙子丹	0256	1970/5/16 上午 12:00:00	03-3546547	桃園市	antonyc@dhl.com
李雲凡	6985	1965/7/31 上午 12:00:00	02-27213698	台北市	bennylee@akj.cmb.net
林曉晴	4848	1976/12/6 上午 12:00:00	06-6549832	台南縣	amylin@pop.net.tw
陳素雯	9632	1980/4/8 上午 12:00:00	07-8316954	高雄市	susanchen@ups.com
楊子萱	6895	1960/5/15 上午 12:00:00	02-25586987	台北市	alicey@fud.phd.net
曾俊田	7694	1971/3/10 上午 12:00:00	04-23546611	台中市	tomc@ms.in.com.tw
胡素月	1598	1962/4/16 上午 12:00:00	02-23128899	台北市	anniehu@usb.net.tw
范清雄	3585	1967/5/23 上午 12:00:00	07-27114436	高雄市	johnfan@ure.com.tw
孫志強	2142	1960/6/17 上午 12:00:00	08-6845923	屏東縣	simonsan@ram.the.com.tw
江榮標	5321	1958/7/1 上午 12:00:00	04-6322541	台中縣	andyj@pop.net.tw
李宇珍	8671	1961/8/22 上午 12:00:00	07-27716846	高雄縣	bettylee@ms.com
吳秀玲	1766	1966/2/2 上午 12:00:00	07-23812525	高雄市	carolwu@kao.net.tw
陳英豪	2984	1967/9/12 上午 12:00:00	03-5869822	新竹縣	barrych@yahoo.com.tw
李耀安	5577	1965/6/10 上午 12:00:00	02-27115678	台北市	franklee@ms100.hinet.net
周文輝	3009	1977/10/10 上午 12:00:00	03-2356981	桃園市	gerrych@yahoo.com.tw
劉晉原	4890	1971/5/29 上午 12:00:00	04-4589677	基隆市	henrylaw@ups.com
郭禮文	9995	1980/12/7 上午 12:00:00	03-5112223	新竹市	jamesko@ure.com.tw
王玉芬	8777	1979/7/7 上午 12:00:00	02-26895412	台北縣	helenwang@tpi.net.tw
陸玫娜	6688	1961/3/20 上午 12:00:00	07-27769812	高雄市	janetlu@kao.net.tw
黃毅功	3361	1972/4/11 上午 12:00:00	04-6849999	台中縣	philiph@tai.hub.com.tw
蔡惠華	1113	1963/8/19 上午 12:00:00	02-22329832	台北縣	ivyts@ms99.hinet.net
郭佩穎	5668	1978/3/14 上午 12:00:00	02-22317721	台北縣	lisako@yahoo.com.tw
曹芸珍	1291	1974/10/23 上午 12:00:00	03-7412589	桃園市	maggietso@tao.vsi.net
何嘉蓉	6633	1973/6/25 上午 12:00:00	06-2513654	台南市	sallyho@tpts1.sd.net.tw
洪國傑	2311	1968/9/17 上午 12:00:00	04-6519632	台中縣	peterhung@yam.net.tw
廖信仁	2154	1979/1/6 上午 12:00:00	07-5871462	高雄市	rudyl@ghp.com
林慧心	9937	1976/2/21 上午 12:00:00	08-9418863	屏東縣	nancylin@php.asp.com
林伊莉	6688	1971/5/28 上午 12:00:00	02-29416673	新北市	wendylin@dhc.net
彭淑琪	5513	1975/11/16 上午 12:00:00	02-28937769	台北縣	tinapn@yahoo.com.tw
胡語慧	6688	1965/9/18 上午 12:00:00	0912-345-6	高雄市	iris@my.ma

【圖12-1】

範例練習12-2 （完整程式碼在本書附的光碟中ch12\ex12-2.aspx）

建立ASP.NET程式，開啟並連結northwind資料庫後，利用DataSet物件開啟【產品資料】資料表，並使用DataGrid物件繫結DataSet開啟的資料表後，設定DataGrid物件的分頁顯示資料，並將結果顯示在網頁上。

程式碼

```
1.  <%@ Page Language="VB" %>
2.  <%@ Import Namespace="system.data" %>
3.  <%@ Import Namespace="system.data.oledb" %>
4.  <script language="vbscript" runat="server">
5.  Sub page_load(ByVal sender As Object, ByVal e As EventArgs)
6.  Dim str, sqlstr As String
7.  str = "provider=microsoft.jet.oledb.4.0;data source=" & Server.
    MapPath("northwind.mdb")
8.  Dim con As OleDbConnection = New OleDbConnection(str)
9.  con.Open()
10. sqlstr = "select * from 產品資料"
11. Dim ada As OleDbDataAdapter
12. Dim ds As DataSet
13. ada = New OleDbDataAdapter(sqlstr, con)
14. ds = New DataSet()
15. ada.Fill(ds, "產品資料表")
16. dg.DataSource = ds.Tables("產品資料表")
17. dg.AllowPaging = True
18. dg.PageSize = 10
19. dg.DataBind()
20. con.Close()
21. End Sub
22. Sub dg_cp(ByVal sender As Object, ByVal e As
    DataGridPageChangedEventArgs)
23. dg.CurrentPageIndex = e.NewPageIndex
24. dg.DataBind()
25. End Sub
26. </script>
27. <html>
28. <head id="Head1" runat="server">
29. <title>範例ex9-2</title>
30. </head>
31. <body>
32. <form id="f1" runat="server">
33. <center>
34. <font size="6" color="blue" face="標楷體">
35. 使用DataSet物件開啟資料庫<p>並以DataGrid顯示資料記錄</p>
36. </font>
```

```
37. <asp:DataGrid ID="dg" runat="server" OnPageIndexChanged="dg_cp"/>
38. </center>
39. </form>
40. </body>
41. </html>
```

程式說明

第 1 行：ASP.NET 程式的指引區間，告知 .NET 系統此網頁程式是以 Visual Basic 程式撰寫。

第 2 行：ASP.NET 程式的指引區間，為了要使用 ADO.NET 的資料庫物件與類別，所以要先載入名稱空間 system.data。

第 3 行：ASP.NET 程式的指引區間，為了要使用 ADO.NET 的資料庫物件與類別，所以要先載入名稱空間 system.data.oledb。

第 5~21 行：建立 page_load 副程式，即 page_load 事件程序，當 ASP.NET 網頁程式載入時觸發此事件程序。

第 6 行：宣告 str 與 sqlstr 變數，並設其資料型態為 String，在本程式中 str 要做為 Connection 物件的連線字串，sqlstr 則是做為 SQL 指令字串。

第 7 行：建立 Connection 物件的連線字串 str，因為要連結的資料庫為 Microsoft Office Access，所以 provider 參數設定為【microsoft.jet.oledb.4.0】，data source 參數則是指定要連結的 northwind.mdb 資料庫的所在位置，在本範例中，我們將 northwind.mdb 資料庫檔案放在與程式相同的資料夾中，所以在位置的設定中，不需要加上任何的路徑區隔。

第 8 行：建立 Connection 物件 con，並帶入連線字串 str。

第 9 行：以 con 物件的 open() 方法開啟 northwind.mdb 資料庫的連結。

第 10 行：建立 DataAdapter 物件要執行的 SQL 指令字串，在此我們設定 SQL 指令為【select * from 產品資料】，可將產品資料資料表中所有的資料記錄取出，並將指令設定在 sqlstr 字串變數中。

第 11 行：宣告 ada 變數為 DataAdapter 物件。

第 12 行：宣告 ds 變數為 DataSet 物件。

第 13 行：帶入 SQL 指令與 Connection 物件以建立 DataAdapter 物件。

第 14 行：建立 DataSet 物件。

第 15 行：使用 DataAdapter 物件的 Fill 方法，新增 DataSet 物件 ds 的【產品資料表】資料表。

第 16 行：設定 DataGrid 物件的【DataSource】屬性，即 DataGrid 物件的資料來源，在此設定為 DataSet 物件 ds 中的【產品資料表】資料表。

第 17 行：設定 DataGrid 物件的分頁功能啟動。

第 18 行：設定 DataGrid 物件分頁每頁要顯示的資料數目為 10 筆。

第 19 行：執行 DataGrid 物件的資料繫結。

第 20 行：以 con 物件的 Close() 方法關閉已開啟的 northwind.mdb 資料庫的連結。

第 22~25 行：建立 dg_cp 副程式，即 dg_cp 事件程序，當 DataGrid 物件設定分頁並按下分頁連結鈕時觸發此事件程序。

第 23 行：設定 DataGrid 物件目前顯示的分頁頁面，由 e 參數取得當時新的頁面索引值設定給當時 DataGrid 物件所在的頁面。

第 24 行：執行 DataGrid 物件的資料繫結。

第 37 行：建立 Web 伺服器控制項 DataGrid，並設定其 id 屬性為 dg，執行在伺服器端，並設定 DataGrid 物件要觸發的 PageIndexChanged 事件為【dg_cp】副程式，當按下 DataGrid 物件中得分頁連結鈕時，執行已宣告的 PageIndexChanged 事件副程式【dg_cp】。

執行結果

產品編號	產品	供應商編號	類別編號	單位數量	單價	庫存量	已訂購量	安全存量	不再銷售
1	蘋果汁	1	1	每箱24瓶	18	39	0	10	False
2	牛奶	1	1	每箱24瓶	19	17	40	25	False
3	蕃茄醬	1	2	每箱12瓶	10	13	70	25	False
4	鹽巴	2	2	每箱12瓶	22	53	0	0	False
5	麻油	2	2	每箱12瓶	21.35	0	0	0	True
6	醬油	3	2	每箱12瓶	25	120	0	25	False
7	海鮮粉	3	7	每箱30盒	30	15	0	10	False
8	胡椒粉	3	2	每箱30盒	40	6	0	0	False
9	讚油雞	4	6	每袋500克	97	29	0	0	True
10	大甲蟹	4	8	每袋500克	31	31	0	0	False
< >									

【圖12-2】

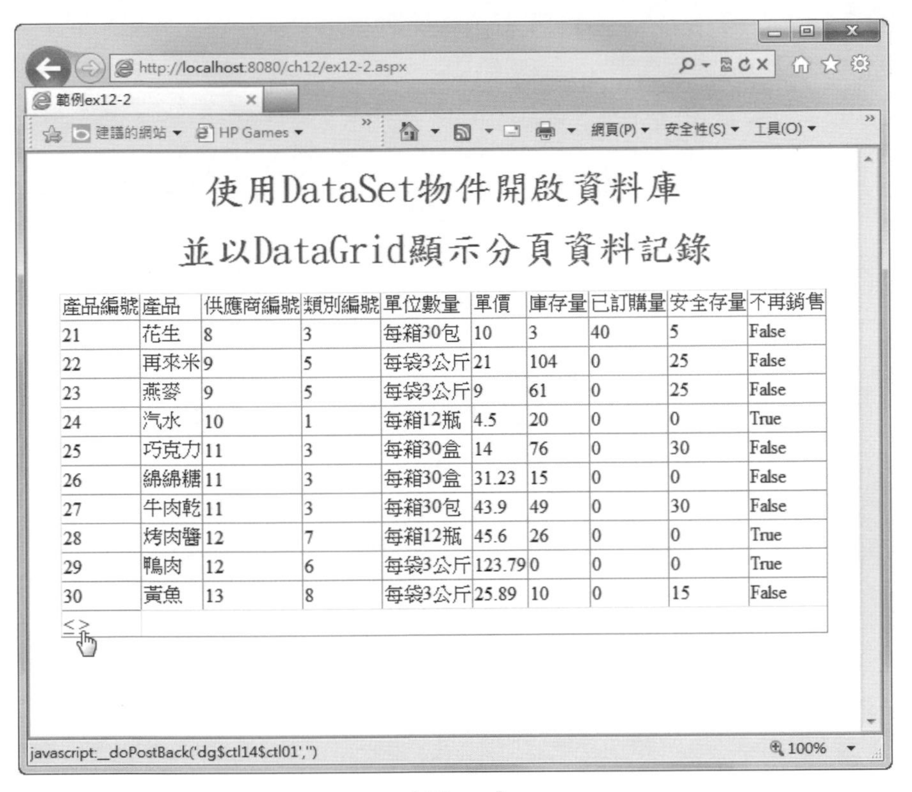

產品編號	產品	供應商編號	類別編號	單位數量	單價	庫存量	已訂購量	安全存量	不再銷售
21	花生	8	3	每箱30包	10	3	40	5	False
22	再來米	9	5	每袋3公斤	21	104	0	25	False
23	燕麥	9	5	每袋3公斤	9	61	0	25	False
24	汽水	10	1	每箱12瓶	4.5	20	0	0	True
25	巧克力	11	3	每箱30盒	14	76	0	30	False
26	綿綿糖	11	3	每箱30盒	31.23	15	0	0	False
27	牛肉乾	11	3	每箱30包	43.9	49	0	30	False
28	烤肉醬	12	7	每箱12瓶	45.6	26	0	0	True
29	鴨肉	12	6	每袋3公斤	123.79	0	0	0	True
30	黃魚	13	8	每袋3公斤	25.89	10	0	15	False
< >									

【圖12-3】

範例練習12-3 (完整程式碼在本書附的光碟中ch12\ex12-3.aspx)

建立 ASP.NET 程式，開啟並連結 northwind 資料庫後，利用 DataSet 物件開啟【產品資料】資料表，並使用 DataGrid 物件繫結 DataSet 開啟的資料表後，設定 DataGrid 物件的分頁顯示資料與分頁鈕樣式，並將結果顯示在網頁上。

程式碼

```
1.  <%@ Page Language="VB" %>
2.  <%@ Import Namespace="system.data" %>
3.  <%@ Import Namespace="system.data.oledb" %>
4.  <script language="vbscript" runat="server">
5.  Sub page_load(ByVal sender As Object, ByVal e As EventArgs)
6.  Dim str, sqlstr As String
7.  str = "provider=microsoft.jet.oledb.4.0;data source=" & Server.
    MapPath("northwind.mdb")
8.  Dim con As OleDbConnection = New OleDbConnection(str)
9.  con.Open()
```

```
10. sqlstr = "select * from 產品資料"
11. Dim ada As OleDbDataAdapter
12. Dim ds As DataSet
13. ada = New OleDbDataAdapter(sqlstr, con)
14. ds = New DataSet()
15. ada.Fill(ds, "產品資料表")
16. dg.DataSource = ds.Tables("產品資料表")
17. dg.AllowPaging = True
18. dg.PageSize = 10
19. dg.DataBind()
20. con.Close()
21. End Sub
22. Sub dg_cp(ByVal sender As Object, ByVal e As
    DataGridPageChangedEventArgs)
23. dg.CurrentPageIndex = e.NewPageIndex
24. dg.DataBind()
25. End Sub
26. </script>
27. <html>
28. <head id="Head1" runat="server">
29. <title>範例 ex9-3</title>
30. </head>
31. <body>
32. <form id="f1" runat="server">
33. <center>
34. <font size="6" color="blue" face="標楷體">
35. 使用 DataSet 物件開啟資料庫 <p> 並以 DataGrid 分頁顯示資料記錄與分頁樣式 </p>
36. </font>
37. <asp:DataGrid ID="dg" runat="server"  PagerStyle-PrevPageText="上一
    頁" PagerStyle-NextPageText="下一頁" OnPageIndexChanged="dg_cp"/>
38. </center>
39. </form>
40. </body>
41. </html>
```

程式說明

第 1 行：ASP.NET 程式的指引區間，告知 .NET 系統此網頁程式是以 Visual Basic 程式撰寫。

第 2 行：ASP.NET 程式的指引區間，為了要使用 ADO.NET 的資料庫物件與類別，所以要先載入名稱空間 system.data。

第 3 行：ASP.NET 程式的指引區間，為了要使用 ADO.NET 的資料庫物件與類別，所以要先載入名稱空間 system.data.oledb。

第 5~21 行：建立 page_load 副程式，即 page_load 事件程序，當 ASP.NET 網頁程式載入時觸發此事件程序。

第 6 行：宣告 str 與 sqlstr 變數，並設其資料型態為 String，在本程式中 str 要做為 Connection 物件的連線字串，sqlstr 則是做為 SQL 指令字串。

第 7 行：建立 Connection 物件的連線字串 str，因為要連結的資料庫為 Microsoft Office Access，所以 provider 參數設定為【microsoft.jet.oledb.4.0】，data source 參數則是指定要連結的 northwind.mdb 資料庫的所在位置，在本範例中，我們將 northwind.mdb 資料庫檔案放在與程式相同的資料夾中，所以在位置的設定中，不需要加上任何的路徑區隔。

第 8 行：建立 Connection 物件 con，並帶入連線字串 str。

第 9 行：以 con 物件的 open() 方法開啟 northwind.mdb 資料庫的連結。

第 10 行：建立 DataAdapter 物件要執行的 SQL 指令字串，在此我們設定 SQL 指令為【select * from 產品資料】，可將產品資料資料表中所有的資料記錄取出，並將指令設定在 sqlstr 字串變數中。

第 11 行：宣告 ada 變數為 DataAdapter 物件。

第 12 行：宣告 ds 變數為 DataSet 物件。

第 13 行：帶入 SQL 指令與 Connection 物件以建立 DataAdapter 物件。

第 14 行：建立 DataSet 物件。

第 15 行：使用 DataAdapter 物件的 Fill 方法，新增 DataSet 物件 ds 的【產品資料表】資料表。

第 16 行：設定 DataGrid 物件的【DataSource】屬性，即 DataGrid 物件的資料來源，在此設定為 DataSet 物件 ds 中的【產品資料表】資料表。

第 17 行：設定 DataGrid 物件的分頁功能啟動。

第 18 行：設定 DataGrid 物件分頁每頁要顯示的資料數目為 10 筆。

第 19 行：執行 DataGrid 物件的資料繫結。

第 20 行：以 con 物件的 Close() 方法關閉已開啟的 northwind.mdb 資料庫的連結。

第 22~25 行：建立 dg_cp 副程式，即 dg_cp 事件程序，當 DataGrid 物件設定分頁並按下分頁連結鈕時觸發此事件程序。

第 23 行：設定 DataGrid 物件目前顯示的分頁頁面，由 e 參數取得當時新的頁面索引值設定給當時 DataGrid 物件所在的頁面。

第 24 行：執行 DataGrid 物件的資料繫結。

第 37 行：建立 Web 伺服器控制項 DataGrid，並設定其 id 屬性為 dg，執行在伺服器端，並設定 DataGrid 物件要觸發的 PageIndexChanged 事件為【dg_cp】副程式，當按下 DataGrid 物件中得分頁連結鈕時，執行已宣告的 PageIndexChanged 事件副程式【dg_cp】，設定切換上一頁的連結鈕文字為【上一頁】，切換下一頁的連結鈕文字為【下一頁】。

執行結果

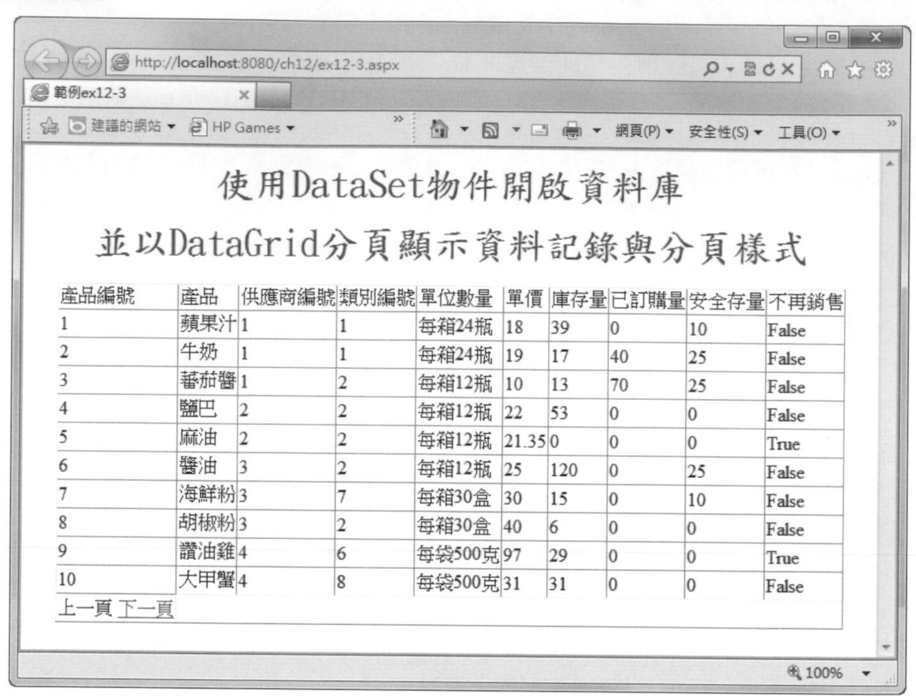

產品編號	產品	供應商編號	類別編號	單位數量	單價	庫存量	已訂購量	安全存量	不再銷售
1	蘋果汁	1	1	每箱24瓶	18	39	0	10	False
2	牛奶	1	1	每箱24瓶	19	17	40	25	False
3	蕃茄醬	1	2	每箱12瓶	10	13	70	25	False
4	鹽巴	2	2	每箱12瓶	22	53	0	0	False
5	麻油	2	2	每箱12瓶	21.35	0	0	0	True
6	醬油	3	2	每箱12瓶	25	120	0	25	False
7	海鮮粉	3	7	每箱30盒	30	15	0	10	False
8	胡椒粉	3	2	每箱30盒	40	6	0	0	False
9	讚油雞	4	6	每袋500克	97	29	0	0	True
10	大甲蟹	4	8	每袋500克	31	31	0	0	False

上一頁 下一頁

【圖12-4】

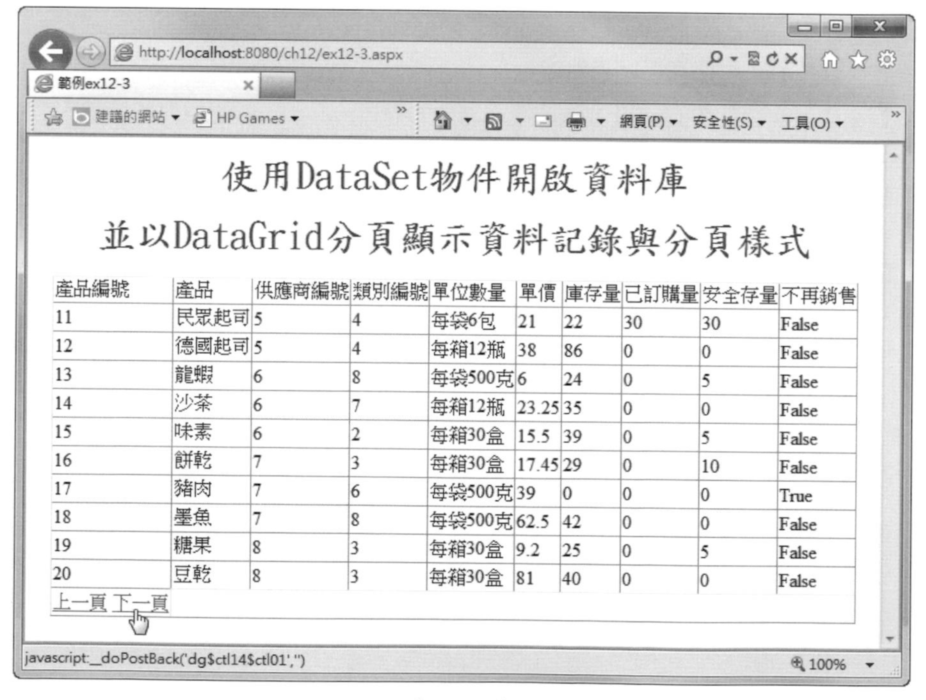

產品編號	產品	供應商編號	類別編號	單位數量	單價	庫存量	已訂購量	安全存量	不再銷售
11	民眾起司	5	4	每袋6包	21	22	30	30	False
12	德國起司	5	4	每箱12瓶	38	86	0	0	False
13	龍蝦	6	8	每袋500克	6	24	0	5	False
14	沙茶	6	7	每箱12瓶	23.25	35	0	0	False
15	味素	6	2	每箱30盒	15.5	39	0	5	False
16	餅乾	7	3	每箱30盒	17.45	29	0	10	False
17	豬肉	7	6	每袋500克	39	0	0	0	True
18	墨魚	7	8	每袋500克	62.5	42	0	0	False
19	糖果	8	3	每箱30盒	9.2	25	0	5	False
20	豆乾	8	3	每箱30盒	81	40	0	0	False

上一頁 下一頁

【圖12-5】

範例練習12-4 (完整程式碼在本書附的光碟中ch12\ex12-4.aspx)

建立 ASP.NET 程式，開啟並連結 db1 資料庫後，利用 DataSet 物件開啟【通訊錄】資料表，並使用 DataGrid 物件繫結 DataSet 開啟的資料表後，設定 DataGrid 物件以數字分頁顯示資料，並將結果顯示在網頁上。

程式碼

```
1.  <%@ Page Language="VB" %>
2.  <%@ Import Namespace="system.data" %>
3.  <%@ Import Namespace="system.data.oledb" %>
4.  <script language="vbscript" runat="server">
5.  Sub page_load(ByVal sender As Object, ByVal e As EventArgs)
6.  Dim str, sqlstr As String
7.  str = "provider=microsoft.jet.oledb.4.0;data source=" & Server.
    MapPath("db1.mdb")
8.  Dim con As OleDbConnection = New OleDbConnection(str)
9.  con.Open()
10. sqlstr = "select * from 通訊錄"
11. Dim ada As OleDbDataAdapter
12. Dim ds As DataSet
13. ada = New OleDbDataAdapter(sqlstr, con)
14. ds = New DataSet()
15. ada.Fill(ds, "通訊資料")
16. dg.DataSource = ds.Tables("通訊資料")
17. dg.AllowPaging = True
18. dg.PageSize = 5
19. dg.DataBind()
20. con.Close()
21. End Sub
22. Sub dg_cp(ByVal sender As Object, ByVal e As
    DataGridPageChangedEventArgs)
23. dg.CurrentPageIndex = e.NewPageIndex
24. dg.DataBind()
25. End Sub
26. </script>
27. <html>
28. <head id="Head1" runat="server">
29. <title>範例ex9-4</title>
30. </head>
31. <body>
32. <form id="f1" runat="server">
33. <center>
34. <font size="6" color="blue" face="標楷體">
35. 使用DataSet物件開啟資料庫<p>並以DataGrid數字分頁顯示資料記錄</p>
36. </font>
37. <asp:DataGrid ID="dg" runat="server"  PagerStyle-Mode="NumericPages"
    PagerStyle-Position="Bottom" OnPageIndexChanged="dg_cp"/>
```

```
38. </center>
39. </form>
40. </body>
41. </html>
```

程式說明

第 1 行：ASP.NET 程式的指引區間，告知 .NET 系統此網頁程式是以 Visual Basic 程式撰寫。

第 2 行：ASP.NET 程式的指引區間，為了要使用 ADO.NET 的資料庫物件與類別，所以要先載入名稱空間 system.data。

第 3 行：ASP.NET 程式的指引區間，為了要使用 ADO.NET 的資料庫物件與類別，所以要先載入名稱空間 system.data.oledb。

第 5~21 行：建立 page_load 副程式，即 page_load 事件程序，當 ASP.NET 網頁程式載入時觸發此事件程序。

第 6 行：宣告 str 與 sqlstr 變數，並設其資料型態為 String，在本程式中 str 要做為 Connection 物件的連線字串，sqlstr 則是做為 SQL 指令字串。

第 7 行：建立 Connection 物件的連線字串 str，因為要連結的資料庫為 Microsoft Office Access，所以 provider 參數設定為【microsoft.jet.oledb.4.0】，data source 參數則是指定要連結的 db1.mdb 資料庫的所在位置，在本範例中，我們將 db1.mdb 資料庫檔案放在與程式相同的資料夾中，所以在位置的設定中，不需要加上任何的路徑區隔。

第 8 行：建立 Connection 物件 con，並帶入連線字串 str。

第 9 行：以 con 物件的 open() 方法開啟 db1.mdb 資料庫的連結。

第 10 行：建立 DataAdapter 物件要執行的 SQL 指令字串，在此我們設定 SQL 指令為【select * from 通訊錄】，可將通訊錄資料表中所有的資料記錄取出，並將指令設定在 sqlstr 字串變數中。

第 11 行：宣告 ada 變數為 DataAdapter 物件。

第 12 行：宣告 ds 變數為 DataSet 物件。

第 13 行：帶入 SQL 指令與 Connection 物件以建立 DataAdapter 物件。

第 14 行：建立 DataSet 物件。

第 15 行：使用 DataAdapter 物件的 Fill 方法，新增 DataSet 物件 ds 的【通訊資料】資料表。

第 16 行：設定 DataGrid 物件的【DataSource】屬性，即 DataGrid 物件的資料來源，在此設定為 DataSet 物件 ds 中的【通訊資料】資料表。

第 17 行：設定 DataGrid 物件的分頁功能啟動。

第 18 行：設定 DataGrid 物件分頁每頁要顯示的資料數目為 5 筆。

第 19 行：執行 DataGrid 物件的資料繫結。

第 20 行：以 con 物件的 Close() 方法關閉已開啟的 db1.mdb 資料庫的連結。

第 22~25 行：建立 dg_cp 副程式，即 dg_cp 事件程序，當 DataGrid 物件設定分頁並按下分頁連結鈕時觸發此事件程序。

第 23 行：設定 DataGrid 物件目前顯示的分頁頁面，由 e 參數取得當時新的頁面索引值設定給當時 DataGrid 物件所在的頁面。

第 24 行：執行 DataGrid 物件的資料繫結。

第 37 行：建立 Web 伺服器控制項 DataGrid，並設定其 id 屬性為 dg，執行在伺服器端，並設定 DataGrid 物件要觸發的 PageIndexChanged 事件為【dg_cp】副程式，當按下 DataGrid 物件中得分頁連結鈕時，執行已宣告的 PageIndexChanged 事件副程式【dg_cp】，設定分頁區段以數字顯示並放在 DataGrid 物件的下方。

執行結果

使用DataSet物件開啟資料庫

並以DataGrid數字分頁顯示資料記錄

姓名	密碼	出生年月日	電話	地址	電子郵件
張添順	0332	1966/2/18 上午 12:00:00	02-23961111	台北市	abelch@ms.com
趙子丹	0256	1970/5/16 上午 12:00:00	03-3546547	桃園市	antonyc@dhl.com
李雲凡	6985	1965/7/31 上午 12:00:00	02-27213698	台北市	bennylee@akj.cmb.net
林曉晴	4848	1976/12/6 上午 12:00:00	06-6549832	台南縣	amylin@pop.net.tw
陳素雯	9632	1980/4/8 上午 12:00:00	07-8316954	高雄市	susanchen@ups.com
1 2 3 4 5 6 7					

【圖12-6】

使用DataSet物件開啟資料庫

並以DataGrid數字分頁顯示資料記錄

姓名	密碼	出生年月日	電話	地址	電子郵件
洪國傑	2311	1968/9/17 上午 12:00:00	04-6519632	台中縣	peterhung@yam.net.tw
廖信仁	2154	1979/1/6 上午 12:00:00	07-5871462	高雄市	rudyl@ghp.com
林慧心	9937	1976/2/21 上午 12:00:00	08-9418863	屏東縣	nancylin@php.asp.com
林伊莉	6688	1971/5/28 上午 12:00:00	02-29416673	新北市	wendylin@dhc.net
彭淑琪	5513	1975/11/16 上午 12:00:00	02-28937769	台北縣	tinapn@yahoo.com.tw
1 2 3 4 5 6 7					

【圖12-7】

12.2 使用DataReader物件分頁顯示資料記錄

當在網頁要顯示的資料有很多時，除了使用DataSet物件與DataGrid物件設定資料分頁顯示之外，我們也可以利用DataReader物件來設定資料的分頁顯示。要使用DataReader物件設定資料分頁的程序如下：

◆ 計算要顯示的資料表記錄數：

可建立Command物件、DataReader物件，使用SQL指令的【count】函數計算出資料表的紀錄總數，再利用DataReader物件的【GetValue()】方法取得資料記錄數。

◆ 利用Command物件執行SQL指令，取得紀錄內容後，再取得有資料表記錄的DataReader物件，計算目前分頁的起始記錄、結束記錄、最大頁數。

◆ 使用迴圈顯示資料表的紀錄，迴圈內使用條件式判斷是否達到開始記錄與判斷是否有欄位值。

◆ 建立要切換分頁的超連結，包含顯示頁碼的超連結、上一頁超連結、下一頁超連結。

範例練習12-5 (完整程式碼在本書附的光碟中ch12\ex12-5.aspx)

建立ASP.NET程式，開啟並連結morthwind資料庫後，利用DataReader物件顯示開啟的【產品資料】資料表，並設定DataReader物件以數字分頁顯示資料，並將結果顯示在網頁上。

程式碼

```
1.  <%@ Page Language="VB" %>
2.  <%@ Import Namespace="system.data" %>
3.  <%@ Import Namespace="system.data.oledb" %>
4.  <script language="vbscript" runat="server">
5.  Sub page_load(ByVal sender As Object, ByVal e As EventArgs)
6.  Dim str, sqlstr As String
7.  str = "provider=microsoft.jet.oledb.4.0;data source=" & Server.
    MapPath("northwind.mdb")
8.  Dim con As OleDbConnection = New OleDbConnection(str)
```

```
9.  con.Open()
10. sqlstr = "select count(*) from 產品資料"
11. Dim com As OleDbCommand = New OleDbCommand(sqlstr, con)
12. Dim red As OleDbDataReader
13. red = com.ExecuteReader
14. Dim pgnum, pgsize, URL As String
15. Dim fcount, i, pgno, cnt As Integer
16. Dim pagesize, startrec, stoprec, maxpgcnt, totalrec, ppgno, npgno
    As Integer
17. pgnum = Request.QueryString("pgnum")
18. If pgnum = "" Then
19. pgno = 1
20. Else
21. pgno = Convert.ToInt32(pgnum)
22. End If
23. pgsize = 10
24. If pgsize = "" Then
25. pagesize = 2
26. Else
27. pagesize = Convert.ToInt32(pgsize)
28. End If
29. red.Read()
30. totalrec = red.GetValue(0)
31. red.Close()
32. com.CommandText = "select * from 產品資料"
33. red = com.ExecuteReader()
34. fcount=red.FieldCount-1
35. If totalrec > 0 Then
36. startrec = pagesize * (pgno - 1) + 1
37. stoprec = startrec + pagesize - 1
38. maxpgcnt = totalrec \ pagesize
39. If (totalrec MOD pagesize) > 0 Then
40. maxpgcnt = maxpgcnt + 1
41. End If
42. Response.Write("<table border=1><tr>")
43. For i = 0 to fcount
44. Response.Write("<td><b>" & red.GetName(i) & "</b></td>")
45. Next
46. Response.Write("</tr>")
47. cnt = 0
48. Do While red.Read() AND cnt<stoprec
49. cnt = cnt + 1
50. If cnt >= startrec Then
51. Response.Write("<tr>")
52. For i = 0 to fcount
53. If red.IsDBNull(i) = False Then
54. Response.Write("<td valign=""top"">" & red.Item(i) & "</td>")
```

```
55. Else
56. Response.Write("<td>   </td>")
57. End If
58. Next
59. Response.Write("</tr>")
60. End If
61. Loop
62. Response.Write("</table>")
63. red.Close()
64. Response.Write("一共有" & totalrec & "筆<br>")
65. Response.Write("目前為第" & pgno & "頁/總共有" & maxpgcnt & "頁<br>")
66. For i = 1 To maxpgcnt
67. URL = "<a href='ex12-5.aspx?pgnum=" & i
68. URL &= "&pgsize=" & pagesize & "'>"
69. Response.Write(URL & i & "</a> ")
70. If i mod 10 = 0 Then Response.Write("<br>")
71. Next
72. ppgno = pgno - 1
73. If ppgno > 0 Then
74. URL = "<a href='ex12-5.aspx?pgnum=" & ppgno
75. URL &= "&pgsize=" & pagesize & "'>上一頁</a>"
76. Response.Write(URL & " ")
77. End If
78. npgno = pgno + 1
79. If npgno <= maxpgcnt Then
80. URL = "<a href='ex12-5.aspx?pgnum=" & npgno
81. URL &= "&pgsize=" & pagesize & "'>下一頁</a>"
82. Response.Write(URL & " ")
83. End If
84. End If
85. con.Close()
86. end sub
87. </script>
88. <html>
89. <head id="Head1" runat="server">
90. <title>範例ex9-5</title>
91. </head>
92. <body>
93. <form id="f1" runat="server">
94. <center>
95. <font size="6" color="blue" face="標楷體">
96. 使用DataReader物件顯示分頁資料記錄</p>
97. </font>
98. </center>
99. </form>
100.</body>
101.</html>
```

程式說明

第 1 行：ASP.NET 程式的指引區間，告知 .NET 系統此網頁程式是以 Visual Basic 程式撰寫。

第 2 行：ASP.NET 程式的指引區間，為了要使用 ADO.NET 的資料庫物件與類別，所以要先載入名稱空間 system.data。

第 3 行：ASP.NET 程式的指引區間，為了要使用 ADO.NET 的資料庫物件與類別，所以要先載入名稱空間 system.data.oledb。

第 5~86 行：建立 page_load 副程式，即 page_load 事件程序，當 ASP.NET 網頁程式載入時觸發此事件程序。

第 6 行：宣告 str 與 sqlstr 變數，並設其資料型態為 String，在本程式中 str 要做為 Connection 物件的連線字串，sqlstr 則是做為 SQL 指令字串。

第 7 行：建立 Connection 物件的連線字串 str，因為要連結的資料庫為 Microsoft Office Access，所以 provider 參數設定為【microsoft.jet.oledb.4.0】，data source 參數則是指定要連結的 northwind.mdb 資料庫的所在位置，在本範例中，我們將 northwind.mdb 資料庫檔案放在與程式相同的資料夾中，所以在位置的設定中，不需要加上任何的路徑區隔。

第 8 行：建立 Connection 物件 con，並帶入連線字串 str。

第 9 行：以 con 物件的 open() 方法開啟 northwind.mdb 資料庫的連結。

第 10 行：建立 Command 物件要執行的 SQL 指令字串，在此我們設定 SQL 指令為【select * from 產品資料】，可將通訊錄資料表中所有的資料記錄取出，並將指令設定在 sqlstr 字串變數中。

第 11 行：建立 Command 物件 com，並將 Command 物件所需的兩個參數，要執行的 SQL 指令 sqlstr 與 Connection 物件 con 帶入到 Command 物件中。

第 12 行：宣告 red 為 OleDbDataReader 類別物件變數。

第 13 行：執行 Command 物件的 ExecuteReader() 方法，以建立 DataReader 物件 red，此時 SQL 指令執行後的結果資料表已經產生，存放在 DataReader 物件中。

第 14 行：宣告 pgnum、pgsize、URL 變數，並設其資料型態為 String，在本程式中 pgnum 要做為資料分頁顯示的各頁數，pgsize 是做為每一個分頁要顯示的資料數，URL 則是切換分頁的超連結。

第 15~16 行：分別宣告程式中所需要的變數。

第 17 行：取得分頁頁數值儲存至 pgnum 變數。

第 18~22 行：If 條件式，用來設定頁數。

第 23 行：設定分頁每頁要顯示的資料為 10 筆。

第 24~28 行：If 條件式，設定分頁大小。

第 29 行：執行 DataReader 物件的 read 方法，讀取資料記錄，一次讀取一筆。

第 30 行：取得記錄數儲存到變數 totalrec 中。

第 31 行：以 DataReader 物件的 Close() 方法關閉已開啟的 DataReader 物件。

第 32 行：建立 Command 物件要執行的 SQL 指令字串，在此我們設定 SQL 指令為【select * from 產品資料】，可將【產品資料】資料表中所有的資料取出，並將指令設定在 sqlstr 字串變數中。

第 33 行：執行 Command 物件的 ExecuteReader() 方法，以建立 DataReader 物件 red，此時 SQL 指令執行後的結果資料表已經產生，存放在 DataReader 物件中。

第 34 行：取得 DataReader 物件的欄位總數減 1 後儲存到變數 fcount 中。

第 36~41 行：計算目前分頁的開始與結束記錄及最大頁數。

第 42~62 行：利用迴圈取出欄位值並以表格輸出。

第 48~61 行：使用迴圈顯示資料表的資料記錄，其中變數 cnt 式計算顯示的筆數，If 條件式則是用來判斷是否達到開始記錄，並利用 DataReader 物件的 IsDBNull() 方法判斷是否有欄位值。

第 63 行：以 DataReader 物件的 Close() 方法關閉已開啟的 DataReader 物件。

第 66~71 行：以迴圈建立分頁頁碼的超連結。

第 72~77 行：以條件式建立上一頁的超連結文字。

第 78~84 行：以條件式建立下一頁的超連結文字。

第 85 行：以 con 物件的 Close() 方法關閉已開啟的 northwind.mdb 資料庫的連結。

執行結果

產品編號	產品	供應商編號	類別編號	單位數量	單價	庫存量	已訂購量	安全存量	不再銷售
1	蘋果汁	1	1	每箱24瓶	18	39	0	10	False
2	牛奶	1	1	每箱24瓶	19	17	40	25	False
3	蕃茄醬	1	2	每箱12瓶	10	13	70	25	False
4	鹽巴	2	2	每箱12瓶	22	53	0	0	False
5	麻油	2	2	每箱12瓶	21.35	0	0	0	True
6	醬油	3	2	每箱12瓶	25	120	0	25	False
7	海鮮粉	3	7	每箱30盒	30	15	0	10	False
8	胡椒粉	3	2	每箱30盒	40	6	0	0	False
9	讚油雞	4	6	每袋500克	97	29	0	0	True
10	大甲蟹	4	8	每袋500克	31	31	0	0	False

一共有77筆
目前為第1頁/總共有8頁
1 2 3 4 5 6 7 8 下一頁

使用DataReader物件顯示分頁資料記錄

【圖12-8】

產品編號	產品	供應商編號	類別編號	單位數量	單價	庫存量	已訂購量	安全存量	不再銷售
51	豬肉乾	24	7	每箱24包	53	20	0	10	False
52	三合一麥片	24	5	每箱24包	7	38	0	25	False
53	鹽水鴨	24	6	每袋3公斤	32.8	0	0	0	True
54	雞肉	25	6	每袋3公斤	7.45	21	0	10	False
55	鴨肉	25	6	每袋3公斤	24	115	0	20	False
56	白米	26	5	每袋3公斤	38	21	10	30	False
57	小米	26	5	每袋3公斤	19.5	36	0	20	False
58	花枝	27	8	每袋3公斤	13.25	62	0	20	False
59	蘇澳起司	28	4	每箱24瓶	55	79	0	0	False
60	花起司	28	4	每箱24瓶	34	19	0	0	False

一共有77筆
目前為第6頁/總共有8頁
1 2 3 4 5 6 7 8 上一頁 下一頁

【圖12-9】

12.3 網頁資料庫的更新

一般網頁資料庫的更新，可以使用ASP.NET的Web伺服器控制項製作網頁表單，再搭配Connection物件、Command物件，利用SQL資料庫操作的指令字串語法【Update】，就可以操作資料庫的更新。

範例練習12-6 （完整程式碼在本書附的光碟中ch12\ex12-6.aspx）

建立 ASP.NET 程式，開啟並連結 db1 資料庫後，利用網頁表單更新資料庫中的資料記錄。

程式碼

```
1.  <%@ Page Language="VB" %>
2.  <%@ Import Namespace="system.data" %>
3.  <%@ Import Namespace="system.data.oledb" %>
4.  <script language="vbscript" runat="server">
5.  Sub page_load(ByVal sender As Object, ByVal e As EventArgs)
6.  If Page.IsPostBack Then
7.  Dim str, sqlupd As String
8.  str = "provider=microsoft.jet.oledb.4.0;data source=" & Server.
    MapPath("db1.mdb")
9.  Dim con As OleDbConnection = New OleDbConnection(str)
10. con.Open()
11. sqlupd = "update 通訊錄 set" & " 密碼='" & pass.Text & "'," &
    "地址='" & add.Text & "'" & " where 姓名='" & name.Text & "'"
12. Dim com As OleDbCommand = New OleDbCommand(sqlupd, con)
13. Dim count As Integer
14. count = com.ExecuteNonQuery()
15. a1.Text = "已更新姓名 [ " & name.Text & " ] 的記錄數：" & count
16. con.Close()
17. End If
18. End Sub
19. </script>
20. <html>
21. <head id="Head1" runat="server">
22. <title>範例 ex9-6</title>
23. </head>
24. <body>
25. <form id="f1" runat="server">
26. 姓名：<asp:TextBox Id="name" Width="100px" Runat="server"/><hr>
27. 密碼：<asp:TextBox Id="pass" Width="100px" Runat="server"/><br>
28. 地址：<asp:TextBox Id="add" Width="100px" Runat="server"/><p>
29. <asp:Button id="b1" Text="更新" Runat="server"/><p>
30. <asp:Label id="a1" ForeColor="red" Runat="server"/>
31. </form>
32. </body>
33. </html>
```

程式說明

第 1 行：ASP.NET 程式的指引區間，告知 .NET 系統此網頁程式是以 Visual Basic 程式撰寫。

第 2 行：ASP.NET 程式的指引區間，為了要使用 ADO.NET 的資料庫物件與類別，所以要先載入名稱空間 system.data。

第 3 行：ASP.NET 程式的指引區間，為了要使用 ADO.NET 的資料庫物件與類別，所以要先載入名稱空間 system.data.oledb。

第 4 行：宣告 script 程式碼的種類為 vbscript，並執行在 server 端。

第 5~18 行：建立 page_load 副程式，即 page_load 事件程序，當 ASP.NET 網頁程式載入時觸發此事件程序。

第 6~17 行：建立 If 條件式，條件式為 Page 物件執行其 IsPostBack 屬性，判斷網頁是否是第一次載入，若網頁是第一次載入執行，則會取得 False 值，否則會得到 True 值，就是條件成立，執行 If 區間的敘述式。

第 7 行：If 區間的敘述式，宣告 str 與 sqlupd 變數，並設其資料型態為 String，在本程式中 str 要做為 Connection 物件的連線字串，sqlupd 則是做為 SQL 指令字串。

第 8 行：If 區間的敘述式，建立 Connection 物件的連線字串 str，因為要連結的資料庫為 Microsoft Office Access，所以 provider 參數設定為【microsoft.jet.oledb.4.0】，data source 參數則是指定要連結的 db1.mdb 資料庫的所在位置，在本範例中，我們將 db1.mdb 資料庫檔案放在與程式相同的資料夾中，所以在位置的設定中，不需要加上任何的路徑區隔。

第 9 行：If 區間的敘述式，建立 Connection 物件 con，並帶入連線字串 str。

第 10 行：If 區間的敘述式，以 con 物件的 open() 方法開啟 db1.mdb 資料庫的連結。

第 11 行：If 區間的敘述式，建立 Command 物件要執行的 SQL 指令字串，在此我們設定 SQL 指令為【update 通訊錄 set" & " 密碼 ='" & pass.Text & "'," & " 地址 ='" & add.Text & "'" & " where 姓名 ='" & name.Text & "'】，可輸入姓名當作更新條件，更新通訊錄資料表中該姓名的密碼欄與地址欄的資料記錄。

第 12 行：建立 Command 物件 com，並將 Command 物件所需的兩個參數，要執行的 SQL 指令 sqlupd 與 Connection 物件 con 帶入到 Command 物件中。

第 13 行：宣告 count 變數，並設其資料型態為 Integer。

第 14 行：執行 Command 物件的 ExecuteNonQuery() 方法，取得 Connection 物件連結的資料庫執行 SQL 指令後，受變更的資料列數。

第 15 行：將姓名欄文字方塊控制項中的文字與變更的資料記錄筆數設定為標籤控制項 a1 要顯示的文字。

第 16 行：以 con 物件的 Close() 方法關閉已開啟的 db1.mdb 資料庫的連結。

第 26 行：建立 ASP.NET 的 Web 伺服器控制項，文字方塊 TextBox，並設定其 id 屬性為 name，寬度為 100px，並執行在 Server 端。

第 27 行：建立 ASP.NET 的 Web 伺服器控制項，文字方塊 TextBox，並設定其 id 屬性為 pass，寬度為 100px，並執行在 Server 端。

第 28 行：建立 ASP.NET 的 Web 伺服器控制項，文字方塊 TextBox，並設定其 id 屬性為 add，寬度為 100px，並執行在 Server 端。

第 29 行：建立 ASP.NET 的 Web 伺服器控制項，按鈕 Button，並設定其 id 屬性為 b1，按鈕顯示的文字為【更新】，並執行在 Server 端。

第 30 行：建立 ASP.NET 的 Web 伺服器控制項，標籤 Label，並設定其 id 屬性為 a1，標籤顯示的文字為紅色，並執行在 Server 端。

執行結果

資料更新前：

姓名	密	出生年月	電話	地址	電子郵件
張添順	0332	1966/2/18	02-23961111	台北市	abelch@ms.com
趙子丹	0256	1970/5/16	03-3546547	桃園市	antonyc@dhl.com
李雲凡	6985	1965/7/31	02-27213698	台北市	bennylee@akj.cmb.net
林曉晴	4848	1976/12/6	06-6549832	台南縣	amylin@pop.net.tw
陳素雯	9632	1980/4/8	07-8316954	高雄市	susanchen@ups.com
楊子萱	6895	1960/5/15	02-25586987	台北市	alicey@fud.phd.net

【圖12-10】

http://localhost:8080/ch12/ex12-6.aspx
範例ex12-6
建議的網站
HP Games
網頁(P)
安全性(S)
工具(O)
姓名：
密碼：
地址：
更新
100%

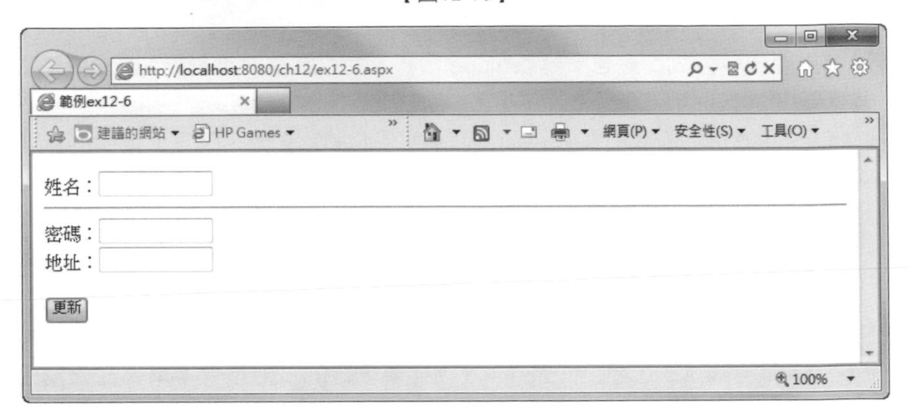

【圖12-11】

http://localhost:8080/ch12/ex12-6.aspx
範例ex12-6
建議的網站
HP Games
網頁(P)
安全性(S)
工具(O)
姓名：趙子丹
密碼：0128
地址：中壢市
更新
已更新姓名 [趙子丹] 的記錄數: 1
http://localhost:8080/ch12/ex12-6.aspx
100%

【圖12-12】

資料更新後：

姓名	密	出生年月	電話	地址	電子郵件
張添順	0332	1966/2/18	02-23961111	台北市	abelch@ms.com
趙子丹	0128	1970/5/16	03-3546547	中壢市	antonyc@dhl.com
李雲凡	6985	1965/7/31	02-27213698	台北市	bennylee@akj.cmb.net
林曉晴	4848	1976/12/6	06-6549832	台南縣	amylin@pop.net.tw
陳素雯	9632	1980/4/8	07-8316954	高雄市	susanchen@ups.com
楊子萱	6895	1960/5/15	02-25586987	台北市	alicey@fud.phd.net

【圖12-13】

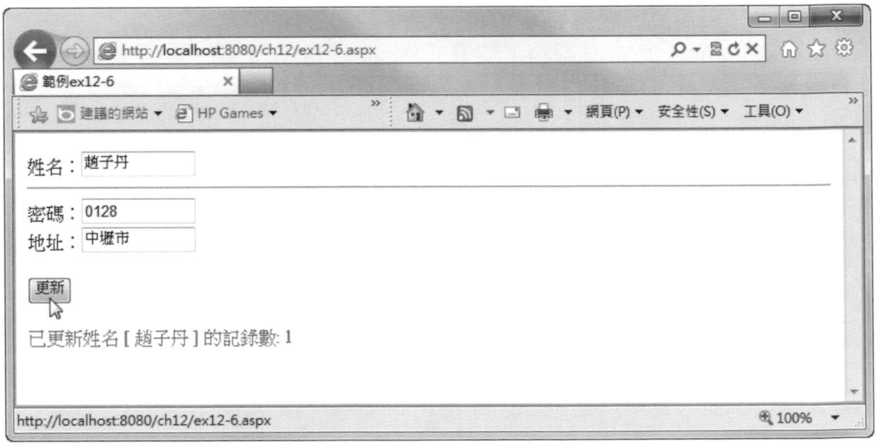

12.4 CommandBuilder物件更新資料庫

在先前我們提到過DataSet物件式資料庫操作的基本元件，DataSet物件的使用是先將資料庫存放在記憶體中，以記憶體中的DataTable物件來新增、刪除、更新資料記錄，再以DataAdapter物件與CommandBuilder物件去更新資料表的資料記錄。

CommandBuilder物件可以當DataSet物件修改資料記錄後，自動建立資料表來更新Command物件的SQL指令字串。以此特性，即使設計者不懂SQL語法，也可以更新網頁上的資料表。

在使用CommandBuilder物件更新資料表之前，DataAdapter物件會自動檢查CommandBuilder物件，CommandBuilder物件會依照DataSet物件的更新狀態，自動建立屬於DataAdapter物件的四個屬性【SelectCommand】(查詢)、【InsertCommand】(插入)、【DeleteCommand】(刪除)、【UpdateCommand】(更新)的Command物件，藉以執行SQL指令來更新紀錄。

CommandBuilder物件的建立格式如下：

```
Dim CommandBuilder物件名稱 As OleDbCommandBuilder = New OleDbCommandBuilder
(DataAdapter 物件 )
```

當利用CommandBuilder物件建立SQL指令後，還需要以DataAdapter物件執行【Update()】方法來更新資料表中的資料記錄，更新後會有一個傳回值，是更新的紀錄數目。

```
Dim 變數名稱 As Integer
變數名稱 = DataAdapter 物件 .Updata(DataSet 物件 , "資料表名稱 ")
```

範例練習12-7 (完整程式碼在本書附的光碟中ch12\ex12-7.aspx)

建立ASP.NET程式，開啟並連結db1資料庫後，利用DataSet物件與Commanduilder物件更新資料庫中的資料記錄。

程式碼

```
1.  <%@ Page Language="VB" %>
2.  <%@ Import Namespace="system.data" %>
```

```
3.  <%@ Import Namespace="system.data.oledb" %>
4.  <script language="vbscript" runat="server">
5.  Sub page_load(ByVal sender As Object, ByVal e As EventArgs)
6.  If Page.IsPostBack Then
7.  Dim str, sqlstr As String
8.  str = "provider=microsoft.jet.oledb.4.0;data source=" & Server.
    MapPath("db1.mdb")
9.  Dim con As OleDbConnection = New OleDbConnection(str)
10. con.Open()
11. sqlstr = "select * from 通訊錄"
12. Dim ada As OleDbDataAdapter = New OleDbDataAdapter(sqlstr, con)
13. Dim combld As OleDbCommandBuilder = New OleDbCommandBuilder(ada)
14. Dim ds As DataSet = New DataSet()
15. ada.Fill(ds, "通訊資料")
16. Dim dr As DataRow
17. For Each dr In ds.Tables("通訊資料").Rows
18. If dr("姓名") = name.Text Then
19. dr("密碼") = pass.Text
20. dr("地址") = add.Text
21. End If
22. Next
23. Dim count As Integer
24. count = ada.Update(ds, "通訊資料")
25. a1.Text = "已更新姓名 [ " & name.Text & " ] 的記錄數: " & count
26. con.Close()
27. End If
28. End Sub
29. </script>
30. <html>
31. <head id="Head1" runat="server">
32. <title>範例 ex9-7</title>
33. </head>
34. <body>
35. <form id="f1" runat="server">
36. 姓名:<asp:TextBox Id="name" Width="100px" Runat="server"/><hr>
37. 密碼:<asp:TextBox Id="pass" Width="100px" Runat="server"/><br>
38. 地址:<asp:TextBox Id="add" Width="100px" Runat="server"/><p>
39. <asp:Button id="b1" Text="更新" Runat="server"/><p>
40. <asp:Label id="a1" ForeColor="red" Runat="server"/>
41. </form>
42. </body>
43. </html>
```

程式說明

第 1 行：ASP.NET 程式的指引區間，告知 .NET 系統此網頁程式是以 Visual Basic 程式撰寫。

第 2 行：ASP.NET 程式的指引區間，為了要使用 ADO.NET 的資料庫物件與類別，所以要先載入名稱空間 system.data。

第 3 行：ASP.NET 程式的指引區間，為了要使用 ADO.NET 的資料庫物件與類別，所以要先載入名稱空間 system.data.oledb。

第 4 行：宣告 script 程式碼的種類為 vbscript，並執行在 server 端。

第 5~28 行：建立 page_load 副程式，即 page_load 事件程序，當 ASP.NET 網頁程式載入時觸發此事件程序。

第 6~27 行：建立 If 條件式，條件式為 Page 物件執行其 IsPostBack 屬性，判斷網頁是否是第一次載入，若網頁是第一次載入執行，則會取得 False 值，否則會得到 True 值，就是條件成立，執行 If 區間的敘述式。

第 7 行：If 區間的敘述式，宣告 str 與 sqlstr 變數，並設其資料型態為 String，在本程式中 str 要做為 Connection 物件的連線字串，sqlstr 則是做為 SQL 指令字串。

第 8 行：If 區間的敘述式，建立 Connection 物件的連線字串 str，因為要連結的資料庫為 Microsoft Office Access，所以 provider 參數設定為【microsoft.jet.oledb.4.0】，data source 參數則是指定要連結的 db1.mdb 資料庫的所在位置，在本範例中，我們將 db1.mdb 資料庫檔案放在與程式相同的資料夾中，所以在位置的設定中，不需要加上任何的路徑區隔。

第 9 行：If 區間的敘述式，建立 Connection 物件 con，並帶入連線字串 str。

第 10 行：If 區間的敘述式，以 con 物件的 open() 方法開啟 db1.mdb 資料庫的連結。

第 11 行：If 區間的敘述式，建立 DataAdapter 物件要執行的 SQL 指令字串，在此我們設定 SQL 指令為【select * from 通訊錄】，可將通訊錄資料表中所有的資料取出，並將指令設定在 sqlstr 字串變數中。

第 12 行：If 區間的敘述式，宣告 ada 變數為 DataAdapter 物件，並帶入 SQL 指令字串與 Connection 物件以建立 DataAdapter 物件。

第 13 行：If 區間的敘述式，宣告 combld 變數為 CommandBuilder 物件，並帶入 DataAdapter 物件以建立 CommandBuilder 物件。

第 14 行：If 區間的敘述式，宣告 ds 變數為 DataSet 物件並建立 DataSet 物件。

第 15 行：If 區間的敘述式，使用 DataAdapter 物件的 Fill 方法，新增 DataSet 物件 ds 的【通訊資料】資料表。

第 16 行：宣告 dr 變數為 DataRow 物件變數。

第 17~22 行：利用 For~Each 迴圈取得 DataTable 物件的每一筆 DataRow 物件，DataRow 物件在這裡就是資料表中的一筆記錄。

第 18~20 行：If 條件式，設定條件為當 Web 伺服器控制項的文字方塊 name 欄位中輸入的文字設定為資料表中的【姓名】欄位時，就執行將 Web 伺服器控制項的文字方塊 pass 欄位中輸入的文字，設定給資料表中的【密碼】欄位，將 Web 伺服器控制項的文字方塊 add 欄位中輸入的文字，設定給資料表中的【地址】欄位。

第 23 行：宣告 count 變數，並設其資料型態為 Integer。

第 24 行：以 DataAdapter 物件執行【Update()】方法來更新 DataSet 物件中的【通訊資料】資料表中的資料記錄，更新後會有一個傳回值，是更新的紀錄數目，將傳回值設定給 count 變數。

第 25 行：將已更新的資料記錄的姓名與資料數目設定為 a1 標籤控制項要顯示的文字。

第 26 行：以 con 物件的 Close() 方法關閉已開啟的 db1.mdb 資料庫的連結。

第 36 行：建立 ASP.NET 的 Web 伺服器控制項，文字方塊 TextBox，並設定其 id 屬性為 name，寬度為 100px，並執行在 Server 端。

第 37 行：建立 ASP.NET 的 Web 伺服器控制項，文字方塊 TextBox，並設定其 id 屬性為 pass，寬度為 100px，並執行在 Server 端。

第 38 行：建立 ASP.NET 的 Web 伺服器控制項，文字方塊 TextBox，並設定其 id 屬性為 add，寬度為 100px，並執行在 Server 端。

第 39 行：建立 ASP.NET 的 Web 伺服器控制項，按鈕 Button，並設定其 id 屬性為 b1，按鈕顯示的文字為【更新】，並執行在 Server 端。

第 40 行：建立 ASP.NET 的 Web 伺服器控制項，標籤 Label，並設定其 id 屬性為 a1，標籤顯示的文字為紅色，並執行在 Server 端。

執行結果

資料更新前：

姓名	密碼	出生年月日	電話	地址	電子郵件	新增欄位
王玉芬	8777	1979/7/7	02-26895412	台北縣	helenwang@tpi.net.tw	
江榮標	5321	1958/7/1	04-6322541	台中縣	andyj@pop.net.tw	
何嘉蓉	6633	1973/6/25	06-2513654	台南市	sallyho@tpts1.sd.net.tw	
吳秀玲	1766	1966/2/2	07-23812525	高雄市	carolwu@kao.net.tw	
李宇珍	8671	1961/8/22	07-27716846	高雄縣	bettylee@ms.com	
李雲凡	6985	1965/7/31	02-27213698	台北市	bennylee@akj.cmb.net	
李耀安	5577	1965/6/10	02-27115678	台北市	franklee@ms100.hinet.net	
周文輝	3009	1977/10/10	03-2356981	桃園市	gerrych@yahoo.com.tw	
林伊莉	7782	1971/5/28	02-29416673	台北縣	wendylin@dhc.net	
林慧心	9937	1976/2/21	08-9418863	屏東縣	nancylin@php.asp.com	
林曉晴	4848	1976/12/6	06-6549832	台南縣	amylin@pop.net.tw	
洪國傑	2311	1968/9/17	04-6519632	台中縣	peterhung@yam.net.tw	

【圖12-14】

【圖12-15】

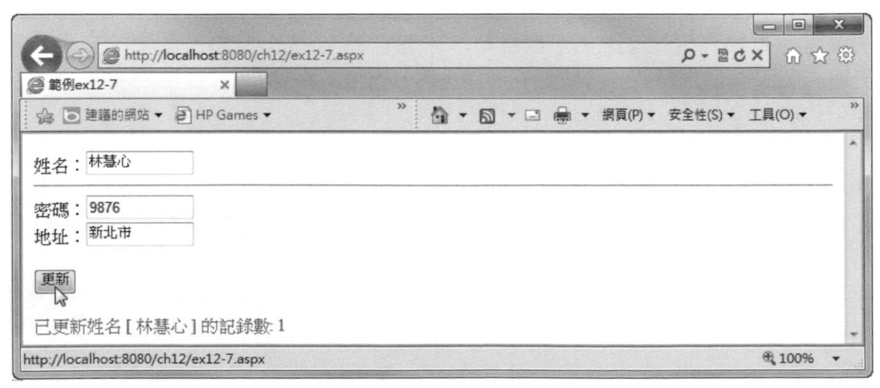

【圖12-16】

資料更新後：

姓名	密碼	出生年月日	電話	地址	電子郵件	新增欄位
王玉芬	8777	1979/7/7	02-26895412	台北縣	helenwang@tpi.net.tw	
江榮標	5321	1958/7/1	04-6322541	台中縣	andyj@pop.net.tw	
何嘉蓉	6633	1973/6/25	06-2513654	台南市	sallyho@tpts1.sd.net.tw	
吳秀玲	1766	1966/2/2	07-23812525	高雄市	carolwu@kao.net.tw	
李宇珍	8671	1961/8/22	07-27716846	高雄縣	bettylee@ms.com	
李雲凡	6985	1965/7/31	02-27213698	台北市	bennylee@akj.cmb.net	
李耀安	5577	1965/6/10	02-27115678	台北市	franklee@ms100.hinet.net	
周文輝	3009	1977/10/10	03-2356981	桃園市	gerrych@yahoo.com.tw	
林伊莉	7782	1971/5/28	02-29416673	台北縣	wendylin@dhc.net	
林慧心	9876	1976/2/21	08-9418863	新北市	nancylin@php.asp.com	
林曉晴	4848	1976/12/6	06-6549832	台南縣	amylin@pop.net.tw	
洪國傑	2311	1968/9/17	04-6519632	台中縣	peterhung@yam.net.tw	

【圖12-17】

重點提示 在做資料更新時，如果出現無法更新的現象，並顯示以下的訊息：

【不會傳回任何重要資料行資訊的SelectCommand不支援UpdateCommand動態SQL的產生。】

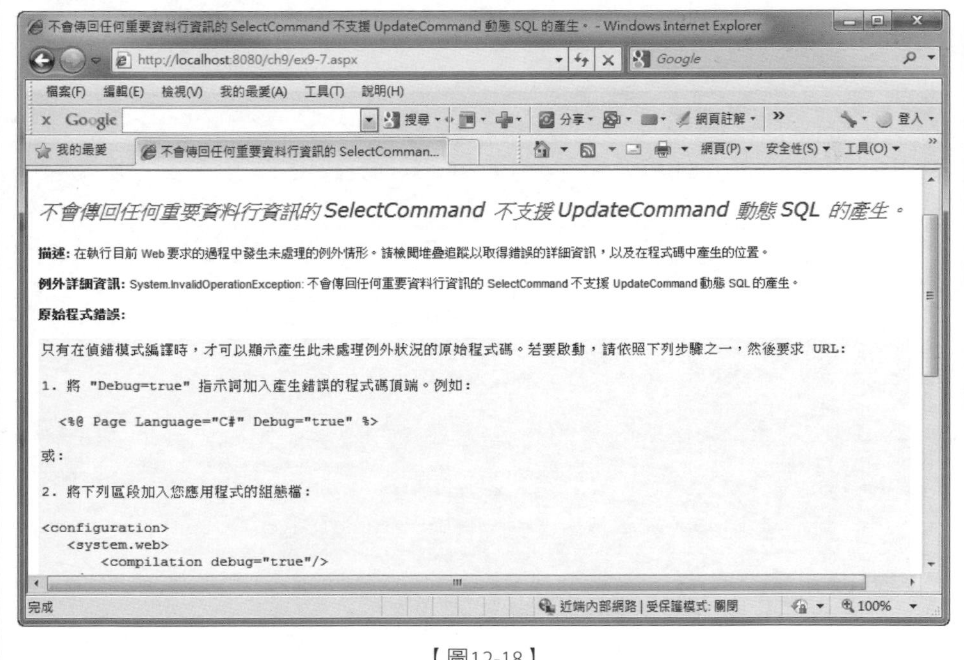

【圖12-18】

代表資料無法更新，其原因是原始資料表沒有設定【主索引】。
解決方式很簡單，請直接將原始資料表設定【主索引】即可。

12.5 網頁資料庫的新增

網頁資料庫的新增資料，一樣可以使用ASP.NET的Web伺服器控制項製作網頁表單，再搭配Connection物件、Command物件，加上SQL資料庫操作的指令字串語法【Insert】，便可以操作資料庫的新增資料。

範例練習12-8 (完整程式碼在本書附的光碟中ch12\ex12-8.aspx)

建立 ASP.NET 程式，開啟並連結 db1 資料庫後，利用網頁表單新增資料庫中的資料記錄。

程式碼

```
1.  <%@ Page Language="VB" %>
2.  <%@ Import Namespace="system.data" %>
3.  <%@ Import Namespace="system.data.oledb" %>
4.  <script language="vbscript" runat="server">
5.  Sub page_load(ByVal sender As Object, ByVal e As EventArgs)
6.  If Page.IsPostBack Then
7.  Dim str, sqlupd As String
8.  str = "provider=microsoft.jet.oledb.4.0;data source=" & Server.
    MapPath("db1.mdb")
9.  Dim con As OleDbConnection = New OleDbConnection(str)
10. con.Open()
11. sqlupd = "insert into 通訊錄(姓名,密碼,出生年月日,電話,地址,電子郵件)"
    & "values('" & name.Text & "','" & pass.Text & "',#" & birth.Text &
    "#,'" & tel.Text & "','" & address.Text & "','" & email.Text & "')"
12. Dim com As OleDbCommand = New OleDbCommand(sqlupd, con)
13. Dim count As Integer
14. count = com.ExecuteNonQuery()
15. If count = 1 Then
16. a1.Text = "資料新增成功！"
17. Else
18. a1.Text = "資料新增失敗！"
19. End If
20. con.Close()
21. End If
22. End Sub
23. </script>
24. <html>
25. <head id="Head1" runat="server">
26. <title>範例 ex9-8</title>
27. </head>
```

```
28. <body>
29. <form id="f1" runat="server">
30. 姓名：<asp:TextBox Id="name" Width="100px" Runat="server"/><br />
31. 密碼：<asp:TextBox Id="pass" Width="100px" Runat="server"/><br />
32. 出生年月日：<asp:TextBox Id="birth" Width="100px" Runat="server"/><br />
33. 電話：<asp:TextBox Id="tel" Width="100px" Runat="server"/><br />
34. 地址：<asp:TextBox Id="address" Width="100px" Runat="server"/><br />
35. 電子郵件：<asp:TextBox Id="email" Width="100px" Runat="server"/><p>
36. <asp:Button id="b1" Text=" 新增資料 " Runat="server"/><br />
37. <asp:Label id="a1" ForeColor="red" Runat="server"/></p>
38. </form>
39. </body>
40. </html>
```

程式說明

第 1 行：ASP.NET 程式的指引區間，告知 .NET 系統此網頁程式是以 Visual Basic 程式撰寫。

第 2 行：ASP.NET 程式的指引區間，為了要使用 ADO.NET 的資料庫物件與類別，所以要先載入名稱空間 system.data。

第 3 行：ASP.NET 程式的指引區間，為了要使用 ADO.NET 的資料庫物件與類別，所以要先載入名稱空間 system.data.oledb。

第 4 行：宣告 script 程式碼的種類為 vbscript，並執行在 server 端。

第 5~22 行：建立 page_load 副程式，即 page_load 事件程序，當 ASP.NET 網頁程式載入時觸發此事件程序。

第 6~21 行：建立 If 條件式，條件式為 Page 物件執行其 IsPostBack 屬性，判斷網頁是否是第一次載入，若網頁是第一次載入執行，則會取得 False 值，否則會得到 True 值，就是條件成立，執行 If 區間的敘述式。

第 7 行：If 區間的敘述式，宣告 str 與 sqlupd 變數，並設其資料型態為 String，在本程式中 str 要做為 Connection 物件的連線字串，sqlupd 則是做為 SQL 指令字串。

第 8 行：If 區間的敘述式，建立 Connection 物件的連線字串 str，因為要連結的資料庫為 Microsoft Office Access，所以 provider 參數設定為【microsoft.jet.oledb.4.0】，data source 參數則是指定要連結的 db1.mdb 資料庫的所在位置，在本範例中，我們將 db1.mdb 資料庫檔案放在與程式相同的資料夾中，所以在位置的設定中，不需要加上任何的路徑區隔。

第 9 行：If 區間的敘述式，建立 Connection 物件 con，並帶入連線字串 str。

第 10 行：If 區間的敘述式，以 con 物件的 open() 方法開啟 db1.mdb 資料庫的連結。

第 11 行：If 區間的敘述式，建立 Command 物件要執行的 SQL 指令字串，在此我們設定 SQL 指令為【insert into 通訊錄 (姓名 , 密碼 , 出生年月日 , 電話 , 地址 , 電子郵件)" & "values('" & name.Text & "','" & pass.Text & "',#" & birth.Text & "#,'" & tel.Text & "','" & address.Text & "','" & email.Text & "')】，可新增（插入）【通訊錄】資料表中的各欄位資料。

第 12 行：建立 Command 物件 com，並將 Command 物件所需的兩個參數，要執行的 SQL 指令 sqlupd 與 Connection 物件 con 帶入到 Command 物件中。

第 13 行：宣告 count 變數，並設其資料型態為 Integer。

第 14 行：執行 Command 物件的 ExecuteNonQuery() 方法，取得 Connection 物件連結的資料庫執行 SQL 指令後，受變更的資料列數。

第 15~19 行：If 條件式，設定條件為當資料表中受變更的資料列數為 1 時，即有資料被新增，就執行條件成立的敘述式，使 a1 標籤控制項顯示【資料新增成功！】。若是受變更的資料列數不為 1 時，即沒有資料被新增，則 a1 標籤控制項顯示【資料新增失敗！】。

第 20 行：以 con 物件的 Close() 方法關閉已開啟的 db1.mdb 資料庫的連結。

第 30 行：建立 ASP.NET 的 Web 伺服器控制項，文字方塊 TextBox，並設定其 id 屬性為 name，寬度為 100px，並執行在 Server 端。

第 31 行：建立 ASP.NET 的 Web 伺服器控制項，文字方塊 TextBox，並設定其 id 屬性為 pass，寬度為 100px，並執行在 Server 端。

第 32 行：建立 ASP.NET 的 Web 伺服器控制項，文字方塊 TextBox，並設定其 id 屬性為 birth，寬度為 100px，並執行在 Server 端。

第 33 行：建立 ASP.NET 的 Web 伺服器控制項，文字方塊 TextBox，並設定其 id 屬性為 tel，寬度為 100px，並執行在 Server 端。

第 34 行：建立 ASP.NET 的 Web 伺服器控制項，文字方塊 TextBox，並設定其 id 屬性為 address，寬度為 100px，並執行在 Server 端。

第 35 行：建立 ASP.NET 的 Web 伺服器控制項，文字方塊 TextBox，並設定其 id 屬性為 email，寬度為 100px，並執行在 Server 端。

第 36 行：建立 ASP.NET 的 Web 伺服器控制項，按鈕 Button，並設定其 id 屬性為 b1，按鈕顯示的文字為【新增資料】，並執行在 Server 端。

第 37 行：建立 ASP.NET 的 Web 伺服器控制項，標籤 Label，並設定其 id 屬性為 a1，標籤顯示的文字為紅色，並執行在 Server 端。

執行結果

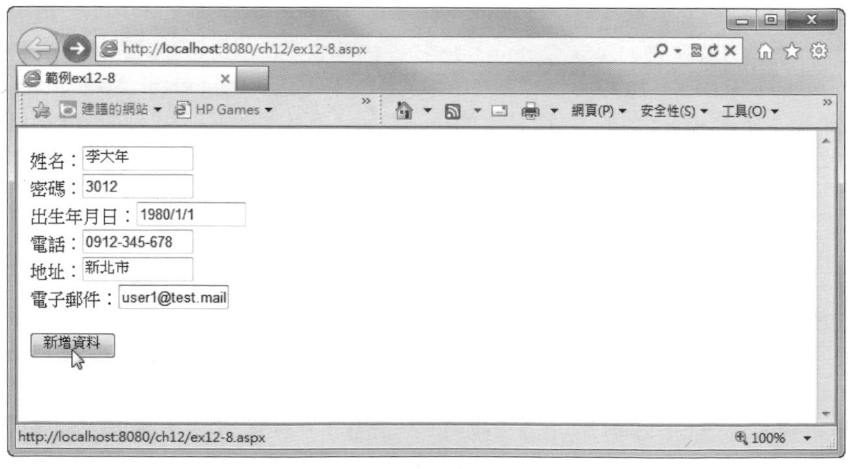

【圖12-19】

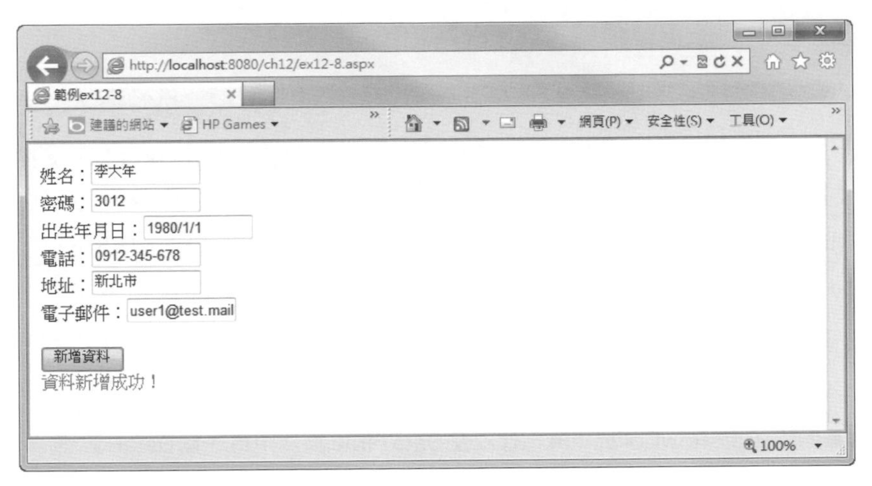

【圖12-20】

資料新增後：

姓名	密碼	出生年月日	電話	地址	電子郵件	新增欄位
王玉芬	8777	1979/7/7	02-26895412	台北縣	helenwang@tpi.net.tw	
江榮標	5321	1958/7/1	04-6322541	台中縣	andyj@pop.net.tw	
何嘉蓉	6633	1973/6/25	06-2513654	台南市	sallyho@tpts1.sd.net.tw	
吳秀玲	1766	1966/2/2	07-23812525	高雄市	carolwu@kao.net.tw	
李大年	3012	1980/1/1	0912-345-678	新北市	user1@test.mail.tw	
李宇珍	8671	1961/8/22	07-27716846	高雄縣	bettylee@ms.com	
李雲凡	6985	1965/7/31	02-27213698	台北市	bennylee@akj.cmb.net	

【圖12-21】

12.6 DataSet物件/CommandBuilder物件新增資料

CommandBuilder物件一樣也可以新增資料表中的資料記錄，跟前面所說明的CommandBuilder物件特性相同，利用DataSet物件、DataAdapter物件與CommandBuilder物件新增資料表的資料記錄。

使用DataSet物件新增資料記錄，就是針對DataTable物件，即建立DataRow物件，藉由DataRow物件取得指定的資料表(即DataTable物件)，再利用【NewRow()】方法新增資料列。其格式如下：

```
Dim DataRow物件名稱 As DataRow
DataRow物件名稱 = DataSet物件名稱.Tables(“資料表名稱").NewRow
```

接著將每一列的欄位值輸入，格式如下：

```
DataRow 物件名稱 .( "欄位名稱 ") = 欄位值 ( 可以是 Web 伺服器控制項輸入的文字 )
```

最後將新增的資料列加入到資料表中，主要是利用DataTable物件的【Rows】屬性，取得DataRowCollection物件，再利用DataRowCollection物件的【Add()】方法將DataRow物件新增到DataTable物件的DataRowCollection物件中，即成為一筆新增的記錄。格式如下：

```
DataSet 物件名稱 .Tables( "資料表名稱 ").Rows.Add(DataRow 物件名稱 )
```

重點提示 DataRowCollection物件就是DataTable物件中每一個DataRow物件(列)的集合物件。

範例練習12-9 (完整程式碼在本書附的光碟中ch12\ex12-9.aspx)

建立 ASP.NET 程式，開啟並連結 db1 資料庫後，利用 DataSet 物件與 Commanduilder 物件新增資料庫中的資料記錄。

程式碼

```
1.  <%@ Page Language="VB" %>
2.  <%@ Import Namespace="system.data" %>
3.  <%@ Import Namespace="system.data.oledb" %>
4.  <script language="vbscript" runat="server">
5.  Sub page_load(ByVal sender As Object, ByVal e As EventArgs)
6.  If Page.IsPostBack Then
7.  Dim str, sqlstr As String
8.  str = "provider=microsoft.jet.oledb.4.0;data source=" & Server.
    MapPath("db1.mdb")
9.  Dim con As OleDbConnection = New OleDbConnection(str)
10. con.Open()
11. sqlstr = "select * from 通訊錄"
12. Dim ada As OleDbDataAdapter = New OleDbDataAdapter(sqlstr, con)
13. Dim combld As OleDbCommandBuilder = New OleDbCommandBuilder(ada)
14. Dim ds As DataSet = New DataSet()
15. ada.Fill(ds, "通訊資料")
16. Dim dr As DataRow
17. dr = ds.Tables("通訊資料").NewRow
18. dr("姓名") = name.Text
19. dr("密碼") = pass.Text
20. dr("出生年月日") = birth.Text
21. dr("電話") = tel.Text
```

```
22. dr("地址") = address.Text
23. dr("電子郵件") = email.Text
24. ds.Tables("通訊資料").Rows.Add(dr)
25. Dim count As Integer
26. count = ada.Update(ds, "通訊資料")
27. If count = 1 Then
28. a1.Text = "資料新增成功！"
29. Else
30. a1.Text = "資料新增失敗！"
31. End If
32. con.Close()
33. End If
34. End Sub
35. </script>
36. <html>
37. <head id="Head1" runat="server">
38. <title>範例 ex9-10</title>
39. </head>
40. <body>
41. <form id="f1" runat="server">
42. 姓名：<asp:TextBox Id="name" Width="100px" Runat="server"/><br />
43. 密碼：<asp:TextBox Id="pass" Width="100px" Runat="server"/><br />
44. 出生年月日：<asp:TextBox Id="birth" Width="100px" Runat="server"/><br />
45. 電話：<asp:TextBox Id="tel" Width="100px" Runat="server"/><br />
46. 地址：<asp:TextBox Id="address" Width="100px" Runat="server"/><br />
47. 電子郵件：<asp:TextBox Id="email" Width="100px" Runat="server"/><p>
48. <asp:Button id="b1" Text="新增資料" Runat="server"/><br />
49. <asp:Label id="a1" ForeColor="red" Runat="server"/>
50. </form>
51. </body>
52. </html>
```

程式說明

第 1 行：ASP.NET 程式的指引區間，告知 .NET 系統此網頁程式是以 Visual Basic 程式撰寫。

第 2 行：ASP.NET 程式的指引區間，為了要使用 ADO.NET 的資料庫物件與類別，所以要先載入名稱空間 system.data。

第 3 行：ASP.NET 程式的指引區間，為了要使用 ADO.NET 的資料庫物件與類別，所以要先載入名稱空間 system.data.oledb。

第 4 行：宣告 script 程式碼的種類為 vbscript，並執行在 server 端。

第 5~34 行：建立 page_load 副程式，即 page_load 事件程序，當 ASP.NET 網頁程式載入時觸發此事件程序。

第 6~33 行：建立 If 條件式，條件式為 Page 物件執行其 IsPostBack 屬性，判斷網頁是否是第一次載入，若網頁是第一次載入執行，則會取得 False 值，否則會得到 True 值，就是條件成立，執行 If 區間的敘述式。

第 7 行：If 區間的敘述式，宣告 str 與 sqlstr 變數，並設其資料型態為 String，在本程式中 str 要做為 Connection 物件的連線字串，sqlstr 則是做為 SQL 指令字串。

第 8 行：If 區間的敘述式，建立 Connection 物件的連線字串 str，因為要連結的資料庫為 Microsoft Office Access，所以 provider 參數設定為【microsoft.jet.oledb.4.0】，data source 參數則是指定要連結的 db1.mdb 資料庫的所在位置，在本範例中，我們將 db1.mdb 資料庫檔案放在與程式相同的資料夾中，所以在位置的設定中，不需要加上任何的路徑區隔。

第 9 行：If 區間的敘述式，建立 Connection 物件 con，並帶入連線字串 str。

第 10 行：If 區間的敘述式，以 con 物件的 open() 方法開啟 db1.mdb 資料庫的連結。

第 11 行：If 區間的敘述式，建立 DataAdapter 物件要執行的 SQL 指令字串，在此我們設定 SQL 指令為【select * from 通訊錄】，可將通訊錄資料表中所有的資料取出，並將指令設定在 sqlstr 字串變數中。

第 12 行：If 區間的敘述式，宣告 ada 變數為 DataAdapter 物件，並帶入 SQL 指令字串與 Connection 物件以建立 DataAdapter 物件。

第 13 行：If 區間的敘述式，宣告 combld 變數為 CommandBuilder 物件，並帶入 DataAdapter 物件以建立 CommandBuilder 物件。

第 14 行：If 區間的敘述式，宣告 ds 變數為 DataSet 物件並建立 DataSet 物件。

第 15 行：If 區間的敘述式，使用 DataAdapter 物件的 Fill 方法，新增 DataSet 物件 ds 的【通訊資料】資料表。

第 16 行：宣告 dr 變數為 DataRow 物件變數。

第 17 行：DataRow 物件取得【通訊資料】資料表（即 DataTable 物件），再利用【NewRow()】方法新增資料列。

第 18~23 行：將新增的每一個資料列欄位值輸入。

第 24 行：將新增的資料列利用 DataTable 物件的【Rows】屬性，取得 DataRowCollection 物件，使用【Add()】方法將 DataRow 物件新增到 DataTable 物件的 DataRowCollection 物件中，成為一筆新增的記錄。

第 25 行：宣告 count 變數，並設其資料型態為 Integer。

第 26 行：以 DataAdapter 物件執行【Update()】方法來更新 DataSet 物件中的【通訊資料】資料表中的資料記錄，更新後會有一個傳回值，是更新的紀錄數目，將傳回值設定給 count 變數。

第 27~31 行：If 條件式，設定條件為當資料表中受變更的資料列數為 1 時，即有資料被新增，就執行條件成立的敘述式，使 a1 標籤控制項顯示【資料新增成功！】。若是受變更的資料列數不為 1 時，即沒有資料被新增，則 a1 標籤控制項顯示【資料新增失敗！】。

第 32 行：以 con 物件的 Close() 方法關閉已開啟的 db1.mdb 資料庫的連結。

第 42 行：建立 ASP.NET 的 Web 伺服器控制項，文字方塊 TextBox，並設定其 id 屬性為 name，寬度為 100px，並執行在 Server 端。

第 43 行：建立 ASP.NET 的 Web 伺服器控制項，文字方塊 TextBox，並設定其 id 屬性為 pass，寬度為 100px，並執行在 Server 端。

第 44 行：建立 ASP.NET 的 Web 伺服器控制項，文字方塊 TextBox，並設定其 id 屬性為 birth，寬度為 100px，並執行在 Server 端。

第 45 行：建立 ASP.NET 的 Web 伺服器控制項，文字方塊 TextBox，並設定其 id 屬性為 tel，寬度為 100px，並執行在 Server 端。

第 46 行：建立 ASP.NET 的 Web 伺服器控制項，文字方塊 TextBox，並設定其 id 屬性為 address，寬度為 100px，並執行在 Server 端。

第 47 行：建立 ASP.NET 的 Web 伺服器控制項，文字方塊 TextBox，並設定其 id 屬性為 email，寬度為 100px，並執行在 Server 端。

第 48 行：建立 ASP.NET 的 Web 伺服器控制項，按鈕 Button，並設定其 id 屬性為 b1，按鈕顯示的文字為【新增資料】，並執行在 Server 端。

第 49 行：建立 ASP.NET 的 Web 伺服器控制項，標籤 Label，並設定其 id 屬性為 a1，標籤顯示的文字為紅色，並執行在 Server 端。

執行結果

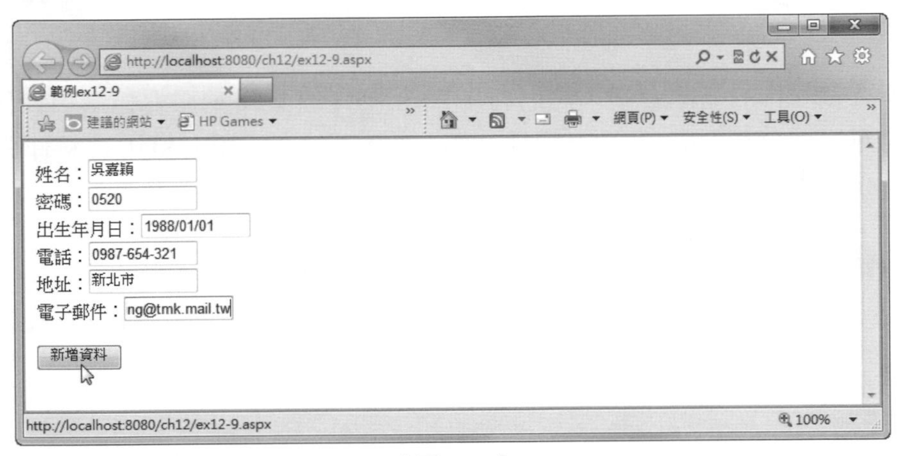

【圖12-22】

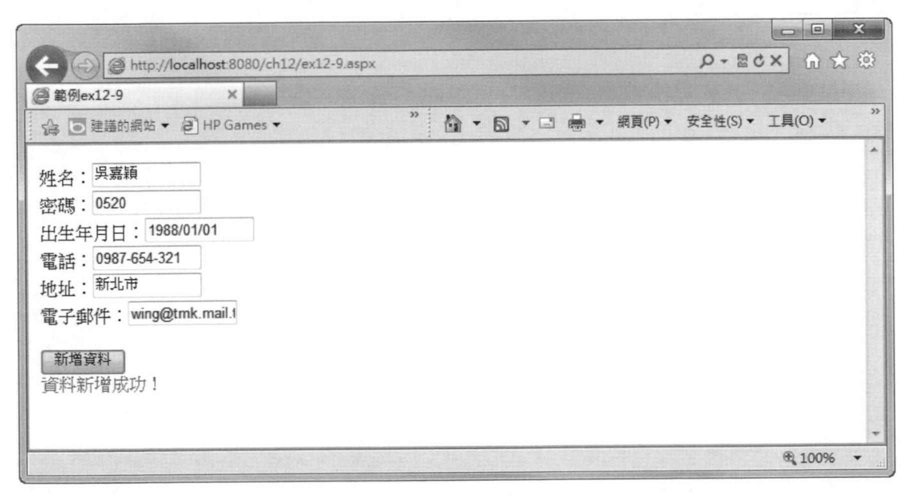

【圖12-23】

資料新增後：

姓名	密碼	出生年月日	電話	地址	電子郵件	新增欄位
王玉芬	8777	1979/7/7	02-26895412	台北縣	helenwang@tpi.net.tw	
江榮標	5321	1958/7/1	04-6322541	台中縣	andyj@pop.net.tw	
何嘉馨	6633	1973/6/25	06-2513654	台南市	sallyho@tpts1.sd.net.tw	
吳秀玲	1766	1966/2/2	07-23812525	高雄市	carolwu@kao.net.tw	
吳嘉穎	0520	1988/1/1	0987-654-321	新北市	wing@tmk.mail.tw	
李大年	3012	1980/1/1	0912-345-678	新北市	user1@test.mail.tw	
李宇珍	8671	1961/8/22	07-27716846	高雄縣	bettylee@ms.com	

【圖12-24】

12.7 網頁資料庫的刪除

網頁資料庫的刪除資料，可以利用ASP.NET的Web伺服器控制項製作網頁表單，再搭配Connection物件、Command物件，加上SQL資料庫操作的指令字串語法【Delete】，便可以刪除資料庫的資料。

範例練習12-10 (完整程式碼在本書附的光碟中ch12\ex12-10.aspx)

建立ASP.NET程式，開啟並連結db1資料庫後，利用網頁表單輸入欄位刪除資料庫中的資料記錄。

程式碼

```
1.  <%@ Page Language="VB" %>
2.  <%@ Import Namespace="system.data" %>
3.  <%@ Import Namespace="system.data.oledb" %>
4.  <script language="vbscript" runat="server">
5.  Sub page_load(ByVal sender As Object, ByVal e As EventArgs)
6.  If Page.IsPostBack Then
7.  Dim str, sqlupd As String
8.  str = "provider=microsoft.jet.oledb.4.0;data source=" & Server.
    MapPath("db1.mdb")
9.  Dim con As OleDbConnection = New OleDbConnection(str)
10. con.Open()
11. sqlupd = "delete from 通訊錄 where 姓名='" & name.Text & "'"
12. Dim com As OleDbCommand = New OleDbCommand(sqlupd, con)
13. Dim count As Integer
14. count = com.ExecuteNonQuery()
15. a1.Text = "已刪除姓名 [ " & name.Text & " ] 的記錄數： " & count
16. con.Close()
17. End If
```

```
18. End Sub
19. </script>
20. <html>
21. <head id="Head1" runat="server">
22. <title>範例 ex9-10</title>
23. </head>
24. <body>
25. 請輸入要刪除資料的姓名：
26. <form id="f1" runat="server">
27. 姓名：<asp:TextBox Id="name" Width="100px" Runat="server"/><hr>
28. <asp:Button id="b1" Text=" 刪除資料 " Runat="server"/><p>
29. <asp:Label id="a1" ForeColor="red" Runat="server"/>
30. </form>
31. </body>
32. </html>
```

程式說明

第 1 行：ASP.NET 程式的指引區間，告知 .NET 系統此網頁程式是以 Visual Basic 程式撰寫。

第 2 行：ASP.NET 程式的指引區間，為了要使用 ADO.NET 的資料庫物件與類別，所以要先載入名稱空間 system.data。

第 3 行：ASP.NET 程式的指引區間，為了要使用 ADO.NET 的資料庫物件與類別，所以要先載入名稱空間 system.data.oledb。

第 4 行：宣告 script 程式碼的種類為 vbscript，並執行在 server 端。

第 5~18 行：建立 page_load 副程式，即 page_load 事件程序，當 ASP.NET 網頁程式載入時觸發此事件程序。

第 6~17 行：建立 If 條件式，條件式為 Page 物件執行其 IsPostBack 屬性，判斷網頁是否是第一次載入，若網頁是第一次載入執行，則會取得 False 值，否則會得到 True 值，就是條件成立，執行 If 區間的敘述式。

第 7 行：If 區間的敘述式，宣告 str 與 sqlupd 變數，並設其資料型態為 String，在本程式中 str 要做為 Connection 物件的連線字串，sqlupd 則是做為 SQL 指令字串。

第 8 行：If 區間的敘述式，建立 Connection 物件的連線字串 str，因為要連結的資料庫為 Microsoft Office Access，所以 provider 參數設定為【microsoft.jet.oledb.4.0】，data source 參數則是指定要連結的 db1.mdb 資料庫的所在位置，在本範例中，我們將 db1.mdb 資料庫檔案放在與程式相同的資料夾中，所以在位置的設定中，不需要加上任何的路徑區隔。

第 9 行：If 區間的敘述式，建立 Connection 物件 con，並帶入連線字串 str。

第 10 行：If 區間的敘述式，以 con 物件的 open() 方法開啟 db1.mdb 資料庫的連結。

第 11 行：If 區間的敘述式，建立 Command 物件要執行的 SQL 指令字串，在此我們設定 SQL 指令為【delete from 通訊錄 where 姓名 ='" & name.Text & "'】，可依輸入的姓名刪除【通訊錄】資料表中的資料。

第 12 行：建立 Command 物件 com，並將 Command 物件所需的兩個參數，要執行的 SQL 指令 sqlupd 與 Connection 物件 con 帶入到 Command 物件中。

第 13 行：宣告 count 變數，並設其資料型態為 Integer。

第 14 行：執行 Command 物件的 ExecuteNonQuery() 方法，取得 Connection 物件連結的資料庫執行 SQL 指令後，受變更的資料列數。

第 15 行：將已刪除的資料記錄的姓名與資料數目設定為 a1 標籤控制項要顯示的文字。

第 16 行：以 con 物件的 Close() 方法關閉已開啟的 db1.mdb 資料庫的連結。

第 27 行：建立 ASP.NET 的 Web 伺服器控制項，文字方塊 TextBox，並設定其 id 屬性為 name，寬度為 100px，並執行在 Server 端。

第 28 行：建立 ASP.NET 的 Web 伺服器控制項，按鈕 Button，並設定其 id 屬性為 b1，按鈕顯示的文字為【刪除資料】，並執行在 Server 端。

第 29 行：建立 ASP.NET 的 Web 伺服器控制項，標籤 Label，並設定其 id 屬性為 a1，標籤顯示的文字為紅色，並執行在 Server 端。

執行結果

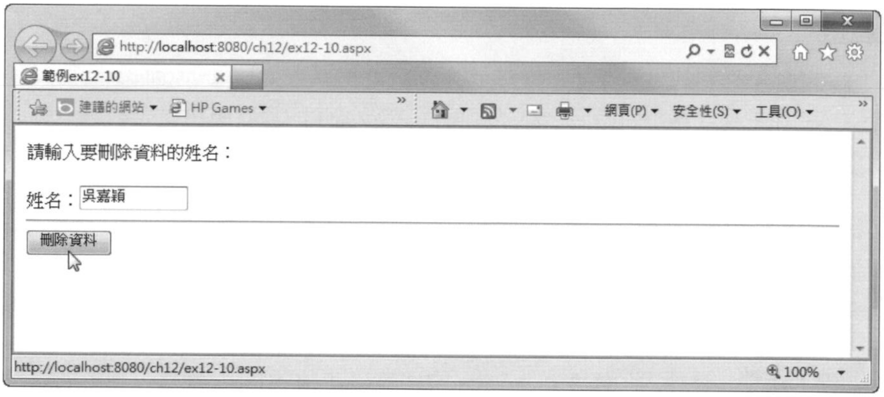
http://localhost:8080/ch12/ex12-10.aspx
範例ex12-10
請輸入要刪除資料的姓名：
姓名：吳嘉穎
刪除資料
http://localhost:8080/ch12/ex12-10.aspx
100%

【圖12-25】

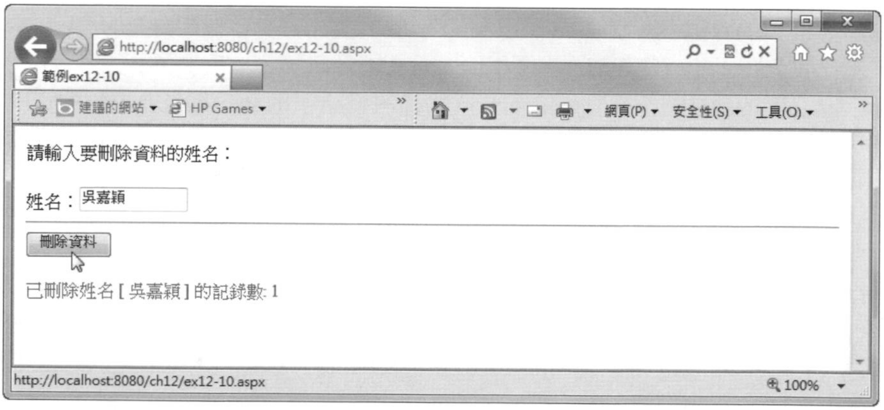
http://localhost:8080/ch12/ex12-10.aspx
範例ex12-10
請輸入要刪除資料的姓名：
姓名：吳嘉穎
刪除資料
已刪除姓名 [吳嘉穎] 的記錄數: 1
http://localhost:8080/ch12/ex12-10.aspx
100%

【圖12-26】

12.8 DataSet物件/CommandBuilder物件刪除資料

CommandBuilder物件可以刪除資料表中的資料記錄，跟前面所說明的CommandBuilder物件特性相同，利用DataSet物件、DataAdapter物件與CommandBuilder物件刪除資料表的資料記錄。

利用For~Each迴圈刪除前面所提過的DataRow物件的資料記錄，然後再利用DataAdapter物件的【Update()】方法，將刪除的記錄更新到資料表中。

範例練習12-11 (完整程式碼在本書附的光碟中ch12\ex12-11.aspx)

建立ASP.NET程式，開啟並連結db1資料庫後，利用網頁表單輸入要刪除的資料記錄姓名，以刪除資料庫中的資料記錄。

程式碼

```
1.  <%@ Page Language="VB" %>
2.  <%@ Import Namespace="system.data" %>
3.  <%@ Import Namespace="system.data.oledb" %>
4.  <script language="vbscript" runat="server">
5.  Sub page_load(ByVal sender As Object, ByVal e As EventArgs)
6.  If Page.IsPostBack Then
7.  Dim str, sqlstr As String
8.  str = "provider=microsoft.jet.oledb.4.0;data source=" & Server.
    MapPath("db1.mdb")
9.  Dim con As OleDbConnection = New OleDbConnection(str)
10. con.Open()
11. sqlstr = "select * from 通訊錄"
12. Dim ada As OleDbDataAdapter = New OleDbDataAdapter(sqlstr, con)
13. Dim combld As OleDbCommandBuilder = New OleDbCommandBuilder(ada)
14. Dim ds As DataSet = New DataSet()
15. ada.Fill(ds, "通訊資料")
16. Dim dr As DataRow
17. For Each dr In ds.Tables("通訊資料").Rows
18. If dr("姓名") = name.Text Then
19. dr.Delete()
20. End If
21. Next
22. Dim count As Integer
23. count = ada.Update(ds, "通訊資料")
```

```
24. a1.Text = "已刪除姓名 [ " & name.Text & " ] 的記錄數：" & count
25. con.Close()
26. End If
27. End Sub
28. </script>
29. <html>
30. <head id="Head1" runat="server">
31. <title>範例 ex9-11</title>
32. </head>
33. <body>
34. 請輸入要刪除資料的姓名：
35. <form id="f1" runat="server">
36. 姓名：<asp:TextBox Id="name" Width="100px" Runat="server"/><hr>
37. <asp:Button id="b1" Text="刪除資料" Runat="server"/><p>
38. <asp:Label id="a1" ForeColor="red" Runat="server"/>
39. </form>
40. </body>
41. </html>
```

程式說明

第 1 行：ASP.NET 程式的指引區間，告知 .NET 系統此網頁程式是以 Visual Basic 程式撰寫。

第 2 行：ASP.NET 程式的指引區間，為了要使用 ADO.NET 的資料庫物件與類別，所以要先載入名稱空間 system.data。

第 3 行：ASP.NET 程式的指引區間，為了要使用 ADO.NET 的資料庫物件與類別，所以要先載入名稱空間 system.data.oledb。

第 4 行：宣告 script 程式碼的種類為 vbscript，並執行在 server 端。

第 5~27 行：建立 page_load 副程式，即 page_load 事件程序，當 ASP.NET 網頁程式載入時觸發此事件程序。

第 6~26 行：建立 If 條件式，條件式為 Page 物件執行其 IsPostBack 屬性，判斷網頁是否是第一次載入，若網頁是第一次載入執行，則會取得 False 值，否則會得到 True 值，就是條件成立，執行 If 區間的敘述式。

第 7 行：If 區間的敘述式，宣告 str 與 sqlstr 變數，並設其資料型態為 String，在本程式中 str 要做為 Connection 物件的連線字串，sqlstr 則是做為 SQL 指令字串。

第 8 行：If 區間的敘述式，建立 Connection 物件的連線字串 str，因為要連結的資料庫為 Microsoft Office Access，所以 provider 參數設定為【microsoft.jet.oledb.4.0】，data source 參數則是指定要連結的 db1.mdb 資料庫的所在位置，在本範例中，我們將 db1.mdb 資料庫檔案放在與程式相同的資料夾中，所以在位置的設定中，不需要加上任何的路徑區隔。

第 9 行：If 區間的敘述式，建立 Connection 物件 con，並帶入連線字串 str。

第 10 行：If 區間的敘述式，以 con 物件的 open() 方法開啟 db1.mdb 資料庫的連結。

第 11 行：If 區間的敘述式，建立 DataAdapter 物件要執行的 SQL 指令字串，在此我們設定 SQL 指令為【select * from 通訊錄】，可將通訊錄資料表中所有的資料取出，並將指令設定在 sqlstr 字串變數中。

第 12 行：If 區間的敘述式，宣告 ada 變數為 DataAdapter 物件，並帶入 SQL 指令字串與 Connection 物件以建立 DataAdapter 物件。

第 13 行：If 區間的敘述式，宣告 combld 變數為 CommandBuilder 物件，並帶入 DataAdapter 物件以建立 CommandBuilder 物件。

第 14 行：If 區間的敘述式，宣告 ds 變數為 DataSet 物件並建立 DataSet 物件。

第 15 行：If 區間的敘述式，使用 DataAdapter 物件的 Fill 方法，新增 DataSet 物件 ds 的【通訊資料】資料表。

第 16 行：宣告 dr 變數為 DataRow 物件變數。

第 17~21 行：利用 For~Each 迴圈取得 DataTable 物件的每一筆 DataRow 物件，DataRow 物件在這裡就是資料表中的一筆記錄。

第 18~20 行：If 條件式，設定條件為當 Web 伺服器控制項的文字方塊 name 欄位中輸入的文字設定為資料表中的【姓名】欄位時，就執行 DataRow 物件的【Delete()】方法，該姓名欄的資料刪除。

第 22 行：宣告 count 變數，並設其資料型態為 Integer。

第 23 行：以 DataAdapter 物件執行【Update()】方法來更新 DataSet 物件中的【通訊資料】資料表中的資料記錄，更新後會有一個傳回值，是更新的紀錄數目，將傳回值設定給 count 變數。

第 24 行：將已刪除的資料記錄的姓名與資料數目設定為 a1 標籤控制項要顯示的文字。

第 25 行：以 con 物件的 Close() 方法關閉已開啟的 db1.mdb 資料庫的連結。

第 36 行：建立 ASP.NET 的 Web 伺服器控制項，文字方塊 TextBox，並設定其 id 屬性為 name，寬度為 100px，並執行在 Server 端。

第 37 行：建立 ASP.NET 的 Web 伺服器控制項，按鈕 Button，並設定其 id 屬性為 b1，按鈕顯示的文字為【刪除資料】，並執行在 Server 端。

第 38 行：建立 ASP.NET 的 Web 伺服器控制項，標籤 Label，並設定其 id 屬性為 a1，標籤顯示的文字為紅色，並執行在 Server 端。

執行結果

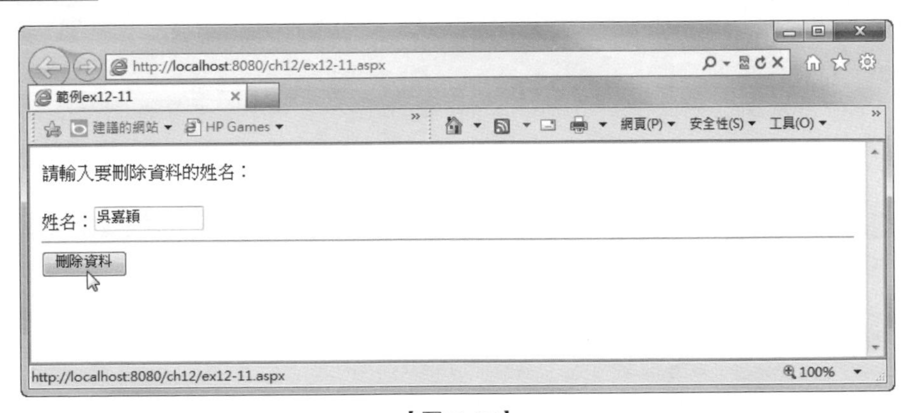

【圖12-27】

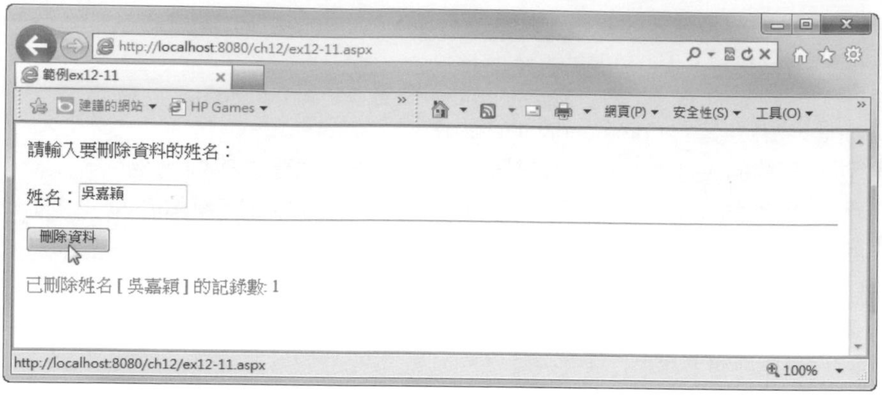

【圖12-28】

12.9 SQL指令參數操作資料庫

在ADO.NET中使用Command物件執行SQL指令字串時，除了可以直接以SQL指令字串執行之外，也可以利用參數指定SQL指令中的欄位值。主要是以Command物件新增Parameter物件參數，利用指定不同的Parameter物件參數值來執行不同的SQL指令。

執行方式是，先建立Command物件，使用【Parameters】屬性取得ParameterCollection集合物件，再使用【Add()】方法新增參數的Paremeter物件。其格式如下：

```
Command 物件名稱 .Paremeters.Add(New OleDbParameter( “@ 欄位名稱 ",
Parameter 參數的資料型態 , 欄位的大小 )
```

Parameter參數的欄位型態有：

資料型態	說明
BigInt	64位元整數。對應的.NET資料形態：Int64
Binary	二進位資料。對應的.NET資料形態：Byte陣列
Boolean	布林值。對應的.NET資料形態：Boolean
char	字串
Currency	貨幣。對應的.NET資料形態：Decimal

資料型態	說明
Date	日期時間。對應的.NET資料形態：DateTime
Integer	32位元整數。對應的.NET資料形態：Int32
VarChar	不定長度非Unicode字串。對應的.NET資料形態：String

當取得ParameterCollection集合物件後，在使用【Execute()】方法執行SQL指令前，便可以指定參數值，格式如下：

```
Command 物件名稱 .Parameters( “@ 欄位名稱 ").Value = 欄位值 ( 可以是 Web 伺服器控制項輸入的文字 )
```

以參數執行，只要變更SQL指令，便可以執行不同的資料庫操作，如更新、新增…等。

範例練習12-12 (完整程式碼在本書附的光碟中ch12\ex12-12.aspx)

建立 ASP.NET 程式，開啟並連結 db1 資料庫後，利用 SQL 指令參數更新資料庫中的資料記錄。

程式碼

```
1.  <%@ Page Language="VB" %>
2.  <%@ Import Namespace="system.data" %>
3.  <%@ Import Namespace="system.data.oledb" %>
4.  <script language="vbscript" runat="server">
5.  Sub page_load(ByVal sender As Object, ByVal e As EventArgs)
6.  If Page.IsPostBack Then
7.  Dim str, sqlupd As String
8.  str = "provider=microsoft.jet.oledb.4.0;data source=" & Server.
    MapPath("db1.mdb")
9.  Dim con As OleDbConnection = New OleDbConnection(str)
10. con.Open()
11. sqlupd = "update 通訊錄 set 密碼=@ 密碼 , 地址=@ 地址 " & " where 姓名
    ='" & name.Text & "'"
12. Dim com As OleDbCommand = New OleDbCommand(sqlupd, con)
13. com.Parameters.Add(New OleDbParameter("@ 密碼 ", OleDbType.VarChar,
    10))
14. com.Parameters.Add(New OleDbParameter("@ 地址 ", OleDbType.VarChar,
    10))
15. com.Parameters("@ 密碼 ").Value = pass.Text
16. com.Parameters("@ 地址 ").Value = add.Text
17. Dim count As Integer
18. count = com.ExecuteNonQuery()
```

```
19. a1.Text = "已更新姓名 [ " & name.Text & " ] 的記錄數：" & count
20. con.Close()
21. End If
22. End Sub
23. </script>
24. <html>
25. <head id="Head1" runat="server">
26. <title>範例 ex9-12</title>
27. </head>
28. <body>
29. <form id="f1" runat="server">
30. 姓名：<asp:TextBox Id="name" Width="100px" Runat="server"/><hr>
31. 密碼：<asp:TextBox Id="pass" Width="100px" Runat="server"/><br>
32. 地址：<asp:TextBox Id="add" Width="100px" Runat="server"/><p>
33. <asp:Button id="b1" Text="更新" Runat="server"/><p>
34. <asp:Label id="a1" ForeColor="red" Runat="server"/>
35. </form>
36. </body>
37. </html>
```

程式說明

第 1 行：ASP.NET 程式的指引區間，告知 .NET 系統此網頁程式是以 Visual Basic 程式撰寫。

第 2 行：ASP.NET 程式的指引區間，為了要使用 ADO.NET 的資料庫物件與類別，所以要先載入名稱空間 system.data。

第 3 行：ASP.NET 程式的指引區間，為了要使用 ADO.NET 的資料庫物件與類別，所以要先載入名稱空間 system.data.oledb。

第 4 行：宣告 script 程式碼的種類為 vbscript，並執行在 server 端。

第 5~22 行：建立 page_load 副程式，即 page_load 事件程序，當 ASP.NET 網頁程式載入時觸發此事件程序。

第 6~21 行：建立 If 條件式，條件式為 Page 物件執行其 IsPostBack 屬性，判斷網頁是否是第一次載入，若網頁是第一次載入執行，則會取得 False 值，否則會得到 True 值，就是條件成立，執行 If 區間的敘述式。

第 7 行：If 區間的敘述式，宣告 str 與 sqlupd 變數，並設其資料型態為 String，在本程式中 str 要做為 Connection 物件的連線字串，sqlupd 則是做為 SQL 指令字串。

第 8 行：If 區間的敘述式，建立 Connection 物件的連線字串 str，因為要連結的資料庫為 Microsoft Office Access，所以 provider 參數設定為【microsoft.jet.oledb.4.0】，data source 參數則是指定要連結的 db1.mdb 資料庫的所在位置，在本範例中，我們將 db1.mdb 資料庫檔案放在與程式相同的資料夾中，所以在位置的設定中，不需要加上任何的路徑區隔。

第 9 行：If 區間的敘述式，建立 Connection 物件 con，並帶入連線字串 str。

第 10 行：If 區間的敘述式，以 con 物件的 open() 方法開啟 db1.mdb 資料庫的連結。

第 11 行：If 區間的敘述式，建立 Command 物件要執行的 SQL 指令字串，在此我們設定 SQL 指令為【update 通訊錄 set" & " 密碼 ='" & pass.Text & "'," & " 地址 ='" & add.Text & "'" & " where 姓名 ='" & name.Text & "'】，可輸入姓名當作更新條件，更新通訊錄資料表中該姓名的密碼欄與地址欄的資料記錄。

第 12 行：建立 Command 物件 com，並將 Command 物件所需的兩個參數，要執行的 SQL 指令 sqlupd 與 Connection 物件 con 帶入到 Command 物件中。

第 13 行：以 Command 物件使用【Parameters】屬性取得 ParameterCollection 集合物件，再使用【Add()】方法新增密碼欄位參數的 Paremeter 物件，設定其資料形態為字串。

第 14 行：以 Command 物件使用【Parameters】屬性取得 ParameterCollection 集合物件，再使用【Add()】方法新增地址欄位參數的 Paremeter 物件，設定其資料形態為字串。

第 15 行：指定密碼欄位參數的值為 Web 伺服器控制項 pass 的輸入文字。

第 16 行：指定地址欄位參數的值為 Web 伺服器控制項 add 的輸入文字。

第 17 行：宣告 count 變數，並設其資料型態為 Integer。

第 18 行：執行 Command 物件的 ExecuteNonQuery() 方法，取得 Connection 物件連結的資料庫執行 SQL 指令後，受變更的資料列數。

第 19 行：將姓名欄文字方塊控制項中的文字與變更的資料記錄筆數設定為標籤控制項 a1 要顯示的文字。

第 20 行：以 con 物件的 Close() 方法關閉已開啟的 db1.mdb 資料庫的連結。

第 30 行：建立 ASP.NET 的 Web 伺服器控制項，文字方塊 TextBox，並設定其 id 屬性為 name，寬度為 100px，並執行在 Server 端。

第 31 行：建立 ASP.NET 的 Web 伺服器控制項，文字方塊 TextBox，並設定其 id 屬性為 pass，寬度為 100px，並執行在 Server 端。

第 32 行：建立 ASP.NET 的 Web 伺服器控制項，文字方塊 TextBox，並設定其 id 屬性為 add，寬度為 100px，並執行在 Server 端。

第 33 行：建立 ASP.NET 的 Web 伺服器控制項，按鈕 Button，並設定其 id 屬性為 b1，按鈕顯示的文字為【更新】，並執行在 Server 端。

第 34 行：建立 ASP.NET 的 Web 伺服器控制項，標籤 Label，並設定其 id 屬性為 a1，標籤顯示的文字為紅色，並執行在 Server 端。

執行結果

資料更新前：

姓名	密碼	出生年月日	電話	地址	電子郵件	新增欄位
王玉芬	8777	1979/7/7	02-26895412	台北縣	helenwang@tpi.net.tw	
江榮標	5321	1958/7/1	04-6322541	台中縣	andyj@pop.net.tw	
何嘉瑩	6633	1973/6/25	06-2513654	台南市	sallyho@tpts1.sd.net.tw	
吳秀玲	1766	1966/2/2	07-23812525	高雄市	carolwu@kao.net.tw	
李大年	3012	1980/1/1	0912-345-678	新北市	user1@test.mail.tw	
李宇珍	8671	1961/8/22	07-27716846	高雄縣	bettylee@ms.com	
李雲凡	6985	1965/7/31	02-27213698	台北市	bennylee@akj.cmb.net	
李耀安	5577	1965/6/10	02-27115678	台北市	franklee@ms100.hinet.net	
周文輝	3009	1977/10/10	03-2356981	桃園市	gerrych@yahoo.com.tw	
林伊莉	7782	1971/5/28	02-29416673	台北縣	wendylin@dhc.net	
林慧心	9937	1976/2/21	08-9418863	屏東縣	nancylin@php.asp.com	

【圖12-29】

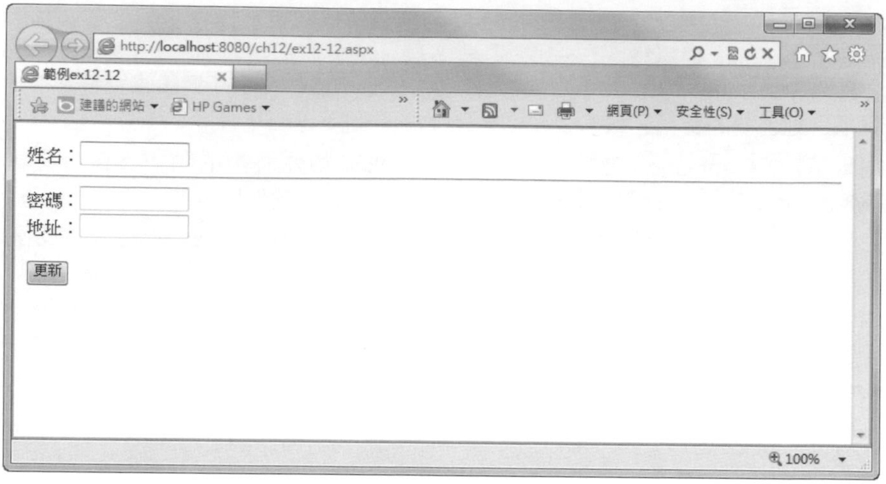

【圖12-30】

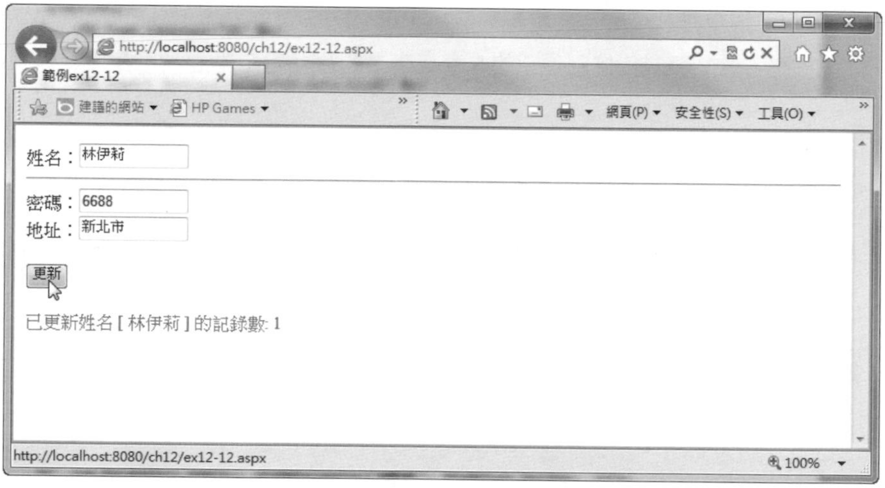

【圖12-31】

資料更新後：

姓名	密碼	出生年月日	電話	地址	電子郵件	新增欄位
王玉芬	8777	1979/7/7	02-26895412	台北縣	helenwang@tpi.net.tw	
江榮標	5321	1958/7/1	04-6322541	台中縣	andyj@pop.net.tw	
何嘉馨	6633	1973/6/25	06-2513654	台南市	sallyho@tpts1.sd.net.tw	
吳秀玲	1766	1966/2/2	07-23812525	高雄市	carolwu@kao.net.tw	
李大年	3012	1980/1/1	0912-345-678	新北市	user1@test.mail.tw	
李宇珍	8671	1961/8/22	07-27716846	高雄縣	bettylee@ms.com	
李雲凡	6985	1965/7/31	02-27213698	台北市	bennylee@akj.cmb.net	
李耀安	5577	1965/6/10	02-27115678	台北市	franklee@ms100.hinet.net	
周文輝	3009	1977/10/10	03-2356981	桃園市	gerrych@yahoo.com.tw	
林伊莉	6688	1971/5/28	02-29416673	新北市	wendylin@dhc.net	
林慧心	9937	1976/2/21	08-9418863	屏東縣	nancylin@php.asp.com	

【圖12-32】

範例練習12-13 (完整程式碼在本書附的光碟中ch12\ex12-13.aspx)

建立 ASP.NET 程式，開啟並連結 db1 資料庫後，利用 SQL 指令參數新增資料庫中的資料記錄。

程式碼

```
1.  <%@ Page Language="VB" %>
2.  <%@ Import Namespace="system.data" %>
3.  <%@ Import Namespace="system.data.oledb" %>
4.  <script language="vbscript" runat="server">
5.  Sub page_load(ByVal sender As Object, ByVal e As EventArgs)
6.  If Page.IsPostBack Then
7.  Dim str, sqlupd As String
8.  str = "provider=microsoft.jet.oledb.4.0;data source=" & Server.
    MapPath("db1.mdb")
9.  Dim con As OleDbConnection = New OleDbConnection(str)
10. con.Open()
11. sqlupd = "insert into 通訊錄(姓名,密碼,出生年月日,電話,地址,電子郵件)
    values(@姓名,@密碼,@出生年月日,@電話,@地址,@電子郵件)"
12. Dim com As OleDbCommand = New OleDbCommand(sqlupd, con)
13. com.Parameters.Add(New OleDbParameter("@姓名", OleDbType.VarChar,
    10))
14. com.Parameters.Add(New OleDbParameter("@密碼", OleDbType.VarChar,
    10))
15. com.Parameters.Add(New OleDbParameter("@出生年月日", OleDbType.Date,
    10))
16. com.Parameters.Add(New OleDbParameter("@電話", OleDbType.VarChar,
    10))
17. com.Parameters.Add(New OleDbParameter("@地址", OleDbType.VarChar,
    10))
18. com.Parameters.Add(New OleDbParameter("@電子郵件", OleDbType.
    VarChar, 10))
19. com.Parameters("@姓名").Value = name.Text
20. com.Parameters("@密碼").Value = pass.Text
21. com.Parameters("@出生年月日").Value = birth.Text
22. com.Parameters("@電話").Value = tel.Text
23. com.Parameters("@地址").Value = address.Text
24. com.Parameters("@電子郵件").Value = email.Text
25. Dim count As Integer
26. count = com.ExecuteNonQuery()
27. If count = 1 Then
28. a1.Text = "資料新增成功！"
29. Else
30. a1.Text = "資料新增失敗！"
31. End If
```

```
32. con.Close()
33. End If
34. End Sub
35. </script>
36. <html>
37. <head id="Head1" runat="server">
38. <title>範例 ex9-13</title>
39. </head>
40. <body>
41. <form id="f1" runat="server">
42. 姓名：<asp:TextBox Id="name" Width="100px" Runat="server"/><br />
43. 密碼：<asp:TextBox Id="pass" Width="100px" Runat="server"/><br />
44. 出生年月日：<asp:TextBox Id="birth" Width="100px" Runat="server"/><br />
45. 電話：<asp:TextBox Id="tel" Width="100px" Runat="server"/><br />
46. 地址：<asp:TextBox Id="address" Width="100px" Runat="server"/><br />
47. 電子郵件：<asp:TextBox Id="email" Width="100px" Runat="server"/><p>
48. <asp:Button id="b1" Text="新增資料" Runat="server"/><br />
49. <asp:Label id="a1" ForeColor="red" Runat="server"/></p>
50. </form>
51. </body>
52. </html>
```

程式說明

第 1 行：ASP.NET 程式的指引區間，告知 .NET 系統此網頁程式是以 Visual Basic 程式撰寫。

第 2 行：ASP.NET 程式的指引區間，為了要使用 ADO.NET 的資料庫物件與類別，所以要先載入名稱空間 system.data。

第 3 行：ASP.NET 程式的指引區間，為了要使用 ADO.NET 的資料庫物件與類別，所以要先載入名稱空間 system.data.oledb。

第 4 行：宣告 script 程式碼的種類為 vbscript，並執行在 server 端。

第 5~34 行：建立 page_load 副程式，即 page_load 事件程序，當 ASP.NET 網頁程式載入時觸發此事件程序。

第 6~33 行：建立 If 條件式，條件式為 Page 物件執行其 IsPostBack 屬性，判斷網頁是否是第一次載入，若網頁是第一次載入執行，則會取得 False 值，否則會得到 True 值，就是條件成立，執行 If 區間的敘述式。

第 7 行：If 區間的敘述式，宣告 str 與 sqlupd 變數，並設其資料型態為 String，在本程式中 str 要做為 Connection 物件的連線字串，sqlupd 則是做為 SQL 指令字串。

第 8 行：If 區間的敘述式，建立 Connection 物件的連線字串 str，因為要連結的資料庫為 Microsoft Office Access，所以 provider 參數設定為【microsoft.jet.oledb.4.0】，data source 參數則是指定要連結的 db1.mdb 資料庫的所在位置，在本範例中，我們將 db1.mdb 資料庫檔案放在與程式相同的資料夾中，所以在位置的設定中，不需要加上任何的路徑區隔。

第 9 行：If 區間的敘述式，建立 Connection 物件 con，並帶入連線字串 str。

第 10 行：If 區間的敘述式，以 con 物件的 open() 方法開啟 db1.mdb 資料庫的連結。

第 11 行：If 區間的敘述式，建立 Command 物件要執行的 SQL 指令字串，在此我們設定 SQL 指令為【insert into 通訊錄 (姓名 , 密碼 , 出生年月日 , 電話 , 地址 , 電子郵件) values(@ 姓名 ,@ 密碼 ,@ 出生年月日 ,@ 電話 ,@ 地址 ,@ 電子郵件)】，可新增 (插入)【通訊錄】資料表中的各欄位資料，其中要新增的欄位值以參數型態寫出。

第 12 行：建立 Command 物件 com，並將 Command 物件所需的兩個參數，要執行的 SQL 指令 sqlupd 與 Connection 物件 con 帶入到 Command 物件中。

第 13 行：以 Command 物件使用【Parameters】屬性取得 ParameterCollection 集合物件，再使用【Add()】方法新增姓名欄位參數的 Paremeter 物件，設定其資料形態為字串。

第 14 行：以 Command 物件使用【Parameters】屬性取得 ParameterCollection 集合物件，再使用【Add()】方法新增密碼欄位參數的 Paremeter 物件，設定其資料形態為字串。

第 15 行：以 Command 物件使用【Parameters】屬性取得 ParameterCollection 集合物件，再使用【Add()】方法新增出生年月日欄位參數的 Paremeter 物件，設定其資料形態為字串。

第 16 行：以 Command 物件使用【Parameters】屬性取得 ParameterCollection 集合物件，再使用【Add()】方法新增電話欄位參數的 Paremeter 物件，設定其資料形態為字串。

第 17 行：以 Command 物件使用【Parameters】屬性取得 ParameterCollection 集合物件，再使用【Add()】方法新增地址欄位參數的 Paremeter 物件，設定其資料形態為字串。

第 18 行：以 Command 物件使用【Parameters】屬性取得 ParameterCollection 集合物件，再使用【Add()】方法新增電子郵件欄位參數的 Paremeter 物件，設定其資料形態為字串。

第 19 行：指定姓名欄位參數的值為 Web 伺服器控制項 name 的輸入文字。

第 20 行：指定密碼欄位參數的值為 Web 伺服器控制項 pass 的輸入文字。

第 21 行：指定出生年月日欄位參數的值為 Web 伺服器控制項 brith 的輸入文字。

第 22 行：指定電話欄位參數的值為 Web 伺服器控制項 tel 的輸入文字。

第 23 行：指定地址欄位參數的值為 Web 伺服器控制項 address 的輸入文字。

第 24 行：指定電子郵件欄位參數的值為 Web 伺服器控制項 email 的輸入文字。

第 25 行：宣告 count 變數，並設其資料型態為 Integer。

第 26 行：執行 Command 物件的 ExecuteNonQuery() 方法，取得 Connection 物件連結的資料庫執行 SQL 指令後，受變更的資料列數。

第 27~31 行：If 條件式，設定條件為當資料表中受變更的資料列數為 1 時，即有資料被新增，就執行條件成立的敘述式，使 a1 標籤控制項顯示【資料新增成功！】。若是受變更的資料列數不為 1 時，即沒有資料被新增，則 a1 標籤控制項顯示【資料新增失敗！】。

第 32 行：以 con 物件的 Close() 方法關閉已開啟的 db1.mdb 資料庫的連結。

第 42 行：建立 ASP.NET 的 Web 伺服器控制項，文字方塊 TextBox，並設定其 id 屬性為 name，寬度為 100px，並執行在 Server 端。

第 43 行：建立 ASP.NET 的 Web 伺服器控制項，文字方塊 TextBox，並設定其 id 屬性為 pass，寬度為 100px，並執行在 Server 端。

第 44 行：建立 ASP.NET 的 Web 伺服器控制項，文字方塊 TextBox，並設定其 id 屬性為 birth，寬度為 100px，並執行在 Server 端。

第 45 行：建立 ASP.NET 的 Web 伺服器控制項，文字方塊 TextBox，並設定其 id 屬性為 tel，寬度為 100px，並執行在 Server 端。

第 46 行：建立 ASP.NET 的 Web 伺服器控制項，文字方塊 TextBox，並設定其 id 屬性為 address，寬度為 100px，並執行在 Server 端。

第 47 行：建立 ASP.NET 的 Web 伺服器控制項，文字方塊 TextBox，並設定其 id 屬性為 email，寬度為 100px，並執行在 Server 端。

第 48 行：建立 ASP.NET 的 Web 伺服器控制項，按鈕 Button，並設定其 id 屬性為 b1，按鈕顯示的文字為【新增資料】，並執行在 Server 端。

第 49 行：建立 ASP.NET 的 Web 伺服器控制項，標籤 Label，並設定其 id 屬性為 a1，標籤顯示的文字為紅色，並執行在 Server 端。

執行結果

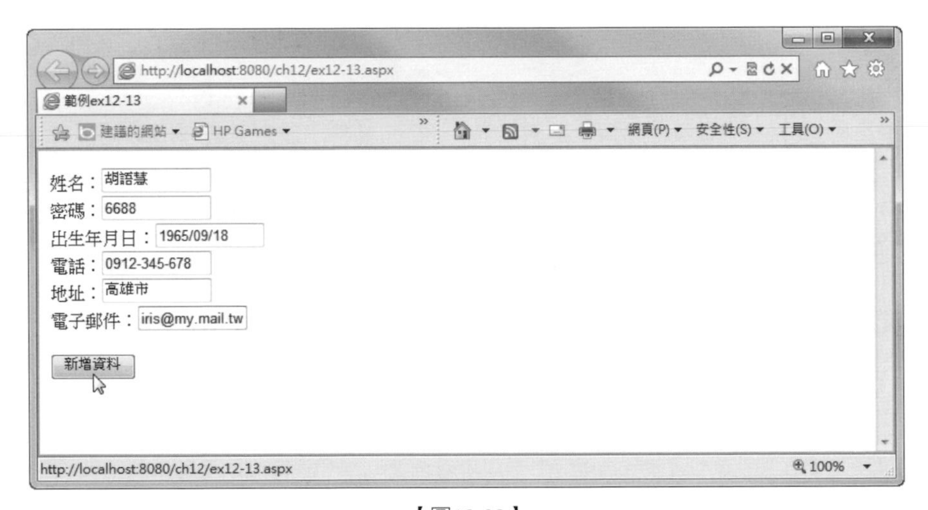

【圖12-33】

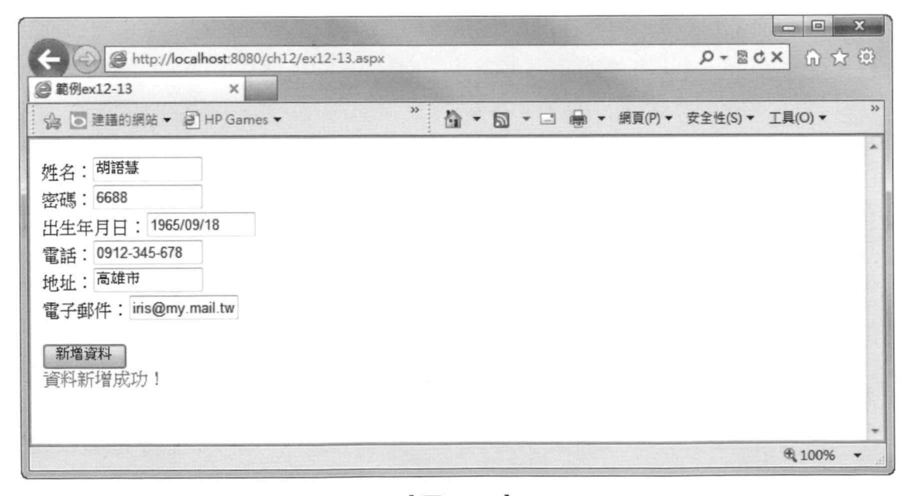

【圖12-34】

資料新增後：

姓名	密碼	出生年月日	電話	地址	電子郵件	新增欄位
王玉芬	8777	1979/7/7	02-26895412	台北縣	helenwang@tpi.net.tw	
江榮標	5321	1958/7/1	04-6322541	台中縣	andyj@pop.net.tw	
何嘉蓉	6633	1973/6/25	06-2513654	台南市	sallyho@tpts1.sd.net.tw	
吳秀玲	1766	1966/2/2	07-23812525	高雄市	carolwu@kao.net.tw	
李大年	3012	1980/1/1	0912-345-678	新北市	user1@test.mail.tw	
李宇珍	8671	1961/8/22	07-27716846	高雄縣	bettylee@ms.com	
李雲凡	6985	1965/7/31	02-27213698	台北市	bennylee@akj.cmb.net	
李耀安	5577	1965/6/10	02-27115678	台北市	franklee@ms100.hinet.net	
周文輝	3009	1977/10/10	03-2356981	桃園市	gerrych@yahoo.com.tw	
林伊莉	6688	1971/5/28	02-29416673	新北市	wendylin@dhc.net	
林慧心	9937	1976/2/21	08-9418863	屏東縣	nancylin@php.asp.com	
林曉晴	4848	1976/12/6	06-6549832	台南縣	amylin@pop.net.tw	
洪國傑	2311	1968/9/17	04-6519632	台中縣	peterhung@yam.net.tw	
胡素月	1598	1962/4/16	02-23128899	台北市	anniehu@usb.net.tw	
胡語慧	6688	1965/9/18	0912-345-6	高雄市	iris@my.ma	
范清雄	3585	1967/5/23	07-27114436	高雄市	johnfan@ure.com.tw	

【圖12-35】

12.10 再探資料繫結

12.10.1 DataSet物件的資料繫結

我們在前一章的最後提到資料繫結技術，主要是將外部的資料庫資料繫結到ASP.NET的控制項中，藉由程式的操作將資料表中的資料記錄結果顯示在網頁中。只要ASP.NET的控制項有【DataSource】屬性，就是有支援資料繫結。

資料繫結的設定方式如下：

- 定義資料來源
- 取得資料來源物件
- 指定控制項的【DataSource】屬性
- 執行控制項的【DataBind()】方法建立資料繫結。

範例練習12-14 (完整程式碼在本書附的光碟中ch12\ex12-14.aspx)

建立 ASP.NET 程式，開啟並連結 db1.mdb 資料庫後，利用 DataSet 物件開啟【通訊錄】資料表，使用 ASP.NET 的 Web 伺服器控制項單選鈕，指定 DataSet 物件上的資料表為資料繫結來源，並進行繫結以操作資料表，將結果顯示在網頁上。

程式碼

```
1.  <%@ Page Language="VB" %>
2.  <%@ Import Namespace="system.data" %>
3.  <%@ Import Namespace="system.data.oledb" %>
4.  <script language="vbscript" runat="server">
5.  Sub page_load(ByVal sender As Object, ByVal e As EventArgs)
6.  If Not Page.IsPostBack Then
7.  Dim str, sqlstr As String
8.  str = "provider=microsoft.jet.oledb.4.0;data source=" & Server.
MapPath("db1.mdb")
9.  Dim con As OleDbConnection = New OleDbConnection(str)
10. con.Open()
11. sqlstr = "select * from 通訊錄"
12. Dim ada As OleDbDataAdapter = New OleDbDataAdapter(sqlstr, con)
13. Dim ds As DataSet = New DataSet()
14. ada.Fill(ds, "通訊資料")
15. rbl.DataSource = ds.Tables("通訊資料").DefaultView
16. rbl.DataTextField = "姓名"
17. rbl.DataBind()
18. con.Close()
19. End If
20. End Sub
21. Sub b1_click(ByVal sender As Object, ByVal e As EventArgs)
22. a1.Text = rbl.SelectedItem.Text & " 被選取！"
23. End Sub
24. </script>
25. <html>
26. <head id="Head1" runat="server">
27. <title>範例ex9-15</title>
28. </head>
29. <body>
30. 請選取姓名：
31. <form id="f1" runat="server">
32. 姓名列表：<br />
33. <asp:RadioButtonList Id="rbl" Runat="server" /><hr>
34. <asp:Button id="b1" Text="選取" OnClick="b1_click" Runat="server"/><p>
35. <asp:Label id="a1" ForeColor="red" Runat="server"/>
36. </form>
37. </body>
38. </html>
```

程式說明

第 1 行：ASP.NET 程式的指引區間，告知 .NET 系統此網頁程式是以 Visual Basic 程式撰寫。

第 2 行：ASP.NET 程式的指引區間，為了要使用 ADO.NET 的資料庫物件與類別，所以要先載入名稱空間 system.data。

第 3 行：ASP.NET 程式的指引區間，為了要使用 ADO.NET 的資料庫物件與類別，所以要先載入名稱空間 system.data.oledb。

第 4 行：宣告 script 程式碼的種類為 vbscript，並執行在 server 端。

第 5~23 行：建立 page_load 副程式，即 page_load 事件程序，當 ASP.NET 網頁程式載入時觸發此事件程序。

第 6~19 行：建立 If 條件式，條件式為 Page 物件執行其 IsPostBack 屬性，判斷網頁是否是第一次載入，若網頁是第一次載入執行，則會取得 False 值，再以 Not 將 False 值反向，得到 true 值，就是條件成立，執行 If 區間的敘述式。

第 7 行：If 區間的敘述式，宣告 str 與 sqlstr 變數，並設其資料型態為 String，在本程式中 str 要做為 Connection 物件的連線字串，sqlstr 則是做為 SQL 指令字串。

第 8 行：If 區間的敘述式，建立 Connection 物件的連線字串 str，因為要連結的資料庫為 Microsoft Office Access，所以 provider 參數設定為【microsoft.jet.oledb.4.0】，data source 參數則是指定要連結的 db1.mdb 資料庫的所在位置，在本範例中，我們將 db1.mdb 資料庫檔案放在與程式相同的資料夾中，所以在位置的設定中，不需要加上任何的路徑區隔。

第 9 行：If 區間的敘述式，建立 Connection 物件 con，並帶入連線字串 str。

第 10 行：If 區間的敘述式，以 con 物件的 open() 方法開啟 db1.mdb 資料庫的連結。

第 11 行：If 區間的敘述式，建立 DataAdapter 物件要執行的 SQL 指令字串，在此我們設定 SQL 指令為【select * from 通訊錄】，可將通訊錄資料表中所有的資料記錄取出，並將指令設定在 sqlstr 字串變數中。

第 12 行：If 區間的敘述式，宣告 ada 變數為 DataAdapter 物件，並帶入 SQL 指令與 Connection 物件以建立 DataAdapter 物件。

第 13 行：If 區間的敘述式，宣告 ds 變數為 DataSet 物件，並建立 DataSet 物件。

第 14 行：If 區間的敘述式，使用 DataAdapter 物件的 Fill 方法，新增 DataSet 物件 ds 的【通訊資料】資料表。

第 15 行：If 區間的敘述式，利用 DefaultView 屬性取得設定 DataSet 物件 ds 的【通訊資料】資料表 DataTable 物件的 DataView 物件，作為 ASP.NET 的 Web 伺服器控制項單選鈕 RadioButtonList 物件 rb1 的資料來源 (DataSource)。

第 16 行：If 區間的敘述式，設定 ASP.NET 的 Web 伺服器控制項單選鈕 RadioButtonList 物件 rb1 的要資料繫結的資料表欄位 (DataTextField) 為【姓名】欄。

第 17 行：If 區間的敘述式，執行 Web 伺服器控制項單選鈕 RadioButtonList 物件 rb1 的資料繫結。

第 18 行:If 區間的敘述式，以 con 物件的 Close() 方法關閉已開啟的 db1.mdb 資料庫的連結。

第 21~23 行：建立 b1_click 副程式，即 b1_click 事件程序，當按鈕元件 b1 被按下時觸發此事件程序。

第 22 行：取得 Web 伺服器控制項單選鈕 RadioButtonList 物件 rb1 的被選擇的項目文字連結字串設定給標籤控制項 a1 要顯示的文字。

第 33 行：建立 Web 伺服器控制項 RadioButtonList，設定其 id 名稱為 rbl，並執行在 Server 端。

第 34 行：建立 Web 伺服器控制項 Button，設定其 id 名稱為 b1，按鈕上要顯示的文字為 " 選取 "，並設定其觸發事件 OnClick 要執行的事件程序為 b1_click，當按下按鈕時將觸發 OnClick 事件執行 b1_click 事件程序的副程式內容。

第 35 行：建立 ASP.NET 的 Web 伺服器控制項，標籤 Label，並設定其 id 屬性為 a1，標籤顯示的文字為紅色，並執行在 Server 端。

執行結果

【圖12-36】

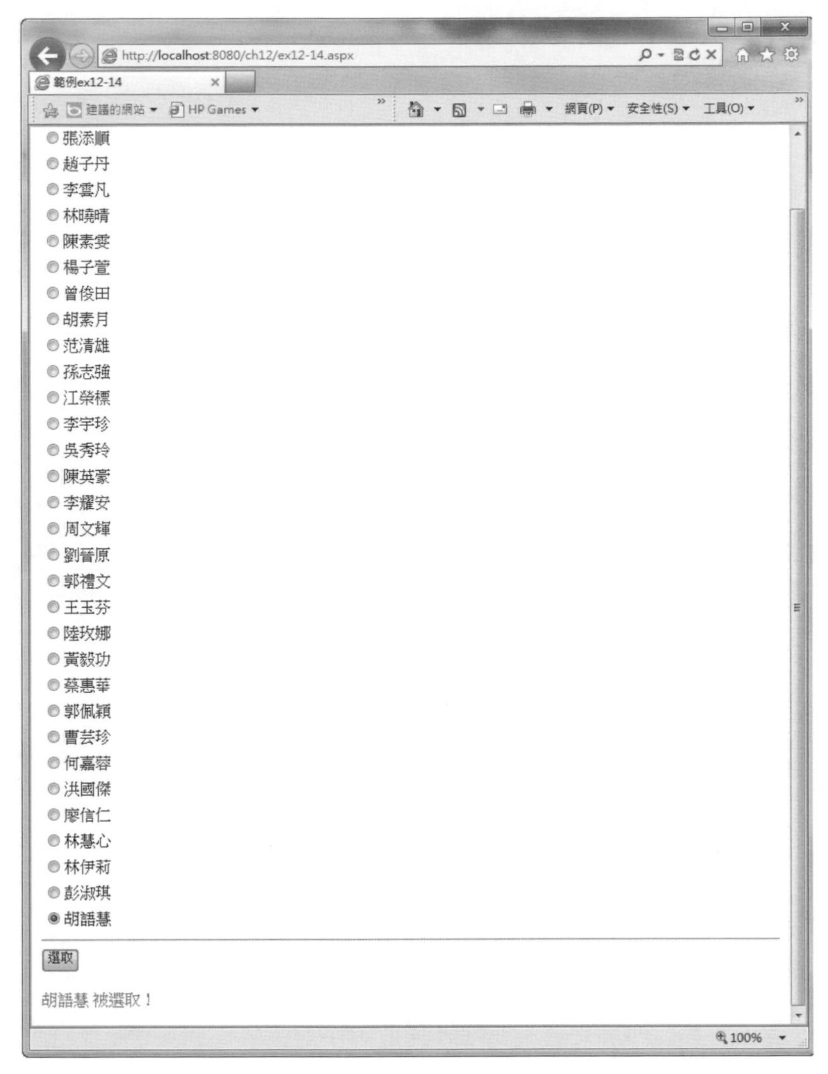

【圖12-37】

12.10.2 DataReader物件的資料繫結

DataReader物件也可以作為資料繫結的來源，主要是以Command物件的【ExecuteReader()】方法來取得DataReader物件，並做為ASP.NET控制項的資料繫結來源，然後利用ASP.NET控制項的【DataTextField】屬性指定資料來源的欄位名稱，再執行資料繫結【DataBind()】。設定格式如下：

```
ASP.NET 控制項名稱 .DataSource = Command 物件名稱 .ExecuteReader()
ASP.NET 控制項名稱 .DataTextField = "欄位名稱"
ASP.NET 控制項名稱 .DataBind()
```

範例練習12-15 （完整程式碼在本書附的光碟中ch12\ex12-15.aspx）

建立 ASP.NET 程式，開啟並連結 db1.mdb 資料庫後，開啟【通訊錄】資料表，使用 ASP.NET 的 Web 伺服器控制項單選鈕，指定 DataReader 物件上的資料表為資料繫結來源，並進行繫結以操作資料表，將結果顯示在網頁上。

程式碼

```
1.  <%@ Page Language="VB" %>
2.  <%@ Import Namespace="system.data" %>
3.  <%@ Import Namespace="system.data.oledb" %>
4.  <script language="vbscript" runat="server">
5.  Sub page_load(ByVal sender As Object, ByVal e As EventArgs)
6.  If Not Page.IsPostBack Then
7.  Dim str, sqlstr As String
8.  str = "provider=microsoft.jet.oledb.4.0;data source=" & Server.
    MapPath("db1.mdb")
9.  Dim con As OleDbConnection = New OleDbConnection(str)
10. con.Open()
11. sqlstr = "select * from 通訊錄"
12. Dim com As OleDbCommand = New OleDbCommand(sqlstr, con)
13. rbl.DataSource = com.ExecuteReader()
14. rbl.DataTextField = "姓名"
15. rbl.DataBind()
16. con.Close()
17. End If
18. End Sub
19. Sub b1_click(ByVal sender As Object, ByVal e As EventArgs)
20. a1.Text = rbl.SelectedItem.Text & " 被選取！"
21. End Sub
22. </script>
23. <html>
24. <head id="Head1" runat="server">
25. <title>範例 ex9-15</title>
26. </head>
27. <body>
28. 請選取姓名：
29. <form id="f1" runat="server">
30. 姓名列表：<br />
31. <asp:RadioButtonList Id="rbl" Runat="server" /><hr>
32. <asp:Button id="b1" Text="選取" OnClick="b1_click" Runat="server"/><p>
33. <asp:Label id="a1" ForeColor="red" Runat="server"/>
34. </form>
```

```
35. </body>
36. </html>
```

程式說明

第 1 行：ASP.NET 程式的指引區間，告知 .NET 系統此網頁程式是以 Visual Basic 程式撰寫。

第 2 行：ASP.NET 程式的指引區間，為了要使用 ADO.NET 的資料庫物件與類別，所以要先載入名稱空間 system.data。

第 3 行：ASP.NET 程式的指引區間，為了要使用 ADO.NET 的資料庫物件與類別，所以要先載入名稱空間 system.data.oledb。

第 4 行：宣告 script 程式碼的種類為 vbscript，並執行在 server 端。

第 5~21 行：建立 page_load 副程式，即 page_load 事件程序，當 ASP.NET 網頁程式載入時觸發此事件程序。

第 6~17 行：建立 If 條件式，條件式為 Page 物件執行其 IsPostBack 屬性，判斷網頁是否是第一次載入，若網頁是第一次載入執行，則會取得 False 值，再以 Not 將 False 值反向，得到 true 值，就是條件成立，執行 If 區間的敘述式。

第 7 行：If 區間的敘述式，宣告 str 與 sqlstr 變數，並設其資料型態為 String，在本程式中 str 要做為 Connection 物件的連線字串，sqlstr 則是做為 SQL 指令字串。

第 8 行：If 區間的敘述式，建立 Connection 物件的連線字串 str，因為要連結的資料庫為 Microsoft Office Access，所以 provider 參數設定為【microsoft.jet.oledb.4.0】，data source 參數則是指定要連結的 db1.mdb 資料庫的所在位置，在本範例中，我們將 db1.mdb 資料庫檔案放在與程式相同的資料夾中，所以在位置的設定中，不需要加上任何的路徑區隔。

第 9 行：If 區間的敘述式，建立 Connection 物件 con，並帶入連線字串 str。

第 10 行：If 區間的敘述式，以 con 物件的 open() 方法開啟 northwind.mdb 資料庫的連結。

第 11 行：If 區間的敘述式，建立 Command 物件要執行的 SQL 指令字串，在此我們設定 SQL 指令為【select * from 通訊錄】，可將通訊錄資料表中所有的資料記錄取出，並將指令設定在 sqlstr 字串變數中。

第 12 行：If 區間的敘述式，建立 Command 物件 com，並將 Command 物件所需的兩個參數，要執行的 SQL 指令 sqlstr 與 Connection 物件 con 帶入到 Command 物件中。

第 13 行：If 區間的敘述式，以 Command 物件 com 的【ExecuteReader()】方法來取得 DataReader 物件，並做為 ASP.NET 控制項 rb1 的資料繫結來源。

第 14 行：If 區間的敘述式，以 ASP.NET 控制項 rb1 的【DataTextField】屬性指定資料來源的【姓名】欄位名稱。

第 15 行：If 區間的敘述式，執行 ASP.NET 控制項 rb1 的資料繫結。

第 16 行：If 區間的敘述式，以 con 物件的 Close() 方法關閉已開啟的 db1.mdb 資料庫的連結。

第 19~21 行：建立 b1_click 副程式，即 b1_click 事件程序，當按鈕元件 b1 被按下時觸發此事件程序。

第 20 行：取得 Web 伺服器控制項單選鈕 RadioButtonList 物件 rb1 的被選擇的項目文字連結字串設定給標籤控制項 a1 要顯示的文字。

第 31 行：建立 Web 伺服器控制項 RadioButtonList，設定其 id 名稱為 rbl，並執行在 Server 端。

第 32 行：建立 Web 伺服器控制項 Button，設定其 id 名稱為 b1，按鈕上要顯示的文字為 " 選取 "，並設定其觸發事件 OnClick 要執行的事件程序為 b1_click，當按下按鈕時將觸發 OnClick 事件執行 b1_click 事件程序的副程式內容。

第 33 行：建立 ASP.NET 的 Web 伺服器控制項，標籤 Label，並設定其 id 屬性為 a1，標籤顯示的文字為紅色，並執行在 Server 端。

執行結果

【圖12-38】

http://localhost:8080/ch12/ex12-15.aspx
範例ex12-15
張添順
趙子丹
李雲凡
林曉晴
陳素雯
楊子萱
曾俊田
胡素月
范清雄
孫志強
江榮標
李宇珍
吳秀玲
陳英豪
李耀安
周文輝
劉晉原
郭禮文
王玉芬
陸玫娜
黃毅功
蔡惠華
郭佩穎
曹芸珍
何嘉蓉
洪國傑
廖信仁
林慧心
林伊莉
彭淑琪
胡語慧
選取
楊子萱 被選取！

【圖12-39】

12.11 Repeater控制項

Repeater控制項可以用類似清單的方式來顯示資料，可以設定資料庫的資料表顯示格式，能自定範本標籤【Template】，並有多種版面可以選擇與設計。

內定供選擇的版面一般稱為【範本】，透過【範本】，讓使用者自行定義範本，可以讓資料表的顯示更有變化，更有美感。但此控制項並不具備資料編輯、排序、選取、分頁的功能。

設定格式如下：

```
<ASP:Repeater id = "Repeater控制項名稱"runat = "server"datasource =
連結的資料來源>
<範本名稱>範本內容</範本名稱>
...
</ASP:Repeater>
```

Repeater控制項的樣板屬性如下：

範本名稱	功能
FooterTemplate	定義資料頁尾的範本
SeparatorTemplate	資料項目分隔的範本
AlternatingItemTemplate	資料交替不同顯示的範本，如要讓資料記錄以不同的色彩交替顯示，一般奇數項目以此樣板顯示，偶數項目以Item範本顯示。
ItemTemplate	即資料項目清單範本。是使用Repeater物件的必要範本，不可省略。
HeaderTemplate	定義資料標題範本

Repeater控制項的設定首先是【HeaderTemplate】標籤，再依資料表的紀錄數量重複顯示【ItemTemplate】標籤與【AlternatingItemTemplate】標籤，最後再設定【FooterTemplate】。而每個標籤內可以用表格標籤定義資料表內容欄位，表格的儲存格是設定為【<%#Eval("欄位名稱")%>】，主要是以Eval()方法來取得與顯示指定資料表的欄位內容。

範例練習12-16 (完整程式碼在本書附的光碟中ch12\ex12-16.aspx)

建立ASP.NET程式，開啟並連結db1.mdb資料庫後，開啟【通訊錄】資料表，使用ASP.NET的Repeater控制項設定資料表的顯示樣式，並將結果顯示在網頁上。

程式碼

```
1.  <%@ Page Language="VB" %>
2.  <%@ Import Namespace="system.data" %>
3.  <%@ Import Namespace="system.data.oledb" %>
4.  <script language="vbscript" runat="server">
5.  Sub page_load(ByVal sender As Object, ByVal e As EventArgs)
6.  Dim str, sqlstr As String
7.  str = "provider=microsoft.jet.oledb.4.0;data source=" & Server.
    MapPath("db1.mdb")
8.  Dim con As OleDbConnection = New OleDbConnection(str)
9.  con.Open()
10. sqlstr = "select * from 通訊錄"
11. Dim ada As OleDbDataAdapter = New OleDbDataAdapter(sqlstr, con)
12. Dim ds As DataSet = New DataSet()
13. ada.Fill(ds, "通訊資料")
14. rep.DataSource = ds.Tables("通訊資料").DefaultView
15. rep.DataBind()
16. con.Close()
17. End Sub
18. </script>
19. <html>
20. <head id="Head1" runat="server">
21. <title>範例 ex9-16</title>
22. </head>
23. <body><center>
24. <form id="f1" runat="server">
25. <asp:Repeater ID="rep" runat="server">
26. <HeaderTemplate>
27. <table border="1">
28. <tr bgcolor="lightblue"><td>姓名</td><td>密碼</td><td>出生年月日</td>
    <td>地址</td><td>電子郵件</td></tr>
29. </HeaderTemplate>
30. <ItemTemplate>
31. <tr bgcolor="yellow">
32. <td><%#Eval("姓名")%></td>
33. <td><%#Eval("密碼")%></td>
34. <td><%#Eval("出生年月日")%></td>
35. <td><%#Eval("地址")%></td>
36. <td><%#Eval("電子郵件")%></td>
37. </tr>
38. </ItemTemplate>
39. <AlternatingItemTemplate>
40. <tr bgcolor="lime">
41. <td><%#Eval("姓名")%></td>
42. <td><%#Eval("密碼")%></td>
43. <td><%#Eval("出生年月日")%></td>
44. <td><%#Eval("地址")%></td>
```

```
45. <td><%#Eval("電子郵件")%></td>
46. </tr>
47. </AlternatingItemTemplate>
48. <FooterTemplate>
49. </table>
50. </FooterTemplate>
51. </asp:Repeater>
52. </form>
53. </center>
54. </body>
55. </html>
```

程式說明

第 1 行：ASP.NET 程式的指引區間，告知 .NET 系統此網頁程式是以 Visual Basic 程式撰寫。

第 2 行：ASP.NET 程式的指引區間，為了要使用 ADO.NET 的資料庫物件與類別，所以要先載入名稱空間 system.data。

第 3 行：ASP.NET 程式的指引區間，為了要使用 ADO.NET 的資料庫物件與類別，所以要先載入名稱空間 system.data.oledb。

第 4 行：宣告 script 程式碼的種類為 vbscript，並執行在 server 端。

第 5~17 行：建立 page_load 副程式，即 page_load 事件程序，當 ASP.NET 網頁程式載入時觸發此事件程序。

第 6 行：宣告 str 與 sqlstr 變數，並設其資料型態為 String，在本程式中 str 要做為 Connection 物件的連線字串，sqlstr 則是做為 SQL 指令字串。

第 7 行：建立 Connection 物件的連線字串 str，因為要連結的資料庫為 Microsoft Office Access，所以 provider 參數設定為【microsoft.jet.oledb.4.0】，data source 參數則是指定要連結的 db1.mdb 資料庫的所在位置，在本範例中，我們將 db1.mdb 資料庫檔案放在與程式相同的資料夾中，所以在位置的設定中，不需要加上任何的路徑區隔。

第 8 行：建立 Connection 物件 con，並帶入連線字串 str。

第 9 行：以 con 物件的 open() 方法開啟 db1.mdb 資料庫的連結。

第 10 行：建立 DataAdapter 物件要執行的 SQL 指令字串，在此我們設定 SQL 指令為【select * from 通訊錄】，可將通訊錄資料表中所有的資料記錄取出，並將指令設定在 sqlstr 字串變數中。

第 11 行：宣告 ada 變數為 DataAdapter 物件，並帶入 SQL 指令與 Connection 物件以建立 DataAdapter 物件。

第 12 行：宣告 ds 變數為 DataSet 物件，並建立 DataSet 物件。

第 13 行：使用 DataAdapter 物件的 Fill 方法，新增 DataSet 物件 ds 的【通訊資料】資料表。

第 14 行：利用 DefaultView 屬性取得設定 DataSet 物件 ds 的【通訊資料】資料表 DataTable 物件的 DataView 物件，作為 Repeater 控制項物件 rep 的資料來源 (DataSource)。

第 15 行：執行 Repeater 控制項物件 rep 的資料繫結。

第 16 行：以 con 物件的 Close() 方法關閉已開啟的 db1.mdb 資料庫的連結。

第 25 行：建立 Repeater 控制項物件，設定其 id 名稱為 rep，並執行在 Server 端。

第 26~29 行：設定 Repeater 控制項的【HeaderTemplate】標籤，以表格設定要顯示的欄位名稱。

第 30~38 行：設定 Repeater 控制項的【ItemTemplate】標籤，取得資料表欄位的內容值。

第 39~47 行：設定 Repeater 控制項的【AlternatingItemTemplate】標籤，取得資料表欄位的內容值。

執行結果

姓名	密碼	出生年月日	地址	電子郵件
張添順	0332	1966/2/18 上午 12:00:00	台北市	abelch@ms.com
趙子丹	0256	1970/5/16 上午 12:00:00	桃園市	antonyc@dhl.com
李雲凡	6985	1965/7/31 上午 12:00:00	台北市	bennylee@akj.cmb.net
林曉晴	4848	1976/12/6 上午 12:00:00	台南縣	amylin@pop.net.tw
陳素雯	9632	1980/4/8 上午 12:00:00	高雄市	susanchen@ups.com
楊子萱	6895	1960/5/15 上午 12:00:00	台北市	alicey@fud.phd.net
曾俊田	7694	1971/3/10 上午 12:00:00	台中市	tomc@ms.in.com.tw
胡素月	1598	1962/4/16 上午 12:00:00	台北市	anniehu@usb.net.tw
范清雄	3585	1967/5/23 上午 12:00:00	高雄市	johnfan@ure.com.tw
孫志強	2142	1960/6/17 上午 12:00:00	屏東縣	simonsan@ram.the.com.tw
江榮標	5321	1958/7/1 上午 12:00:00	台中縣	andyj@pop.net.tw
李宇珍	8671	1961/8/22 上午 12:00:00	高雄縣	bettylee@ms.com
吳秀玲	1766	1966/2/2 上午 12:00:00	高雄市	carolwu@kao.net.tw
陳英豪	2984	1967/9/12 上午 12:00:00	新竹縣	barrych@yahoo.com.tw
李耀安	5577	1965/6/10 上午 12:00:00	台北市	franklee@ms100.hinet.net
周文輝	3009	1977/10/10 上午 12:00:00	桃園市	gerrych@yahoo.com.tw
劉晉原	4890	1971/5/29 上午 12:00:00	基隆市	henrylaw@ups.com
郭禮文	9995	1980/12/7 上午 12:00:00	新竹市	jamesko@ure.com.tw
王玉芬	8777	1979/7/7 上午 12:00:00	台北縣	helenwang@tpi.net.tw
陸玫娜	6688	1961/3/20 上午 12:00:00	高雄市	janetlu@kao.net.tw
黃穀功	3361	1972/4/11 上午 12:00:00	台中縣	philiph@tai.hub.com.tw
蔡惠華	1113	1963/8/19 上午 12:00:00	台北縣	ivyts@ms99.hinet.net
郭佩穎	5668	1978/3/14 上午 12:00:00	台北縣	lisako@yahoo.com.tw
曹芸珍	1291	1974/10/23 上午 12:00:00	桃園市	maggietso@tao.vsi.net
何嘉蓉	6633	1973/6/25 上午 12:00:00	台南市	sallyho@tpts1.sd.net.tw
洪國傑	2311	1968/9/17 上午 12:00:00	台中縣	peterhung@yam.net.tw
廖信仁	2154	1979/1/6 上午 12:00:00	高雄市	rudyl@ghp.com
林慧心	9937	1976/2/21 上午 12:00:00	屏東縣	nancylin@php.asp.com
林伊莉	7782	1971/5/28 上午 12:00:00	台北縣	wendylin@dhc.net
彭淑琪	5513	1975/11/16 上午 12:00:00	台北縣	tinapn@yahoo.com.tw

【圖12-40】

12.12 DataList控制項

DataList控制項與Repeater控制項的功用幾乎相同，同樣可以用類似清單的方式來顯示資料，可以設定資料庫的資料表顯示格式，能自定範本標籤【Template】，並有多種版面可以選擇與設計。而DataList控制項比Repeater控制項多了兩個範本標籤【SelectedItemTemplate】與【EditItemTemplate】，這兩個範本標籤可以提供選取項目與編輯項目的功能。

範本名稱	功能
SelectedItemTemplate	定義被選取的資料項目範本
EditItemTemplate	編輯資料項目的範本

範例練習12-17 (完整程式碼在本書附的光碟中ch12\ex12-17.aspx)

建立 ASP.NET 程式，開啟並連結 db1.mdb 資料庫後，開啟【通訊錄】資料表，使用 ASP.NET 的 DataList 控制項設定資料表的顯示樣式，並將結果顯示在網頁上。

程式碼

```
1.  <%@ Page Language="VB" %>
2.  <%@ Import Namespace="system.data" %>
3.  <%@ Import Namespace="system.data.oledb" %>
4.  <script language="vbscript" runat="server">
5.  Sub page_load(ByVal sender As Object, ByVal e As EventArgs)
6.  Dim str, sqlstr As String
7.  str = "provider=microsoft.jet.oledb.4.0;data source=" & Server.
    MapPath("db1.mdb")
8.  Dim con As OleDbConnection = New OleDbConnection(str)
9.  con.Open()
10. sqlstr = "select * from 通訊錄"
11. Dim ada As OleDbDataAdapter = New OleDbDataAdapter(sqlstr, con)
12. Dim ds As DataSet = New DataSet()
13. ada.Fill(ds, "通訊資料")
14. dl.DataSource = ds.Tables("通訊資料").DefaultView
15. dl.DataBind()
16. con.Close()
```

```
17. End Sub
18. </script>
19. <html>
20. <head id="Head1" runat="server">
21. <title>範例 ex9-17</title>
22. </head>
23. <body><center>
24. <form id="f1" runat="server">
25. <asp:DataList ID="dl" runat="server">
26. <HeaderTemplate>
27. <table border="1">
28. <tr bgcolor="lightblue"><td> 姓名 </td><td> 密碼 </td><td> 出生年月日 </td>
    <td> 地址 </td><td> 電子郵件 </td></tr>
29. </HeaderTemplate>
30. <ItemTemplate>
31. <tr bgcolor="aqua">
32. <td><%#Eval(" 姓名 ")%></td>
33. <td><%#Eval(" 密碼 ")%></td>
34. <td><%#Eval(" 出生年月日 ")%></td>
35. <td><%#Eval(" 地址 ")%></td>
36. <td><%#Eval(" 電子郵件 ")%></td>
37. </tr>
38. </ItemTemplate>
39. <AlternatingItemTemplate>
40. <tr bgcolor="teal">
41. <td><%#Eval(" 姓名 ")%></td>
42. <td><%#Eval(" 密碼 ")%></td>
43. <td><%#Eval(" 出生年月日 ")%></td>
44. <td><%#Eval(" 地址 ")%></td>
45. <td><%#Eval(" 電子郵件 ")%></td>
46. </tr>
47. </AlternatingItemTemplate>
48. <FooterTemplate>
49. </table>
50. </FooterTemplate>
51. </asp:DataList>
52. </form>
53. </center>
54. </body>
55. </html>
```

程式說明

第 1 行：ASP.NET 程式的指引區間，告知 .NET 系統此網頁程式是以 Visual Basic 程式撰寫。

第 2 行：ASP.NET 程式的指引區間，為了要使用 ADO.NET 的資料庫物件與類別，所以要先載入名稱空間 system.data。

第 3 行：ASP.NET 程式的指引區間，為了要使用 ADO.NET 的資料庫物件與類別，所以要先載入名稱空間 system.data.oledb。

第 4 行：宣告 script 程式碼的種類為 vbscript，並執行在 server 端。

第 5~17 行：建立 page_load 副程式，即 page_load 事件程序，當 ASP.NET 網頁程式載入時觸發此事件程序。

第 6 行：宣告 str 與 sqlstr 變數，並設其資料型態為 String，在本程式中 str 要做為 Connection 物件的連線字串，sqlstr 則是做為 SQL 指令字串。

第 7 行：建立 Connection 物件的連線字串 str，因為要連結的資料庫為 Microsoft Office Access，所以 provider 參數設定為【microsoft.jet.oledb.4.0】，data source 參數則是指定要連結的 db1.mdb 資料庫的所在位置，在本範例中，我們將 db1.mdb 資料庫檔案放在與程式相同的資料夾中，所以在位置的設定中，不需要加上任何的路徑區隔。

第 8 行：建立 Connection 物件 con，並帶入連線字串 str。

第 9 行：以 con 物件的 open() 方法開啟 db1.mdb 資料庫的連結。

第 10 行：建立 DataAdapter 物件要執行的 SQL 指令字串，在此我們設定 SQL 指令為【select * from 通訊錄】，可將通訊錄資料表中所有的資料記錄取出，並將指令設定在 sqlstr 字串變數中。

第 11 行：宣告 ada 變數為 DataAdapter 物件，並帶入 SQL 指令與 Connection 物件以建立 DataAdapter 物件。

第 12 行：宣告 ds 變數為 DataSet 物件，並建立 DataSet 物件。

第 13 行：使用 DataAdapter 物件的 Fill 方法，新增 DataSet 物件 ds 的【通訊資料】資料表。

第 14 行：利用 DefaultView 屬性取得設定 DataSet 物件 ds 的【通訊資料】資料表 DataTable 物件的 DataView 物件，作為 DataList 控制項物件 dl 的資料來源 (DataSource)。

第 15 行：執行 DataList 控制項物件 dl 的資料繫結。

第 16 行：以 con 物件的 Close() 方法關閉已開啟的 db1.mdb 資料庫的連結。

第 25 行：建立 DataList 控制項物件，設定其 id 名稱為 dl，並執行在 Server 端。

第 26~29 行：設定 DataList 控制項的【HeaderTemplate】標籤，以表格設定要顯示的欄位名稱。

第 30~38 行：設定 DataList 控制項的【ItemTemplate】標籤，取得資料表欄位的內容值。

第 39~47 行：設定 DataList 控制項的【AlternatingItemTemplate】標籤，取得資料表欄位的內容值。

執行結果

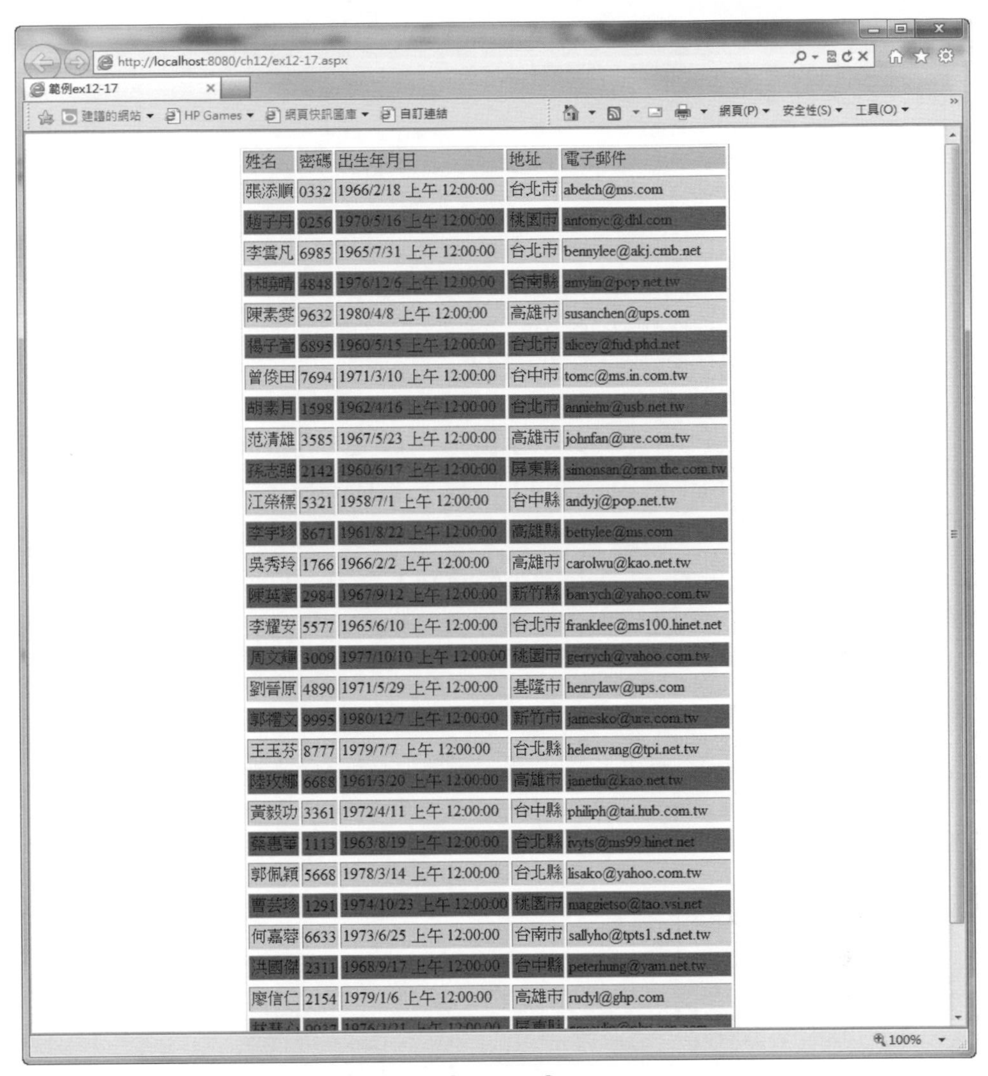

【圖12-41】

DataList控制項的屬性如下表：

屬性名稱	功能
GridLines	設定DataList控制項輸出為表格版面的格線顯示。設定值有： ● None(沒有框線) ● Horizontal(水平框線) ● Vertical(垂直框線) ● Both(水平與垂直框線)
RepeatColumns	設定DataList控制項的表格輸出欄數。

屬性名稱	功能
RepeatDirection	設定DataList控制項的顯示方向。設定值有： ● Horizontal(水平) ● Vertical(垂直)
RepeatLayout	設定DataList控制項的版面配置方式。設定值有： ● Table(表格) ● Flow(直線)
SelectedIndex	取得DataList控制項被選取的項目。
CommandName	自行設定的命令名稱。
DataKeys	取得DataKeyCollection集合物件，可以搭配Item屬性取得指定資料記錄的索引值。
DataKeyField	設定資料來源的主索引欄位。

DataList控制項在【ItemTemplate】標籤中設定LinkButton控制項並按下時，將會觸發產生【ItemCommand】事件，在DataList控制項中則要設定【OnItemCommand】事件程序。另外，DataList也提供【EditCommand】事件、【UpdateCommand】事件、【DeleteCommand】事件、【CancelCommand】事件，提供編輯、更新、刪除、取消等事件處理。

範例練習12-18 (完整程式碼在本書附的光碟中ch12\ex12-18.aspx)

建立 ASP.NET 程式，開啟並連結 db1.mdb 資料庫後，開啟【通訊錄】資料表，使用 ASP.NET 的 DataList 控制項設定資料表的顯示樣式，並設定 DataList 控制項的格式，當點選姓名連結時，會顯示該姓名的詳細資料，將結果顯示在網頁上。

程式碼

```
1.  <%@ Page Language="VB" %>
2.  <%@ Import Namespace="system.data" %>
3.  <%@ Import Namespace="system.data.oledb" %>
4.  <script language="vbscript" runat="server">
5.  Sub page_load(ByVal sender As Object, ByVal e As EventArgs)
6.  Dim str, sqlstr As String
7.  str = "provider=microsoft.jet.oledb.4.0;data source=" & Server.
    MapPath("db1.mdb")
8.  Dim con As OleDbConnection = New OleDbConnection(str)
9.  con.Open()
10. sqlstr = "select * from 通訊錄"
11. Dim ada As OleDbDataAdapter = New OleDbDataAdapter(sqlstr, con)
12. Dim ds As DataSet = New DataSet()
13. ada.Fill(ds, "通訊資料")
14. dl.DataSource = ds.Tables("通訊資料").DefaultView
15. dl.DataBind()
```

```
16. con.Close()
17. End Sub
18. Sub dl_ic(ByVal sender As Object, ByVal e As
    DataListCommandEventArgs)
19. dl.SelectedIndex = e.Item.ItemIndex
20. dl.DataBind()
21. End Sub
22. </script>
23. <html>
24. <head id="Head1" runat="server">
25. <title>範例 ex9-18</title>
26. </head>
27. <body><center>
28. <form id="f1" runat="server">
29. <asp:DataList ID="dl" runat="server" RepeatColumns ="5"
     RepeatDirection ="Vertical" RepeatLayout = "Table" GridLines
     ="Both" OnItemCommand ="dl_ic">
30. <HeaderTemplate>
31. <center >
32. <font color="red">點一下姓名超連結，可顯示該姓名詳細資料。</font></center>
33. </HeaderTemplate>
34. <ItemTemplate>
35. <asp:LinkButton ID="lb" runat ="server" Text ='<%#Eval("姓名") %>'
    CommandName ="s" /><br />
36. </ItemTemplate>
37. <SelectedItemTemplate>
38. <%#Eval("姓名")%><br />
39. <%#Eval("密碼")%><br />
40. <%#Eval("出生年月日")%><br />
41. <%#Eval("地址")%><br />
42. <%#Eval("電子郵件")%><br />
43. </SelectedItemTemplate>
44. </asp:DataList>
45. </form>
46. </center>
47. </body>
48. </html>
```

程式說明

第 1 行：ASP.NET 程式的指引區間，告知 .NET 系統此網頁程式是以 Visual Basic 程式撰寫。

第 2 行：ASP.NET 程式的指引區間，為了要使用 ADO.NET 的資料庫物件與類別，所以要先載入名稱空間 system.data。

第 3 行：ASP.NET 程式的指引區間，為了要使用 ADO.NET 的資料庫物件與類別，所以要先載入名稱空間 system.data.oledb。

第 4 行：宣告 script 程式碼的種類為 vbscript，並執行在 server 端。

第 5~21 行：建立 page_load 副程式，即 page_load 事件程序，當 ASP.NET 網頁程式載入時觸發此事件程序。

第 6 行：宣告 str 與 sqlstr 變數，並設其資料型態為 String，在本程式中 str 要做為 Connection 物件的連線字串，sqlstr 則是做為 SQL 指令字串。

第 7 行：建立 Connection 物件的連線字串 str，因為要連結的資料庫為 Microsoft Office Access，所以 provider 參數設定為【microsoft.jet.oledb.4.0】，data source 參數則是指定要連結的 db1.mdb 資料庫的所在位置，在本範例中，我們將 db1.mdb 資料庫檔案放在與程式相同的資料夾中，所以在位置的設定中，不需要加上任何的路徑區隔。

第 8 行：建立 Connection 物件 con，並帶入連線字串 str。

第 9 行：以 con 物件的 open() 方法開啟 db1.mdb 資料庫的連結。

第 10 行：建立 DataAdapter 物件要執行的 SQL 指令字串，在此我們設定 SQL 指令為【select * from 通訊錄】，可將通訊錄資料表中所有的資料記錄取出，並將指令設定在 sqlstr 字串變數中。

第 11 行：宣告 ada 變數為 DataAdapter 物件，並帶入 SQL 指令與 Connection 物件以建立 DataAdapter 物件。

第 12 行：宣告 ds 變數為 DataSet 物件，並建立 DataSet 物件。

第 13 行：使用 DataAdapter 物件的 Fill 方法，新增 DataSet 物件 ds 的【通訊資料】資料表。

第 14 行：利用 DefaultView 屬性取得設定 DataSet 物件 ds 的【通訊資料】資料表 DataTable 物件的 DataView 物件，作為 DataList 控制項物件 dl 的資料來源 (DataSource)。

第 15 行：執行 DataList 控制項物件 dl 的資料繫結。

第 16 行：以 con 物件的 Close() 方法關閉已開啟的 db1.mdb 資料庫的連結。

第 18~21 行：建立 dl_ic 副程式，即 dl_ic 事件程序，當按下姓名的連結時，即 DataList 物件，觸發此事件程序 (e 參數要設定為 DataListCommandEventArgs)。

第 19 行：透過 e 參數的 Item 屬性的 ItemIndex 取得被選取的項目索引值，設定給 DataList 控制項的 SelectIndex 屬性，即被選的項目。

第 20 行：再次執行 DataList 控制項物件 dl 的資料繫結。

第 29 行：建立 DataList 控制項物件，設定其 id 名稱為 dl，表格輸出欄數為 5 欄，表格的顯示方向為垂直，輸出版面為表格，表格設定有框線，設定要觸發的 ItemCommand 事件為【dl_ic】，

並執行在 Server 端。

第 30~33 行：設定 DataList 控制項的【HeaderTemplate】標籤，設定要顯示的文字。

第 34~36 行：設定 DataList 控制項的【ItemTemplate】標籤，建立 ASP.NET 的 LinkButton 控制項，設定其 id 名稱為 lb，文字的超連結為姓名欄位，指定命令名稱為 s，並執行在 Server 端。

第 37~43 行：設定 DataList 控制項的【SelectedItemTemplate】標籤，取得被按下連結姓名的各欄位資料值。

執行結果

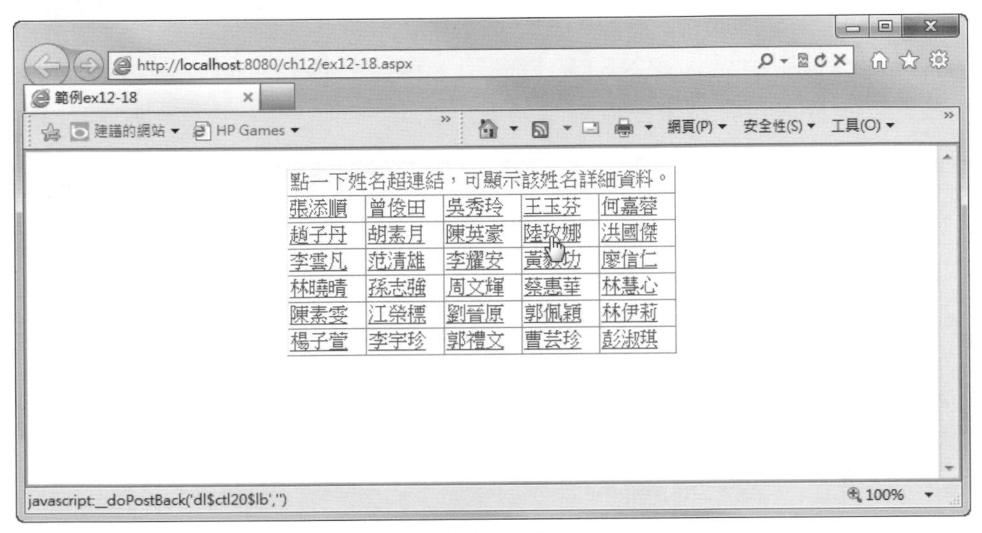

【圖12-42】

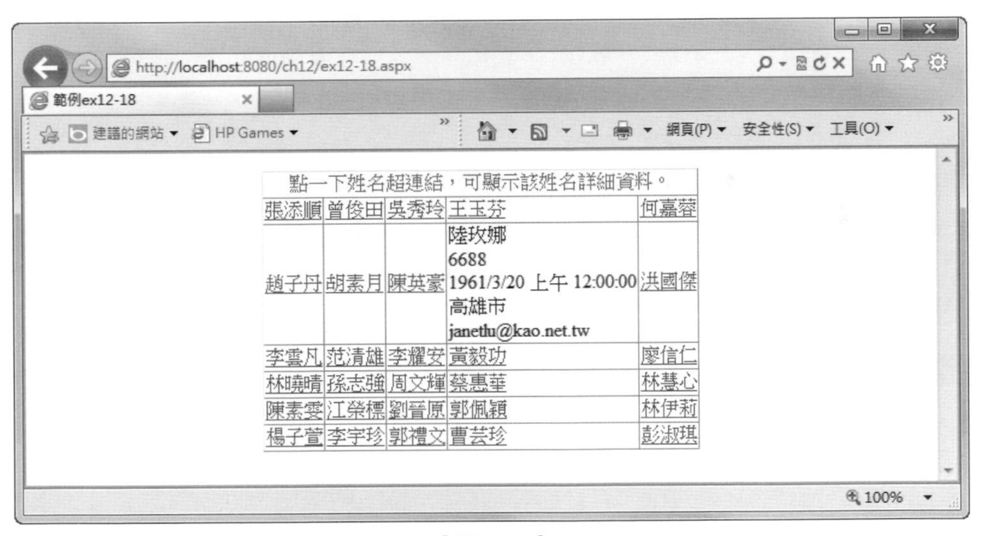

【圖12-43】

12.13 資料來源控制項 (Data Source Controls)

資料來源控制項是ASP.NET的控制項，可已經過宣告的方式存取資料來源的資料。基本的資料來源控制項如下：

資料來源控制項	功能
SQLDataSource	存取關聯式資料庫的資料來源，資料庫可以為SQL Server、Access、Oracle…等。
AccessDataSource	存取Access資料庫的資料來源。
ObjectDataSource	存取物件的資料來源。
XmlDataSource	存取XML文件的資料來源。

AccessDataSource宣告資料來源的格式如下：

```
<ASP: AccessDataSource id = "AccessDataSource控制項名稱" Runat = "Server"
 DataFile = "資料來源檔案路徑" SelectCommand = "SQL 指令字串" />
```

SQLDataSource宣告資料來源的格式如下：

```
<ASP:SQLDataSource id = "SQLDataSource 控制項名稱" Runat = "Server"
 ProviderName = "System.Data.Oledb" ConnectionString = "資料庫連結字串
(Connection 物件的連結字串)" SelectCommand = "SQL 指令字串" />
```

範例練習12-19 (完整程式碼在本書附的光碟中ch12\ex12-19.aspx)

建立 ASP.NET 程式，開啟並連結 db1.mdb 資料庫後，開啟【通訊錄】資料表，使用 ASP.NET 的 DataList 控制項設定資料表的編輯，並設定 DataList 控制項的格式，當點選姓名連結時，會顯示該姓名的編輯欄位，可更新或刪除資料記錄。

程式碼

```
1.  <%@ Page Language="VB" %>
2.  <%@ Import Namespace="system.data" %>
3.  <%@ Import Namespace="system.data.oledb" %>
4.  <script language="vbscript" runat="server">
5.  Sub cancelcontact(ByVal sender As Object, ByVal e As
    DataListCommandEventArgs)
6.  dl.EditItemIndex = -1
7.  dl.DataBind()
8.  End Sub
```

```
 9.  Sub deletecontact(ByVal sender As Object, ByVal e As
DataListCommandEventArgs)
 10. Dim str1, str2 As String
 11. str1 = dl.DataKeys.Item(e.Item.ItemIndex).ToString()
 12. str2 = "delete from 通訊錄 where 姓名='" & str1 & "'"
 13. contacts.DeleteCommand = str2
 14. contacts.Delete()
 15. dl.EditItemIndex = -1
 16. a1.Text = "姓名：" & str1 & "的資料已被刪除！"
 17. End Sub
 18. Sub editcontact(ByVal sender As Object, ByVal e As
     DataListCommandEventArgs)
 19. dl.EditItemIndex = e.Item.ItemIndex
 20. dl.DataBind()
 21. End Sub
 22. Sub updatecontact(ByVal sender As Object, ByVal e As
     DataListCommandEventArgs)
 23. Dim str1, str2 As String
 24. Dim pass As TextBox = e.Item.FindControl("pass")
 25. Dim birth As TextBox = e.Item.FindControl("birth")
 26. Dim address As TextBox = e.Item.FindControl("address")
 27. Dim email As TextBox = e.Item.FindControl("email")
 28. str1 = dl.DataKeys.Item(e.Item.ItemIndex).ToString()
 29. str2 = "update 通訊錄 set 密碼='" & pass.Text & "',出生年月日='" &
     birth.Text & "',地址='" & address.Text & "',電子郵件='" & email.Text
     & "' where 姓名='" & str1 & "'"
 30. contacts.UpdateCommand = str2
 31. contacts.Update()
 32. dl.EditItemIndex = -1
 33. a1.Text = "姓名：" & str1 & "的資料已經更新完成！"
 34. End Sub
 35. </script>
 36. <html>
 37. <head id="Head1" runat="server">
 38. <title>範例ex9-19</title>
 39. </head>
 40. <body><center>
 41. <form id="f1" runat="server">
 42. <asp:AccessDataSource ID="contacts" runat= "server" DataFile ="db1.
     mdb" SelectCommand ="select * from 通訊錄" />
 43. <asp:DataList ID="dl" runat="server"
 44. RepeatColumns ="5"
 45. RepeatDirection ="Vertical"
 46. RepeatLayout = "Table"
 47. GridLines ="Both"
 48. DataSourceID = "contacts"
 49. DataKeyField ="姓名"
```

```
50. OnCancelCommand="cancelcontact"
51. OnDeleteCommand="deletecontact"
52. OnEditCommand ="editcontact"
53. OnUpdateCommand="updatecontact">
54. <HeaderTemplate>
55. <center >
56. <font color="red">點一下姓名超連結，可編輯該姓名的各項資料。</font></center>
57. </HeaderTemplate>
58. <ItemTemplate>
59. <asp:LinkButton runat ="server" Text ='<%#Eval("姓名") %>'
    CommandName ="edit" />
60. </ItemTemplate>
61. <EditItemTemplate>
62. <%#Eval("姓名") %><br />
63. <b>密碼：</b><asp:TextBox ID="pass" runat="server" Text='<%#Eval
    ("密碼")%>' /><br />
64. <b>出生年月日：</b><asp:TextBox ID="birth" runat="server" Text=
    '<%#Eval("出生年月日")%>' /><br />
65. <b>地址：</b><asp:TextBox ID="address" runat="server" Text='<%#Eval
    ("地址")%>' /><br />
66. <b>電子郵件：</b><asp:TextBox ID="email" runat="server" Text=
    '<%#Eval("電子郵件")%>' /><br />
67. <asp:Button ID="Button1" Text="更新" CommandName="update" runat=
    "server" />
68. <asp:Button ID="Button2" Text="刪除" CommandName="delete" runat=
    "server" />
69. <asp:Button ID="Button3" Text="取消" CommandName="cancel" runat=
    "server" />
70. </EditItemTemplate>
71. </asp:DataList>
72. <asp:Label ID="a1" runat="server" Font-Bold="true" Font-Size="12pt" />
73. </form>
74. </center>
75. </body>
76. </html>
```

程式說明

第 1 行：ASP.NET 程式的指引區間，告知 .NET 系統此網頁程式是以 Visual Basic 程式撰寫。

第 2 行：ASP.NET 程式的指引區間，為了要使用 ADO.NET 的資料庫物件與類別，所以要先載入名稱空間 system.data。

第 3 行：ASP.NET 程式的指引區間，為了要使用 ADO.NET 的資料庫物件與類別，所以要先載入名稱空間 system.data.oledb。

第 4~35 行：宣告 script 程式碼的種類為 vbscript，並執行在 server 端。

第 5~8 行：建立 cancelcontact(取消鈕) 副程式，即 cancelcontact 事件程序，當按下取消鈕時觸發此事件程序。

第 9~17 行：建立 deletecontact (刪除鈕) 副程式，即 deletecontact 事件程序，當按下刪除鈕時觸發此事件程序。取得要刪除的姓名索引，並設定 SQL 的刪除指令。

第 18~21 行：建立 editcontact (編輯) 副程式，即 editcontact 事件程序，當點選編輯項目時觸發此事件程序。

第 22~34 行：建立 updatecontact (更新鈕) 副程式，即 updatecontact 事件程序，當按下更新鈕時觸發此事件程序。設定要更新的欄位與 SQL 更新指令。

第 42 行：建立 AccessDataSource 控制項，設定要執行的 SQL 指令為【select * from 通訊錄】，可將通訊錄資料表中所有的資料記錄取出，資料來源為 db1.mdb,，並設定執行在 Server 端。

第 43~71 行：建立 DataList 控制項物件，設定其 id 名稱為 dl，表格輸出欄數為 5 欄，表格的顯示方向為垂直，輸出版面為表格，表格設定有框線，主索引欄位為【姓名】欄，設定取消、刪除、編輯、更新事件程序。

第 58~60 行：設定 DataList 控制項的【ItemTemplate】標籤，建立 ASP.NET 的 LinkButton 控制項，設定其 id 名稱為 lb，文字的超連結為姓名欄位，指定命令名稱為 edit，並執行在 Server 端。

第 61~70 行：設定 DataList 控制項的【EditItemTemplate】標籤，建立按下姓名時要編輯的欄位，與更新、刪除、取消鈕，執行在 Server 端。

第 72 行：建立 ASP.NET 的 Web 伺服器控制項，標籤 Label，並設定其 id 屬性為 a1，標籤顯示的文字為粗體，字體大小為 12pt，並執行在 Server 端。

執行結果

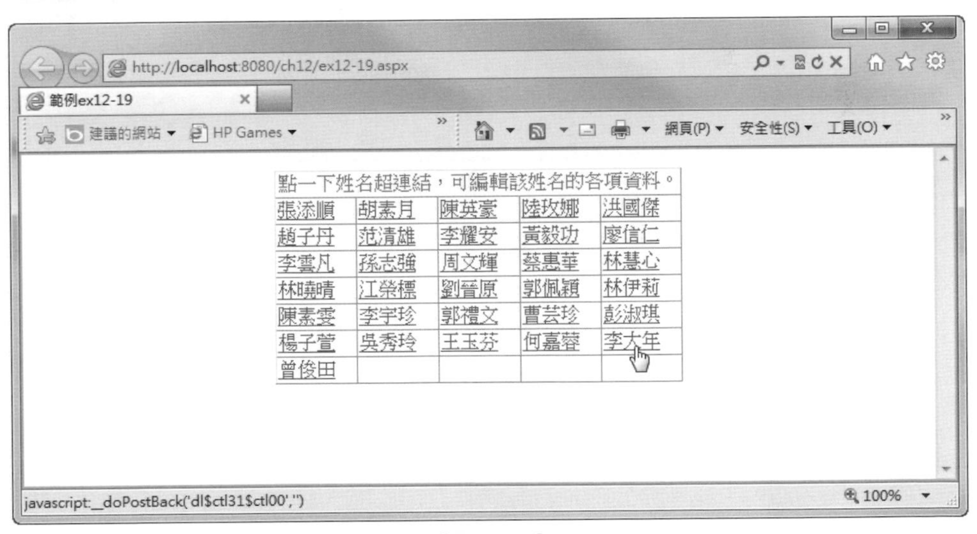

【圖12-44】

資料更新前：

姓名	密碼	出生年月日	電話	地址	電子郵件	新增欄位
王玉芬	8777	1979/7/7	02-26895412	台北縣	helenwang@tpi.net.tw	
江榮標	5321	1958/7/1	04-6322541	台中縣	andyj@pop.net.tw	
何嘉蓉	6633	1973/6/25	06-2513654	台南市	sallyho@tpts1.sd.net.tw	
吳秀玲	1766	1966/2/2	07-23812525	高雄市	carolwu@kao.net.tw	
李大年	1000	1980/1/1	0912-345-678	新北市	user1@test.mail.tw	
李宇珍	8671	1961/8/22	07-27716846	高雄縣	bettylee@ms.com	
李雲凡	6985	1965/7/31	02-27213698	台北市	bennylee@akj.cmb.net	

【圖12-45】

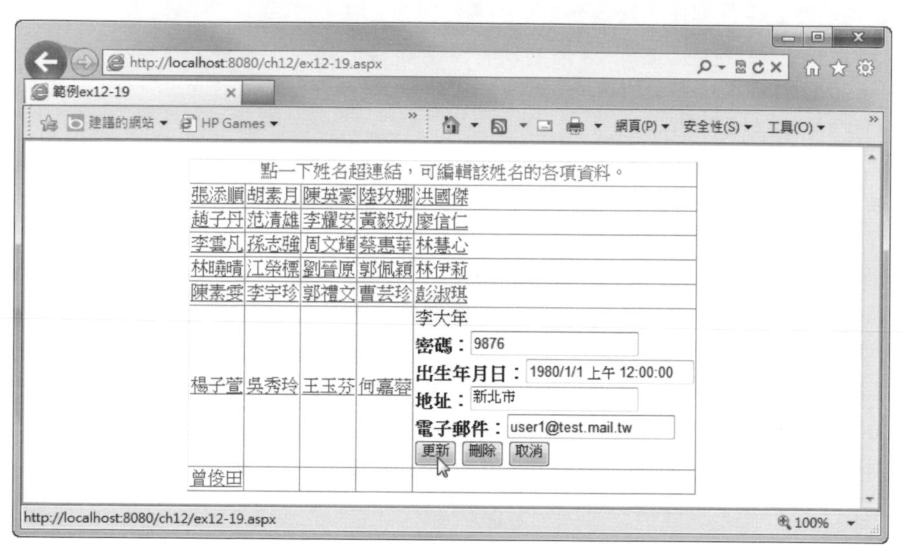

【圖12-46】

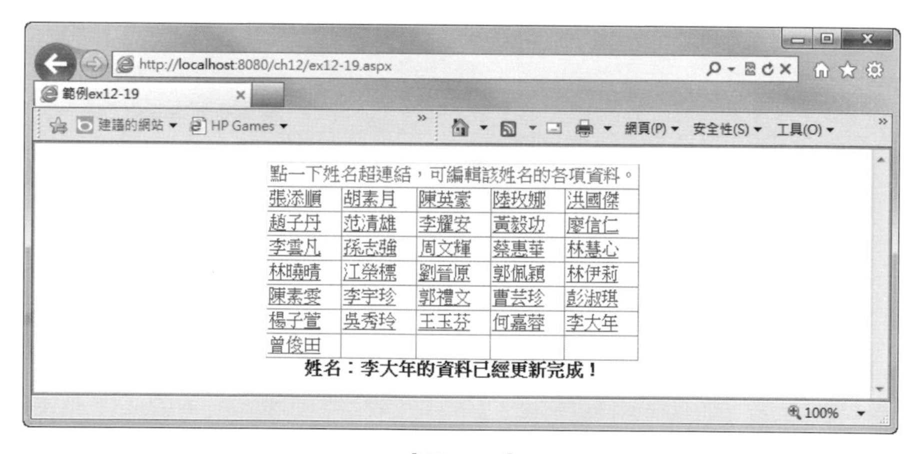

【圖12-47】

資料更新後：

姓名	密碼	出生年月日	電話	地址	電子郵件	新增欄位
王玉芬	8777	1979/7/7	02-26895412	台北縣	helenwang@tpi.net.tw	
江榮標	5321	1958/7/1	04-6322541	台中縣	andyj@pop.net.tw	
何嘉蓉	6633	1973/6/25	06-2513654	台南市	sallyho@tpts1.sd.net.tw	
吳秀玲	1766	1966/2/2	07-23812525	高雄市	carolwu@kao.net.tw	
李大年	9876	1980/1/1	0912-345-678	新北市	user1@test.mail.tw	
李宇珍	8671	1961/8/22	07-27716846	高雄縣	bettylee@ms.com	
李雲凡	6985	1965/7/31	02-27213698	台北市	bennylee@akj.cmb.net	

【圖12-48】

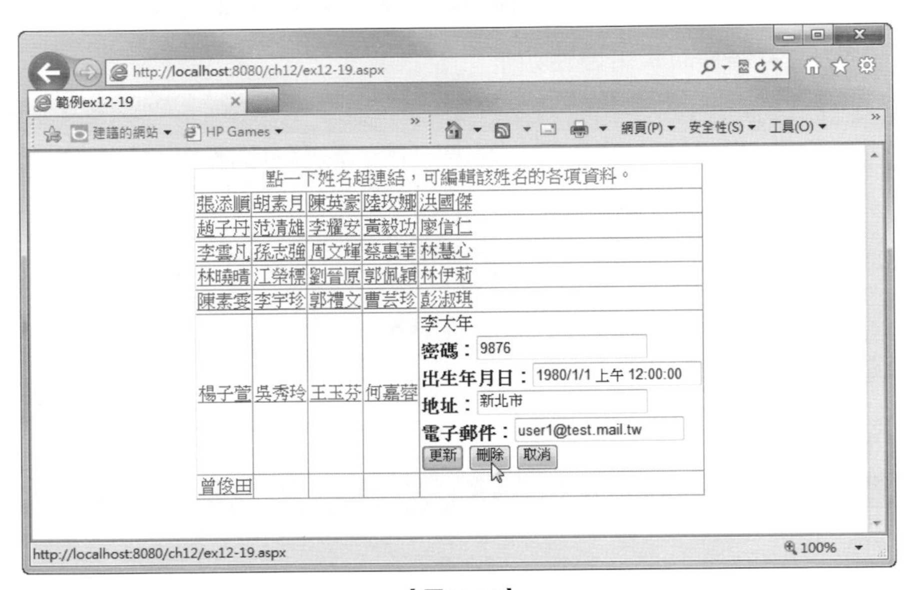

【圖12-49】

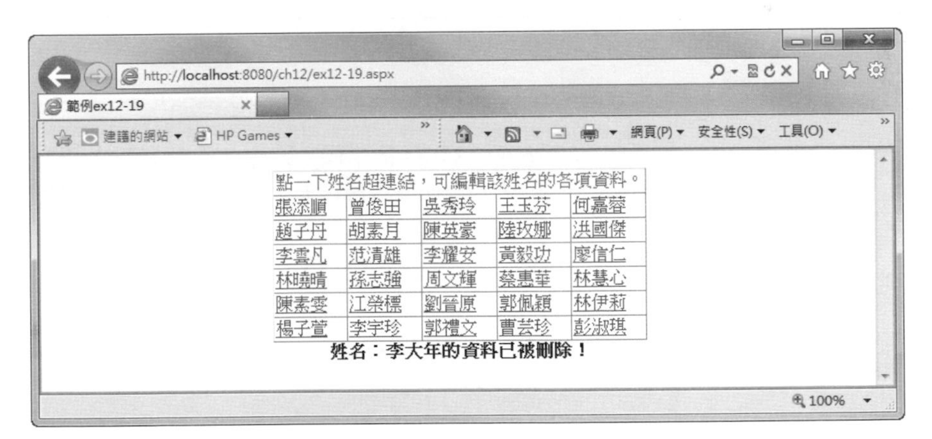

【圖12-50】

12.14 GridView控制項

GridView控制項可以看做是DataGrid控制項的另一個版本，可以使用表格來顯示資料記錄、並可分頁、排序…等，建立資料記錄的顯示與編輯功能。

GridView控制項的常用屬性如下：

屬性	功能
AllowSorting	設定GridView控制項的自動排序功能。設定此功能時，要在排序的欄位上設定【SortExpression】屬性為排序的欄位名稱。
BorderColor	設定GridView控制項的框線色彩。
HeadStyle-BackColor	設定GridView控制項的標題背景色。
RowStyle-BackColor	設定GridView控制項的奇數列背景色。
AlternatingRowStyle-BackColor	設定GridView控制項的偶數列背景色。
DataSourceID	設定GridView控制項的資料來源名稱。

GridView控制項的常用事件如下：

事件	功能
OnSorting	設定GridView控制項排序前觸發的事件程序，程序中的參數要設定為GridViewSortEventArgs。
OnSorted	設定GridView控制項排序後觸發的事件程序，程序中的參數要設定為EventArgs。

範例練習12-20 (完整程式碼在本書附的光碟中ch12\ex12-20.aspx)

建立 ASP.NET 程式，開啟並連結 northwind.mdb 資料庫後，開啟【產品資料】資料表，使用 ASP.NET 的 GridView 控制項設定資料排序，點選欄位名稱，即可依欄位名稱排序資料，並顯示資料於網頁上。

程式碼

```
1.  <%@ Page Language="VB" %>
2.  <%@ Import Namespace="system.data" %>
3.  <%@ Import Namespace="system.data.oledb" %>
4.  <script language="vbscript" runat="server">
5.  Sub gvsorting(ByVal sender As Object, ByVal e As
    GridViewSortEventArgs)
6.  If e.SortExpression = "類別" Then
```

```
7.  e.Cancel = True
8.  a1.Text = "此欄位不可排序！"
9.  End If
10. End Sub
11. Sub gvsorted(ByVal sender As Object, ByVal e As EventArgs)
12. a1.Text = "排序欄位是：" & gv.SortExpression.ToString()
13. End Sub
14. </script>
15. <html>
16. <head id="Head1" runat="server">
17. <title>範例 ex9-22</title>
18. </head>
19. <body><center>
20. <form id="f1" runat="server">
21. <asp:AccessDataSource ID="contacts" runat= "server" DataFile
    ="northwind.mdb" SelectCommand ="select * from 產品資料" />
22. <asp:Label ID ="a1" runat ="server" ForeColor ="Red" BackColor
    ="Yellow" />
23. <asp:GridView ID="gv" runat="server"
24. AllowSorting="true"
25. BorderColor="Black"
26. HeaderStyle-BackColor="#99ff66"
27. RowStyle-BackColor="White"
28. AlternatingRowStyle-BackColor="#cc6699"
29. DataSourceID = "contacts"
30. OnSorting="gvsorting"
31. OnSorted="gvsorted">
32. </asp:GridView>
33. </form>
34. </center>
35. </body>
36. </html>
```

程式說明

第 1 行：ASP.NET 程式的指引區間，告知 .NET 系統此網頁程式是以 Visual Basic 程式撰寫。

第 2 行：ASP.NET 程式的指引區間，為了要使用 ADO.NET 的資料庫物件與類別，所以要先載入名稱空間 system.data。

第 3 行：ASP.NET 程式的指引區間，為了要使用 ADO.NET 的資料庫物件與類別，所以要先載入名稱空間 system.data.oledb。

第 4~14 行：宣告 script 程式碼的種類為 vbscript，並執行在 server 端。

第 5~10 行：建立 gvsorting 副程式，即 gvsorting 事件程序，當資料排序前觸發此事件程序。

第 11~13 行：建立 gvsorted 副程式，即 gvsorted 事件程序，當資料排序後觸發此事件程序，取得排序的欄位名稱連結字串設定給標籤控制項 a1 要顯示的文字。

第 21 行：建立 AccessDataSource 控制項，設定要執行的 SQL 指令為【select * from 產品資料】，可將【產品資料】資料表中所有的資料記錄取出，資料來源為 northwind.mdb，並設定執行在 Server 端。

第 22 行：建立 ASP.NET 的 Web 伺服器控制項，標籤 Label，並設定其 id 屬性為 a1，標籤顯示的文字為紅色，文字背景為黃色，並執行在 Server 端。

第 23~32 行：建立 GridView 控制項，設定其 id 屬性為 gv，可自動排序，資料來源為 AccessDataSource 控制項，排序前觸發的事件程序為 gvsorting，排序後觸發的事件程序為 gvsorted。

執行結果

http://localhost:8080/ch12/ex12-20.aspx

範例ex12-20

建議的網站 HP Games 網頁快訊圖庫 自訂連結 網頁(P) 安全性(S) 工具(O)

排序欄位是：產品

產品編號	產品	供應商編號	類別編號	單位數量	單價	庫存量	已訂購量	安全存量	不再銷售
52	三合一[illegible]片	24	5	每箱24包	7	38	0	25	☐
10	大甲蟹	4	8	每袋500克	31	31	0	0	☐
57	小米	26	5	每袋3公斤	19.5	36	0	20	☐
62	山渣片	29	3	每箱24包	49.3	17	0	0	☐
37	干貝	17	8	每袋3公斤	26	11	50	25	☐
2	牛奶	1	1	每箱24瓶	19	17	40	25	☐
27	牛肉乾	11	3	每箱30包	43.9	49	0	30	☐
33	台中起司	15	4	每箱12瓶	2.5	112	0	20	☐
25	巧克力	11	3	每箱30盒	14	76	0	30	☐
11	民眾起司	5	4	每袋6包	21	22	30	30	☐
48	玉米片	22	3	每箱24包	12.75	15	70	25	☐
50	玉米餅	23	3	每箱24包	16.25	65	0	30	☐
56	白米	26	5	每袋3公斤	38	21	10	30	☐
32	白起司	14	4	每箱12瓶	32	9	40	25	☐
22	再來米	9	5	每袋3公斤	21	104	0	25	☐
66	肉鬆	2	2	每箱24瓶	17	4	100	20	☐
24	汽水	10	1	每箱12瓶	4.5	20	0	0	☑
14	沙茶	6	7	每箱12瓶	23.25	35	0	0	☐
20	豆乾	8	3	每箱30盒	81	40	0	0	☐
15	味素	6	2	每箱30盒	15.5	39	0	5	☐
35	芭樂汁	16	1	每箱24瓶	18	20	0	15	☐
21	花生	8	3	每箱30包	10	3	40	5	☐
58	花枝	27	8	每袋3公斤	13.25	62	0	20	☐
60	花起司	28	4	每箱24瓶	34	19	0	0	☐
43	柳橙汁	20	1	每箱24瓶	46	17	10	25	☐
8	胡椒粉	3	2	每箱30盒	40	6	0	0	☐
65	海苔醬	2	2	每箱24瓶	21.05	76	0	0	☐
73	海哲皮	17	8	每袋3公斤	15	101	0	5	☐
7	海鮮粉	3	7	每箱30盒	30	15	0	10	☐
61	海鮮醬	29	2	每箱24瓶	28.5	113	0	25	☐
28	烤肉醬	12	7	每箱12瓶	45.6	26	0	0	☑
34	啤酒	16	1	每箱24瓶	14	111	0	15	☐
63	甜辣醬	7	2	每箱24瓶	43.9	24	0	5	☐
46	蚵	21	8	每袋3公斤	12	95	0	0	☐
47	蛋糕	22	3	每箱24個	9.5	36	0	0	☐

javascript:__doPostBack('gv','Sort$產品') 100%

【圖12-51】

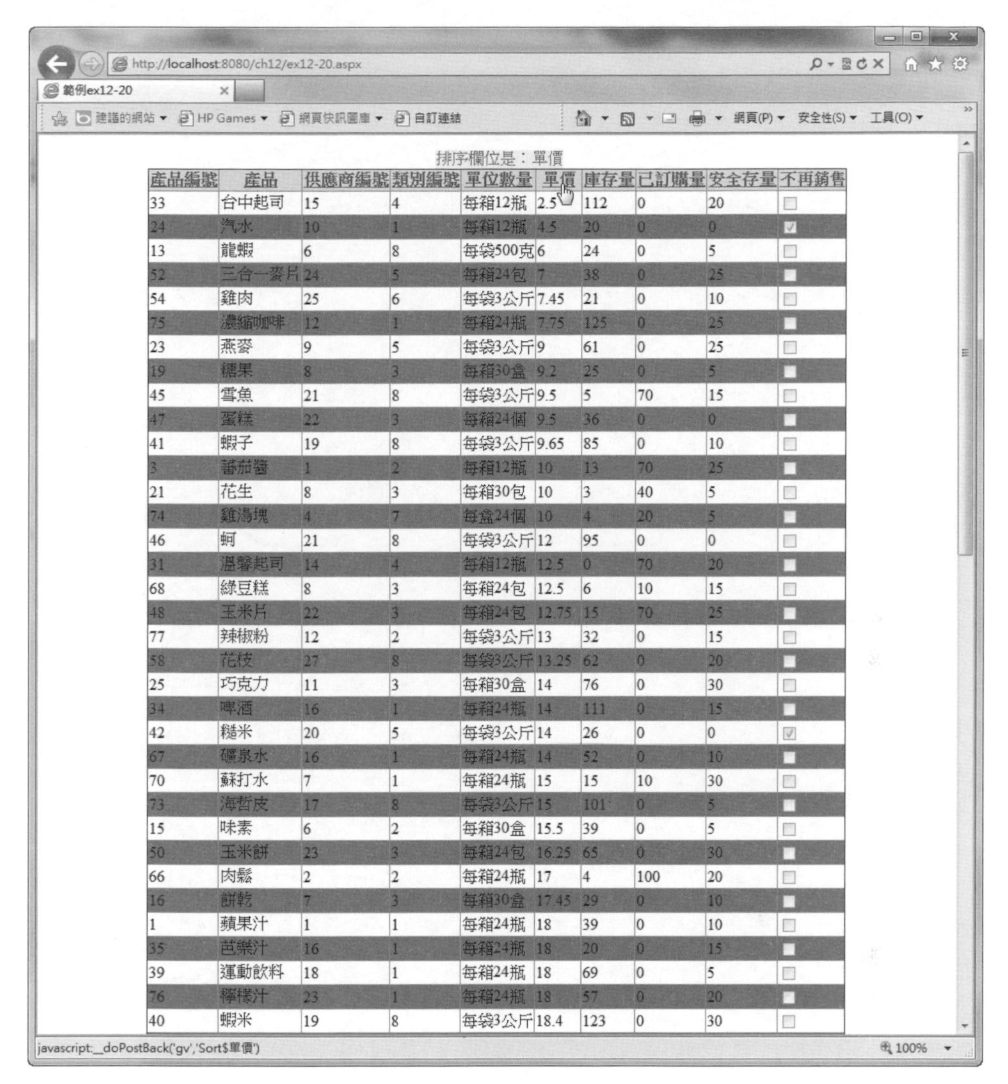

排序欄位是：單價

產品編號	產品	供應商編號	類別編號	單位數量	單價	庫存量	已訂購量	安全存量	不再銷售
33	台中起司	15	4	每箱12瓶	2.5	112	0	20	☐
24	汽水	10	1	每箱12瓶	4.5	20	0	0	☑
13	龍蝦	6	8	每袋500克	6	24	0	5	☐
52	三合一麥片	24	5	每箱24包	7	38	0	25	☐
54	雞肉	25	6	每袋3公斤	7.45	21	0	10	☐
75	濃縮咖啡	12	1	每箱24瓶	7.75	125	0	25	☐
23	燕麥	9	5	每袋3公斤	9	61	0	25	☐
19	糖果	8	3	每箱30盒	9.2	25	0	5	☐
45	雪魚	21	8	每袋3公斤	9.5	5	70	15	☐
47	蛋糕	22	3	每箱24個	9.5	36	0	0	☐
41	蝦子	19	8	每袋3公斤	9.65	85	0	10	☐
3	蕃茄醬	1	2	每箱12瓶	10	13	70	25	☐
21	花生	8	3	每箱30包	10	3	40	5	☐
74	雞湯塊	4	7	每盒24個	10	4	20	5	☐
46	蚵	21	8	每袋3公斤	12	95	0	0	☐
31	溫馨起司	14	4	每箱12瓶	12.5	0	70	20	☐
68	綠豆糕	8	3	每箱24包	12.5	6	10	15	☐
48	玉米片	22	3	每箱24包	12.75	15	70	25	☐
77	辣椒粉	12	2	每袋3公斤	13	32	0	15	☐
58	花枝	27	8	每袋3公斤	13.25	62	0	20	☐
25	巧克力	11	3	每箱30盒	14	76	0	30	☐
34	啤酒	16	1	每箱24瓶	14	111	0	15	☐
42	糙米	20	5	每袋3公斤	14	26	0	0	☑
67	礦泉水	16	1	每箱24瓶	14	52	0	10	☐
70	蘇打水	7	1	每箱24瓶	15	15	10	30	☐
73	海哲皮	17	8	每袋3公斤	15	101	0	5	☐
15	味素	6	2	每箱30盒	15.5	39	0	5	☐
50	玉米餅	23	3	每箱24包	16.25	65	0	30	☐
66	肉鬆	2	2	每箱24瓶	17	4	100	20	☐
16	餅乾	7	3	每箱30盒	17.45	29	0	10	☐
1	蘋果汁	1	1	每箱24瓶	18	39	0	10	☐
35	芭樂汁	16	1	每箱24瓶	18	20	0	15	☐
39	運動飲料	18	1	每箱24瓶	18	69	0	5	☐
76	檸檬汁	23	1	每箱24瓶	18	57	0	20	☐
40	蝦米	19	8	每袋3公斤	18.4	123	0	30	☐

【圖12-52】

結論

本書到此，已將 ASP.NET 從基礎觀念，到使用，再到初步的應用，做了詳細的說明與介紹，藉由各章節的主題，與各範例程式的練習應用，相信可以讓讀者們對於跨入 ASP.NET 網站網頁設計能有一個清楚的概念與建立紮實的基礎，本書的延續，就是 ASP.NET 的應用與各網站的典型範例的討論。這是一個學習 ASP.NET 的大方向，可在此與諸位讀者們分享，並期待本書系列下一部進階應用的推出。

CHAPTER 13

ASP.NET實務案例2

本章介紹ASP.NET的實務範例是線上投票系統，這也是ASP.NET的另一種應用程式，透過網頁與資料庫的搭配，可以在網頁中進行各項投票調查，並可以統計分析相關的投票項目。

本範例利用喜歡的旅遊地區做為投票主題，並且可經陸陸續續進入網頁投票的數量做出票數統計與各項目占總投票數的比率。主要的構成檔案有：

- Vote_country.aspx：投票系統的主要表單檔，也是主要的執行檔。
- Vote_result.aspx：顯示投票資料與統計投票資料的處理檔案。
- vote_country.accdb：儲存投票資料的資料庫檔案。
- Numbar.gif：顯示投票項目所佔比率的圖檔。

投票操作流程如下：

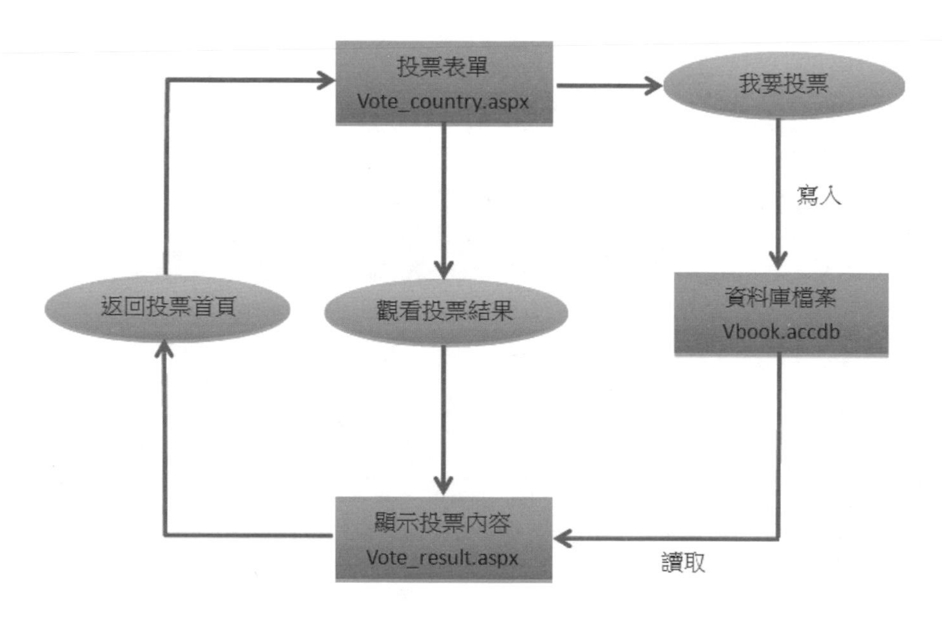

當瀏覽者進入投票表單後，操作途徑有二，首先可點選喜歡旅遊的國家地區後，按下【我要投票】鈕，此時網頁便將投票點選的項目寫入後端資料庫，並將處理內容讀取後顯示在前端網頁上。或者直接按下【觀看投票結果】鈕，直接連結到顯示投票結果的aspx檔案，顯示當時網頁投票的結果。在顯示投票結果的網頁中，按下【返回投票首頁】鈕，即可回到投票的首頁。

13.1 vote_country.aspx程式說明

首先在本範例中所使用的投票項目，可以有兩種佈置方式，第一是直接以ASP.NET的伺服器控制項寫出，在網頁執行時就直接顯示。這種方法程式碼的使用量會較大，當有投票項目要增加實，相對的也必須增加程式碼的份量。

第二，可以從另一個方向考量，就是將所有的投票項目建立在資料庫檔案中，再利用ASP.NET程式將資料庫中的每一筆資料項目取出，如此在程式碼方面只要佈置一個控制項即可，利用該控制項連結到資料庫中的每一筆資料並將該資料取出。日後要增減投票項目，只要從資料庫檔案中新增或刪除資料即可，本範例將採用此方式製作。

13.1.1 表單佈置畫面

使用ASP.NET伺服器控制項設計投票項目與操作按鈕

【各投票選項】(RadioButtonList)

【我要投票】鈕(Button)

【觀看投票結果】鈕(Button)

顯示相關的提示訊息(Label)

各投票選項的單選鈕

其中代表各投票選項的單選鈕，使用【RadioButtonList】控制項，因為要從資料庫中的資料表中取得資料，所以在此只要佈置一個控制項，並設定佈置的相關屬性即可，在此設定個選項以水平方式排列，每一列2個控制項。

操作按鈕的佈置

使用Button控制項，按下後出發相關的副程式程序：

【我要投票】鈕按下後觸發【b_vote()】副程式。

【觀看投票結果】鈕按下後觸發【b_view()】副程式。

訊息顯示區的佈置

使用Label控制項，當瀏覽者操作程序有誤時，顯示相關的提示訊息。

相關程式碼如下：

```
<HTML>
<BODY><center>
<font face=標楷體 size=7 color="#89174F">您最喜歡的旅遊地區是？</font>
<hr color=blue size=2>
<Form runat="server">
<asp:RadioButtonList id="rbl" runat="server" RepeatDirection=
"Horizontal" RepeatColumns="2"/><p>
<asp:Button runat="server" Text="我要投票" OnClick="b_vote"/>
<asp:Button runat="server" Text="觀看投票結果" OnClick="b_view"/>
<hr color=blue size=2>
<asp:Label runat="server" id="a1" ForeColor=Red />
</Form></center>
</BODY>
</HTML>
```

13.1.2 搭配的資料庫檔案：vote_country.accdb

本範例要使用的資料庫檔為Access 2007以上的accdb檔，欄位結構如下：

欄位名稱	資料型態	其他相關屬性
國家地區	文字	欄位大小：255
票數統計	數字	欄位大小：長整數

搭配使用的資料表為【投票項目】，並將所有投票項目建立在資料表中。

投票項目

識別碼	國家地區	票數統計	按一下以新增
1	亞洲(東亞：台灣、中國、日本、韓國、蒙古)	2	
2	亞洲(東南亞：緬甸、柬埔寨、馬來西亞、菲律賓、新加坡、泰國、越南)	0	
3	亞洲(南亞：印度、孟加拉、尼泊爾、巴基斯坦、斯里蘭卡、不丹)	1	
4	亞洲(中亞：哈薩克、烏茲別克、吉爾吉斯、土庫曼)	0	
5	亞洲(西亞：阿富汗、伊朗、伊拉克、以色列、約旦、科威特、土耳其)	1	
6	非洲(北非：埃及、利比亞、阿爾及利亞、摩洛哥、蘇丹)	0	
7	非洲(西非：塞內加爾、奈及利亞、尼日、查德、布吉納法索)	1	
8	非洲(中非：加薩、剛果、喀麥隆、中非)	0	
9	非洲(南非：馬達加斯加、莫三比克、南非、安哥拉、史瓦濟蘭)	0	
10	非洲(東非：坦尚尼亞、烏干達、索馬利亞、肯亞、衣索比亞)	0	
11	北美洲(北美：加拿大、美國、墨西哥)	2	
12	北美洲(中美：巴拿馬、尼加拉瓜、宏都拉斯、哥斯大黎加、薩爾瓦多、瓜地馬拉)	0	
13	北美洲(中美島嶼：巴哈馬、古巴、多明尼加、海地、牙買加)	1	
14	南美洲(阿根廷、巴西、智利、哥倫比亞、祕魯、巴拉圭、烏拉圭、委內瑞拉)	0	
15	南美洲(海外屬地：百慕達、開曼群島、波多黎各、維京群島、格陵蘭)	1	
16	歐洲(西歐：法國、英國、荷蘭、比利時、愛爾蘭、盧森堡、摩納哥)	0	
17	歐洲(北歐：丹麥、芬蘭、冰島、挪威、瑞典)	1	
18	歐洲(中歐：奧地利、捷克、德國、匈牙利、波蘭、瑞士、斯洛伐克)	1	
19	歐洲(東歐：白俄羅斯、俄羅斯、拉脫維亞、愛沙尼亞、立陶宛、烏克蘭)	1	
20	歐洲(南歐：阿爾巴尼亞、塞爾維亞、希臘、義大利、葡萄牙、西班牙、羅馬尼亞)	0	
21	歐洲(海外屬地：直布羅陀、根尼西、澤西)	1	
22	大洋洲(澳大利亞、斐濟、馬紹爾、紐西蘭、帛琉、薩摩亞)	1	
23	大洋洲(海外屬地：中途島、威克島、科克群島)	0	
24	南極洲(布威島、阿德利、毛德皇后、彼得一世、羅斯)	0	
25	全部都喜歡	0	
26	沒有喜歡的地區國家	0	
(新增)			

【圖13-1】

13.1.3 建立網頁載入的副程式【Page_Load】

投票網頁開始載入時，有一些必要執行的項目。首先在載入前先將資料庫的提供者驅動程式設定。本範例使用的是Access 2007以上的accdb檔，資料庫檔案為【vote_country.accdb】。

相關程式碼如下：

```
Dim str="Provider=Microsoft.ACE.OLEDB.12.0;Data Source=" & Server.
MapPath("vote_country.accdb")
```

投票網頁一般最擔心的就是同一位投票者重複投票，導致投票結果被大量灌水，影響投票結果。所以為了防止並避免同一位投票者重複投票，可以在投票網頁第一次被載入時，利用Session物件來記錄投票者的狀態，此時就要配合瀏覽器的Cookie功能，必須將Cookie功能開啟，以方便記錄Session。所以要先判斷瀏覽器的Cookie是否有開啟，如果沒有開啟，就在網頁中顯示提示訊息。

當網頁第一次載入(即第一次被瀏覽)，就寫入資料到Session，然後點選投票項目並按下【我要投票】鈕，當按下時，就判斷Session物件是否存在，如果存在就是正常的操作，如果不存在，就顯示訊息提醒投票者要開啟瀏覽器的Cookie。

相關程式碼如下：

判斷網頁是否第一次載入：

```
If Not IsPostBack Then
        Session("session1") = "Set in Page_Load"
…
End If
```

將資料表中的投票項目隨程式動態加入到網頁中，以Connection物件連結並開啟資料庫，再利用Command物件執行SQL指令，再以DataReader物件存放Command物件執行SQL指令後的資料表，接著利用迴圈判斷，當DataReader物件可以被讀取(即已經有資料表)，則以群組的單選鈕控制項RadioButtonList動態的加入DataReader物件中的欄位資料。

相關程式碼如下：

```
Dim con As OleDbConnection
Dim com As OleDbCommand
con = New OleDbConnection(str)
con.Open()
Dim SQL As String
SQL = "Select * From 投票項目"
com = New OleDbCommand(SQL, con)
Dim dr As OleDbDataReader
dr = com.ExecuteReader()
While dr.Read()
  rbl.Items.Add( dr.Item("國家地區") )
End While
con.Close()
```

13.1.4 按鈕觸發的副程式

【b_view()】副程式

b_view()副程式主要的功用是按下【觀看投票結果】鈕時，將網頁導向到vote_result.aspx程式，觀看投票結果。

相關程式碼如下：

```
Sub b_view(sender As Object, e As EventArgs)
   Response.Redirect("vote_result.aspx")
End Sub
```

【b_vote()】副程式

b_vote()副程式主要的功用是當按下【我要投票】鈕時，先將訊息提示欄位清空，利用第一個Session物件以條件式判斷是否存在，如果不存在，就顯示訊息提醒投票者要開啟瀏覽器的Cookie。再以條件式判斷，單選鈕項目RadioButtonList控制項是否有被點選，如果有，則將被點選的單選鈕文字設定給一個變數(本範例為seltxt)。

當順利完成投票，就以第二個Session物件紀錄為Yes值，代表已經投過票，如果Session物件職不是Yes，就表示還沒有投過票。只要還沒有投過票，代表可以投票，再將資料庫連結開啟，以SQL指令更新投票資料，將投票點選的項目對應資料表中的【票數統計】欄的值加1。

如果第一個Session物件已經存在，就代表已經投過票，則顯示已經投過票的提示訊息。

相關程式碼如下：

```
If Session("session1") <> "Set in Page_Load" Then
         a1.Text = "<font face=標楷體 size=5><b>如果您要投票，請開啟電腦瀏覽器
的Cookie,開啟後再次重新啟動瀏覽器才會生效喔！</b></font>"
      ElseIf Not rbl.SelectedItem Is Nothing Then
         Dim seltxt As String = rbl.SelectedItem.Text
         If Session("already_voted") <> "Yes" Then
            Dim con As OleDbConnection
            Dim com As OleDbCommand
            con = New OleDbConnection(str)
            con.Open()
            Dim SQL = "Update 投票項目 Set 票數統計=票數統計+1 " & "Where
國家地區='" & seltxt & "'"
            com = New OleDbCommand(SQL, con)
            com.ExecuteNonQuery()
            con.Close()
            Session("already_voted") = "Yes"
            Response.Redirect("vote_result.aspx")
         Else
```

```
            a1.Text = "<font face=標楷體 size=5><b>很抱歉，您已經投過票囉！
不能重複投票。</b></font>"
          End If
       End If
```

vote_country.aspx檔案完整程式碼如下：

```
<%@ Import Namespace="System.Data" %>
<%@ Import Namespace="System.Data.OleDb" %>

<script language="VB" runat=server>

   Dim str="Provider=Microsoft.ACE.OLEDB.12.0;Data Source=" & Server.
MapPath("vote_country.accdb")

   Sub Page_Load(sender As Object, e As EventArgs)
      If Not IsPostBack Then
         Session("session1") = "Set in Page_Load"

         Dim con As OleDbConnection
         Dim com As OleDbCommand
         con = New OleDbConnection(str)
         con.Open()

         Dim SQL As String
         SQL = "Select * From 投票項目"
         com = New OleDbCommand(SQL, con)
         Dim dr As OleDbDataReader
         dr = com.ExecuteReader()

         While dr.Read()
            rbl.Items.Add( dr.Item("國家地區") )
         End While
         con.Close()
      End If
   End Sub

   Sub b_view(sender As Object, e As EventArgs)
      Response.Redirect("vote_result.aspx")
   End Sub

   Sub b_vote(sender As Object, e As EventArgs)
      a1.Text = ""

      If Session("session1") <> "Set in Page_Load" Then
```

```
            a1.Text = "<font face=標楷體 size=5><b>如果您要投票，請開啟電腦瀏覽器
的Cookie,開啟後再次重新啟動瀏覽器才會生效喔！</b></font>"
        ElseIf Not rbl.SelectedItem Is Nothing Then
            Dim seltxt As String = rbl.SelectedItem.Text
            If Session("already_voted") <> "Yes" Then
                Dim con As OleDbConnection
                Dim com As OleDbCommand
                con = New OleDbConnection(str)
                con.Open()
                Dim SQL = "Update 投票項目 Set 票數統計=票數統計+1 " & "Where
國家地區='" & seltxt & "'"
                com = New OleDbCommand(SQL, con)
                com.ExecuteNonQuery()
                con.Close()
                Session("already_voted") = "Yes"
                Response.Redirect("vote_result.aspx")
            Else
                a1.Text = "<font face=標楷體 size=5><b>很抱歉，您已經投過票囉！
不能重複投票。</b></font>"
            End If
        End If
    End Sub
</script>
<HTML>
<BODY><center>
<font face=標楷體 size=7 color="#89174F">您最喜歡的旅遊地區是？</font>
<hr color=blue size=2>
<Form runat="server">
<asp:RadioButtonList id="rbl" runat="server" RepeatDirection
="Horizontal" RepeatColumns="2"/><p>
<asp:Button runat="server" Text="我要投票" OnClick="b_vote"/>
<asp:Button runat="server" Text="觀看投票結果" OnClick="b_view"/>
<hr color=blue size=2>
<asp:Label runat="server" id="a1" ForeColor=Red />
</Form></center>
</BODY>
</HTML>
```

13.2 vote_result.aspx程式說明

本程式是顯示投票結果，並且將投票結果轉換為比率值。

13.2.1 顯示投票結果畫面佈置

宣告並設定DataGrid物件

在此使用DataGrid物件來顯示投票結果，設定如下：

設定文字色彩：ForeColor="#0300DC"

設定標題的背景色：HeaderStyle-BackColor="#FA8000"

設定標題文字為粗體字：HeaderStyle-Font-Bold="true"

設定交錯表格項目的背景色：AlternatingItemStyle-BackColor="#FEFF91"

設定邊框色彩：BorderColor="#0300FA"

不要為資料來源中的各欄位自動建立BoundColumn欄位(行欄位)：AutoGenerateColumns="false"

使用BoundColumn類別建立三個顯示欄位，分別為【國家地區】、【票數統計】、【票數比率】。

設定【票數統計】欄中的資料對齊表格中央：ItemStyle-HorizontalAlign="center"

操作按鈕的佈置

使用Button控制項，按下後出發相關的副程式程序：

【返回投票首頁】鈕按下後觸發【b_vote_Click()】副程式。

13.2.2 建立網頁載入的副程式【Page_Load】

連結並開啟資料庫，並將資料表取出設定到DataTable物件，利用DataTable物件產生一個新的顯示欄位【票數比率】。

相關程式碼如下：

```
Dim con As OleDbConnection
Dim str="Provider=Microsoft.ACE.OLEDB.12.0;Data Source=" & Server.
MapPath("vote_country.accdb")
con = New OleDbConnection(str)
con.Open()
Dim SQL As String
SQL = "Select * From 投票項目"
Dim dap As OleDbDataAdapter
Dim ds As DataSet
dap = New OleDbDataAdapter(SQL, con)
ds = New Dataset()
dap.Fill(ds, "vote")
Dim dt As DataTable = Ds.Tables("vote")
dt.Columns.Add(New DataColumn("票數比率", GetType(String)))
```

利用迴圈將【票數統計】欄中每次投票的次數做統計。

相關程式碼如下：

```
Dim i As Integer, sum As Long
For i = 0 To dt.Rows.Count - 1
    sum += dt.Rows(I).Item("票數統計")
Next
```

再利用迴圈，將每一個投票項目算出其比率平均值，並將其值以一個橫條圖案的長短對應顯示，設定的方式是，該圖形的長寬為720*15，所以將顯示圖檔的高度(Height)設定為15，將算出的比率值乘上720，將比率值乘上100並設定為小數2位。

相關程式碼如下：

```
Dim rateht As String
Dim ratevl As String
rateht = "<IMG SRC=numbar.gif Height=15 Width=" & value_rate *720 &
" Align=TextTop>"
ratevl = "(" & FormatNumber(value_rate*100, 2) & "%)"
```

將算出的比率平均值與對應顯示的圖形設定給【票數比率】欄位。

相關程式碼如下：

```
dt.Rows(I).Item("票數比率") = rateht & ratevl
```

利用DefaultView屬性取得設定DataSet物件ds的【vote】資料表DataTable物件的DataView物件，作為DataGrid控制項物件dg的資料來源(DataSource)。執行DataGrid控制項物件dg的資料繫結後關閉資料庫的連結。

相關程式碼如下：

```
dg.DataSource = Ds.Tables("Vote").DefaultView
dg.DataBind()
con.Close()
```

13.2.3 【b_vote_Click()】副程式

副程式主要的功用是按下【返回投票首頁】鈕時，將網頁導向到vote_country.aspx程式，回到投票的頁面。

vote_result.aspx檔案完整程式碼如下：

```
<%@ Import Namespace="System.Data" %>
<%@ Import Namespace="System.Data.OleDb" %>

<script language="VB" runat=server>

   Sub Page_Load(sender As Object, e As EventArgs)
      Dim con As OleDbConnection
      Dim str="Provider=Microsoft.ACE.OLEDB.12.0;Data Source=" &
Server.MapPath("vote_country.accdb")
      con = New OleDbConnection(str)
      con.Open()

      Dim SQL As String
      SQL = "Select * From 投票項目"
      Dim dap As OleDbDataAdapter
      Dim ds As DataSet
      dap = New OleDbDataAdapter(SQL, con)
      ds = New Dataset()
      dap.Fill(ds, "vote")

      Dim dt As DataTable = Ds.Tables("vote")
      dt.Columns.Add(New DataColumn("票數比率", GetType(String)))

      Dim i As Integer, sum As Long
      For i = 0 To dt.Rows.Count - 1
```

```
            sum += dt.Rows(I).Item("票數統計")
        Next

        If sum = 0 Then sum = 1

        For I = 0 To dt.Rows.Count - 1
            Dim value_rate = dt.Rows(I).Item("票數統計") / sum
            Dim rateht As String
            Dim ratevl As String

            rateht = "<IMG SRC=numbar.gif Height=15 Width=" & value_rate
 *720 & " Align=TextTop>"
            ratevl = "(" & FormatNumber(value_rate*100, 2) & "%)"
            dt.Rows(I).Item("票數比率") = rateht & ratevl
        Next

        dg.DataSource = Ds.Tables("Vote").DefaultView
        dg.DataBind()
        con.Close()
    End Sub

    Sub b_vote_Click(sender As Object, e As EventArgs)
        Response.Redirect("vote_country.aspx")
    End Sub
</script>
<HTML>
<BODY><center>
<font face=標楷體 size=7 color="#89174F">國家地區之投票統計
<hr color=blue size=2></font>

<Form runat="server">
<asp:DataGrid runat="server" id="dg"
    ForeColor="#0300DC"
    HeaderStyle-BackColor="#FA8000"
    HeaderStyle-Font-Bold="true"
    AlternatingItemStyle-BackColor="#FEFF91"
    BorderColor="#0300FA"
    CellPadding="3"
    CellSpacing="0"
    AutoGenerateColumns="false" >
    <Columns>
        <asp:BoundColumn DataField="國家地區" HeaderText="國家地區" />
        <asp:BoundColumn DataField="票數統計" HeaderText="票數統計"
ItemStyle-HorizontalAlign="center"/>
        <asp:BoundColumn DataField="票數比率" HeaderText="票數比率" />
    </Columns>
</asp:DataGrid><p>
<asp:Button runat="server" Text="返回投票首頁" OnClick="b_vote_Click"/>
<hr color=blue size=2>
```

```
</Form></center>

</BODY>
</HTML>
```

執行結果

進入投票表單畫面（執行 vote_country.aspx）

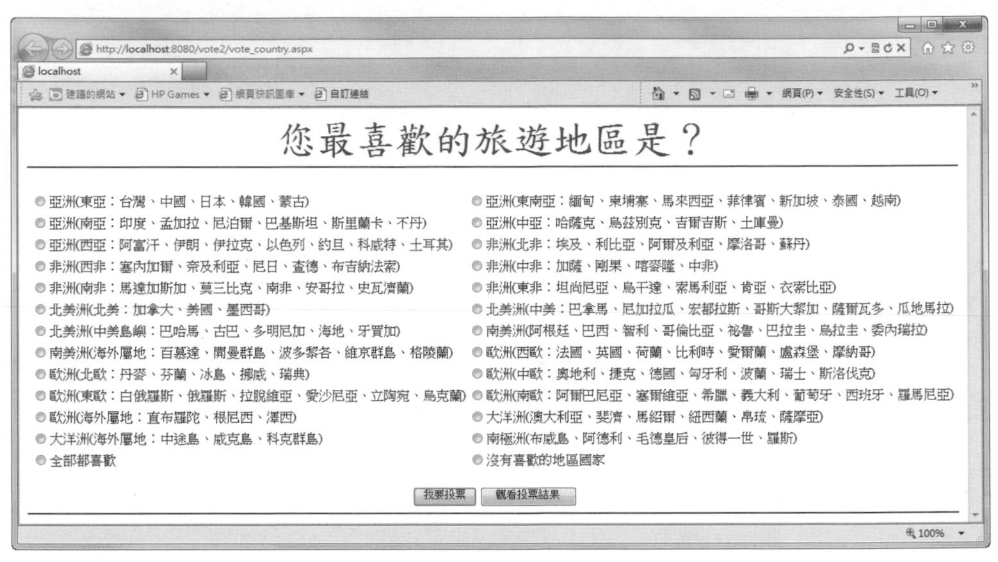

【圖13-2】

點選投票項目並按下【我要投票】鈕。

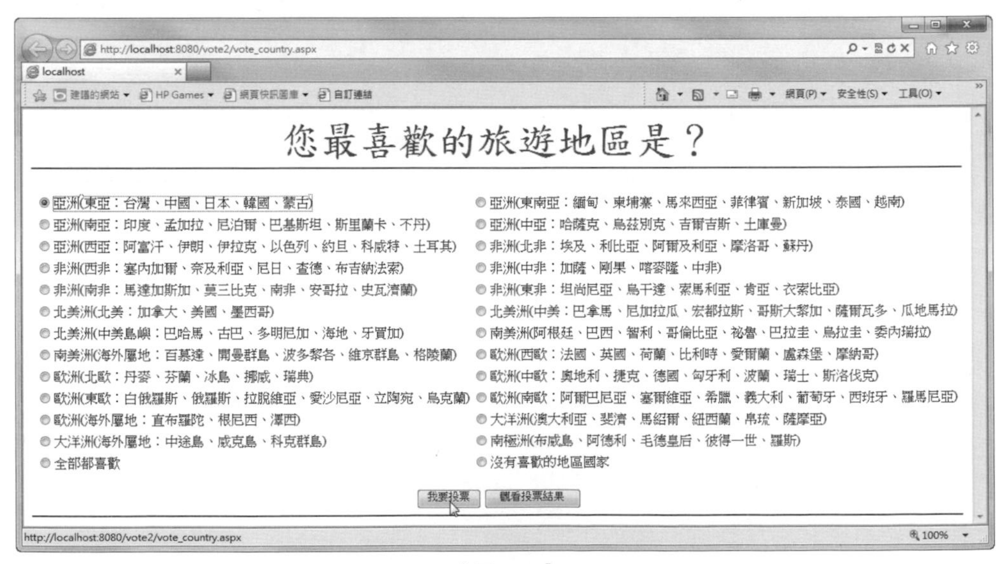

【圖13-3】

顯示投票結果與統計比率。

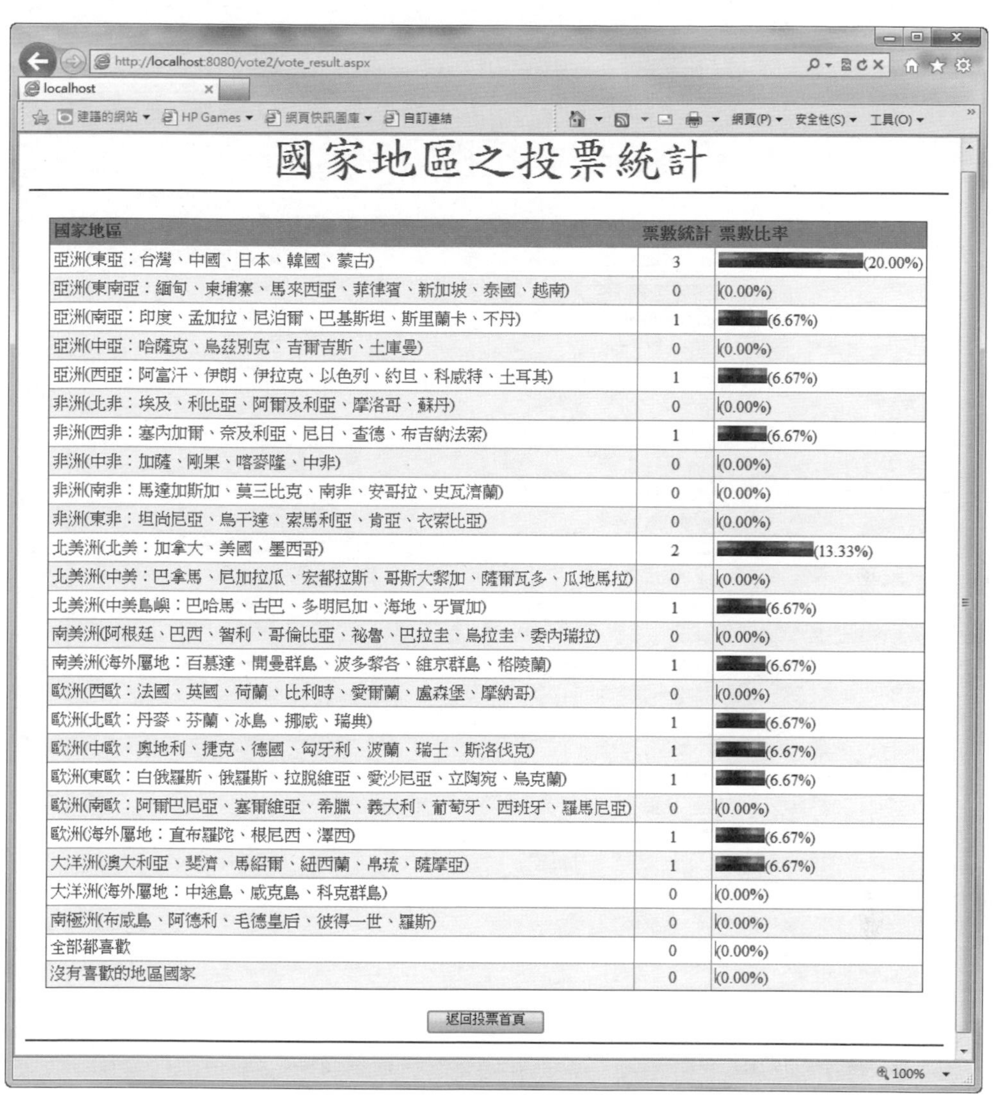

國家地區	票數統計	票數比率
亞洲(東亞：台灣、中國、日本、韓國、蒙古)	3	(20.00%)
亞洲(東南亞：緬甸、柬埔寨、馬來西亞、菲律賓、新加坡、泰國、越南)	0	(0.00%)
亞洲(南亞：印度、孟加拉、尼泊爾、巴基斯坦、斯里蘭卡、不丹)	1	(6.67%)
亞洲(中亞：哈薩克、烏茲別克、吉爾吉斯、土庫曼)	0	(0.00%)
亞洲(西亞：阿富汗、伊朗、伊拉克、以色列、約旦、科威特、土耳其)	1	(6.67%)
非洲(北非：埃及、利比亞、阿爾及利亞、摩洛哥、蘇丹)	0	(0.00%)
非洲(西非：塞內加爾、奈及利亞、尼日、查德、布吉納法索)	1	(6.67%)
非洲(中非：加薩、剛果、喀麥隆、中非)	0	(0.00%)
非洲(南非：馬達加斯加、莫三比克、南非、安哥拉、史瓦濟蘭)	0	(0.00%)
非洲(東非：坦尚尼亞、烏干達、索馬利亞、肯亞、衣索比亞)	0	(0.00%)
北美洲(北美：加拿大、美國、墨西哥)	2	(13.33%)
北美洲(中美：巴拿馬、尼加拉瓜、宏都拉斯、哥斯大黎加、薩爾瓦多、瓜地馬拉)	0	(0.00%)
北美洲(中美島嶼：巴哈馬、古巴、多明尼加、海地、牙買加)	1	(6.67%)
南美洲(阿根廷、巴西、智利、哥倫比亞、祕魯、巴拉圭、烏拉圭、委內瑞拉)	0	(0.00%)
南美洲(海外屬地：百慕達、開曼群島、波多黎各、維京群島、格陵蘭)	1	(6.67%)
歐洲(西歐：法國、英國、荷蘭、比利時、愛爾蘭、盧森堡、摩納哥)	0	(0.00%)
歐洲(北歐：丹麥、芬蘭、冰島、挪威、瑞典)	1	(6.67%)
歐洲(中歐：奧地利、捷克、德國、匈牙利、波蘭、瑞士、斯洛伐克)	1	(6.67%)
歐洲(東歐：白俄羅斯、俄羅斯、拉脫維亞、愛沙尼亞、立陶宛、烏克蘭)	1	(6.67%)
歐洲(南歐：阿爾巴尼亞、塞爾維亞、希臘、義大利、葡萄牙、西班牙、羅馬尼亞)	0	(0.00%)
歐洲(海外屬地：直布羅陀、根尼西、澤西)	1	(6.67%)
大洋洲(澳大利亞、斐濟、馬紹爾、紐西蘭、帛琉、薩摩亞)	1	(6.67%)
大洋洲(海外屬地：中途島、威克島、科克群島)	0	(0.00%)
南極洲(布威島、阿德利、毛德皇后、彼得一世、羅斯)	0	(0.00%)
全部都喜歡	0	(0.00%)
沒有喜歡的地區國家	0	(0.00%)

【圖13-4】

按下【返回投票首頁】鈕。

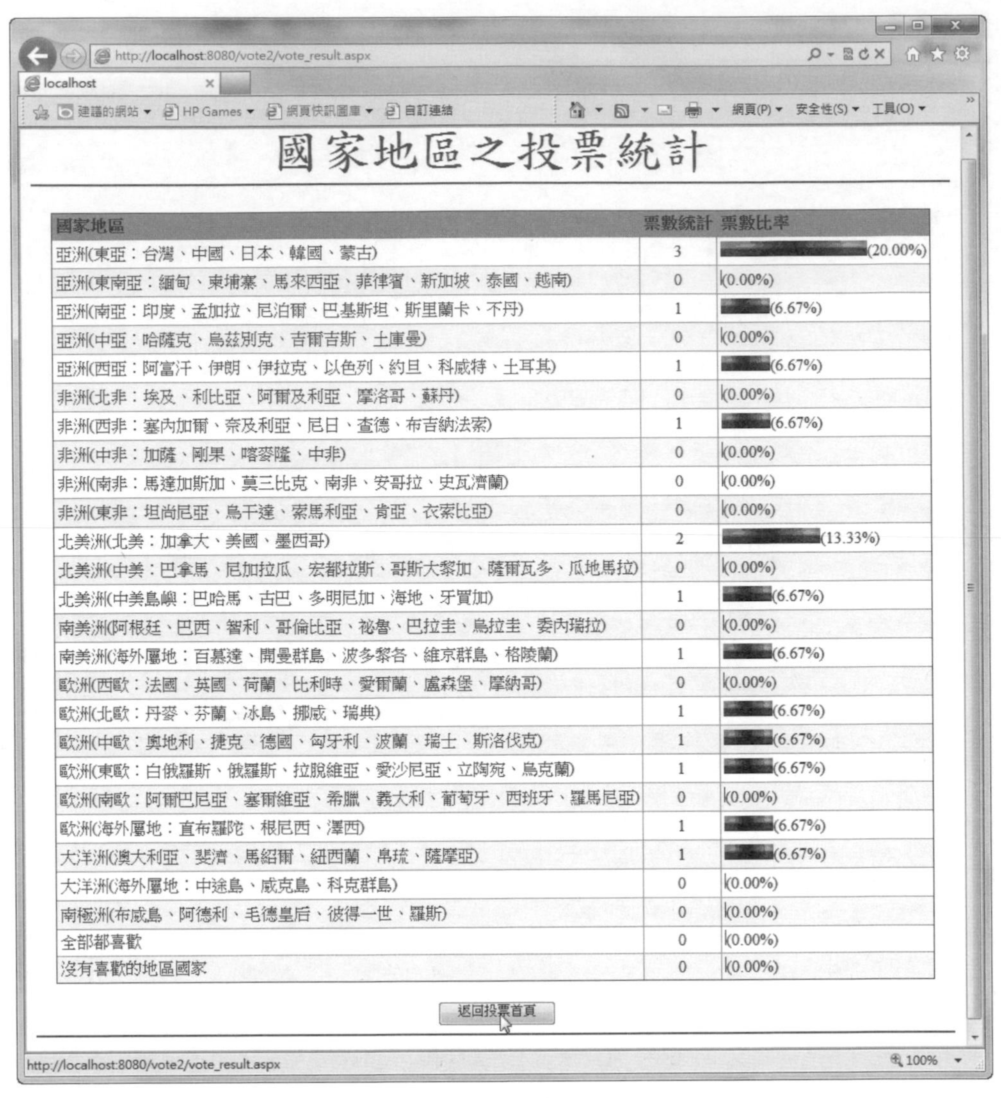

國家地區	票數統計	票數比率
亞洲(東亞：台灣、中國、日本、韓國、蒙古)	3	(20.00%)
亞洲(東南亞：緬甸、柬埔寨、馬來西亞、菲律賓、新加坡、泰國、越南)	0	(0.00%)
亞洲(南亞：印度、孟加拉、尼泊爾、巴基斯坦、斯里蘭卡、不丹)	1	(6.67%)
亞洲(中亞：哈薩克、烏茲別克、吉爾吉斯、土庫曼)	0	(0.00%)
亞洲(西亞：阿富汗、伊朗、伊拉克、以色列、約旦、科威特、土耳其)	1	(6.67%)
非洲(北非：埃及、利比亞、阿爾及利亞、摩洛哥、蘇丹)	0	(0.00%)
非洲(西非：塞內加爾、奈及利亞、尼日、查德、布吉納法索)	1	(6.67%)
非洲(中非：加薩、剛果、喀麥隆、中非)	0	(0.00%)
非洲(南非：馬達加斯加、莫三比克、南非、安哥拉、史瓦濟蘭)	0	(0.00%)
非洲(東非：坦尚尼亞、烏干達、索馬利亞、肯亞、衣索比亞)	0	(0.00%)
北美洲(北美：加拿大、美國、墨西哥)	2	(13.33%)
北美洲(中美：巴拿馬、尼加拉瓜、宏都拉斯、哥斯大黎加、薩爾瓦多、瓜地馬拉)	0	(0.00%)
北美洲(中美島嶼：巴哈馬、古巴、多明尼加、海地、牙買加)	1	(6.67%)
南美洲(阿根廷、巴西、智利、哥倫比亞、祕魯、巴拉圭、烏拉圭、委內瑞拉)	0	(0.00%)
南美洲(海外屬地：百慕達、開曼群島、波多黎各、維京群島、格陵蘭)	1	(6.67%)
歐洲(西歐：法國、英國、荷蘭、比利時、愛爾蘭、盧森堡、摩納哥)	0	(0.00%)
歐洲(北歐：丹麥、芬蘭、冰島、挪威、瑞典)	1	(6.67%)
歐洲(中歐：奧地利、捷克、德國、匈牙利、波蘭、瑞士、斯洛伐克)	1	(6.67%)
歐洲(東歐：白俄羅斯、俄羅斯、拉脫維亞、愛沙尼亞、立陶宛、烏克蘭)	1	(6.67%)
歐洲(南歐：阿爾巴尼亞、塞爾維亞、希臘、義大利、葡萄牙、西班牙、羅馬尼亞)	0	(0.00%)
歐洲(海外屬地：直布羅陀、根西西、澤西)	1	(6.67%)
大洋洲(澳大利亞、斐濟、馬紹爾、紐西蘭、帛琉、薩摩亞)	1	(6.67%)
大洋洲(海外屬地：中途島、威克島、科克群島)	0	(0.00%)
南極洲(布威島、阿德利、毛德皇后、彼得一世、羅斯)	0	(0.00%)
全部都喜歡	0	(0.00%)
沒有喜歡的地區國家	0	(0.00%)

【圖13-5】

若是已經投過票，再次點選投票項目後按下【我要投票】鈕，出現提示訊息，無法投票。

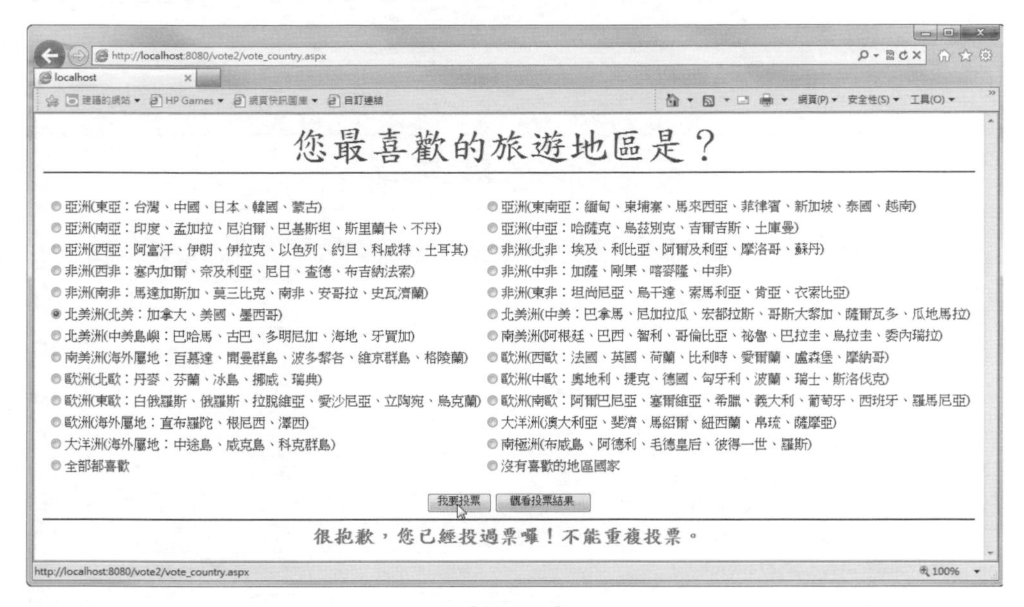

【圖13-6】

按下【觀看投票結果】鈕。

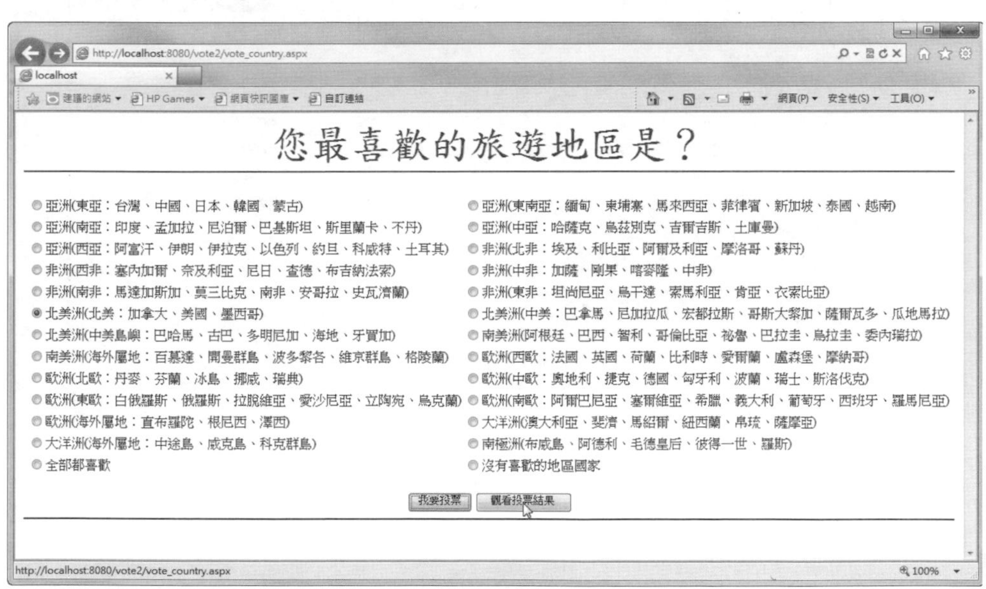

【圖13-7】

顯示已經投票的結果。

國家地區之投票統計

國家地區	票數統計	票數比率
亞洲(東亞：台灣、中國、日本、韓國、蒙古)	3	(20.00%)
亞洲(東南亞：緬甸、柬埔寨、馬來西亞、菲律賓、新加坡、泰國、越南)	0	(0.00%)
亞洲(南亞：印度、孟加拉、尼泊爾、巴基斯坦、斯里蘭卡、不丹)	1	(6.67%)
亞洲(中亞：哈薩克、烏茲別克、吉爾吉斯、土庫曼)	0	(0.00%)
亞洲(西亞：阿富汗、伊朗、伊拉克、以色列、約旦、科威特、土耳其)	1	(6.67%)
非洲(北非：埃及、利比亞、阿爾及利亞、摩洛哥、蘇丹)	0	(0.00%)
非洲(西非：塞內加爾、奈及利亞、尼日、查德、布吉納法索)	1	(6.67%)
非洲(中非：加薩、剛果、喀麥隆、中非)	0	(0.00%)
非洲(南非：馬達加斯加、莫三比克、南非、安哥拉、史瓦濟蘭)	0	(0.00%)
非洲(東非：坦尚尼亞、烏干達、索馬利亞、肯亞、衣索比亞)	0	(0.00%)
北美洲(北美：加拿大、美國、墨西哥)	2	(13.33%)
北美洲(中美：巴拿馬、尼加拉瓜、宏都拉斯、哥斯大黎加、薩爾瓦多、瓜地馬拉)	0	(0.00%)
北美洲(中美島嶼：巴哈馬、古巴、多明尼加、海地、牙買加)	1	(6.67%)
南美洲(阿根廷、巴西、智利、哥倫比亞、祕魯、巴拉圭、烏拉圭、委內瑞拉)	0	(0.00%)
南美洲(海外屬地：百慕達、開曼群島、波多黎各、維京群島、格陵蘭)	1	(6.67%)
歐洲(西歐：法國、英國、荷蘭、比利時、愛爾蘭、盧森堡、摩納哥)	0	(0.00%)
歐洲(北歐：丹麥、芬蘭、冰島、挪威、瑞典)	1	(6.67%)
歐洲(中歐：奧地利、捷克、德國、匈牙利、波蘭、瑞士、斯洛伐克)	1	(6.67%)
歐洲(東歐：白俄羅斯、俄羅斯、拉脫維亞、愛沙尼亞、立陶宛、烏克蘭)	1	(6.67%)
歐洲(南歐：阿爾巴尼亞、塞爾維亞、希臘、義大利、葡萄牙、西班牙、羅馬尼亞)	0	(0.00%)
歐洲(海外屬地：直布羅陀、根西西、澤西)	1	(6.67%)
大洋洲(澳大利亞、斐濟、馬紹爾、紐西蘭、帛琉、薩摩亞)	1	(6.67%)
大洋洲(海外屬地：中途島、威克島、科克群島)	0	(0.00%)
南極洲(布威島、阿德利、毛德皇后、彼得一世、羅斯)	0	(0.00%)
全部都喜歡	0	(0.00%)
沒有喜歡的地區國家	0	(0.00%)

返回投票首頁

【圖13-8】

若是沒有開啟瀏覽器的 Cookie，則出現提示訊息，提示開啟瀏覽器的 Cookie。

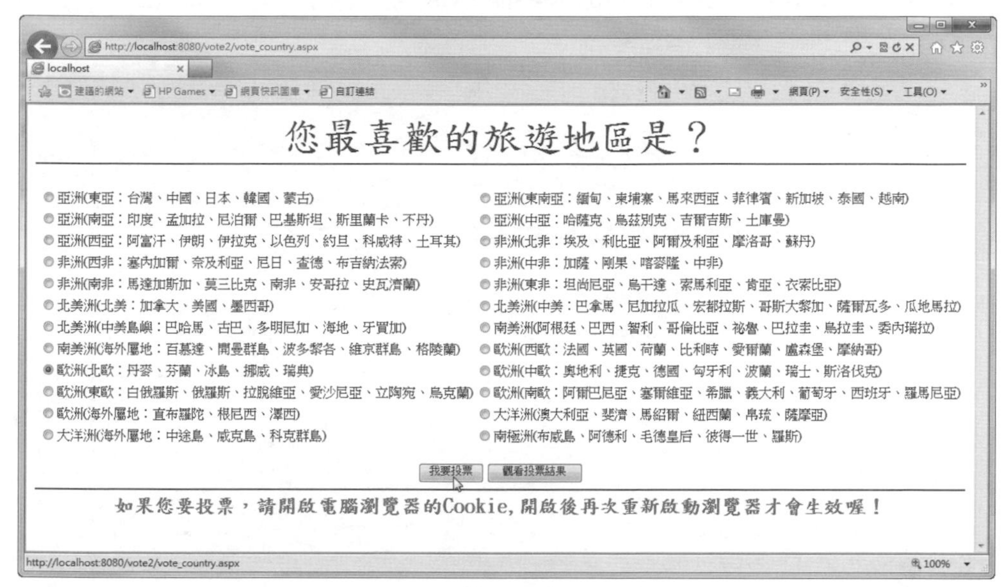

【圖13-9】

最後可以檢視資料庫中的資料表的票數統計資料變化。

投票項目

識別碼	國家地區	票數統計	按一下以新增
1	亞洲(東亞：台灣、中國、日本、韓國、蒙古)	3	
2	亞洲(東南亞：緬甸、柬埔寨、馬來西亞、菲律賓、新加坡、泰國、越南)	0	
3	亞洲(南亞：印度、孟加拉、尼泊爾、巴基斯坦、斯里蘭卡、不丹)	1	
4	亞洲(中亞：哈薩克、烏茲別克、吉爾吉斯、土庫曼)	0	
5	亞洲(西亞：阿富汗、伊朗、伊拉克、以色列、約旦、科威特、土耳其)	1	
6	非洲(北非：埃及、利比亞、阿爾及利亞、摩洛哥、蘇丹)	0	
7	非洲(西非：塞內加爾、奈及利亞、尼日、查德、布吉納法索)	1	
8	非洲(中非：加薩、剛果、喀麥隆、中非)	0	
9	非洲(南非：馬達加斯加、其三比克、南非、安哥拉、史瓦濟蘭)	0	
10	非洲(東非：坦尚尼亞、烏干達、索馬利亞、肯亞、衣索比亞)	0	
11	北美洲(北美：加拿大、美國、墨西哥)	2	
12	北美洲(中美：巴拿馬、尼加拉瓜、宏都拉斯、哥斯大黎加、薩爾瓦多、瓜地馬拉)	0	
13	北美洲(中美島嶼：巴哈馬、古巴、多明尼加、海地、牙買加)	1	
14	南美洲(阿根廷、巴西、智利、哥倫比亞、祕魯、巴拉圭、烏拉圭、委內瑞拉)	0	
15	南美洲(海外屬地：百慕達、開曼群島、波多黎各、維京群島、格陵蘭)	1	
16	歐洲(西歐：法國、英國、荷蘭、比利時、愛爾蘭、盧森堡、摩納哥)	0	
17	歐洲(北歐：丹麥、芬蘭、冰島、挪威、瑞典)	1	
18	歐洲(中歐：奧地利、捷克、德國、匈牙利、波蘭、瑞士、斯洛伐克)	1	
19	歐洲(東歐：白俄羅斯、俄羅斯、拉脫維亞、愛沙尼亞、立陶宛、烏克蘭)	1	
20	歐洲(南歐：阿爾巴尼亞、塞爾維亞、希臘、義大利、葡萄牙、西班牙、羅馬尼亞)	0	
21	歐洲(海外屬地：直布羅陀、根尼西、澤西)	1	
22	大洋洲(澳大利亞、斐濟、馬紹爾、紐西蘭、帛琉、薩摩亞)	1	
23	大洋洲(海外屬地：中途島、威克島、科克群島)	0	
24	南極洲(布威島、阿德利、毛德皇后、彼得一世、羅斯)	0	
25	全部都喜歡	0	
26	沒有喜歡的地區國家	0	
(新增)			

【圖13-10】

重點提示 瀏覽器Cookie設定，以Internet Explorer 9為例：

開啟瀏覽器→工具/網際網路選項

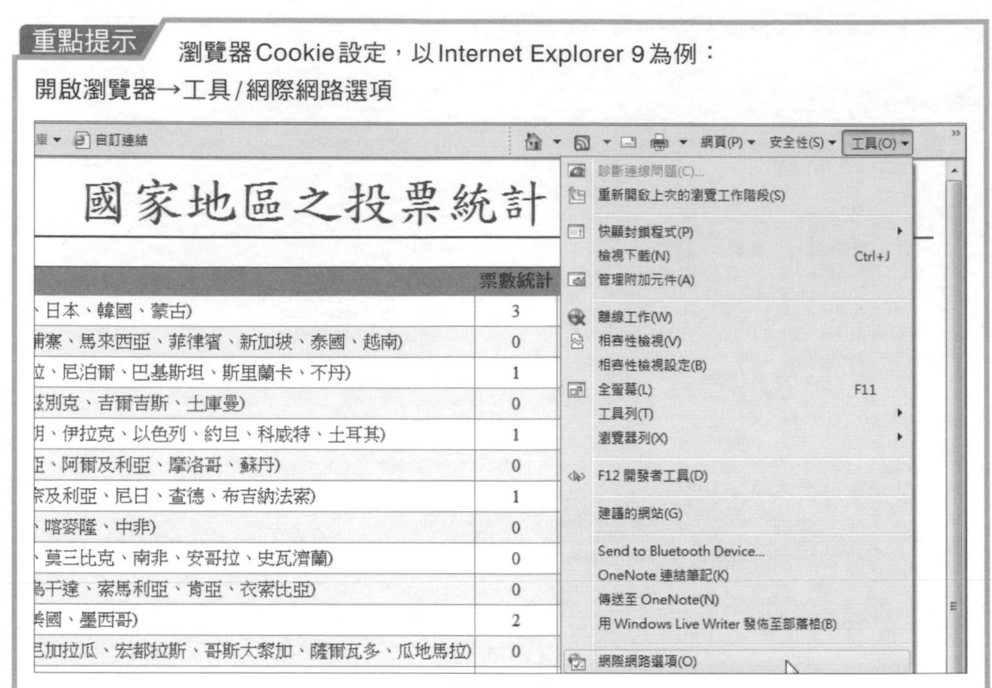

【圖13-11】

開啟【網際網路選項】設定視窗→【隱私權】標籤→設定→調整Cookie的設定

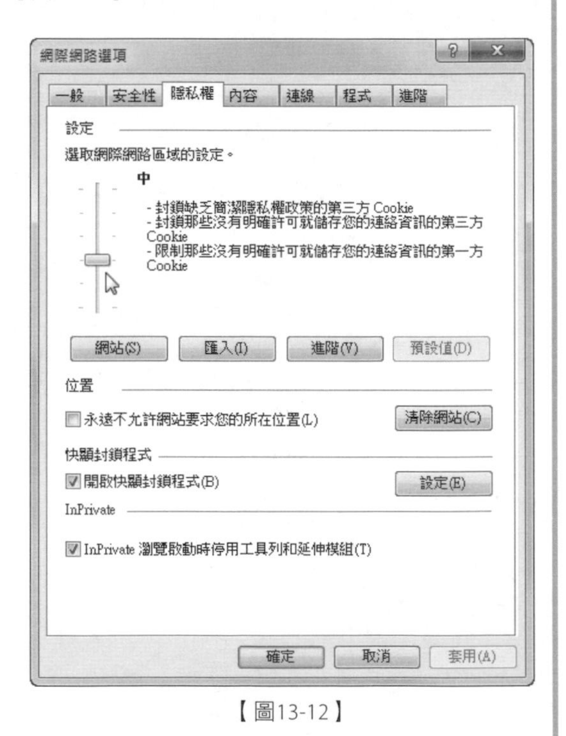

【圖13-12】

本範例實際上有個缺點，可以被利用來當作灌票功能。基本上，在ASP.NET中，一個瀏覽器視窗對應的是一個Session物件，同樣的Session物件在另一個瀏覽器視窗中，就是一個全新的物件，如果在第一個瀏覽器中有設定Session物件，關閉視窗後，在第二個瀏覽器中相同的Session物件是完全沒有被設定的。

基於這個原理，只要第一次投完票之後，關閉瀏覽器視窗，再開啟另一個新的瀏覽器，便一樣可以繼續投票，如此就可以將票數灌高，投票的結果便會失去正確性。

執行結果

開啟第一個瀏覽器視窗進行投票，投票完畢後關閉視窗，再重新開啟第二個瀏覽器視窗進行投票。

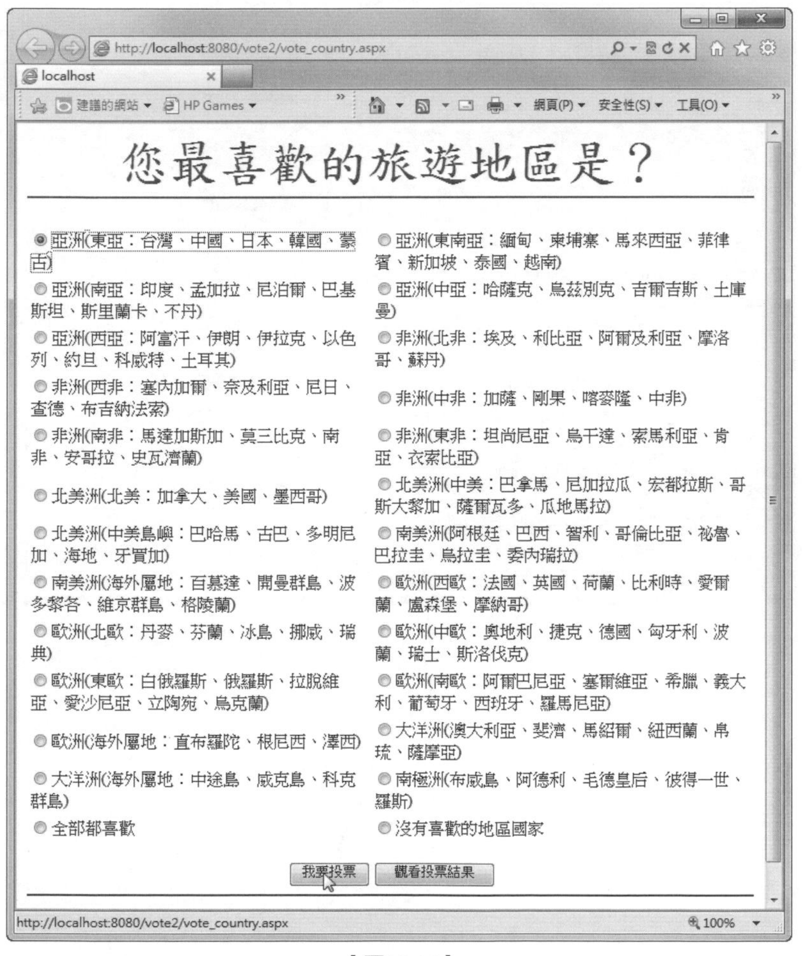

【圖13-13】

第一個瀏覽器的投票結果。(請看第一項【亞洲…】票數為4)

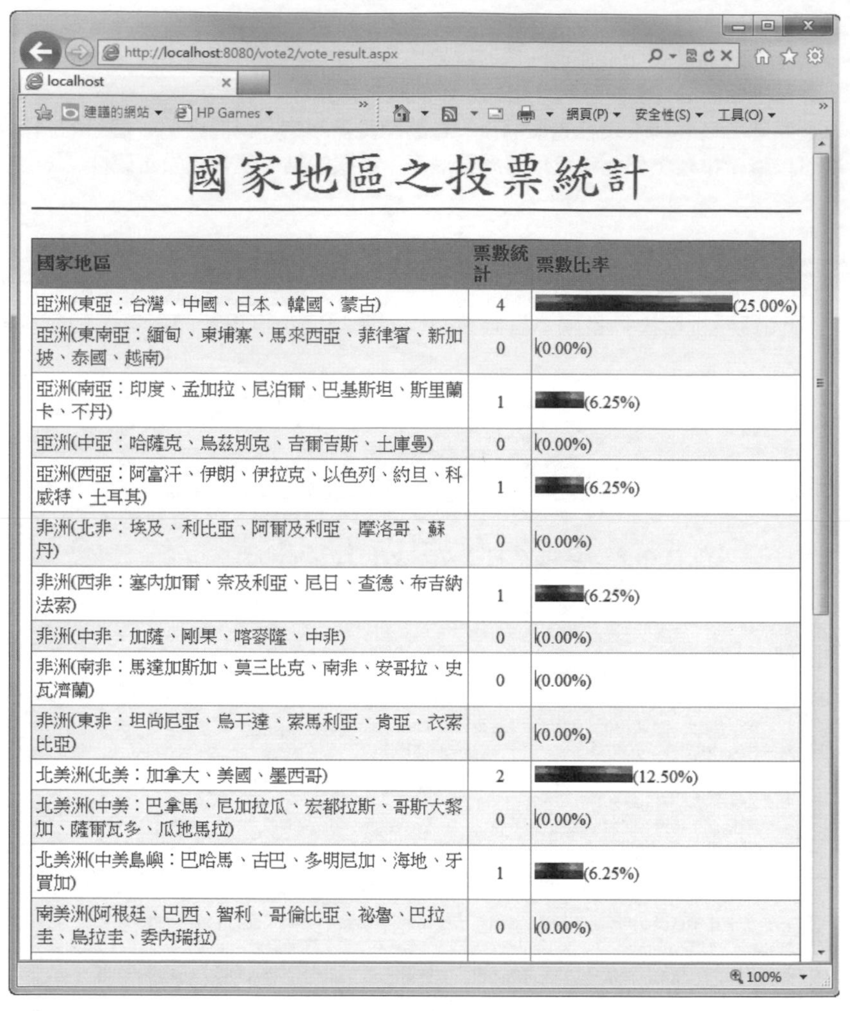

國家地區之投票統計

國家地區	票數統計	票數比率
亞洲(東亞：台灣、中國、日本、韓國、蒙古)	4	(25.00%)
亞洲(東南亞：緬甸、柬埔寨、馬來西亞、菲律賓、新加坡、泰國、越南)	0	(0.00%)
亞洲(南亞：印度、孟加拉、尼泊爾、巴基斯坦、斯里蘭卡、不丹)	1	(6.25%)
亞洲(中亞：哈薩克、烏茲別克、吉爾吉斯、土庫曼)	0	(0.00%)
亞洲(西亞：阿富汗、伊朗、伊拉克、以色列、約旦、科威特、土耳其)	1	(6.25%)
非洲(北非：埃及、利比亞、阿爾及利亞、摩洛哥、蘇丹)	0	(0.00%)
非洲(西非：塞內加爾、奈及利亞、尼日、查德、布吉納法索)	1	(6.25%)
非洲(中非：加薩、剛果、喀麥隆、中非)	0	(0.00%)
非洲(南非：馬達加斯加、莫三比克、南非、安哥拉、史瓦濟蘭)	0	(0.00%)
非洲(東非：坦尚尼亞、烏干達、索馬利亞、肯亞、衣索比亞)	0	(0.00%)
北美洲(北美：加拿大、美國、墨西哥)	2	(12.50%)
北美洲(中美：巴拿馬、尼加拉瓜、宏都拉斯、哥斯大黎加、薩爾瓦多、瓜地馬拉)	0	(0.00%)
北美洲(中美島嶼：巴哈馬、古巴、多明尼加、海地、牙買加)	1	(6.25%)
南美洲(阿根廷、巴西、智利、哥倫比亞、祕魯、巴拉圭、烏拉圭、委內瑞拉)	0	(0.00%)

【圖13-14】

第二個瀏覽器的投票結果。(請看第一項【亞洲…】票數為5)

國家地區之投票統計

國家地區	票數統計	票數比率
亞洲(東亞：台灣、中國、日本、韓國、蒙古)	5	(29.41%)
亞洲(東南亞：緬甸、柬埔寨、馬來西亞、菲律賓、新加坡、泰國、越南)	0	(0.00%)
亞洲(南亞：印度、孟加拉、尼泊爾、巴基斯坦、斯里蘭卡、不丹)	1	(5.88%)
亞洲(中亞：哈薩克、烏茲別克、吉爾吉斯、土庫曼)	0	(0.00%)
亞洲(西亞：阿富汗、伊朗、伊拉克、以色列、約旦、科威特、土耳其)	1	(5.88%)
非洲(北非：埃及、利比亞、阿爾及利亞、摩洛哥、蘇丹)	0	(0.00%)
非洲(西非：塞內加爾、奈及利亞、尼日、查德、布吉納法索)	1	(5.88%)
非洲(中非：加薩、剛果、喀麥隆、中非)	0	(0.00%)
非洲(南非：馬達加斯加、莫三比克、南非、安哥拉、史瓦濟蘭)	0	(0.00%)
非洲(東非：坦尚尼亞、烏干達、索馬利亞、肯亞、衣索比亞)	0	(0.00%)
北美洲(北美：加拿大、美國、墨西哥)	2	(11.76%)
北美洲(中美：巴拿馬、尼加拉瓜、宏都拉斯、哥斯大黎加、薩爾瓦多、瓜地馬拉)	0	(0.00%)
北美洲(中美島嶼：巴哈馬、古巴、多明尼加、海地、牙買加)	1	(5.88%)
南美洲(阿根廷、巴西、智利、哥倫比亞、祕魯、巴拉圭、烏拉圭、委內瑞拉)	0	(0.00%)

【圖13-15】

這個缺點解決的方法如下：

原本使用的Session物件改以Cookie物件執行與設定，並搭配Cookie物件的相關屬性，如【Expires】(設定Cookie的使用期限)，設定後就可以防止投票灌水。

將原來的【vote_country.aspx】檔案修改為→【vote_country_edit1.aspx】

原程式碼：

```
If Session("already_voted") <> "Yes" Then
```

新程式碼：以Cookie物件代替Session物件

```
dim cookie1 as httpcookie,s1 as string
cookie1=request.cookies("already_voted")
  if not cookie1 is nothing then
    s1=request.cookies("already_voted").value
  end if
 If s1 <> "Yes" Then
```

原程式碼：

```
Session("already_voted") = "Yes"
```

新程式碼：

```
response.cookies("already_voted").value="Yes"
response.cookies("already_voted").expires="12/31/9999"
```

執行結果

開啟第一個瀏覽器進行投票。

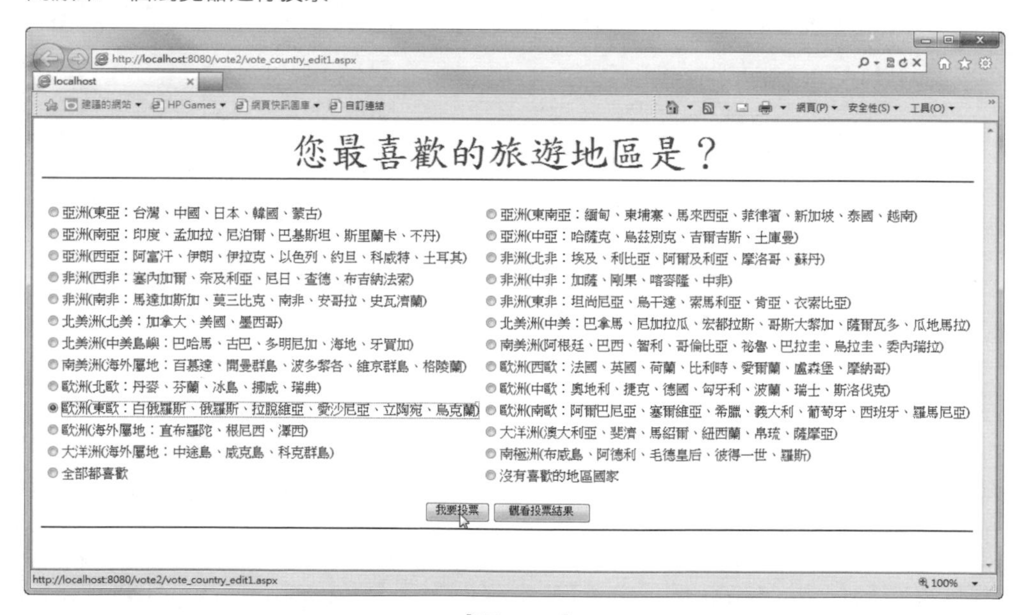

【圖13-16】

顯示投票結果。

國家地區	票數統計	票數比率
亞洲(東亞：台灣、中國、日本、韓國、蒙古)	5	(25.00%)
亞洲(東南亞：緬甸、柬埔寨、馬來西亞、菲律賓、新加坡、泰國、越南)	0	(0.00%)
亞洲(南亞：印度、孟加拉、尼泊爾、巴基斯坦、斯里蘭卡、不丹)	1	(5.00%)
亞洲(中亞：哈薩克、烏茲別克、吉爾吉斯、土庫曼)	0	(0.00%)
亞洲(西亞：阿富汗、伊朗、伊拉克、以色列、約旦、科威特、土耳其)	1	(5.00%)
非洲(北非：埃及、利比亞、阿爾及利亞、摩洛哥、蘇丹)	0	(0.00%)
非洲(西非：塞內加爾、奈及利亞、尼日、查德、布吉納法索)	1	(5.00%)
非洲(中非：加蓬、剛果、喀麥隆、中非)	0	(0.00%)
非洲(南非：馬達加斯加、莫三比克、南非、安哥拉、史瓦濟蘭)	0	(0.00%)
非洲(東非：坦尚尼亞、烏干達、索馬利亞、肯亞、衣索比亞)	0	(0.00%)
北美洲(北美：加拿大、美國、墨西哥)	2	(10.00%)
北美洲(中美：巴拿馬、尼加拉瓜、宏都拉斯、哥斯大黎加、薩爾瓦多、瓜地馬拉)	0	(0.00%)
北美洲(中美島嶼：巴哈馬、古巴、多明尼加、海地、牙買加)	1	(5.00%)
南美洲(阿根廷、巴西、智利、哥倫比亞、祕魯、巴拉圭、烏拉圭、委內瑞拉)	0	(0.00%)
南美洲(海外屬地：百慕達、開曼群島、波多黎各、維京群島、格陵蘭)	1	(5.00%)
歐洲(西歐：法國、英國、荷蘭、比利時、愛爾蘭、盧森堡、摩納哥)	0	(0.00%)
歐洲(北歐：丹麥、芬蘭、冰島、挪威、瑞典)	1	(5.00%)
歐洲(中歐：奧地利、捷克、德國、匈牙利、波蘭、瑞士、斯洛伐克)	1	(5.00%)
歐洲(東歐：白俄羅斯、俄羅斯、拉脫維亞、愛沙尼亞、立陶宛、烏克蘭)	4	(20.00%)
歐洲(南歐：阿爾巴尼亞、塞爾維亞、希臘、義大利、葡萄牙、西班牙、羅馬尼亞)	0	(0.00%)
歐洲(海外屬地：直布羅陀、根尼西、澤西)	1	(5.00%)
大洋洲(澳大利亞、斐濟、馬紹爾、紐西蘭、帛琉、薩摩亞)	1	(5.00%)
大洋洲(海外屬地：中途島、威克島、科克群島)	0	(0.00%)
南極洲(布威島、阿德利、毛德皇后、彼得一世、羅斯)	0	(0.00%)
全部都喜歡	0	(0.00%)
沒有喜歡的地區國家	0	(0.00%)

【圖13-17】

關閉第一個瀏覽器，開啟第二個瀏覽器進行投票，可以見到已經無法繼續投票。

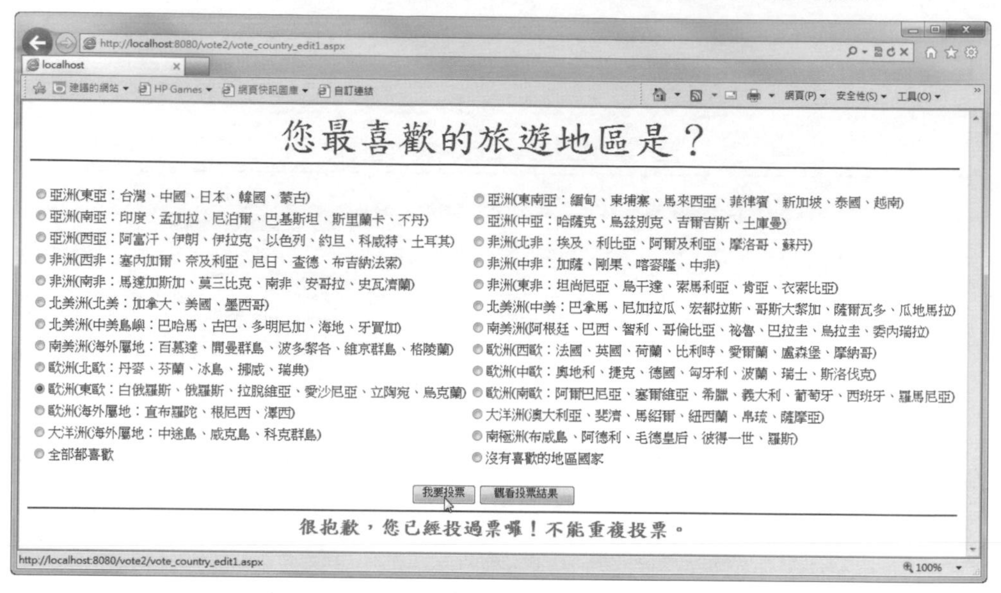

【圖13-18】

熟悉網路與瀏覽器運作的使用者應該知道，在瀏覽器中有一個可以刪除 Cookie 的功能，以 Internet Explorer 9 為例：

開啟瀏覽器→工具 / 網際網路選項

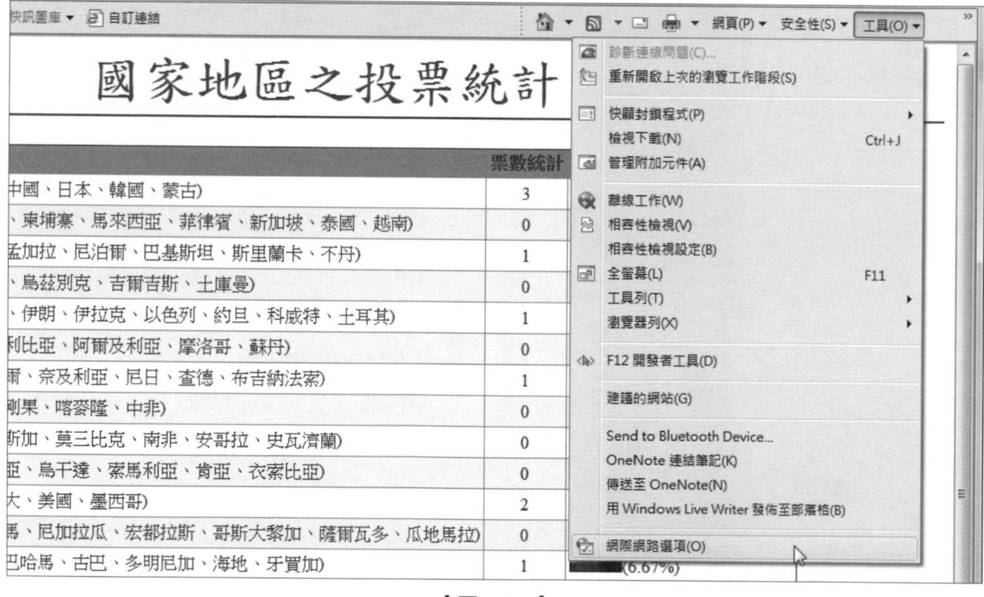

【圖13-19】

開啟【網際網路選項】設定視窗→【一般】標籤→瀏覽歷程記錄→刪除…

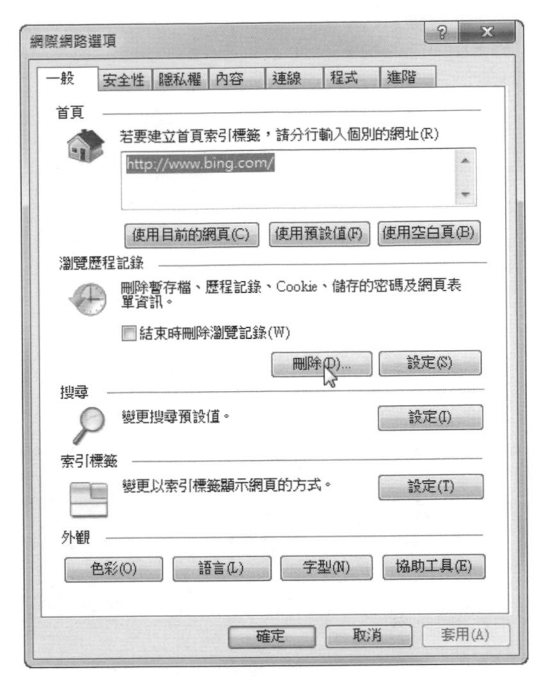

【圖13-20】

進入【刪除瀏覽歷程記錄】設定視窗→取消勾選【保留我的最愛網站資料】/勾選【Cookie】

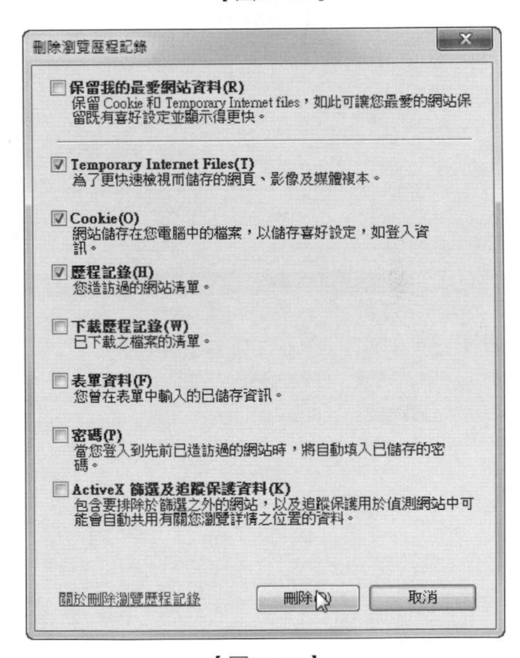

【圖13-21】

當 Cookie 自瀏覽器刪除之後，電腦上就沒有任何的 Cookie 被儲存，所以如果繼續執行投票，一樣可以重複投票灌水。

執行結果

開啟第一個瀏覽器進行投票。

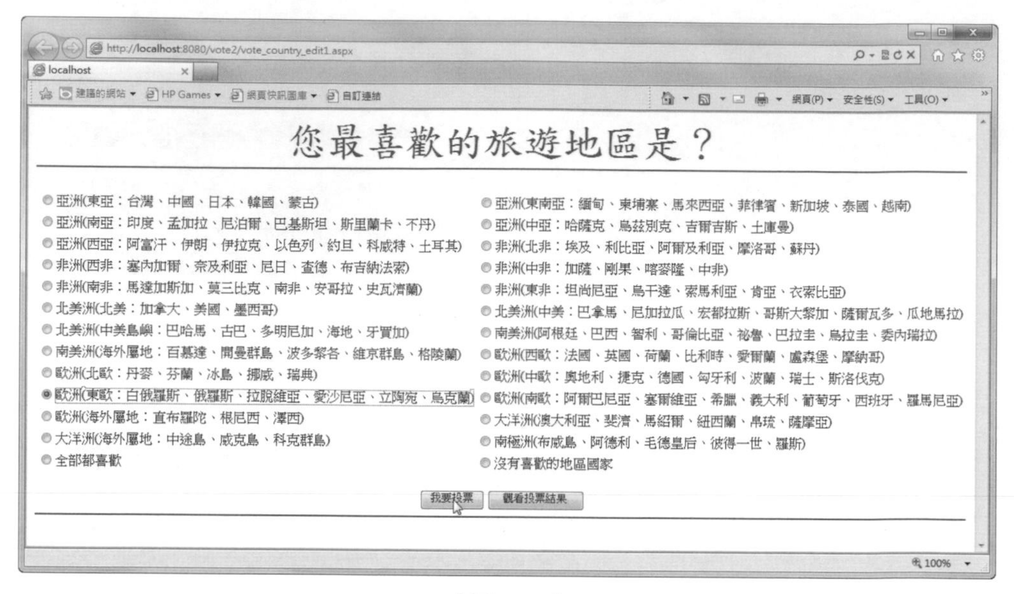

【圖13-22】

顯示投票結果。(請看【歐洲(東歐…)】票數為 5)

國家地區	票數統計	票數比率
亞洲(東亞：台灣、中國、日本、韓國、蒙古)	5	(23.81%)
亞洲(東南亞：緬甸、柬埔寨、馬來西亞、菲律賓、新加坡、泰國、越南)	0	(0.00%)
亞洲(南亞：印度、孟加拉、尼泊爾、巴基斯坦、斯里蘭卡、不丹)	1	(4.76%)
亞洲(中亞：哈薩克、烏茲別克、吉爾吉斯、土庫曼)	0	(0.00%)
亞洲(西亞：阿富汗、伊朗、伊拉克、以色列、約旦、科威特、土耳其)	1	(4.76%)
非洲(北非：埃及、利比亞、阿爾及利亞、摩洛哥、蘇丹)	0	(0.00%)
非洲(西非：塞內加爾、奈及利亞、尼日、查德、布吉納法索)	1	(4.76%)
非洲(中非：加薩、剛果、喀麥隆、中非)	0	(0.00%)
非洲(南非：馬達加斯加、莫三比克、南非、安哥拉、史瓦濟蘭)	0	(0.00%)
非洲(東非：坦尚尼亞、烏干達、索馬利亞、肯亞、衣索比亞)	0	(0.00%)
北美洲(北美：加拿大、美國、墨西哥)	2	(9.52%)
北美洲(中美：巴拿馬、尼加拉瓜、宏都拉斯、哥斯大黎加、薩爾瓦多、瓜地馬拉)	0	(0.00%)
北美洲(中美島嶼：巴哈馬、古巴、多明尼加、海地、牙買加)	1	(4.76%)
南美洲(阿根廷、巴西、智利、哥倫比亞、祕魯、巴拉圭、烏拉圭、委內瑞拉)	0	(0.00%)
南美洲(海外屬地：百慕達、開曼群島、波多黎各、維京群島、格陵蘭)	1	(4.76%)
歐洲(西歐：法國、英國、荷蘭、比利時、愛爾蘭、盧森堡、摩納哥)	0	(0.00%)
歐洲(北歐：丹麥、芬蘭、冰島、挪威、瑞典)	1	(4.76%)
歐洲(中歐：奧地利、捷克、德國、匈牙利、波蘭、瑞士、斯洛伐克)	1	(4.76%)
歐洲(東歐：白俄羅斯、俄羅斯、拉脫維亞、愛沙尼亞、立陶宛、烏克蘭)	5	(23.81%)
歐洲(南歐：阿爾巴尼亞、塞爾維亞、希臘、義大利、葡萄牙、西班牙、羅馬尼亞)	0	(0.00%)

【圖13-23】

關閉第一個瀏覽器，開啟第二個瀏覽器進行投票，可以繼續投票。(請看【歐洲(東歐…)】票數為 6)

國家地區之投票統計

國家地區	票數統計	票數比率
亞洲(東亞：台灣、中國、日本、韓國、蒙古)	5	(22.73%)
亞洲(東南亞：緬甸、柬埔寨、馬來西亞、菲律賓、新加坡、泰國、越南)	0	(0.00%)
亞洲(南亞：印度、孟加拉、尼泊爾、巴基斯坦、斯里蘭卡、不丹)	1	(4.55%)
亞洲(中亞：哈薩克、烏茲別克、吉爾吉斯、土庫曼)	0	(0.00%)
亞洲(西亞：阿富汗、伊朗、伊拉克、以色列、約旦、科威特、土耳其)	1	(4.55%)
非洲(北非：埃及、利比亞、阿爾及利亞、摩洛哥、蘇丹)	0	(0.00%)
非洲(西非：塞內加爾、奈及利亞、尼日、查德、布吉納法索)	1	(4.55%)
非洲(中非：加薩、剛果、喀麥隆、中非)	0	(0.00%)
非洲(南非：馬達加斯加、莫三比克、南非、安哥拉、史瓦濟蘭)	0	(0.00%)
非洲(東非：坦尚尼亞、烏干達、索馬利亞、肯亞、衣索比亞)	0	(0.00%)
北美洲(北美：加拿大、美國、墨西哥)	2	(9.09%)
北美洲(中美：巴拿馬、尼加拉瓜、宏都拉斯、哥斯大黎加、薩爾瓦多、瓜地馬拉)	0	(0.00%)
北美洲(中美島嶼：巴哈馬、古巴、多明尼加、海地、牙買加)	1	(4.55%)
南美洲(阿根廷、巴西、智利、哥倫比亞、祕魯、巴拉圭、烏拉圭、委內瑞拉)	0	(0.00%)
南美洲(海外屬地：百慕達、開曼群島、波多黎各、維京群島、格陵蘭)	1	(4.55%)
歐洲(西歐：法國、英國、荷蘭、比利時、愛爾蘭、盧森堡、摩納哥)	0	(0.00%)
歐洲(北歐：丹麥、芬蘭、冰島、挪威、瑞典)	1	(4.55%)
歐洲(中歐：奧地利、捷克、德國、匈牙利、波蘭、瑞士、斯洛伐克)	1	(4.55%)
歐洲(東歐：白俄羅斯、俄羅斯、拉脫維亞、愛沙尼亞、立陶宛、烏克蘭)	6	(27.27%)
歐洲(南歐：阿爾巴尼亞、塞爾維亞、希臘、義大利、葡萄牙、西班牙、羅馬尼亞)	0	(0.00%)
歐洲(海外屬地：直布羅陀、根尼西、澤西)	1	(4.55%)
大洋洲(澳大利亞、斐濟、馬紹爾、紐西蘭、帛琉、薩摩亞)	1	(4.55%)
大洋洲(海外屬地：中途島、威克島、科克群島)	0	(0.00%)
南極洲(布威島、阿德利、毛德皇后、彼得一世、羅斯)	0	(0.00%)
全部都喜歡	0	(0.00%)
沒有喜歡的地區國家	0	(0.00%)

【圖13-24】

ASP.NET 4.5

在本書出版之際，Microsoft已經推出ASP.NET 4.5的版本，主要是以【.NET Framework 4.5】為基礎，搭配Visual Studio 11所構成環境。ASP.NET 4.5的主要特性有：

支援Internet Explorer(IE9)的JavaScript的Intellisense(智慧標籤功能)

Intellisense功能是指在撰寫程式碼時，當輸入特定程式碼時，會自動列出相關的成員與參數選單供選擇，以加快輸入的時間。Intellisense的功能如下：

- 列出程式碼中的成員
- 顯示參數資訊
- 快速的諮詢
- 自動完成文字

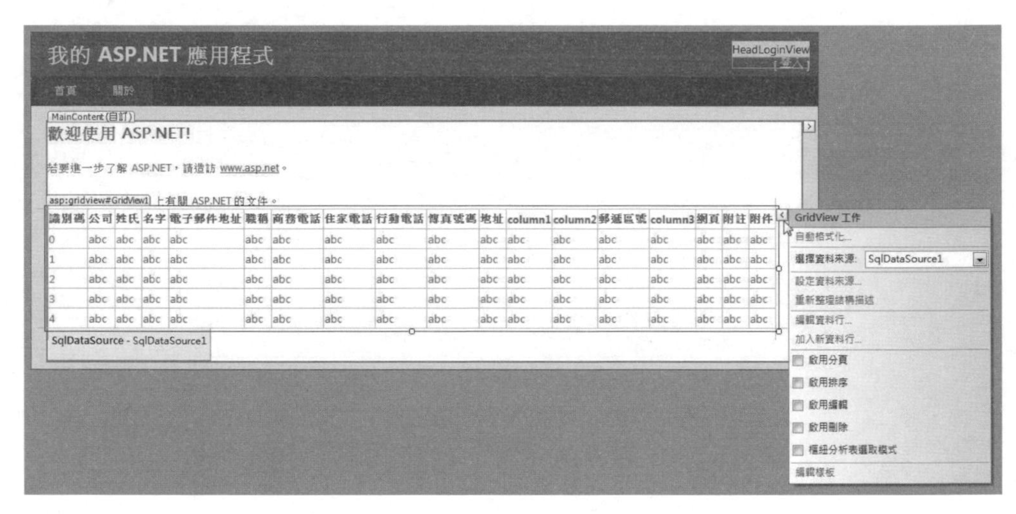

【圖p-01：GridView元件的智慧標籤功能】

支援HTML 5與CSS 3

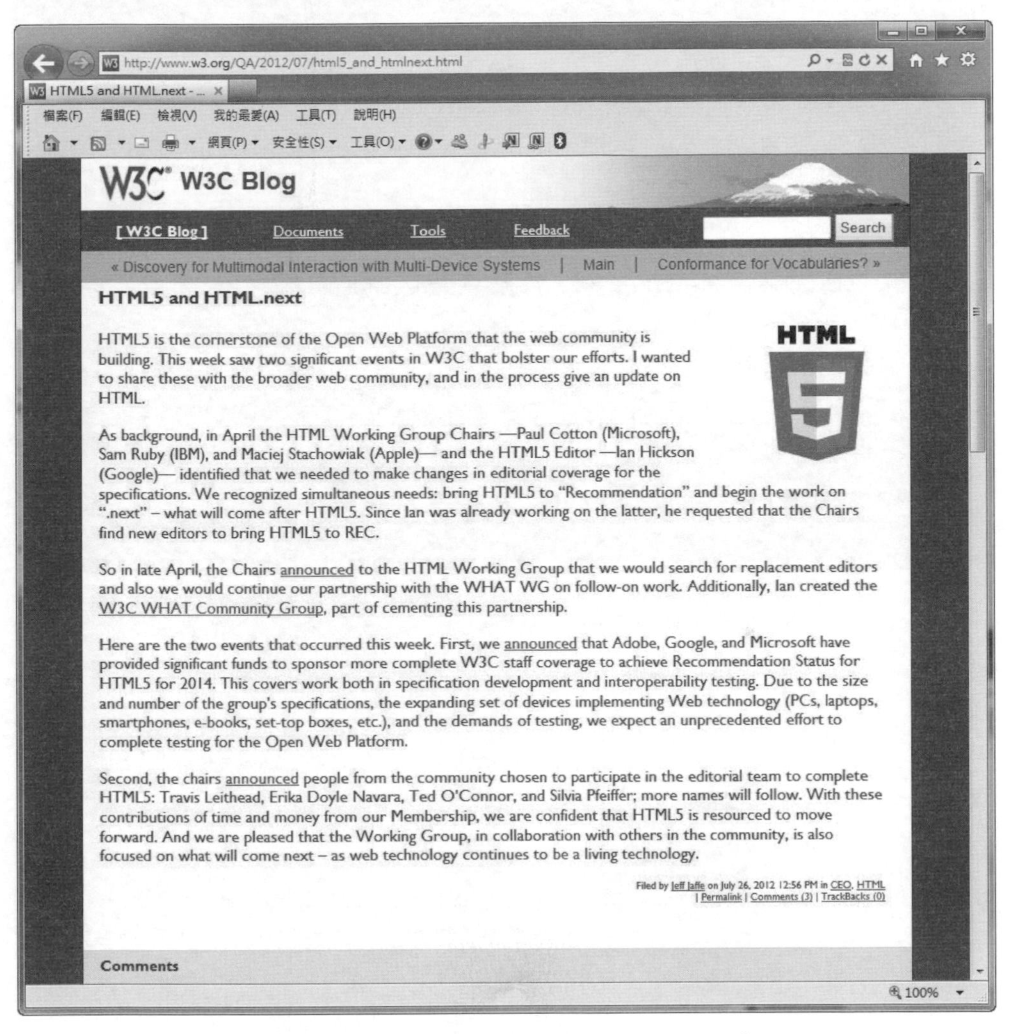

W3C Blog

[W3C Blog] Documents Tools Feedback Search

« Discovery for Multimodal Interaction with Multi-Device Systems | Main | Conformance for Vocabularies? »

HTML5 and HTML.next

HTML5 is the cornerstone of the Open Web Platform that the web community is building. This week saw two significant events in W3C that bolster our efforts. I wanted to share these with the broader web community, and in the process give an update on HTML.

As background, in April the HTML Working Group Chairs —Paul Cotton (Microsoft), Sam Ruby (IBM), and Maciej Stachowiak (Apple)— and the HTML5 Editor —Ian Hickson (Google)— identified that we needed to make changes in editorial coverage for the specifications. We recognized simultaneous needs: bring HTML5 to "Recommendation" and begin the work on ".next" – what will come after HTML5. Since Ian was already working on the latter, he requested that the Chairs find new editors to bring HTML5 to REC.

So in late April, the Chairs announced to the HTML Working Group that we would search for replacement editors and also we would continue our partnership with the WHAT WG on follow-on work. Additionally, Ian created the W3C WHAT Community Group, part of cementing this partnership.

Here are the two events that occurred this week. First, we announced that Adobe, Google, and Microsoft have provided significant funds to sponsor more complete W3C staff coverage to achieve Recommendation Status for HTML5 for 2014. This covers work both in specification development and interoperability testing. Due to the size and number of the group's specifications, the expanding set of devices implementing Web technology (PCs, laptops, smartphones, e-books, set-top boxes, etc.), and the demands of testing, we expect an unprecedented effort to complete testing for the Open Web Platform.

Second, the chairs announced people from the community chosen to participate in the editorial team to complete HTML5: Travis Leithead, Erika Doyle Navara, Ted O'Connor, and Silvia Pfeiffer; more names will follow. With these contributions of time and money from our Membership, we are confident that HTML5 is resourced to move forward. And we are pleased that the Working Group, in collaboration with others in the community, is also focused on what will come next – as web technology continues to be a living technology.

Filed by Jeff Jaffe on July 26, 2012 12:56 PM in CEO, HTML
| Permalink | Comments (3) | TrackBacks (0)

Comments

【圖p-02：HTML 5官網 http://www.w3.org/html/】

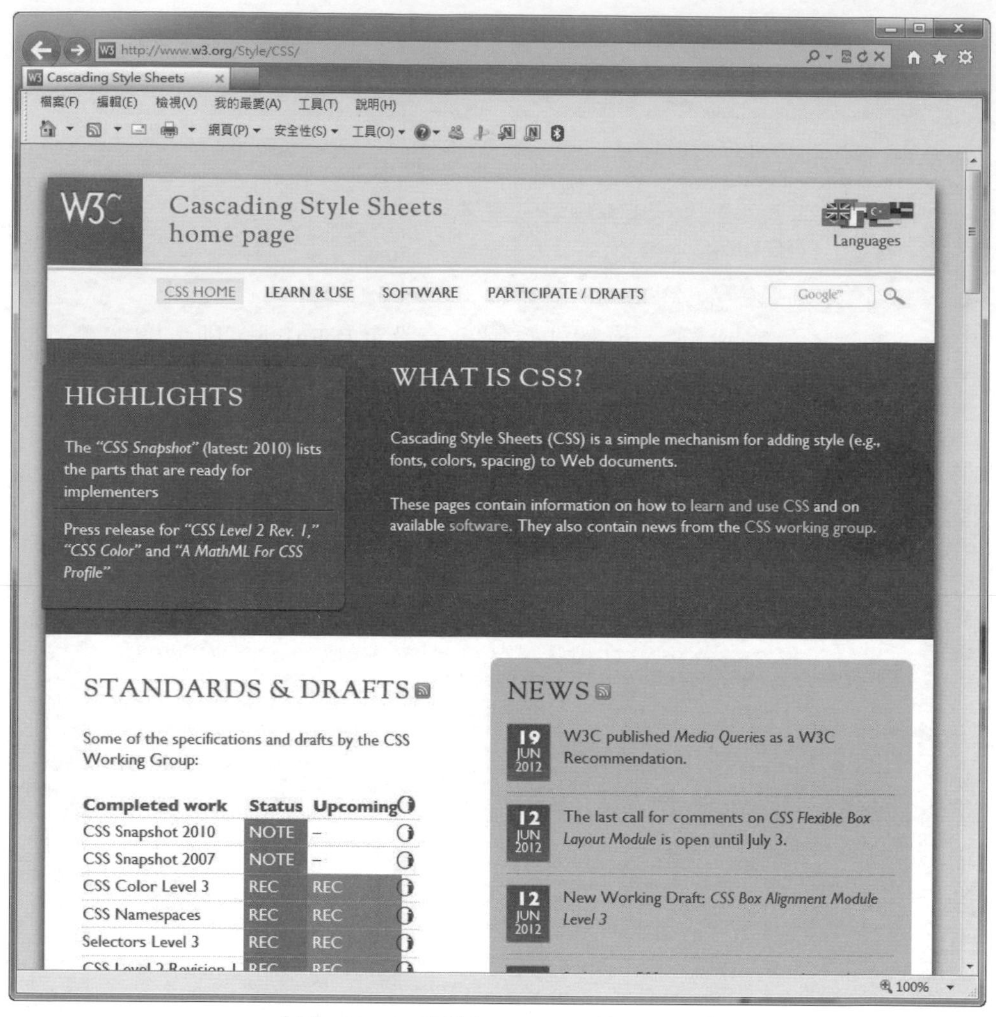

【圖p-03：CSS官網 http://www.w3.org/css/】

▶ 支援非同步作業

所謂的非同步作業，指的是在讀取網頁請求(Request)與網頁輸出(Response)時可以非同步方式進行，另外也可以利用await來建立非同步作業。

支援各種資料庫的驅動程式

支援網頁的請求驗證

此功能主要是加強網頁的驗證功能，可在ASP.NET程式的指引區間<%@…%>中，以Page的ValidateRequest屬性設定如下：

```
<%@ Page ValidateRequest = “True” %>
```

可以防止惡意的JavaScript程式攻擊，若設定為False，則可關閉網頁的防護功能。

新的JavaScript驗證技術：

原本ASP.NET中的內建驗證控制項(Validator)，其運作方式是在網頁被上網者瀏覽時輸出執行資料驗證的JavaScript到Client端瀏覽器，此方式若是網頁的檔案較大，則網頁的下載速度將會變慢。

利用新的JavaScript驗證技術則是使用HTML 5執行資料驗證，可有效縮減網頁的檔案大小，速度較快。此做法的方式如下：

◆ 於Web.config檔中的<appSettings>程式區段中加入以下的敘述：

```
<add name = “ValidationSettings:UnobtrusiveValidationMode” value =
“WebForms” />
```

◆ 在Global.asax檔案中的【Application_Start()】方法中加入以下的敘述：

```
ValidationSettings.UnobtrusiveValidationMode =
UnobtrusiveValidationMode .WebForms;
```

◆ 設定網頁執行的Page屬性：

```
UnobtrusiveValidationMode = UnobtrusiveValidationMode .WebForms;
```

支援開發智慧型手機與平板電腦可以瀏覽的網頁

可以將JavaScript程式碼檔案與CSS樣式檔案打包，藉以提升網頁的瀏覽速度

將多個JavaScript程式檔案、CSS樣式檔案打包成一個單一檔案，這種方式可以將JavaScript程式檔案與CSS樣式檔案中的不必要空白或字元刪除，並且因為打包為一個檔案，就可以免除要下載許多JavaScript程式檔案、CSS樣式檔案的時間，便可以縮短網頁的回應時間。執行的方式如下：

- 將JavaScript程式檔案、CSS樣式檔案放在資料夾中，利用<script>、<link>標籤打包連結該資料夾：

```
<script src = "JavaScript程式檔案所在資料夾/js" />
<link href = "CSS樣式檔案所在資料夾/css" rel = "stylesheet" />
```

- 在Global.asax檔案中的【Application_Start()】方法中將打包功能啟動。

```
BundleTable.Bundles.EnableDefaultBundles();
```

在目前的測試環境中，安裝在Windows 8的ASP.NET 4.5網站的啟動效率可以提升到最高約35%左右，而網站所佔用的記憶體可節省最多約35%

提供新的WebForm支援

- 在資料庫方面，提供新的資料繫結語法與資料模型繫結。
- 提供新的JavaScript資料驗證技術。
- 支援繫結到ADO.NET實體資料模型。

【程式說明】：舊版的資料繫結語法(以VB為主)

```
<asp:GridView………>
<Columns>
 <asp:TemplateField HeaderText="student">
  <ItemTemplate>
   <asp:Label ID="a1" Runat="Server" Text='<%# Eval("studentId") %>' />
   <asp:Label ID="a2" Runat="Server" Text='<%# Bind("studentId") %>' />
  </ItemTemplate>
 </asp:TemplateField>
</Columns>
</asp:GridView>
```

此方式主要是由【Eval】提供單向資料繫結，【Bind】提供雙向資料繫結。

【程式說明】：新版的資料繫結語法(以VB為主)

```
<asp:GridView………>
<Columns>
 <asp:TemplateField HeaderText="student">
  <ItemTemplate>
   <asp:Label ID="a1" Runat="Server" Text='<%# Item.sname %>' />
   <asp:Label ID="a2" Runat="Server" Text='<%# BindItem.address %>' />
  </ItemTemplate>
 </asp:TemplateField>
</Columns>
</asp:GridView>
```

此方式主要是由【Item】提供單向資料繫結，【BindItem】提供雙向資料繫結。

【程式說明】：新版的資料繫結語法(以VB為主)

```
<asp:GridView………>
<Columns>
<asp:DynamicField DataField = “sname” />
<asp:DynamicField DataField = “address” />
<asp:DynamicField DataField = “tel” />
</Columns>
</asp:GridView>
```

此方式主要是由【DynamicField】提供資料繫結。

筆記心得欄

讀者回函

GIVE US A PIECE OF YOUR MIND

感謝您購買本公司出版的書，您的意見對我們非常重要！由於您寶貴的建議，我們才得以不斷地推陳出新，繼續出版更實用、精緻的圖書。因此，請填妥下列資料(也可直接貼上名片)，寄回本公司(免貼郵票)，您將不定期收到最新的圖書資料！

購買書號： **書名：**

姓　　名：________________

職　　業：□上班族　□教師　□學生　□工程師　□其它

學　　歷：□研究所　□大學　□專科　□高中職　□其它

年　　齡：□10~20　□20~30　□30~40　□40~50　□50~

單　　位：________________ 部門科系：________________

職　　稱：________________ 聯絡電話：________________

電子郵件：________________

通訊住址：□□□ ________________

____

您從何處購買此書：

□書局________ □電腦店________ □展覽________ □其他________

您覺得本書的品質：

內容方面：□很好　□好　□尚可　□差

排版方面：□很好　□好　□尚可　□差

印刷方面：□很好　□好　□尚可　□差

紙張方面：□很好　□好　□尚可　□差

您最喜歡本書的地方：________________

您最不喜歡本書的地方：________________

假如請您對本書評分，您會給(0~100分)：________ 分

您最希望我們出版那些電腦書籍：

請將您對本書的意見告訴我們：

您有寫作的點子嗎？□無　□有　專長領域：________________

歡迎您加入博碩文化的行列哦！

✂請沿虛線剪下寄回本公司

Give Us a Piece Of Your Mind

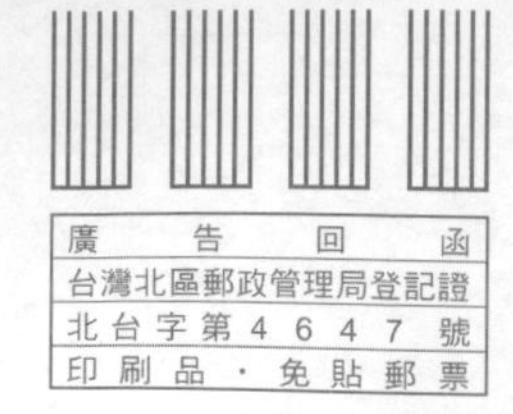

221
博碩文化股份有限公司 產品部
台灣新北市汐止區新台五路一段112號10樓A棟

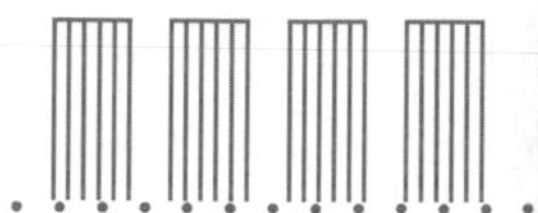

博碩文化

博碩文化